今すぐ使えるかんたん

Word

Office 2021/2019/2016/Microsoft 365 対応版

完全ガイドブック

困った
解決&
便利技

Imasugu Tsukaeru Kantan Series
Word Kanzen Guide book
AYURA

技術評論社

本書の使い方

- 本書は、Word の操作に関する質問に、Q&A 方式で回答しています。
- 目次やインデックスの分類を参考にして、知りたい操作のページに進んでください。
- 画面を使った操作の手順を追うだけで、Word の操作がわかるようになっています。

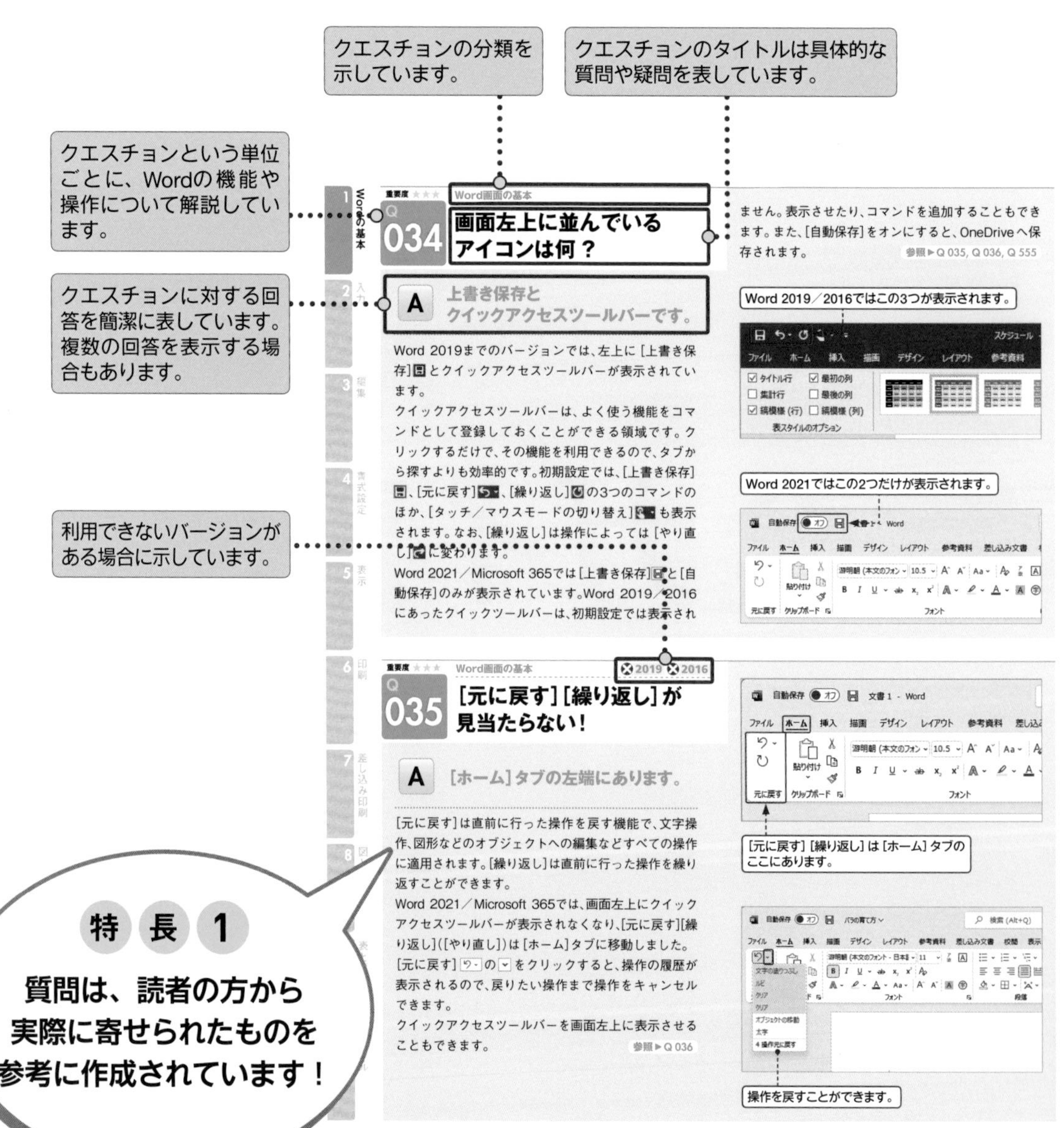

特長2

やわらかい上質な紙を使っているので、開いたら閉じにくい書籍になっています！

『この操作を知らないと困る』という意味で、各クエスチョンで解説している操作を3段階の「重要度」で表しています。

重要度 ★★★
重要度 ★★★
重要度 ★★★

目的の操作が探しやすいように、ページの両側にインデックス（見出し）を表示しています。

参照するQ番号を示しています。

特長3

読者が抱く小さな疑問を予測して、できるだけていねいに解説しています！

番号付きの記述で、操作の順番が一目瞭然です。

操作の基本的な流れ以外は、このように番号がない記述になっています。

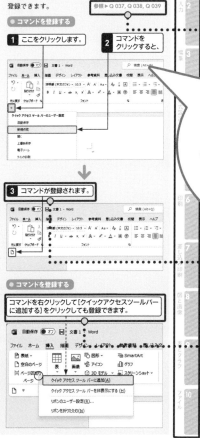

重要度 ★★★ Word画面の基本

Q 036 クイックアクセスツールバーを使いたい！

A クイックアクセスツールバーを表示してコマンドを登録します。

Word 2021／Microsoft 365では、画面左上にクイックアクセスツールバーが表示されなくなりました。クイックアクセスツールバーを表示するには、リボン右端の［リボンの表示オプション］をクリックするか、タブの上で右クリックして、［クイックアクセスツールバーを表示する］をクリックします。パソコンやバージョンによって、最初に表示される位置が異なる場合があり、［上書き保存］とファイル名の間（リボンの上）、もしくはリボンの左下に表示されます。この位置は切り替えることができます。

● クイックアクセスツールバーを表示する

1 ［リボンの表示オプション］をクリックして、

2 ［クイックアクセスツールバーを表示する］をクリックします。

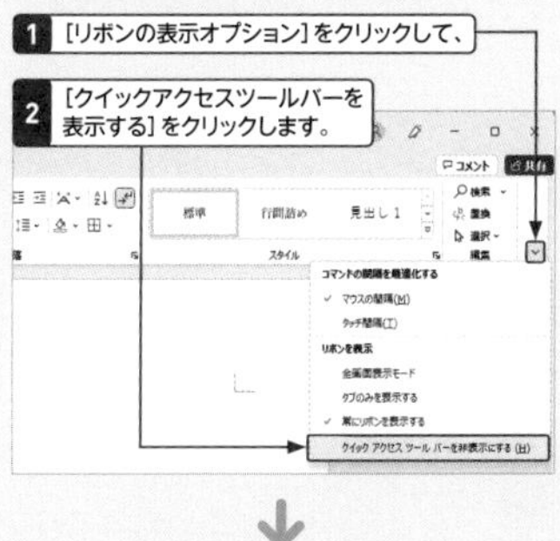

3 クイックアクセスツールバーのボタンが表示されます。

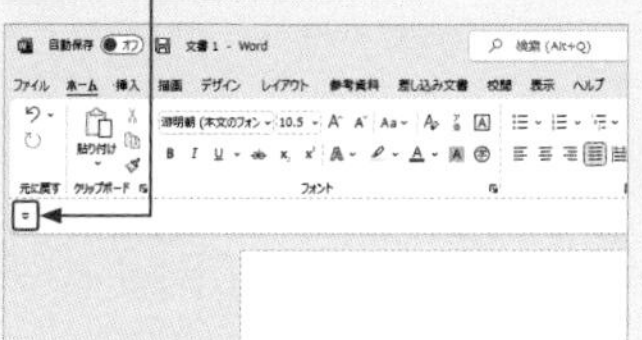

クイックアクセスツールバーにコマンドを登録するには、をクリックして、登録したいコマンドを選択します。これ以外のコマンドは、右クリックして［クイックアクセスツールバーに追加する］をクリックすると登録できます。

参照▶Q 037, Q 038, Q 039

● コマンドを登録する

1 ここをクリックします。

2 コマンドをクリックすると、

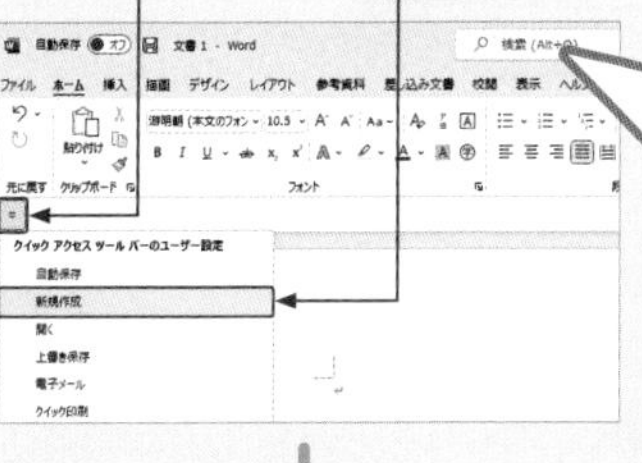

3 コマンドが登録されます。

● コマンドを登録する

コマンドを右クリックして［クイックアクセスツールバーに追加する］をクリックしても登録できます。

パソコンの基本操作

●本書の解説は、基本的にマウスを使って操作することを前提としています。
●お使いのパソコンのタッチパッド、タッチ対応モニターを使って操作する場合は、各操作を次のように読み替えてください。

1 マウス操作

▼クリック（左クリック）

クリック（左クリック）の操作は、画面上にある要素やメニューの項目を選択したり、ボタンを押したりする際に使います。

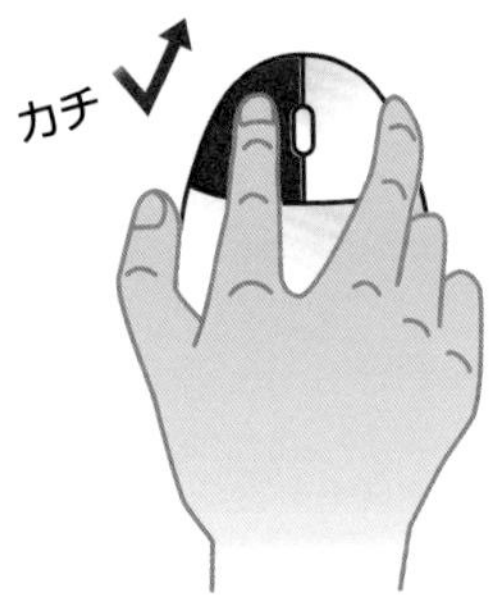

マウスの左ボタンを1回押します。

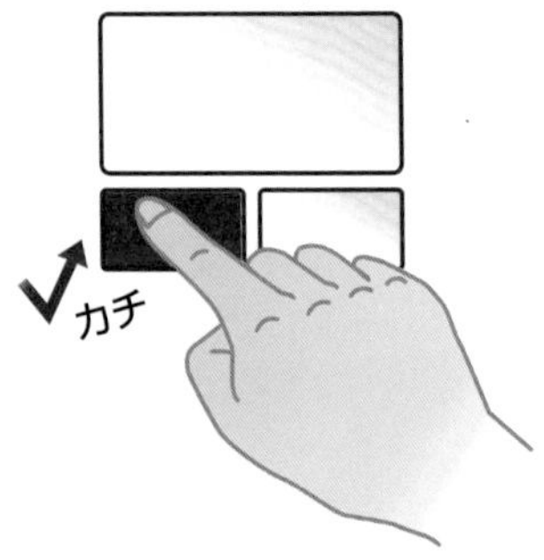

タッチパッドの左ボタン（機種によっては左下の領域）を1回押します。

▼右クリック

右クリックの操作は、操作対象に関する特別なメニューを表示する場合などに使います。

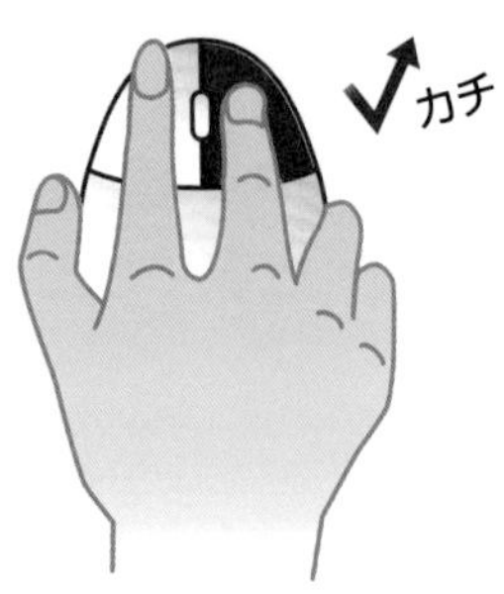

マウスの右ボタンを1回押します。

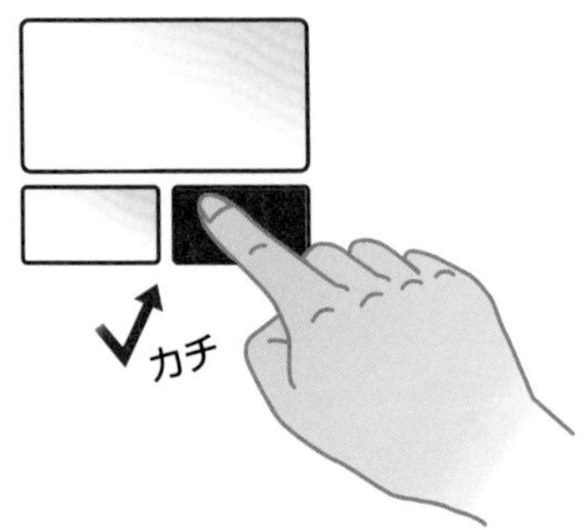

タッチパッドの右ボタン（機種によっては右下の領域）を1回押します。

▼ダブルクリック

ダブルクリックの操作は、各種アプリを起動したり、ファイルやフォルダーなどを開く際に使います。

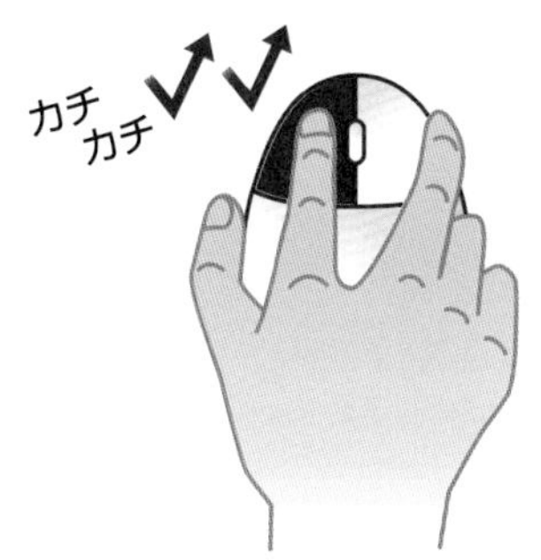

マウスの左ボタンをすばやく2回押します。

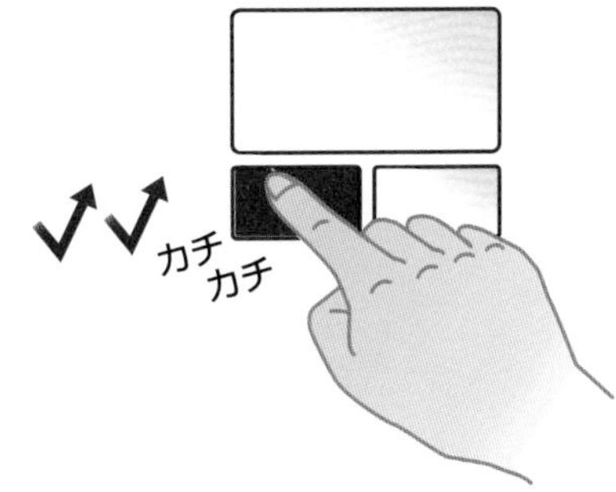

タッチパッドの左ボタン（機種によっては左下の領域）をすばやく2回押します。

▼ドラッグ

ドラッグの操作は、画面上の操作対象を別の場所に移動したり、操作対象のサイズを変更する際などに使います。

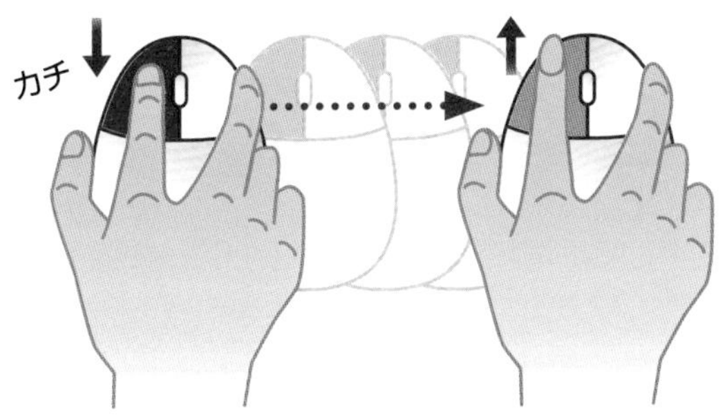

マウスの左ボタンを押したまま、マウスを動かします。目的の操作が完了したら、左ボタンから指を離します。

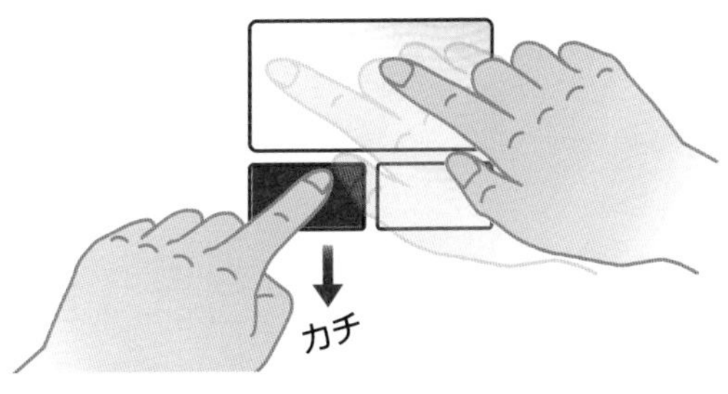

タッチパッドの左ボタン（機種によっては左下の領域）を押したまま、タッチパッドを指でなぞります。目的の操作が完了したら、左ボタンから指を離します。

ホイールの使い方

ほとんどのマウスには、左ボタンと右ボタンの間にホイールが付いています。ホイールを上下に回転させると、Web ページなどの画面を上下にスクロールすることができます。そのほかにも、Ctrl を押しながらホイールを回転させると、画面を拡大／縮小したり、フォルダーのアイコンの大きさを変えることができます。

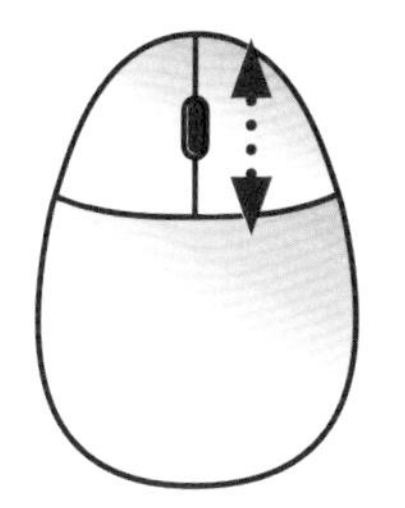

2 利用する主なキー

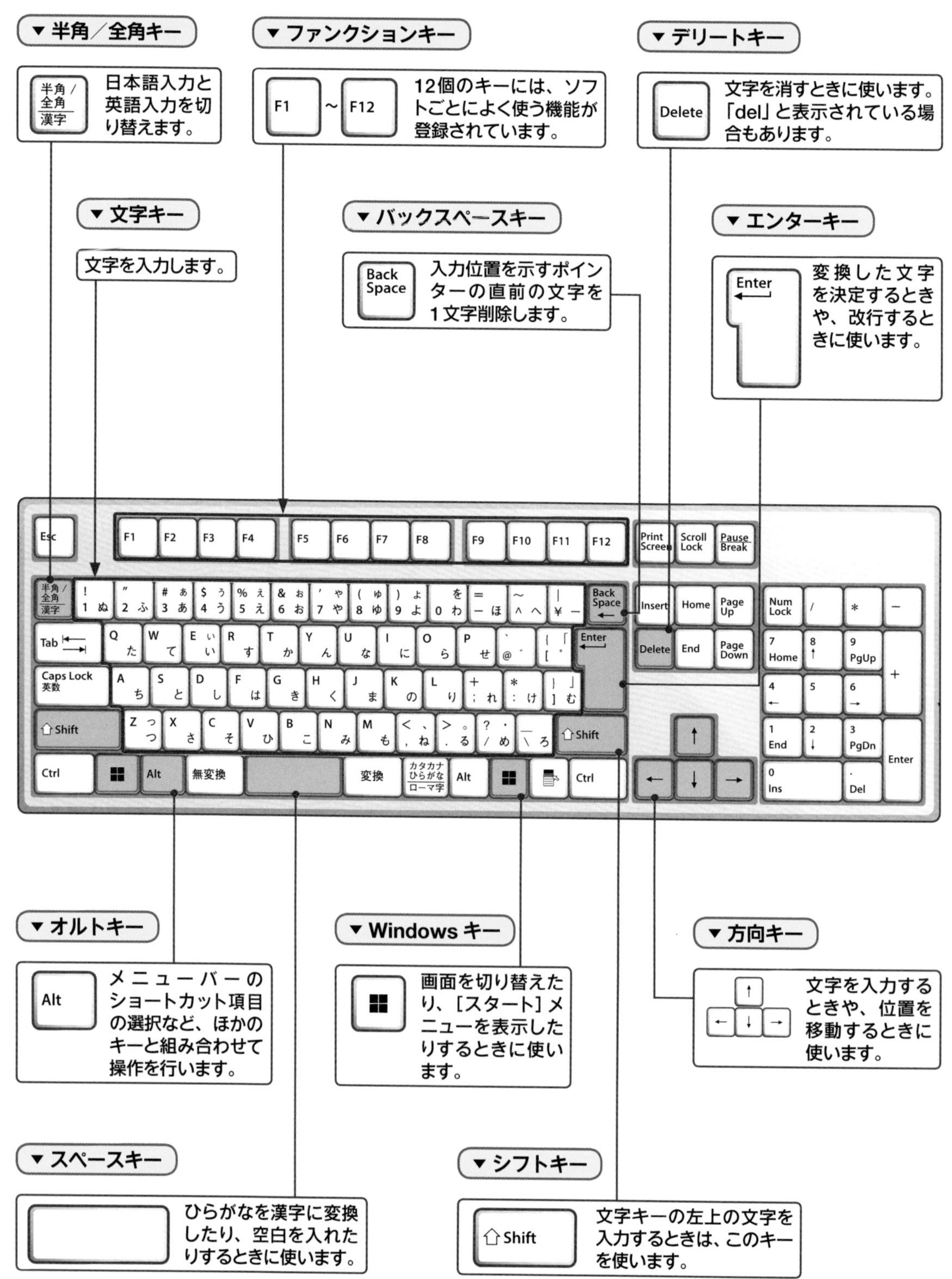
▼半角／全角キー
半角／全角 漢字
日本語入力と英語入力を切り替えます。
▼ファンクションキー
F1 ～ F12
12個のキーには、ソフトごとによく使う機能が登録されています。
▼デリートキー
Delete
文字を消すときに使います。「del」と表示されている場合もあります。
▼文字キー
文字を入力します。
▼バックスペースキー
Back Space
入力位置を示すポインターの直前の文字を1文字削除します。
▼エンターキー
Enter
変換した文字を決定するときや、改行するときに使います。
▼オルトキー
Alt
メニューバーのショートカット項目の選択など、ほかのキーと組み合わせて操作を行います。
▼Windows キー
画面を切り替えたり、［スタート］メニューを表示したりするときに使います。
▼方向キー
文字を入力するときや、位置を移動するときに使います。
▼スペースキー
ひらがなを漢字に変換したり、空白を入れたりするときに使います。
▼シフトキー
Shift
文字キーの左上の文字を入力するときは、このキーを使います。

3 タッチ操作

▼タップ

画面に触れてすぐ離す操作です。ファイルなど何かを選択するときや、決定を行う場合に使用します。マウスでのクリックに当たります。

▼ダブルタップ

タップを2回繰り返す操作です。各種アプリを起動したり、ファイルやフォルダーなどを開く際に使用します。マウスでのダブルクリックに当たります。

▼ホールド

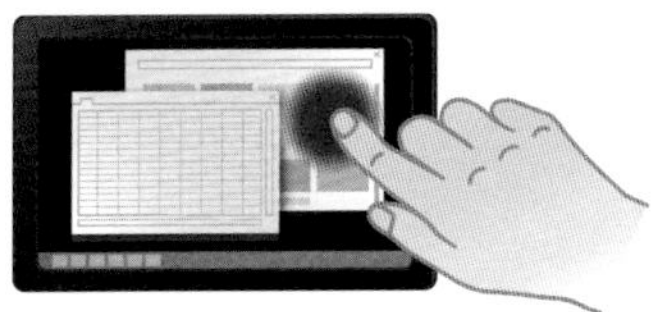

画面に触れたまま長押しする操作です。詳細情報を表示するほか、状況に応じたメニューが開きます。マウスでの右クリックに当たります。

▼ドラッグ

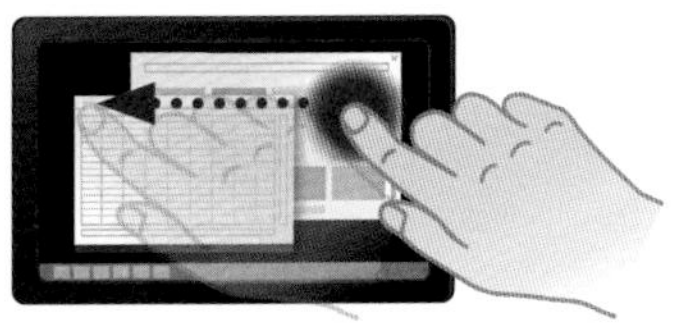

操作対象をホールドしたまま、画面の上を指でなぞり上下左右に移動します。目的の操作が完了したら、画面から指を離します。

▼スワイプ／スライド

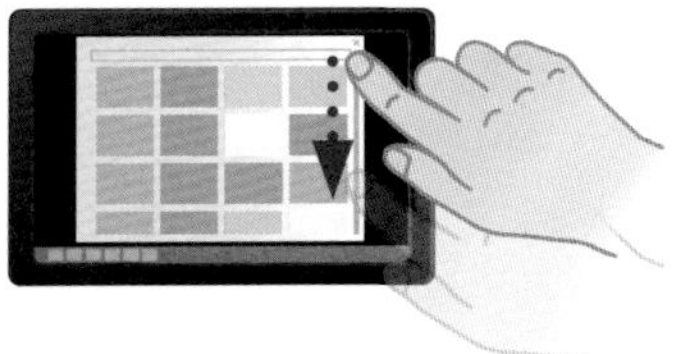

画面の上を指でなぞる操作です。ページのスクロールなどで使用します。

▼フリック

画面を指で軽く払う操作です。スワイプと混同しやすいので注意しましょう。

▼ピンチ／ストレッチ

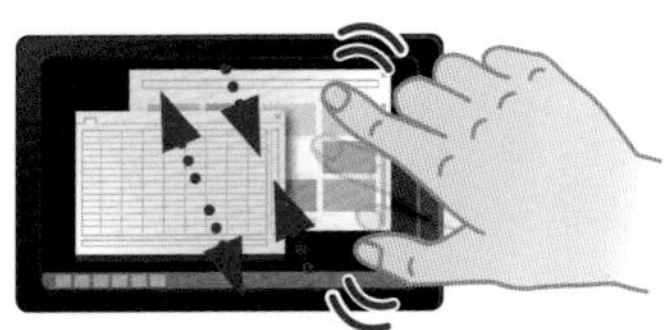

2本の指で対象に触れたまま指を広げたり狭めたりする操作です。拡大（ストレッチ）／縮小（ピンチ）が行えます。

▼回転

2本の指先を対象の上に置き、そのまま両方の指で同時に右または左方向に回転させる操作です。

Contents

第1章 Wordの基本の「こんなときどうする？」…………31

文字の変換

特殊な文字の入力

単語の登録

日付や定型文の入力

文章校正

コメント

変更履歴

脚注／参照

Contents

段落の書式設定

Contents

第6章 印刷の「こんなときどうする？」 …… 187

印刷プレビュー

ページの印刷

Contents

はがきの宛名

はがきの文面

テキストボックス

アイコン

3Dモデル

ワードアート

Contents

SmartArt

図の位置

画像

第9章 表とグラフの「こんなときどうする？」 275

Contents

ファイル（文書）の保存

ファイルの操作

ほかのアプリの利用

OneDriveでの共同作業

ご注意：ご購入・ご利用の前に必ずお読みください

- 本書に記載された内容は、情報提供のみを目的としています。したがって、本書を用いた運用は、必ずお客様自身の責任と判断によって行ってください。これらの情報の運用の結果について、技術評論社および著者はいかなる責任も負いません。

- 本書では、以下のOSおよびソフトウェアを使用して動作確認を行っています。ほかのバージョンのOSおよびソフトウェアを使用した場合、本書で解説している操作を再現できない場合があります。
  Windows 11 Home ／ Microsoft Office 2021（Word 2021）、Microsoft 365
  Windows 10 Home ／ Microsoft Office 2019/2016（Word 2019/2016）

- ソフトウェアに関する記述は、特に断りのないかぎり、2023年1月現在での最新バージョンをもとにしています。ソフトウェアはアップデートされる場合があり、本書の説明とは機能内容や画面図などが異なってしまうこともあり得ます。特にMicrosoft 365は、随時最新の状態にアップデートされる仕様になっています。あらかじめご了承ください。

- インターネットの情報については、URLや画面などが変更されている可能性があります。ご注意ください。

以上の注意事項をご承諾いただいた上で、本書をご利用願います。これらの注意事項をお読みいただかずに、お問い合わせいただいても、技術評論社および著者は対処しかねます。あらかじめご承知おきください。

第1章

Wordの基本の「こんなときどうする?」

重要度★★★ Wordの概要

Q 001 Wordってどんなソフト?

A マイクロソフトが開発しているワープロソフトです。

「Word」はマイクロソフトが開発・販売している文書作成ソフト(ワープロソフト)です。Word以外にもワープロソフトは各社から発売されていますが、Wordは世界中でもっとも多くの人に利用されている代表的なワープロソフトです。Wordは、ビジネスの統合パッケージである「Office」に含まれているほか、単体のパッケージとしても販売されています。それぞれ通常版のほかに、学生や教職員など教育機関向けの「アカデミック版」が販売されています。また、Microsoft 365にも含まれています。 参照▶Q 004

● Office Personal for Windows 2021

重要度★★★ Wordの概要

Q 002 Wordのバージョンによって何が違うの?

A 利用できる機能や操作手順が異なる場合があります。

「バージョン」とは、ソフトウェアの改良、改定の段階を表すもので、ソフトウェア名の後ろに数字で表記され、新しいほど数値が大きくなります。Windows版のWordには「2016」「2019」「2021」などのバージョンがあり、現在発売されている最新バージョンはWord 2021です。

バージョンによって、搭載されているリボンやコマンドが違ったり、利用できる機能や操作手順が異なったりする場合があります。また、ソフトウェアのアップデートによって変更されることもあるので、注意が必要です。

マイクロソフトによるサポート期限も異なり、Word 2016/2019は2025年10月にサポートが終了します。安心のためにも、サポート期限までに最新バージョンに乗り換えるようにしましょう。 参照▶Q 024

● Word 2019の画面

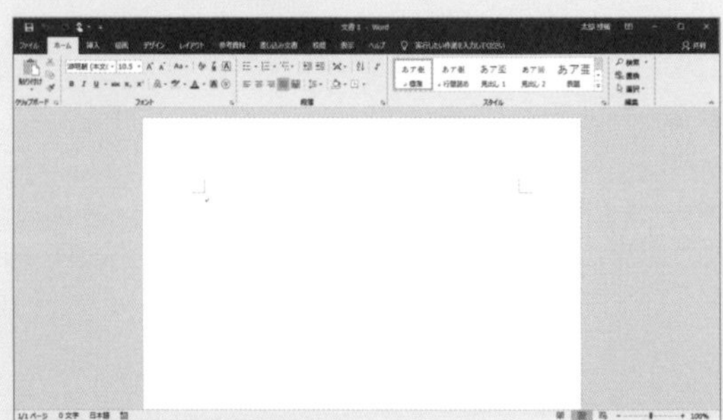

● Word 2021の画面

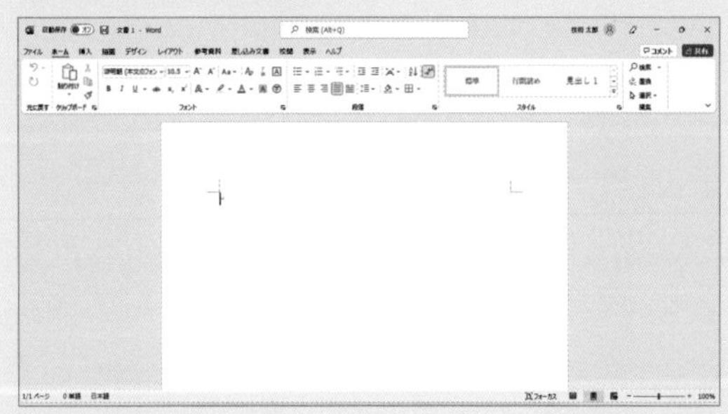

● Word 2016の画面

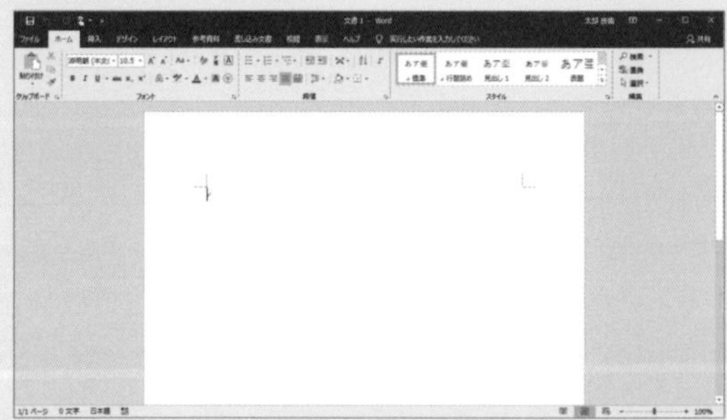

重要度★★★ Wordの概要

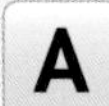

Q 003 Wordでは何ができるの？

A さまざまな用途に対応した文書を作成できます。

Wordでは、用途や目的に応じた文書を作成できる機能が豊富に用意されています。

文字入力を支援してくれる機能はもちろん、フォント・文字サイズ・文字色、太字・斜体・下線、囲み線、文字の効果などによって、文字を多彩に修飾できます。そのほか、レイアウト機能も豊富に用意されているので、さまざまな種類の文書を作成可能です。

また、イラストや画像の挿入、図形の描画、表の作成などで、見栄えのよい文書を作成することができます。

さらに、はがきの宛名面やラベルを作成して、宛名などを住所録から差し込み印刷することもできます。

● Wordで作成した文書の例

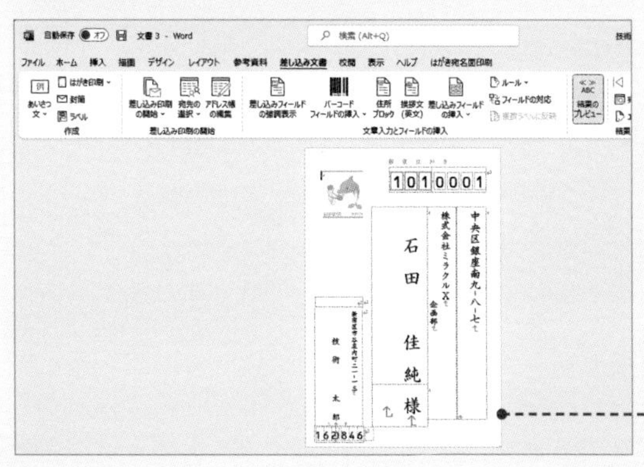

はがきの宛名面など差し込み印刷できます。

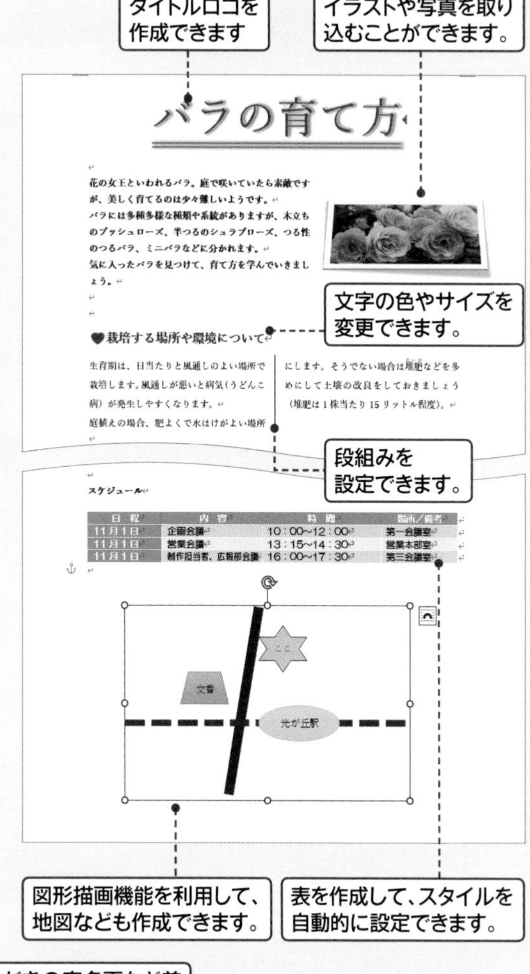

タイトルロゴを作成できます
イラストや写真を取り込むことができます。
バラの育て方
文字の色やサイズを変更できます。
栽培する場所や環境について
段組みを設定できます。
スケジュール
図形描画機能を利用して、地図なども作成できます。
表を作成して、スタイルを自動的に設定できます。

重要度★★★ Wordの概要 2019 2016

Q 004 Word 2021を使いたい！

A Word 2021またはOffice 2021をインストールします。

Wordを利用するには、Word 2021単体またはOffice 2021のパッケージを購入して、パソコンにインストールする必要があります。新たにパソコンを購入する場合は、WordなどのOffice製品があらかじめインストール（プリインストール）されているパソコンを選ぶと、すぐに利用することができます。

参照▶Q 006

● Office 2021を動作させるために必要な環境

構成要素	必要な条件
対応OS	Windows 11、Windows 10
コンピューターおよびプロセッサ（CPU）	1.6Gz以上、2コア
メモリ容量	4GB（64ビット）、2GB（32ビット）
ハードディスクの空き容量	4GB以上の空き容量
ディスプレイ	1280×768の画面解像度

重要度 ★★★ Wordの概要

Q 005 Wordが見つからない!

A Wordがインストールされているかどうかを確認します。

パソコンにインストールされているアプリを確認しましょう。

● Windows 11の場合

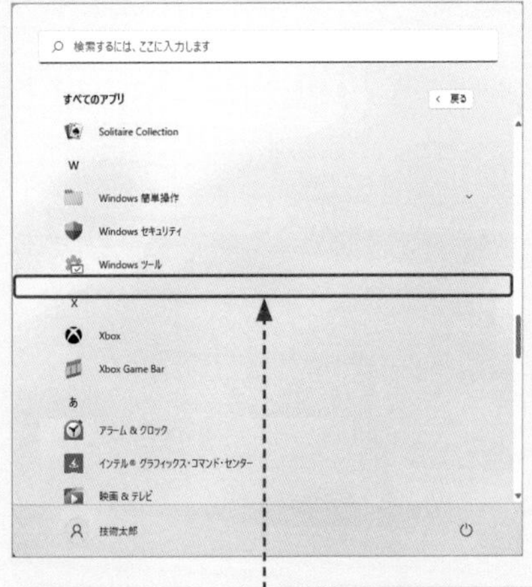

[すべてのアプリ] に表示されていなければ、アプリはインストールされていません。

Windows 11の場合は［スタート］をクリックして表示されるスタートメニューの［すべてのアプリ］をクリックして表示される［すべてのアプリ］に表示されます。Windows 10の場合は［スタート］をクリックして表示されるスタートメニューに表示されます。
これらの一覧にWordアプリが表示されなければ、インストールされていないことになります。 参照▶Q 011

● Windows 10の場合

スタートメニューに表示されていなければ、アプリはインストールされていません。

重要度 ★★★ Wordの概要 2019 2016

Q 006 Office 2021にはどんな種類があるの?

A 大きく分けて4種類の製品があります。

家庭やビジネスで利用するOffice 2021には、大きく分けて、「Office Personal」「Office Home and Business」「Office Professional」「Microsoft 365 Personal」の4種類があります。ライセンス形態やインストールできるデバイス、OneDriveの容量などが異なります。

● 各Officeの特徴

	Office Personal／Office Home and Business	Office Professional	Microsoft 365 Personal
ライセンス形態	永続ライセンス	永続ライセンス	サブスクリプション（月または年ごとの支払い）
インストールできるデバイス	2台のWindowsパソコン	2台のWindowsパソコン／Mac	Windowsパソコン、Mac、タブレット、スマートフォンなど台数無制限
OneDrive	5GB	5GB	1TB
最新バージョンへのアップグレード	Office 2021以降のアップグレードはできない	Office 2021以降のアップグレードはできない	常に最新版にアップグレード

重要度 ★★★　Wordの概要　2019　2016

Q 007 Word 2021を試しに使ってみたい!

A Microsoft 365 Personalの試用版を1か月無料で利用できます。

Word 2021を購入する前に、試しに使ってみたいという場合は、Microsoft 365 Personalの試用版を1か月無料で利用することができます。試用版を利用する際にはクレジットカードが必要です。試用期間終了後には自動的に年額(12,984円)が課金されるので、使わない場合は期間中にキャンセルします。

なお、Microsoft 365 Personalの試用版は、Word 2021と画面表示や機能が異なる場合があります。

● Microsoft 365試用版のダウンロードページ

「https://www.microsoft.com/ja-JP/microsoft-365/try」にアクセスして[1か月間無料で試す]をクリックします。

重要度 ★★★　Wordの概要

Q 008 Wordを使うのにMicrosoftアカウントは必要なの?

A Wordをイントールしてライセンス認証を行う場合に必要です。

Word 2013(Office 2013)以降の各バージョンやMicrosoft 365をインストールしてライセンス認証を行う場合、あるいはマイクロソフトがインターネット上で提供しているオンラインストレージサービスのOneDrive、Word Onlineなどを利用する場合に、Microsoftアカウントが必要です。

Microsoftアカウントを取得(作成)するには、「https://signup.live.com/」にアクセスして、[アカウントの作成]画面で[新しいメールアドレスを取得]をクリックし、メールアドレスとパスワードの組み合わせで作成します。このほか、Microsoftアカウントが必要な場面で表示される[サインイン]画面からでもアカウントを作成することができます。

参照▶Q 550

● Microsoftアカウントの作成

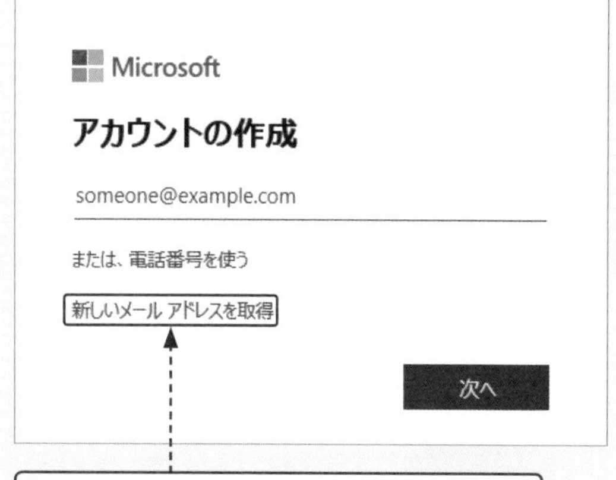

「https://signup.live.com/」にアクセスして、[新しいメールアドレスを取得]をクリックします。

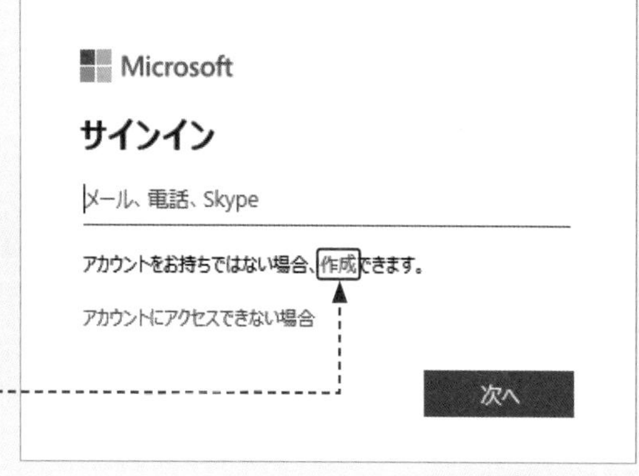

この画面が表示された場合は、[作成]をクリックします。

重要度 ★★★　Wordの概要

Q 009 使用しているOfficeの情報を確認するには？

A アカウント画面で確認できます。

パソコンにインストールされているOffice製品の情報は、Officeのバージョンによって異なります。
バージョンは、[ファイル]タブの[アカウント]をクリックすると表示される[アカウント]画面で確認できます。[Wordのバージョン情報]をクリックすると、詳細が表示されます。
ライセンス認証が済んでいるかどうかも同じ画面で確認できます。

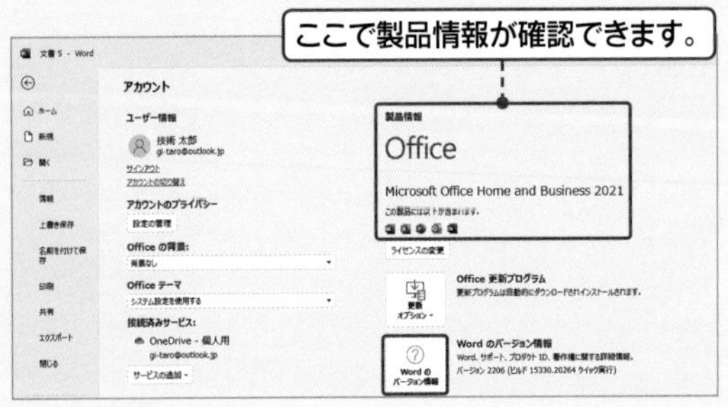

重要度 ★★★　Wordの概要

Q 010 Wordを常に最新の状態にしたい！

A 通常は自動的に更新されます。

Office製品のプログラムは、製品の不具合などを改良して、常に更新が行われています。通常は、自動的に更新プログラムがダウンロードされて、インストールされるように設定されています。自動更新が有効になっているかどうか、現在のプログラムは最新のものかどうかは、[ファイル]タブの[アカウント]をクリックすると表示される[アカウント]画面で確認できます。
[Office更新プログラム]で「この製品は更新されません」と表示されている場合は、[更新オプション]をクリックして、[更新を有効にする]をクリックします。「更新プログラムは自動的にダウンロードされインストールされます」という表示になっていればOKです。

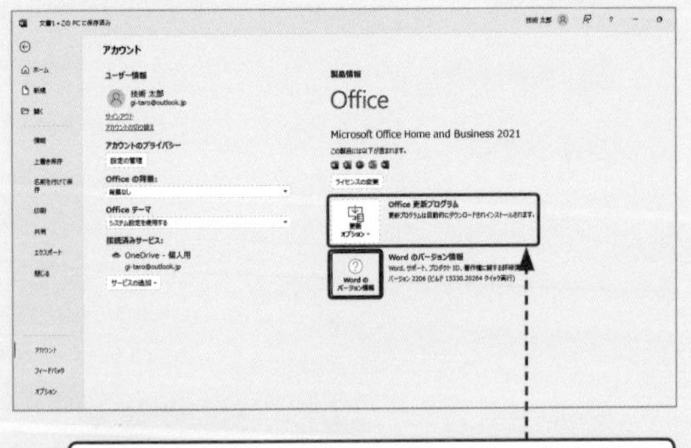

更新プログラムは自動的にダウンロードされます。

最新のものか確認したい場合は、[今すぐ更新]をクリックします。最新の場合は「最新の状態です」と表示され、更新データがある場合は更新が始まります。

1 「この製品は更新されません。」と表示された場合は、ここをクリックして、

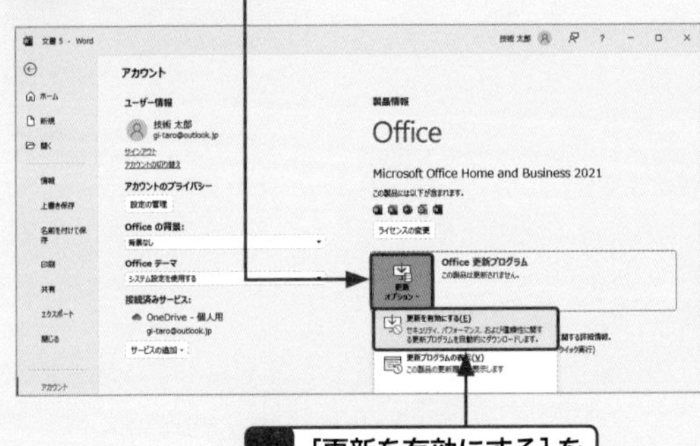

2 [更新を有効にする]をクリックします。

3 ここをクリックして、

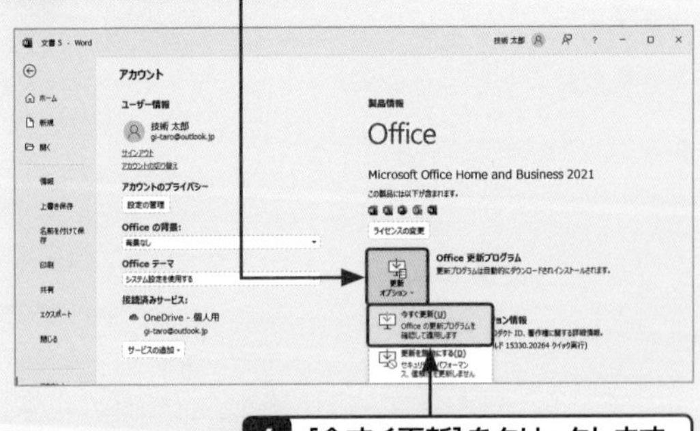

4 [今すぐ更新]をクリックします。

Q 011 Wordを起動するには？

A1 Windows 11ではスタートメニュー（すべてのアプリ）から起動します。

Windows 11でWordを起動するには、[スタート]をクリックして、[ピン留め済み]に[Word]が表示されていればクリックします。なければ、[すべてのアプリ]をクリックして、一覧から起動します。

1 Windows 11を起動して、

2 [スタート]をクリックし、

3 スタートメニューを表示します。

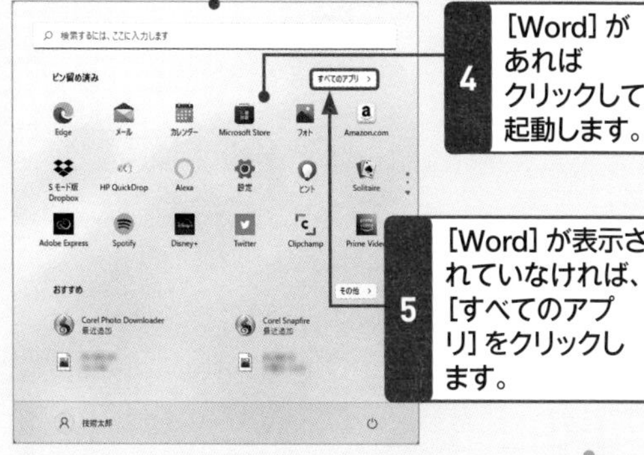

4 [Word]があればクリックして起動します。

5 [Word]が表示されていなければ、[すべてのアプリ]をクリックします。

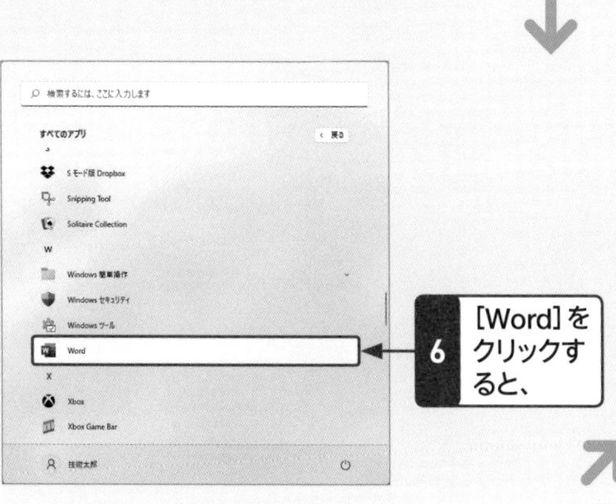

6 [Word]をクリックすると、

7 Wordが起動します。

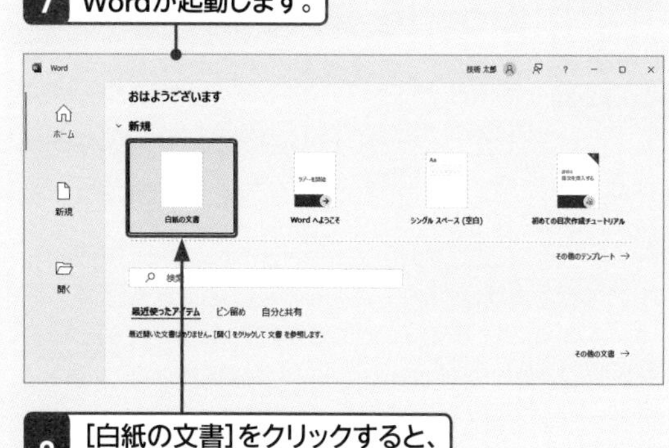

8 [白紙の文書]をクリックすると、新規文書が開きます。

A2 Windows 10ではスタートメニューから起動します。

Windows 10でWordを起動するには、[スタート]をクリックして、表示されるメニューから[Word]をクリックします。

1 Windows 10を起動して、[スタート]をクリックし、

2 スタートメニューを表示します。

3 [Word]をクリックすると、Wordが起動します。

重要度 ★★★ 起動と終了

Q 012 Wordをタスクバーから起動したい!

A タスクバーにアイコンを表示します。

タスクバーにWordのアイコンを登録しておくと、クリックするだけですぐにWordを起動できます。登録するには、起動したWordのアイコンを利用する方法と、スタートメニューのアイコンを利用する方法があります。いずれもアイコンを右クリックして、[タスクバーにピン留めする]をクリックします。このピン留めをやめたい場合は、タスクバーのアイコンを右クリックして、[タスクバーからピン留めを外す]をクリックします。

参照▶Q 011

● 起動したWordのアイコンから登録する

1 Wordを起動します。

2 タスクバーのWordのアイコンを右クリックして、

3 [タスクバーにピン留めする]をクリックします。

4 タスクバーにWordのアイコンが登録され、Wordを終了しても表示されています。

● スタートメニューから登録する

1 スタートメニューのWordのアイコンを右クリックして、

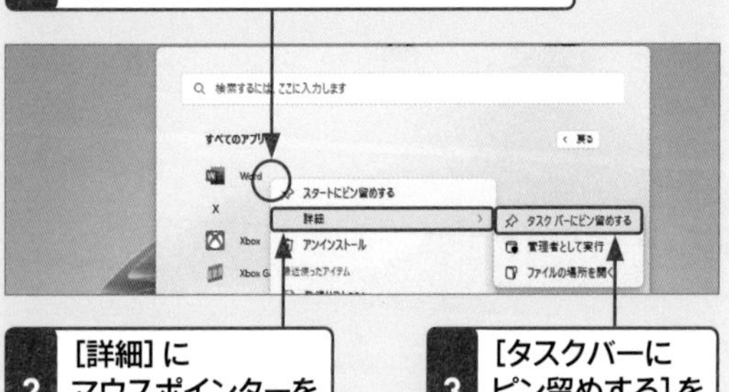

2 [詳細]にマウスポインターを合わせ、

3 [タスクバーにピン留めする]をクリックします。

重要度 ★★★ 起動と終了

Q 013 Wordをデスクトップから起動したい!

A デスクトップにショートカットアイコンを作成します。

デスクトップにWordのショートカットアイコンを作成すると、アイコンをダブルクリックするだけでかんたんにWordを起動できます。

Windowsのバージョンによって若干操作が異なります。Windows 11ではスタートメニュー(または[すべてのアプリ])の[Word]を右クリックして、[ファイルの場所を開く]をクリックします。選択されている[Word]を右クリックして、[その他のオプションを表示]をクリックしてメニューを開きます。Windows 10ではスタートメニューの[Word]を右クリックして、[その他]→[ファイルの場所を開く]をクリックし、選択されている[Word]を右クリックしてメニューを表示します。

それぞれのメニューから、以下の手順でショートカットアイコンを作成します。

1 メニューが表示されます。

2 [送る]にマウスポインターを合わせて、

3 [デスクトップ(ショートカット作成)]をクリックすると、

4 デスクトップにWordのショートカットアイコンが作成されます。

Q 014 Wordの作業を終了したい！

A 画面右上の[閉じる]をクリックします。

1つの文書のみを開いている場合に、ウィンドウの右上にある[閉じる]☒をクリックすると、文書が閉じるとともにWordが終了します。
複数の文書を開いている場合は、[閉じる]をクリックした文書のみが終了し、ほかの文書は開いたままです。複数の文書の場合にWordを終了するには、タスクバーのアイコンを右クリックして、[すべてのウィンドウを閉じる]をクリックします。
このとき、保存されていない文書がある場合は、確認メッセージが表示されます。 参照▶Q 015

● 1つの文書の場合

[閉じる]をクリックします。

● 複数の文書の場合

1 アイコンを右クリックして、
2 [すべてのウィンドウを閉じる]をクリックします。

文書の作業を終了したいが、Word自体はそのまま起動しておきたいという場合は、[ファイル]タブをクリックして[閉じる]をクリックします。

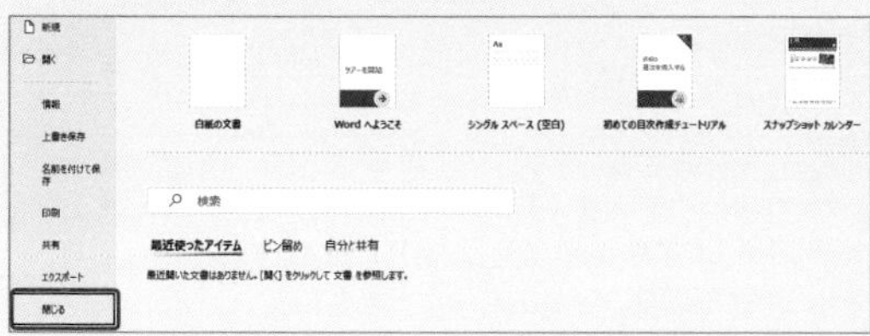

Q 015 終了時に「保存しますか？」と聞かれた！

A 文書を保存するかどうかを選択します。

現在編集中の文書を保存していないまま、画面右上の[閉じる]☒をクリックしたり、複数の文書ですべてのウィンドウを閉じようとしたりすると、確認のメッセージが表示されます。
文書を保存するのであれば、[保存]をクリックすると上書き保存されます。保存しないときは[保存しない]を、終了を取りやめるときは[キャンセル]をクリックして編集を続けます。
一度も保存してない文書では、[名前を付けて保存]画面が表示された場合は名前を付けて保存します。[この変更内容を保存しますか]画面が表示された場合は、名前を入力します。保存先を標準の「OneDrive」からほかの場所に変更したいときは[その他のオプション]をクリックすると、[名前を付けて保存]画面が表示されます。

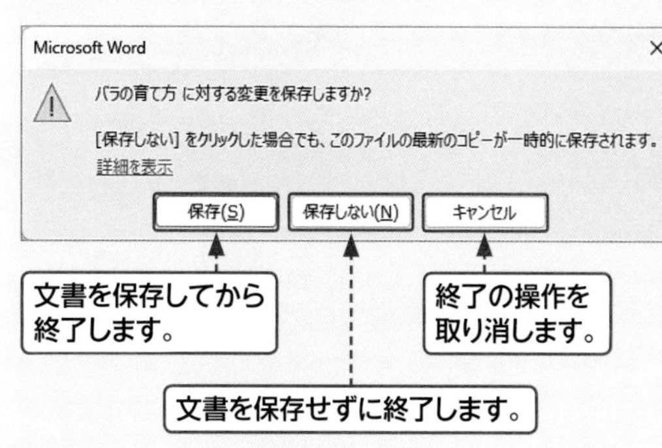

文書を保存してから終了します。
文書を保存せずに終了します。
終了の操作を取り消します。

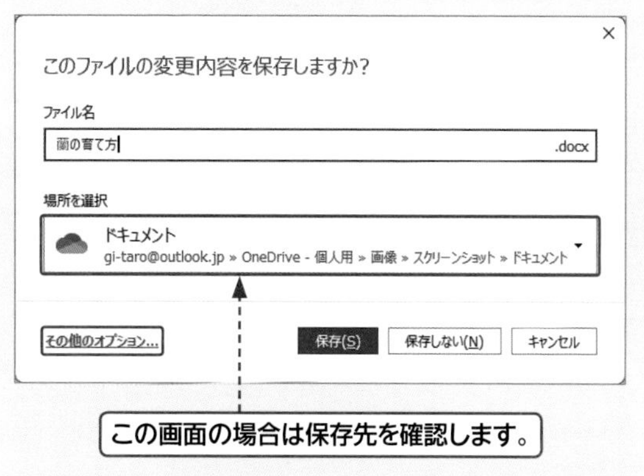

この画面の場合は保存先を確認します。

重要度 ★★★ 起動と終了

Q 016 Wordが反応しなくなった！

A タスクマネージャーを使ってWordを終了します。

Wordが動作しないときは、通常は「応答していません」などのメッセージが表示されるので、画面の指示に従います。しばらく経過しても何の反応がない場合は、タスクマネージャーを利用してWordを終了させます。
タスクマネージャーを起動するには、Windows+Xを押すと表示されるメニューから［タスクマネージャー］をクリックします。
［Word］をクリックして、［タスクを終了する］（［タスクの終了］）をクリックします。
なお、マウスやキーボードが使えない場合は、電源を長押ししてパソコンを強制終了し、再起動するとよいでしょう。

● Windows 11の場合

1 タスクマネージャーを表示します。

2 ［Microsoft Word］をクリックして、

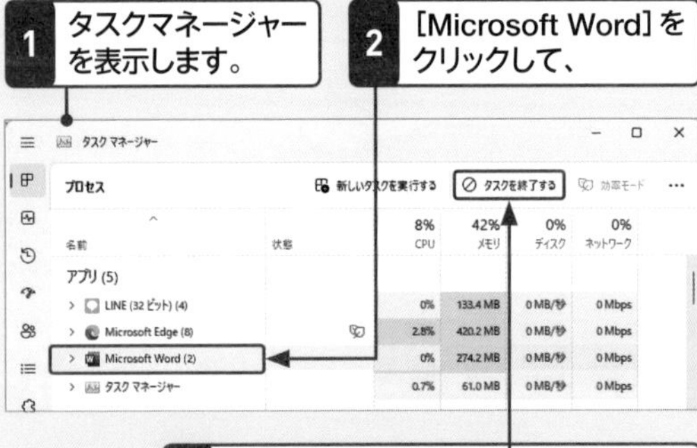

3 ［タスクを終了する］をクリックします。

● Windows 10の場合

1 タスクマネージャーを表示します。

2 ［Microsoft Word］をクリックして、

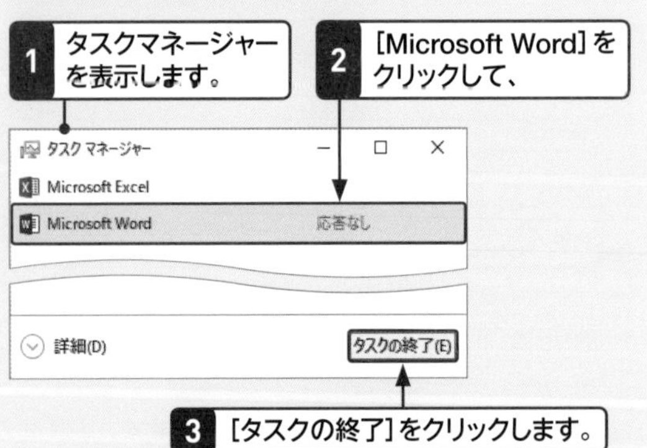

3 ［タスクの終了］をクリックします。

重要度 ★★★ Word操作の基本

Q 017 新しい文書はどこで作成するの？

A ［ファイル］タブの［新規］から作成します。

Wordを起動して［白紙の文書］をクリックすると、「文書1」という名前の新規文書が作成されます。文書を編集中に新しく文書を作成したい場合は、［ファイル］タブをクリックして、［新規］をクリックし、［白紙の文書］をクリックします。
このほかに、テンプレートから選択することもできます。テンプレートとは、定型文書のひな型で、請求書やビジネスレターなどを作る際に、テンプレートから自分用に変更して利用できるので、一から作成するよりも手間が省けます。 参照▶Q 020

1 文書の編集中に［ファイル］タブをクリックして、

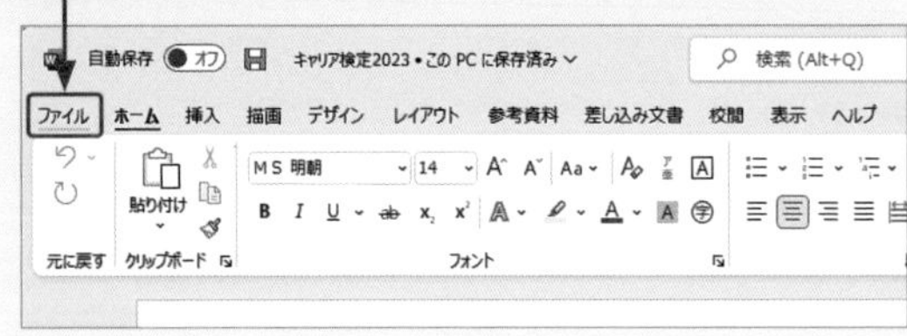

2 ［新規］をクリックします。

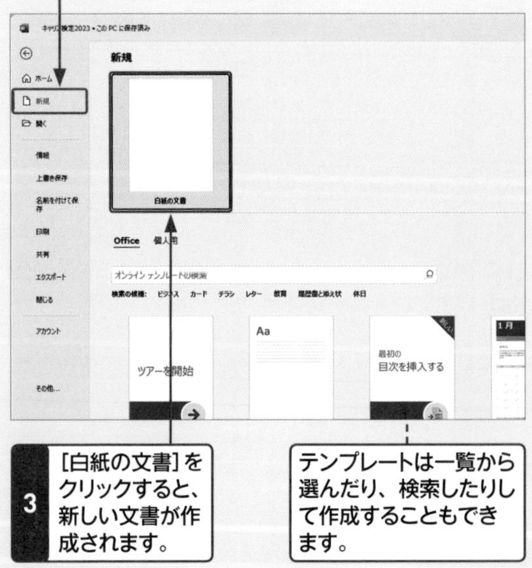

3 ［白紙の文書］をクリックすると、新しい文書が作成されます。

テンプレートは一覧から選んだり、検索したりして作成することもできます。

重要度 ★★★ Word操作の基本

Q 018 マウスポインターって何？

A 画面上に表示されるもので、マウス操作の位置などを示します。

マウスポインターはポインターともいい、コンピューターの操作画面で入力位置や操作する特定の位置（ポイント）を示すものです。
マウスを動かすと、マウスポインターも画面上を移動します。文書内を移動する場合は I の形になったり、図やイラストなどを選択する場合は矢印の形になったり、またオブジェクトのサイズを変更する場合は両矢印になったりと、それぞれの操作に合わせて形状が変わります。

形状	用途
I	文書内を移動する
(矢印)	行などを選択する
(十字矢印付きポインター)	オブジェクト（画像や図など）を選択する
(両矢印)	ウィンドウやオブジェクトのサイズを変更する

重要度 ★★★ Word操作の基本

Q 019 ショートカットキーは使えるの？

A Altを押すと、使用可能なショートカットキーを確認できます。

Wordの操作性を向上するのに欠かせないのが、ショートカットキーです。Wordでは機能コマンドのほとんどにショートカットキーが割り当てられており、Altを押すとタブ（一部のコマンド含む）に割り当てられているキーが表示されます。キーを押すと、指定されたタブに切り替わります。さらに、各タブでのショートカットキーは、[ホーム]タブがAlt＋H、[挿入]タブはAlt＋Nというように割り当てられています。
また、よく使うCtrl＋C（コピー）、Ctrl＋V（貼り付け）などはWordのバージョンが変わっても同じです。
巻末に「ショートカットキー一覧」を掲載していますので、併せて参考にしてください。

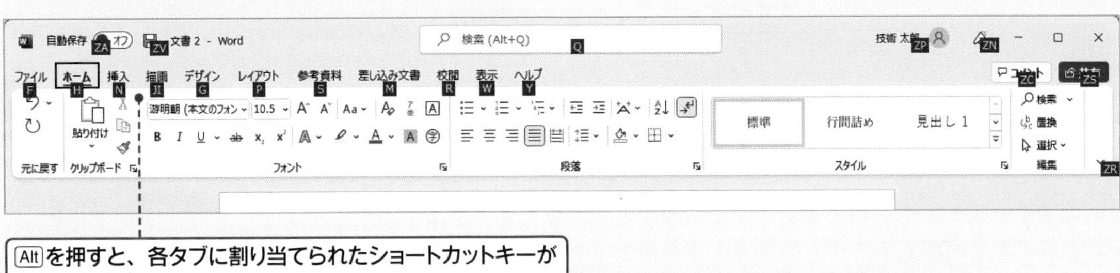

Altを押すと、各タブに割り当てられたショートカットキーが表示されます。

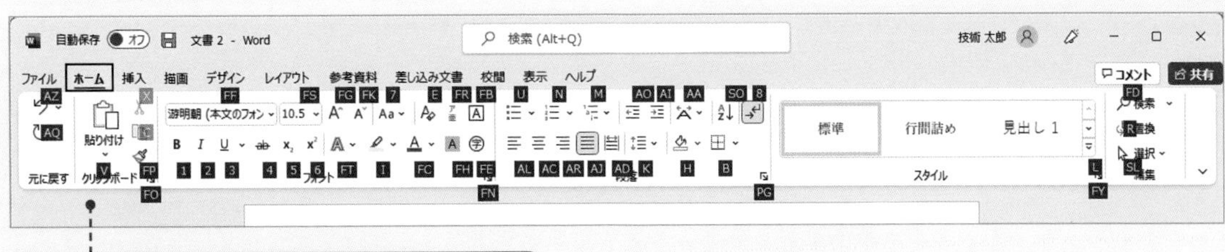

Alt＋Hを押すと、[ホーム]タブに割り当てられたショートカットキーが表示されます。

重要度 ★★★ テンプレートの利用

Q 020 テンプレートの種類が知りたい!

A ビジネス文書など数千種類が用意されています。

テンプレートは定型文書のひな型で、文書に必要な項目や書式、デザインが設定されている文書のことです。テンプレートを利用すれば、自分用に変更して使うことができ、白紙の状態から文書を作るより効率的です。テンプレートは、[ファイル]タブをクリックして[新規]をクリックすると、画面下方向にさまざまな種類が表示されます。この中に目的のテンプレートがない場合は、検索して表示することができます。

参照▶Q 021, Q 022

1 [新規]画面にテンプレートが表示されています。

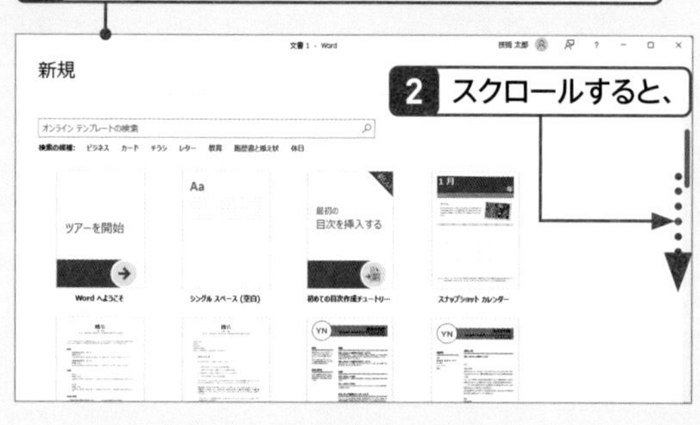

3 ほかの種類も表示されます。

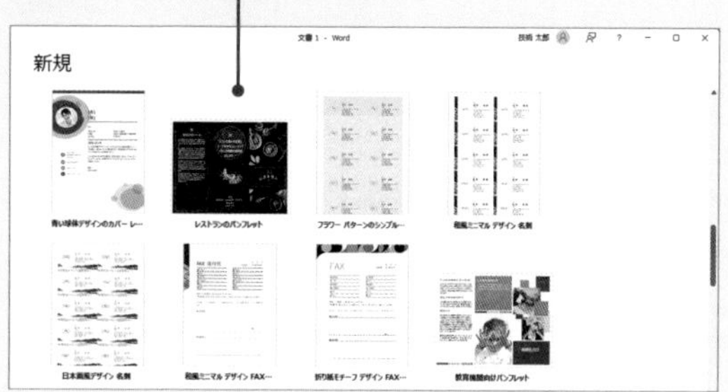

重要度 ★★★ テンプレートの利用

Q 021 テンプレートを検索したい!

A 検索ボックスを利用します。

Wordにはさまざまなテンプレートが用意されています。[新規]画面の検索ボックスにキーワードを入力すると検索結果のテンプレートが表示されます。また、画面一番下に表示されている「templates.office.com」をクリックすると、ブラウザーが起動してマイクロソフトのテンプレートページが表示されます。ここからでも探すことができます。

1 [新規]画面の検索ボックスをクリックします。

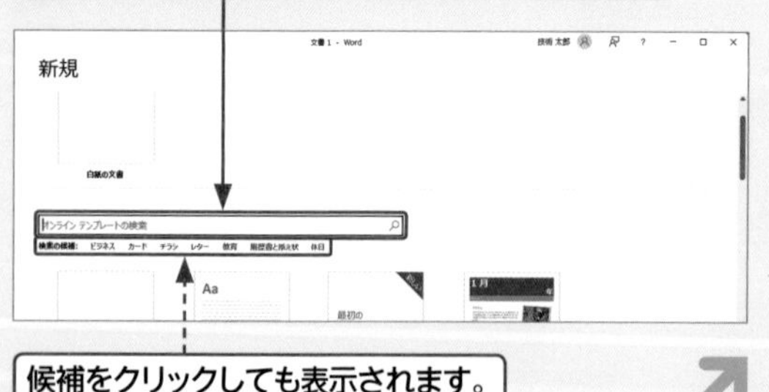

2 検索ボックスにキーワードを入力すると、

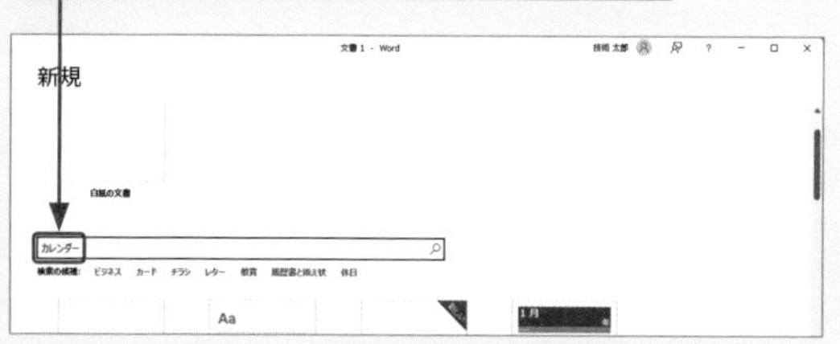

3 キーワードに合ったテンプレートが表示されます。

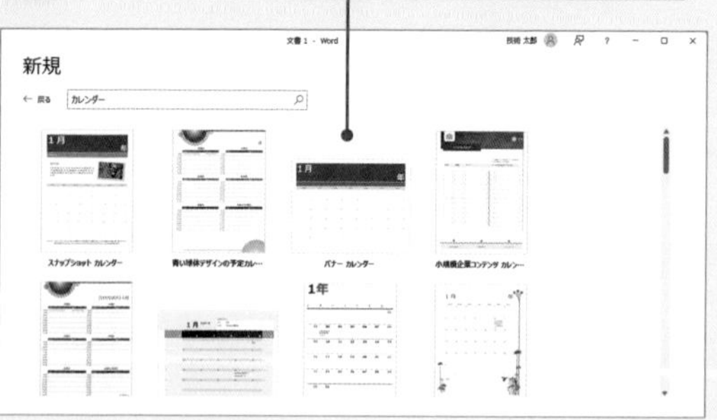

Q 022 テンプレートを使いたい！

A テンプレートを挿入して内容を変更します。

テンプレートを検索して選択したら、[作成]をクリックします。新しい文書が開き、テンプレートが挿入されます。必要な箇所を変更したり、不要な部分を消したりして文書を作成します。テンプレートによっては、編集のヒントが記載されているものもあるので参考にして、自分用の文書を作成しましょう。
また、カレンダーなどマクロ機能が設定されているテンプレートの場合、セキュリティの警告メッセージが表示される場合があります。[コンテンツの有効化]をクリックすると利用できるようになります。
完成した文書は、通常の文書と同様に保存します。テンプレートとして保存することも可能です。

参照▶Q 021, Q 559

1 テンプレートを検索します。

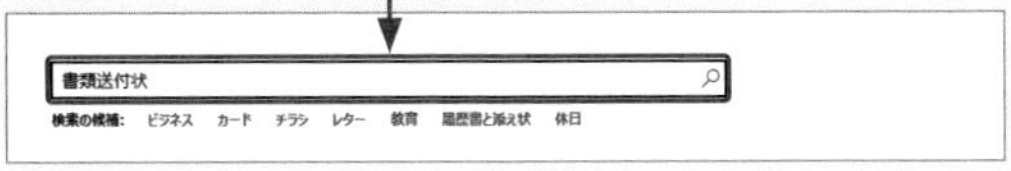

2 使いたいテンプレートをクリックします。

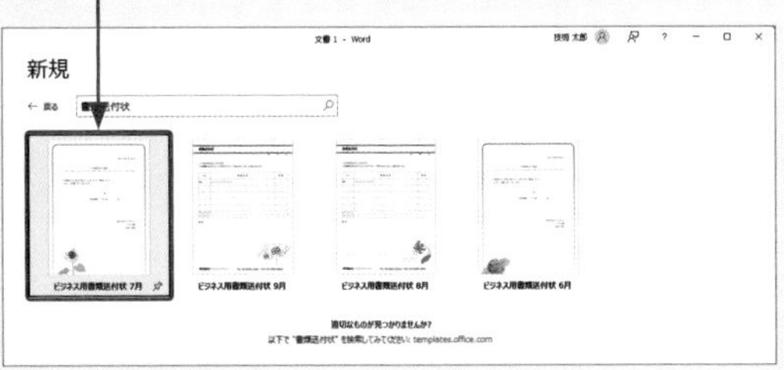

3 [作成]をクリックすると、

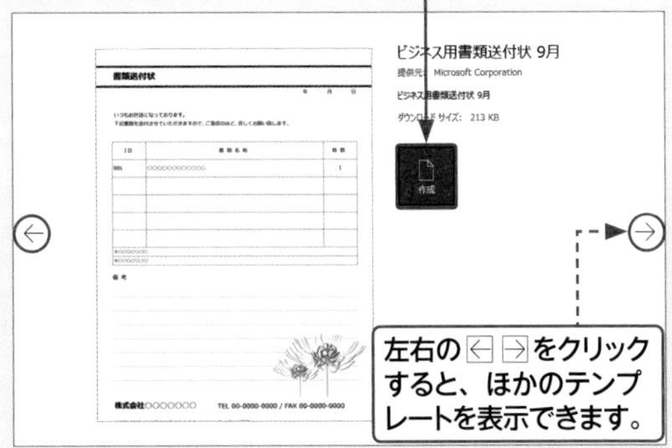

左右の ← → をクリックすると、ほかのテンプレートを表示できます。

4 新しい文書が開き、テンプレートが挿入されます。

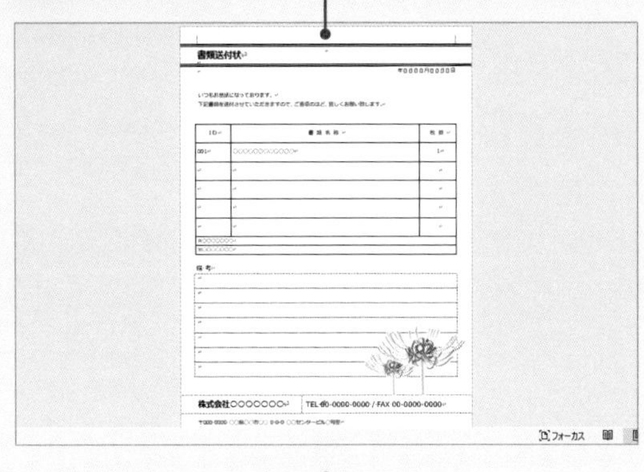

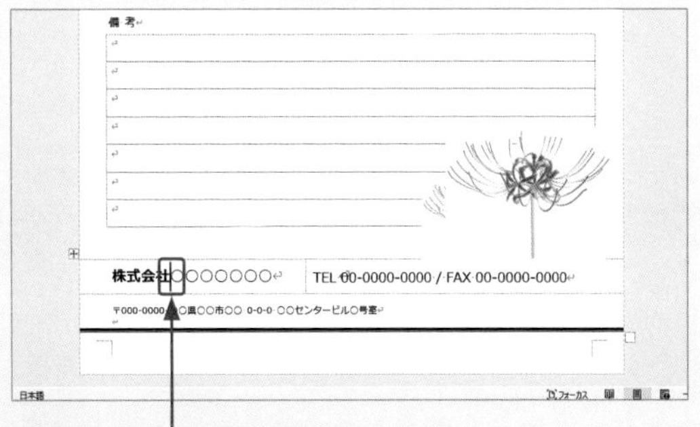

5 修正する箇所をクリックして、カーソルを挿入します。

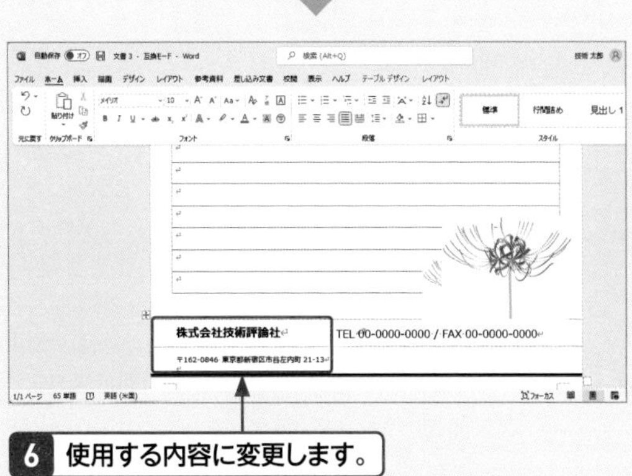

6 使用する内容に変更します。

重要度 ★★★ Word画面の基本

Q 023 リボンやタブって何？

A Wordの操作に必要なコマンドが表示されるスペースです。

「タブ」は、Wordの機能を実行するためのもので、Wordのバージョンによって異なります。Word 2021の初期設定では11（または10）個のタブが配置されています。そのほかのタブは、作業に応じて新しいタブとして表示されます。それぞれのタブには、目的別にコマンドがグループ分けされており、コマンドをクリックして直接機能を実行したり、メニューやダイアログボックスなどを表示して機能を実行したりします。

タブの集合体を「リボン」といいます。各コマンドが表示されているリボン部分は、非表示にすることもできます。

以下に、各タブの主な機能を紹介します。

なお、本書では各名称について、下図のように使い分けています。

参照▶Q 025, Q 026, Q 033

● 画面の名称

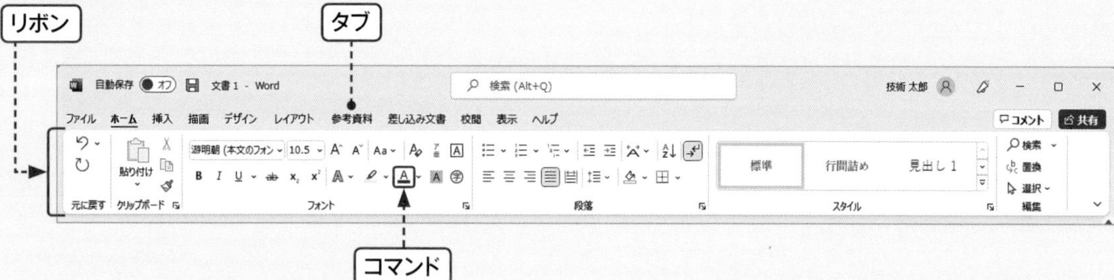

● タブの主な機能（Word 2021版）

タ　ブ	主な機能
ファイル	文書の情報、新規作成や保存、印刷などファイルに関する操作や、Wordの操作に関する各種オプション機能などが搭載されています。
ホーム	文字書式や文書の書式設定、文字配置の変更やデータの表示形式の変更、コピー／切り取りや貼り付け、検索／置換などに関する機能が搭載されています。
挿入	画像や図形、アイコン、3Dモデル、SmartArtなどを挿入したり、各種グラフやテキストボックスを作成したりする機能が搭載されています。
描画	指やデジタルペン、マウスを使って、文書に直接描画したり、描画を図形に変換したり、数式に変換したりする機能が搭載されています。
デザイン	文書のデザインが統一に設定されたテーマや書式設定、配色、フォントが用意されており、透かしやページの色、ページ罫線の設定をする機能が搭載されています。
レイアウト	文書全体のデザインを変更したり、用紙サイズや印刷の向き、余白、段組み、セクション区切り、印刷範囲などを設定したりする機能が搭載されています。
参考資料	目次、文末脚注、引用文献、図表番号、索引、引用文など、文書に付属する資料の作成や管理、追加・更新などの設定をする機能が搭載されています。
差し込み文書	はがきや封筒ラベルなどへの宛名を差し込む設定をしたり、差し込む宛先のアドレス帳を作成したり、はがきの文面を作成したりする機能が搭載されています。
校閲	スペルチェック、語句の検索、言語の翻訳などの文章校正や、アクセシビリティチェック、音声読み上げ、コメントの挿入、変更履歴の記録や文書の比較、文書への編集の制限など文書の共有に関する機能が搭載されています。
表示	文書の表示モードの切り替えや表示倍率の変更、アクセシビリティチェック、音声読み上げ、ルーラーやグリッド線の表示、ウィンドウの分割／切り替えなど、文書表示に関する機能が搭載されています。
ヘルプ	［ヘルプ］作業ウィンドウを表示したり、マイクロソフトにフィードバックを送信したり、動画でWordの使い方を閲覧したりする機能が搭載されています。

Q 024 バージョンによってできることは違うの？

A 新機能の違いはありますが、基本の操作は同じです。

Wordのバージョンアップによって、より使いやすく便利な機能が追加されますが、当然ながらその機能は以前のバージョンでは使えません。また、追加された機能（コマンド）やタブの数など表示が異なる場合もあります。ただし、Wordの文書作成、入力、文字修飾やレイアウト方法など基本的な操作は変わりません。

Microsoft 365の画面は常に新しい機能にアップデートされるので、画面構成や見た目も変更されます。

参照▶Q 002, Q 023

● Word 2016の［ホーム］タブ

● Word 2019の［ホーム］タブ

● Word 2021の［ホーム］タブ

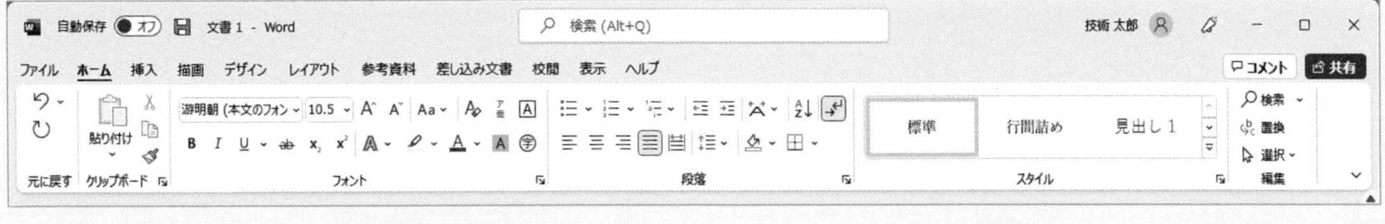

● Microsoft 365 Personalの［ホーム］タブ

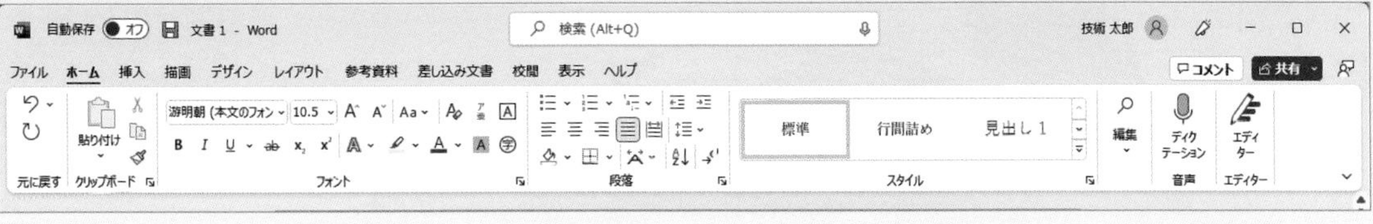

重要度 ★★★ Word画面の基本

Q 025 [描画]タブが表示されない!

A [リボンのユーザー設定]で表示させます。

Word 2021／2019に標準で表示される[描画]タブは、Word 2016の初期設定では表示されない設定になっています。[描画]タブを表示するには、[ファイル]タブの[オプション]をクリックして[Wordのオプション]を表示し、[リボンのユーザー設定]で設定します。[描画]タブでは、手書きで文字や図形をデジタル化できる機能などが用意されています。

参照▶Q 099

1 [リボンのユーザー設定]を開き、

2 [描画]をクリックしてオンにし、

3 [OK]をクリックします。

重要度 ★★★ Word画面の基本

Q 026 リボンを消して編集画面だけにできないの?

A リボンとタブを非表示にします。

リボンの表示方法は、Word 2021とWord 2019／2016では表示やコマンド名が若干異なります。
編集画面だけにするというのは、リボンタブやコマンドを非表示にすることです。Word 2021ではリボン右端の[リボンの表示オプション]をクリックして、[全画面表示モード]をクリックします。Word 2019／2016では画面上の[リボンの表示オプション]をクリックして、[リボンを自動的に非表示にする]をクリックします。

参照▶Q 027, Q 028

● Word 2019／2016の場合

1 [リボンの表示オプション]をクリックして、

2 [リボンを自動的に非表示にする]をクリックします。

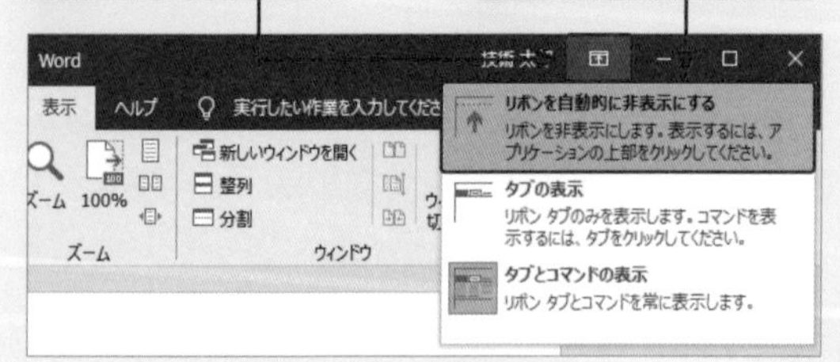

● Word 2021の場合

1 ここをクリックして、

2 [全画面表示モード]をクリックします。

3 リボンがすべて非表示になり、編集画面のみになりました。

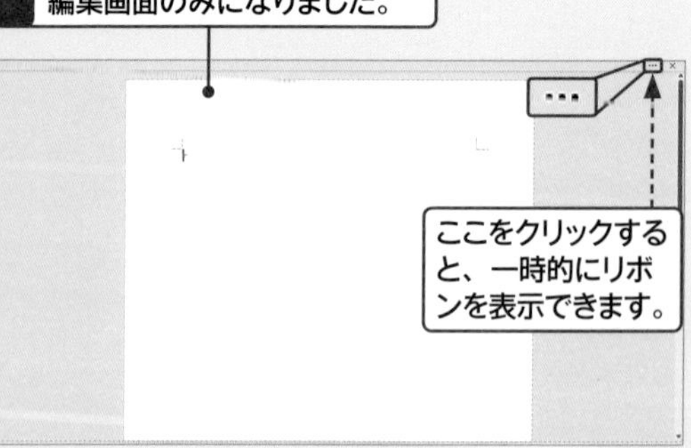

重要度 ★★★　Word画面の基本

Q 027 リボンは小さくならないの？

A タブ（名前）だけの表示にします。

リボンの表示方法は、Word 2021とWord 2019／2016では表示やコマンド名が若干異なります。タブのみを表示させる（コマンド部分を非表示にする）には、Ctrl＋F1を押すか、Word 2021ではリボン右端の［リボンの表示オプション］をクリックして、［タブのみを表示する］をクリックします。Word 2019／2016では画面上の［リボンの表示オプション］をクリックして［タブの表示］をクリックします。

● Word 2019／2016の場合

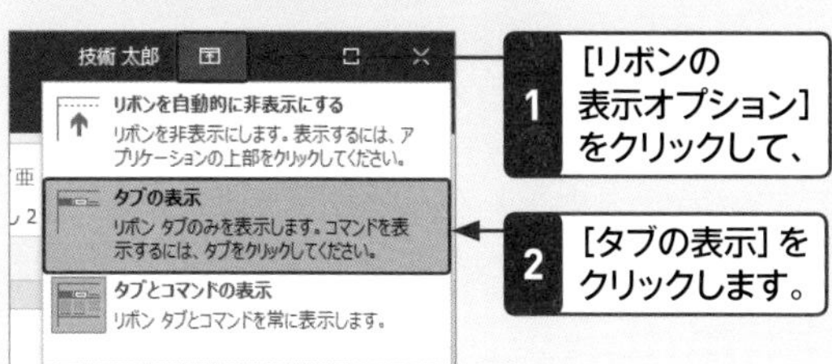

● Word 2021の場合

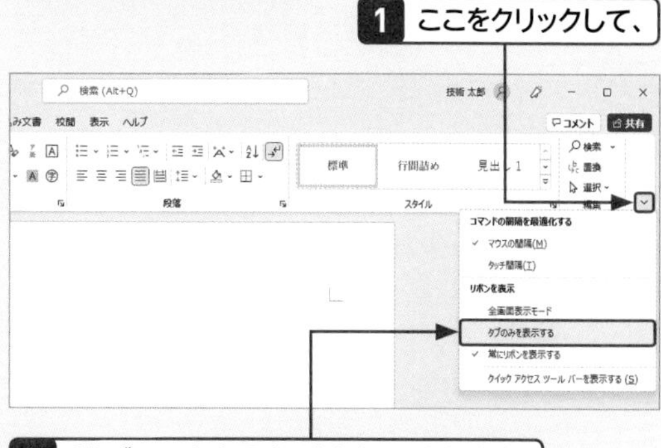

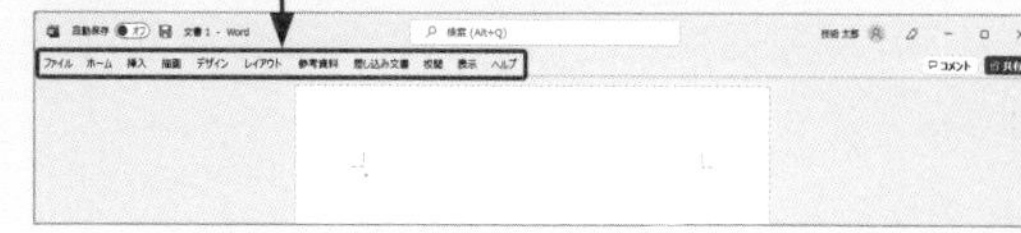

重要度 ★★★　Word画面の基本

Q 028 リボンがなくなってしまった!

A 全画面表示になっています

もとの表示に戻すには、Word 2021では画面上部の…をクリックして、リボン右端の［リボンの表示オプション］をクリックし、［常にリボンを表示する］をクリックします。Word 2019／2016では画面上部の［リボンの表示オプション］をクリックして［タブとリボンの表示］をクリックします。

参照▶Q 026

● Word 2019／2016の場合

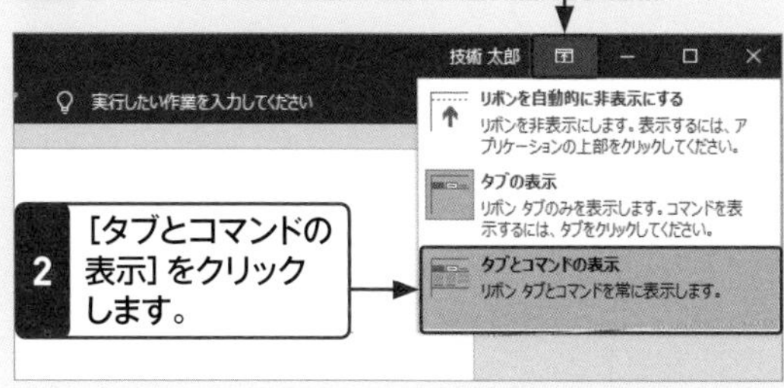

● Word 2021の場合

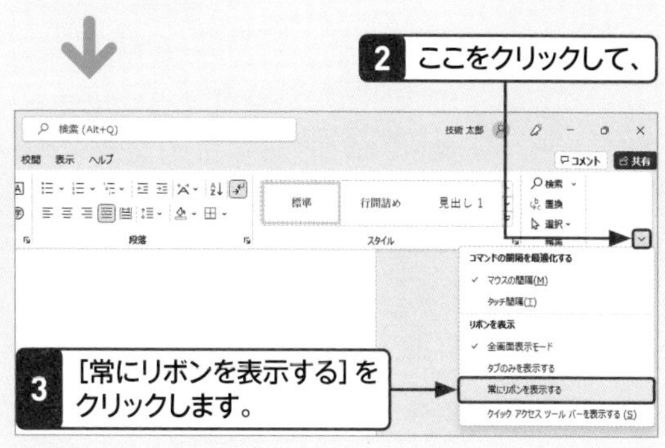

重要度 ★★★　Word画面の基本

Q 029 タブの左端にある[ファイル]は何？

A ファイル管理に関連するメニューを表示します。

[ファイル]タブをクリックすると、ファイルを開く／閉じる、新規、保存、印刷など、Wordの基本メニューが表示されます。クリックすると、メニューに関する設定や詳細内容が右側に表示されます。この画面を「Backstageビュー」といいます。

画面はWord 2021の例ですが、Word 2019／2016それぞれで項目などが若干異なります。

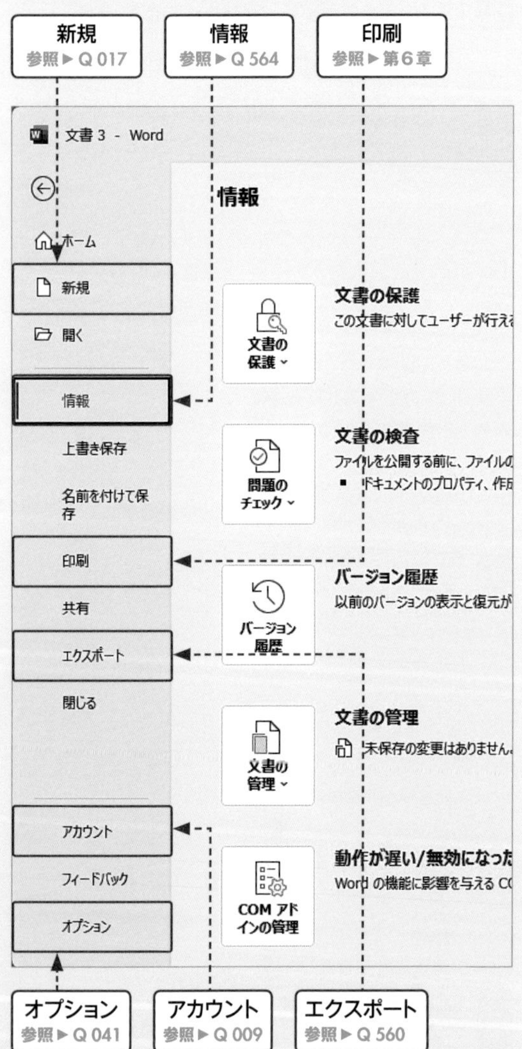

重要度 ★★★　Word画面の基本

Q 030 最初の画面がいつもと違う！

A 起動時や2度目以降、作業中では画面が異なります。

Wordを初めて起動したときと、2度目に起動したときでは画面が異なります。また、[ファイル]タブの画面も異なります。

初めて起動した場合は、白紙の文書またはテンプレートを選んで新しく文書を作成する画面ですが、2回目以降は作成した文書か、新規文書の作成かを選ぶようになります。

また、Word 2021ではメニューに[ホーム]が追加されて、この画面で新規文書（またはテンプレート）を選んだり、作成した文書を選んだりすることができます。

なお、[最近使ったアイテム]には作業したファイルが順に表示されるのでクリックするだけで文書を開くことができますが、[Wordのオプション]での設定によってはファイル名が表示されない場合があります。

参照▶Q 539

● Word 2021の起動時画面

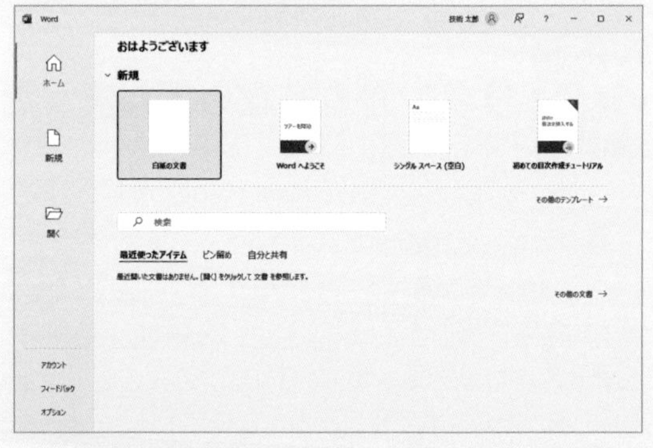

● Word 2019の起動時画面

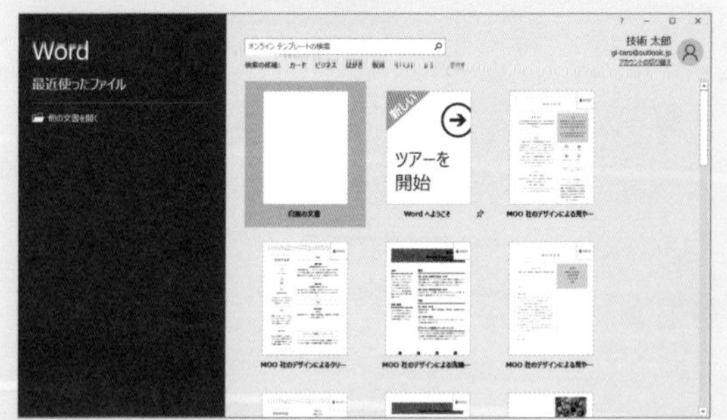

重要度 ★★★ Word画面の基本

Q 031 Backstageビューから編集画面に戻りたい!

A 左上の㊀をクリックします。

[ファイル]タブをクリックすると、Backstageビューという画面になり、編集画面のリボンが表示されなくなります。編集画面に戻るには、左上にある㊀をクリックします。

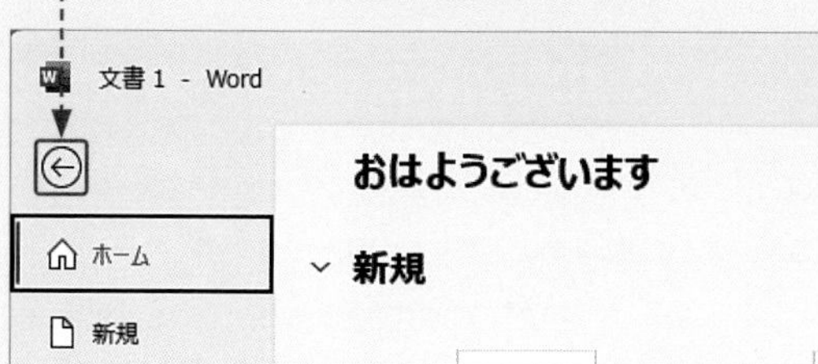

重要度 ★★★ Word画面の基本

Q 032 コマンドの名前や機能がわからない!

A コマンドにマウスポインターを合わせると説明が表示されます。

コマンドの上にマウスポインターを合わせると、その機能のかんたんな説明が表示されます。これを利用することで、ヘルプなどを参照しなくても、多くの機能を直感的に使えるようになります。

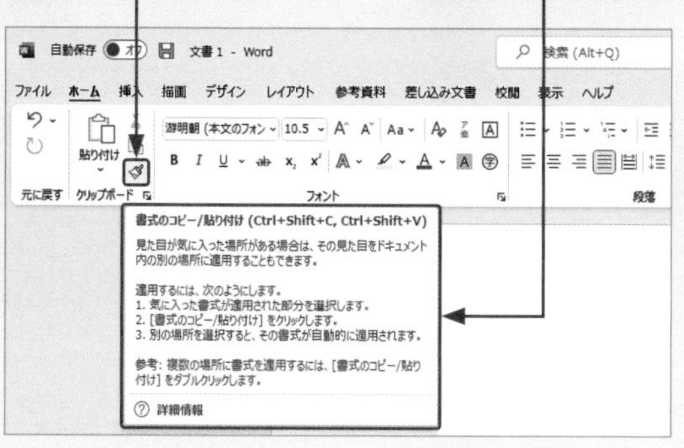

重要度 ★★★ Word画面の基本

Q 033 使いたいコマンドが見当たらない!

A1 画面のサイズによってコマンドの表示が変わります。

タブのグループとコマンドの表示は、画面サイズによって変わります。画面サイズを小さくしている場合は、リボンが縮小して、グループだけが表示される場合があります。グループをクリックすると、グループ内のコマンドが表示されます。

● 画面サイズが大きい場合

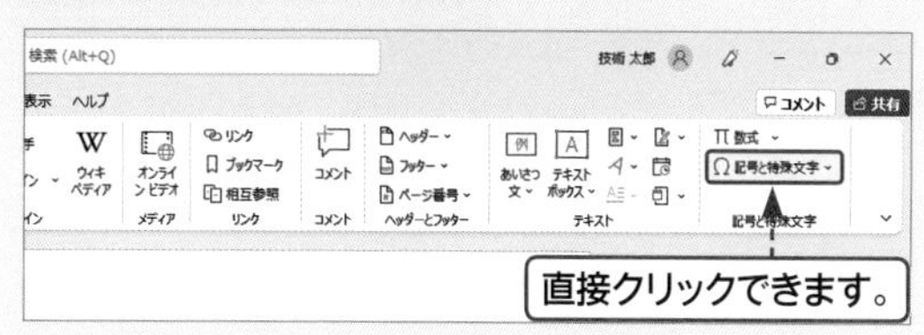

直接クリックできます。

● 画面サイズが小さい場合

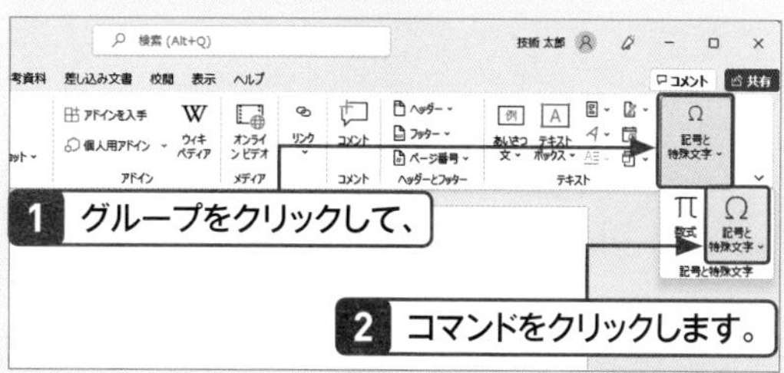

A2 作業の状態によってタブやコマンドの表示が変わります。

リボンやコマンドは、常にすべてが表示されているのではなく、作業の内容に応じて必要なものが表示されるものもあります。たとえば、表を作成して選択すると、[テーブルデザイン]タブと[レイアウト]タブが新たに表示されます。

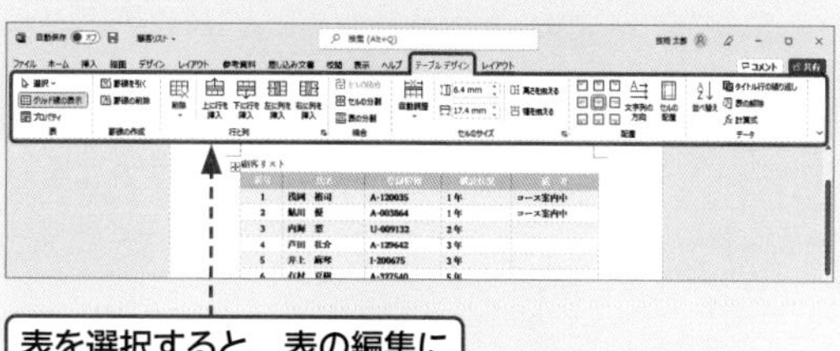

表を選択すると、表の編集に必要なタブが表示されます。

重要度 ★★★ Word画面の基本

Q 034 画面左上に並んでいるアイコンは何？

A 上書き保存とクイックアクセスツールバーです。

Word 2019までのバージョンでは、左上に［上書き保存］とクイックアクセスツールバーが表示されています。

クイックアクセスツールバーは、よく使う機能をコマンドとして登録しておくことができる領域です。クリックするだけで、その機能を利用できるので、タブから探すよりも効率的です。初期設定では、［上書き保存］、［元に戻す］、［繰り返し］の3つのコマンドのほか、［タッチ／マウスモードの切り替え］も表示されます。なお、［繰り返し］は操作によっては［やり直し］に変わります。

Word 2021／Microsoft 365では［上書き保存］と［自動保存］のみが表示されています。Word 2019／2016にあったクイックツールバーは、初期設定では表示されません。表示させたり、コマンドを追加することもできます。また、［自動保存］をオンにすると、OneDriveへ保存されます。

参照▶Q 035, Q 036, Q 555

Word 2019／2016ではこの3つが表示されます。

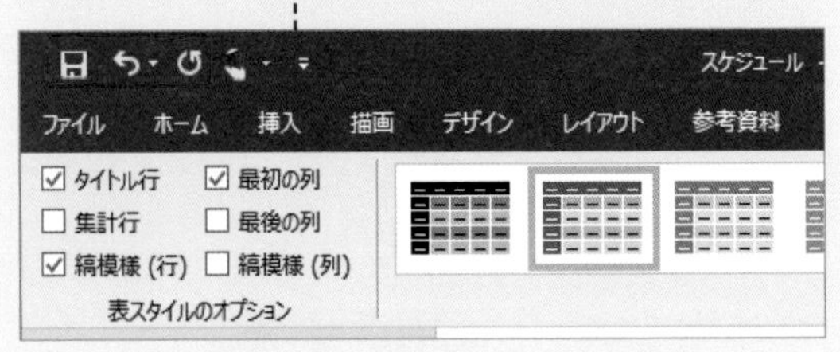

Word 2021ではこの2つだけが表示されます。

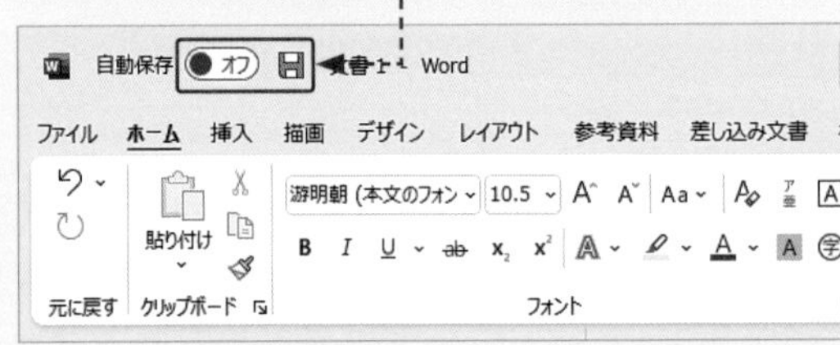

重要度 ★★★ Word画面の基本 ✖2019 ✖2016

Q 035 ［元に戻す］［繰り返し］が見当たらない！

A ［ホーム］タブの左端にあります。

［元に戻す］は直前に行った操作を戻す機能で、文字操作、図形などのオブジェクトへの編集などすべての操作に適用されます。［繰り返し］は直前に行った操作を繰り返すことができます。

Word 2021／Microsoft 365では、画面左上にクイックアクセスツールバーが表示されなくなり、［元に戻す］［繰り返し］（［やり直し］）は［ホーム］タブに移動しました。

［元に戻す］の をクリックすると、操作の履歴が表示されるので、戻りたい操作まで操作をキャンセルできます。

クイックアクセスツールバーを画面左上に表示させることもできます。

参照▶Q 036

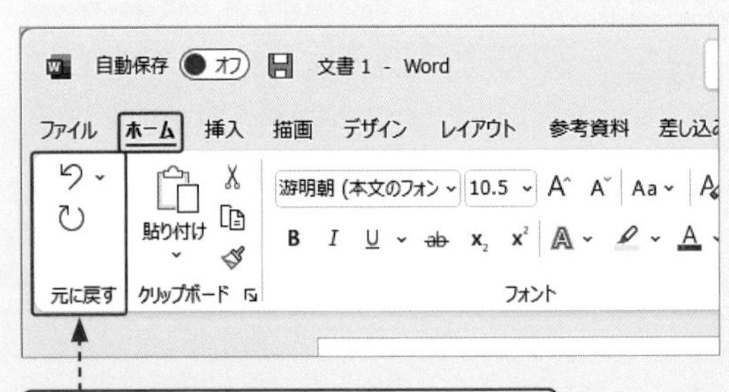

［元に戻す］［繰り返し］は［ホーム］タブのここにあります。

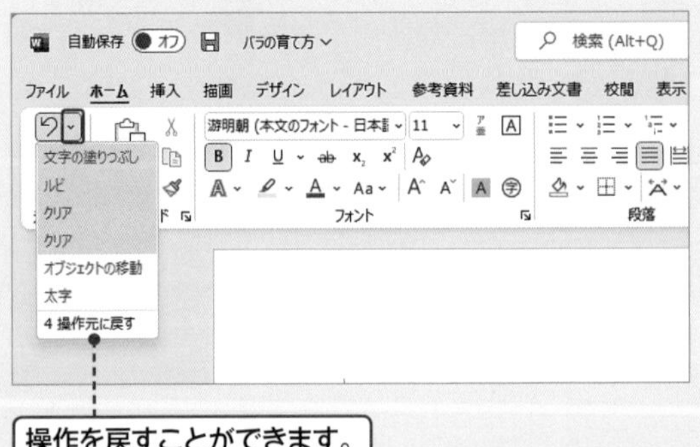

操作を戻すことができます。

Q 036 クイックアクセスツールバーを使いたい！

A クイックアクセスツールバーを表示してコマンドを登録します。

Word 2021／Microsoft 365では、画面左上にクイックアクセスツールバーが表示されなくなりました。クイックアクセスツールバーを表示するには、リボン右端の［リボンの表示オプション］⌄をクリックするか、タブの上で右クリックして、［クイックアクセスツールバーを表示する］をクリックします。パソコンやバージョンによって、最初に表示される位置が異なる場合があり、［上書き保存］とファイル名の間（リボンの上）、もしくはリボンの左下に表示されます。この位置は切り替えることができます。

● クイックアクセスツールバーを表示する

1 ［リボンの表示オプション］をクリックして、

2 ［クイックアクセスツールバーを表示する］をクリックします。

3 クイックアクセスツールバーのボタンが表示されます。

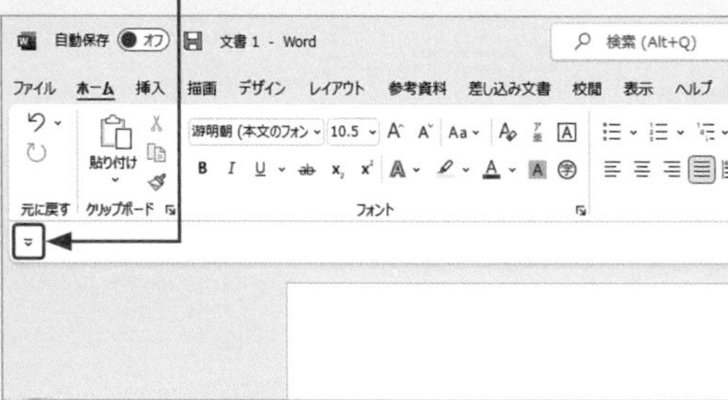

クイックアクセスツールバーにコマンドを登録するには、⌄をクリックして、登録したいコマンドを選択します。これ以外のコマンドは、右クリックして［クイックアクセスツールバーに追加する］をクリックすると登録できます。

参照▶Q 037, Q 038, Q 039

● コマンドを登録する

1 ここをクリックします。

2 コマンドをクリックすると、

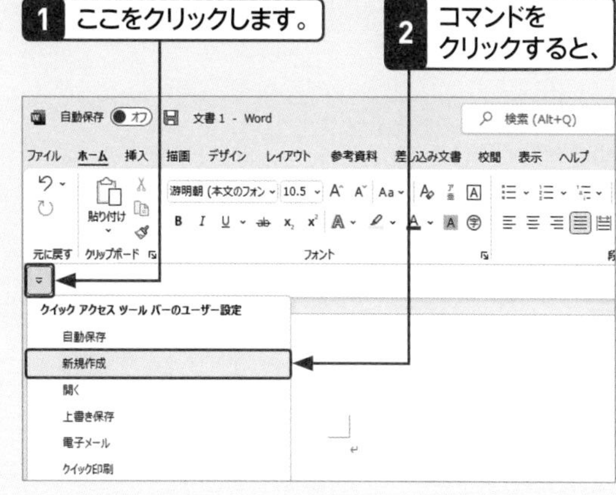

3 コマンドが登録されます。

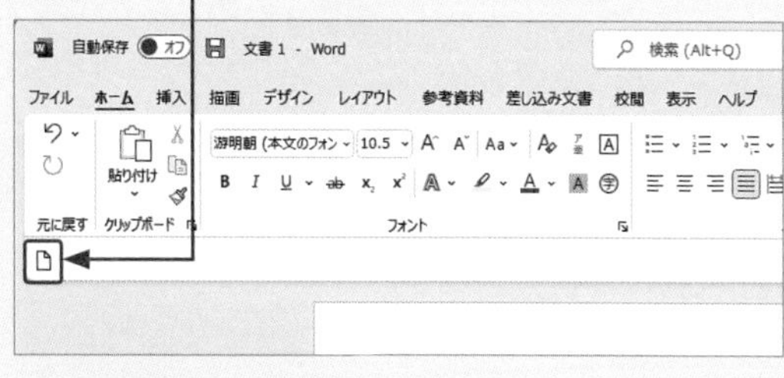

● コマンドを登録する

コマンドを右クリックして［クイックアクセスツールバーに追加する］をクリックしても登録できます。

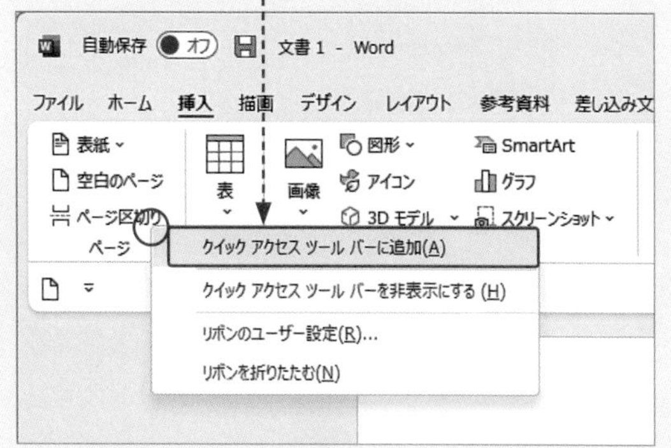

重要度★★★ Word画面の基本

Q 037 クイックアクセスツールバーを移動したい！

A リボンの上／下に切り替えることができます。

クイックアクセスツールバーを表示すると、リボンの上または下に配置されます。以前のバージョンと同様にリボン上のほうが使いやすい、編集画面の近くのリボン下のほうが使いやすいなど、好みに応じて切り替えるとよいでしょう。クイックアクセスツールバーを移動するには、▿をクリックして［リボンの上に表示］／［リボンの下に表示］をクリックします。

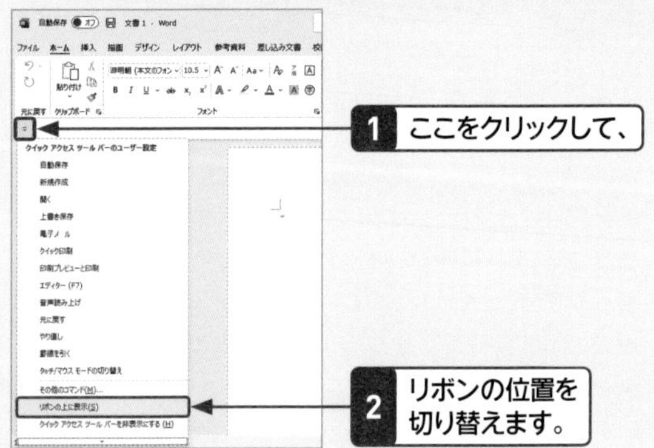

重要度★★★ Word画面の基本

Q 038 クイックアクセスツールバーにコマンドを追加したい！

A ［Wordのオプション］画面で追加します。

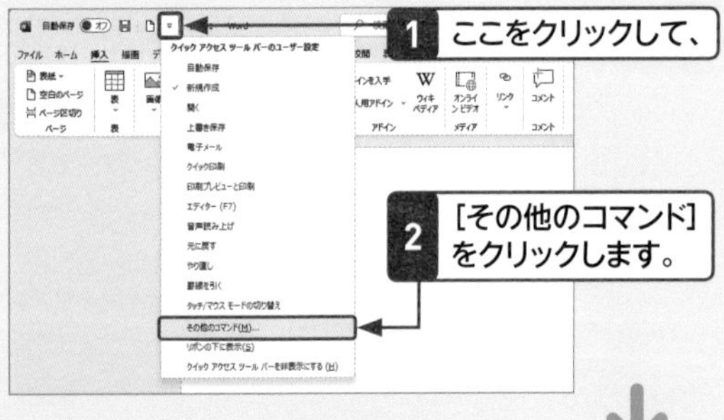

3 ［すべてのコマンド］を選択します。

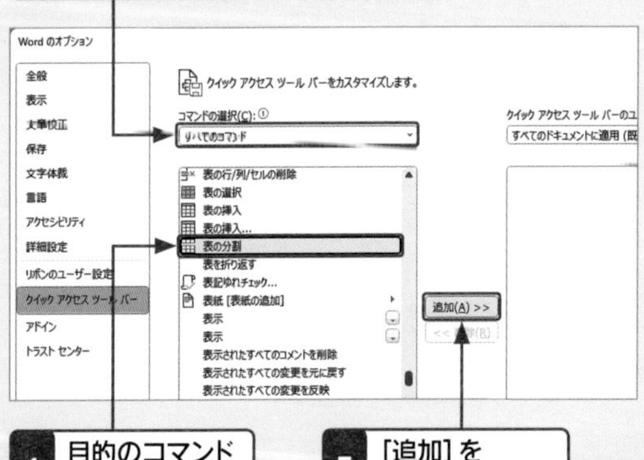

4 目的のコマンドをクリックして、
5 ［追加］をクリックすると、

クイックアクセスツールバーに登録したいコマンドがリボン内にない場合は、［Wordのオプション］画面の［クイックアクセスツールバー］でコマンドを追加します。

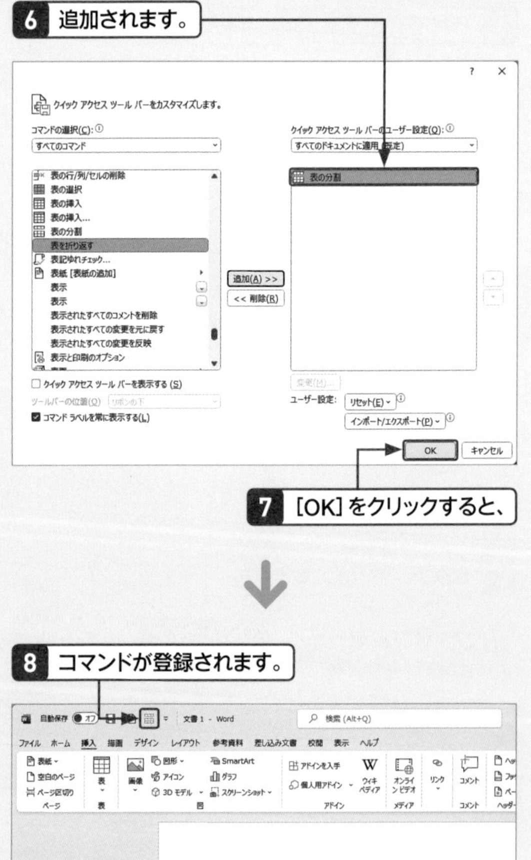

重要度 ★★★ Word画面の基本

Q 039 クイックアクセスツールバーからコマンドを削除したい!

A1 [クイックアクセスツールバーから削除]を利用します。

[クイックアクセスツールバー]に登録したコマンドを削除するには、削除したいコマンドを右クリックして、[クイックアクセスツールバーから削除]をクリックします。

参照 ▶ Q 037

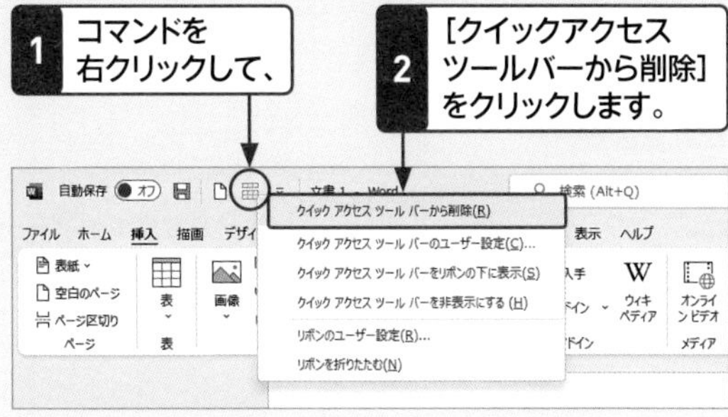

A2 [Wordのオプション]を利用します。

[クイックアクセスツールバーのユーザー設定] をクリックして、[その他のコマンド]をクリックするか、[ファイル]タブの[オプション]をクリックして、[Wordのオプション]の[クイックアクセスツールバー]を表示すると、コマンドの登録や削除ができます。削除するには、登録されているコマンドを選択し、[削除]をクリックします。

参照 ▶ Q 037, Q 041

1 削除するコマンドをクリックして選択し、

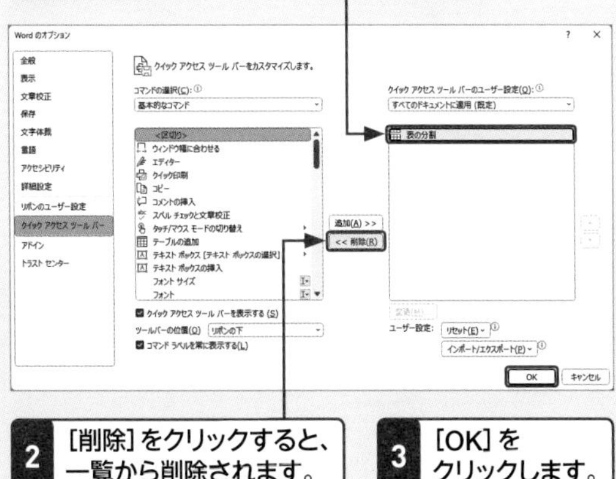

重要度 ★★★ Word画面の基本

Q 040 文字を選択すると表示されるツールバーは何?

A よく使う編集ボタンを集めた簡易ツールバーです。

ドキュメント内の文字を選択すると表示されるツールバーを「ミニツールバー」といいます。ここには、[ホーム]タブにある、よく使う編集コマンドが集められています。書式設定するときに、[ホーム]タブをクリックしてコマンドをクリックしなくても、ミニツールバーを利用してフォントの種類やサイズなどをかんたんに設定できます。

ミニツールバーは、選択する内容によって表示されるコマンドが異なります。

マウスポインターを文字から離すと、ミニツールバーは消えます。

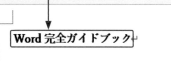

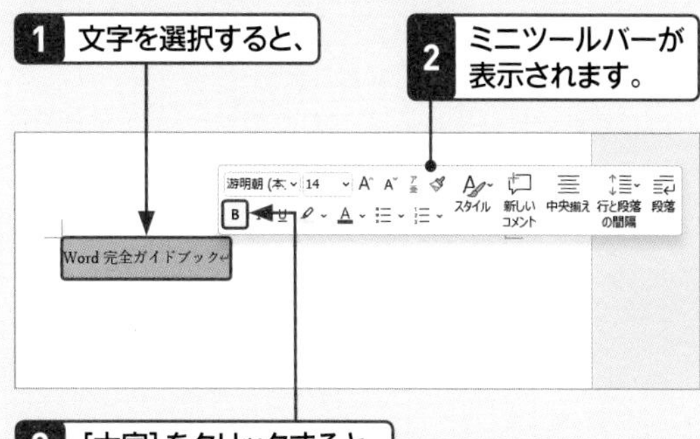

4 太字になります。

Word 完全ガイドブック

● 表の場合のミニツールバー

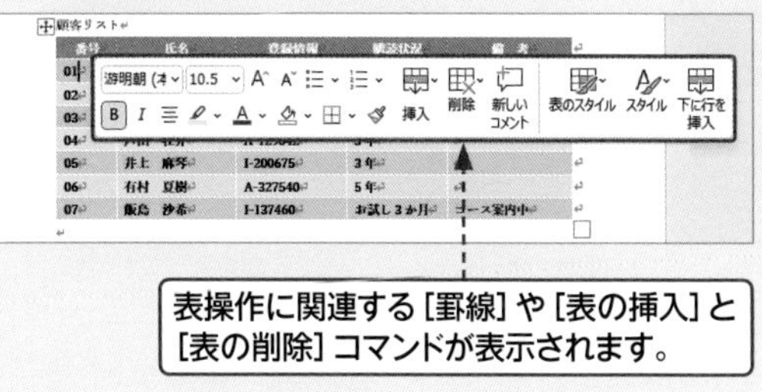

重要度 ★★★ Word画面の基本

Q 041 オプションはどこで設定するの？

A [Wordのオプション]を利用します。

Wordの基本的な機能の設定は、[Wordのオプション]で行います。設定項目はグループに分けられており、[全般]（Word 2016は[基本設定]）では基本操作の設定やユーザー設定、[表示]では画面の表示方法、[文章校正]ではオートコレクトのオプション設定やスペルチェックと文章校正の規則、[詳細設定]では編集の設定や表示、印刷などの設定を行います。

また、[リボンのユーザー設定]ではリボンに表示するコマンドのカスタマイズ、[クイックアクセスツールバー]では表示するコマンドアイコンのカスタマイズを行うことができます。

1 [ファイル]タブをクリックして、Backstageビューを表示します。

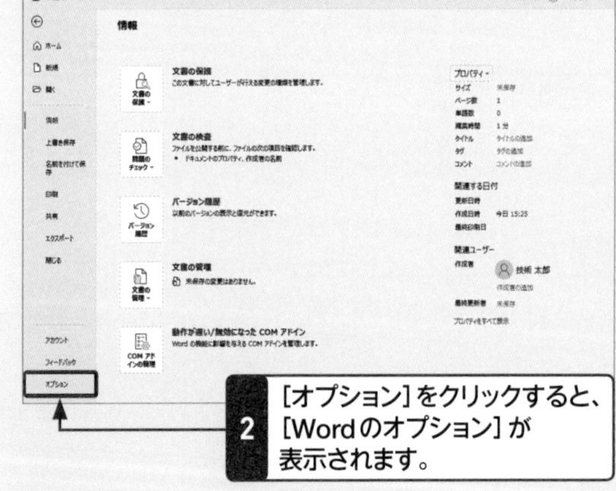

2 [オプション]をクリックすると、[Wordのオプション]が表示されます。

●全般

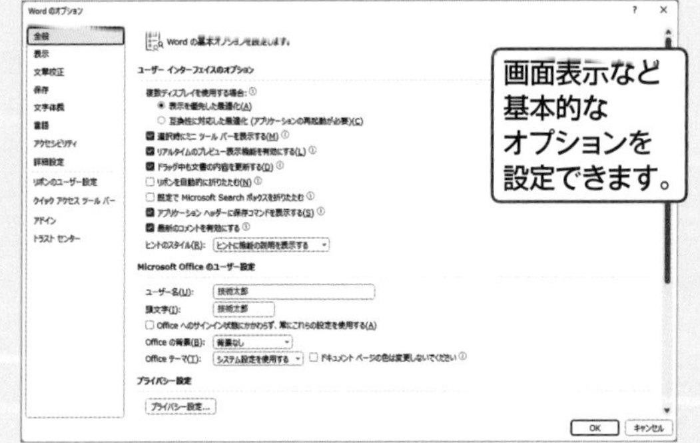

画面表示など基本的なオプションを設定できます。

●表示

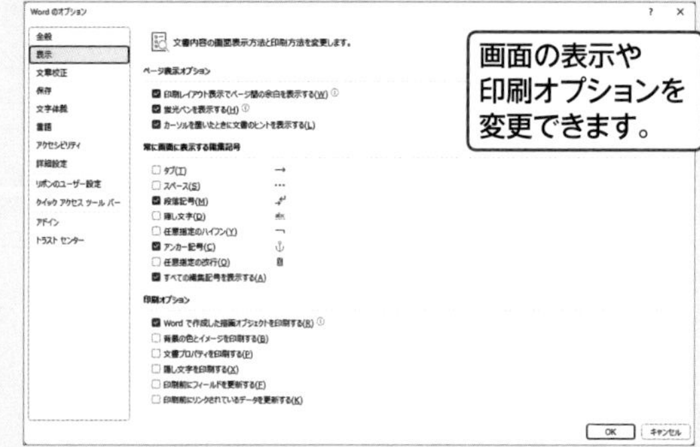

画面の表示や印刷オプションを変更できます。

●文章校正

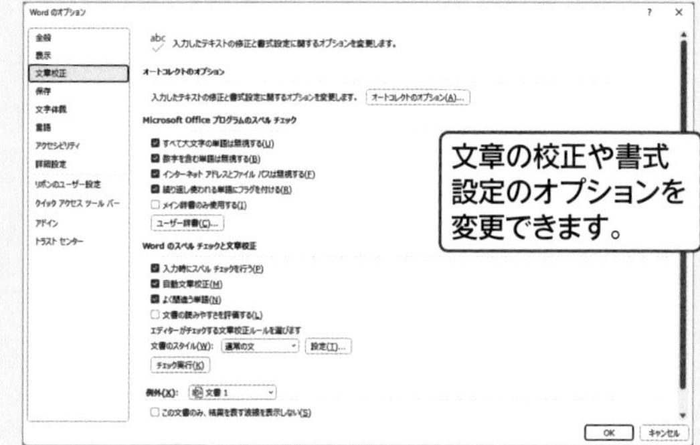

文章の校正や書式設定のオプションを変更できます。

●保存

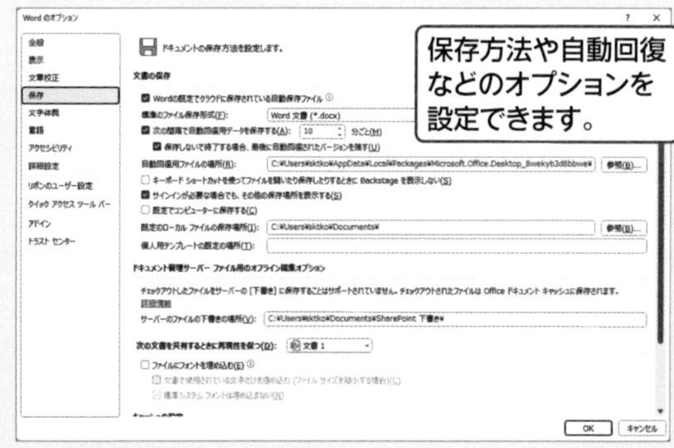

保存方法や自動回復などのオプションを設定できます。

●詳細設定

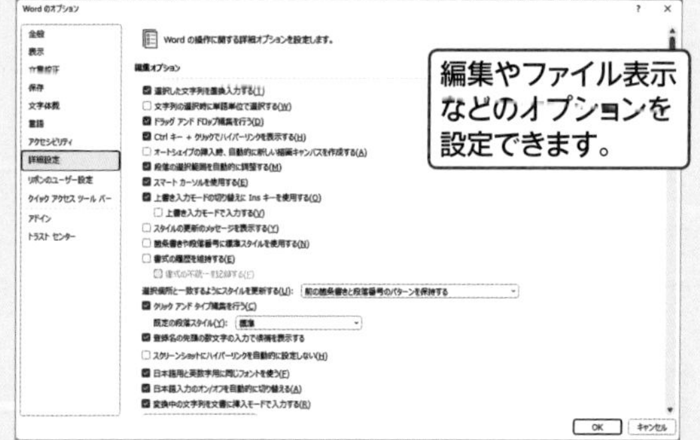

編集やファイル表示などのオプションを設定できます。

Q 042 検索ボックスを使いたい！

A Wordの機能やWeb上の検索ができます。

Word 2021では画面上部に［検索］、Word 2019／2016ではタブの右側に［操作アシスト］が表示されています。キーワードを入力すると、操作やパソコン内のファイル、関連する項目などの結果が表示されます。結果をクリックすると関連する項目や情報が表示されたり、直接Wordの操作画面に切り替わったりします。また、Web検索も可能で、［検索］作業ウィンドウに情報を表示させながら文書の作成が可能になります。

1 検索ボックスにキーワードを入力すると、

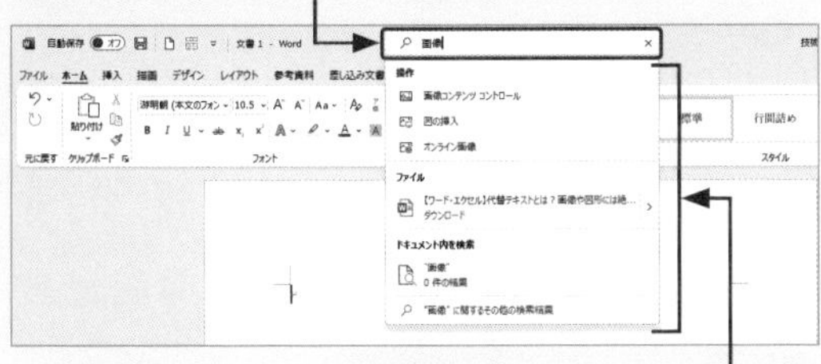

2 検索結果が表示されます。

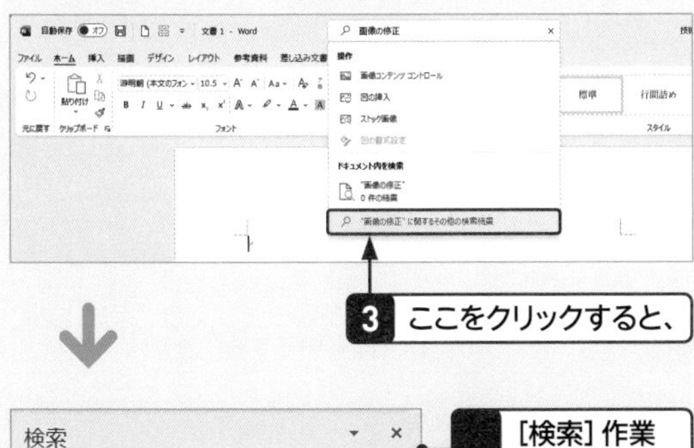

3 ここをクリックすると、

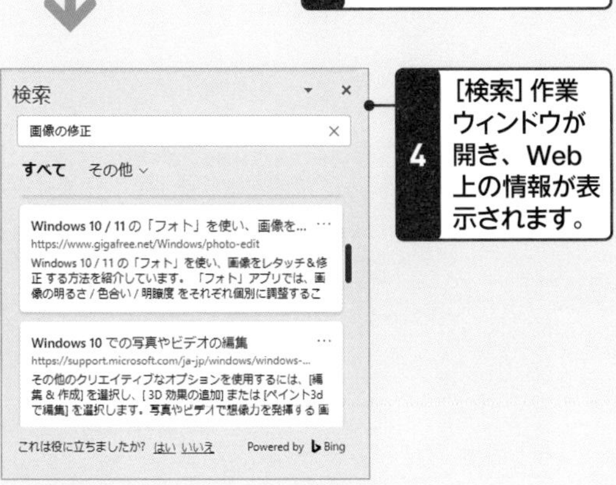

4 ［検索］作業ウィンドウが開き、Web上の情報が表示されます。

Q 043 Wordのヘルプを読みたい！

A F1を押すか、［ヘルプ］タブの［ヘルプ］をクリックします。

Wordを使っていて、操作方法や機能の使い方がわからなくなった場合は、ヘルプを利用します。F1を押すか、［ヘルプ］タブの［ヘルプ］をクリックすると表示される［ヘルプ］作業ウィンドウで、項目から探すか、キーワードを入力してヘルプを表示します。

また、検索ボックスの結果に［ヘルプの表示］が表示される場合、項目をクリックしてもヘルプを読むことができます。

参照▶Q 042

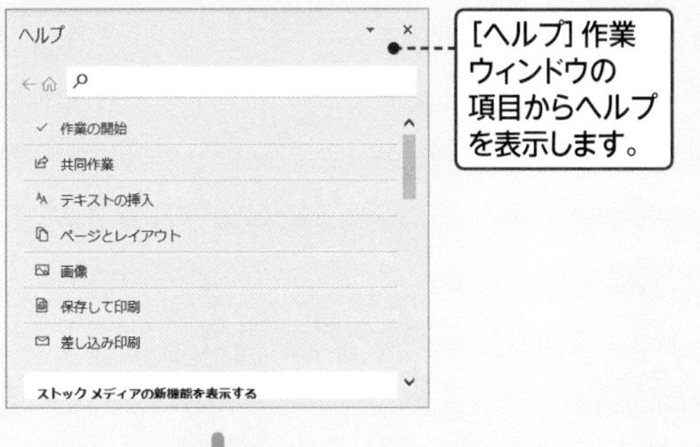

［ヘルプ］作業ウィンドウの項目からヘルプを表示します。

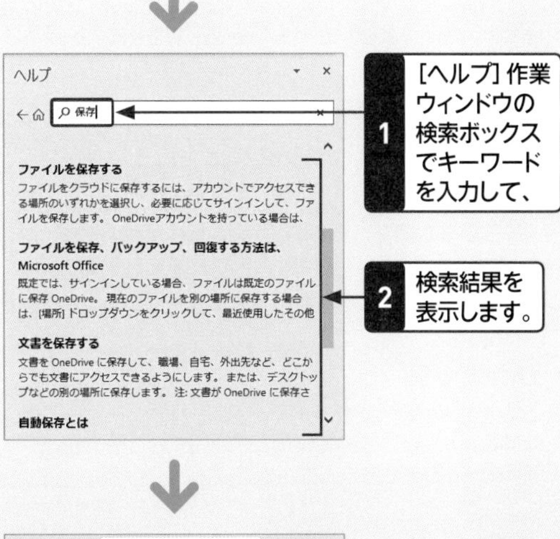

1 ［ヘルプ］作業ウィンドウの検索ボックスでキーワードを入力して、

2 検索結果を表示します。

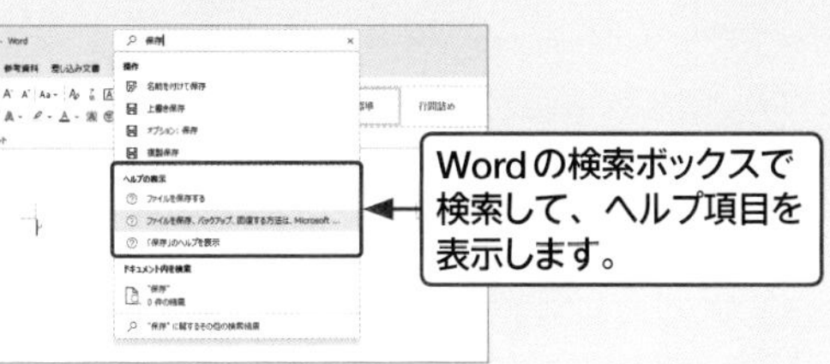

Wordの検索ボックスで検索して、ヘルプ項目を表示します。

重要度 ★★★ Word画面の基本

Q 044 画面の上にある模様は消せるの？

A Officeの背景をなしにします。

Office製品の画面には、リボンタブの上部に回路や星、雲などの模様を表示できます。パソコンやバージョンなどによって表示あるいは非表示になっています。[ファイル]タブの[アカウント]をクリックして表示される[アカウント]画面の[Officeの背景]で、非表示にする場合は[背景なし]、表示する場合は模様を選択します。この設定は[Wordのオプション]画面の[全般]でもできます。
本書での画面は[背景なし]にしています。

参照▶Q 041

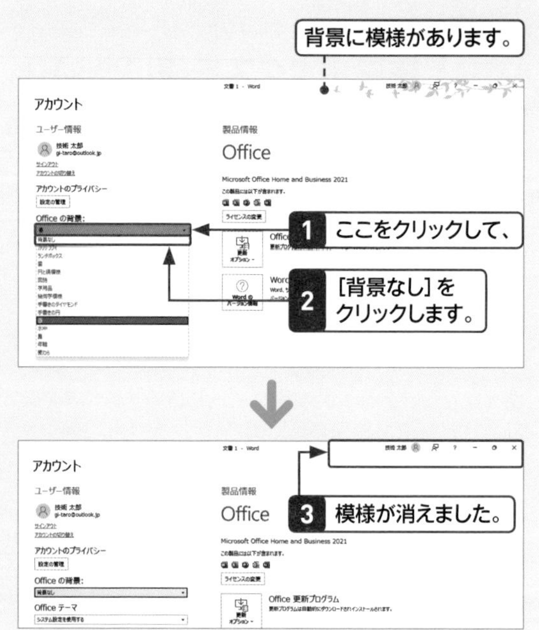
背景に模様があります。
アカウント
Office
1 ここをクリックして、
2 [背景なし]を クリックします。
3 模様が消えました。

重要度 ★★★ Word画面の基本

Q 045 画面の色を変えたい！

A 画面上部を青に変更できます。

Word 2021／Microsoft 365では画面の上部が白（薄いグレー）で表示されます。上部（リボンの上）を色にしたい場合は、[アカウント]画面の[Officeテーマ]で[カラフル]を設定します（Wordは青色、Excelは緑色になります）。また、[黒]や[濃い灰色]を選択すると画面を黒にすることもできます。戻すには、[システム設定を使用する]（[白]でも同じ）にします。この設定は[Wordのオプション]画面の[全般]でもできます。

参照▶Q 044

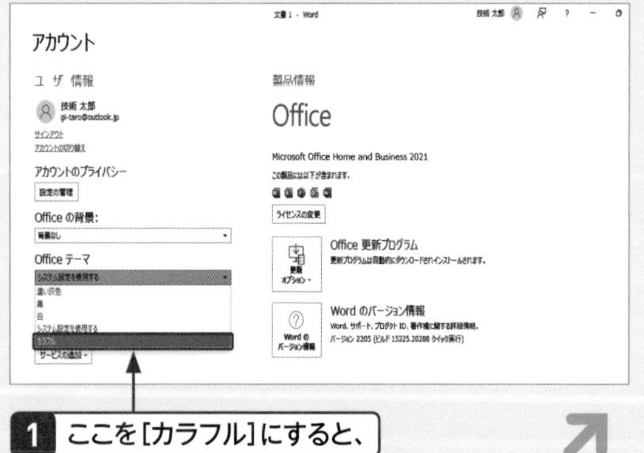
アカウント
Office
1 ここを[カラフル]にすると、

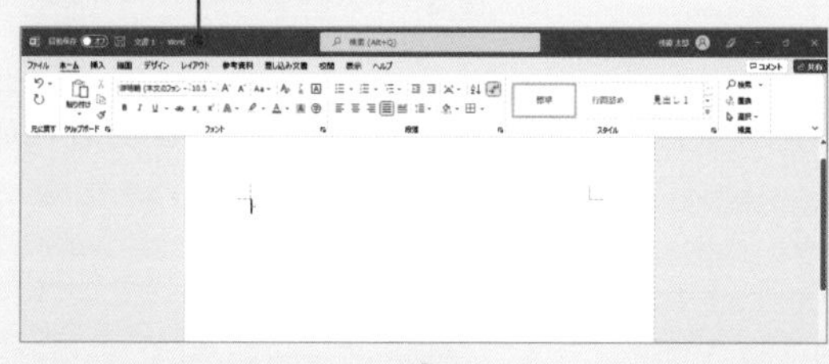
2 画面上部が青色になります。

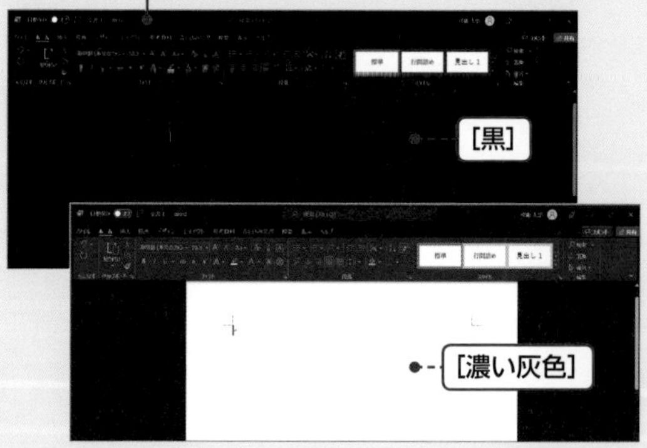
3 [黒]／[濃い灰色]画面を黒くすることもできます。
[黒]
[濃い灰色]

第2章

入力の「こんなときどうする?」

重要度 ★★★ 文字の入力

Q 046 ローマ字入力とかな入力を切り替えたい!

A 入力モードで切り替えます。

日本語入力には、キーボードの英字キーをローマ字読みのキーを押す「ローマ字入力」と、かな字のキーをそのまま押す「かな入力」があります。[入力モード]を右クリックして、[かな入力(オフ)](ローマ字入力)/[かな入力(オン)](かな入力)に切り替えます。

● Windows 11の場合

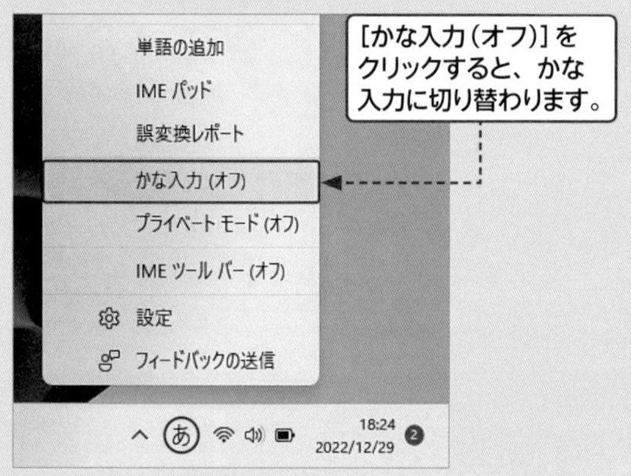

● Windows 10の場合

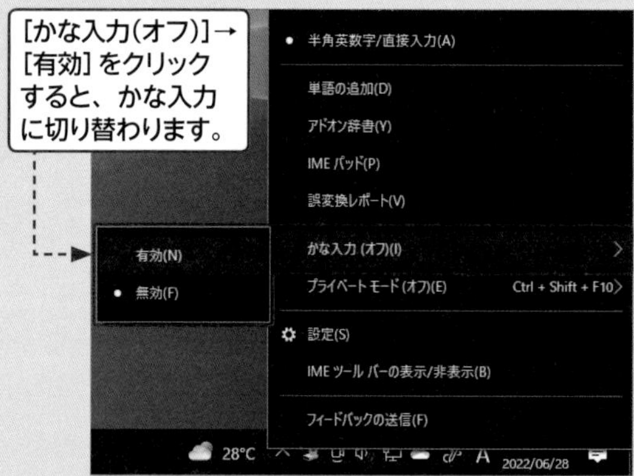

重要度 ★★★ 文字の入力

Q 047 日本語を入力したいのに英字が入力される!

A 入力モードを切り替えます。

Microsoft IMEの日本語入力モードでは、「ひらがな」「全角カタカナ」「全角英数字(全角のアルファベットと数字)」「半角カタカナ」「半角英数字(半角のアルファベットと数字)」を選択できます。

入力モード	入力例	アイコンの表示
ひらがな	あいうえお	あ
全角カタカナ	アイウエオ	カ
全角英数字	ａｉｕｅｏ	Ａ
半角カタカナ	ｱｲｳｴｵ	ｶ
半角英数字	aiueo	A

日本語(ひらがな)と英字をかんたんに切り替えるには、[入力モード]のアイコンをクリックします。

[入力モード]のアイコンは、「ひらがな」の場合は あ、「半角英数字」の場合は A が表示され、クリックするたびに切り替えられます。

また、キーボードの 半角/全角 を押しても日本語と英字を切り替えられます。

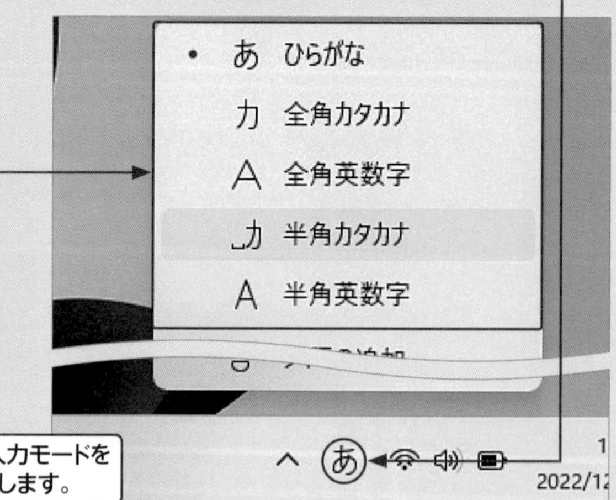

重要度 ★★★ 文字の入力

Q 048 入力モードをすばやく切り替えたい!

A キー操作でも、入力モードを切り替えることができます。

キーボードで入力中にすばやく切り替えるには、キーを利用するとよいでしょう。Wordでは［ひらがな］モードであっても、ほかのアプリを利用するときは、基本的には［半角英数字］モードになります。入力モードの切り替えは、キーで行うことになります。キーと入力モードの関係は、表のとおりです。 参照▶Q 047

キー操作	入力モードの切り替え
カタカナ/ひらがな	［ひらがな］モードに切り替えます。
半角/全角	［半角英数字］モードのときには［ひらがな］モードに切り替えます。［半角英数字］モード以外のときには［半角英数字］モードに切り替えます。
無変換	［ひらがな］［全角カタカナ］［半角カタカナ］の順にモードを切り替えます。
Shift+無変換	［全角英数字］モードと［半角英数字］モードを切り替えます。

重要度 ★★★ 文字の入力

Q 049 アルファベットの小文字と大文字を切り替えたい!

A Shiftを押しながらアルファベットを入力します。

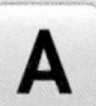

Shiftを押しながらアルファベットを入力すると、現在のモードとは逆の文字が入力されます。通常は、小文字が入力されますが、Shiftを押しながらアルファベットを入力すれば、大文字になります。

Shift＋Capsを押すと、このモードが切り替えられ、Shiftを押さなくても大文字が入力されます（小文字はShiftを押しながら入力）。

パソコンのキーボードに［A］ランプまたは［Caps Lock］ランプがある場合、このモードが有効になるとランプが点灯します。また、ステータスバーに表示するように設定することもできます。 参照▶Q 050, Q 057

［入力モード］が［半角英数］の状態でアルファベットのキーを押すと、小文字のアルファベットが入力できます。

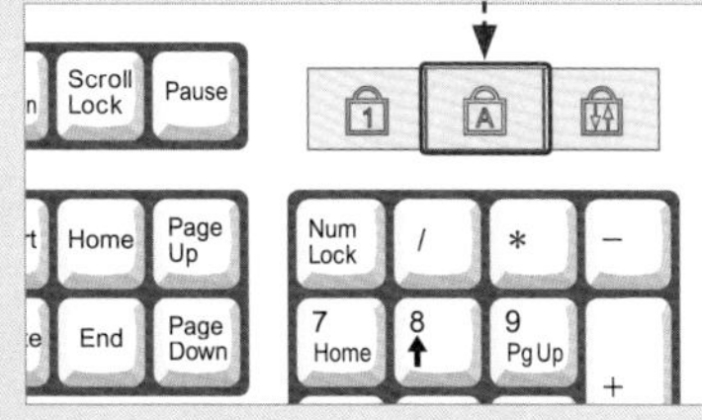

CapsLockを有効にすると「CapsLock」と表示されます。

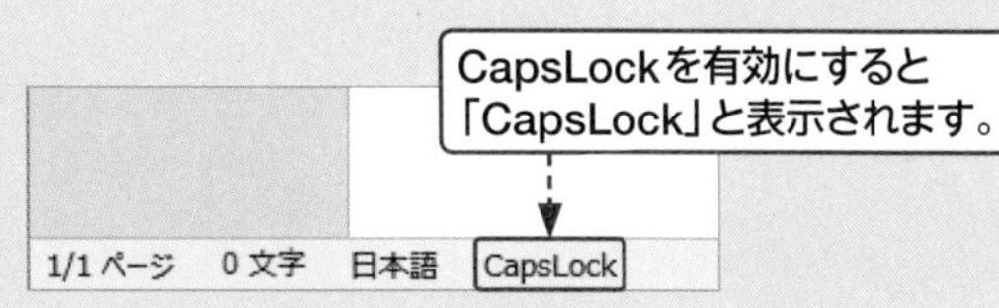

重要度 ★★★ 文字の入力

Q 050 アルファベットが常に大文字になってしまう!

A Shift+Capsを押します。

Shift＋Capsを押すと、アルファベットの大文字が入力できます。気づかないうちにこのキーを押してしまい、大文字入力の状態にしてしまうことがあります。このとき、Shiftを押しながらアルファベットのキーを押すと、小文字が入力されるようになります。

再度Shift＋Capsを押すと、もとの状態に戻ります。

参照▶Q 049, Q 279

重要度★★★ 文字の入力

Q 051 読みのわからない漢字を入力したい！

A [IMEパッド]を利用して、手書き入力します。

人名や地名、難解な言葉など、読みのわからない漢字を入力するには、[IMEパッドー手書き]を利用します。[入力モード]を右クリックして、[IMEパッド]をクリックすると、[IMEパッド]を表示できます。
[手書き]をクリックして、手書き入力領域にマウスでなぞったり、タッチパネルの場合はペンを利用したりして文字を書きます。候補一覧が表示されるので目的の漢字をクリックして、[Enter]をクリックすると、カーソル位置に入力できます。

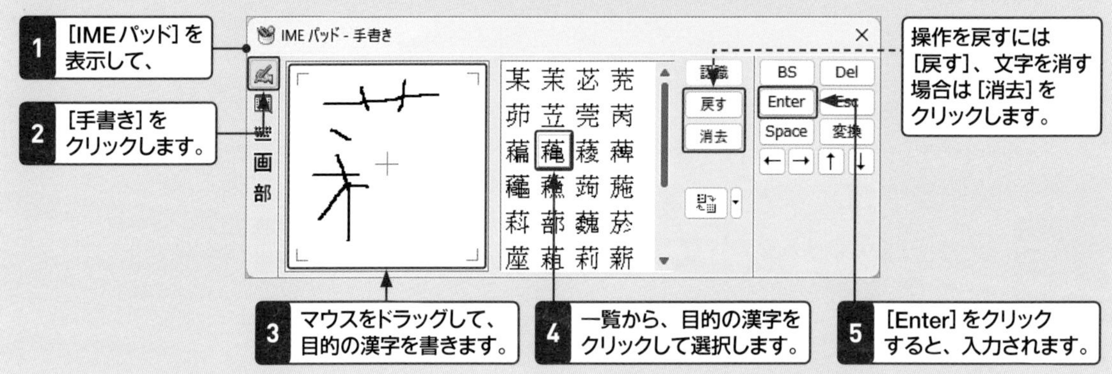
1 [IMEパッド]を表示して、
2 [手書き]をクリックします。
IME パッド - 手書き
操作を戻すには[戻す]、文字を消す場合は[消去]をクリックします。
戻す
消去
BS
Del
Enter
Esc
Space
変換
3 マウスをドラッグして、目的の漢字を書きます。
4 一覧から、目的の漢字をクリックして選択します。
5 [Enter]をクリックすると、入力されます。

重要度★★★ 文字の入力

Q 052 部首や画数から目的の漢字を探したい！

A [IMEパッド]を利用して、部首や画数から目的の漢字を探します。

難しい漢字や読みが浮かばない漢字などを入力する場合、漢字自体がわかっていれば、[IMEパッド－部首]や[IMEパッド－総画数]を利用して、部首や総画数から入力することができます。
部首から漢字を探す場合には[部首]をクリックして、部首の画数を指定すると、該当する漢字が表示されます。また、画数から漢字を探す場合には[総画数]をクリックして、総画数を指定すると、該当する漢字が表示されます。漢字をクリックして、[Enter]をクリックすると、カーソル位置に入力できます。 参照▶Q 051

● IMEパッド－部首

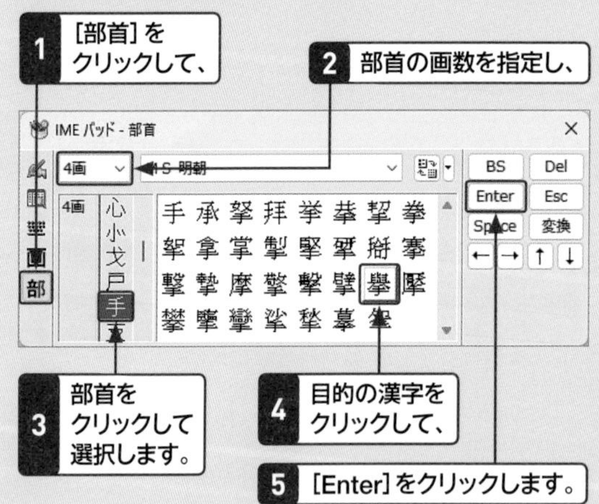
1 [部首]をクリックして、
2 部首の画数を指定し、
IME パッド - 部首
4画
BS
Del
Enter
Esc
Space
変換
3 部首をクリックして選択します。
4 目的の漢字をクリックして、
5 [Enter]をクリックします。

● IMEパッド－総画数

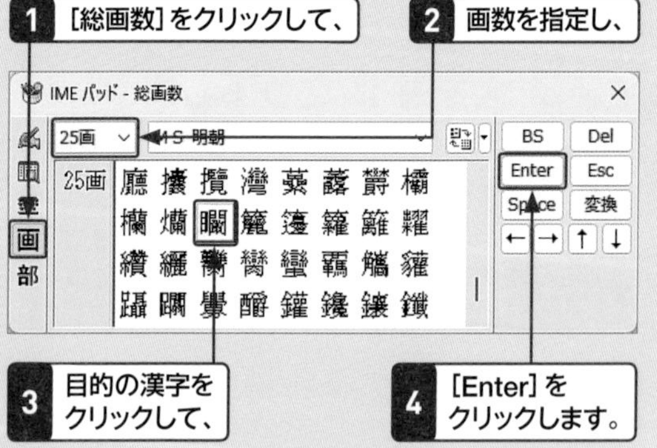
1 [総画数]をクリックして、
2 画数を指定し、
IME パッド - 総画数
25画
BS
Del
Enter
Esc
Space
変換
3 目的の漢字をクリックして、
4 [Enter]をクリックします。

Q 053 旧字体や異体字を入力したい！

A [IMEパッド]を利用します。

一般に、旧字体とは「沢」に対する「澤」などのように以前使われていた字体で、異体字とは標準の字体と同じ意味や発音を持ち、表記に差異がある文字のことです。Wordでは、これらを異体字としてまとめて扱っています。

通常の漢字変換で候補として表示されるものもありますが、難しい字や読みがわからない場合は[IMEパッド]から探して入力できます。[IMEパッド]で検索した文字を右クリックして、[異体字の挿入]をクリックします。

なお、[異体字の挿入]がグレーアウト（選択できない状態）の漢字は、異体字がないということです。

参照 ▶ Q 051, Q 052

1 [IMEパッド]を表示して、　**2** 漢字候補を表示します。

3 目的の漢字（ここでは「和」）を右クリックして、

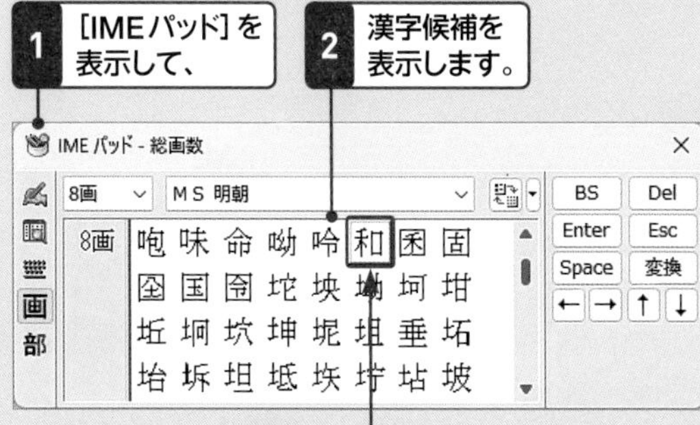

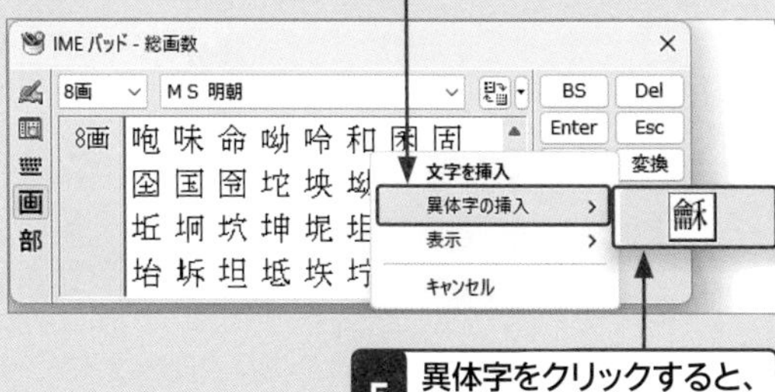

Q 054 キーボードを使わずに文字を入力したい！

A [IMEパッド]のソフトキーボードから、マウスで文字を入力できます。

[IMEパッド－ソフトキーボード]を利用すると、デスクトップにキーボードが表示されます。マウスでソフトキーボード上のキーをクリックすることによって、文字を入力できます。

[IMEパッド－ソフトキーボード]を表示するには、[IMEパッド]を表示して、[ソフトキーボード]をクリックします。

参照 ▶ Q 051

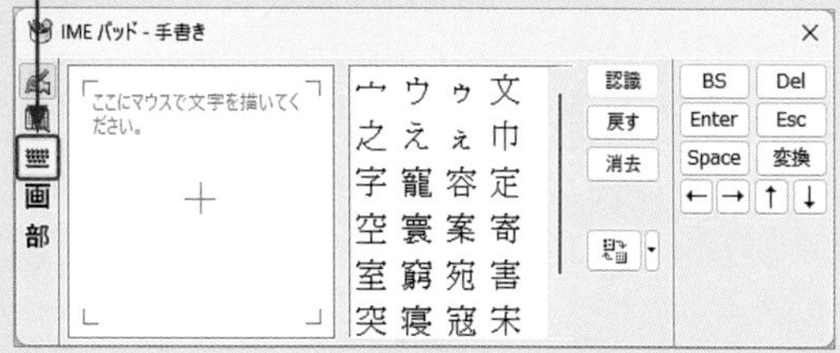

1 [ソフトキーボード]をクリックします。

2 [配列の切り替え]から目的のキー配列をクリックして選択すると、

3 選択したキー配列が表示されます。

4 キーをクリックして、

5 [Enter]をクリックすると入力できます。

Wordの基本 1
入力 2
編集 3
書式設定 4
表示 5
印刷 6
差し込み印刷 7
図と画像 8
表とグラフ 9
ファイル 10

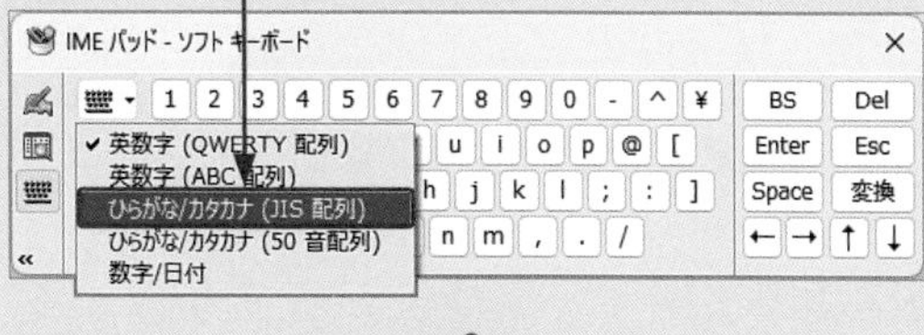

重要度 ★★★ 文字の入力

Q 055 小さい「っ」や「ゃ」を1文字だけ入力したい！

A Lまたは X を押してから「つ」「や」などを入力します。

ローマ字入力で、小さい「っ」「ゃ」などを単独で入力するには、Lまたは X を押してから「つ」「や」などを入力します。

● 小さい「っ」の入力

または

● 小さい「ゃ」の入力

または

重要度 ★★★ 文字の入力

Q 056 半角スペースをすばやく入力したい！

A ひらがな入力モードで Shift ＋ Space を押します。

日本語の文章を入力しているときでも、半角スペースを入れたい場合があります。半角英数モードにしなくても、ひらがな入力モードのまま Shift ＋ Space を押すと半角のスペースを入力できます。半角スペースには「･」の編集記号が表示されます。編集記号が表示されない場合は、［ホーム］タブの［編集記号の表示／非表示］をクリックします。

参照▶Q 277

氏□名 → 住□所

天野･達郎 →

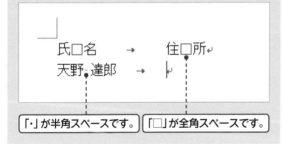

「･」が半角スペースです。　「□」が全角スペースです。

重要度 ★★★ 文字の入力

Q 057 入力すると前にあった文字が消えてしまった！

A 上書きモードになっています。

文字入力には、「挿入モード」（文字の挿入）と「上書きモード」（上書き入力）があります。通常は「挿入モード」でカーソルの位置から文字を挿入し、もとにあった文字は右方向へ順に送られます。

すでに入力してある文字の左側にカーソルを移動して、文字を入力し始めると、もとの文字が1文字ずつ消えて入力した文字に上書きされてしまうのは、文字入力が「上書きモード」になっています。「挿入モード」に切り替えましょう。

モードの切り替えるには、Insert を押す方法と、ステータスバーで「上書きモード」をクリックする方法があります。ステータスバーにモードの表示がされていない場合は、下の方法で表示させます。クリックするたびに、「上書きモード」と「挿入モード」が切り替わります。入力の際に確認するとよいでしょう。

1 ステータスバーを右クリックして、

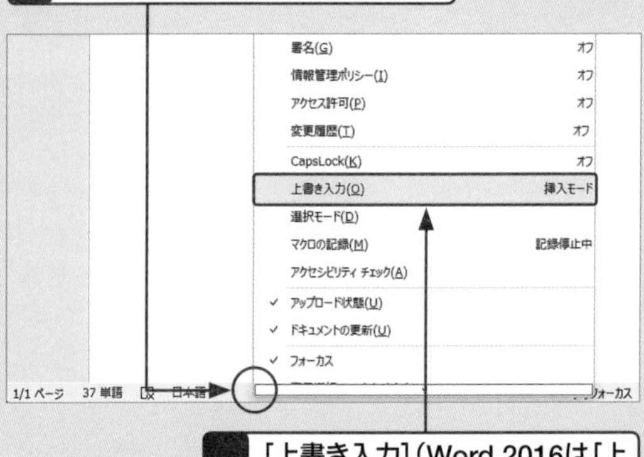

2 ［上書き入力］（Word 2016は［上書きモード］）をクリックします。

クリックするたびにモードが切り替わります。

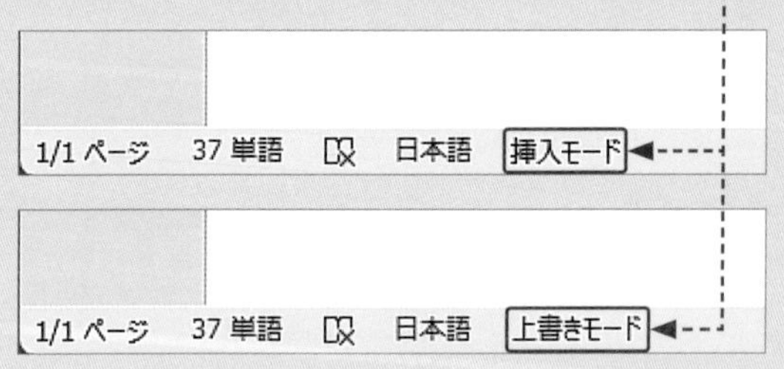

重要度 ★★★　文字の入力

Q 058 英語以外の外国語で文字を入力したい！

A Windowsの設定画面で言語を追加します。

Officeの言語は、既定で日本語と英語に設定されています。英語以外の外国語を利用するには、言語を追加する必要があります。スタートメニューの［設定］をクリックして、［時刻と言語］で言語を追加します。言語が追加されると、言語を切り替えられるようになります。

1 スタートメニューの［設定］をクリックします。

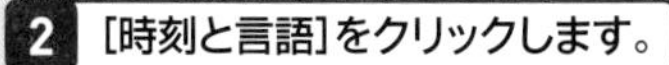

2 ［時刻と言語］をクリックします。

3 ［言語と地域］（Windows 10では［地域と言語］）をクリックして、

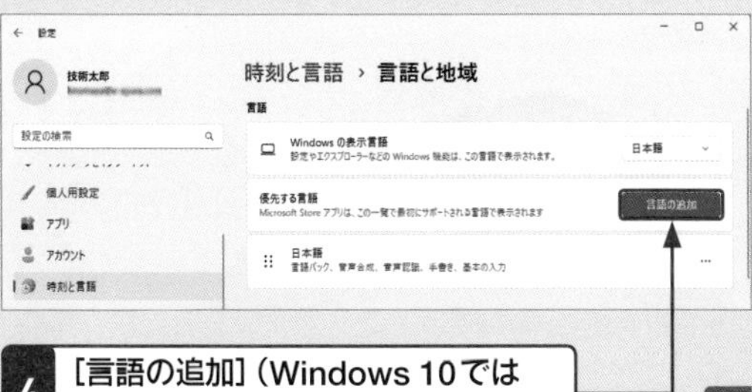

4 ［言語の追加］（Windows 10では［言語を追加する］）をクリックします。

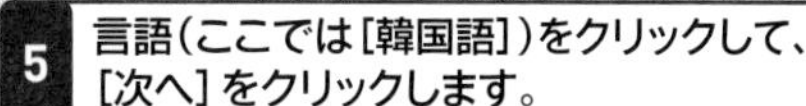

5 言語（ここでは［韓国語］）をクリックして、［次へ］をクリックします。

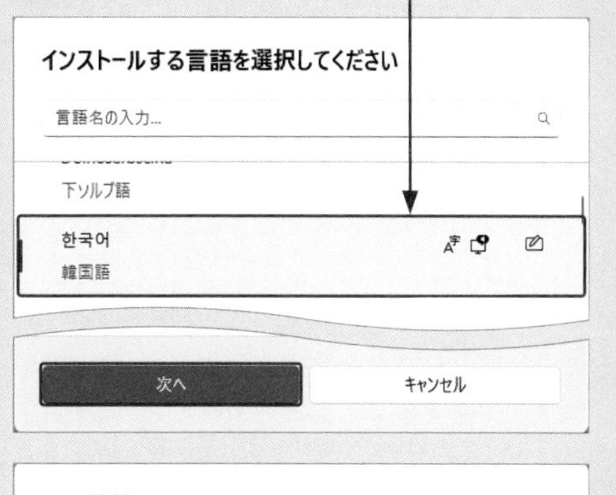

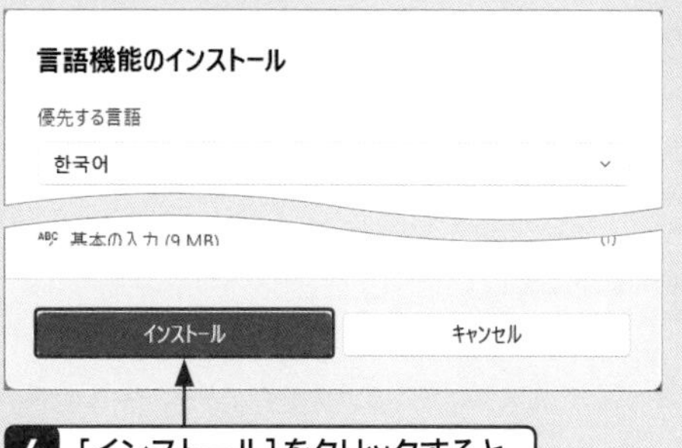

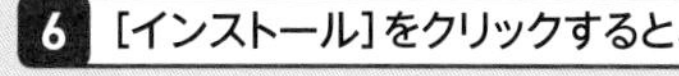

6 ［インストール］をクリックすると、

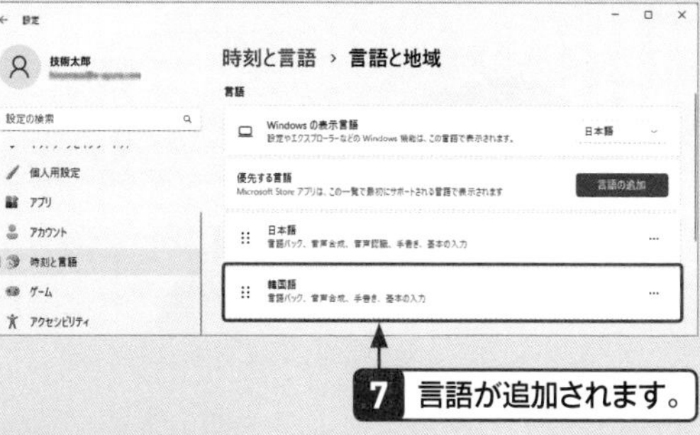

7 言語が追加されます。

●言語の切り替え

1 ここをクリックして、

2 利用する言語をクリックします。

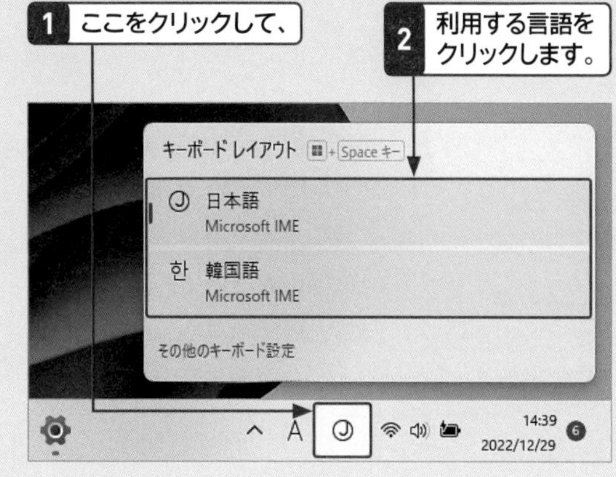

重要度★★★ 文字の入力

Q 059 数字キーを押しているのに数字が入力できない!

A NumLockを押して、NumLockをオンにします。

NumLock（Number Lock）がオフになっていると、テンキーの数字を入力できなくなります。
キーボードの種類によって異なりますが、NumLock（あるいは数字キーロックの「1」）にランプが付いている場合は、NumLockを押すとNumLockがオン（ランプが点灯）になり、テンキーからの数字入力ができるようになります。
キーボードにNumLockのランプが付いていない場合でも、数字が入力できないときにはNumLockを押すと入力できるようになります。

NumLockが点灯していると、数字キー（テンキー）が使用できます。

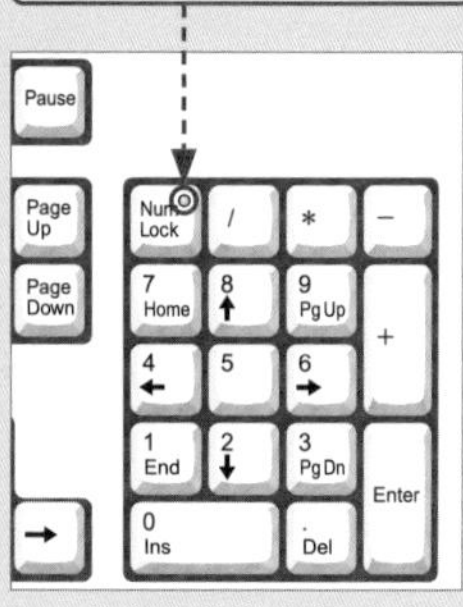

キーボードによっては、このような数字キーロックもあります。

重要度★★★ 文字の入力

Q 060 文字キーを押しているのに数字が入力されてしまう!

A NumLockを押して、NumLockをオフにします。

ノートパソコンのようにテンキーのないパソコンでは、NumLockがオンになっていると、数字キーとして割り当てられているキー（JKLなど）を押した際、割り当てられている数字が入力されます。
数字ではなく、キーに本来割り当てられている文字を入力したい場合には、NumLockを押してNumLockをオフにします。

参照▶Q 059

重要度★★★ 文字の入力

Q 061 句読点を「,。」で入力したい!

A 入力設定の［句読点］で指定します。

句読点は「、。」が一般的ですが、公文書などでは「，。」の組み合わせも使われています。いちいち入力し直さずにスムーズに入力するには、入力設定を変更します。
入力モードを右クリックして、［設定］をクリックします。［全般］をクリックして表示される［入力設定］画面で［句読点］をクリックして、「，。」のセットを選択します。このほかに「，．」「、．」の組み合わせも指定できます。

1 入力モードを右クリックして、
2 ［設定］をクリックします。

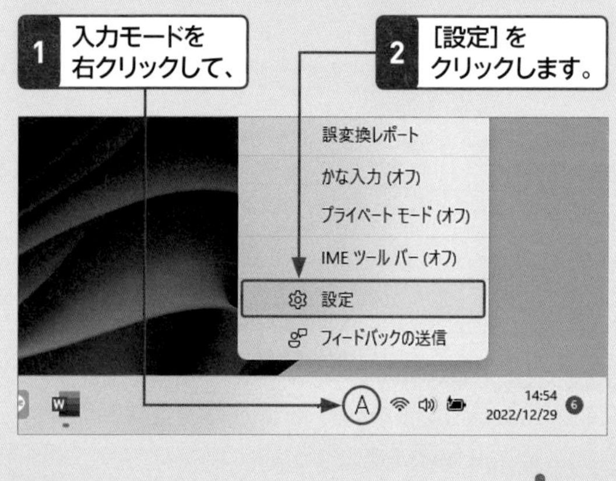

3 ［全般］をクリックします。

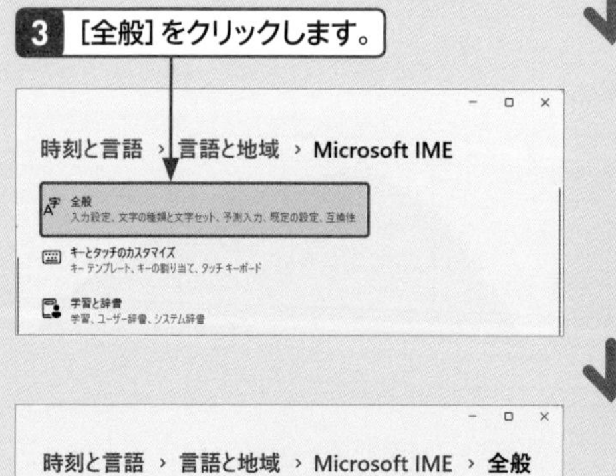

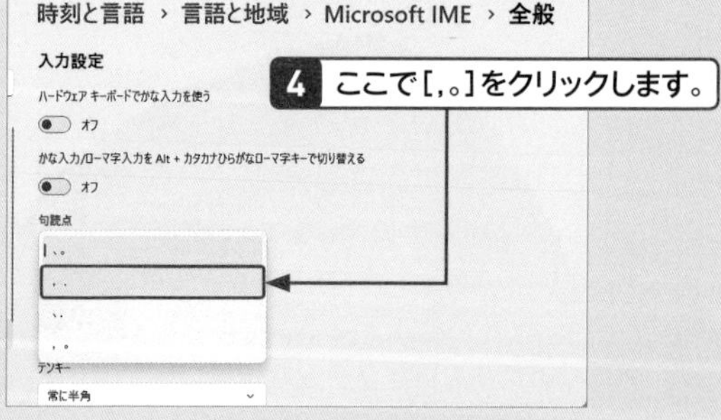

4 ここで［，。］をクリックします。

重要度★★★　文字の入力

Q 062 入力した文字の数を確認したい！

A [文字カウント]ダイアログボックスを利用します。

Wordには文字数や単語数を数えてくれる「文字カウント」機能があります。ステータスバーに「○○文字」あるいは「○○単語」と表示されています（バージョンによって異なります）。
ただし、ステータスバーに表示されるのは日本語の文字数ではなく、単語数（半角の英語、数字、記号の単語数と日本語の文字数）になるため、正確な文字数ではありません。この数字をクリックするか、[校閲]タブの[文字カウント]をクリックすると[文字カウント]ダイアログボックスが表示されます。ここで、文書内の文字数や、スペースを含める／含まない文字数、段落数などを確認できます。また、文書内の範囲を選択すると、「選択した文字数／総文字数」が表示されます。

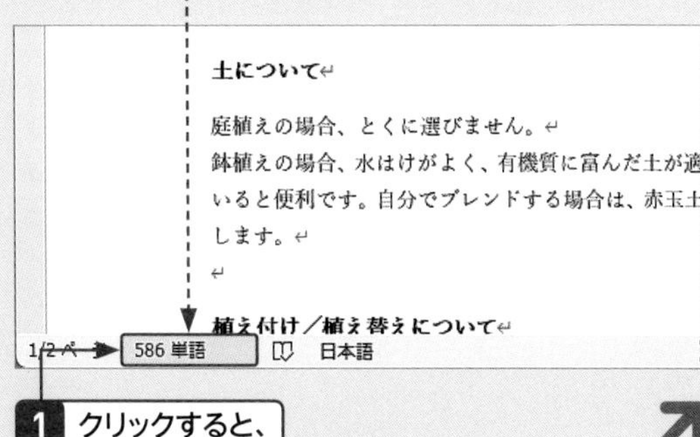
ステータスバーに単語数（文字数）が表示されます。
土について
庭植えの場合、とくに選びません。
鉢植えの場合、水はけがよく、有機質に富んだ土が適
いると便利です。自分でブレンドする場合は、赤玉土
します。
植え付け／植え替えについて
586 単語
日本語
1 クリックすると、

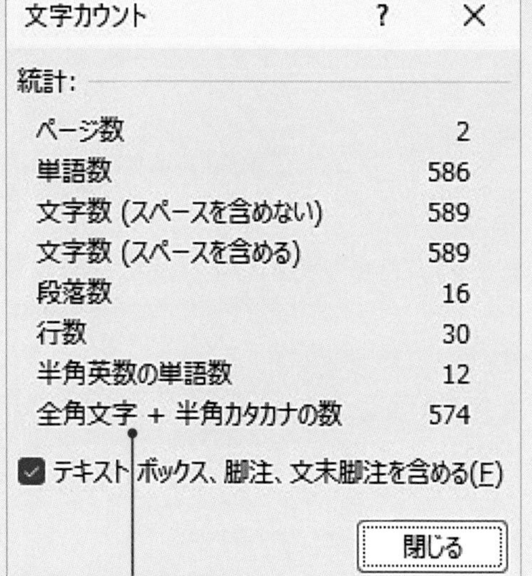
2 [文字カウント]ダイアログボックスが表示されます。
文字カウント
統計:
ページ数 2
単語数 586
文字数（スペースを含めない） 589
文字数（スペースを含める） 589
段落数 16
行数 30
半角英数の単語数 12
全角文字 + 半角カタカナの数 574
テキストボックス、脚注、文末脚注を含める(F)
閉じる
3 文字数を確認します。

● 選択範囲の文字数

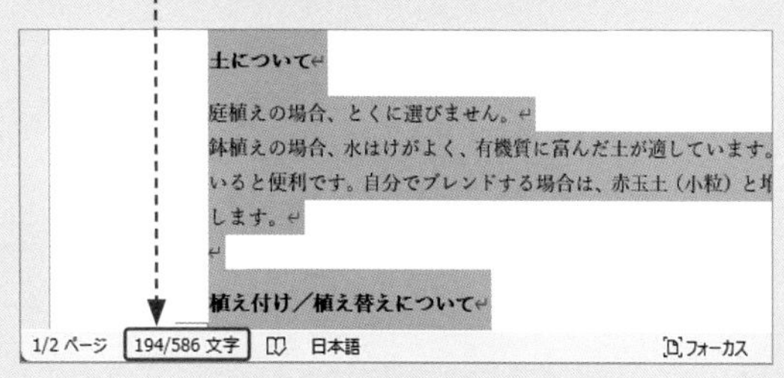
選択した文字数と全体数が表示されます。
土について
庭植えの場合、とくに選びません。
鉢植えの場合、水はけがよく、有機質に富んだ土が適しています。
いると便利です。自分でブレンドする場合は、赤玉土（小粒）と
します。
植え付け／植え替えについて
1/2 ページ
194/586 文字
日本語
フォーカス

重要度★★★　文字の入力

Q 063 直前に編集していた位置に戻りたい！

A Shift＋F5を押します。

直前に編集していた位置にカーソルを移動するには、Shift＋F5を押します。
たとえば、文字を入力してから、数ページ先の位置をクリックしてカーソルを移動した場合、再度入力していた位置に戻りたいというときに利用します。
また、この位置は文書を保存したときにも記憶されます。このため、保存して閉じた文書を開いたときにShift＋F5を押せば、最後に編集した位置にすぐに移動することができます。
Shift＋F5は3つ前までの編集位置を記憶しているので、連続して押すと3つ前までの位置に戻り、もう一度押すと現在の位置に戻ります。
なお、複数のWord文書を開いているとき、直前の編集位置がほかの文書の場合は、その文書に切り替わります。

重要度 ★★★　文字の入力

Q 064 任意の位置にすばやく入力したい!

A クリックアンドタイプ機能を利用します。

クリックアンドタイプは、文書内の空白領域の指定する位置にカーソルを移動して、すばやく入力できる機能です。

通常はカーソルが配置されている位置で入力しますが、段落が作成されていない空白領域で、中央や右端などマウスポインターの形が変わったところでダブルクリックすると、その位置から入力できるようになります。この機能は、段落内の空行で先頭位置にカーソルが配置されている場合も利用できます。

なお、カーソルが移動したあとで、何も入力せずにほかの場所をクリックしたり、ほかの操作をしたりすると、挿入された文字や段落、タブは解除され、最初の位置にカーソルが戻ります。

マウスポインターの形	内　容
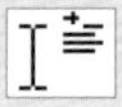	1字下げの位置から入力します。
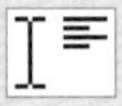	左揃えの位置から入力します。
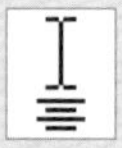	中央揃えの位置から入力します。
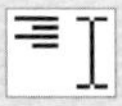	右揃えの位置から入力します。

1 先頭にカーソルがある位置にマウスポインターを近づけます。

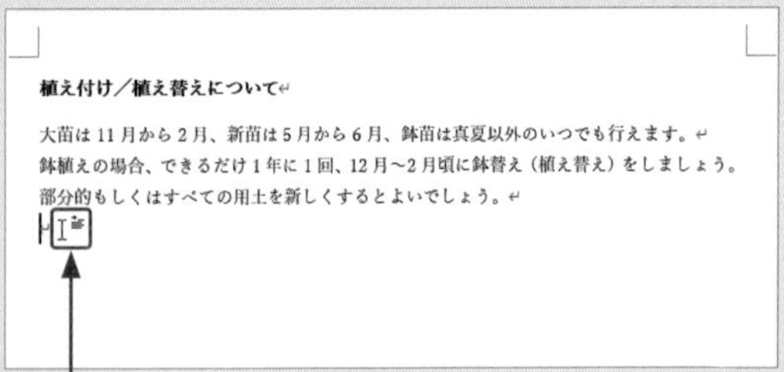
植え付け／植え替えについて
大苗は 11 月から 2 月、新苗は 5 月から 6 月、鉢苗は真夏以外のいつでも行えます。
鉢植えの場合、できるだけ 1 年に 1 回、12 月～2 月頃に鉢替え（植え替え）をしましょう。
部分的もしくはすべての用土を新しくするとよいでしょう。

2 マウスポインターの形が I≡ に変わったら、ダブルクリックします。

3 カーソルが1文字下がります。

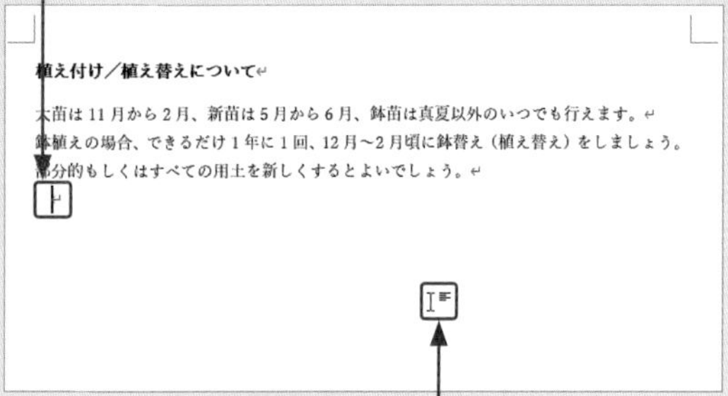
植え付け／植え替えについて
大苗は 11 月から 2 月、新苗は 5 月から 6 月、鉢苗は真夏以外のいつでも行えます。
鉢植えの場合、できるだけ 1 年に 1 回、12 月～2 月頃に鉢替え（植え替え）をしましょう。
部分的もしくはすべての用土を新しくするとよいでしょう。

4 入力せずに、ほかの場所をクリックすると、

5 カーソルがもとの位置に戻ります。

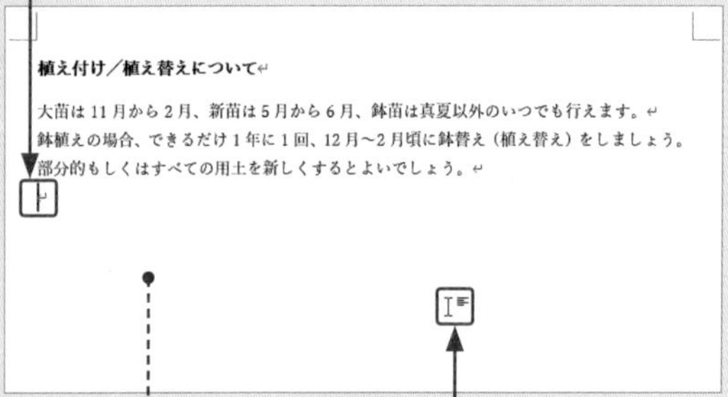
植え付け／植え替えについて
大苗は 11 月から 2 月、新苗は 5 月から 6 月、鉢苗は真夏以外のいつでも行えます。
鉢植えの場合、できるだけ 1 年に 1 回、12 月～2 月頃に鉢替え（植え替え）をしましょう。
部分的もしくはすべての用土を新しくするとよいでしょう。

カーソル位置以降は何も入力されていません。

6 入力したい位置にマウスポインターを移動して形が変わったら、ダブルクリックします。

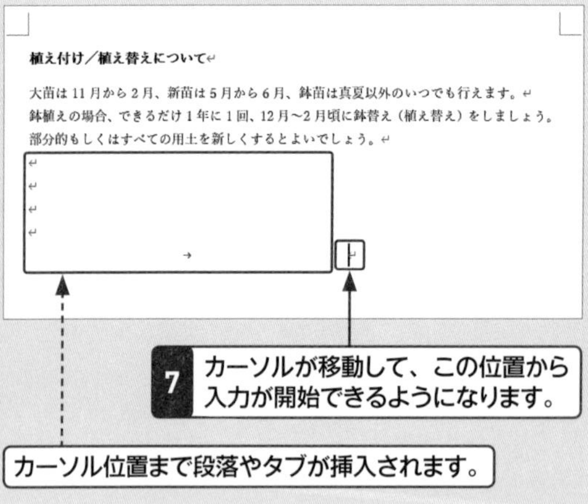
植え付け／植え替えについて
大苗は 11 月から 2 月、新苗は 5 月から 6 月、鉢苗は真夏以外のいつでも行えます。
鉢植えの場合、できるだけ 1 年に 1 回、12 月～2 月頃に鉢替え（植え替え）をしましょう。
部分的もしくはすべての用土を新しくするとよいでしょう。

7 カーソルが移動して、この位置から入力が開始できるようになります。

カーソル位置まで段落やタブが挿入されます。

Q 065 しゃべって音声入力したい！

A Microsoft 365では音声入力機能を利用できます。

キーボードがない、キーを入力できないなど直接入力ができない場合、Microsoft 365では音声入力（ディクテーション）を使うことができます。

利用するには、Microsoft 365サブスクリプションでサインインし、マイクを利用できる状態にします。Wordの新しい文書または既存の文書を開き、[ホーム]タブの[ディクテーション]をクリックします。

聞き取りの準備を待ち、が表示されたら開始できます。マイクに向かって話すと、聞き取られた言葉が入力されていきます。をクリックすると、入力を中断し、をクックすると再開します。

事前にをクリックして、以下の設定を確認しておくとよいでしょう。

- 話し手の言語を指定する
- 句読点の自動導入を有効にする
- 機密の語句をフィルター処理する

なお、この機能はWindows 10以降で利用でき、それ以前のWindows及び旧Office 365はサポートされていません。

マイクの設定は、スタートメニューの［設定］をクリックして、［プライバシーとセキュリティ］で［マイクへのアクセス］をオンにします。

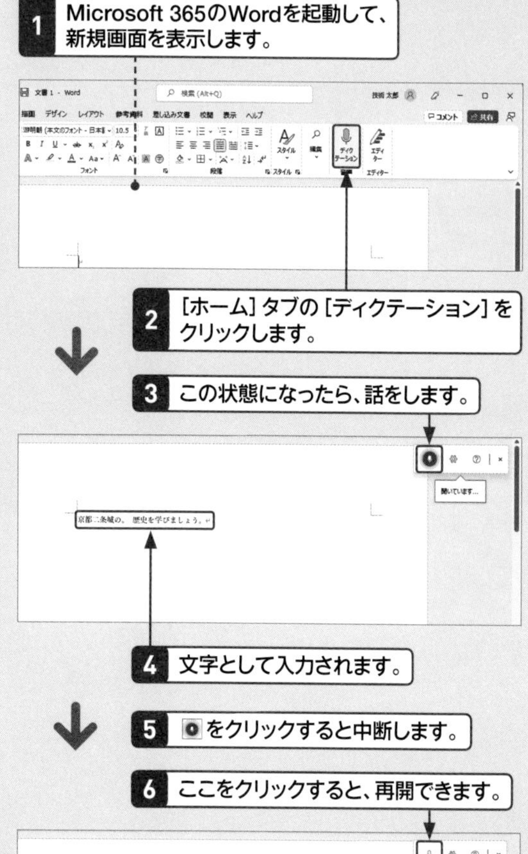

1 Microsoft 365のWordを起動して、新規画面を表示します。
2 ［ホーム］タブの［ディクテーション］をクリックします。
3 この状態になったら、話をします。
京都二条城の、歴史を学びましょう。
4 文字として入力されます。
5 をクリックすると中断します。
6 ここをクリックすると、再開できます。

● マイクの設定

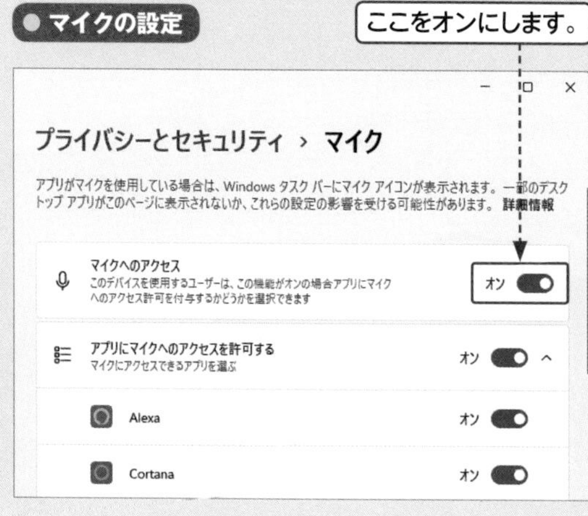

● 設定画面

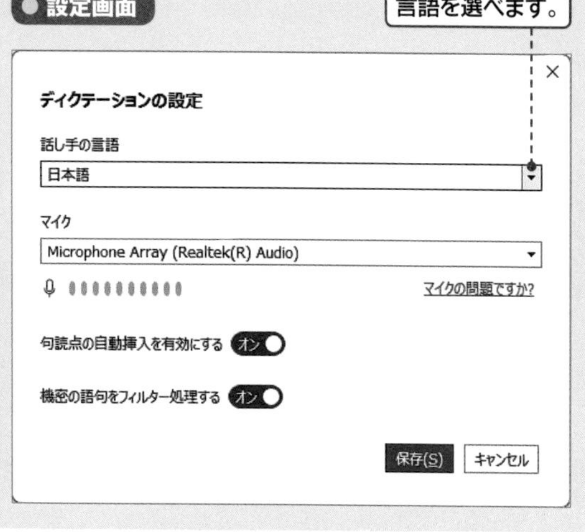

重要度 ★★★ 文字の変換

Q 066 漢字を入力したい！

A 読みをひらがなで入力して、漢字に変換します。

漢字を入力するには、ローマ字入力またはかな入力でひらがなを入力して、Spaceを押します。
目的の漢字に変換されない場合は、再度Spaceを押して、変換候補を表示します。↓またはSpaceを押して目的の漢字に移動し、Enterを押して入力します。
変換候補の最後に［単漢字］が表示される場合は、クリックすると、一般的な変換候補以外の漢字が表示されます。

参照▶Q 046, Q 081

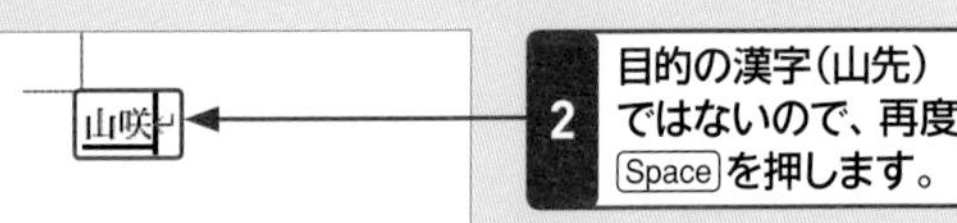

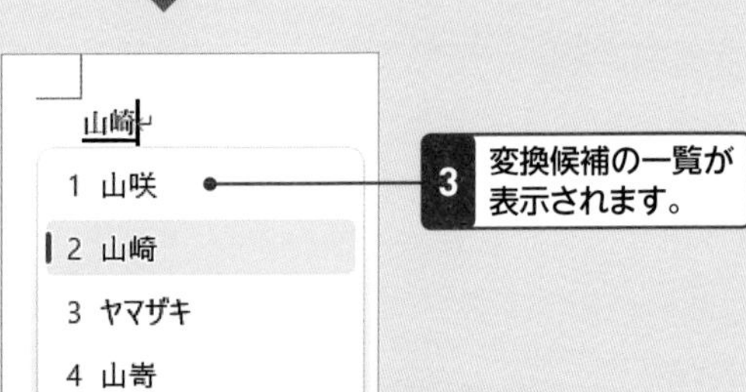

重要度 ★★★ 文字の変換

Q 067 カタカナやアルファベットに一発で変換したい！

A ファンクションキーを利用します。

キーボードの上の列にあるF1〜F12をファンクションキーといい、各キーにさまざまな機能が割り当てられています。
入力した読みのひらがなを選択してF7を押すと、全角カタカナに変更できます。このように、カタカナやアルファベットに変換するにはF6〜F10を利用します。

ファンクションキー	変換される文字
F6	ひらがな
F7	全角カタカナ
F8	半角カタカナ
F9	全角英数字
F10	半角英数字

なお、F9あるいはF10を押してアルファベットに変換するときは、キーを押すたびに「小文字」→「先頭だけ大文字」→「大文字」の順に切り替わります。
「Word」の単語を例にすると、下記のように順に変換されます。
英字を変換する場合は、入力モードを「ひらがな」にしておく必要があります。

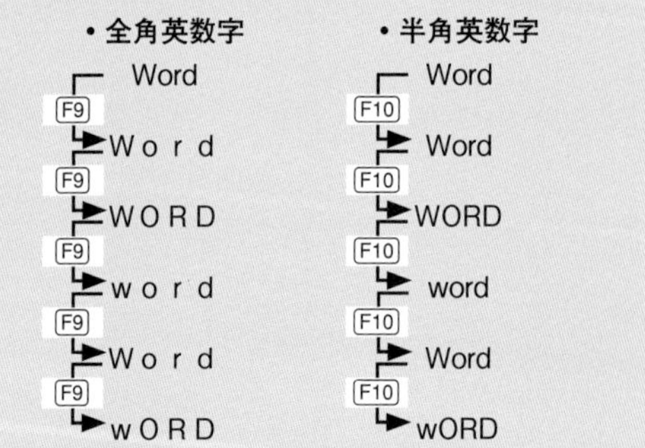

重要度★★★ 文字の変換

Q 068 予測入力って何？

A 読みから該当しそうな文字を候補として表示する機能です。

読みの文字を入力し始めると、その読みに合った変換候補が表示されます。これは過去に入力・変換した文字列などが自動的に表示される「予測入力」というMicrosoft IMEの機能です。Tab を押して文字を選択し、Enter を押すと入力できます。無視してそのまま入力を続けると、候補は消えます。入力予測機能はオフにすることもできます。

参照▶Q 069

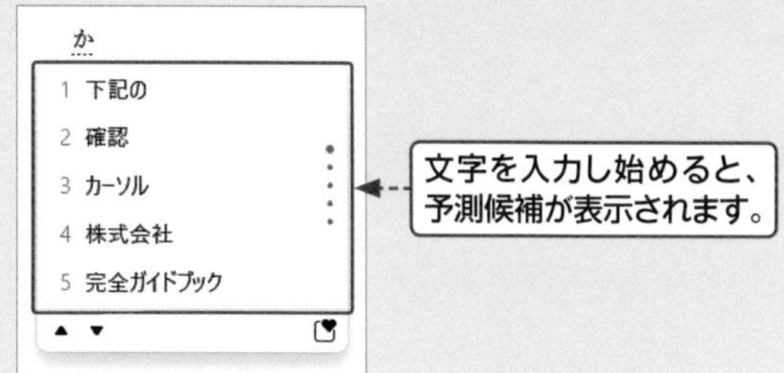

重要度★★★ 文字の変換

Q 069 予測入力を表示したくない！

A [予測入力]をオフにします。

予測入力は、入力履歴を利用したMicrosoft IMEの機能ですが、予測候補の表示をオフにすることができます。入力モードを右クリックして、[設定]をクリックすると表示される[Microsoft IME]画面で[全般]を開き、[予測入力]の文字数ボックスをクリックして[オフ]にします。

なお、読みの文字を入力し始めると表示される予測候補は、初期設定では1文字目で表示されるようになっています。この文字数は5文字まで変更することができます。

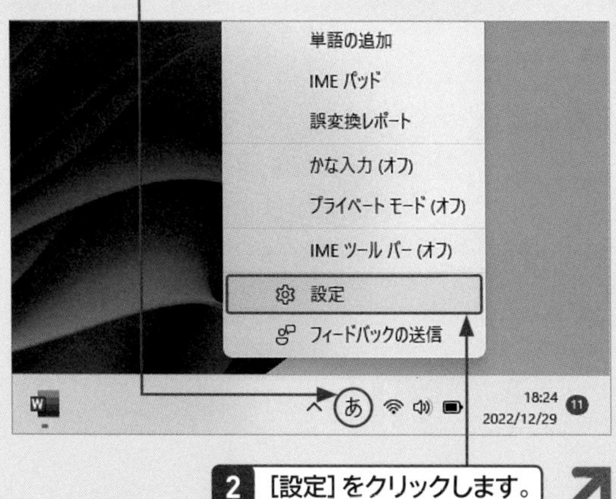

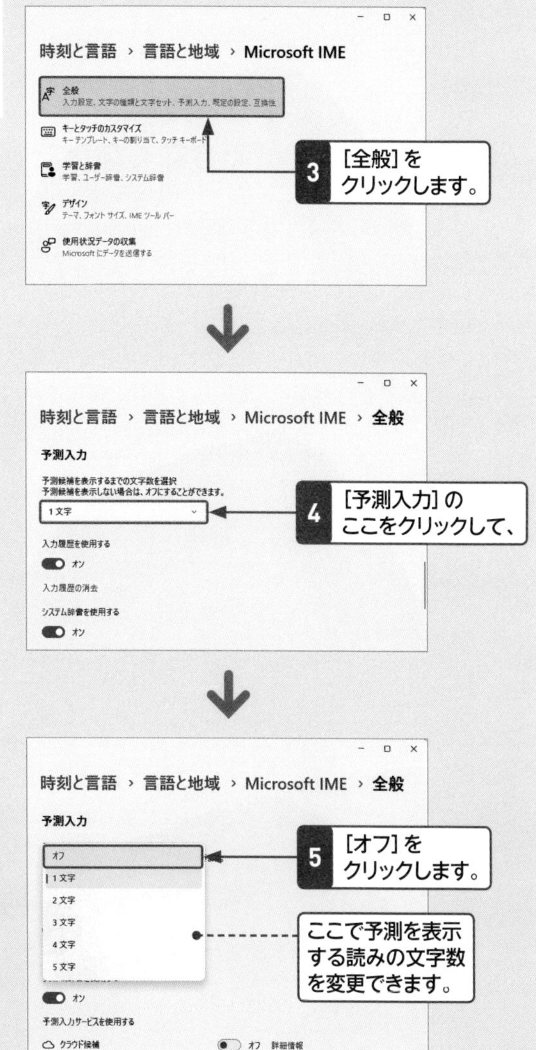

重要度 ★ 文字の変換

Q 070 入力履歴を消去したい!

A 設定画面で設定できます。

入力/変換した単語などを記憶する機能(入力履歴)が初期設定ではオンになっており、履歴文字は予測候補としても表示されます。変換を間違えた文字も記憶され、入力時に変換候補として表示されてしまいます。入力履歴を消去するには、[Microsoft IME]画面の[全般]で[入力履歴の消去]をクリックして、[学習と辞書]の[入力履歴の消去]をクリックします。また、入力履歴機能をオフにすることもできます。

参照▶Q 069

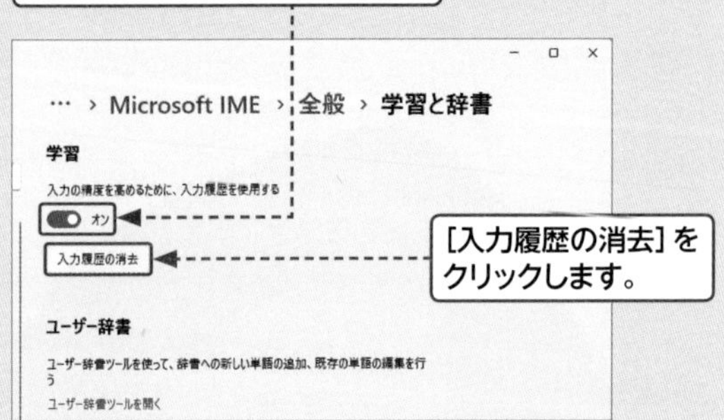

重要度 ★★★ 文字の変換

Q 071 IMEで文字変換の詳細設定ができなくなった!

A 以前のバージョンのMicrosoft IMEに戻すことができます。

Microsoft IMEはWindows 10以降、新しいバージョンにアップグレードされています。以前のIMEでは[Microsoft IMEの詳細設定]画面で文字の変換などに関して細かい設定ができましたが、新しいIMEでは項目がありません。以前のIMEに戻すことができます。

参照▶Q 069

1 [Microsoft IME]画面の[全般]を表示して、

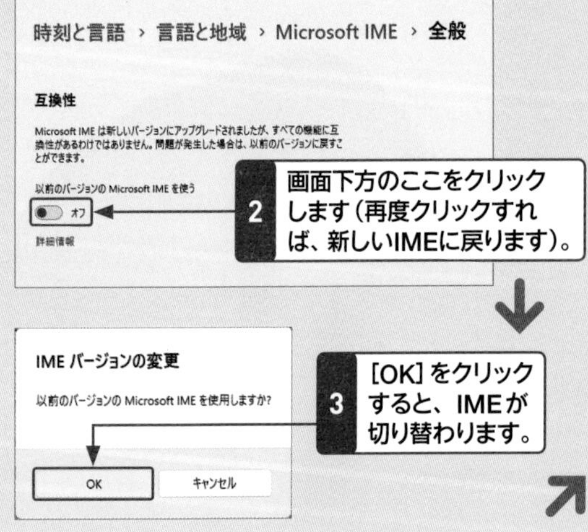

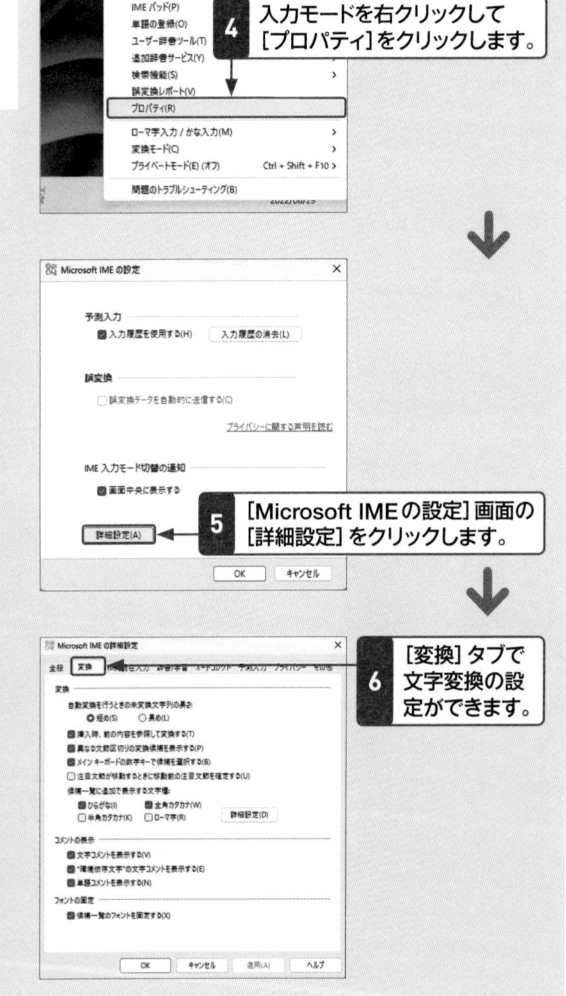

重要度 ★★★ 文字の変換

Q 072 文節を選んで変換したい！

A ←や→を押して、文節を移動します。

複数の文節を一度に変換すると、一部の文節だけ意図したものと違う漢字に変換される場合があります。その場合は←や→を押すと文節を移動できます。←や→で移動した文節には、太い下線が引かれるので、Spaceを押して再度変換します。
以下の例では、「申し上げます」と変換された文節を「申しあげます」に変換し直します。

1 Spaceを押して変換し、

2 ←や→を押して目的の文節を移動します。

3 Spaceを押して目的の文字に変換します。

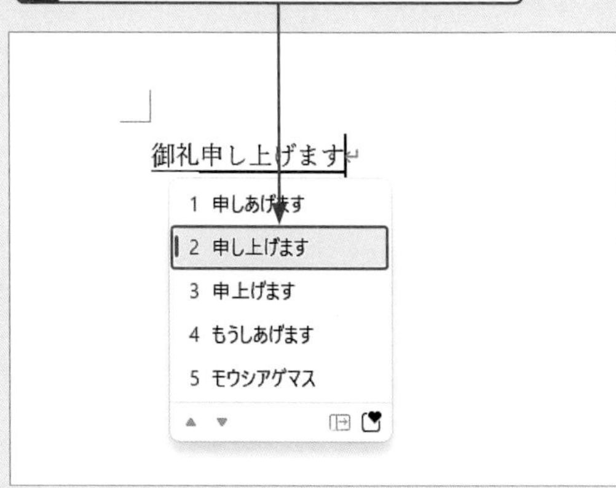

重要度 ★★★ 文字の変換

Q 073 文節の区切りを変更したい！

A Shiftを押しながら←や→を押します。

入力した文字列を変換するときに、文節の区切りがうまく行われなかった場合には、文節の区切りを変更します。Shiftを押しながら←や→を押すと、文節の区切り位置が1文字ずつ移動します。Spaceを押して文節単位で正しい文字に変換します。

「明日は山車で」と変換したいのに、文節が異なる位置で変換されています。

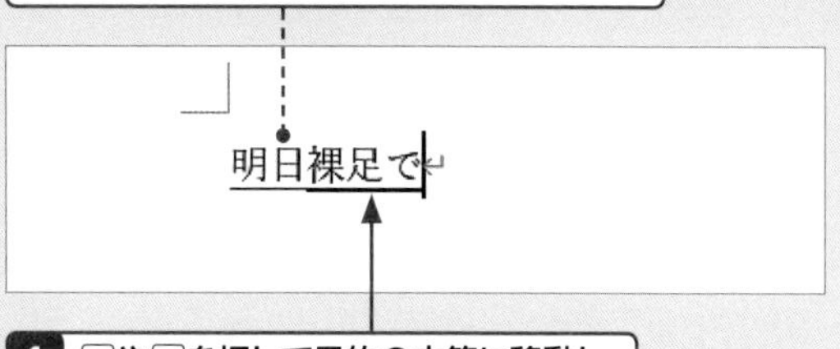

1 ←や→を押して目的の文節に移動し、

2 Shiftを押しながら←や→を押して文節の区切りを変更します。

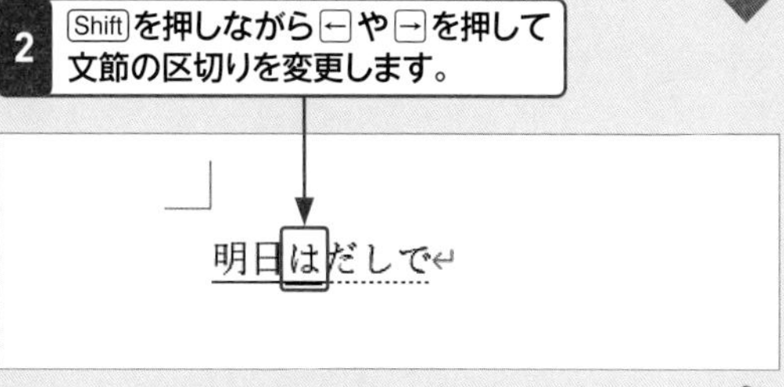

3 変換の必要な文節に移動して、Spaceを押し、目的の文字に変換します。

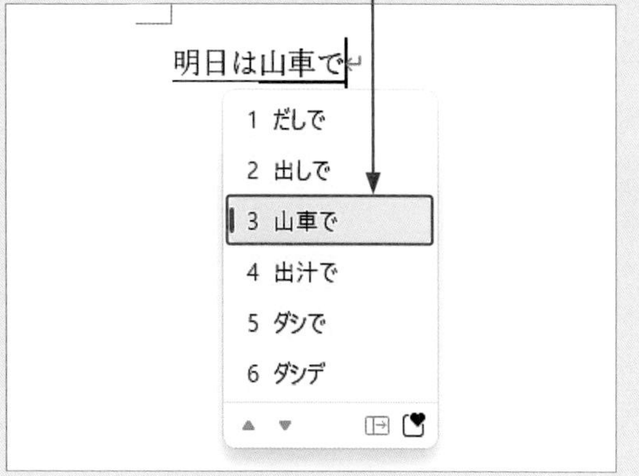

重要度 ★★★ 文字の変換

Q 074 確定した文字を変換し直したい！

A 変換し直す文字にカーソルを置いて、[変換]を押します。

変換を確定した文字を別の文字に変換し直すには、変更したい文字にカーソルを移動するか、その文字を選択して、[変換]を押します。変換候補が表示されるので、目的の漢字を選択します。

1 変換し直す文字を選択します。

水やりについて↵
鉢植えの場合、鉢土の表面が乾いたらたっぷりと水やりをします。↵
庭植えの場合、下記など雨が少なく乾燥する時期にはたっぷりと水やりをしま

2 [変換]を押して、候補一覧から変換後の文字を選択します。

鉢植えの場合、鉢土の表面が乾いたらたっぷりと水やりをします。↵
庭植えの場合、夏季など雨が少なく乾燥する時期にはたっぷりと水やりをします。↵
土について↵
庭植えの場合…
鉢植えの場合…す。市販のバラ専用の土を用い…土（小粒）と堆肥を7対3の…

1 下記
2 描き
3 夏季
4 書き
5 柿
6 カキ
7 垣
8 花き
9 花卉

標準統合辞書
夏季
夏の季節.「夏季花火大会.」
書き
〈文字を〉「漢字を書く,ノートに名前を書く,作文を書く,詩を書く.」
夏期
夏の期間.⇒夏季.「夏期講習.」
掻き
〈頭・あぐら・汗・いびき・裏・寝首・恥・べそを〉⇒かく*掻く：常用外 *簡易慣用字体

重要度 ★★★ 文字の変換

Q 075 変換候補の表示をすばやく切り替えたい！

A [Shift]＋[↑]／[↓]を押します。

変換候補がたくさんある場合に、スクロールバーをドラッグしたり、[↓]を押したりして順に見ていきますが、最初の一覧に目的の文字がないとわかった場合は、すぐに次の候補を表示させたいものです。[Shift]＋[↓]を押すと、次の一覧が表示されます。前の候補一覧に戻りたい場合は[Shift]＋[↑]を押します。

重要度 ★★★ 文字の変換

Q 076 変換候補を一覧表示させたい！

A 候補一覧をページ単位で移動することができます。

文字の変換を行うために、読みを入力して[Space]を2回押すと、候補が表示されます。このとき、数が多ければ1ページに最大9つの候補が表示されます。目的の候補を探すには、矢印キーや[Space]を押して移動します。大量の候補があるときは、ページの最後まで行って次ページに移動します。
このとき、候補の下にある［戻る］▲／［次へ］▼をクリックすると、戻る／次ページに移動します。これはキーボードの[PageUp]／[PageDown]を押しても同じです。
また、候補右下の［テーブルビュー］をクリックすると、候補が横長に一覧で表示されるので、一目で探すことができます。

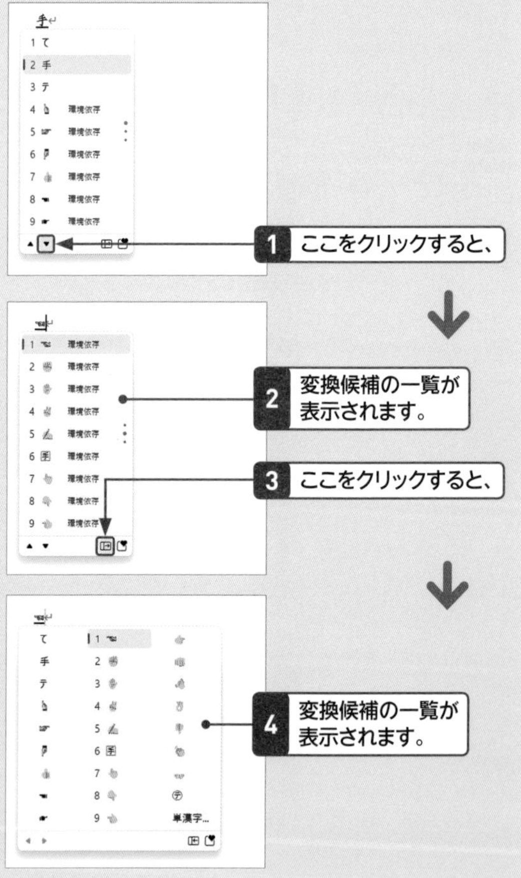
手
1 て
2 手
3 テ
環境依存
1 ここをクリックすると、
2 変換候補の一覧が表示されます。
3 ここをクリックすると、
4 変換候補の一覧が表示されます。
単漢字…

重要度★★★ 文字の変換

Q 077 正しい変換文字を入力したい！

A 変換文字の辞書で意味や使い方を調べることができます。

文字を変換する場合、同じ読みでも複数の漢字が表示され、どれを使うのが正しいのか迷う場合があります。使い方が難しい文字には、辞書マークが付く場合があり、「標準統合辞書」が表示されます。単語の使い方を確認してから、文字を選択するとよいでしょう。

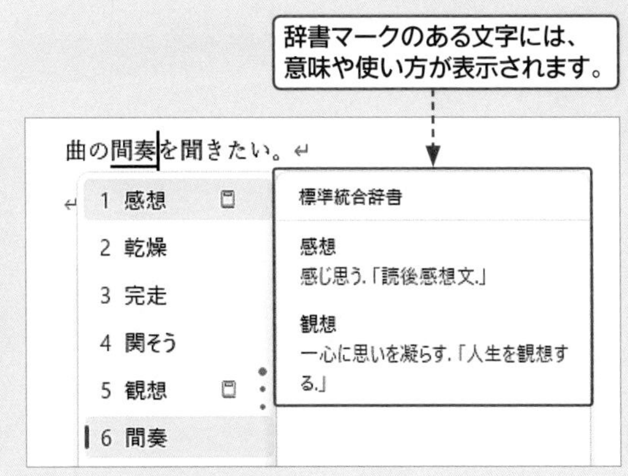

重要度★★★ 文字の変換

Q 078 入力する語句の意味をすばやく調べたい！

A 検索機能を利用します。

文書を入力する際に、使用する語句として正しいか疑問になったときに利用するのが検索機能です。リボン上にある検索ボックスでも可能ですが、[参考資料] タブの [検索]（Word 2019／2016では [スマート検索]）は、選択した語句をWeb上で検索し、さまざまな情報をすばやく表示してくれます。

調べたい語句を選択して、右クリックするか、[参考資料] タブの [検索]（Word 2019／2016では [スマート検索]）をクリックすると、[検索] 作業ウィンドウに結果が表示されます。

なお、Word 2016でスマート検索を利用するには、[Wordのオプション] 画面の [基本設定] で [Officeインテリジェントサービス] を有効にする必要があります。

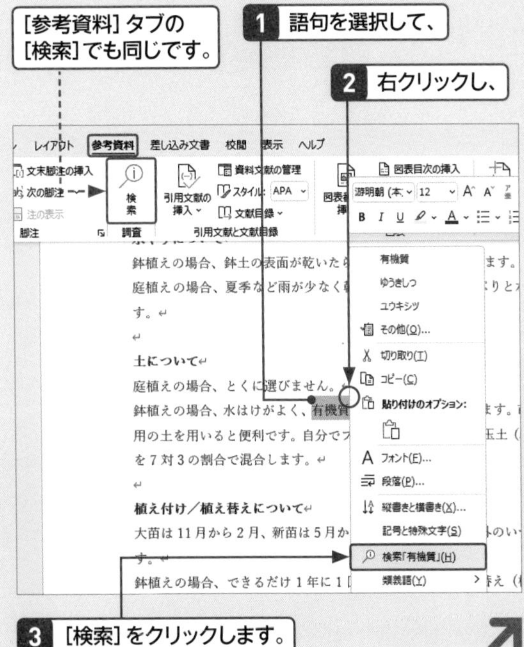

[参考資料] タブの [検索] でも同じです。
1 語句を選択して、
2 右クリックし、
3 [検索] をクリックします。

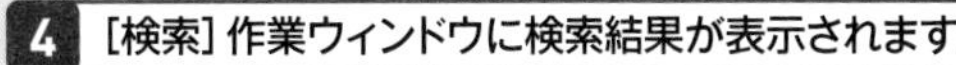

4 [検索] 作業ウィンドウに検索結果が表示されます。

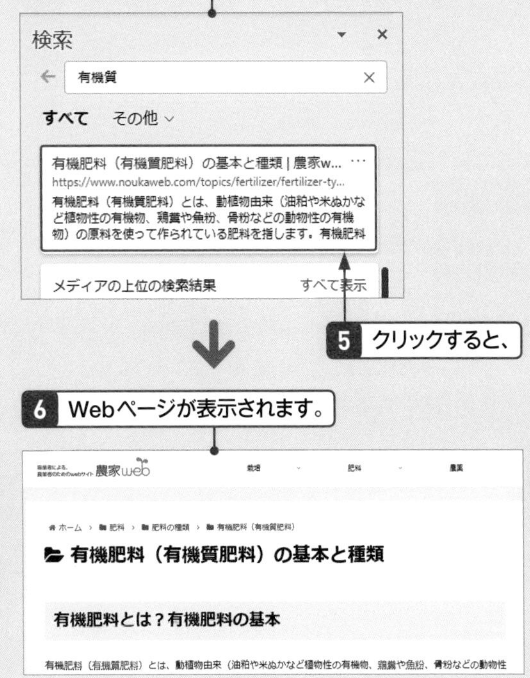

重要度 ★★★　文字の変換

Q 079 確定した文字の種類を変更したい！

A ［文字種の変換］をクリックして、目的の文字種を選択します。

ひらがなやカタカナ、漢字などに変換して確定したあとから、文字種を変更するには、種類を変更したい文字列を選択して、［ホーム］タブの［文字種の変換］をクリックし、目的の文字種を選択します。

変換する文字の種類は、半角、全角、カタカナ、ひらがなのほかに、文の先頭文字を大文字にする、すべてを大文字／小文字にする、各単語の先頭文字を大文字にする、大文字と小文字を入れ替えるなどの変換が可能です。確定した文字列を入力し直さなくても、すばやく変換できるので便利です。

1 対象の文字列を選択して、

花の女王といわれるバラ。庭で咲いていたら素敵ですが、美しく育てるのは少々難しいようです。↵
バラには多種多様な種類や系統がありますが、木立ちのﾌﾞｯｼｭローズ、半つるのｼｭﾗﾌﾞローズ、つる性のつるバラ、ミニバラなどに分かれます。↵
気に入ったバラを見つけて、育て方を学んでいきましょう。↵

2 ［ホーム］タブの［文字種の変換］をクリックし、

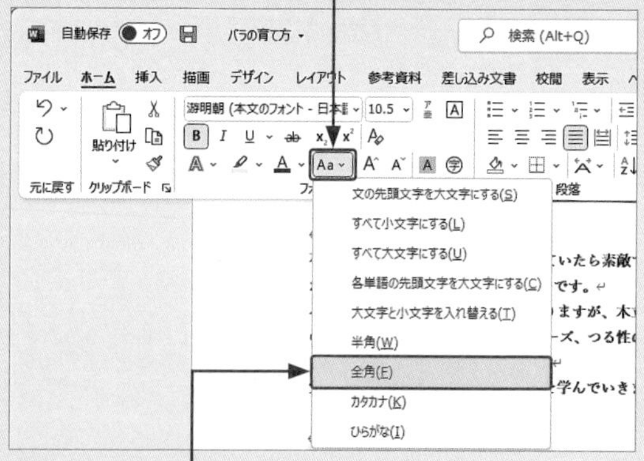

3 目的の文字種を選択すると、

4 文字種が変換されます。

花の女王といわれるバラ。庭で咲いていたら素敵ですが、美しく育てるのは少々難しいようです。↵
バラには多種多様な種類や系統がありますが、木立ちのブッシュローズ、半つるのｼｭﾗﾌﾞローズ、つる性のつるバラ、ミニバラなどに分かれます。↵
気に入ったバラを見つけて、育て方を学んでいきましょう。↵

重要度 ★★★　文字の変換

Q 080 環境依存って何？

A パソコンやソフトの環境によっては表示されない文字のことです。

Wordで文字列を変換する際に、候補によっては「環境依存」と表示される場合があります。これは、一般に「環境依存文字」と呼ばれる特殊文字で、パソコンのOSやアプリなどの環境によって表示されなかったり、表示されてもフォントの変更などの編集ができなかったりする場合があります。環境依存文字はほかのパソコンで表示や印刷ができない可能性があるので、使用する場合は注意が必要です。

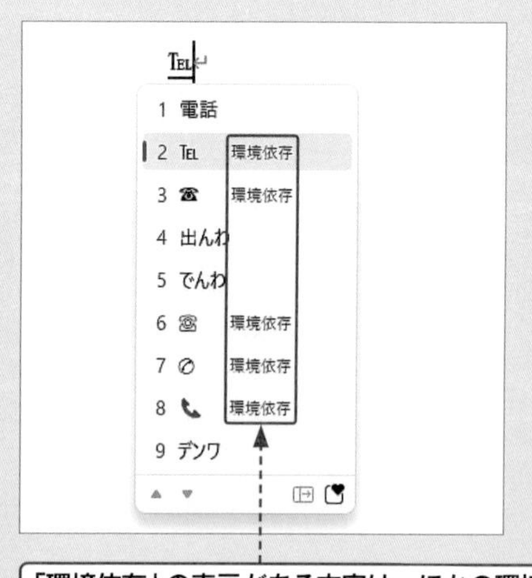

「環境依存」の表示がある文字は、ほかの環境では表示や印刷ができない場合があります。

Q 081 変換候補に[単漢字]と表示された！

A 単漢字辞書の候補を表示します。

Wordでの文字変換は、一般的な候補が表示され、読みによっては表示される変換候補がない場合があります。Microsoft IMEには、「単漢字辞書」が用意されていて、表示される候補以外にも、単漢字の候補がある場合に、単漢字辞書からの候補を探すように促しています。[単漢字]は候補一覧の最後に表示されます。

ここでは、「はる」を変換しています。

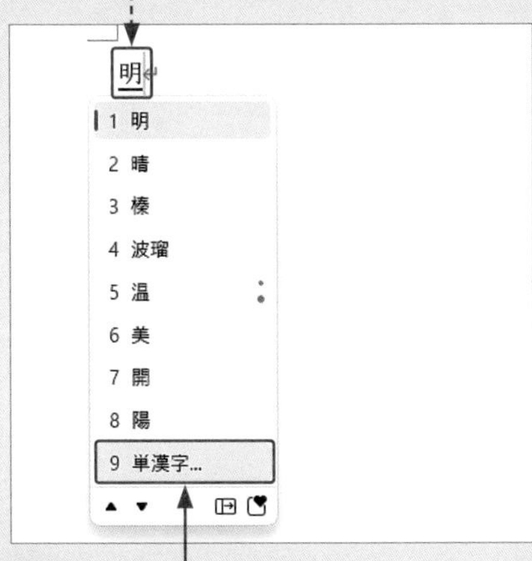

1 [単漢字]をクリックすると、

2 単漢字の候補が表示されます。

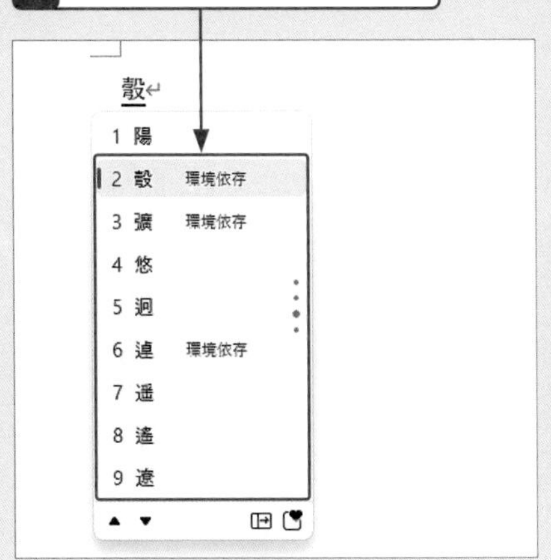

Q 082 郵便番号から住所を入力したい！

A 変換候補一覧から[住所に変換]を選択します。

Wordでは、日本語入力モードの[ひらがな]で郵便番号を入力して変換すると、該当する住所が変換候補に表示されます。これは、Microsoft IMEの「郵便番号辞書」による変換機能です。[半角英数]や[全角英数]などの入力モードでは、この機能は利用できません。また、すでに入力した郵便番号を選択して 変換 を押すと、同様に変換候補に表示されます。この逆に、住所を入力して変換すると、郵便番号が表示されます。

1 郵便番号を入力して、

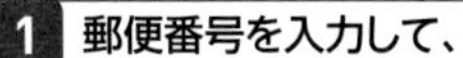

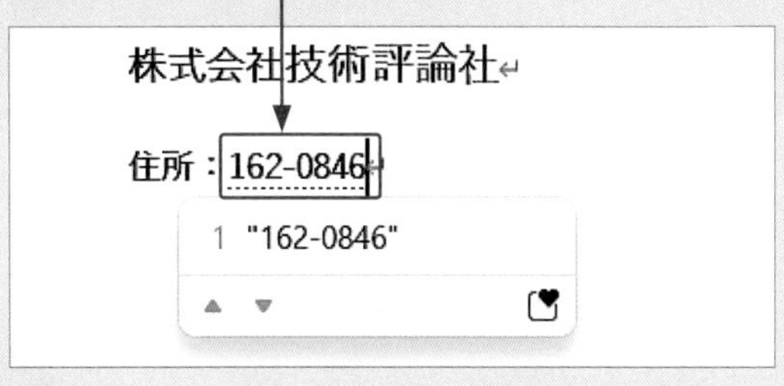

2 Spaceを2回押して変換すると、

3 住所が候補に表示されます。クリックすると、

株式会社技術評論社

住所：１６２－０８４６

1 162-0846
2 １６２－０８４６
3 東京都新宿区市谷左内町

4 住所を入力できます。

株式会社技術評論社

住所：東京都新宿区市谷左内町

重要度 ★★★　文字の変換

Q 083 文の先頭の小文字が大文字に変換されてしまう！

A1 オートコレクト機能で、設定を変更します。

日本語入力モードで英字を入力する際に、文頭のアルファベットを小文字で入力しても大文字に変換されてしまうのは、文字や数字などの入力を支援するオートコレクト機能が働いているためです。
この機能を無効にするには、[ファイル] タブの [オプション] をクリックして [Wordのオプション] を表示し、[文書校正] の [オートコレクトのオプション] をクリックします。表示される [オートコレクト] ダイアログボックスの [オートコレクト] タブで、文頭のアルファベットの小文字を大文字に変換しないように設定します。

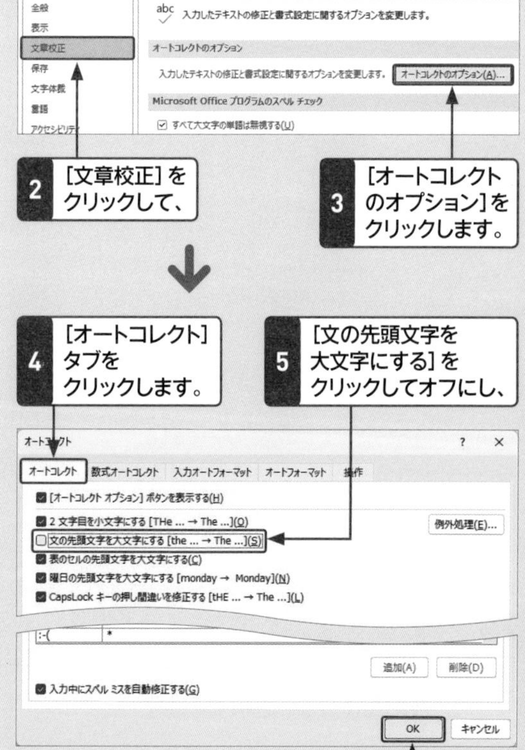

A2 [オートコレクトのオプション] でもとに戻します。

小文字で入力した英字が自動的に大文字に変換された場合、その文字にマウスポインターを合わせると薄い ▭ が表示されるので、マウスポインターを合わせて [オートコレクトのオプション] ▭ をクリックし、[元に戻す－大文字の自動設定] をクリックするともとに戻ります。また、ここで [文の先頭文字を自動的に大文字にしない] を選択すると、オートコレクト機能の設定を変更できます。[オートコレクトオプションの設定] を選択すると、左下図の [オートコレクト] ダイアログボックスを表示できます。

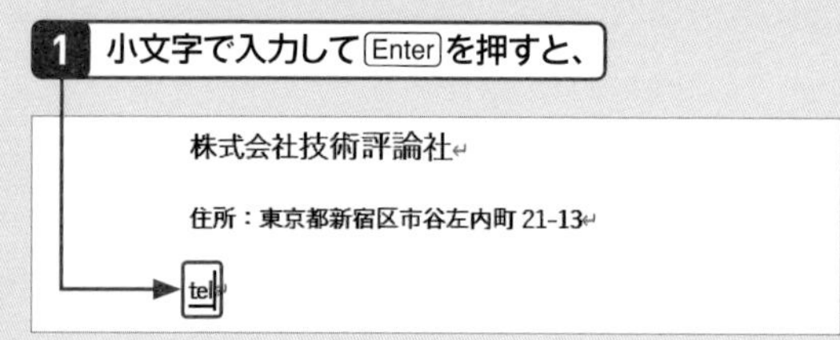

2 大文字に変換されてしまいます。文字にマウスポインターを、合わせて、▭ をクリックします。

株式会社技術評論社
住所：東京都新宿区市谷左内町 21-13
Tel

3 ここをクリックして、

株式会社技術評論社
住所：東京都新宿区市谷左内町 21-13
Tel

4 [元に戻す-大文字の自動設定] をクリックすると、小文字に変換されます。

株式会社技術評論社
住所：東京都新宿区市谷左内町 21-13
Tel

元に戻す(U) - 大文字の自動設定
文の先頭文字を自動的に大文字にしない(S)
オートコレクト オプションの設定(C)...

重要度 ★★★ 文字の変換

Q 084 (c)と入力すると©に変換されてしまう!

A オートコレクト機能で自動的に変換されないように設定を変更します。

初期設定では、「(c)」は©、「(r)」は®に自動的に変換されるようになっています。この設定を変更するには、[オートコレクト]ダイアログボックスの[オートコレクト]タブで、[入力中に自動修正する]をクリックしてオフにします。

参照▶Q 083

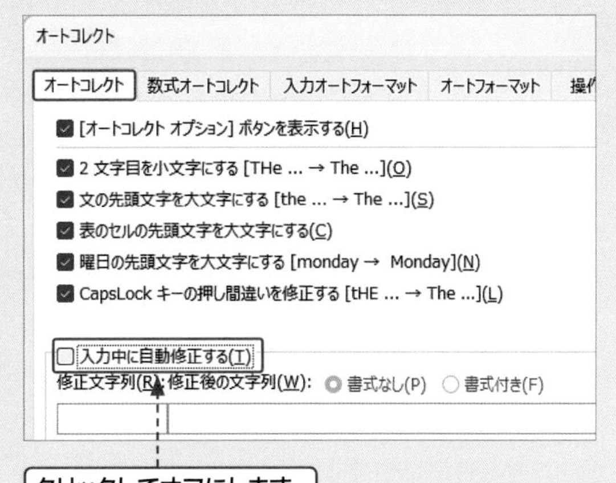

重要度 ★★★ 文字の変換

Q 085 「' '」が「‘ ’」になってしまう!

A オートコレクト機能で自動的に変換されないように設定を変更します。

初期設定では、「' '」を入力すると、自動的に「‘ ’」に変換されるようになっています。[オートコレクト]ダイアログボックスの[入力オートフォーマット]タブで、[左右の区別がない引用符を、区別がある引用符に変更する]をクリックしてオフにすると無効にできます。

参照▶Q 083

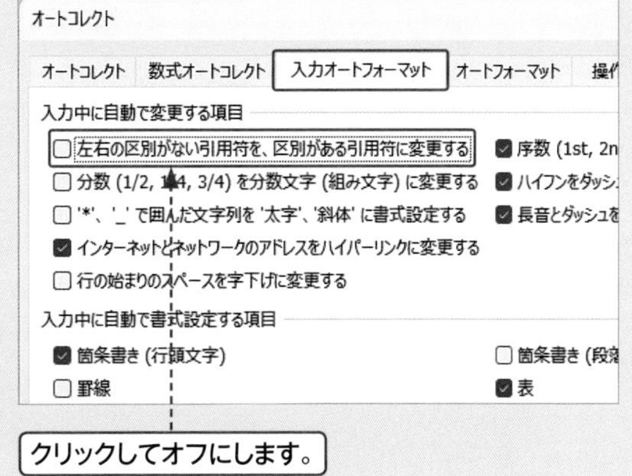

重要度 ★★★ 文字の変換

Q 086 「-」を連続して入力したら罫線になった!

A オートコレクト機能で自動的に変換されないように設定を変更します。

初期設定では、「-(ハイフン)」や「－(マイナス)」を続けて入力して改行すると、自動的に罫線に変換されるようになっています。この設定を無効にするには、[オートコレクト]ダイアログボックスの[入力オートフォーマット]タブで、[罫線]をクリックしてオフにします。

参照▶Q 083

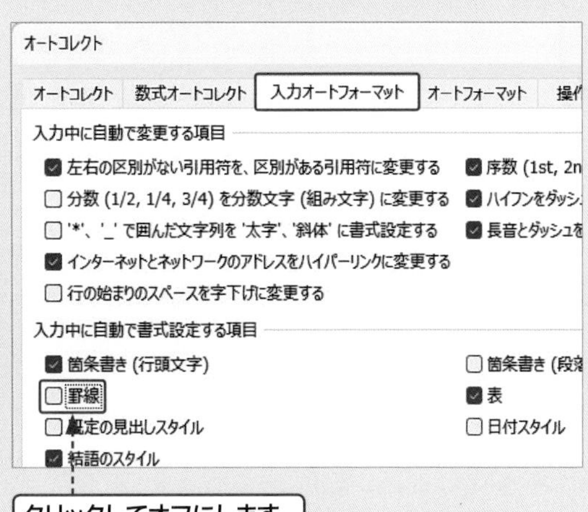

重要度 ★★★ 文字の変換

Q 087 入力操作だけで文字を太字や斜体にしたい！

A 文字の前後を * あるいは _ で囲みます。

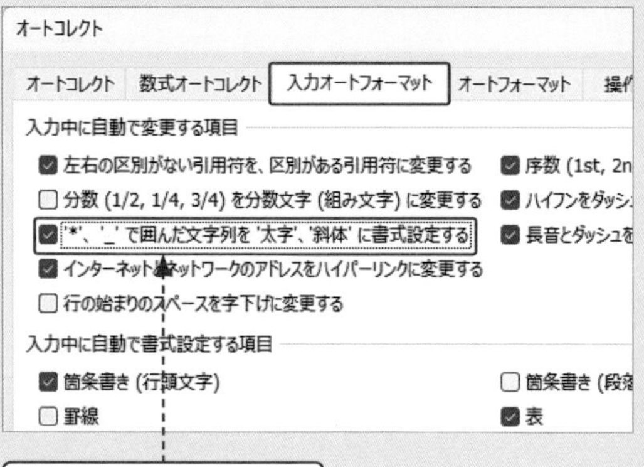

[オートコレクト] ダイアログボックスの [入力オートフォーマット] タブで、['*'、'_' で囲んだ文字列を '太字'、'斜体' に書式設定する] をクリックしてオンにします。これで、「*漢字*」と入力すれば太字となり、「_漢字_」と入力すれば斜体になります。 参照▶Q 083

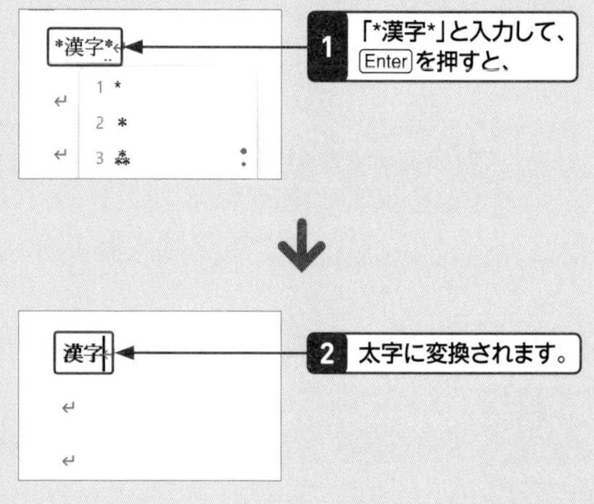

重要度 ★★★ 特殊な文字の入力

Q 088 記号をかんたんに入力したい！

A1 記号の名前を入力して変換します。

◎や▲、★などの記号は、「まる」「さんかく」「ほし」のように、記号の読みを入力して、Space を2回押します。変換候補の中に記号も表示されるので、目的の記号をクリックします。どのような形の記号を入力するのか迷ったときは、「ずけい」を変換すると多くの記号が変換候補一覧に表示されます。

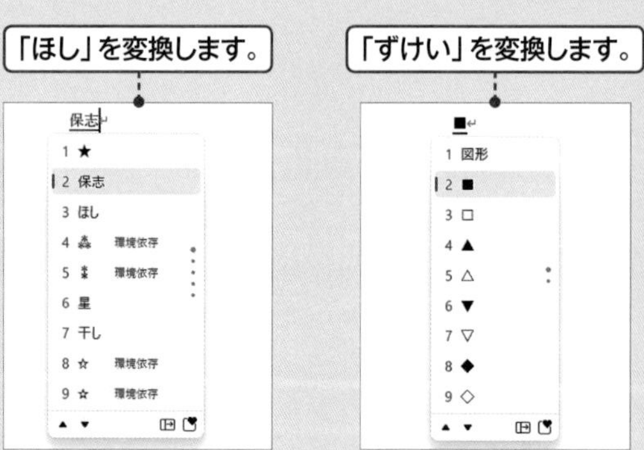

A2 [記号と特殊文字] ダイアログボックスを利用します。

[挿入] タブの [記号と特殊文字] をクリックして表示される [記号と特殊文字] ダイアログボックスには、さまざまな記号が用意されています。[種類] を [修飾記号] などの記号にすると種類に合った記号が表示されます。目的の記号をクリックして、[挿入] をクリックすると入力できます。 参照▶Q 089

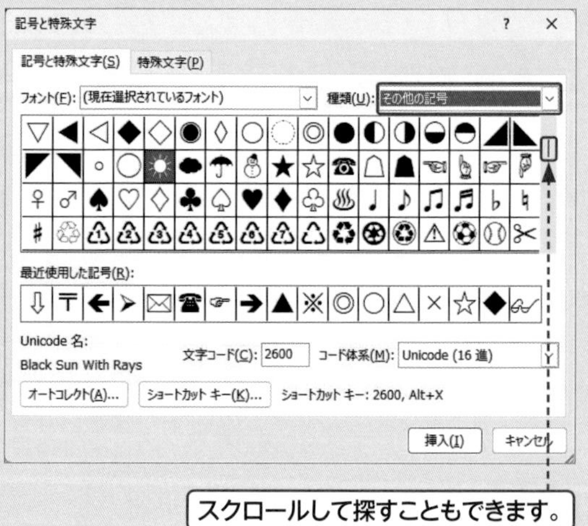

Q 089 絵文字を入力したい！

A [記号と特殊文字]ダイアログボックスを利用します。

絵文字などを入力する場合、読みの変換候補に表示される場合もあります。たとえば、「ほし」を変換すると、☀のような絵文字が入力できます。ただし、どのような絵文字があるのかがわからないので、特殊な文字を探すには、[記号と特殊文字]ダイアログボックスを利用しましょう。[記号と特殊文字]ダイアログボックスを表示するには、[挿入]タブの[記号と特殊文字]をクリックして、[その他の記号]をクリックします。
[種類]に[その他の記号]を選ぶと、英文字などの記号が表示されます。また、[フォント]を「Wingdings」などの記号用のフォントに変更しても、絵文字や特殊な記号を表示できます。

● 変換候補を利用する

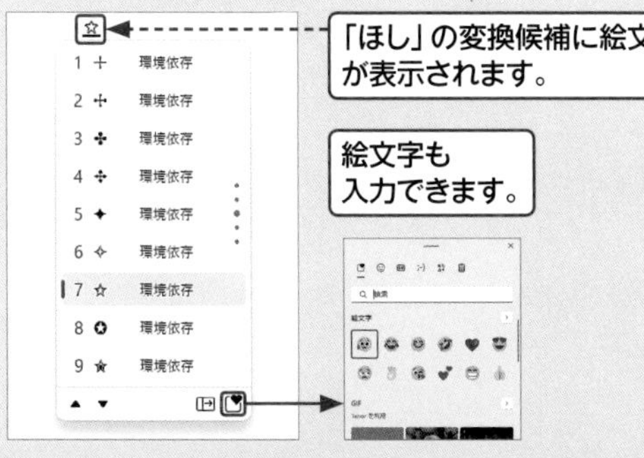

「ほし」の変換候補に絵文字が表示されます。
絵文字も入力できます。

● [記号と特殊文字]ダイアログボックスを表示する

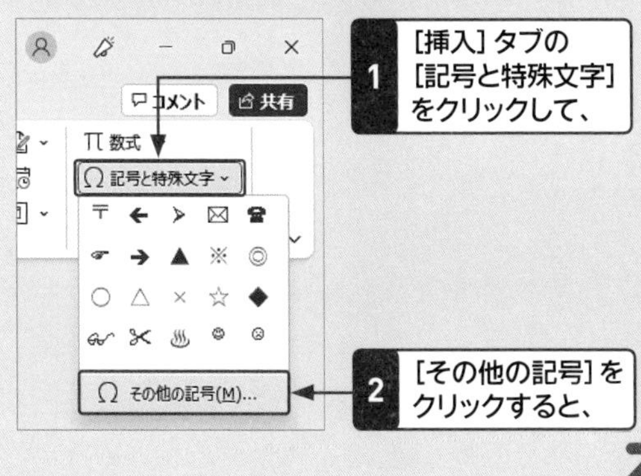

3 [記号と特殊文字]ダイアログボックスが表示されます。

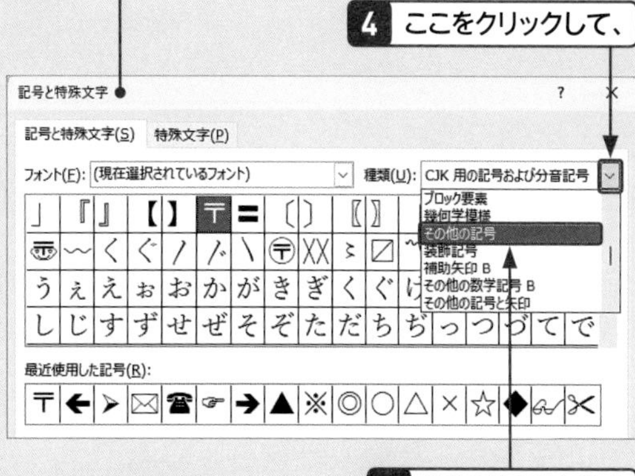

4 ここをクリックして、
5 [その他の記号]をクリックします。

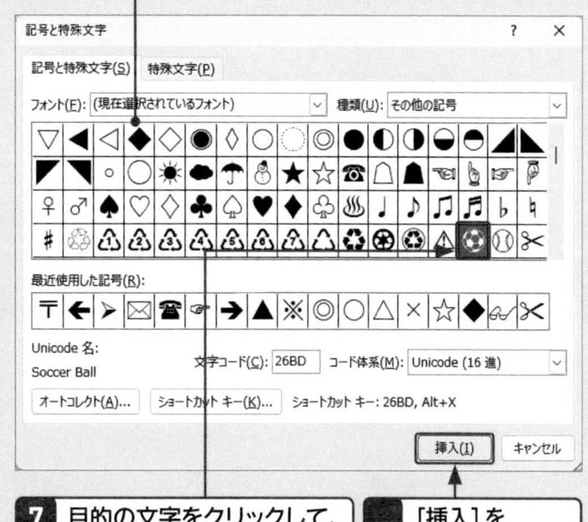

● フォントを変更する

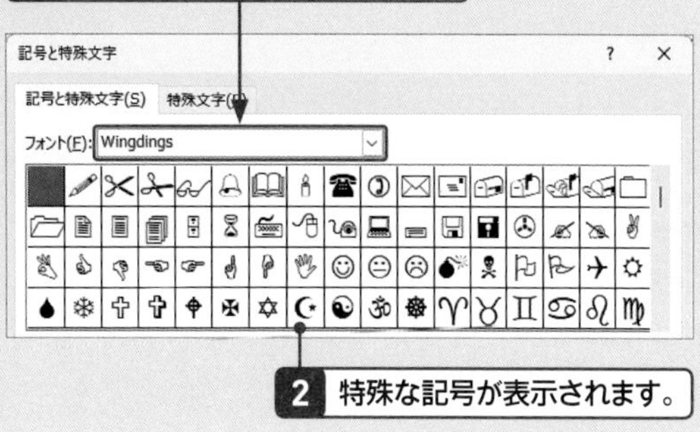

1 記号用のフォントを選択すると、
2 特殊な記号が表示されます。

重要度 ★★★ 特殊な文字の入力

Q 090 ①や②などの丸囲み数字を入力したい！

A 数字を入力して、変換します。

英数モード以外で1、2など、数字を入力してSpaceで変換すると、変換候補一覧に①、②などの丸囲み数字が表示されるので、かんたんに入力できます。なお、丸囲み数字は環境依存文字であり、変換できるのは「50」までです。

参照▶Q 080, Q 088

1 数字を入力して、Spaceを2回押すと、

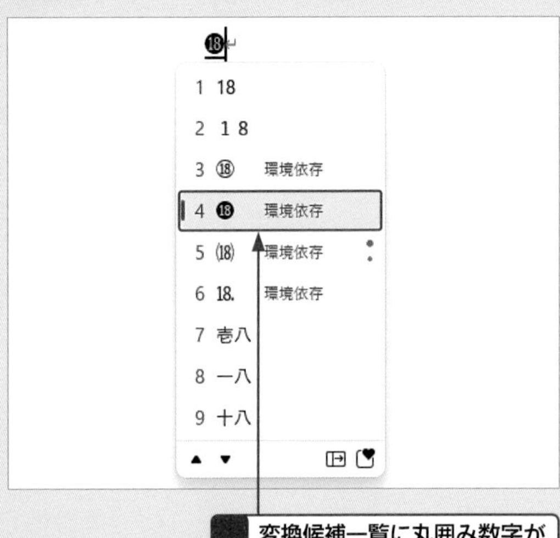

2 変換候補一覧に丸囲み数字が表示されます。

重要度 ★★★ 特殊な文字の入力

Q 091 51以上の丸囲み数字を入力したい！

A 囲い文字を利用して、丸囲み数字を作ります。

Wordで丸囲み数字に変換できるのは「50」までです。「51」以上の数字は、丸囲み数字に変換できません。この場合は、入力した半角2桁の数字を「囲い文字」にします。なお、3桁以上の数字や、全角2文字を囲い文字にすることはできません。

参照▶Q 090, Q 092

重要度 ★★★ 特殊な文字の入力

Q 092 ○や□で囲まれた文字を入力したい！

A 囲い文字を利用します。

㊙や㊿などのように文字や半角2桁の数字を○や□で囲うには、[囲い文字]を利用します。
入力した半角2桁の数字、あるいは全角1文字を選択して、[ホーム]タブの[囲い文字]をクリックし、[囲い文字]ダイアログボックスので指定します。
なお、[囲い文字]ダイアログボックスの[文字]ボックスに、文字を直接入力することもできます。

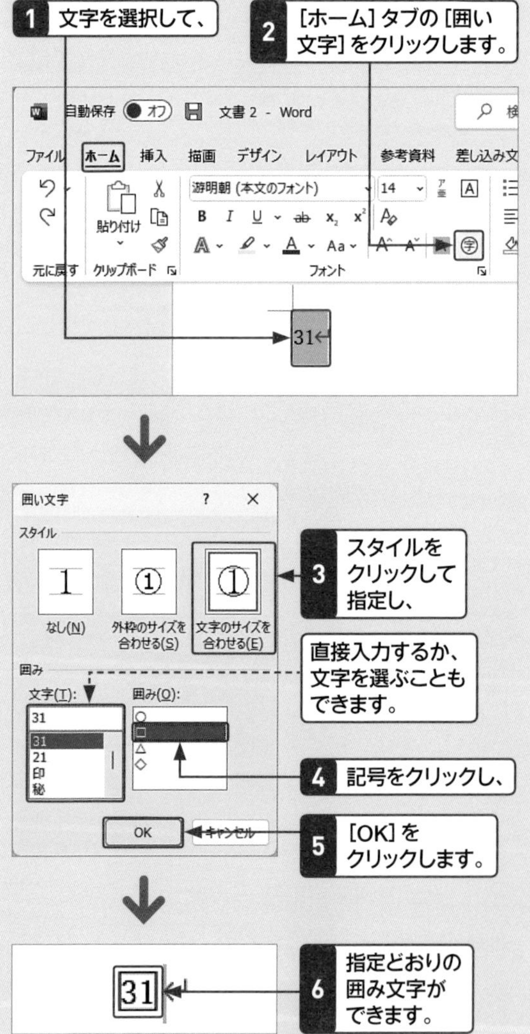

重要度 ★★★　特殊な文字の入力

Q 093 文字を罫線で囲みたい！

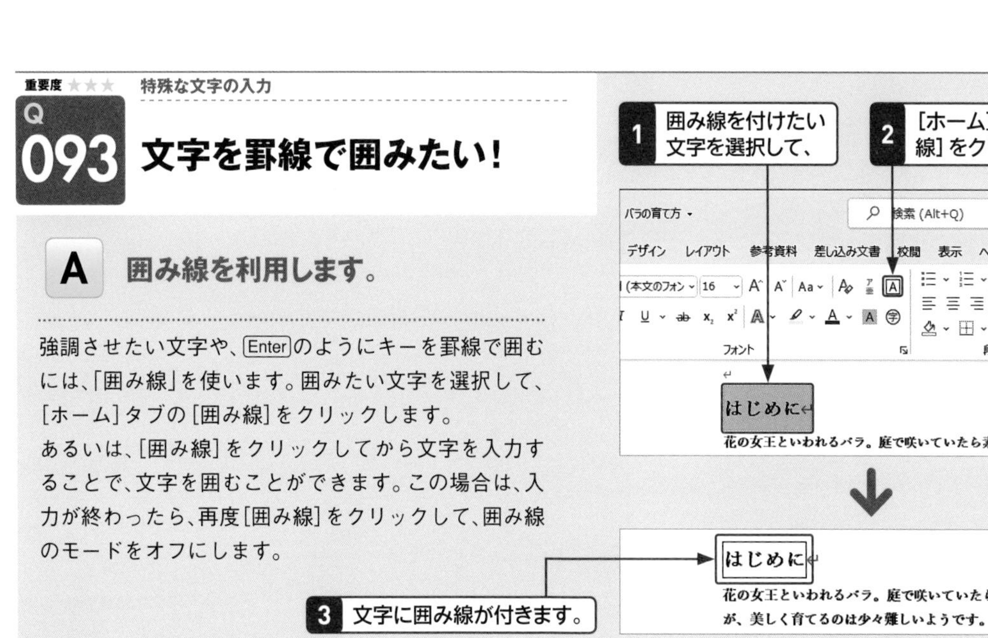

A 囲み線を利用します。

強調させたい文字や、Enterのようにキーを罫線で囲むには、「囲み線」を使います。囲みたい文字を選択して、[ホーム] タブの [囲み線] をクリックします。
あるいは、[囲み線] をクリックしてから文字を入力することで、文字を囲むことができます。この場合は、入力が終わったら、再度 [囲み線] をクリックして、囲み線のモードをオフにします。

重要度 ★★★　特殊な文字の入力

Q 094 「株式会社」を ㍿のように入力したい！

A 組み文字を利用します。

「組み文字」とは、㍿や㌔などのような、複数の字を組み合わせた文字のことです。文字やフォントを指定するだけで、かんたんに組み文字に変換できます。
組み文字にしたい文字を6文字まで選択し、[ホーム] タブの [拡張書式] をクリックして、[組み文字] をクリックします。
[組み文字] ダイアログボックスで、組み文字のフォントやサイズを指定します。組み文字の大きさは、基本的には通常の文字サイズの半分くらいにします。
なお、㍿などは、辞書に記号として登録されているので、変換時にSpaceを2回押して、[記号] を選択して入力することもできます。

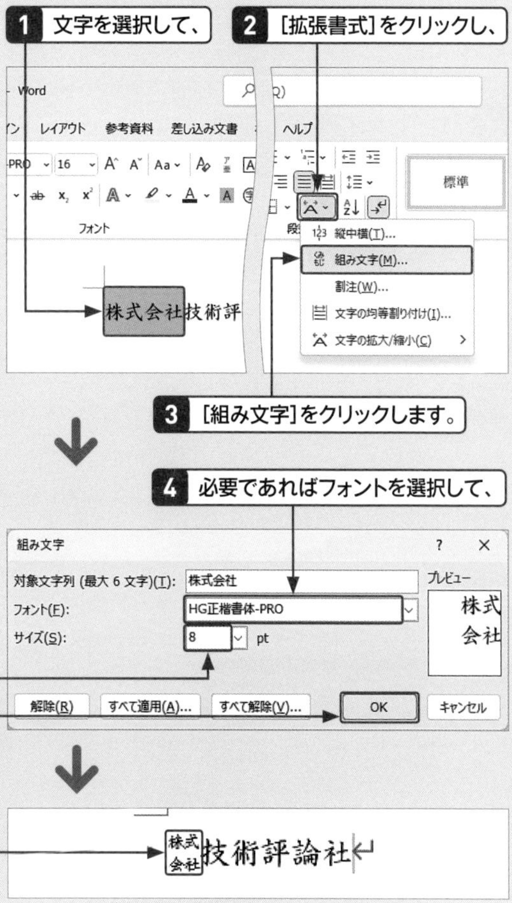

1 文字を選択して、

2 [拡張書式] をクリックし、

株式会社技術評

縦中横(T)...
組み文字(M)...
割注(W)...
文字の均等割り付け(I)...
文字の拡大/縮小(C)

3 [組み文字] をクリックします。

4 必要であればフォントを選択して、

組み文字
対象文字列 (最大 6 文字)(T): 株式会社
フォント(F): HG正楷書体-PRO
サイズ(S): 8 pt
プレビュー 株式会社
解除(R) すべて適用(A)... すべて解除(V)... OK キャンセル

5 サイズを選択し、

6 [OK] をクリックすると、

7 組み文字に変換されます。

㍿技術評論社

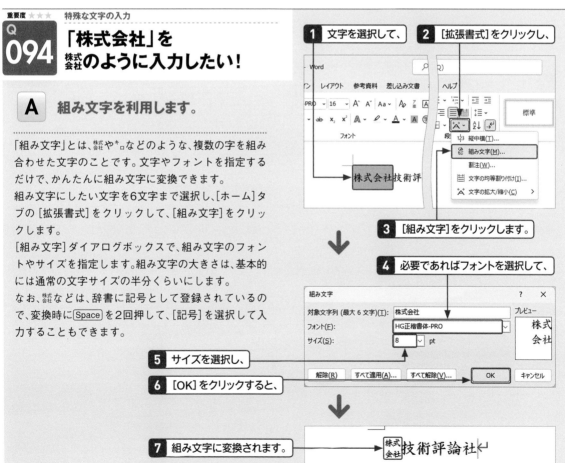

重要度 ★★★ 特殊な文字の入力

Q 095 メールアドレスが青字になって下線が付いた!

A ハイパーリンクが設定されていますが、解除できます。

メールアドレスやホームページのURLなどを入力して Enter を押すと、文字が青色になり、下線が付きます。これは、ハイパーリンクといい、Ctrl を押しながらクリックすると、メールの送信画面やそのホームページ画面が表示できる仕組みです。印刷する際など不要な場合は、リンクを解除しましょう。解除するには、]ハイパーリンクを右クリックして、[ハイパーリンクの削除]をクリックします。Word 2016の場合は、ハイパーリンクの末尾にカーソルを移動して、BackSpace を押します。入力時にハイパーリンクを設定したくない場合は、[オートコレクト]ダイアログボックスの[オートフォーマット]タブで、[インターネットとネットワークのアドレスをハイパーリンクに変更する]をクリックしてオフにします。

参照 ▶ Q 083

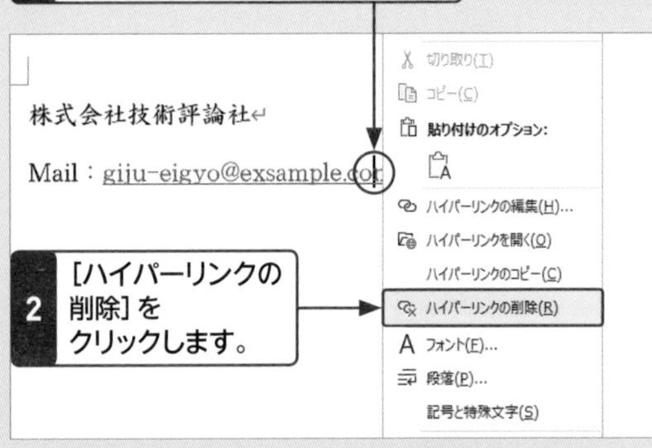

● [オートコレクト] ダイアログボックスで設定する

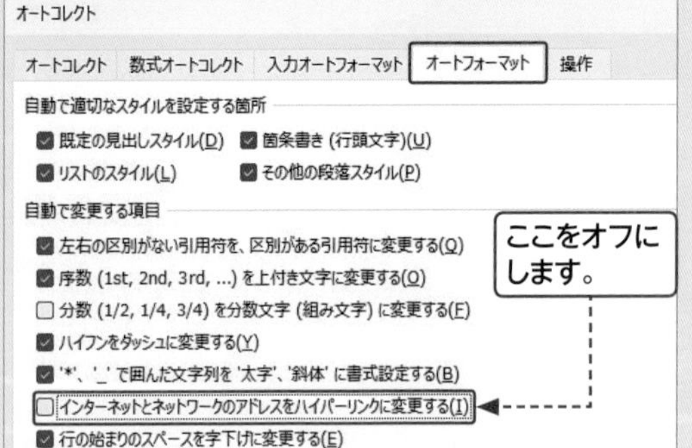

重要度 ★★★ 特殊な文字の入力

Q 096 ルート記号を含む数式を入力したい!

A 数式ツールを利用します。

数式を入力するには、[挿入]タブの[数式]をクリックして表示される[数式]タブを利用します。さまざまな数式の構造が用意されていて、種類を選ぶと文書内に数式フィールドとして挿入されます。

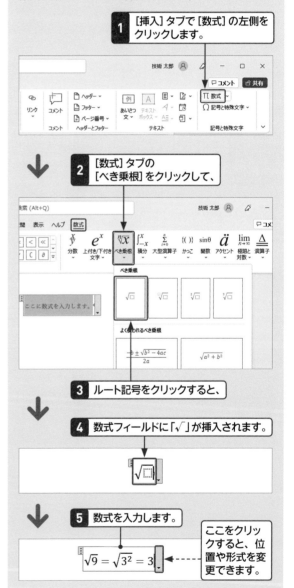

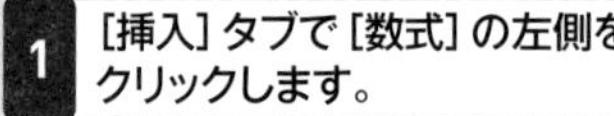

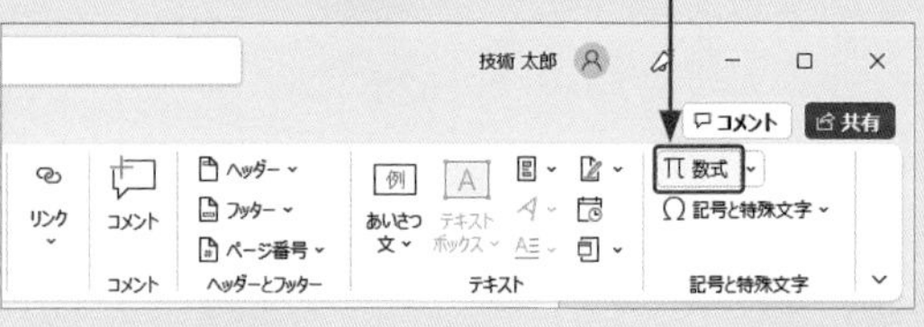

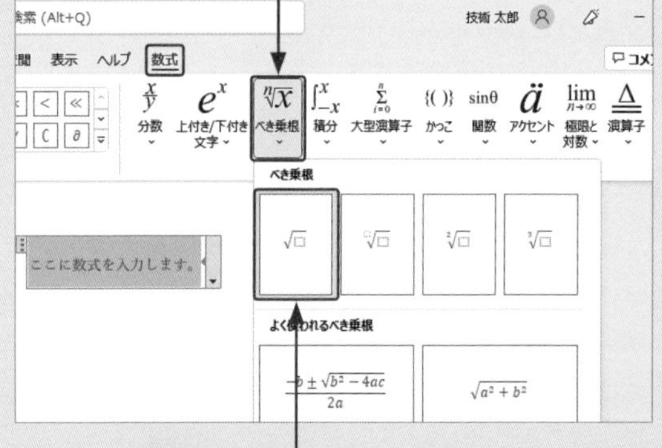

重要度 ★★★　特殊な文字の入力

Q 097 分数をかんたんに入力したい！

A 数式ツールを利用します。

分数をかんたんに入力するには、数式ツールの［分数］を利用します。使いたい分数の表示形式を選択すると、数式フィールドが表示されるので、⬚にカーソルを合わせて、入力します。

なお、Word 2019以降では「インクを数式に変換」機能、Word 2016では「インク数式」機能を利用しても、手書き入力することが可能です。

参照▶Q 096, Q 098

1 ［数式］タブで［分数］をクリックして、

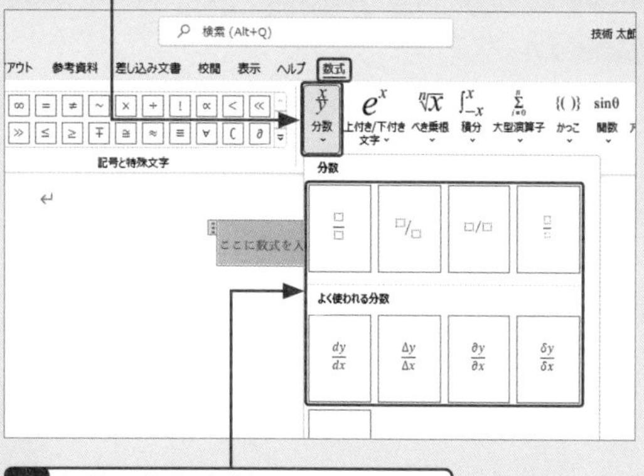

2 目的の表示形式をクリックします。

重要度 ★★★　特殊な文字の入力

Q 098 数式をかんたんに入力したい！

A ［数式入力コントロール］画面で手書き入力ができます。

Word 2019以降では［描画］タブの［インクを数式に変換］、あるいはWord 2019／2016では［挿入］タブの［数式］から［インク数式］をクリックすると、［数式入力コントロール］画面が表示されます。

この画面にデジタルペンやマウスを使って数式を手書きすると、デジタル処理されます。入力した数式は、文書内に数式フィールドで挿入されます。

1 ［描画］タブの［インクを数式に変換］をクリックすると、

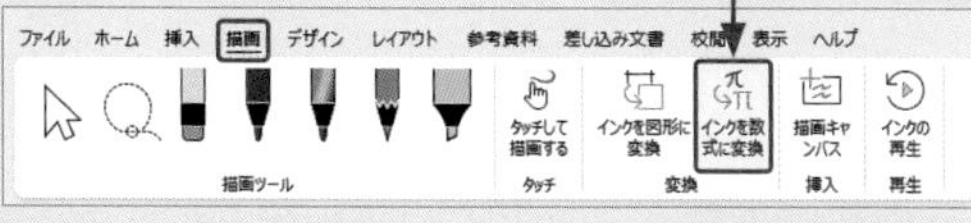

2 ［数式入力コントロール］画面が表示されます。

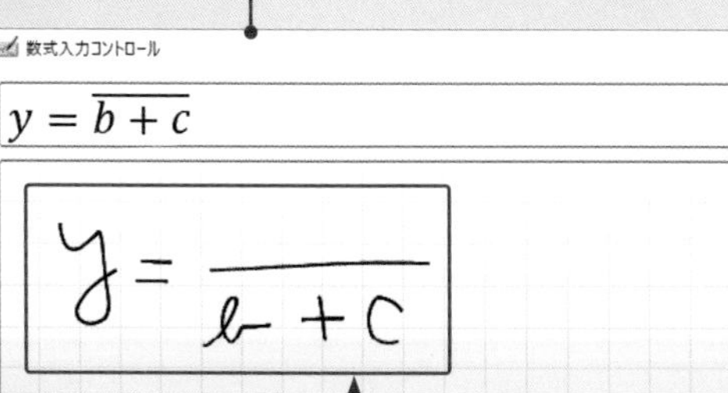

3 ［書き込み］をクリックして、

4 数式を書きます。

5 プレビュー表示で確認して、

6 ［挿入］をクリックします。

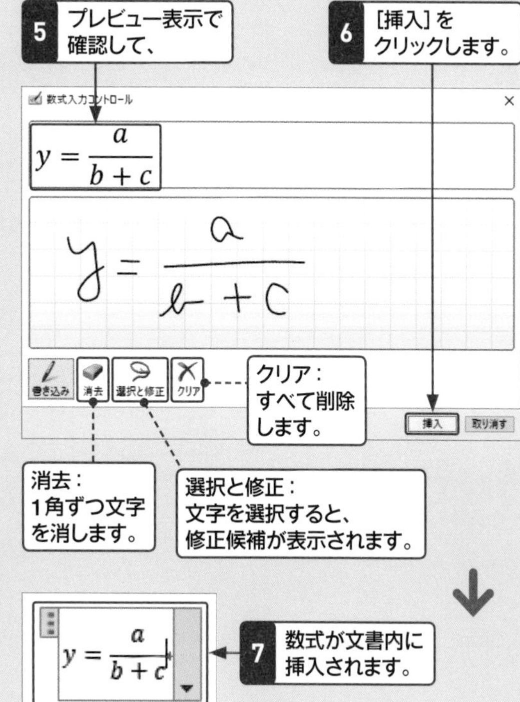

クリア：すべて削除します。

消去：1角ずつ文字を消します。

選択と修正：文字を選択すると、修正候補が表示されます。

7 数式が文書内に挿入されます。

重要度 ★★★ 特殊な文字の入力

Q 099 文書に手書きで文字を書き込みたい!

A [描画]タブの[描画ツール]を利用します。

[描画]タブの[描画ツール]にあるペンツールを利用すると、マウスやデジタルペンを使って手書きしたり、マーカーを引いたりできます。また、ペンの種類や色を変更したり、ペンを追加したりすることもできます。Word 2016では[校閲]タブの[インクの開始]をクリックすると、[描画]タブと同様の[ペン]タブが表示されます。なお、[描画]タブが表示されていない場合は、[Wordのオプション]画面の[リボンのユーザー設定]をクリックし、[描画]をクリックしてオンにします。

参照▶Q 025, Q 100

1 [描画]タブをクリックして、
2 ペンをクリックします。

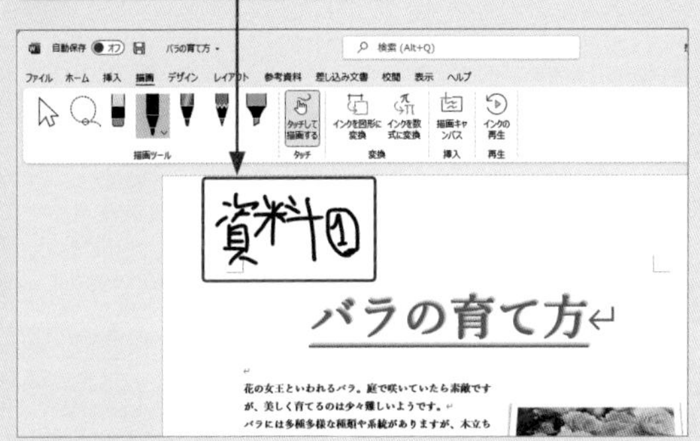
3 画面上に文字を書きます。
資料①
バラの育て方

重要度 ★★★ 特殊な文字の入力

Q 100 ペンの種類を変更したい!

A ペンをクリックして、ペンの太さや色を指定します。

ペンの種類は、ペン(灰色)とペン(レインボー)、鉛筆書き、蛍光ペンがあります。バージョンによっては、ペン(銀河)、アクションペンが利用できる場合もあります。ペンをクリックして、もう一度ペンをクリックすると、太さや色を変更できるメニューが表示されるので、目的に合ったペンの種類を選びましょう。
ペンをクリックすると、[タッチして描画する]がオンになります。文字の入力が終わったら、[タッチして描画する]をクリックすると、入力が解除になります。

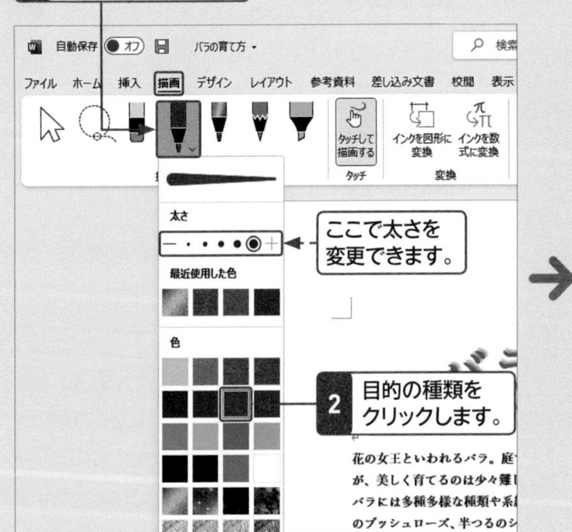
1 ペンをクリックして、
太さ
ここで太さを変更できます。
最近使用した色
色
2 目的の種類をクリックします。

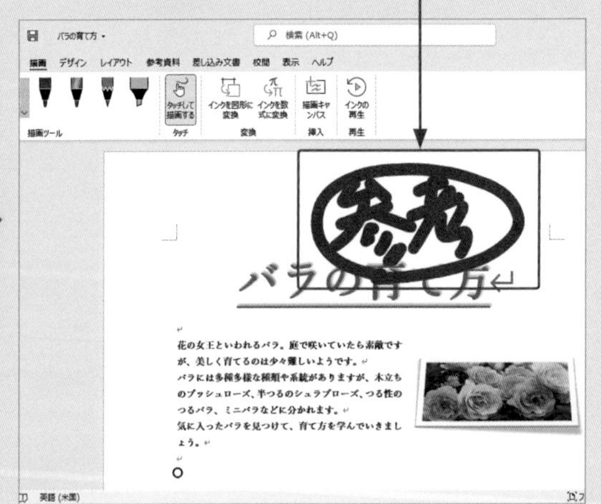
3 指定した種類で文字を入力できます。
参考
バラの育て方

Q 101 書き込んだ文字を消したい！

A [消しゴム]を利用します。

描画ツールのペンで入力した文字を消したい場合、[消しゴム]をクリックして、文字の上をクリック、あるいはドラッグします。この場合、文字のすべてが消えてしまいますが、一部を残したい（一部を消したい）場合は、[消しゴム]をクリックして、再度[消しゴム]をクリックすると表示されるメニューから[消しゴム（ポイント）]をクリックします。文字をクリックすると、その点（ポイント）のみが消されます。太さを選べば細かい点や太い範囲を消すことができます。

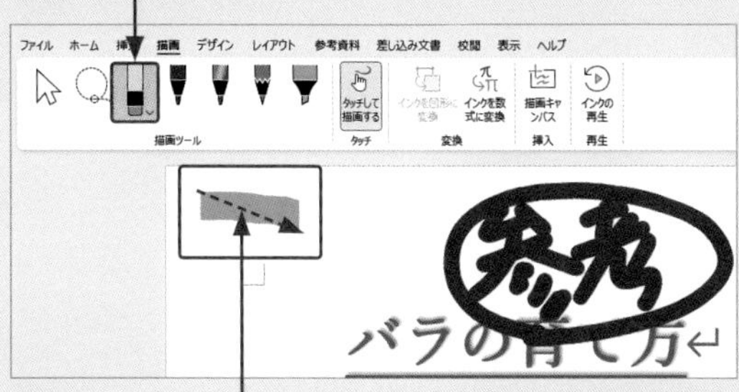

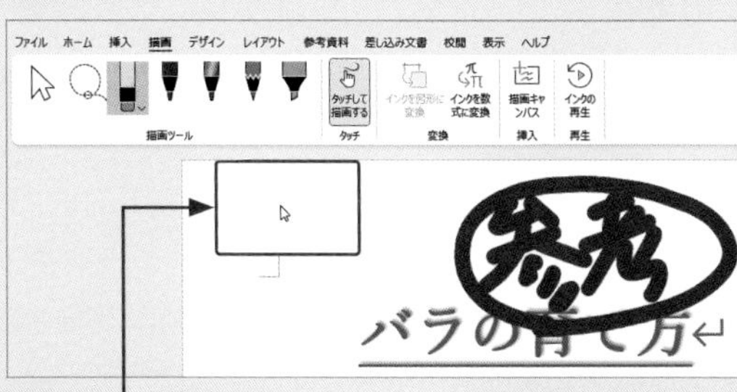

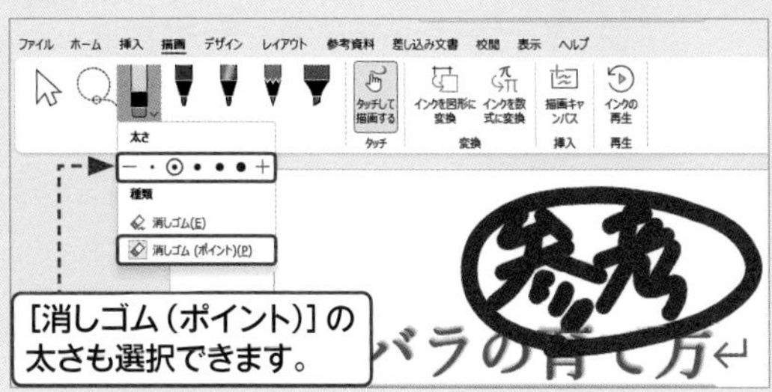

Q 102 ふりがなを付けたい！

A [ルビ]で、ふりがなの文字列や書式を設定します。

目的の文字列を選択して、[ホーム]タブの[ルビ] をクリックすると表示される[ルビ]ダイアログボックスで、ふりがなの内容や書式などを設定します。[対象文字列]に選択した文字列が表示されるので、[ルビ]にふりがなを入力します。一般的な単語であれば、あらかじめ正しいふりがなが入力されていますが、特殊な単語の場合は入力したり、修正したりします。なお、ふりがなを付けると行間が広がってしまう場合は、行間を調整します。

参照▶Q 220

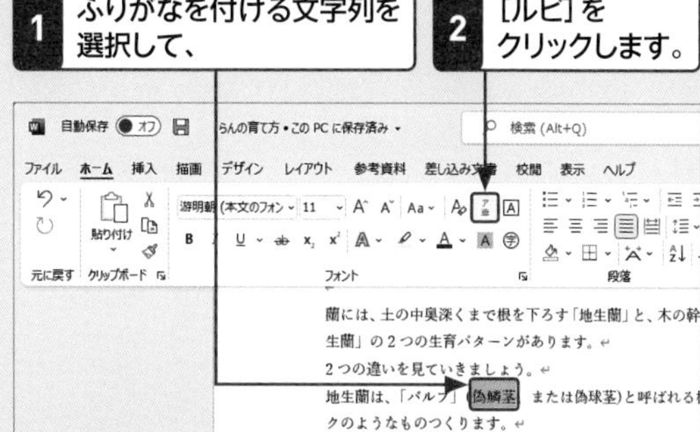

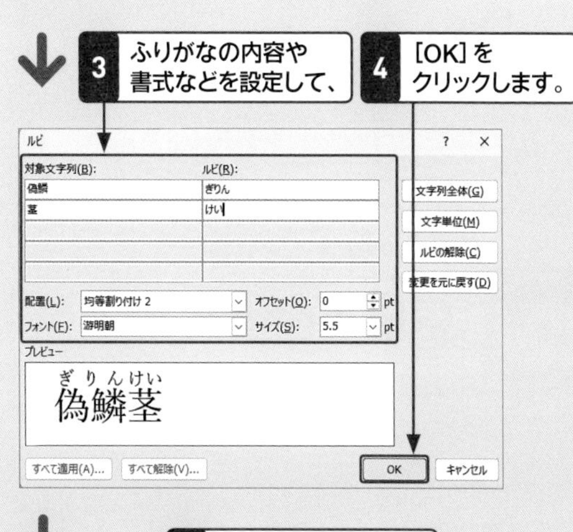

重要度 ★★★ 特殊な文字の入力

Q 103 ふりがなを編集したい!

A [ルビ]で調整を行います。

設定済みのふりがなを編集したい場合は、対象の文字列を選択して[ホーム]タブの[ルビ]をクリックします。[ルビ]ダイアログボックスでふりがなの内容、配置、フォント、サイズなどを変更できます。

熟語などが複数の対象に分かれてしまった場合は、[文字列全体]をクリックすると、1つの文字列に変更できます。逆に、1文字ずつにふりがなを付けたい場合は[文字単位]をクリックします。

文字列に対してふりがなをどのように配置させるかは[配置]で設定できます。通常は均等に割り付けますが、中央揃え、左揃え、右揃えなどに変えてもよいでしょう。

オフセットは、文字とふりがなの行間隔のことです。狭すぎるとふりがなが文字にくっついてしまうので、サイズとともに調整します。 参照▶Q 102

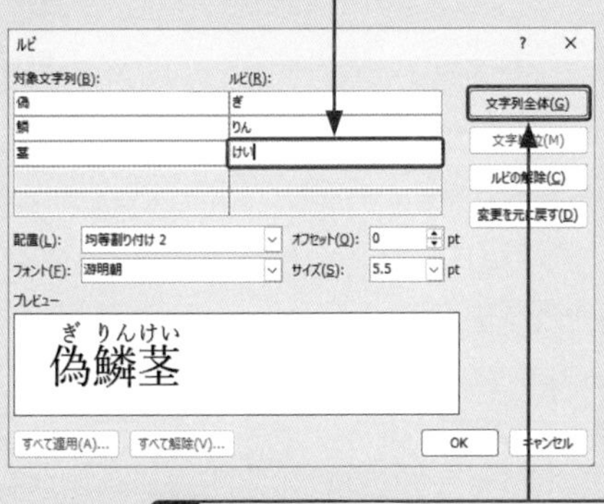
1 ふりがなが間違っていたら修正します。
2 [文字列全体]をクリックすると、

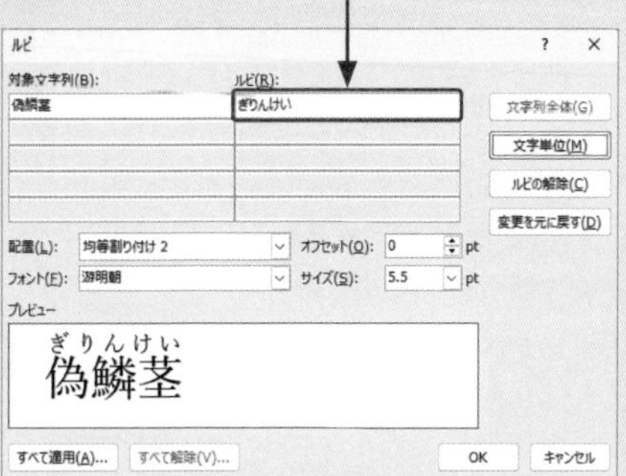
3 文字列を合体してふりがなが付けられます。

● 配置とオフセットの変更

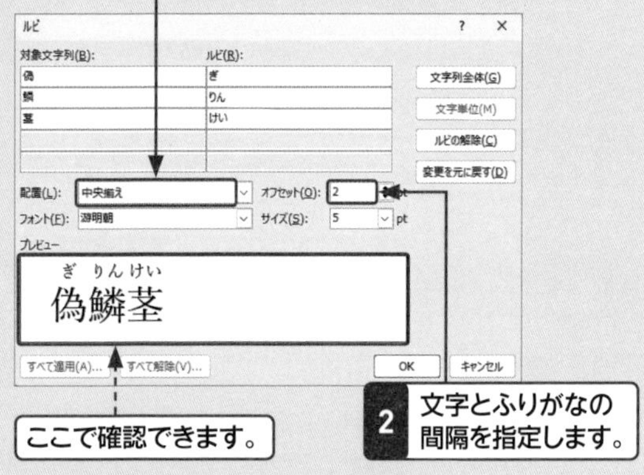
1 文字列を合体してふりがなが付けられます。
ここで確認できます。
2 文字とふりがなの間隔を指定します。

重要度 ★★★ 特殊な文字の入力

Q 104 ふりがなを削除したい!

A [ルビ]ダイアログボックスの[削除]をクリックします。

ふりがなを削除したい場合は、ふりがなを設定した文字列を選択して、[ホーム]タブの[ルビ]をクリックし、[ルビ]ダイアログボックスを表示します。

[ルビの削除]をクリックして[OK]をクリックすると、ふりがなの設定が解除されます。

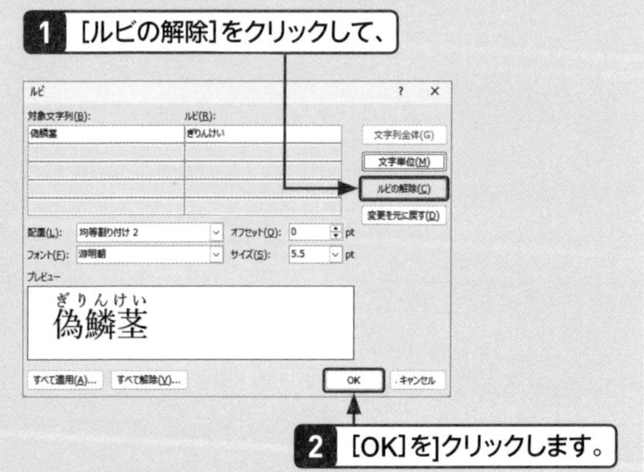
1 [ルビの解除]をクリックして、
2 [OK]を]クリックします。

重要度 ★★★ 単語の登録

Q 105 変換候補一覧に特定の単語を表示させたい!

A 単語をユーザー辞書に登録します。

組織名や部署名など頻繁に入力して変換する単語、変わった名前で変換しにくい文字などは、毎回変換操作をするのは面倒です。また、辞書に登録されていない単語は候補に表示されません。こういうときは、変換せずに済むように自分用のユーザー辞書に登録しましょう。

登録した単語は、予測候補や変換候補に表示されるので、入力がかんたんにできます。また、毎回使う挨拶文なども登録しておくと便利です。

登録するには、[入力モード]を右クリックして、[単語の追加]をクリックすると表示される[単語の登録]ダイアログボックスを利用します。

なお、この機能はMicrosoft IMEの機能のため、ほかのOfficeアプリで変換する場合にも利用できます。

以前のMicrosoft IMEを利用している場合は、[校閲]タブの[日本語入力辞書への単語登録]をクリックしても[単語の登録]ダイアログボックスを表示できます。

参照▶Q 071

1 [入力モード]を右クリックして、

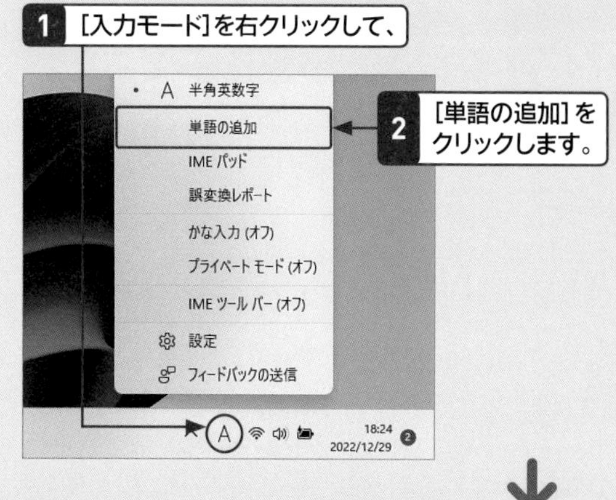

2 [単語の追加]をクリックします。

3 [単語の登録]ダイアログボックスが表示されます。

4 登録したい単語を入力します。

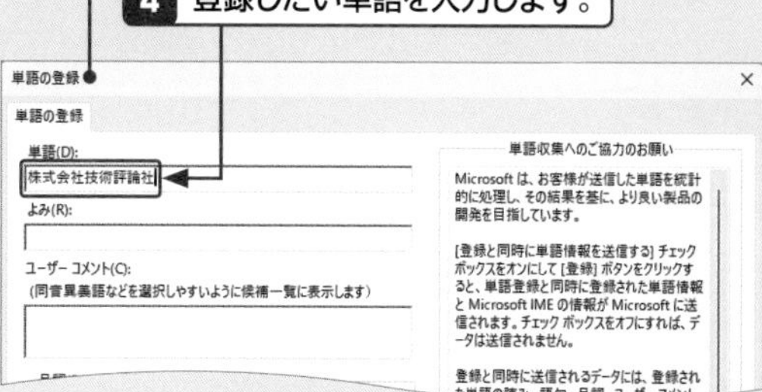

5 よみを入力して、

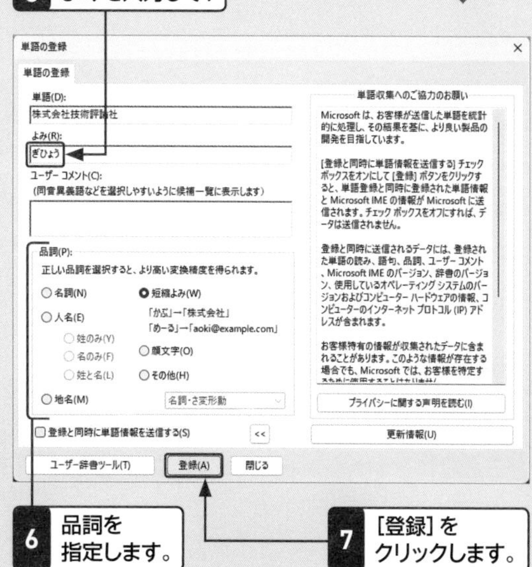

6 品詞を指定します。

7 [登録]をクリックします。

8 ほかにも登録する場合は同様に操作し、最後は[閉じる]をクリックします。

● 登録した単語の表示

1 読みを入力すると、

2 単語が候補に表示されます。

重要度 ★★★　単語の登録

Q 106 登録した単語を変更したい！

A Microsoft IMEユーザー辞書ツールを利用します。

Q 105で登録した単語はユーザー辞書に保存されています。登録した単語や内容を変更するには、[Microsoft IMEユーザー辞書ツール] を利用します。[Microsoft IMEユーザー辞書ツール] 画面を表示するには、入力オードを右クリックして、[単語の追加] をクリックし、[単語の登録] ダイアログボックスの [ユーザー辞書ツール] をクリックします。

登録された単語が一覧で表示されるので、変更したい単語を選択し、[変更] をクリックすると、[単語の変更] ダイアログボックスが表示されるので、内容を変更して、[登録] をクリックします。

なお、[Microsoft IMEユーザー辞書ツール] 画面からでも、単語の登録が可能です。[登録] をクリックすると、[単語の登録] ダイアログボックスが表示されます。

参照▶Q 105

1 [入力モード] を右クリックして、

2 [単語の追加] をクリックします。

3 [単語の登録] ダイアログボックスが表示されます。

4 [ユーザー辞書ツール] をクリックすると、

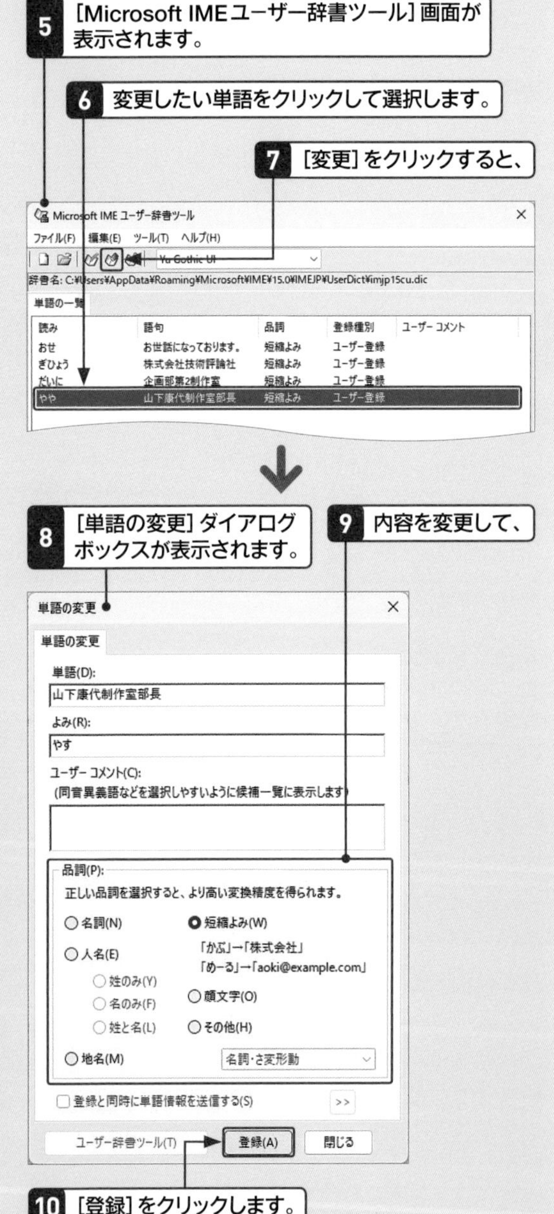

5 [Microsoft IMEユーザー辞書ツール] 画面が表示されます。
6 変更したい単語をクリックして選択します。
7 [変更] をクリックすると、
Microsoft IME ユーザー辞書ツール
8 [単語の変更] ダイアログボックスが表示されます。
9 内容を変更して、
単語の変更
単語(D):
山下康代制作室部長
よみ(R):
やす
10 [登録] をクリックします。

重要度 ★★★ 単語の登録

Q 107 登録した単語を削除したい！

A Microsoft IMEユーザー辞書ツールを利用します。

[Microsoft IMEユーザー辞書ツール]画面で、削除したい単語を選択して、[削除] をクリックし、確認メッセージで[はい]をクリックします。 参照▶Q 106

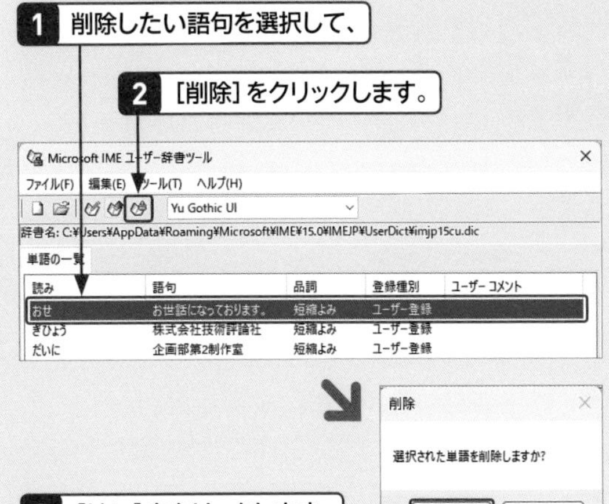

削除
選択された単語を削除しますか？

3 [はい]をクリックします。

重要度 ★★★ 単語の登録

Q 108 単語をユーザー辞書にまとめて登録したい！

A Microsoft IMEユーザー辞書ツールで読み込みます。

単語などをユーザー辞書に登録するには[単語の追加]で1つずつ保存していきますが、まとめて登録することもできます。登録したい単語をテキストファイルとして保存しておき、[ユーザー辞書ツール]を利用してテキストファイルから登録します。このときのテキストファイルは、「よみ（Tab）単語（Tab）品詞」の順に入力しておく必要があります。なお、テキストファイルはWordのほか、「メモ帳」や「ワードパッド」などの文書作成アプリでも作成できます。 参照▶Q 106, Q 556

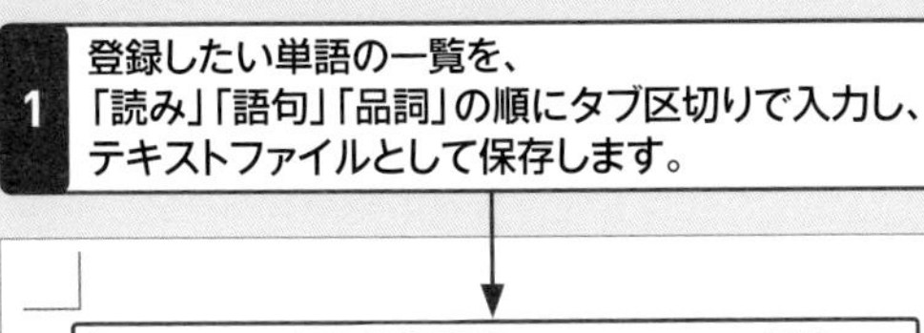

1 登録したい単語の一覧を、「読み」「語句」「品詞」の順にタブ区切りで入力し、テキストファイルとして保存します。

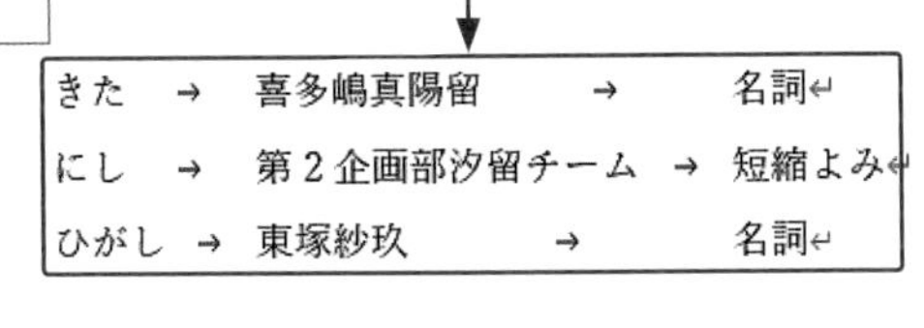

きた → 喜多嶋真陽留 → 名詞
にし → 第2企画部汐留チーム → 短縮よみ
ひがし → 東塚紗玖 → 名詞

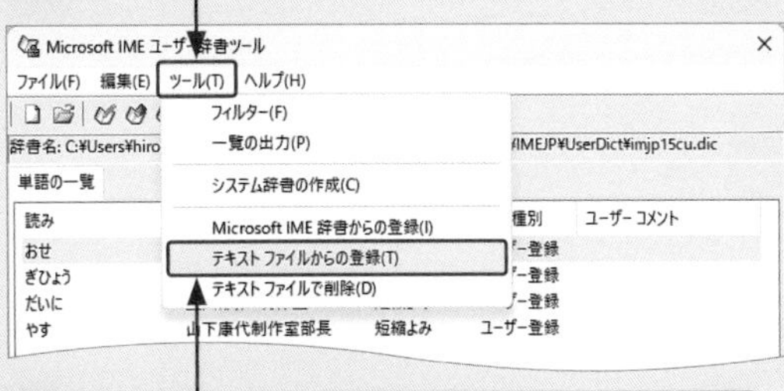

2 [Microsoft IMEユーザー辞書ツール]の[ツール]メニューをクリックして、
テキスト ファイルからの登録(T)
3 [テキストファイルからの登録]をクリックします。

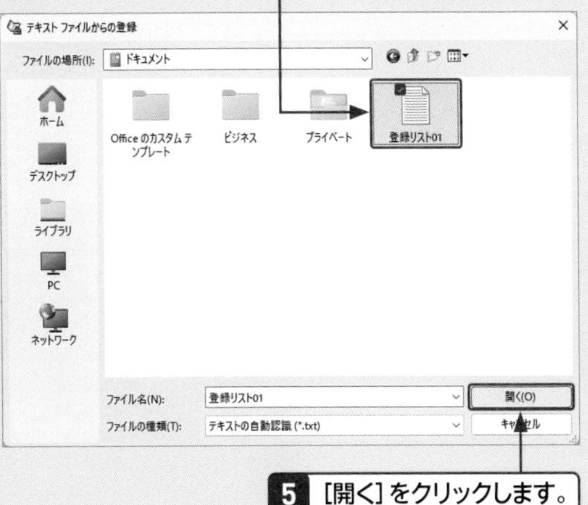

重要度 ★★★ 日付や定型文の入力

Q 109 現在の日付や時刻を入力したい！

A [日付と時刻]ダイアログボックスを利用します。

日付や時刻を文書中に入力するには、[挿入]タブにある[日付と時刻]をクリックして、日付と時刻の入力形式を選択します。なお、時刻の表示は、カレンダーの種類を[グレゴリオ暦](西暦)にした場合に利用できます。

1 [挿入]タブの[日付と時刻]をクリックすると、

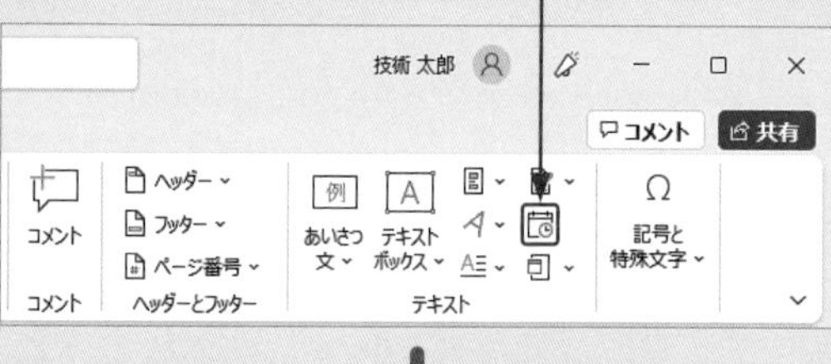

2 [日付と時刻]ダイアログボックスが表示されます。

3 言語とカレンダーの種類を選択して、

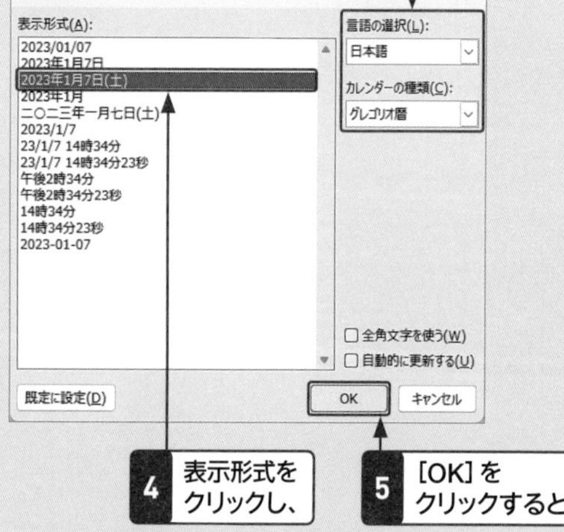

4 表示形式をクリックし、

5 [OK]をクリックすると、

6 日付を入力できます。

2023年1月7日(土)

重要度 ★★★ 日付や定型文の入力

Q 110 日付が自動的に更新されるようにしたい！

A [日付と時刻]ダイアログボックスで設定します。

[日付と時刻]ダイアログボックスで、[自動的に更新する]をクリックしてオンにしてから[OK]をクリックすると、文書を開いたときに自動的に現在の日付(時刻)に更新されます。 参照▶Q 109

自動的に更新する(U)
既定に設定(D)　OK　キャンセル

重要度 ★★★ 日付や定型文の入力

Q 111 本日の日付をかんたんに入力したい！

A 年号を入力すると、日付を入力できます。

現在の元号や年号を入力して確定すると、本日の日付がポップアップ表示されます。これは、予測入力機能のひとつで、Enter または Tab を押すと、表示されている本日の日付が自動的に入力されます。

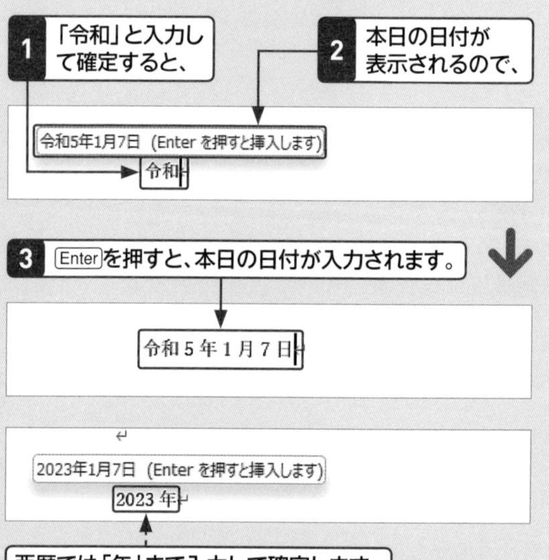

重要度 ★★★　日付や定型文の入力

Q 112 定型のあいさつ文をかんたんに入力したい！

A ［あいさつ文］ダイアログボックスを利用します。

［挿入］タブの［あいさつ文］から［あいさつ文の挿入］をクリックして、表示される［あいさつ文］ダイアログボックスで、さまざまな定型のあいさつ文を入力することができます。

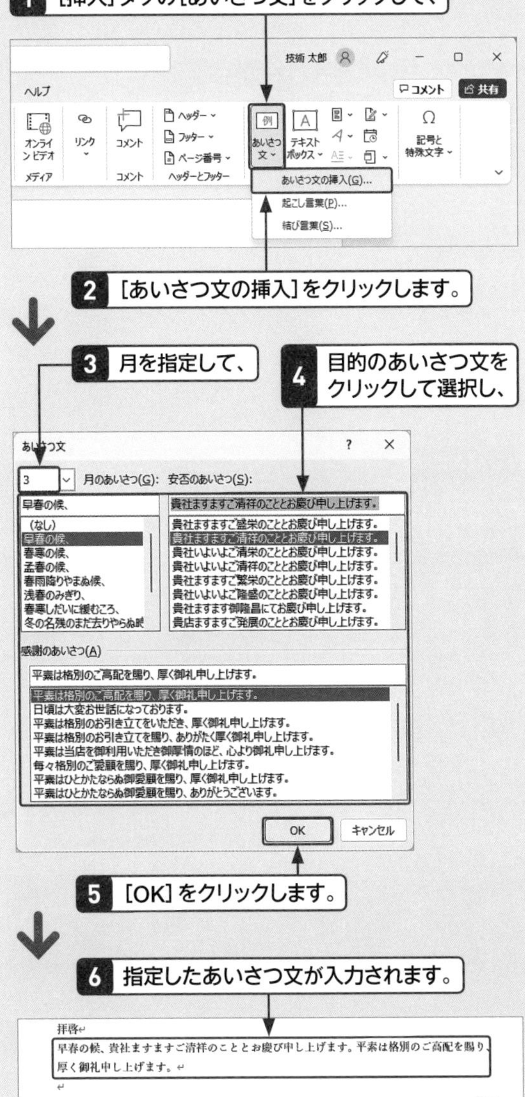

重要度 ★★★　日付や定型文の入力

Q 113 あいさつ文で使う表現をかんたんに入力したい！

A ［起こし言葉］や［結び言葉］を利用します。

あいさつ文における、出だしの「さて」「ところで」などを起こし言葉、最後の「お元気でご活躍ください。」「ご自愛のほど祈ります。」などを結び言葉といいます。起こし言葉は［起こし言葉］で、結び言葉は［結び言葉］で入力できます。それぞれの設定画面は、［挿入］タブの［あいさつ文］をクリックして選択します。

● 起こし言葉の挿入

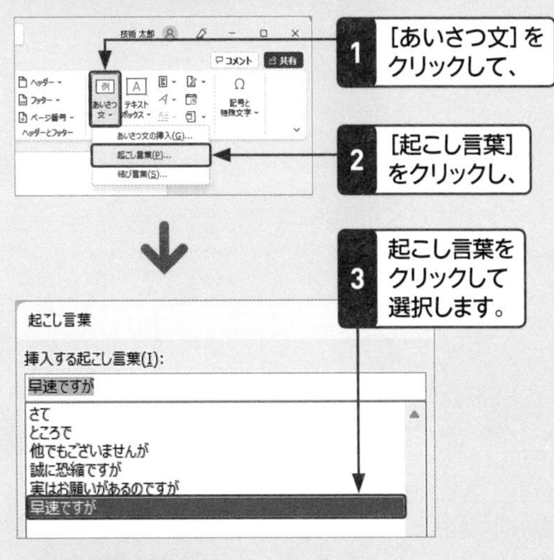

● 結び言葉の挿入

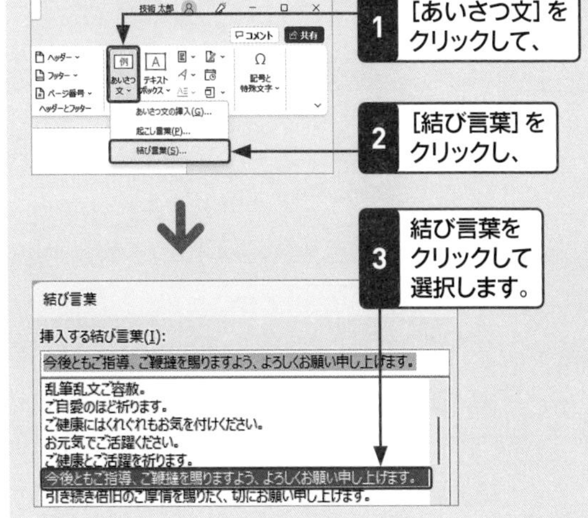

重要度 ★★★ 日付や定型文の入力

Q 114 「拝啓」を入力して改行したら「敬具」が入力された！

A 入力オートフォーマットで設定を変更します。

初期設定では、「拝啓」などの頭語を入力すると、「敬具」などの結語が右揃えで自動的に挿入されるようになっています。

頭語を入力しても結語が挿入されないようにするには、[オートコレクト]ダイアログボックスの[入力オートフォーマット]タブで、[頭語に対応する結語を挿入する]をクリックしてオフにします。

参照▶Q 083

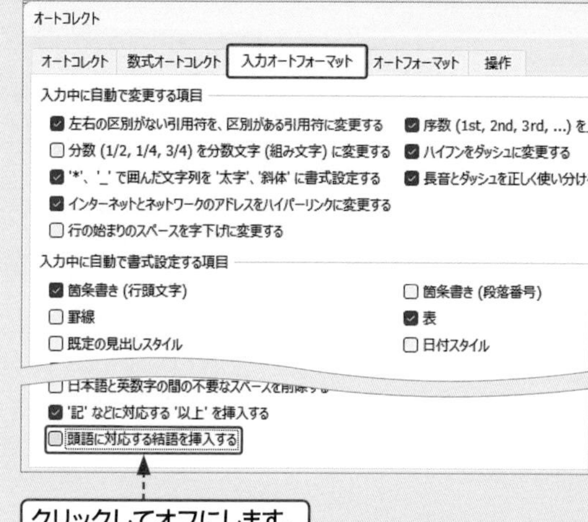

重要度 ★★★ 日付や定型文の入力

Q 115 「記」を入力して改行したら「以上」が入力された！

A 入力オートフォーマットで設定を変更します。

2つ目以降の段落に「記」と入力すると、「記」が中央揃えとなり、次の行に「以上」が右揃えで挿入されます。

この設定を無効にするには、[オートコレクト]ダイアログボックスの[入力オートフォーマット]タブで['記'などに対応する'以上'を挿入する]をクリックしてオフにします。

参照▶Q 114

重要度 ★★★ 日付や定型文の入力

Q 116 文書の情報を自動で入力したい！

A [文書のプロパティ]を利用します。

文書の情報は、[ファイル]タブの[情報]の右側に表示されます。直接入力するか、[プロパティ]→[詳細プロパティ]をクリックして、表示されるプロパティ画面で登録します。カーソルを移動して[挿入]タブの[クイックパーツの表示]→[文書のプロパティ]から項目をクリックします。また、ヘッダーやフッターに挿入したい場合は[ヘッダー／フッター]タブの[文書のプロパティ]から項目を選びます。情報は、プレースホルダーに代入されます。

● 詳細プロパティ

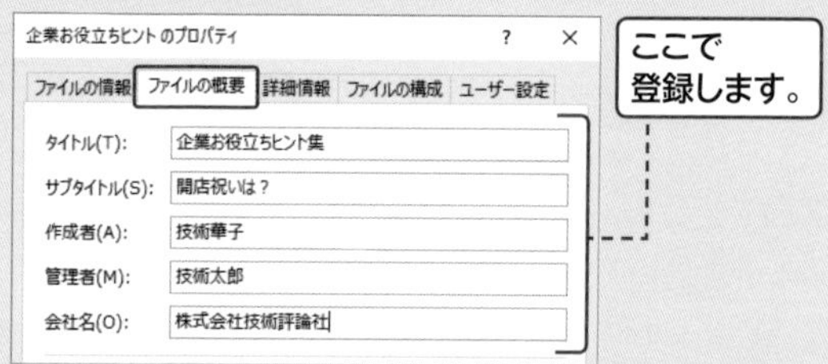

● 情報の入力

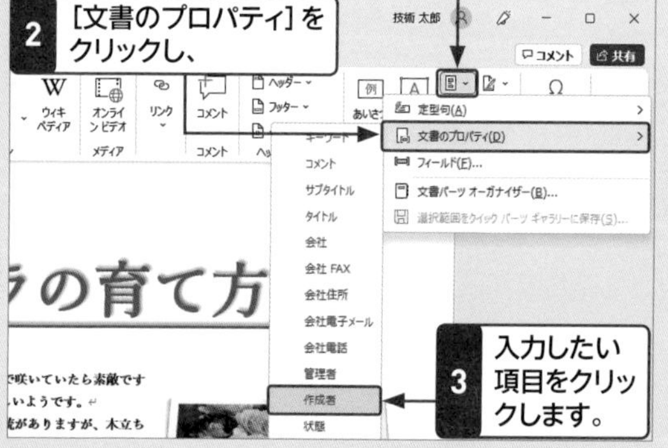

作成者 技術 太郎

Q 117 よく利用する語句や文をかんたんに入力したい！

A ［定型句］を利用して、語句を登録します。

頻繁に入力する会社名や住所、所属や氏名などは、Q 105のように単語登録しておくことですぐに入力できますが、単語登録は語句や文のみで、書式までは登録することができません。
フォントなどの文字書式や段落書式などを設定して、登録しておくと、すぐに入力することができます。この機能が「定型句」です。文書内の指定の位置で、定型句ギャラリーから選択するだけで、かんたんに挿入することができます。
さらに、この定型句は変換候補としても機能します。ポップアップで表示されるので、すばやく挿入することができます。

● 定型句を登録する

1 文字に書式を設定しておきます。

株式会社 技術評論社
東京都新宿区市谷左内町 21-13

2 登録したい文字列を選択して、

3 ［挿入］タブの［クイックパーツの表示］をクリックします。

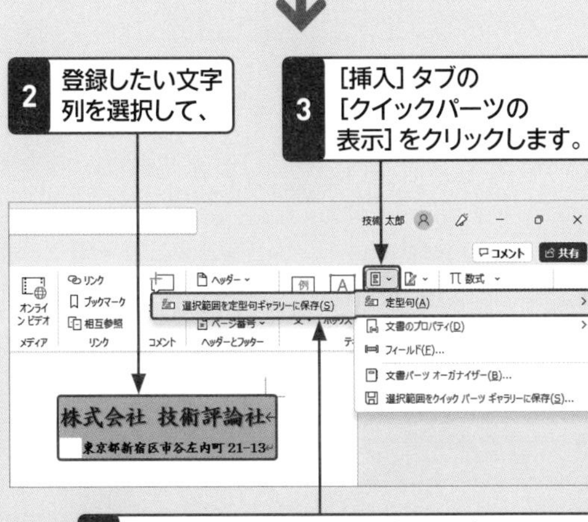

4 ［定型句］→［選択範囲を定型句ギャラリーに保存］をクリックします。

5 ［内容を段落のまま挿入］にして、

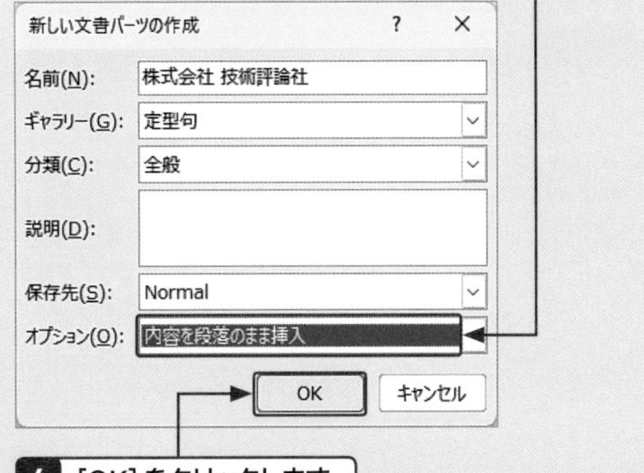

6 ［OK］をクリックします。

● 定型句を挿入する

1 挿入する位置にカーソルを移動して、

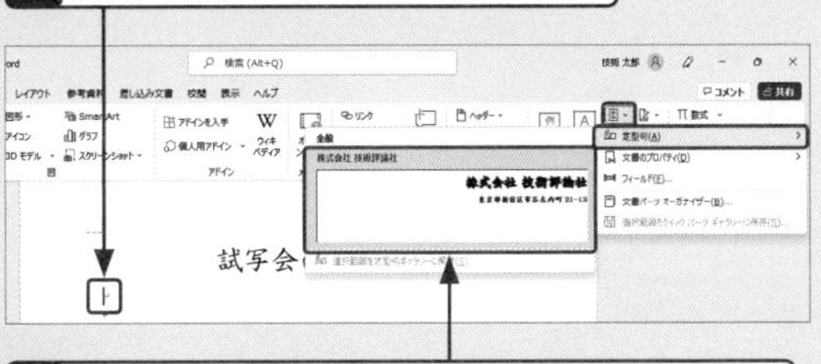

2 ［挿入］タブの［クイックパーツの表示］→［定型句］から挿入する定型句をクリックします。

3 登録した書式で挿入されます。

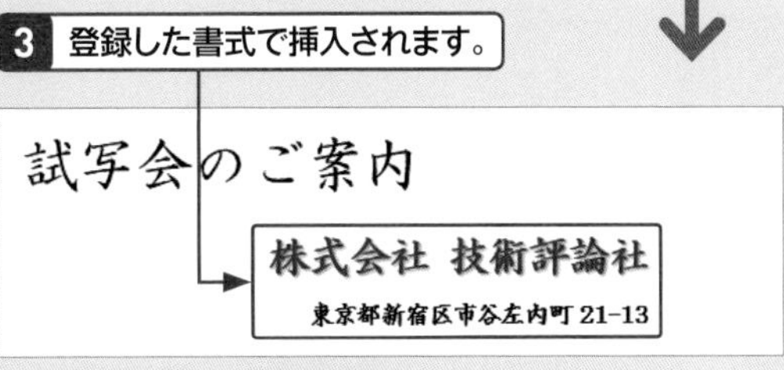

● 変換候補から挿入する

1 「株式」と入力して Enter を押すと、

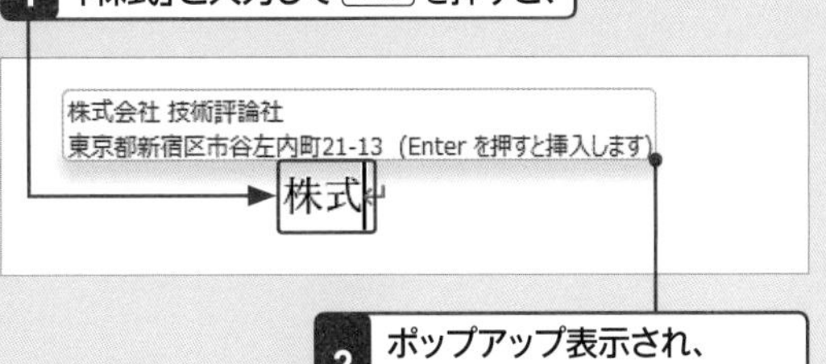

2 ポップアップ表示され、Enter を押すと挿入されます。

重要度★★★ 日付や定型文の入力

Q 118 フィールドの定型句を使ってみたい！

A さまざまな情報を更新できます。

文書情報や日付、ページ番号などの情報を文書に挿入するには、クイックパーツを利用すると便利です。フィールド機能は定型句を挿入することで、あとから情報を更新することができます。ここでは、日付を挿入してみましょう。[挿入] タブの [クイックパーツの表示]→[フィールド] をクリックして、[フィールド] 画面を表示します。

1 [Date] をクリックして、

2 書式を選択し、

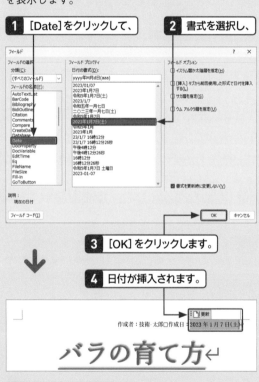

3 [OK] をクリックします。

4 日付が挿入されます。

5 Alt＋F9を押すと、

6 フィールドの内容が表示されます（Alt＋F9で戻ります）。

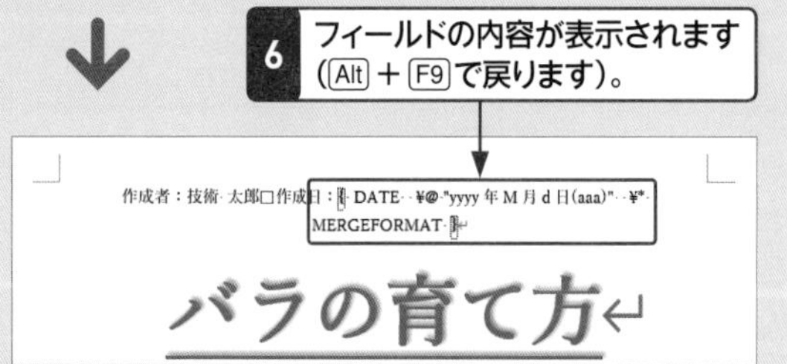

作成者：技術 太郎□作成日：{ DATE ¥@"yyyy 年 M 月 d 日(aaa)" ¥* MERGEFORMAT }
バラの育て方

重要度★★★ 日付や定型文の入力

Q 119 ほかの文書をまるごと文書中に挿入したい！

A [オブジェクト] 機能を利用します。

作成中の文書にほかの文書ファイルの内容を挿入する場合、通常は挿入したい範囲を選択してコピーし、挿入する文書内に貼り付けます。ファイル内のすべてをコピーするなら、ファイルを開かずに、直接ファイルから挿入させる方法があります。

1 挿入したい位置にカーソルを移動します。

2 [挿入] タブの [オブジェクト] のここをクリックして、

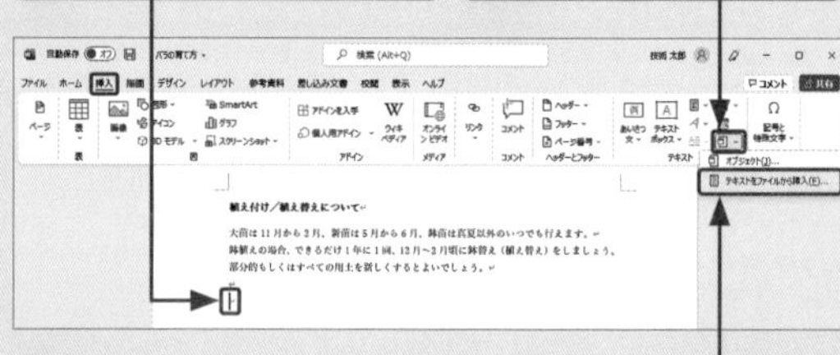

3 [テキストファイルから挿入] をクリックします。

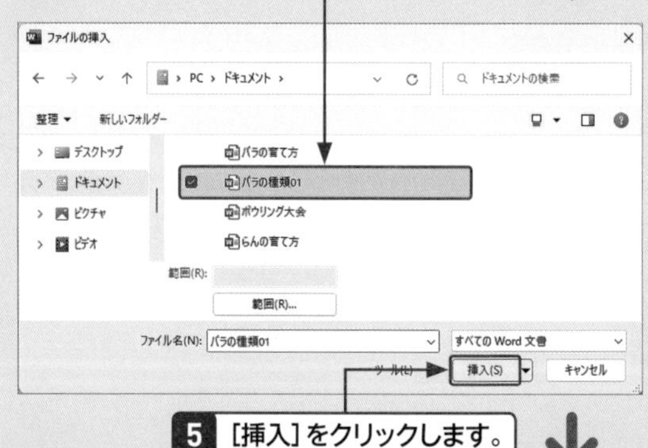

5 [挿入] をクリックします。

6 選択したファイルの内容がすべて挿入されます。

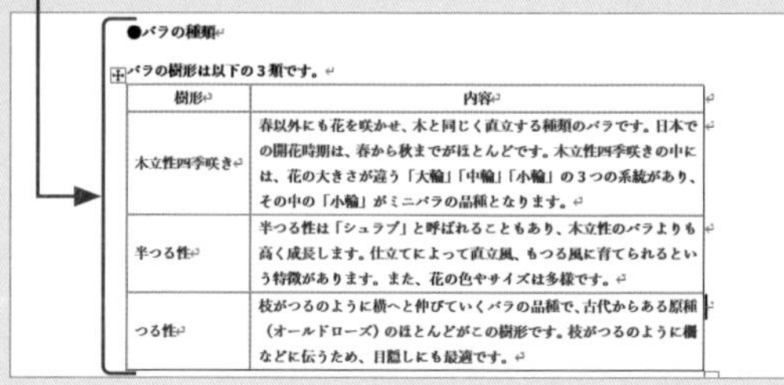

●バラの種類

バラの樹形は以下の3種です。

樹形	内容
木立性四季咲き	春以外にも花を咲かせ、木と同じく直立する種類のバラです。日本での開花時期は、春から秋までがほとんどです。木立性四季咲きの中には、花の大きさが違う「大輪」「中輪」「小輪」の３つの系統があり、その中の「小輪」がミニバラの品種となります。
半つる性	半つる性は「シュラブ」と呼ばれることもあり、木立性のバラよりも高く成長します。仕立てによって直立風、もつる風に育てられるという特徴があります。また、花の色やサイズは多様です。
つる性	枝がつるのように横へと伸びていくバラの品種で、古代からある原種（オールドローズ）のほとんどがこの樹形です。枝がつるのように柵などに伝うため、目隠しにも最適です。

第3章

編集の「こんなときどうする?」

重要度★★★ 文字や段落の選択

Q 120 行と段落の違いって何？

A 画面上の1行が「行」、改行から改行までが「段落」です。

画面上に表示されている1行を「行」といいます。段落記号 ↵ の次の文章から、次の段落記号までのひとまとまりを「段落」といいます。文字の配置や箇条書きなどは、段落ごとに設定できます。段落に設定する書式のことを「段落書式」といいます。

1行 → 段落 →

●目次に反映させるアウトラインレベル↵
「見出し 1」「見出し 2」などのスタイルは、書式が設定されています。たとえば、「見出し 1」は「游ゴシック Light」の「12p」というようになります。目次ではこの「見出し 1」というスタイルを取り込むのであってフォント自体は、目次には影響しません。↵
目次作成は、見出し（アウトラインレベル）の文字を抜き出し、その見出しのあるページ番号を付けるだけです。スタイルを設定した文書は、自動的に目次が作成できるということです。↵
元に戻りますが、目次を作成するような文書は、このように、見出しと本文で構成されるような複数ページにわたる文書であることが前提です。↵

↵ などの編集記号は、[ホーム]タブの[編集記号の表示／非表示] をクリックすると表示できます。

任意の位置でShift＋Enterを押すと、「改行」↓ が表示されます。これは、段落内の改行となります。

参照▶Q 149

重要度★★★ 文字や段落の選択

Q 121 単語をかんたんに選択したい！

A 単語にマウスポインターを移動してダブルクリックします。

選択したい単語の文字列にマウスポインターを移動してダブルクリックすると、単語が選択されます。

1 選択したい単語の文字列の中にマウスポインターを移動して、ダブルクリックすると、

スタイルは、[ホーム] タブの「スタイル」グル
プにある「見出し 1」「見出し 2」などを指定
このスタイルは、文書の構成（見出し、小見出し
通常は、「標準」になっていて、すべての文章
こに、「見出し 1」や「見出し 2」などを設定

2 単語が選択されます。

スタイルは、[ホーム] タブの「スタイル」グル
プにある「見出し 1」「見出し 2」などを指定
このスタイルは、文書の構成（見出し、小見出し
通常は、「標準」になっていて、すべての文章
こに、「見出し 1」や「見出し 2」などを設定

重要度★★★ 文字や段落の選択

Q 122 離れた場所にある文字列を同時に選択したい！

A Ctrlを押しながら、文字列を選択します。

文字列をドラッグして選択し、2番目以降はCtrlを押しながらドラッグすると、複数の離れた文字列を選択できます。単語の場合は、Ctrlを押しながらダブルクリックすると、続けて選択できます。

1 最初の文字列を選択して、

スタイルは、[ホーム] タブの「スタイル」グルー
プにある「見出し 1」「見出し 2」などを指定すれば設定されます。↵
このスタイルは、文書の構成（見出し、小見出し、本文などの様子）となります。
通常は、「標準」になっていて、すべての文章が同じレベルになっています。こ
こに、「見出し 1」や「見出し 2」などを設定することで、↵
↵
「見出し 1」↵
「本文」↵

2 2番目以降の文字列は、Ctrlを押しながらドラッグして選択します。

スタイルは、[ホーム] タブの「スタイル」グルー
プにある「見出し 1」「見出し 2」などを指定すれば設定されます。↵
このスタイルは、文書の構成（見出し、小見出し、本文などの様子）となります。
通常は、「標準」になっていて、すべての文章が同じレベルになっています。こ
こに、「見出し 1」や「見出し 2」などを設定することで、↵
↵
「見出し 1」↵
「本文」↵

重要度 ★★★　文字や段落の選択

Q 123 四角い範囲を選択したい！

A Alt を押しながら、四角い範囲をドラッグします。

箇条書きの項目部分などに書式を設定したい場合に、1つずつドラッグして選択するよりも、固まりで選択できると便利です。このようなときは、Alt を押しながら、選択したい項目部分を左上からドラッグすると、四角の範囲で選択可能になります。

1 Alt を押して、範囲の左上にマウスカーソルを移動し、

1.作 成 文 書：目次を作成する文書を開きます。↵
2.挿 入 位 置：目次を入れたい位置にカーソルを移動しま
3.目次の選択：［参考資料］タブの［目次］をリックしま
4.デ ザ イ ン：目次のデザインを選択します（［自動作成の
5.目次の完成：目次が作成されました。↵

2 そのまま選択したい範囲をドラッグします。

1.作 成 文 書：目次を作成する文書を開きます。↵
2.挿 入 位 置：目次を入れたい位置にカーソルを移動しま
3.目次の選択：［参考資料］タブの［目次］をリックしま
4.デ ザ イ ン：目次のデザインを選択します（［自動作成の
5.目次の完成：目次が作成されました。↵

重要度 ★★★　文字や段落の選択

Q 124 文をかんたんに選択したい！

A 選択したい文の中で、Ctrl を押しながらクリックします。

1つの文（センテンス、日本語であれば「。（句点）」で終わる文字列）をかんたんに選択するには、マウスポインターを選択したい文の中に移動して、Ctrl を押しながらクリックします。

1 選択したい文の中にマウスポインターを移動して、Ctrl を押しながらクリックすると、

●目次に反映させるアウトラインレベル↵
「見出し 1」「見出し 2」などのスタイルは、書式が設定されています。たとえば、「見出し 1」は「游ゴシック Light」の「12p」というようになります。目次ではこの「見出し 1」というスタイルを取り込むのであってフォント自体は、目次には影響しません。↵
目次作成は、見出し（アウトラインレベル）の文字を抜き出し、その見出しのあるページ番号を付けるだけです。スタイルを設定した文書は、自動的に目次が作成できるということです。↵

2 文が選択されます。

重要度 ★★★　文字や段落の選択

Q 125 段落をかんたんに選択したい！

A 選択したい段落をすばやく3回クリックします。

選択したい段落にマウスポインターを移動して、ダブルクリックのようにすばやく3回クリック（トリプルクリック）すると、段落が選択できます。クリックがゆっくりでは、段落を選択できない場合があります。

1 選択したい段落にマウスポインターを移動して、3回クリックすると、

ると、この構成がわかります。↵
●目次に反映させるアウトラインレベル↵
「見出し 1」「見出し 2」などのスタイルは、書式が設定されています。たとえば、「見出し 1」は「游ゴシック Light」の「12p」というようになります。目次ではこの「見出し 1」というスタイルを取り込むのであってフォント自体は、目次には影響しません。↵
目次作成は、見出し（アウトラインレベル）の文字を抜き出し、その見出しのあるページ番号を付けるだけです。スタイルを設定した文書は、自動的に目次が作

2 段落が選択されます。

重要度 ★★★ 文字や段落の選択

Q 126 ドラッグ中に単語単位で選択されてしまう!

A [Wordのオプション]で設定を行います。

ドラッグして文字列を選択する際に、選択していないのに単語単位で選択される場合は、1文字単位で選択できるようにします。[ファイル]タブの[オプション]をクリックして、[Wordのオプション]を開き、[詳細設定]で[文字列の選択時に単語単位で選択する]をクリックしてオフにします。

なお、この設定を行っても、ダブルクリックしたときは単語単位で選択できます。

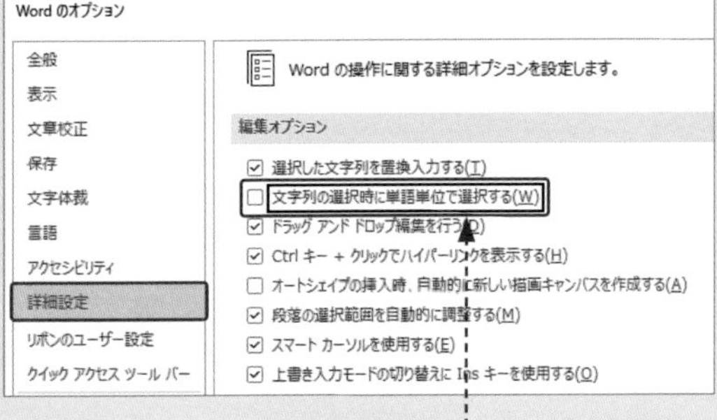

重要度 ★★★ 文字や段落の選択

Q 127 行をかんたんに選択したい!

A 行の左余白をクリックします。

1行だけを選択するには、行の左余白にマウスポインターを合わせて、↗の形になったらクリックします。複数行を選択する場合には、選択したい先頭の行にマウスポインターを合わせて、選択したい最後の行までドラッグします。

● 1行だけの選択

●目次に反映させるアウトラインレベル
「見出し 1」「見出し 2」などのスタイルは、書式が設定されています。たとえば、「見出し 1」は「游ゴシック Light」の「12p」というようになります。目次ではこの「見出し 1」というスタイルを取り込むのであってフォント自体は、目次には影響しません。
目次作成は、見出し（アウトラインレベル）の文字を抜き出し、その見出しのあるページ番号を付けるだけです。スタイルを設定した文書は、自動的に目次が作
…うに、見出しと本文で構

選択する行の左余白をクリックします。

● 複数行の選択

●目次に反映させるアウトラインレベル
「見出し 1」「見出し 2」などのスタイルは、書式が設定されています。たとえば、「見出し 1」は「游ゴシック Light」の「12p」というようになります。目次ではこの「見出し 1」というスタイルを取り込むのであってフォント自体は、目次には影響しません。
目次作成は、見出し（アウトラインレベル）の文字を抜き出し、その見出しのあるページ番号を付けるだけです。スタイルを設定した文書は、自動的に目次が作成できるということです。
元に戻りますが、目次を作成するような文書は、このように、見出しと本文で構

選択したい最初の行の左余白から最後の行までドラッグします。

重要度 ★★★ 文字や段落の選択

Q 128 文書全体をかんたんに選択したい!

A Ctrl+Aを押します。

Ctrl+Aを押すと、文書全体を選択できます。この操作は、Windows自体やほかのアプリケーションでも共通です。

また、次のような方法でも文書全体を選択できます。

- [ホーム]タブの[編集]から[選択]をクリックして、[すべて選択]をクリックします。
- 文書の左余白にマウスポインターを合わせて↗の形になったら、Ctrlを押しながらクリックします。
- 文書の左余白にマウスポインターを合わせて↗の形になったら、トリプルクリック（すばやく3回クリック）します。

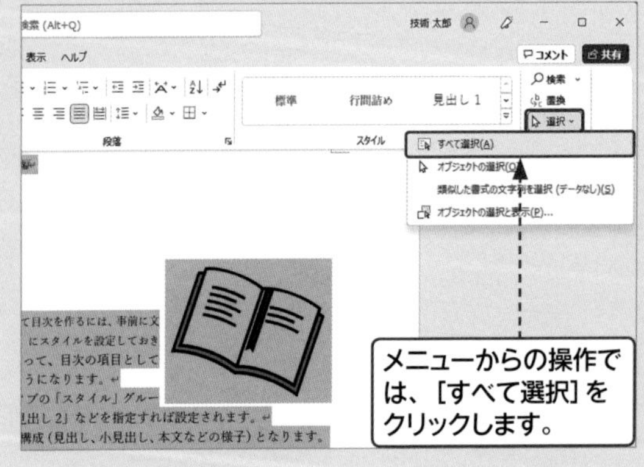

重要度★★★　文字や段落の選択

Q 129 ドラッグしないで広い範囲を選択したい！

A 先頭にカーソルを置き、最後で Shift を押しながらクリックします。

選択したい範囲の先頭にカーソルを置いて、選択範囲の最後の位置で Shift を押しながらクリックすると、そこまでの範囲を選択できます。
なお、複数ページにわたるような長い範囲の選択では、マウスのホイールボタンを使ってページをスクロールする、スクロールバーをドラッグする、スクロールボタンを押し続けるなどの操作を組み合わせて、選択範囲の最後にカーソルを移動しましょう。

1 選択範囲の先頭にカーソルを置いて、

目次を作成する準備
Wordの「目次」機能を使って目次を作るには、事前に文書中の見出し（目次の項目）にスタイルを設定しておきます。このスタイルによって、目次の項目として自動的に読み込まれるようになります。
スタイルは、［ホーム］タブの「スタイル」グループにある「見出し 1」「見出し 2」などを指定すれば設定されます。
このスタイルは、文書の構成（見出し、小見出し、本文などの様子）となります。通常は、「標準」になっていて、すべての文章が同じレベルになっています。ここに、「見出し 1」や「見出し 2」などを設定することで、
「見出し 1」
「本文」
「見出し 2」
「本文」
…というような文書構成が作られるようになります。
スタイルを設定したあとで、ナビゲーションウィンドウの［見出し］を表示させると、この構成がわかります。
●目次に反映させるアウトラインレベル
「見出し 1」「見出し 2」などのスタイルは、書式が設定されています。たとえば、「見出し 1」は「游ゴシック Light」の「12p」というようになります。目次ではこの「見出し 1」というスタイルを取り込むのであってフォント自体は、目次には影響しません。
目次作成は、見出し（アウトラインレベル）の文字を抜き出し、その見出しのあるページ番

2 Shift を押しながら、選択したい範囲の最後の位置をクリックします。

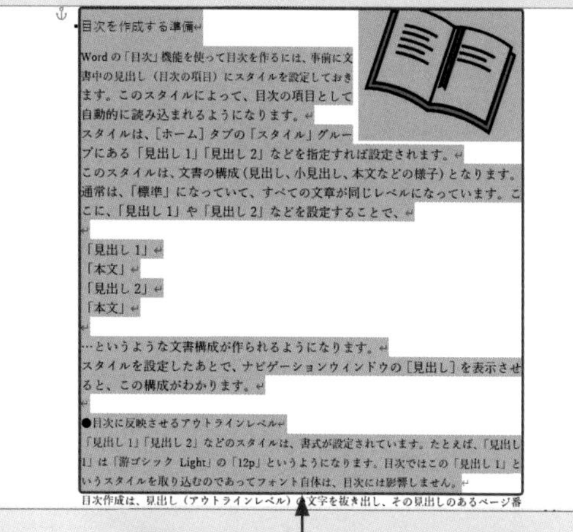
目次を作成する準備
Wordの「目次」機能を使って目次を作るには、事前に文書中の見出し（目次の項目）にスタイルを設定しておきます。このスタイルによって、目次の項目として自動的に読み込まれるようになります。
スタイルは、［ホーム］タブの「スタイル」グループにある「見出し 1」「見出し 2」などを指定すれば設定されます。
このスタイルは、文書の構成（見出し、小見出し、本文などの様子）となります。通常は、「標準」になっていて、すべての文章が同じレベルになっています。ここに、「見出し 1」や「見出し 2」などを設定することで、
「見出し 1」
「本文」
「見出し 2」
「本文」
…というような文書構成が作られるようになります。
スタイルを設定したあとで、ナビゲーションウィンドウの［見出し］を表示させると、この構成がわかります。
●目次に反映させるアウトラインレベル
「見出し 1」「見出し 2」などのスタイルは、書式が設定されています。たとえば、「見出し 1」は「游ゴシック Light」の「12p」というようになります。目次ではこの「見出し 1」というスタイルを取り込むのであってフォント自体は、目次には影響しません。
目次作成は、見出し（アウトラインレベル）の文字を抜き出し、その見出しのあるページ番

3 クリックだけで広範囲を選択できます。

重要度★★★　文字や段落の選択

Q 130 キーボードを使って範囲を選択したい！

キーボードで文章を入力中に範囲を選択したい場合、途中でマウスに持ち替えて操作するのは面倒なことです。このようなときに便利なのが、キーボードを利用した範囲選択です。

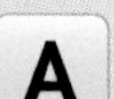

Shift、Ctrl、Home、End などを使います。

選択範囲	キー操作
カーソルの右側の1文字	Shift を押しながら → を押します。
カーソルの左側の1文字	Shift を押しながら ← を押します。
単語	単語の先頭で Ctrl と Shift を押しながら → を押します。
1行	Home を押してから Shift を押しながら End を押します。
1行下まで	End を押してから Shift を押しながら ↓ を押します。
1行上まで	End を押してから Shift を押しながら ↑ を押します。
段落	段落の先頭で Ctrl と Shift を押しながら ↓ を押します。
単語、文、段落または文書	F8 を押して拡張選択モードをオンにしておきます。単語を選択するには F8 を1回、文を選択するには2回、段落を選択するには3回、文書を選択するには4回押します。 なお、拡張選択モードをオフにするには Esc を押します。

重要度★★★ 移動／コピー

Q 131 文字列をコピーしてほかの場所に貼り付けたい！

A ［コピー］と［貼り付け］を利用します。

文字列をコピーするには、コピーしたい文字列を選択して、［ホーム］タブの［コピー］をクリックします。コピーした文字列を貼り付けるには、貼り付けたい位置にカーソルを移動して、［ホーム］タブの［貼り付け］をクリックします。
キー操作では、Ctrl＋Cを押すと「コピー」、Ctrl＋Vを押すと「貼り付け」ができます。

1 コピーする文字列を選択して、

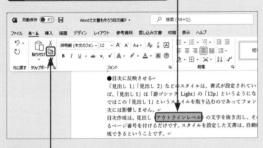

2 ［コピー］をクリックします。

3 文字列を貼り付ける位置にカーソルを移動し、

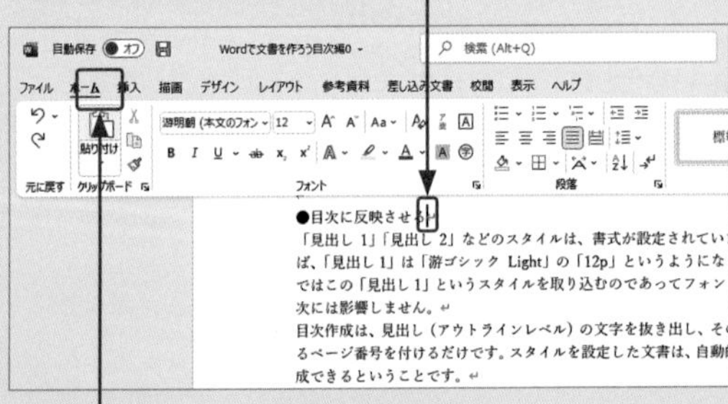

4 ［貼り付け］の上部をクリックすると、

5 文字列が貼り付けられます。

重要度★★★ 移動／コピー

Q 132 文字列を移動したい！

A ［切り取り］と［貼り付け］を利用します。

対象の文字列を選択し、［ホーム］タブにある［切り取り］をクリックして切り取ります。次に、切り取った文字列を貼り付けたい位置にカーソルを移動して、［貼り付け］をクリックします。
キー操作では、Ctrl＋Xを押すと「切り取り」、Ctrl＋Vを押すと「貼り付け」ができます。 参照▶Q 135

1 移動したい文字列を選択して、

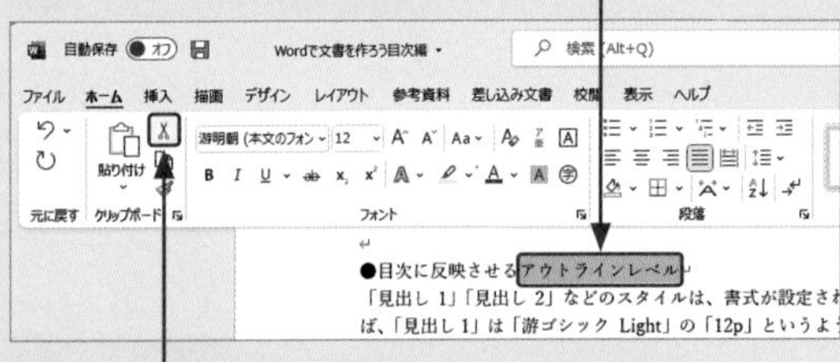

2 ［切り取り］をクリックすると、

3 選択した文字列が切り取られます。

4 目的の位置にカーソルを移動して、

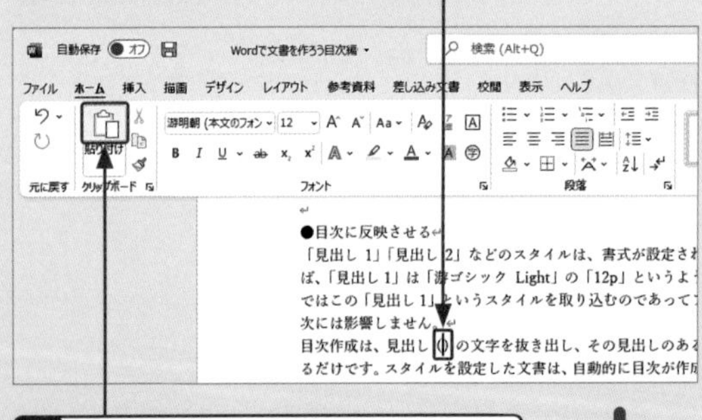

5 ［貼り付け］の上部をクリックすると、

6 文字列が貼り付けられます。

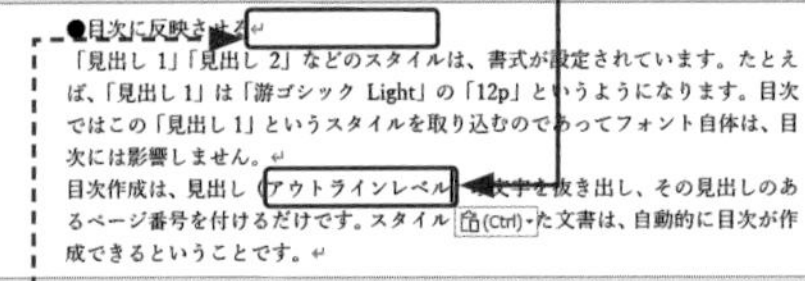

もとの文字列はなくなります。

重要度★★★　移動／コピー

Q 133 以前にコピーしたデータを貼り付けたい！

A Officeクリップボードを利用します。

コピーや移動用に切り取ったデータを一時的に保管しておく場所がクリップボードです。クリップボードを表示しておくと、任意の位置に何度でも貼り付けることができます。Officeのクリップボード（Officeクリップボード）には、24個までのデータを格納できます。なお、Windowsに用意されたクリップボードは、一度に1つのデータしか保管できません。新たなデータがクリップボードに格納されると、それまでのデータは破棄されてしまいます。

参照▶Q 131, Q 132

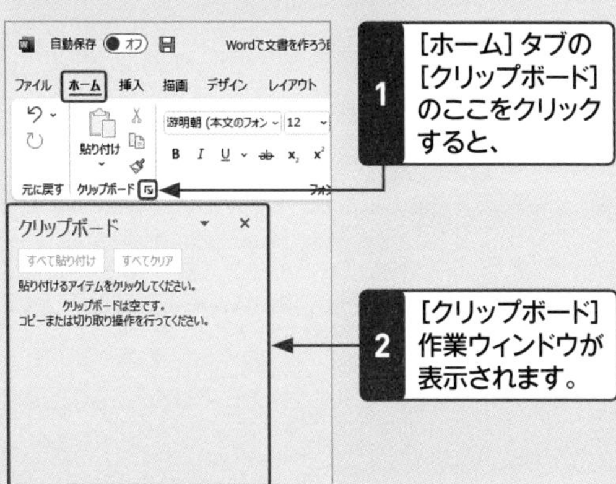

1 [ホーム] タブの[クリップボード]のここをクリックすると、
2 [クリップボード] 作業ウィンドウが表示されます。

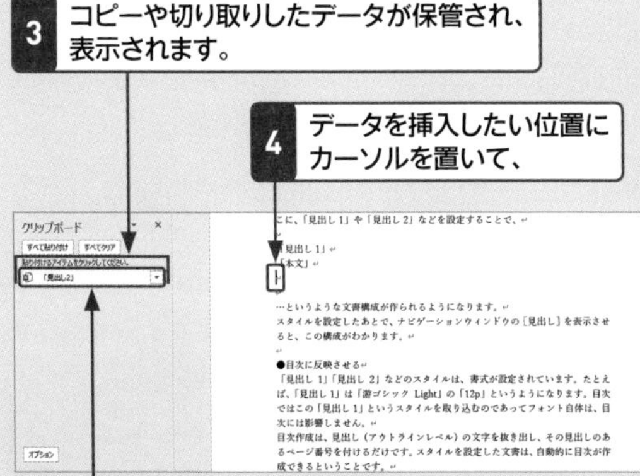

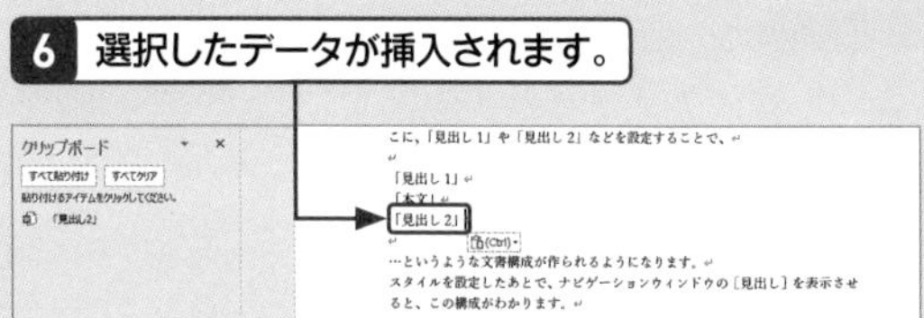

● Office クリップボードの操作

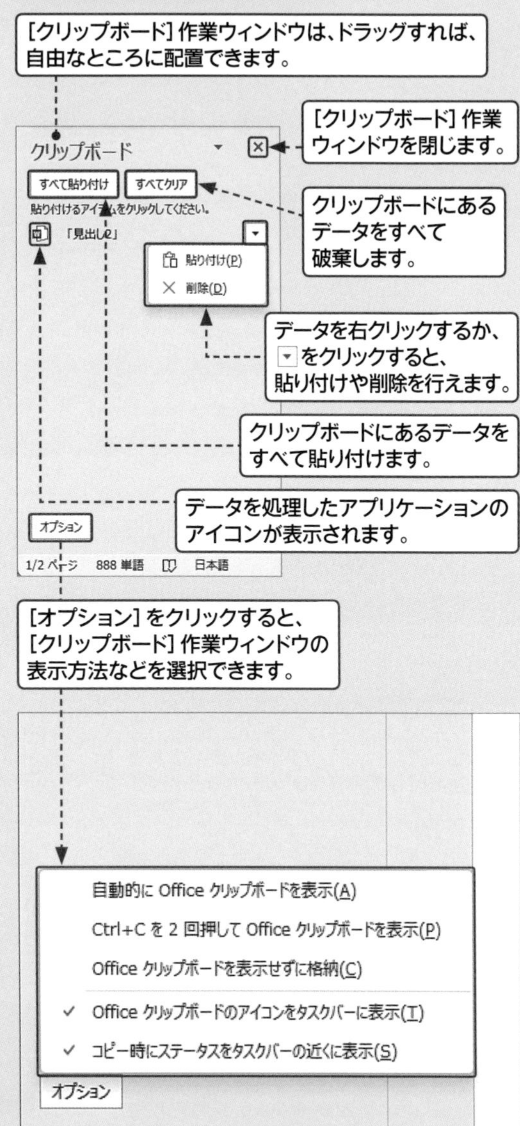

重要度 ★★★ 移動／コピー

Q 134 文字列を貼り付けるとアイコンが表示された！

A 貼り付け方法を指定できる[貼り付けのオプション]です。

コピーや移動などで貼り付けを行うと、貼り付け先のすぐ下に[貼り付けのオプション] (Ctrl) が表示され、クリックすることで貼り付け方法を選択できます。貼り付ける際に[ホーム]タブの[貼り付け] の下の部分をクリックしても、同様に貼り付ける方法が選択できます。

貼り付け方法は貼り付ける対象によって異なりますが、主に以下のものがあります。 参照▶Q 131, Q 132

[元の書式を保持]
コピーや切り取り時の書式が維持されて貼り付けられます。

[書式を結合]
貼り付け先の書式と貼り付け前の書式が両方維持されて貼り付けられます。

[図]
図として貼り付けられます。

[テキストのみ保持]
書式を無視してテキストのみ貼り付けられます。コピー、切り取り時に画像などが含まれていても、テキストだけが貼り付けられます。

[既定の貼り付けの設定]
既定の貼り付け方法を設定できます。

1 [貼り付け]をクリックすると表示される[貼り付けのオプション]をクリックして、

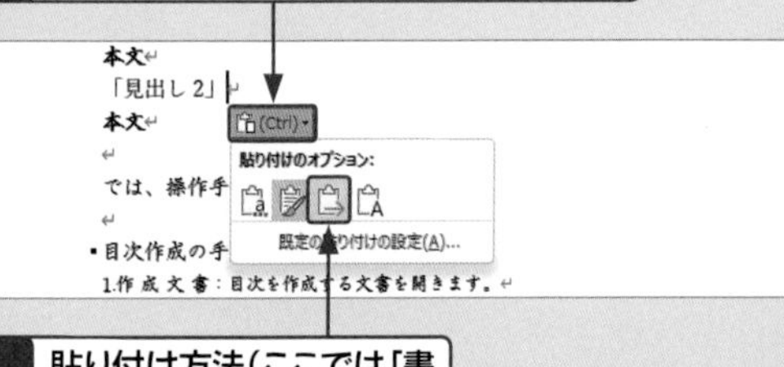

2 貼り付け方法(ここでは[書式を結合])を選択すると、

3 選択した方法で、貼り付けが行われます。

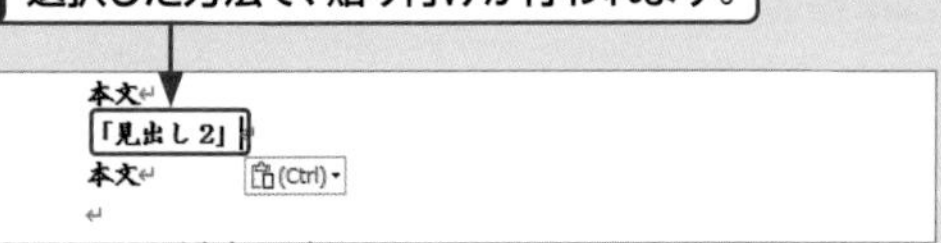

重要度 ★★★ 移動／コピー

Q 135 マウスを使って文字列を移動／コピーしたい！

A 文字列をドラッグ&ドロップします。

移動したい範囲を選択して、目的の位置にドラッグ&ドロップします。コピーしたいときには、Ctrl を押しながら同様にドラッグ&ドロップします。このとき、マウスポインターの形は、移動が 、コピーが になります。なお、この操作で移動／コピーした内容はクリップボードに格納されません。同じ内容を繰り返し貼り付けたい場合は、コピーは[コピー]をクリックするか Ctrl＋C を押し、切り取りは[切り取り]をクリックするか Ctrl＋X を押すことで実行します。

● 移動する場合

1 移動する文字列を選択して、

ります。
スタイルは、[ホーム]タブの「スタイル」グループにある
2」などを指定すれば設定されます。
文書の構成(見出し、小見出し、本文などの様子)となりま
になっていて、すべての文章が同じレベルになっています。
や「見出し2」などを設定することで、

2 移動する位置にドラッグ&ドロップすると、

もとの文字列はなくなります。

ります。
[ホーム]タブの「スタ
定すれば設定されます。
スタイルは、文書の構成
常は、「標準」(Ctrl)

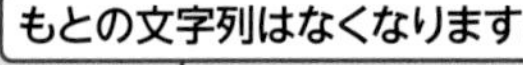

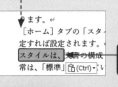

3 選択した文字列が移動します。

● コピーする場合

1 コピーする文字列を選択して、

次の項目として自動的に読
ります。
スタイルは、[ホーム]タブ
2」などを指定すれば設定さ
文書の構成(見出し、小見出
なっていて、すべての文章
や「見出し2」などを設定す

次の項目として自動的に読
ります。
スタイルは、[ホーム]タブ
2」などを指定すれば設定さ
スタイルは、文書の構成(見
常は、「標準」(Ctrl)いて
に、「見出し1」や「見出し

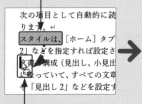

2 コピーする位置に Ctrl を押しながらドラッグ&ドロップすると、

3 選択した文字列がコピーされます。

重要度 ★★★　検索／置換

Q 136 文字列を検索したい！

A [ナビゲーション]作業ウィンドウを利用します。

特定の文字列を検索するには、[ホーム]タブの[編集]から[検索]をクリックするか、Ctrl＋Fを押して、画面の左側に表示される[ナビゲーション]作業ウィンドウを利用します。

[ナビゲーション]作業ウィンドウの検索ボックスに、検索したい文字列を入力して、Enterを押すと、文字列の検索が実行され、ウィンドウの下部に結果が表示されます。また、文書内では該当する文字列が黄色のマーカーで強調表示されます。

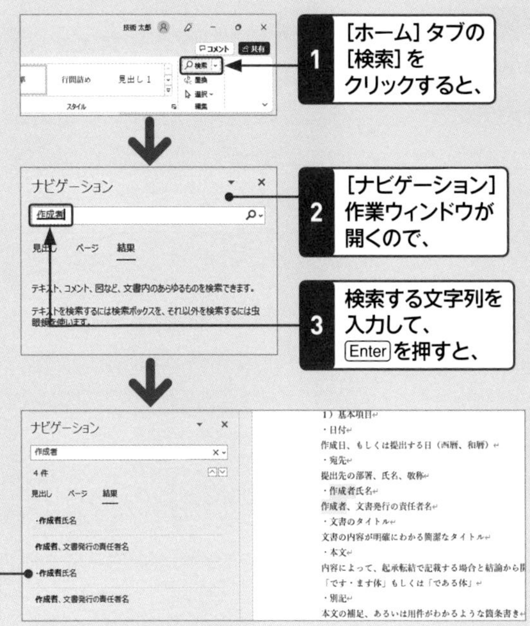

重要度 ★★★　検索／置換

Q 137 検索の[高度な検索]って何？

A 検索オプションを利用して、検索を絞り込むことができます。

[ホーム]タブの[検索]の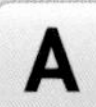をクリックするか、[ナビゲーション]作業ウィンドウの検索ボックス横のをクリックして、[高度な検索]を選択すると、[検索と置換]ダイアログボックスが表示されます。この画面では、検索した対象を強調表示にしたり、検索する場所を選択したりできます。

また、[オプション]をクリックすると、大文字と小文字を区別する、完全に一致する文字列のみを検索するなど、検索する条件を絞り込む指定ができます。

参照▶Q 138～Q 142

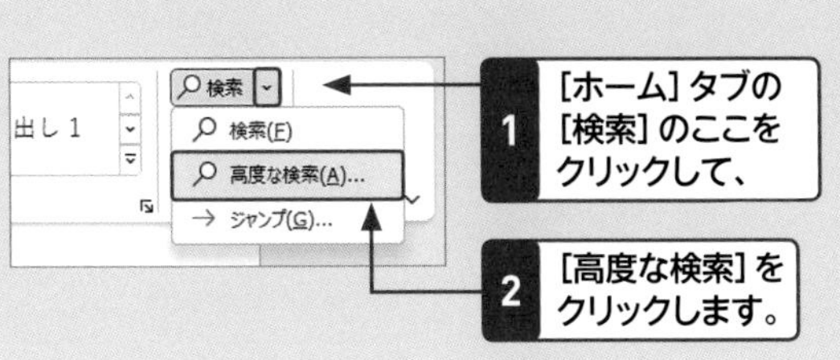

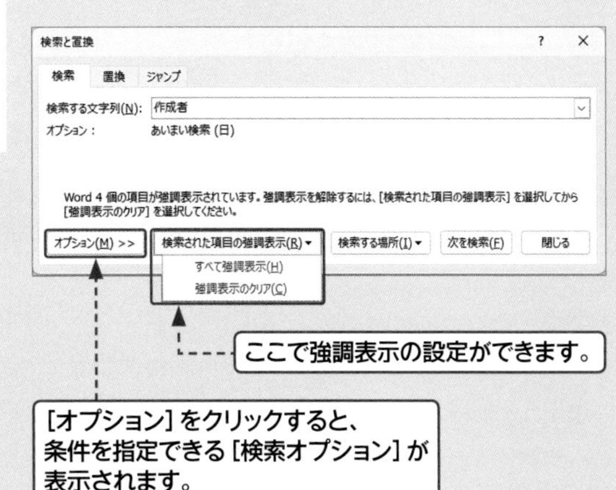

ここで強調表示の設定ができます。
[オプション]をクリックすると、条件を指定できる[検索オプション]が表示されます。

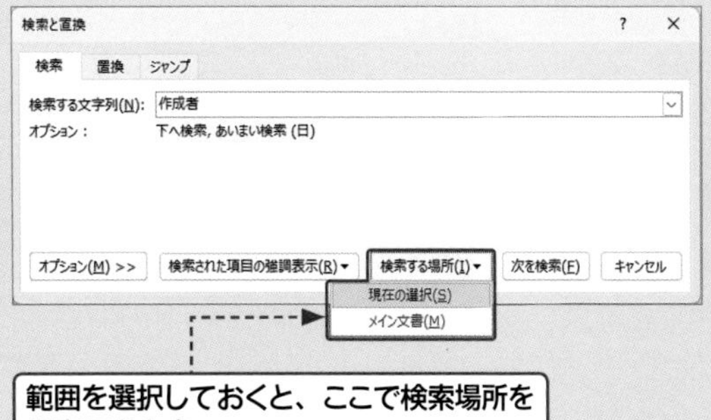

重要度 ★★★　検索／置換

Q 138 「○○」で始まって「××」で終わる文字を検索したい！

A ワイルドカードで検索条件を指定します。

ワイルドカードとは不特定な文字列の代用となる半角文字の記号のことで、「*（アスタリスク）」や「?」などが利用されます。「*」は任意の文字列の代用、「?」は任意の1文字の代用となります。

ワイルドカードを利用すると、たとえば「有＊料」という文字列を検索すれば、「有」と「料」で囲まれた文字列が検索されることになります。

ワイルドカードを利用して検索するには、[検索と置換] ダイアログボックスの [オプション] をクリックして、[検索オプション] を表示し、[ワイルドカードを使用する] をクリックしてオンにします。

参照▶Q 137

1 ワイルドカードを使った検索文字列を入力して、

2 [検索オプション] を表示します。

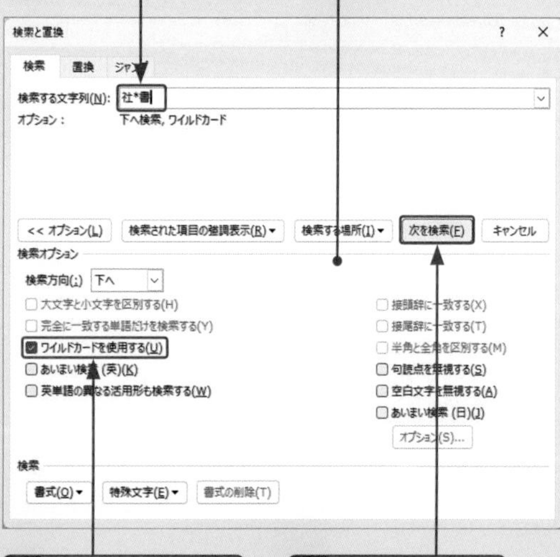

3 [ワイルドカードを使用する] をオンにして、

4 [次を検索] をクリックします。

5 該当する文字列が検索されます。

2）社外文書
注文書、見積書、請求書など
取り引き内容を明確に記する文書

重要度 ★★★　検索／置換

Q 139 特定の範囲を検索したい！

A 最初に検索範囲を選択してから検索します。

通常の検索操作は、文書全体を対象に実行されます。範囲を指定したい場合や、探している語句の位置がおおよそわかっている場合などは、範囲を選択してから検索するとよいでしょう。

参照▶Q 136

1 検索対象範囲をドラッグして選択します。

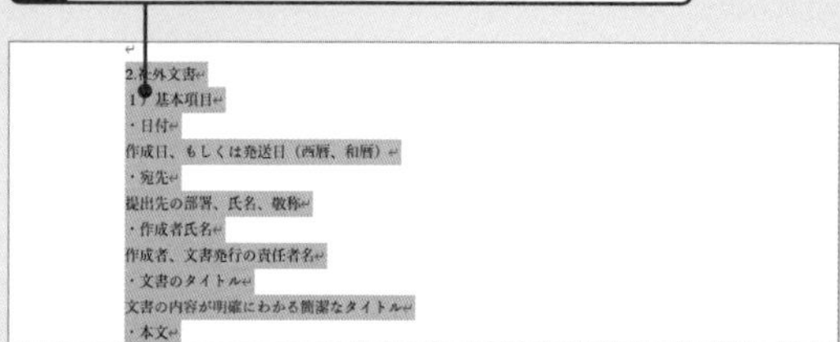

2 [ホーム] タブの [検索] をクリックして、ナビゲーションウィンドウを表示します。

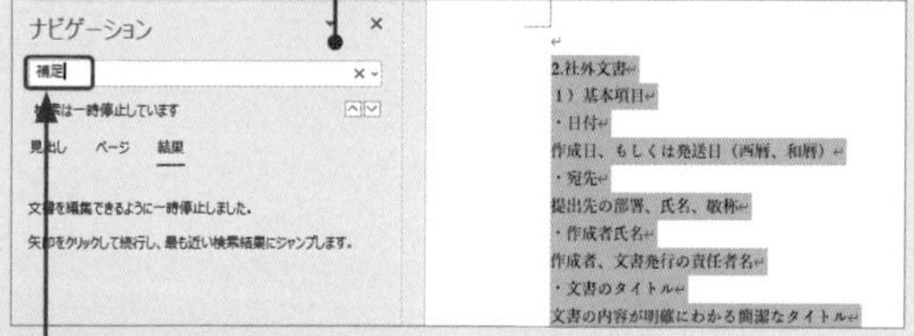

3 検索文字列を指定して、Enter を押すと、

4 指定した範囲内を対象に検索が行われ、結果が表示されます。

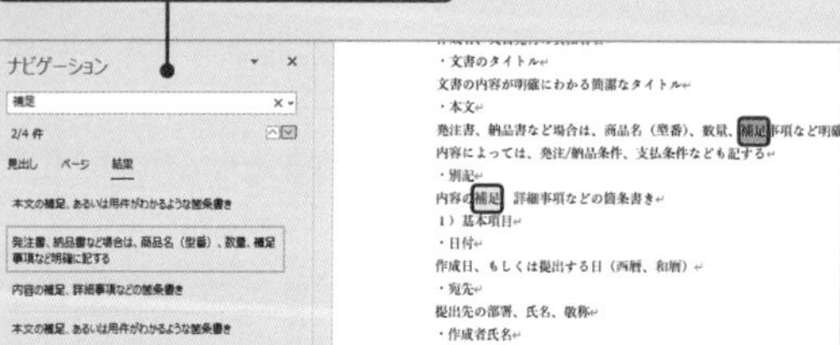

重要度 ★★★　検索／置換

Q 140 大文字と小文字を区別して検索したい！

A 検索のオプションを設定します。

大文字、小文字を区別して検索したい場合は、検索文字列に大文字、小文字を区別して入力しておく必要があります。

検索の初期設定では、半角と全角、大文字と小文字などを区別しない「あいまい検索」が行われるようになっています。そのため、大文字と小文字が区別されずに、すべて該当する文字が結果として表示されます。

条件を設定するには、[検索と置換] ダイアログボックスで [オプション] をクリックして、[検索オプション] を表示します。その後 [あいまい検索] をクリックしてオフにし、[大文字と小文字を区別する] をクリックしてオンにします。

参照▶Q 137

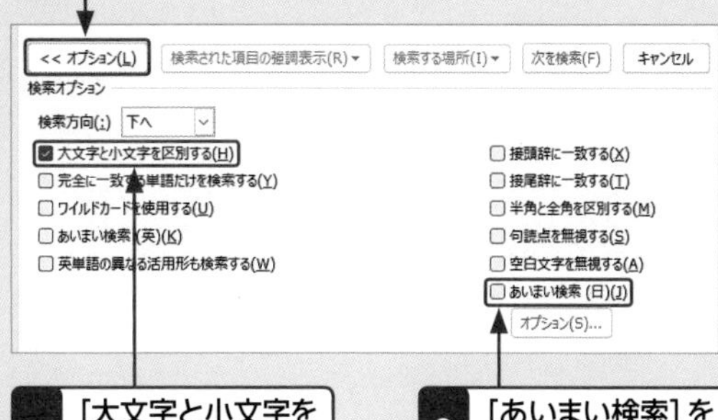

重要度 ★★★　検索／置換

Q 141 ワイルドカードの文字を検索したい！

A 検索のオプションでワイルドカード使用を無効にします。

「*」や「?」などのワイルドカードを使った検索を行っている場合では、これらの文字自体を検索することはできません。検索するには、[検索と置換] ダイアログボックスの [オプション] をクリックして、[ワイルドカードを使用する] をクリックしてオフにします。

参照▶Q 137, Q 138

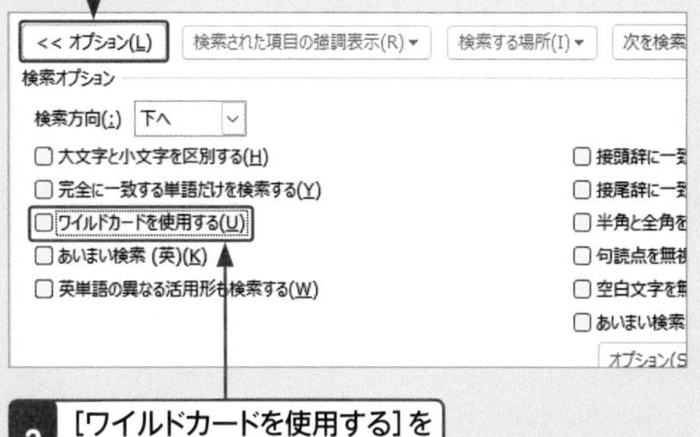

重要度 ★★★　検索／置換

Q 142 蛍光ペンを引いた箇所だけ検索したい！

A 検索オプションの書式で蛍光ペンを検索対象にします。

書式を条件に加えて検索することもできます。蛍光ペンで強調している文字を検索するには、[検索と置換] ダイアログボックスの [検索する文字列] 欄にカーソルを置き、[検索オプション] の [書式] から [蛍光ペン] を指定します。

参照▶Q 137, Q 207

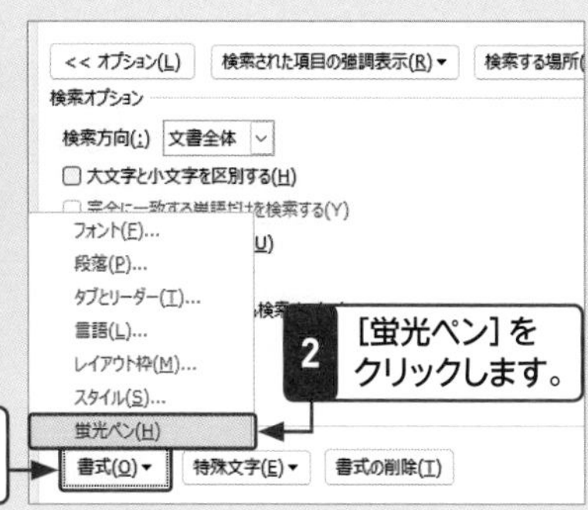

重要度 ★★★　検索／置換

Q 143 文字列を置換したい！

A [検索と置換]ダイアログボックスの[置換]タブを利用します。

特定の文字列を別の文字列に置換するには、[ホーム]タブの[置換]をクリックする（またはCtrl＋Hを押す）と表示される[検索と置換]ダイアログボックスの[置換]タブを利用します。
置換操作は、[次を検索]をクリックして1つ1つ確認しながら置換していくか、[すべて検索]をクリックして一括で置換するかを選択できます。

[ホーム]タブの[置換]をクリックすると、[検索と置換]ダイアログボックスの[置換]タブが表示されます。

● 確認しながら置換する場合

1 置換したい文字列と置換後の文字列を入力して、

2 [次を検索]をクリックすると、

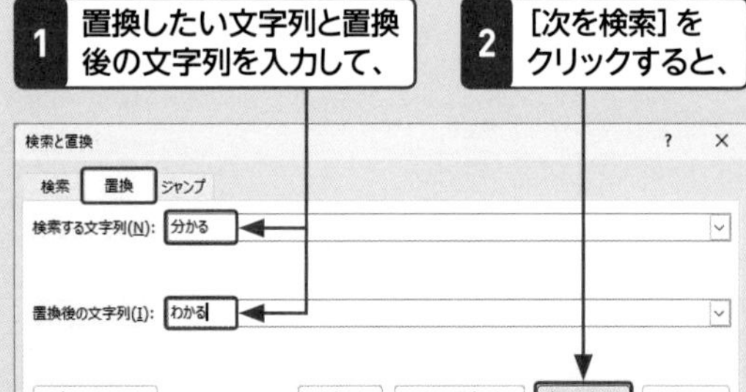

3 置換したい文字列が検索されます。

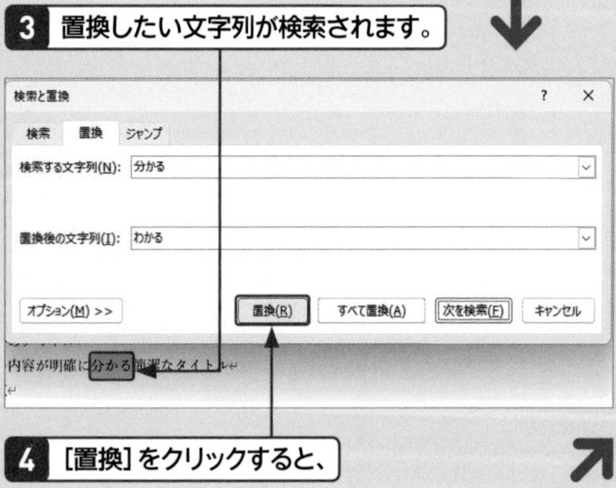

4 [置換]をクリックすると、

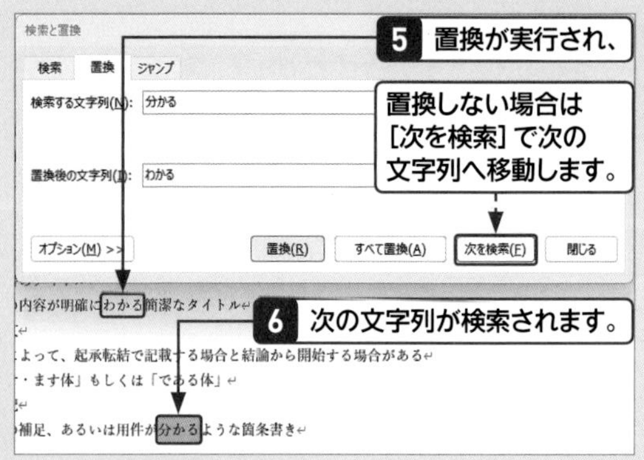

5 置換が実行され、

置換しない場合は[次を検索]で次の文字列へ移動します。

6 次の文字列が検索されます。

● 一括で置換する場合

1 置換する文字列と置換後の文字列を入力して、

2 [すべて置換]をクリックすると、

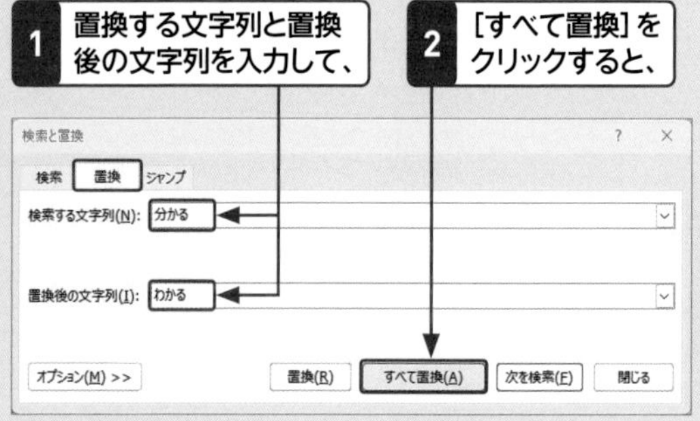

3 置換が実行され確認メッセージが表示されるので、[OK]をクリックします。

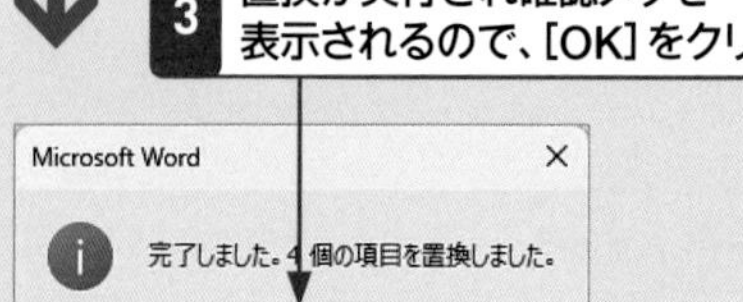

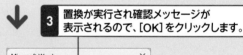

●オプションを利用する

アルファベットや数字の置換では、[オプション]で大文字と小文字や、半角と全角の区別もできます。

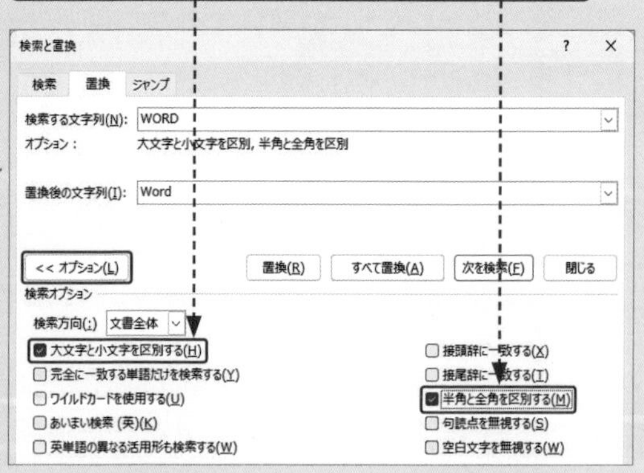

重要度 ★★★　検索／置換

Q 144 選択した文字列を［検索する文字列］に指定したい！

A 検索する文字列を選択してから、検索を行います。

検索する文字列を都度入力するのは面倒ですし、入力ミスで違う文字列を検索してしまう場合もあります。文書内の検索したい文字列を選択して、［ホーム］タブの［検索］をクリックする（またはCtrl＋Fを押す）と、ナビゲーションウィンドウの検索ボックスに文字列が入力されます。

スムーズな業務には、文書管理が大
外文書」「社交文書」の3種類があ
何のために作成するのか、誰が読む
的確な文書を作成していきましょう

1 目的の文字列を選択して、

2 Ctrl＋Fを押します。

重要度 ★★★　検索／置換

Q 145 余分なスペースをすべて削除したい！

A スペースを無入力状態に置換します。

［検索と置換］ダイアログボックスの［置換］タブで、［検索する文字列］にスペースを入力して、［置換後の文字列］に何も入力せずに置換すれば、スペースを削除できます。

［検索オプション］で［あいまい検索］をクリックしてオンにすると全角も半角も区別されずに検索され、［すべて置換］をクリックすれば一括で置換できます。ただし、英語など単語の区切りとしてのスペースがある文書などでは、半角と全角のそれぞれについて、［次を検索］をクリックして1つずつ確認しながら置換しましょう。

参照▶Q 143

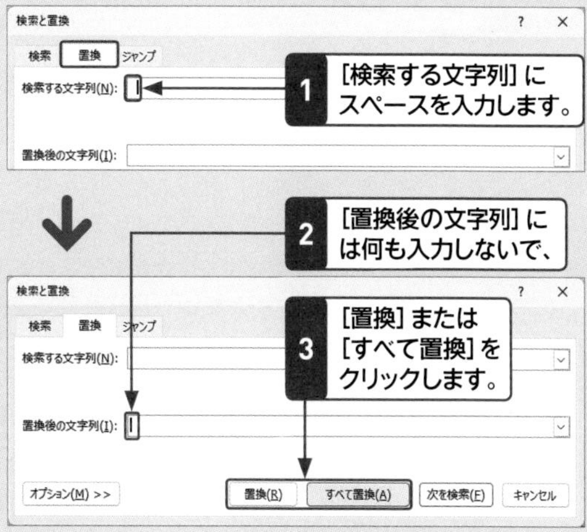

重要度 ★★★　検索／置換

Q 146 誤って文字列をすべて置換してしまった！

A ［ホーム］タブの［元に戻す］をクリックします。

誤って文字列を置換してしまった場合は、すぐに［ホーム］タブの［元に戻す］をクリックして置換前の状態に戻します。置換後に別の編集操作をした場合でも、［元に戻す］の をクリックして、置換前までさかのぼって取り消すことは可能です。

ただし、編集の内容によっては取り消せない場合もあるため、置換する場合は、操作の前にいったんファイルを保存しておくことをおすすめします。

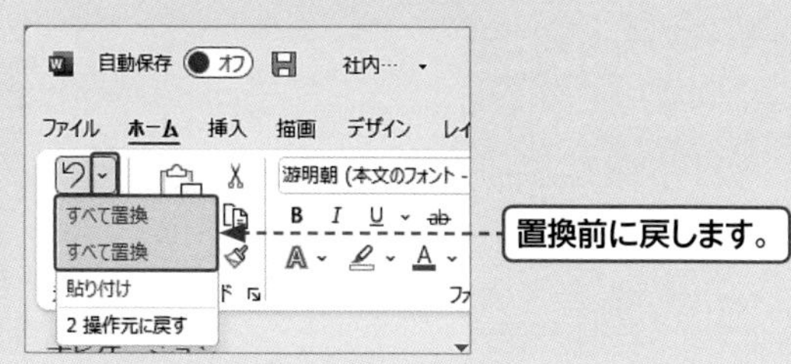

重要度★★★ 検索／置換

Q 147 特定の文字列を削除したい！

A 対象の文字列を無入力状態に置換します。

[検索と置換]ダイアログボックスの[置換]タブで[検索する文字列]に削除したい文字列を入力して、[置換後の文字列]に何も入力せずに、[置換]をクリックします。ただし、必要な文字列まで削除してしまう恐れがあるので、[次を検索]をクリックしながら1つずつ置換しましょう。

参照▶Q 144

1 [検索と置換]ダイアログボックスの[置換]タブで、[検索する文字列]に「■」を入力します。

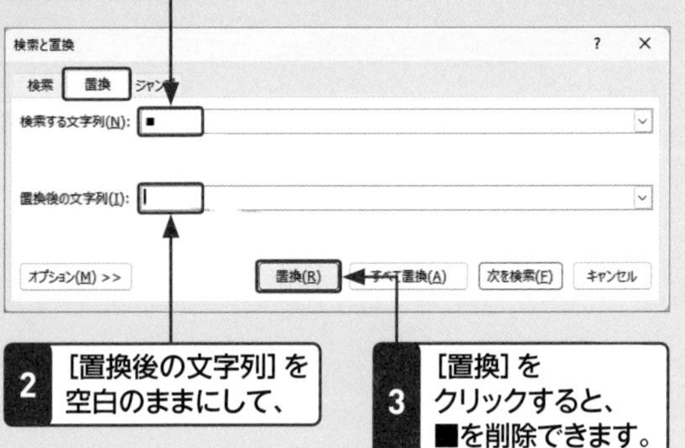

2 [置換後の文字列]を空白のままにして、

3 [置換]をクリックすると、■を削除できます。

重要度★★★ 検索／置換

Q 148 特定の書式を別の書式に変更したい！

A 変更前の書式と、変更後の書式を条件に指定して置換します。

置換操作では、文字列だけでなく、書式自体の置換を行うことができます。検索する前の書式を検索条件にして、置換後の書式を設定することで、書式を変更することができます。記事の見出しなど、複数の固定された書式を一括で変更する場合に便利です。

[検索と置換]ダイアログボックスの[置換]タブで[オプション]をクリックして、[あいまい検索]をクリックしオフにしておきます。置換前や置換後の書式では、フォントの種類やサイズ、色のほか、段落やスタイルなどでも指定できます。設定されているフォントが不明な場合、検索文字列を選択して右クリックし、[フォント]をクリックすると表示される[フォント]ダイアログボックスで設定されている書式を確認できます。

参照▶Q 144

この文字列の書式を変更します。

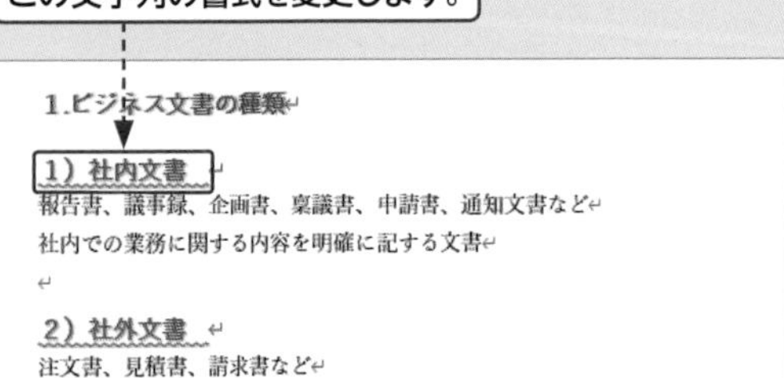

1 [ホーム]タブの[置換]をクリックして、[検索と置換]ダイアログボックスの[置換]タブを表示します。

2 [オプション]をクリックして、

3 [あいまい検索]をオフにします。

4 [検索する文字列]にカーソルを置いて、

5 [書式]をクリックし、

6 [フォント]をクリックします。

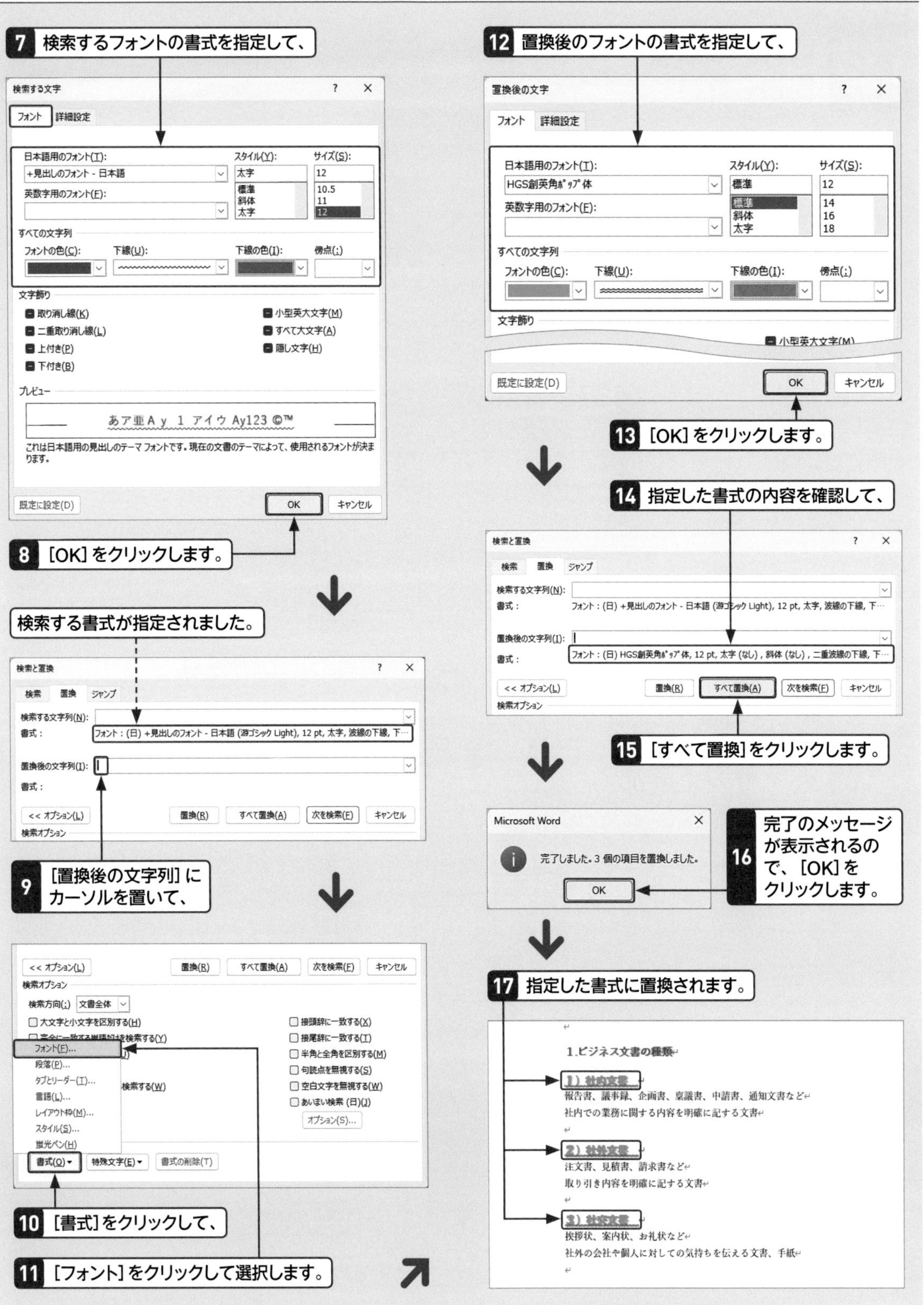

7 検索するフォントの書式を指定して、
検索する文字
フォント
詳細設定
日本語用のフォント(T):
+見出しのフォント - 日本語
スタイル(Y):
太字
サイズ(S):
12
英数字用のフォント(F):
すべての文字列
フォントの色(C):
下線(U):
下線の色(I):
傍点(;)
文字飾り
取り消し線(K)
二重取り消し線(L)
上付き(P)
下付き(B)
小型英大文字(M)
すべて大文字(A)
隠し文字(H)
プレビュー
あア亜Ay 1 アイウ Ay123 ©™
これは日本語用の見出しのテーマ フォントです。現在の文書のテーマによって、使用されるフォントが決まります。
既定に設定(D)
OK
キャンセル
8 [OK] をクリックします。
検索する書式が指定されました。
検索と置換
検索
置換
ジャンプ
検索する文字列(N):
書式：
フォント：(日) +見出しのフォント - 日本語 (游ゴシック Light), 12 pt, 太字, 波線の下線, 下…
置換後の文字列(I):
書式：
<< オプション(L)
置換(R)
すべて置換(A)
次を検索(F)
キャンセル
検索オプション
9 [置換後の文字列] にカーソルを置いて、
検索方向(;) 文書全体
大文字と小文字を区別する(H)
フォント(F)...
段落(P)...
タブとリーダー(T)...
言語(L)...
レイアウト枠(M)...
スタイル(S)...
蛍光ペン(H)
接頭辞に一致する(X)
接尾辞に一致する(T)
半角と全角を区別する(M)
句読点を無視する(S)
空白文字を無視する(W)
あいまい検索 (日)(J)
オプション(S)...
書式(O)
特殊文字(E)
書式の削除(T)
10 [書式] をクリックして、
11 [フォント] をクリックして選択します。
12 置換後のフォントの書式を指定して、
置換後の文字
フォント
詳細設定
日本語用のフォント(T):
HGS創英角ﾎﾟｯﾌﾟ体
スタイル(Y):
標準
サイズ(S):
12
英数字用のフォント(F):
すべての文字列
フォントの色(C):
下線(U):
下線の色(I):
傍点(;)
文字飾り
既定に設定(D)
OK
キャンセル
13 [OK] をクリックします。
14 指定した書式の内容を確認して、
検索と置換
検索する文字列(N):
書式：
フォント：(日) +見出しのフォント - 日本語 (游ゴシック Light), 12 pt, 太字, 波線の下線, 下…
置換後の文字列(I):
書式：
フォント：(日) HGS創英角ﾎﾟｯﾌﾟ体, 12 pt, 太字 (なし) , 斜体 (なし) , 二重波線の下線, 下…
<< オプション(L)
置換(R)
すべて置換(A)
次を検索(F)
キャンセル
検索オプション
15 [すべて置換] をクリックします。
Microsoft Word
完了しました。3 個の項目を置換しました。
OK
16 完了のメッセージが表示されるので、[OK] をクリックします。
17 指定した書式に置換されます。
1.ビジネス文書の種類
1）社内文書
報告書、議事録、企画書、稟議書、申請書、通知文書など
社内での業務に関する内容を明確に記する文書
2）社外文書
注文書、見積書、請求書など
取り引き内容を明確に記する文書
3）社交文書
挨拶状、案内状、お礼状など
社外の会社や個人に対しての気持ちを伝える文書、手紙

重要度 ★★★　検索／置換

Q 149 改行↓を段落↵に変換したい！

A 特殊文字の検索を利用して一括で置換します。

インターネット上の記事などWord以外の文書を読み込んだとき、文末に↓と↵の2つの記号が混在している場合があります。Wordでは、↵は「段落記号」、↓は「改行（任意指定の行区切り）」で区別しています。

Enterを押すと↵が入力され、Shift＋Enterを押すと↓が入力されます。

↓をすべて↵に変換するには手順のように特殊文字として置換します。

1 ［検索と置換］ダイアログボックスの［置換］タブで、［検索する文字列］にカーソルを置きます。

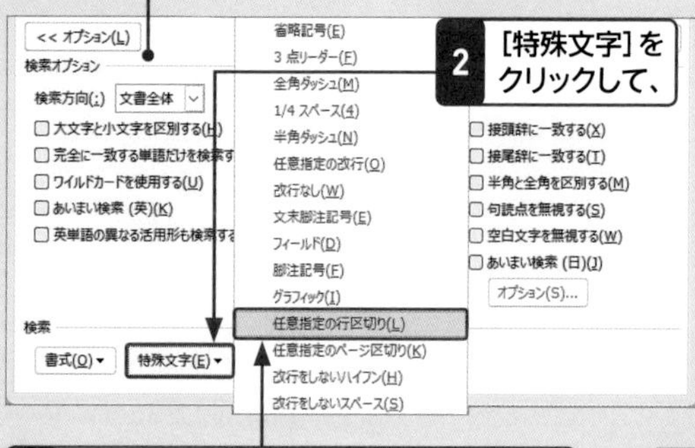

3 ［任意指定の行区切り］をクリックします。

4 ［置換後の文字列］にカーソルを置いて、

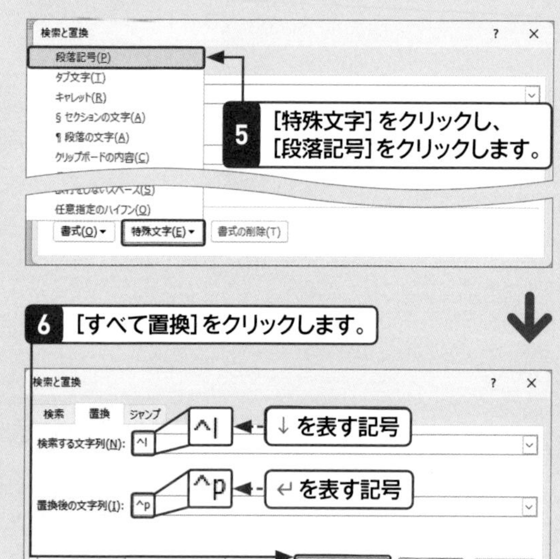

重要度 ★★★　文章校正

Q 150 赤や青の下線が表示された！

A 自動文章校正や自動スペルチェック機能が働いています。

文章を入力していると、文字の下に赤の波線や青の二重下線が自動的に表示されることがあります。これはWordの自動文章校正機能や自動スペルチェック機能によるもので、文法上の誤りや表記のゆれ（発音や意味が同じ単語に異なる文字表記が使われていること）、スペルミスなどを指摘してくれています。

指摘された部分を修正したり、あるいは無視したりすると、これらの波線は消えます。

参照▶Q 151, Q 152, Q 153

重要度 ★★★　文章校正

Q 151 赤や青の波線を表示したくない！

A ［Wordのオプション］の［文章校正］で設定を変更します。

［Wordのオプション］の［文章校正］の［例外］で［この文書のみ、結果を表す波線を表示しない］をクリックしてオンにすると、赤の波線が表示されません。

同様に、［この文書のみ、文章校正の結果を表示しない］をクリックしてオンにすると、青の二重線が表示されません。

参照▶Q 041

ここをクリックしてオンにします。

重要度★★★　文章校正

Q 152 波線が引かれた箇所をかんたんに修正したい！

A ショートカットメニューから修正候補を選択します。

波線部分を右クリックすると、ショートカットメニューに文章校正機能やスペルチェック機能による修正候補が表示されます。目的の修正候補を選択して、修正します。

1 青の二重下線部分を右クリックすると、

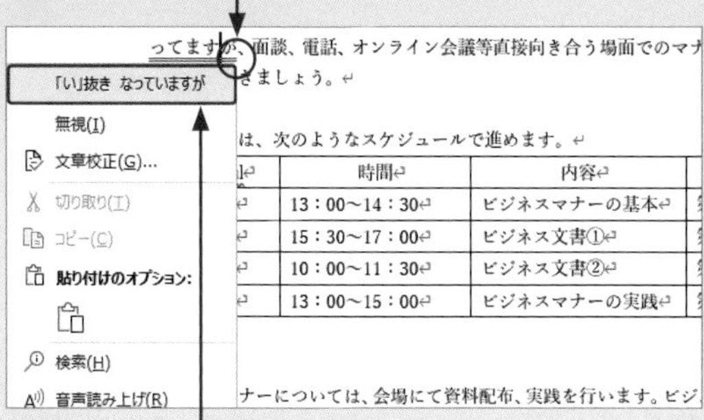

2 「い」抜きが指摘されています。クリックすると、

3 正しく修正され、線が消えました。

4 スペルミスを指摘した波線部分を右クリックすると、

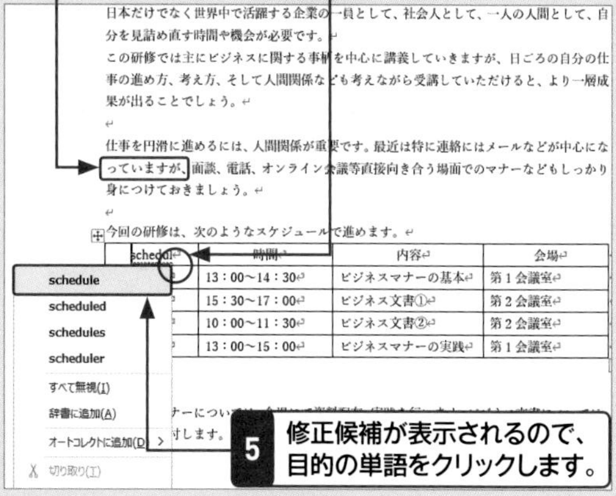

5 修正候補が表示されるので、目的の単語をクリックします。

6 選択内容が反映され、波線が消えました。

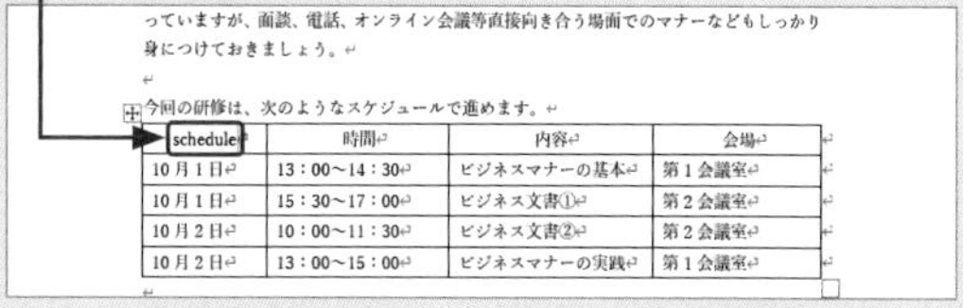

重要度★★★　文章校正

Q 153 波線や下線が引かれた箇所を修正したくない！

A 修正候補を無視します。

赤の波線や青の二重下線は印刷されるわけではないので、修正の必要がなければ、そのまま放置してもかまいません。

波線や二重下線が表示されていても、その文書の中において正しい表記である場合は、右クリックして［無視］を選択すると線が消えます。［すべて無視］をクリックすると、同じ語句に対するチェックが解除されます。また、赤線や青線が引かれている語句を辞書に登録すると、以降の文章校正でその語句がチェックされないようになります。

1 二重下線部分を右クリックすると、

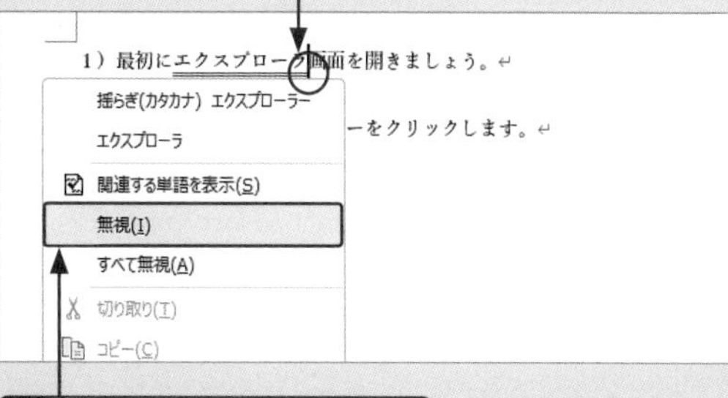

2 揺らぎが指摘されています。［無視］をクリックすると、

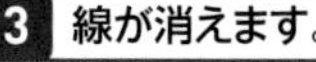

3 線が消えます。

重要度 ★★★　文章校正

Q 154 まとめて文章校正したい！

A ［スペルチェックと文章校正］を利用します。

［校閲］タブの［スペルチェックと文章校正］をクリックすると、チェックする対象によって、スペルの場合は［スペルチェック］、文法や誤字の場合は［文章校正］作業ウィンドウが開きます。スペルチェックでは、作業ウィンドウに表示される対象を順にまとめて修正することができます。

スペルチェックや校正では、表示される候補をクリックして修正したり、［無視］［すべて無視］をクリックして無視したり、特別な用語の場合は［辞書に追加］（Word 2016では［追加］）をクリックして登録したりします。表記ゆれがある場合は、［表記ゆれチェック］ダイアログボックスが表示されます。

1 ［校閲］タブをクリックして、

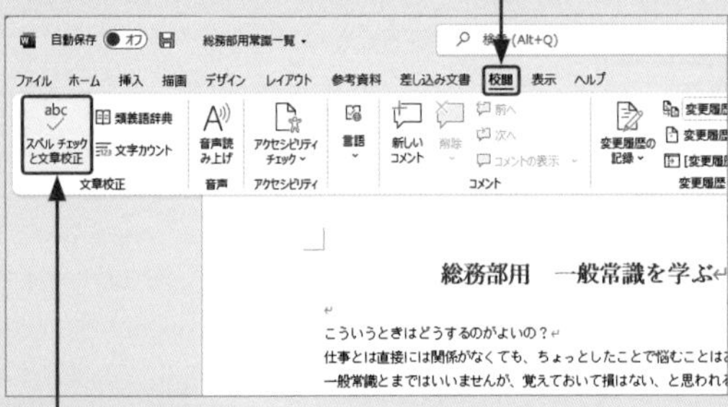

2 ［スペルチェックと文章校正］をクリックすると、

3 ［文章校正］作業ウィンドウが開きます。

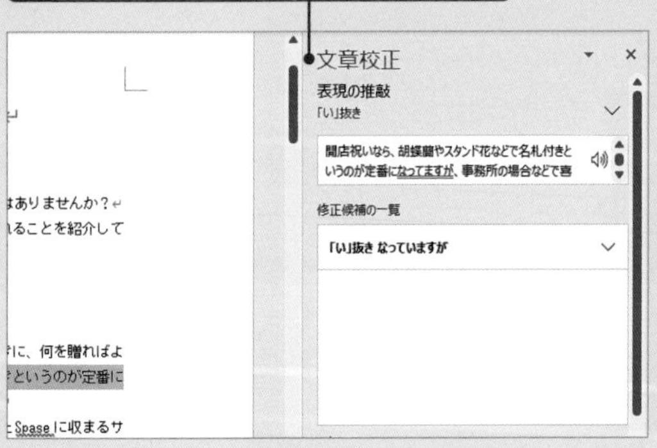

● 文章校正の修正

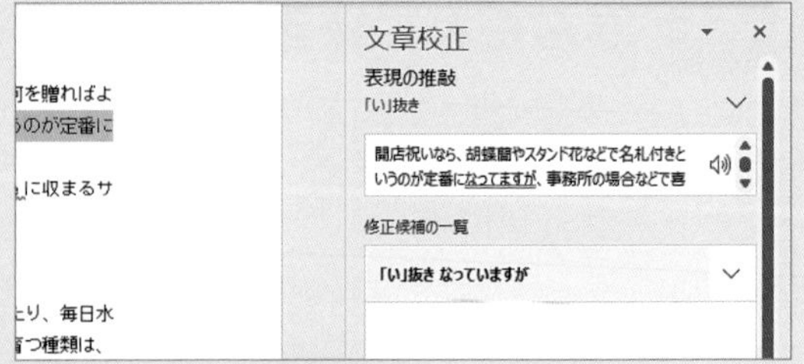

● スペルチェックの修正

● 単語の登録

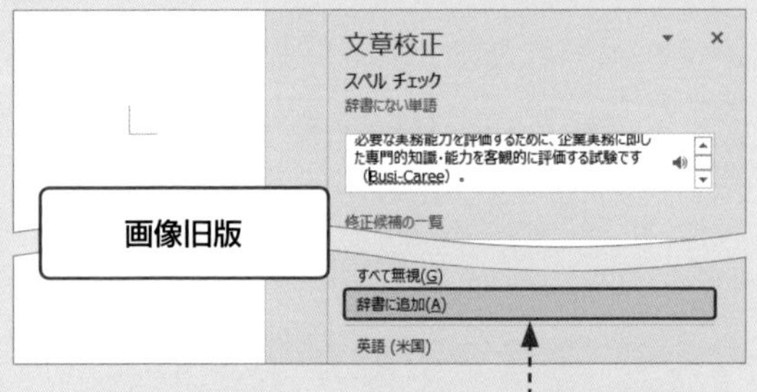

［辞書に追加］をクリックすると辞書に登録できます。

● 表記ゆれチェック

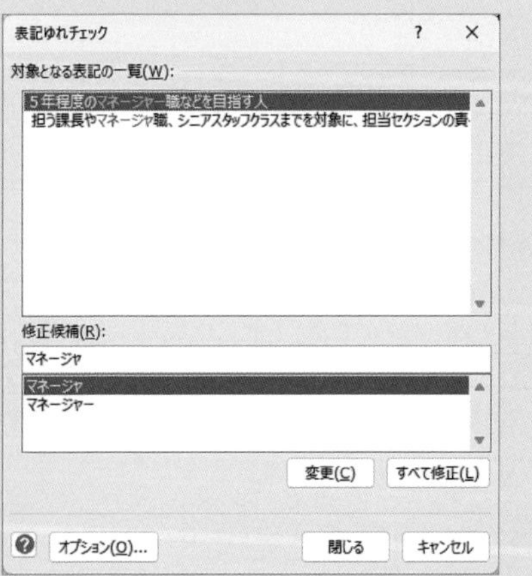

重要度★★★ 文章校正

Q 155 誰にでも見やすい文書か確認したい！

A アクセシビリティチェックを利用します。

アクセシビリティとはどんな人にも利用できるものという意味で、視覚や聴覚に障がいのある方にもわかりやすい文書になっているかどうか、誰にでも読みやすい文書になっているかどうかをチェックする機能です。具体的には、文書に画像が挿入されている場合、画像の説明文を代替テキストにして、代替テキストを読む順番に画像を行内に設定しておく、文字サイズを読みやすい大きさにするというような項目があります。つまり、広く多くの方に読んでもらう文書を作成する場合などにチェックする機能です。

エラーが表示されたら、エラーの内容に沿って解決します。作業ウィンドウの横に［アクセシビリティチェック］が用意されているので、すぐにクリックして確認することができます。

なお、Word 2021／Microsoft 365では、［校閲］タブに［アクセシビリティチェック］が配置されていますが、Word 2019以前でも［ファイル］タブの［情報］の［ドキュメント検査］内に用意されています。

なお、チェックできるファイル形式はWord文書（Office形式）のみで、PDFなどはサポートされません。

1 作成した文書を開き、［校閲］タブをクリックします。

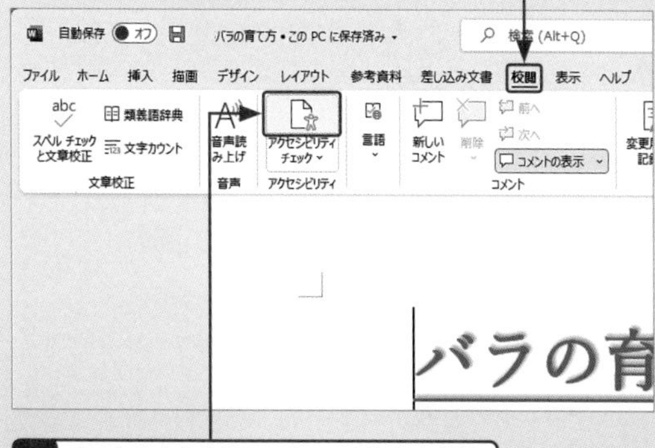

2 ［アクセシビリティチェック］の上部をクリックします。

3 ［アクセシビリティ］作業ウィンドウが表示されて、検索結果が表示されます。

4 ここをクリックすると、

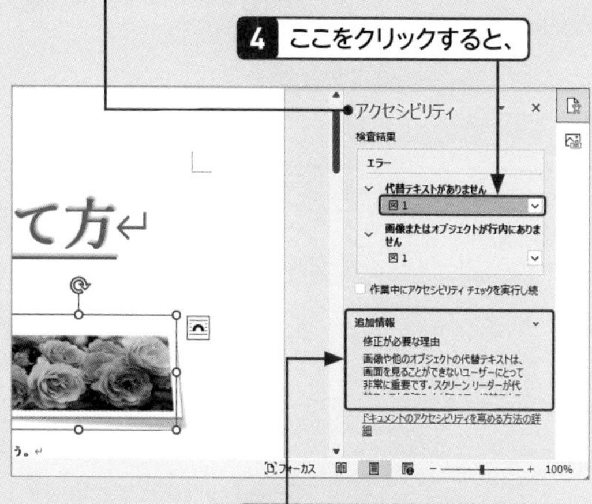

5 エラー内容が表示されます。

● エラーを修正する

1 ［代替テキスト］をクリックすると、［代替テキスト］作業ウィンドウが表示されるので、

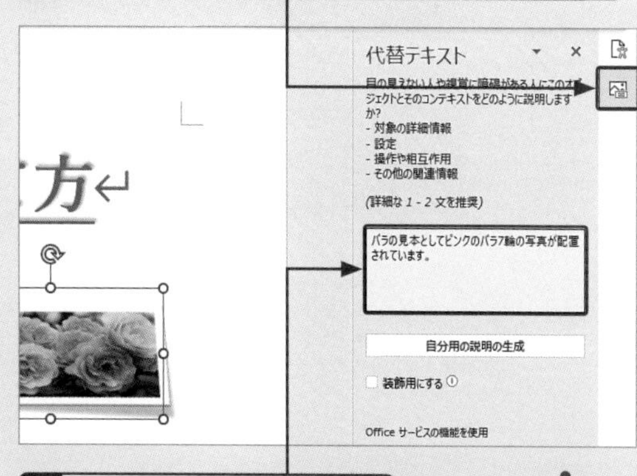

2 画像の説明文を入力します。

3 もう1つのエラーである画像の配置を［行内］に配置します。

4 ［アクセシビリティチェック］をクリックすると、

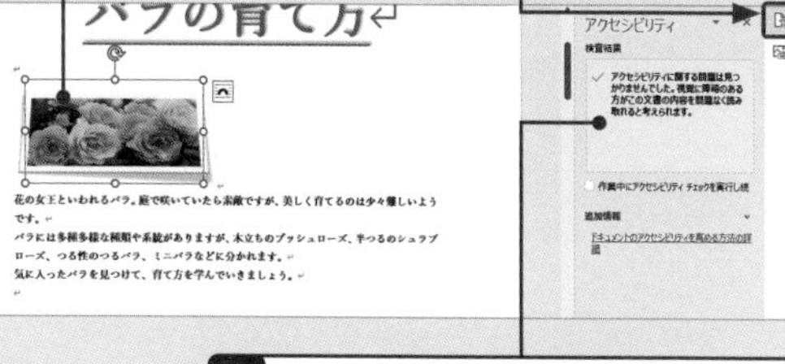

5 エラーがないことが確認できます。

重要度 ★★★ 文章校正

Q 156 カタカナ以外の表記ゆれもチェックしたい！

A 漢字やかなの表記ゆれのチェックを有効にします。

カタカナに関する表記ゆれだけでなく、漢字やかなの表記ゆれもチェックしたい場合には、[Wordのオプション]の[文章校正]の[Wordのスペルチェックと文章校正]内の[設定]をクリックして、表示される[文書構成の詳細設定]ダイアログボックスで設定を変更します。そのあと、[校閲]タブの[表記ゆれチェック]をクリックして、表記ゆれのチェックをします。

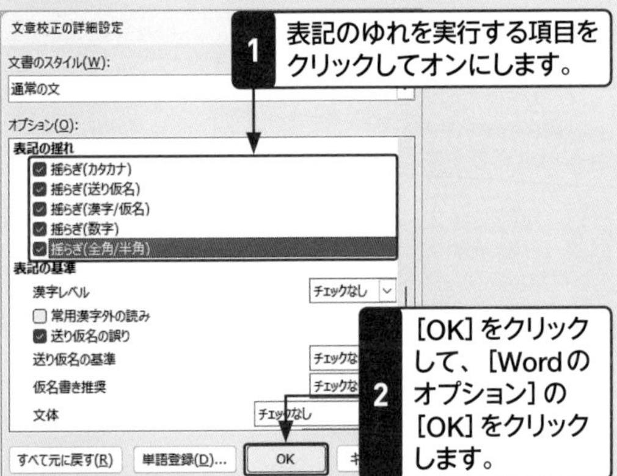

1 表記のゆれを実行する項目をクリックしてオンにします。

2 [OK]をクリックして、[Wordのオプション]の[OK]をクリックします。

3 [校閲]タブの[表記ゆれチェック]をクリックします。

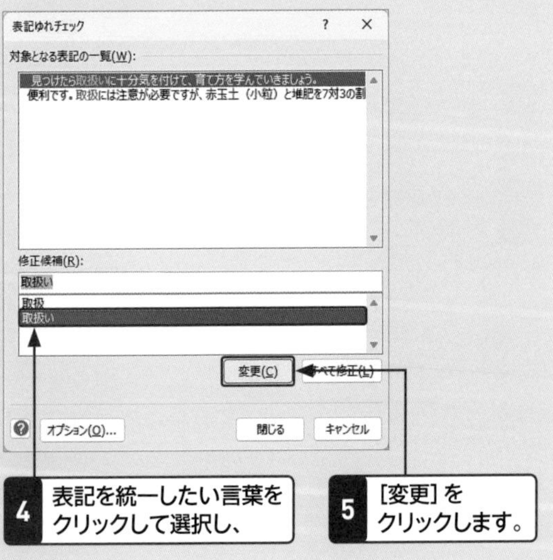

4 表記を統一したい言葉をクリックして選択し、

5 [変更]をクリックします。

重要度 ★★★ コメント

Q 157 内容に関するメモを付けておきたい！

A 吹き出しにコメントを入力します。

文書作成の際にあとで確認するためのメモ、複数人で作成する場合はほかの人への意見など、文書とは別にコメントとして残すことができます。Word 2019／2016ではコメントを入力するとコメントが登録されます。Word 2021ではコメントを入力後に[投稿]をクリックして投稿する必要があります。

1 コメントを付けたい文字列（または位置）を選択して、

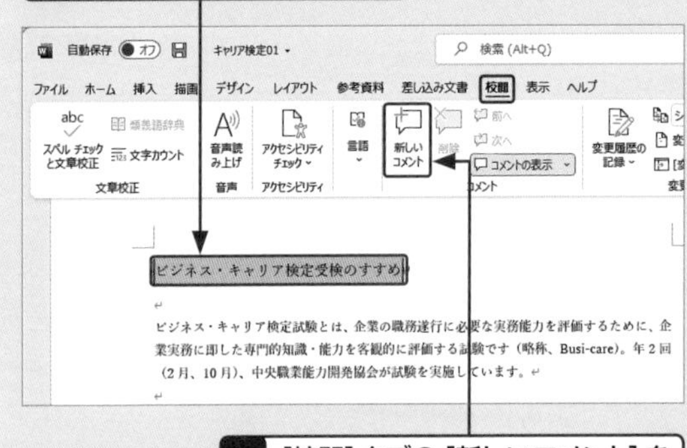

2 [校閲]タブの[新しいコメント]をクリックします。

3 コメント欄が表示されるので、コメントを入力して、

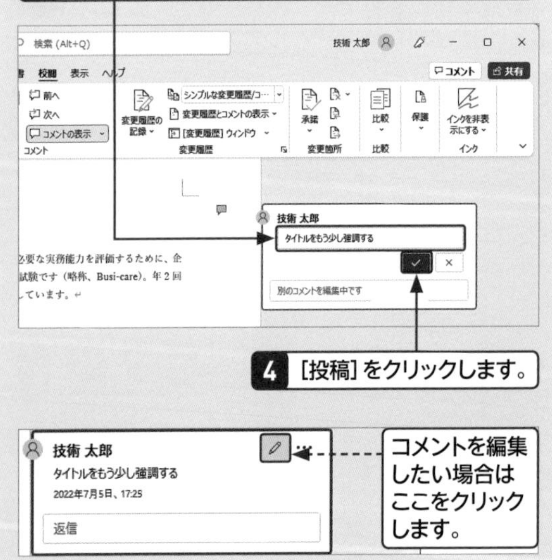

4 [投稿]をクリックします。

コメントを編集したい場合はここをクリックします。

重要度★★★ コメント

Q 158 コメントを削除したい！

A コメントの［スレッドの削除］をクリックします。

Word 2021では、コメントを入力中の場合は［下書きのキャンセル］× をクリックします。投稿済みのコメントを削除するには［その他の操作］… をクリックして、［スレッドの削除］をクリックします。Word 2019／2016では、コメントを右クリックして［コメントの削除］をクリックします。

文書内のコメントをすべて削除したい場合は、いずれのバージョンでも、［校閲］タブの［削除］をクリックして［ドキュメント内のコメントを削除］をクリックします。

● Word 2021の場合

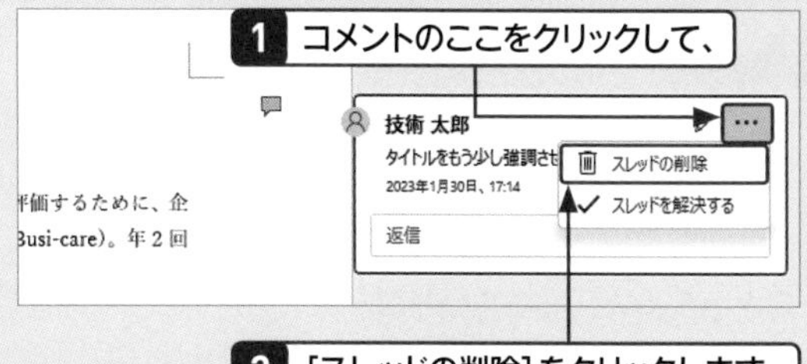

● Word 2019／2016の場合

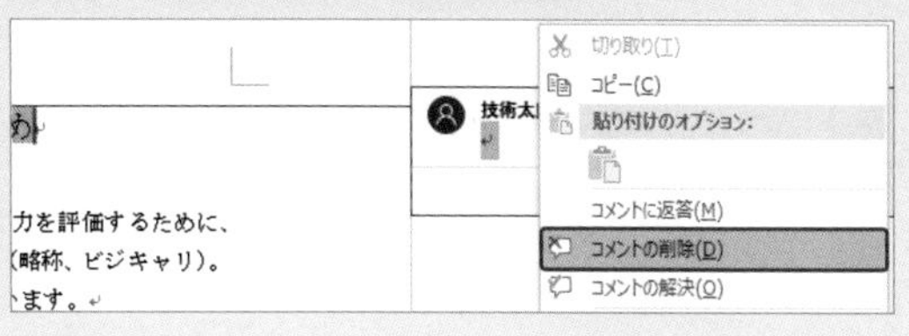

重要度★★★ コメント

Q 159 コメントに返信したい！

A ［返信］欄に入力します。

文書の作成を複数で行う場合など、意見交換や指示等をコメントでやり取りができます。ほかの人がコメントを投稿した文書を、別の人が開き、投稿されたコメントを確認します。Word 2021では投稿されたコメント欄に［返信］欄が表示されているので、返信用のコメントを入力して［投稿］をクリックします。Word 2019／2016ではコメント内の［返信］をクリックすると、返信欄が表示されるので入力します。

● Word 2021の場合

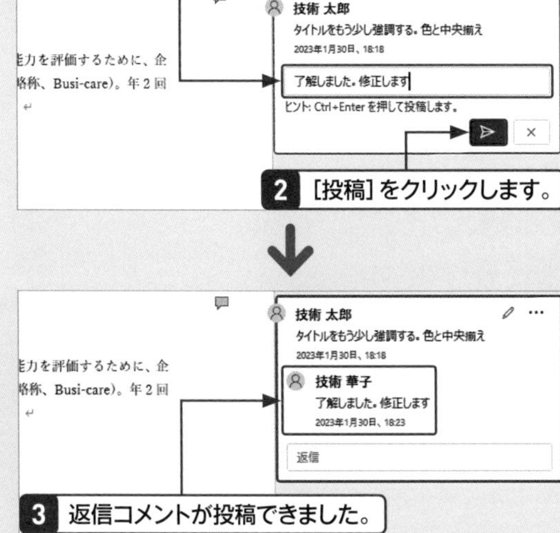

● Word 2019／2016の場合

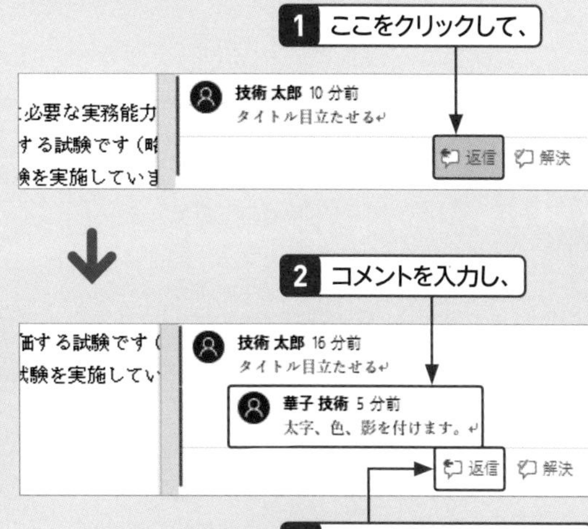

重要度★★★ コメント

Q 160 校閲者別にコメントを表示したい！

A [変更履歴とコメントの表示]で、表示方法を選択します。

文書を複数人で編集する場合、Word 2019／2016ではユーザーごとに色分けされるため見やすいという利点があります。Word 2021では全ユーザーが同じ色のため、名前で判別することになります。初期設定では全校閲者（ユーザー）のコメントを表示しますが、表示させたい校閲者のみをオンにして（表示させない校閲者をオフにする）、表示表示することが可能です。ただし、返信で投稿したコメントは表示されません。

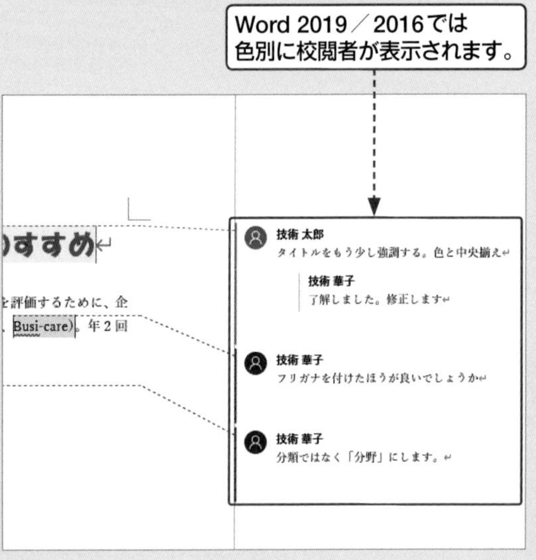

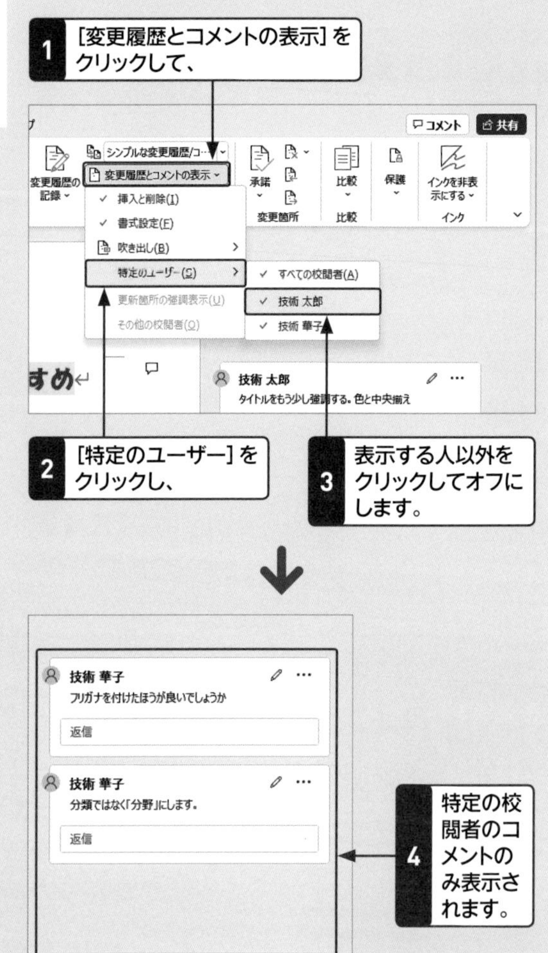

重要度★★★ コメント

Q 161 コメントを表示させたくない！

A コメントの表示をオフにします。

コメント自体を表示させたくない場合は、[校閲]タブの[コメントの表示]をクリックしてオフにします。このとき、コメントがある位置には □ が表示されるので、クリックすればコメントを表示することができます。

また、Word 2021ではコメントの表示に、文書の横に並べる（字形）方法と、コメント作業ウィンドウ（リスト）で表示する方法を選べます。[コメントの表示]の □ をクリックして、[字形]または[リスト]をクリックします。

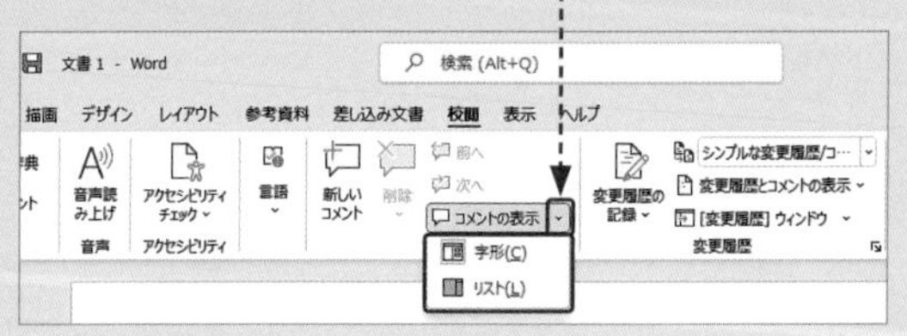

重要度★★★ コメント

Q162 コメントを印刷したい!

A コメントを印刷対象にします。

通常の印刷では、コメントは印刷されません。
コメントを印刷するには［ファイル］タブの［印刷］をクリックして、印刷設定画面を表示します。［すべてのページを印刷］をクリックし、［変更履歴／コメントの印刷］をクリックしてオンにします。［印刷］をクリックすると、印刷レイアウトの画面表示のまま、文書とコメントがいっしょに印刷されます。なお、［校閲］タブの［変更履歴／コメントの表示］で［特定のユーザー］で表示する校閲者を指定している場合は、その校閲者のコメントのみが印刷されます。 参照▶Q 160

1 印刷したいコメントをすべて表示しておきます。

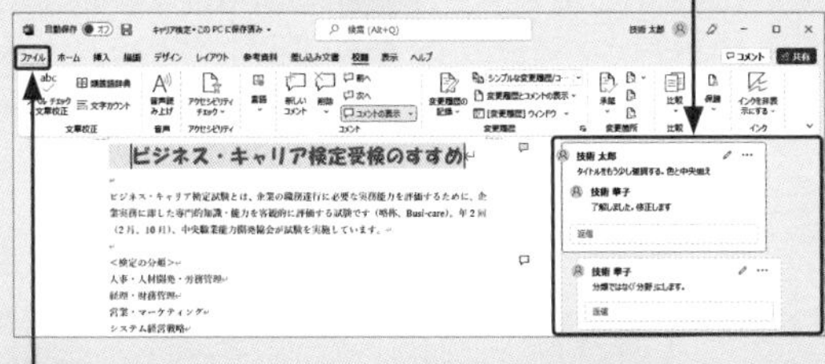

2 ［ファイル］タブをクリックして、

3 ［印刷］をクリックします。

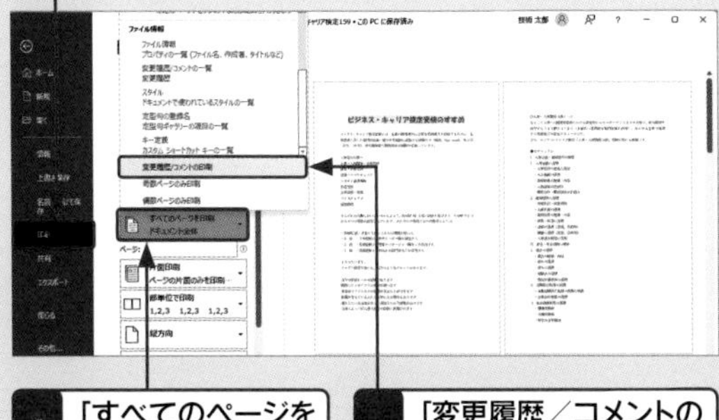

4 ［すべてのページを印刷］をクリックし、

5 ［変更履歴／コメントの印刷］をクリックしてオンにします。

重要度★★★ 変更履歴

Q163 変更内容を記録しておきたい!

A 変更履歴を記録します。

変更履歴とは、たとえば書式の変更や文字列の挿入／削除など、どこをどのように変更したのか編集の経緯がわかるように記録／表示される機能です。［校閲］タブの［変更履歴の記録］をクリックすると記録が開始されます。
以降に行った編集作業の履歴が記録されます。変更履歴の記録のオン／オフは、［変更履歴の記録］の上部をクリックすると切り替えることができます。
なお、手順1の［変更内容の表示］で［シンプルな変更履歴/コメント］を選択していると、手順3のような変更内容は表示されません。

1 ［すべての変更履歴/コメント］を選択して、

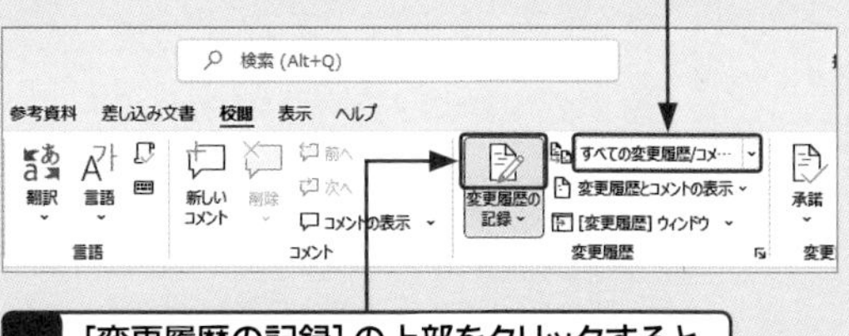

2 ［変更履歴の記録］の上部をクリックすると、記録が開始されます。

3 変更を行うと、吹き出し表示領域に変更内容の記録が表示されます。

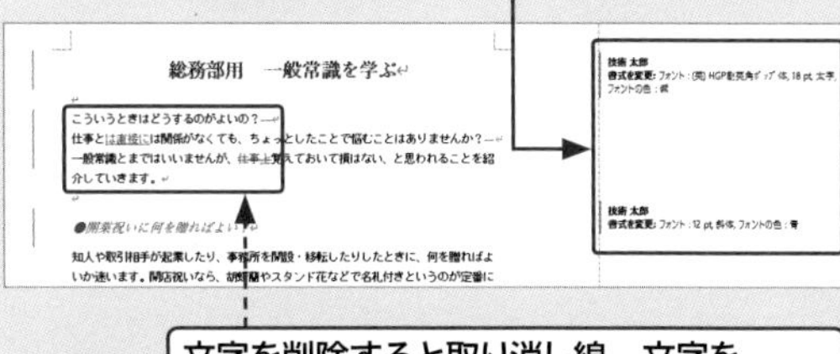

文字を削除すると取り消し線、文字を追加すると挿入した文字に下線が付きます。

4 変更履歴を終わらせる場合は、再度［変更履歴の記録］の上部をクリックします。

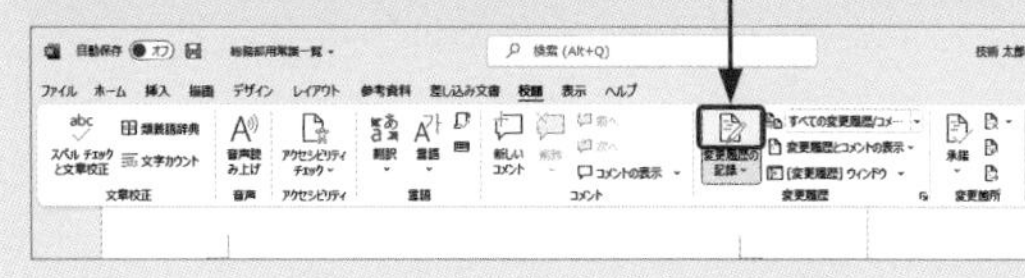

重要度 ★★★ 変更履歴

Q 164 変更結果を確定したい！

A 変更履歴を承諾します。

現在の変更結果の状態をもとに戻す必要がないときには、[承諾] をクリックして、変更履歴を承諾すれば、選択した変更履歴が削除されます。
細かな修正の変更履歴がたくさん表示されると、だんだん煩雑になってくるので、確実な修正は確定し、あとからもとに戻す可能性がある変更履歴のみを残しておきましょう。なお、[承諾] の下をクリックすると、[この変更を反映させる] [すべての変更を反映] [すべての変更を反映し、変更の記録を停止] などの操作を選択できます。

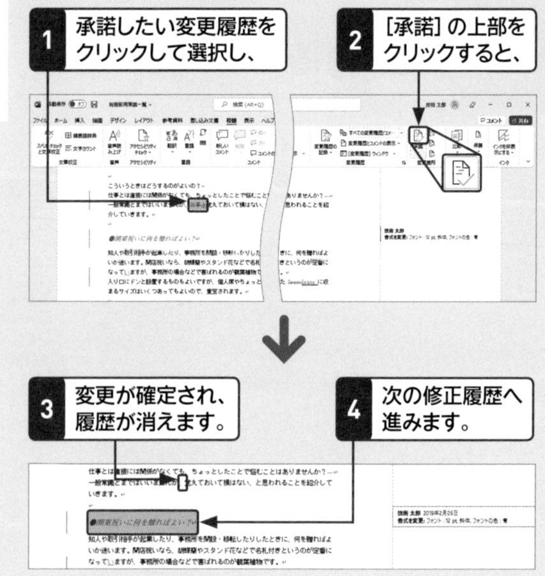
1 承諾したい変更履歴をクリックして選択し、
2 [承諾] の上部をクリックすると、
3 変更が確定され、履歴が消えます。
4 次の修正履歴へ進みます。

重要度 ★★★ 変更履歴

Q 165 文書を比較してどこが変わったのか知りたい！

A [校閲] タブの [比較] で比較結果を表示します。

[比較] を使うと、元になった文書とそれに手を加えた文書とを比較することができます。
結果を比較した文書には、変更部分が表示された「比較結果文書」と「元の文書」「変更された文書」が表示され、さらに変更履歴ウィンドウにはメイン文書の変更とコメントが表示されます。

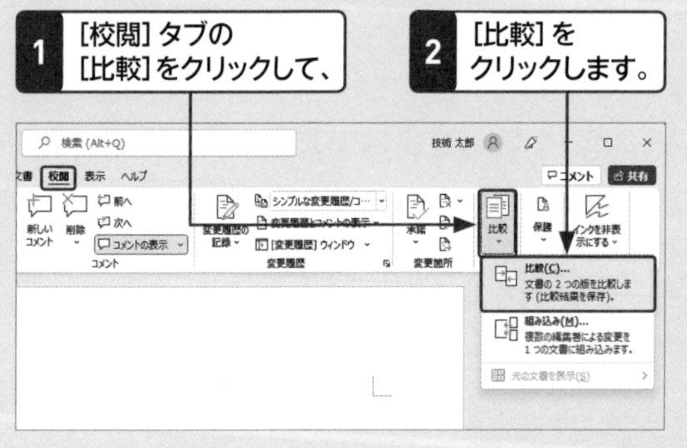
1 [校閲] タブの [比較] をクリックして、
2 [比較] をクリックします。
比較(C)...
文書の 2 つの版を比較します (比較結果を保存)。
組み込み(M)...
複数の編集者による変更を 1 つの文書に組み込みます。

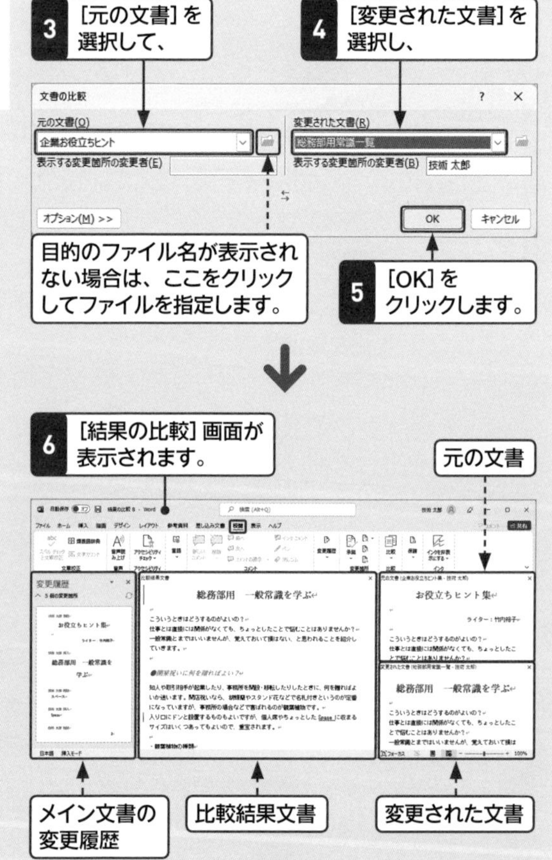
3 [元の文書] を選択して、
4 [変更された文書] を選択し、
文書の比較
元の文書(O)
企業お役立ちヒント
変更された文書(R)
総務部用常識一覧
表示する変更箇所の変更者(E)
表示する変更箇所の変更者(B)
技術 太郎
オプション(M) >>
OK
キャンセル
目的のファイル名が表示されない場合は、ここをクリックしてファイルを指定します。
5 [OK] をクリックします。
6 [結果の比較] 画面が表示されます。
元の文書
メイン文書の変更履歴
比較結果文書
変更された文書

重要度★★★　脚注／参照

Q 166 欄外に用語説明を入れたい！

A 脚注を挿入します。

脚注とは、用語や人物の説明、文章内容の背景解説などを欄外に記述しておくためのものです。脚注を入れる場所は、文書の内容や性格によって異なりますが、「該当ページ末」「節末」「章末」「巻末」などさまざまです。

[参考資料] タブにある [脚注の挿入] を使うと、基本的には該当ページ末に挿入されます。「節末」「章末」「巻末」などにまとめて脚注を入れる場合には、文末脚注機能を利用します。

脚注を挿入すると、脚注番号が付きます。文書内で先頭から順に連番になるため、脚注を挿入したあとで、その位置より前の位置に脚注を挿入すると、連番は自動で調整されます。

なお、下図のように脚注内容を自動表示するには、[Wordのオプション] の [表示] で [カーソルを置いたときに文書のヒントを表示する] をクリックしてオンにしておきます。

参照▶Q 041, Q 169

● 脚注内容の自動表示

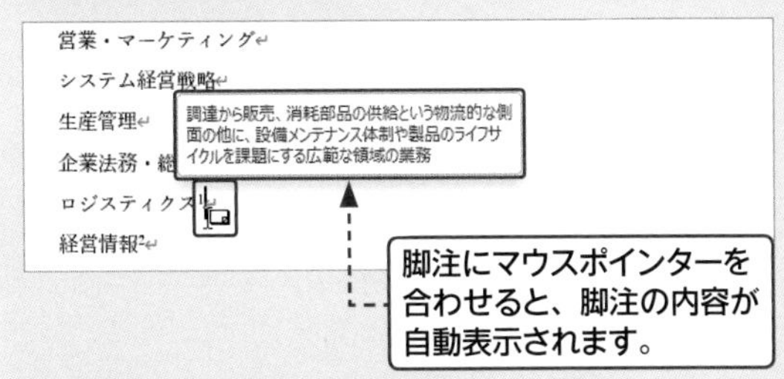

1 脚注を付けたい位置にカーソルを置いて、

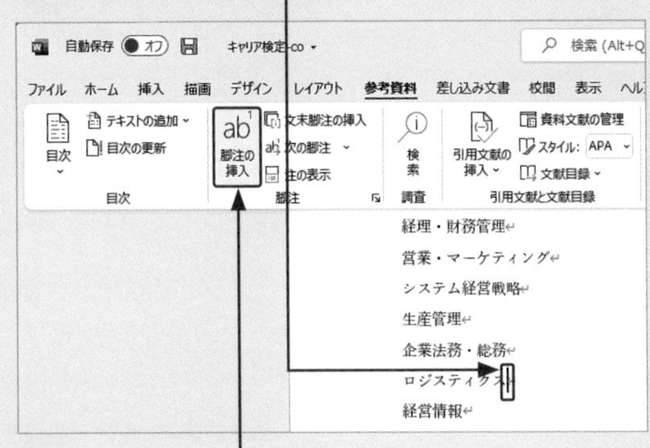

2 [参考資料] タブの [脚注の挿入] をクリックします。

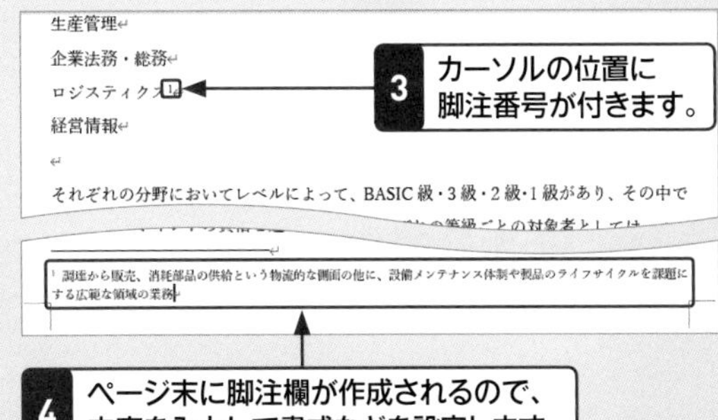

3 カーソルの位置に脚注番号が付きます。

4 ページ末に脚注欄が作成されるので、内容を入力して書式などを設定します。

重要度★★★　脚注／参照

Q 167 脚注を削除したい！

A 脚注番号を削除します。

脚注を入れた位置と脚注そのものには、自動で番号が振られます。脚注を削除するには、脚注内容ではなく、脚注番号を選択して Delete を押して削除します。複数の脚注を設定した場合は、削除した番号以降は繰り上がります。

参照▶Q 166

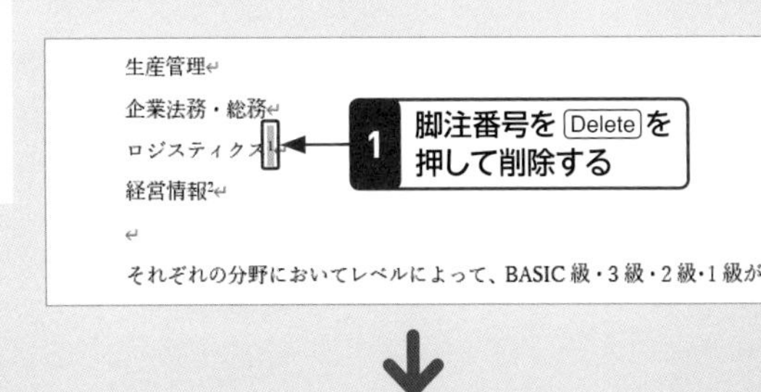

1 脚注番号を Delete を押して削除する

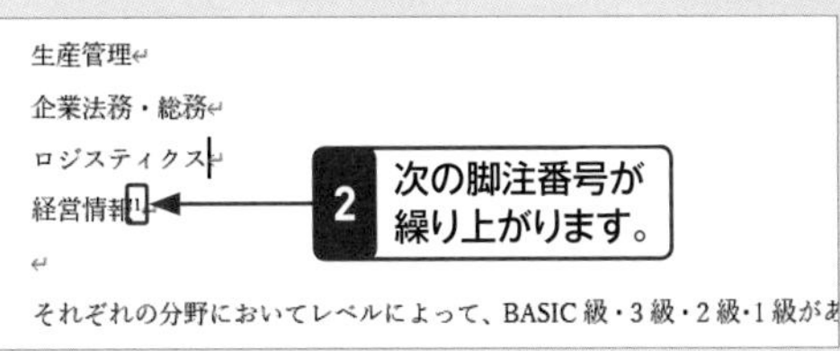

2 次の脚注番号が繰り上がります。

重要度 ★★★ 脚注／参照

Q 168 脚注の開始番号や書式を変更したい！

A [脚注と文末脚注]ダイアログボックスで設定します。

[参考資料]タブの[脚注]グループの右下にある ◳ をクリックして表示される[脚注と文末脚注]ダイアログボックスで脚注に関する設定ができます。

脚注と文末脚注 ? ×
場所
◉ 脚注(F): ページの最後
○ 文末脚注(E): 文書の最後
変換(C)...
脚注のレイアウト
列(O): セクション レイアウトと一致
書式
番号書式(N): 1, 2, 3, …
任意の脚注記号(U): 記号(Y)...
開始番号(S): 1
番号の付け方(M): 連続

重要度 ★★★ 脚注／参照

Q 169 脚注のスタイルを設定したい！

A 脚注文字列の文字／段落スタイルを設定します。

脚注のフォントやサイズ、字下げの設定などは、脚注の文章を右クリックし、[スタイル]をクリックして表示される[文字／段落スタイルの設定]ダイアログボックスから行えます。

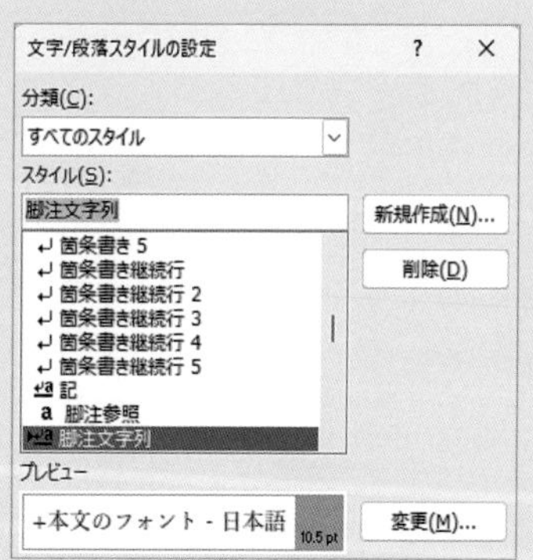

重要度 ★★★ 脚注／参照

Q 170 文末に脚注を入れたい！

A [脚注と文末脚注]ダイアログボックスで[文末脚注]を選択します。

文末脚注とは、該当ページに挿入する脚注とは異なり、節や章、文章全体の最後などにまとめて入れる脚注のことです。脚注を入れる場合、文書の構造や長さなどから判断して、脚注にするか、文末脚注にするかを指定します。脚注は用語解説、文末脚注は参考文献というような使い分けも考えられます。

文末脚注を入れるには、[参考資料]タブの[文末脚注の挿入]をクリックします。この場合、文書の最後に挿入されますが、節や章の最後など文書の途中に入れたい場合は、必要なページ範囲にあらかじめセクション区切りを入れておき、[脚注と文末脚注]ダイアログボックスを利用して、文末脚注を挿入する位置を変更します。文末脚注を削除するには、脚注と同様に、文末脚注番号を選択して、Delete を押します。

参照 ▶ Q 166, Q 168, Q 258

1 セクションを区切り、文末脚注を入れるセクション内の位置にカーソルを移動します。

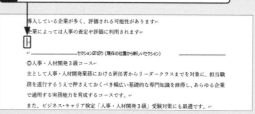

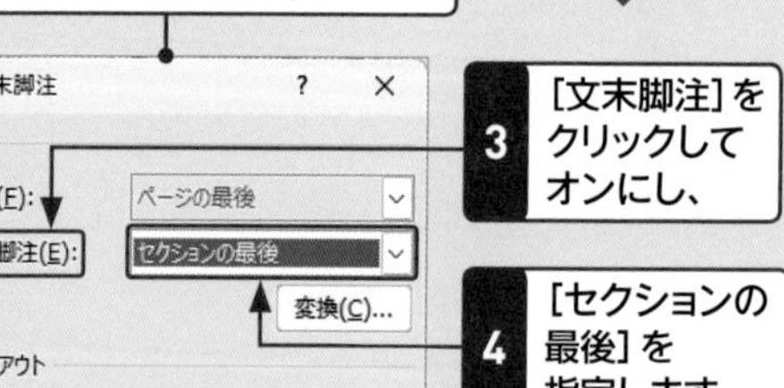

2 [脚注と文末脚注]ダイアログボックスを表示します。

脚注と文末脚注 ? ×
場所
○ 脚注(F): ページの最後
◉ 文末脚注(E): セクションの最後
変換(C)...
脚注のレイアウト
列(O): セクション レイアウトと一致

3 [文末脚注]をクリックしてオンにし、

4 [セクションの最後]を指定します。

5 [挿入]をクリックします。

重要度★★★ 脚注／参照

Q 171 文末脚注を脚注に変更したい！

A ［脚注と文末脚注］ダイアログボックスで変更します。

脚注と文末脚注は、それぞれを変更したり、入れ替えたりすることができます。脚注を変更するには、［脚注と文末脚注］ダイアログボックスを利用します。［場所］の［文末脚注］をクリックしてオンにして、［変換］をクリックすると、［脚注の変更］ダイアログボックスが表示されるので、［文末脚注を脚注に変更する］をクリックしてオンにします。

参照▶Q 161, Q 170

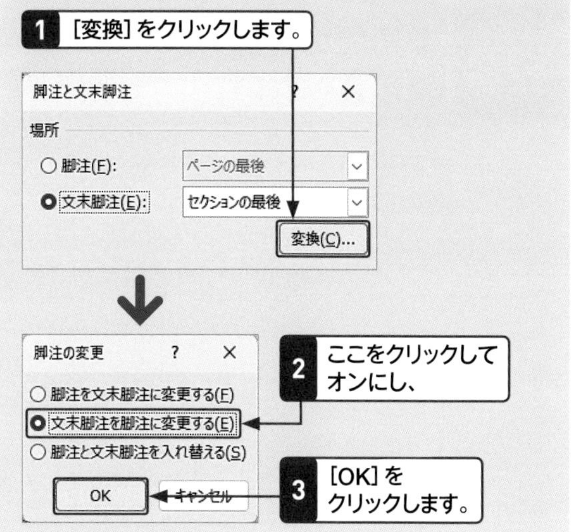

重要度★★★ 脚注／参照

Q 172 「P.○○参照」のような参照先を入れたい！

A ［相互参照］ダイアログボックスを利用します。

参照先を入れるには、参照する項目としての見出しや番号付きの項目、図表などを設定しておく必要があります。［参考資料］タブの［相互参照］をクリックして表示される［相互参照］ダイアログボックスで、参照する項目と、参照先（ページ番号、段落番号など）を指定します。参照先が挿入されたら、Ctrl を押しながらクリックすると、参照先にジャンプします。

参照先としてページ番号を挿入するときは、あらかじめ、「ページ参照」などの文章を入力しておき、「ページ」の前にカーソルを移動します。

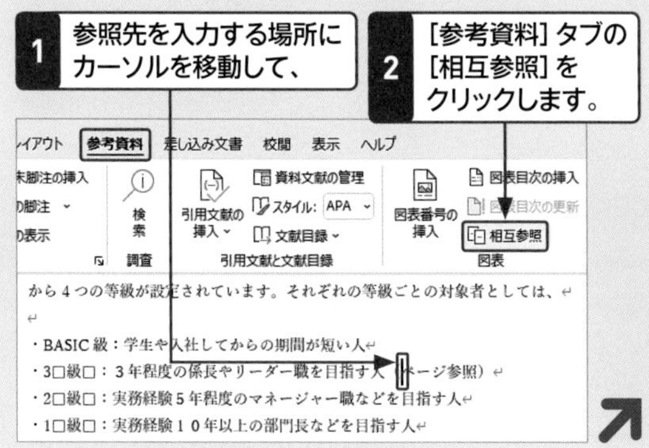

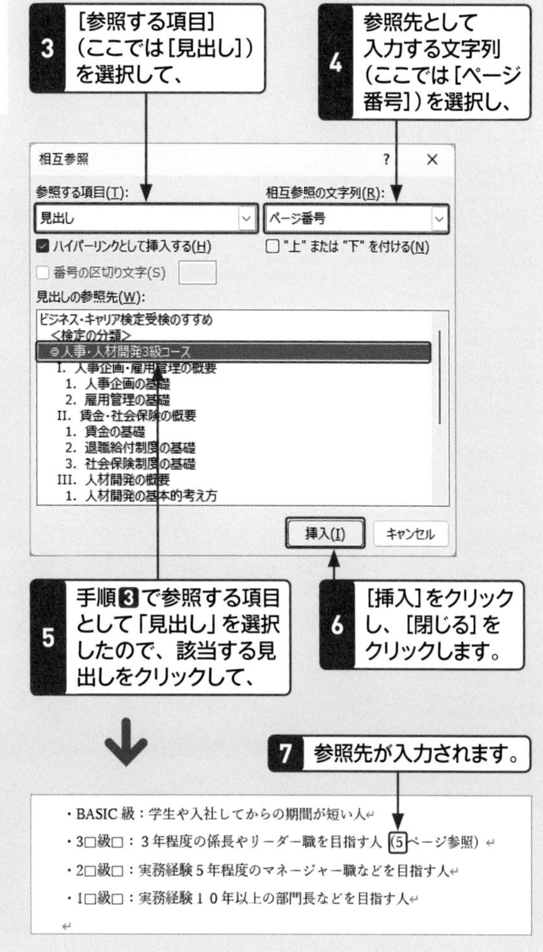

重要度 ★★★ 脚注／参照

Q 173 参照先の見出しが表示されない！

A 参照先に見出しスタイルを適用します。

相互参照を行おうとしても、参照先に見出しのスタイルが適用されていないために、[相互参照]ダイアログボックスに参照先として表示されない場合があります。
その場合は、[ホーム]タブの[スタイル]の右下にある ⧉ をクリックして[スタイル]作業ウィンドウを表示し、見出しにスタイルを適用します。なお、既存の見出しスタイルを適用すると、フォントやサイズ、色などの書式設定も適用されてしまうので注意が必要です。設定した書式をスタイルに設定してから相互参照を設定するのがよいでしょう。 参照▶Q 172, Q 236

1 スタイルを適用したい見出しを選択します。

2 ここをクリックして、

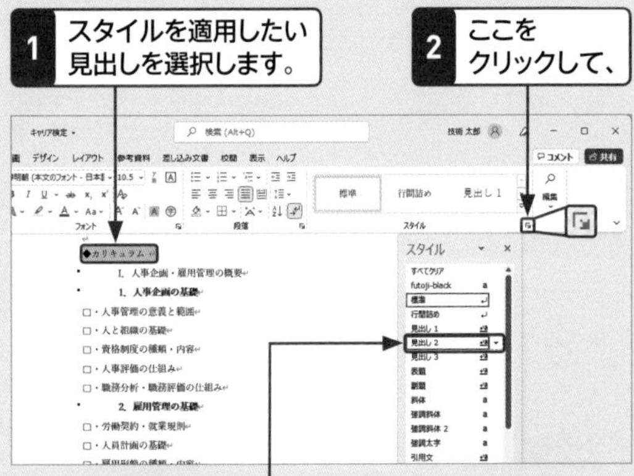

3 [スタイル]作業ウィンドウを表示し、適用したいスタイルをクリックします。

4 スタイルが適用された見出しが表示されます。

相互参照
参照する項目(T): 見出し
相互参照の文字列(R): ページ番号
☑ ハイパーリンクとして挿入する(H)
☐ "上" または "下" を付ける(N)
☐ 番号の区切り文字(S)
見出しの参照先(W):
ビジネス・キャリア検定受検のすすめ
<検定の分類>
⊚人事・人材開発3級コース
◆カリキュラム
I. 人事企画・雇用管理の概要
1. 人事企画の基礎
2. 雇用管理の基礎
II. 賃金・社会保険の概要
1. 賃金の基礎
2. 退職給付制度の基礎
3. 社会保険制度の基礎
III. 人材開発の概要
挿入(I) キャンセル

重要度 ★★★ 脚注／参照

Q 174 参照先のページが変わったのに更新されない！

A フィールドを更新します。

文書編集などでページの増減があった場合は、参照先のページ数がずれてしまいます。参照先の情報は自動的には更新されません。ページ数などの参照先を選択し、右クリックして、[フィールド更新]をクリックすると、参照先が更新されます。

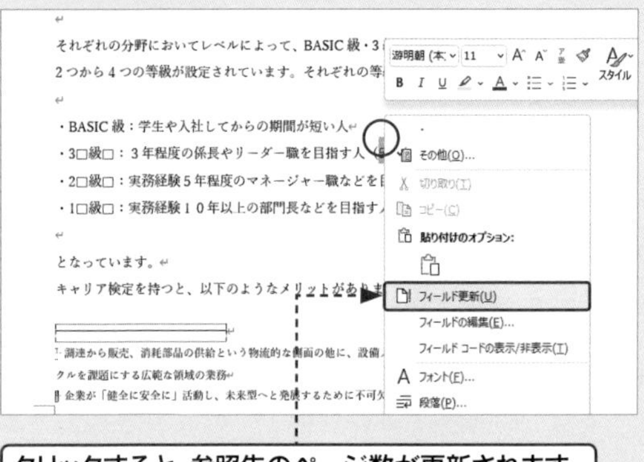

クリックすると、参照先のページ数が更新されます。

重要度 ★★★ 脚注／参照

Q 175 参照先にジャンプできない！

A 相互参照を見直します。

参照先のページ数が変更されてしまったとしても、参照先のページ数を Ctrl を押しながらクリックすれば、参照先の見出しなどにジャンプしてくれます。
しかし、参照先が削除されてしまった場合には、文書の先頭にカーソルが移動するだけです。文書全体を見直してみるか、相互参照を再設定して、[相互参照]ダイアログボックスに参照先の項目が表示されるかどうか確認してみましょう。
なお、相互参照、あるいは索引や目次は、文書内容が変更されるとすべて直さなければならなくなります。これらは、文書の内容が確定してから設定・作成するようにしましょう。 参照▶Q 172

重要度 ★★★　図表番号／引用文献

Q 176 文書内の図や表に通し番号を付けたい！

A ［図表番号の挿入］で図表番号を挿入します。

［参考資料］タブの［図表番号の挿入］では文書内の図や写真、表などのオブジェクトにキャプション（番号やタイトル）を付けることができます。既定では、ラベル名は「図」「表」ですが、新しく作成することもできます。なお、番号は順に「1」から付けられます。

1 オブジェクトを選択して、

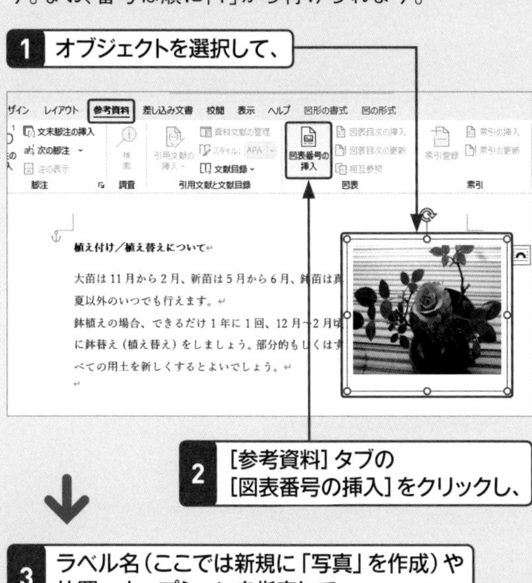

2 ［参考資料］タブの［図表番号の挿入］をクリックし、

3 ラベル名（ここでは新規に「写真」を作成）や位置、キャプションを指定して、

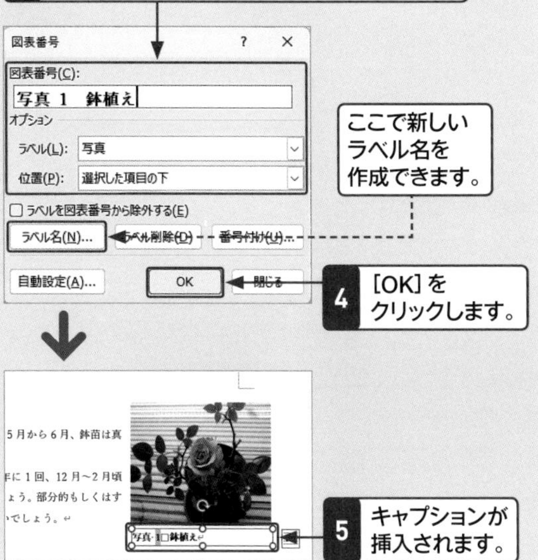

ここで新しいラベル名を作成できます。

4 ［OK］をクリックします。

5 キャプションが挿入されます。

重要度 ★★★　図表番号／引用文献

Q 177 引用文献をかんたんに入力したい！

A ［引用文献の挿入］で引用文献を登録します。

頻繁に利用する引用文献を登録しておくと、引用文献をかんたんに入力できるようになります。

1 目的の位置にカーソルを置いて、

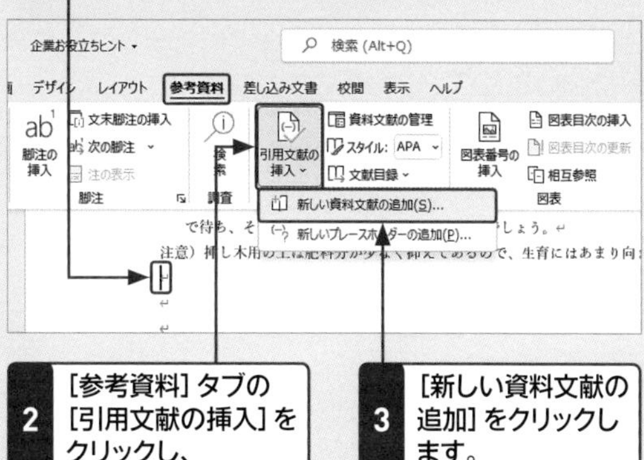

2 ［参考資料］タブの［引用文献の挿入］をクリックし、

3 ［新しい資料文献の追加］をクリックします。

4 必要事項を入力して、

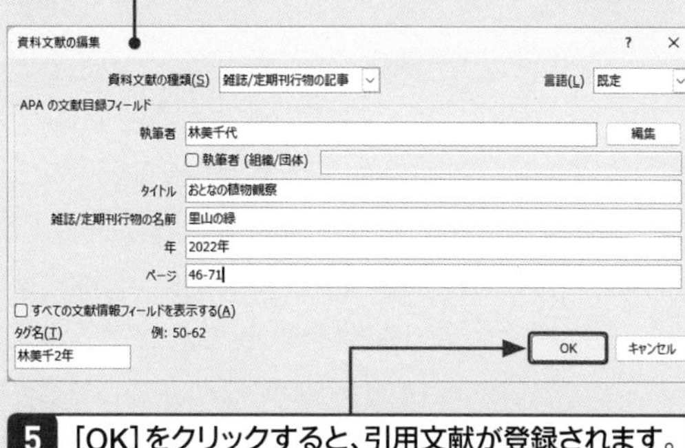

5 ［OK］をクリックすると、引用文献が登録されます。

6 挿入したい位置にカーソルを置いて、［引用文献の挿入］をクリックし、

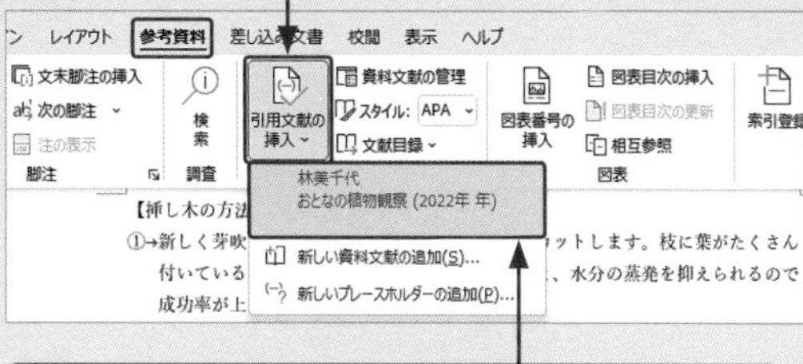

7 登録された引用文献を選択すれば入力できます。

Q 178 目次を作りたい！

A [参考資料]タブの[目次]を利用します。

目次を作成するには、目次に入れたい見出しに見出し用のスタイルを設定しておく必要があります。スタイルの設定には、[ホーム]タブの[スタイル]から選ぶ、アウトライン表示でアウトラインレベルを設定する、[参考資料]タブの[テキストの追加]でレベルを設定する方法があります。

[参考資料]タブの[目次]をクリックして、使いたい目次のレイアウトを選択するだけで、自動的に目次を作成できます。ページの移動などがあった場合は、あとから目次を更新できます。

また、目次を削除したい場合は、[参考資料]タブの[目次]をクリックして、[目次の削除]をクリックします。

参照 ▶ Q 173, Q 180

● 目次を作成する

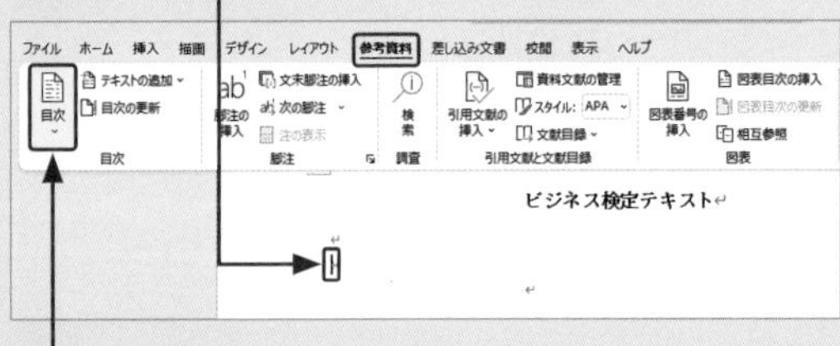

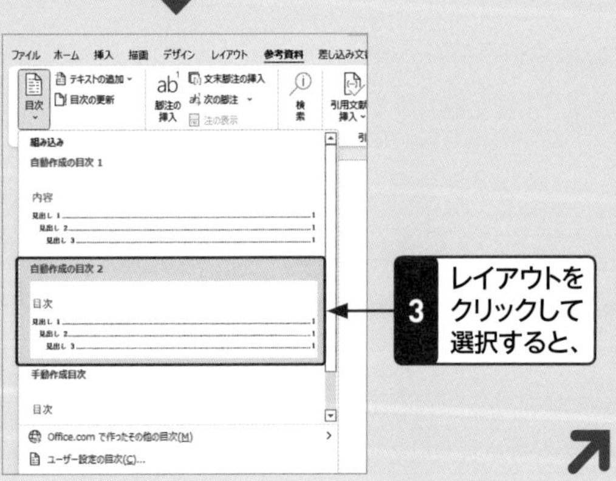

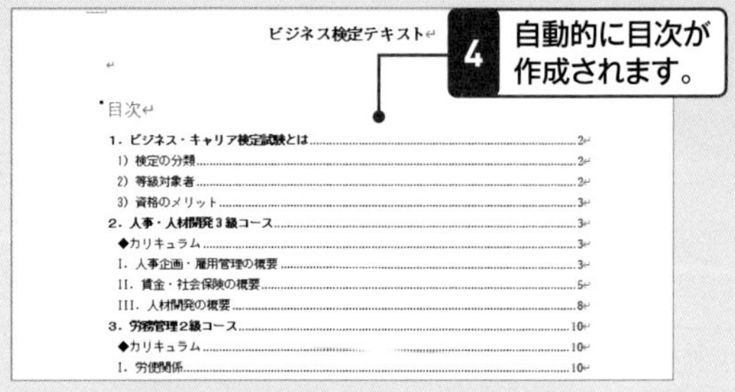

● アウトライン表示で見出しを設定する

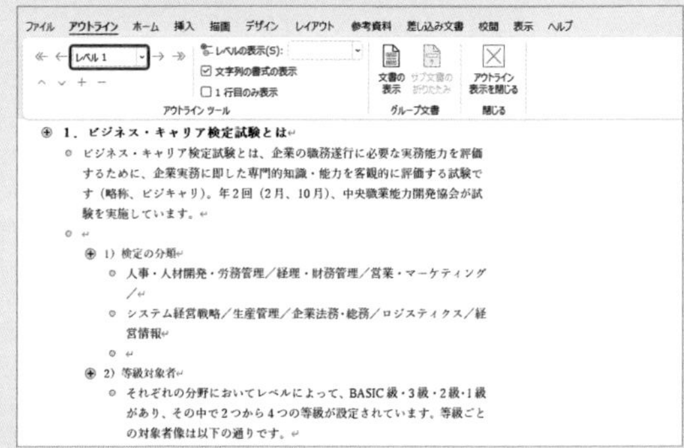

● 見出しレベルを設定する

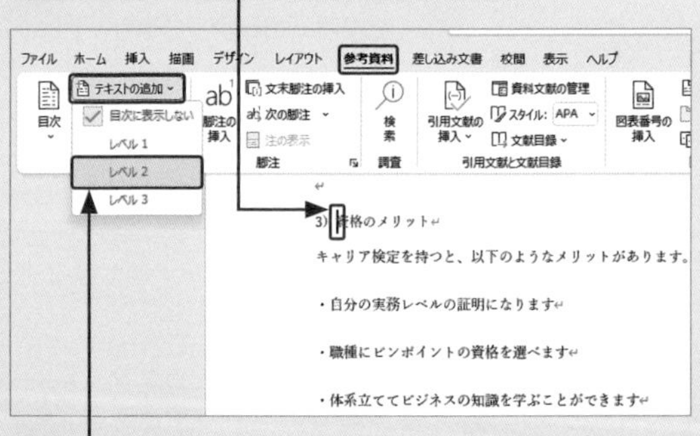

1 見出しレベルが適用されていなければ、見出しの行にカーソルを置いて、
2 [参考資料]タブの[テキストの追加]をクリックして、レベルをクリックすると、

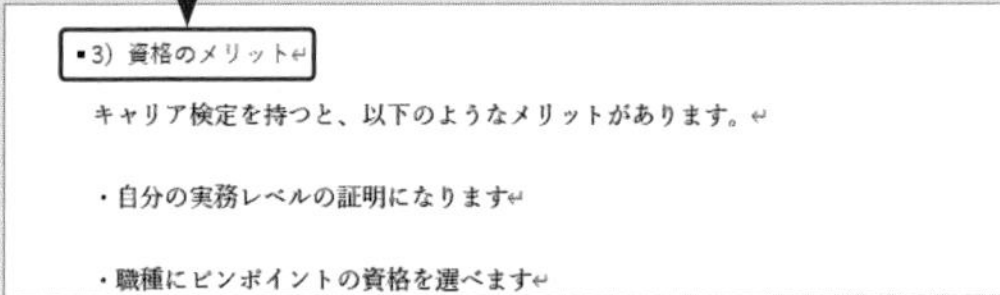

Q 179 索引を作りたい！

A [参考資料] タブの [索引] を利用します。

索引を作成するには、最初に必要な索引項目をすべて登録して、そのあとで索引の形式を指定します。
索引にしたい文字列を選択して、[参考資料] タブの [索引登録] をクリックすると、索引項目と読みが自動的に入力されます。索引はアルファベット順、五十音順に並べられるので、ここで読みが間違っていると、正しい索引が作成できないので確認が必要です。なお、登録の順番はページの最初から順に指定しなくても、途中で前のページに戻ったりしてもかまいません。
索引の項目をすべて登録したら、索引の形式（レイアウト）を指定すると、索引が作成できます。

● 索引語を登録する

1 索引語を選択して、

2 [参考資料] タブの [索引登録] をクリックします。

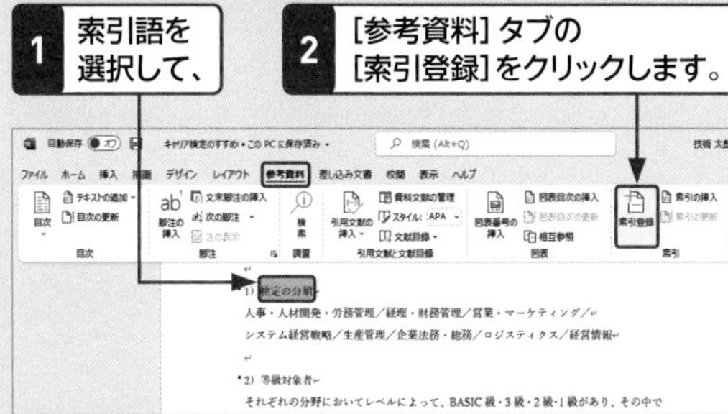

3 索引語と読みが自動入力されるので、確認して、

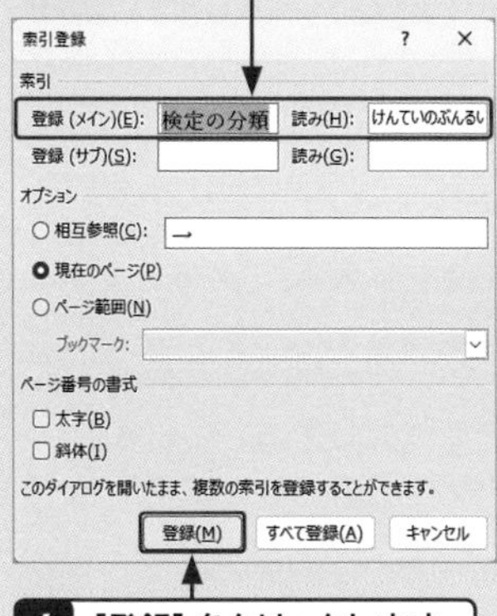

4 [登録] をクリックします。

5 登録された索引の情報フィールドが挿入されます。

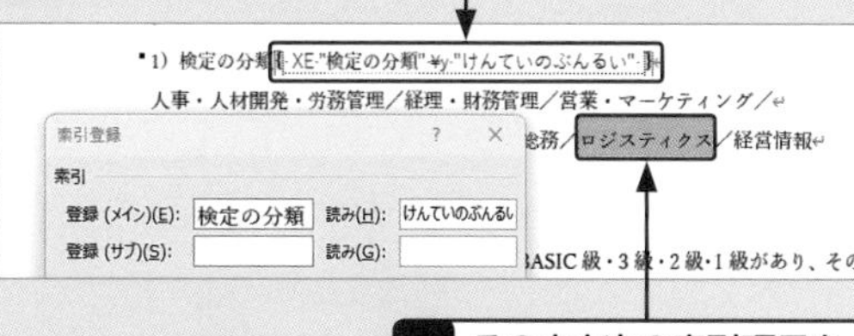

6 そのまま次の索引項目を選択します。

7 [索引登録] 画面をクリックすると、次に選択した索引項目と読みが入力されるので、

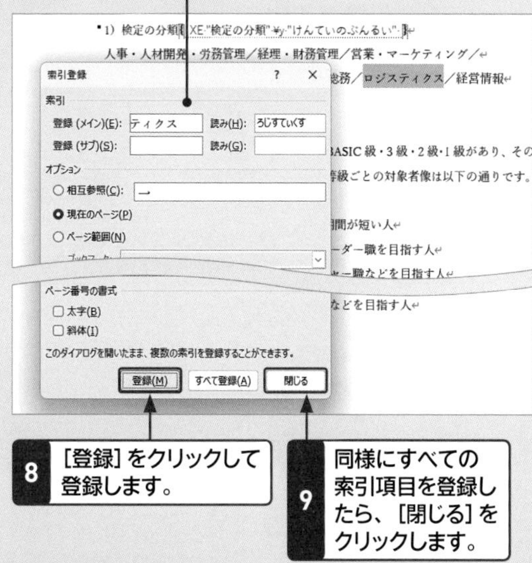

8 [登録] をクリックして登録します。

9 同様にすべての索引項目を登録したら、[閉じる] をクリックします。

● 索引を作成する

1 索引を作成する位置にカーソルを置き、

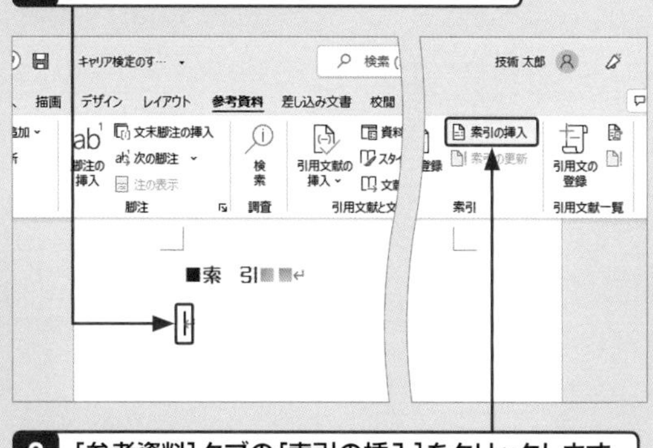

2 [参考資料] タブの [索引の挿入] をクリックします。

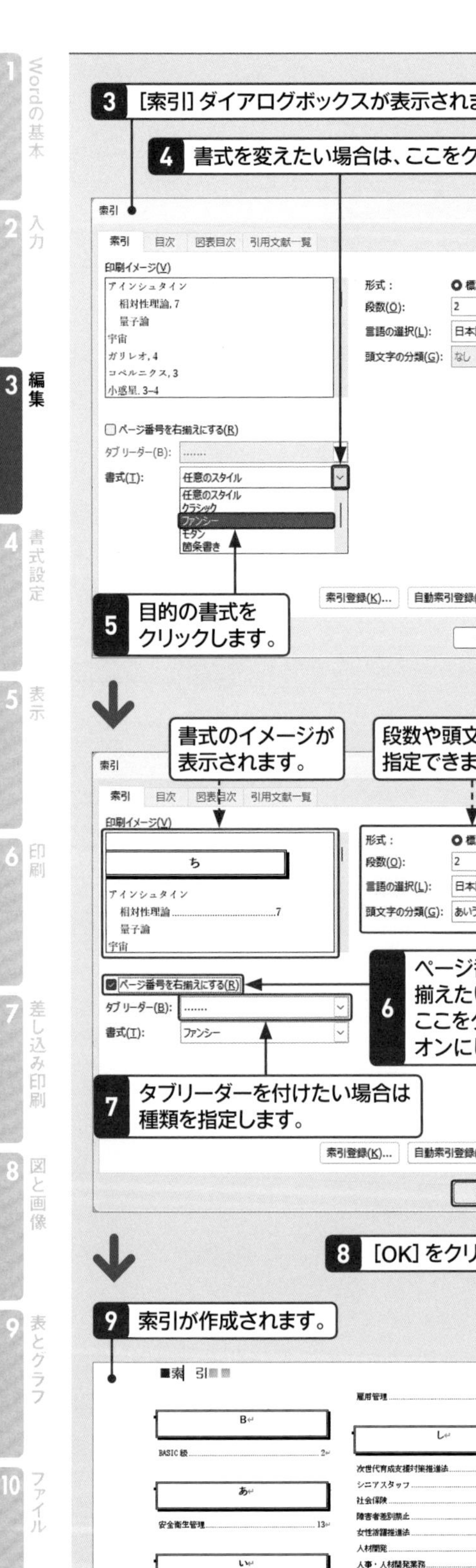
3 [索引] ダイアログボックスが表示されます。
4 書式を変えたい場合は、ここをクリックして、
5 目的の書式をクリックします。
書式のイメージが表示されます。
段数や頭文字なども指定できます。
6 ページ番号を右に揃えたい場合は、ここをクリックしてオンにします。
7 タブリーダーを付けたい場合は種類を指定します。
8 [OK] をクリックします。
9 索引が作成されます。

重要度 ★★★　目次／索引

Q 180 目次や索引が本文とずれてしまった!

A 目次や索引を更新します。

目次や索引を作成後に文書を追加したり、編集したりした結果、目次や索引のページ番号がずれてしまった場合には、それぞれの更新を行います。全体あるいはページ番号のみの更新ができます。

目次の更新は [参考資料] タブの [目次の更新]、索引の更新は [索引の更新] をクリックして行います。

● 目次を更新する

1 [目次の更新] をクリックして、

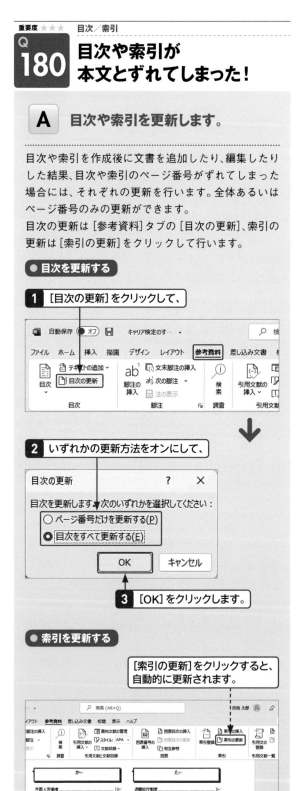

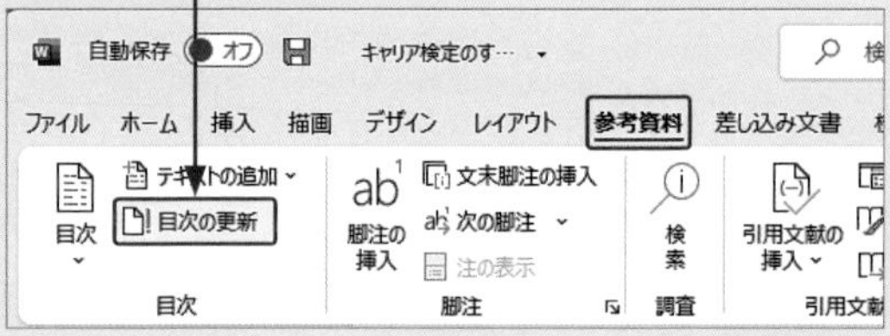

2 いずれかの更新方法をオンにして、

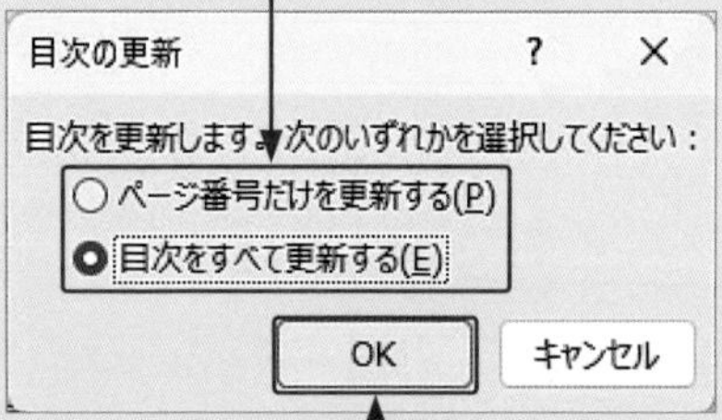

目次の更新

目次を更新します。次のいずれかを選択してください：

○ ページ番号だけを更新する(P)

◉ 目次をすべて更新する(E)

OK　キャンセル

3 [OK] をクリックします。

● 索引を更新する

[索引の更新] をクリックすると、自動的に更新されます。

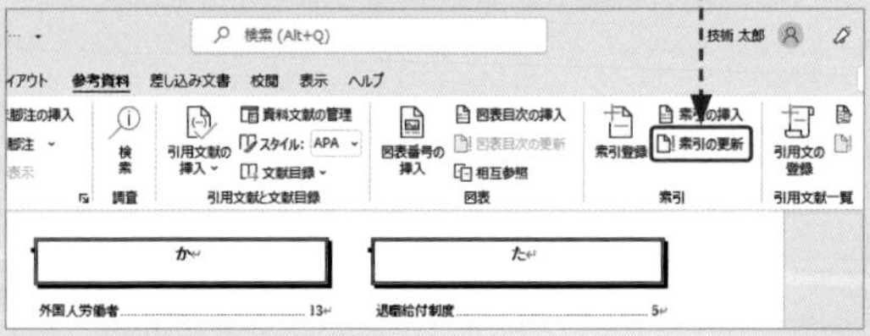

Q 181 よく行う操作を自動化したい！

A マクロを作成します。

よく行う操作や同じ操作を何度も繰り返す場合、キーを押すだけ、あるいはアイコンをクリックするだけで実行できたら効率的です。このように、効率的な操作を行うことをマクロといいます。マクロを割り当てるショートカットキー、あるいはアイコンを指定して、登録させる操作を実行するとマクロが作成できます。
マクロを登録した文書は、マクロを有効にした状態で保存することができます。

マクロをボタンに割り当てる場合、クイックアクセスツールバーを表示しておく必要があります。
ここでは、見出しの1行を選択して、フォントを変更する操作をボタンに登録します。

参照▶Q 036, Q 182

● マクロをボタンに割り当てる

1 操作を行う位置にカーソルを移動します。

2 [表示] タブの [マクロ] をクリックし、

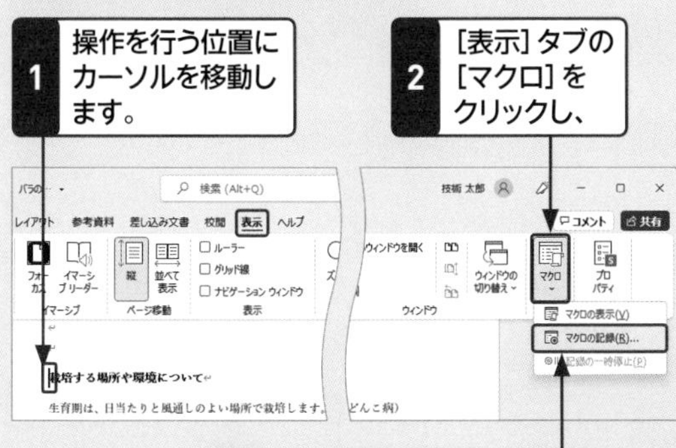

3 [マクロの記録] をクリックします。

4 マクロ名を入力して、

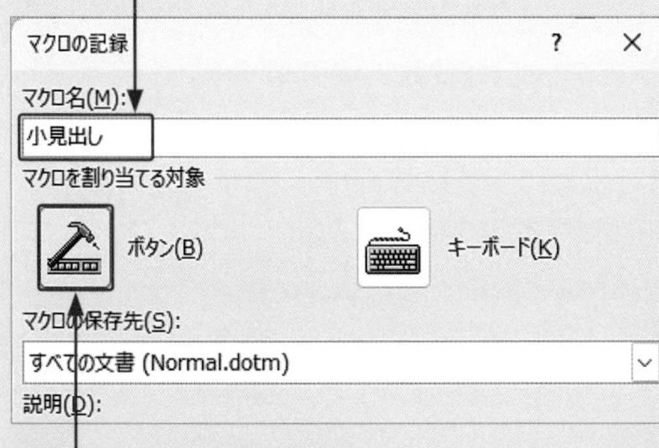

5 マクロを割り当てる対象（ここでは[ボタン]）をクリックします。

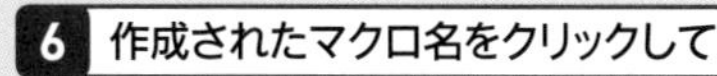

6 作成されたマクロ名をクリックして、

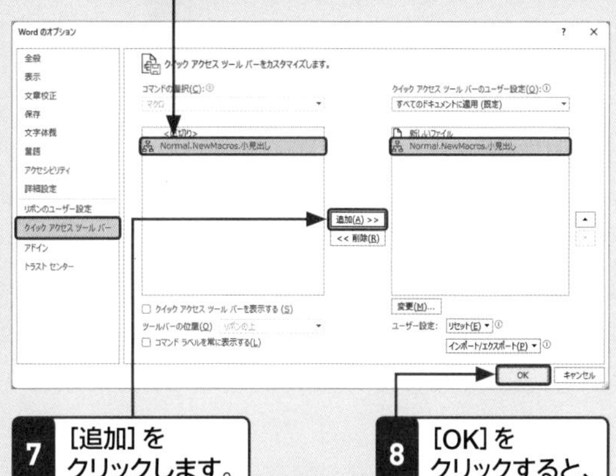

7 [追加] をクリックします。

8 [OK] をクリックすると、

9 マクロのコマンドがクイックアクセスツールバーに表示されたことを確認します。

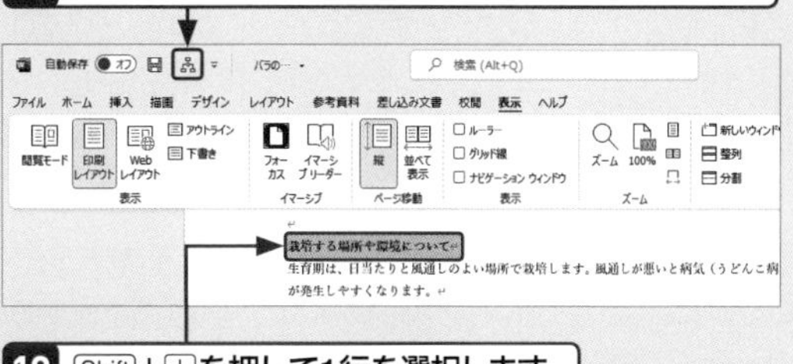

10 Shift+↓を押して1行を選択します。

11 [ホーム] タブをクリックして、

12 ここをクリックし、

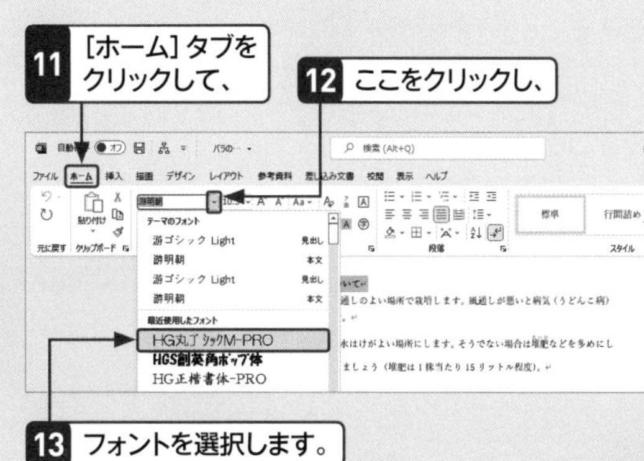

13 フォントを選択します。

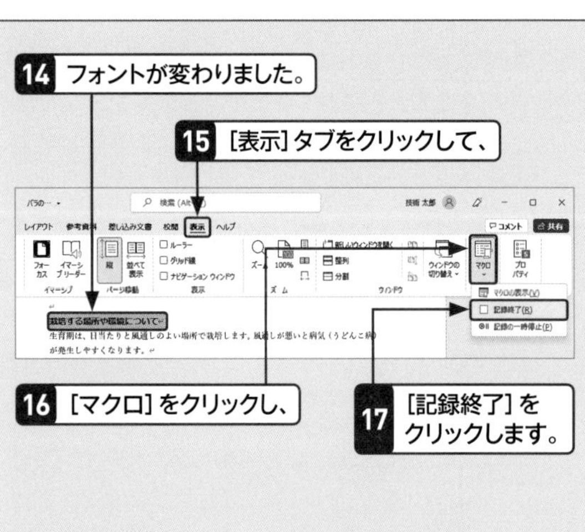

● マクロ有効文書として保存する

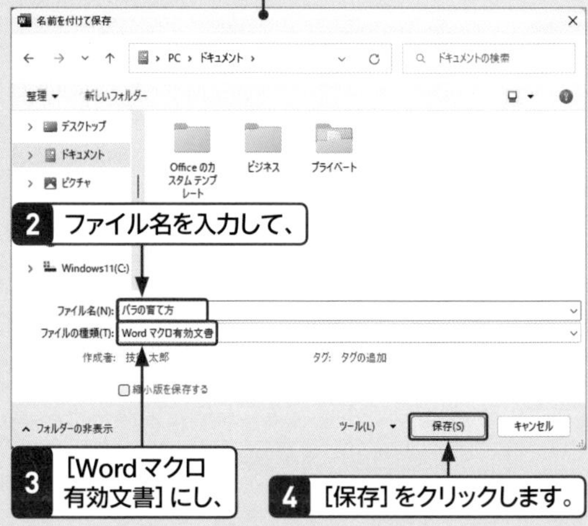

1 [名前を付けて保存] ダイアログボックスを表示します。
2 ファイル名を入力して、
3 [Word マクロ有効文書] にし、
4 [保存] をクリックします。

重要度 ★★★　マクロ

Q 182 自動化した操作を実行したい!

A マクロを割り当てたボタンあるいはキーを利用します。

登録したマクロを実行するには、実行する位置にカーソルを移動して割り当てたアイコンをクリックするか、ショートカットキーを押します。そのほか、[表示] タブの [マクロ] をクリックして [マクロの表示] をクリックし、[マクロ] ダイアログボックスで実行したいマクロを選択して、[実行] をクリックしてもマクロを実行できます。ここでは、Q 181で登録したマクロを実行します。

登録したマクロを削除するには、[マクロ] ダイアログボックスでマクロ名を選択して、[削除] をクリックします。

1 カーソルを移動して、

2 割り当てたボタンをクリックします。

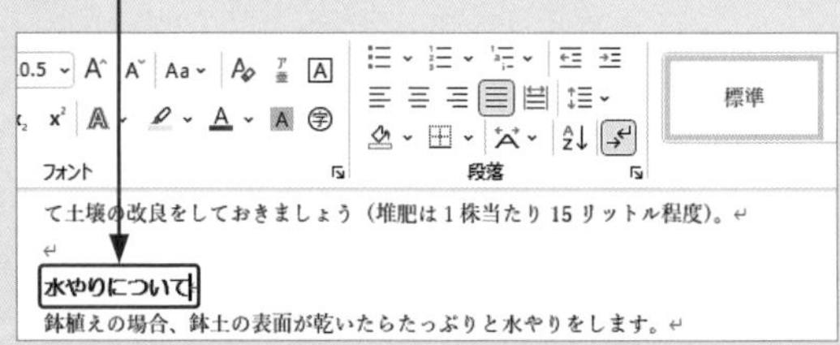

● [マクロ] ダイアログボックスを利用する

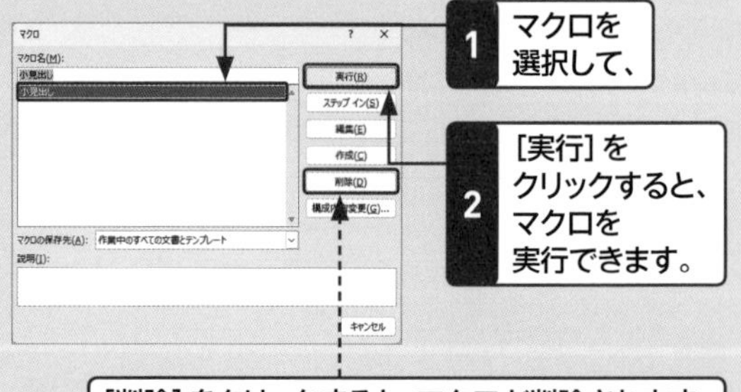

1 マクロを選択して、
2 [実行] をクリックすると、マクロを実行できます。
[削除] をクリックすると、マクロが削除されます。

第4章

書式設定の「こんなときどうする?」

重要度 ★★★　文字の書式設定

Q 183 「pt（ポイント）」ってどんな大きさ？

A 1pt=約0.35mmです。

「pt」は文字の大きさ（フォントサイズ）や図形のサイズなどを表す単位です。1ptは約0.35mmです。

重要度 ★★★　文字の書式設定

Q 184 どこまで大きな文字を入力できる？

A ［フォントサイズ］ボックスに、直接サイズを入力します。

［ホーム］タブの［フォントサイズ］ボックスの ⌄ をクリックして選択できる文字サイズは、最大72ptです。72pt以上の大きさの文字サイズや、文字サイズ一覧に表示されていない文字サイズを指定するには、［フォントサイズ］ボックスに目的の文字サイズを直接入力します。

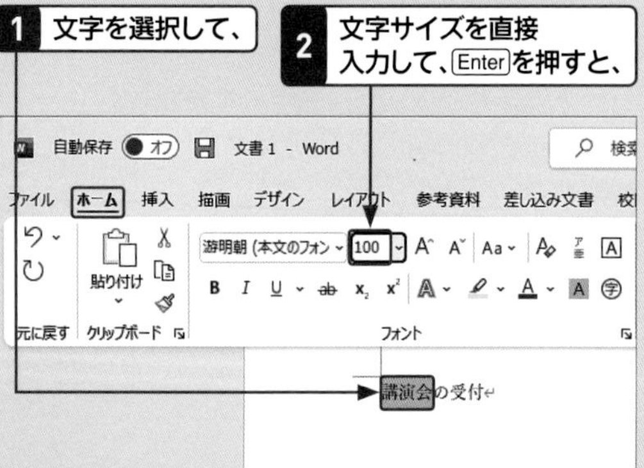

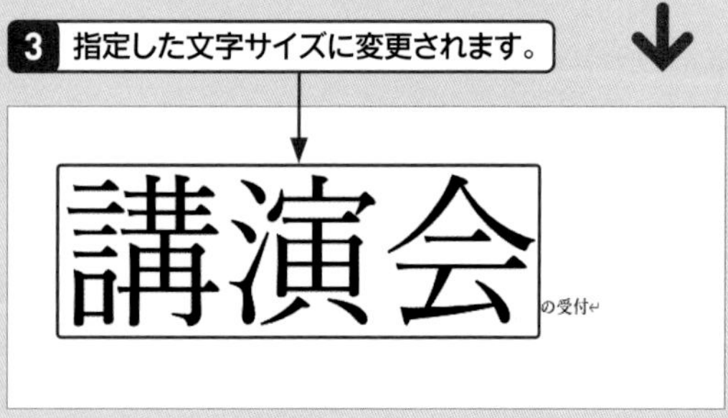

重要度 ★★★　文字の書式設定

Q 185 文字サイズを少しだけ変更したい！

A1 ［ホーム］タブの［フォントの拡大］、［フォントの縮小］を利用します。

文字サイズは［フォントサイズ］ボックスから変更できますが、大きさをいろいろ試したい場合など、選択を繰り返す必要があるので面倒です。文字列を選択したまま、［フォントの拡大］、［フォントの縮小］をクリックするたびに、［フォントサイズ］ボックスの数値の順に1ランクずつ大きく（小さく）することができます。

参照▶Q 184

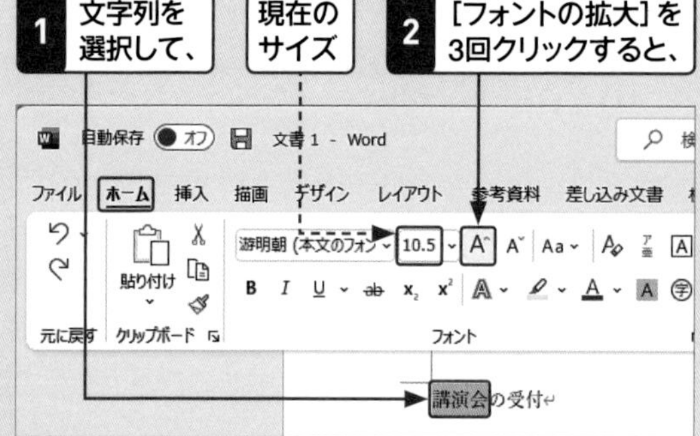

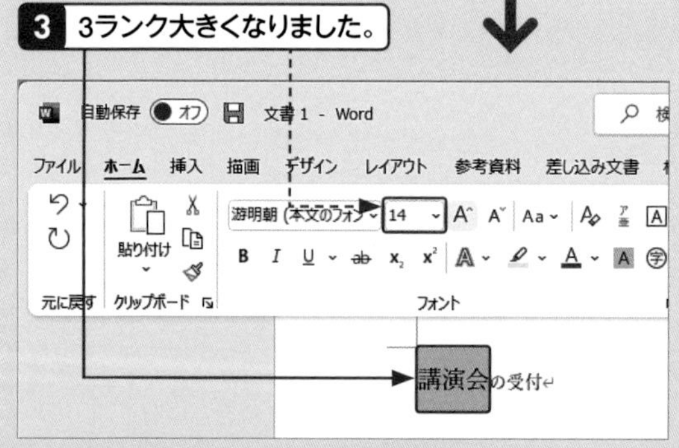

A2 キーボードで1ptずつ大きく（小さく）できます。

文字列を選択して、Ctrl＋］を押すと1pt（ポイント）ずつ大きくなり、Ctrl＋［を押すと1ptずつ小さくなります。

また、文字を選択しないで、Ctrl＋］（Ctrl＋［）を押すと、カーソルのある位置から、次に入力する文字のサイズが1pt大きく（小さく）なります。

参照▶Q 183

重要度 ★★★ 文字の書式設定

Q 186 文字サイズを変更したら行間が広がってしまった！

A 行間を変更します。

Wordの既定フォントである「游明朝」「游ゴシック」は、文字サイズを大きくすると行間が広がってしまうことがあります。この種のフォントは、文字上下の隙間が大きいフォントであることが要因で、フォントサイズを大きくすると、1行の幅に収まらなくなり、2行分の間隔に広がってしまいます。最初に文書全体の行間を設定しておくか、あとから行間を設定し直すような対処が必要になります。行間の変更方法については、Q 220で紹介します。

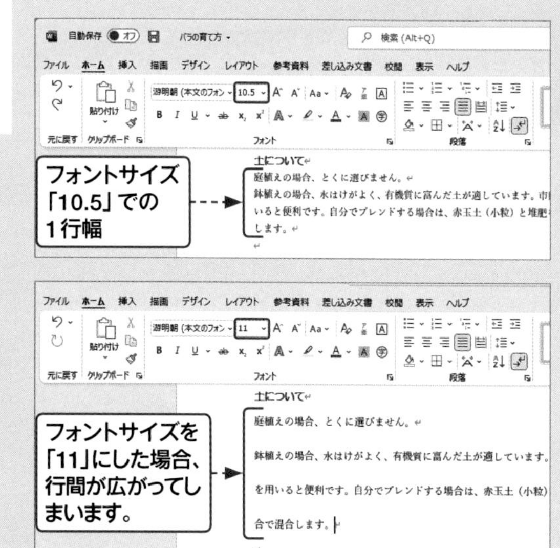

フォントサイズ「10.5」での1行幅
土について
庭植えの場合、とくに選びません。
フォントサイズを「11」にした場合、行間が広がってしまいます。

重要度 ★★★ 文字の書式設定

Q 187 文字を太字や斜体にしたい！

A [ホーム]タブの[太字]や[斜体]を利用します。

文字を太くするには、文字列を選択して[ホーム]タブの[太字]、斜体ならば[斜体]をクリックします。文字を選択すると表示されるミニツールバーも利用できます。取り消すには、文字列を選択してオンになっている B や I をクリックしてオフにします。 参照▶Q 040

● 太字を設定する

1 文字を選択して、 2 [太字]をクリックすると、

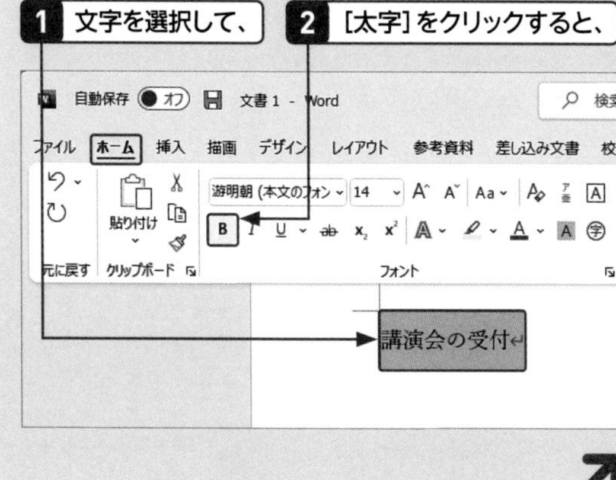

講演会の受付

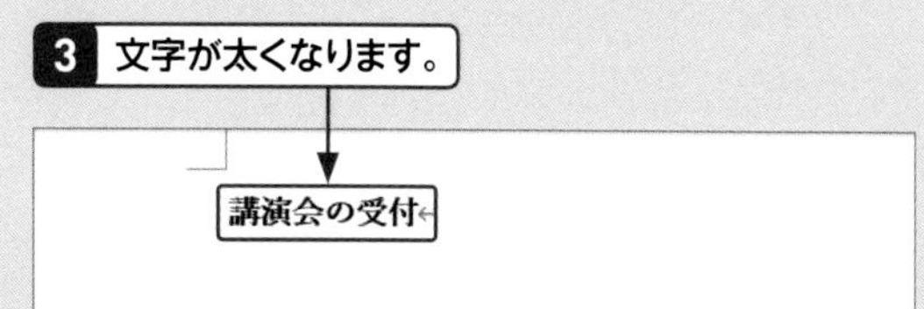

3 文字が太くなります。
講演会の受付

● 斜体を設定する

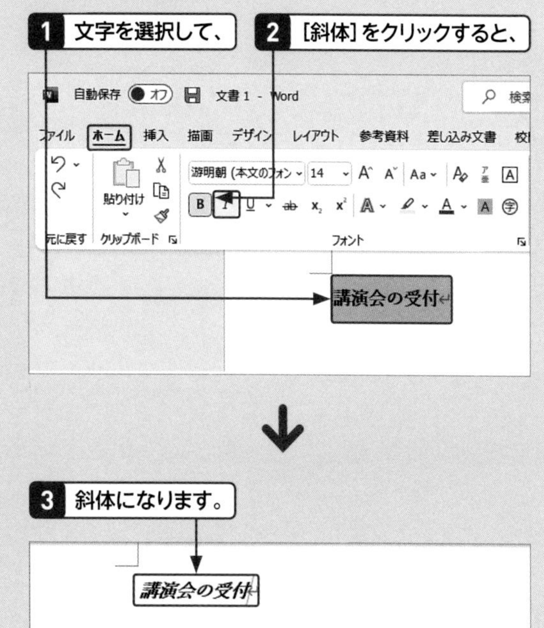

1 文字を選択して、
2 [斜体]をクリックすると、
講演会の受付
3 斜体になります。
講演会の受付

重要度 ★★★ 文字の書式設定

Q 188 文字に下線を引きたい！

A [下線]を利用します。

文字に下線を引くには、文字列を選択して[ホーム]タブ[下線]をクリックします。右横の をクリックすると、線種の一覧が表示されるので、目的の線種を選択できます。この下線の色は変更することも可能です。
下線を取り消すには、文字列を選択してオンになっている[下線] をクリックしてオフにします。

参照▶Q 189

● 下線を引く

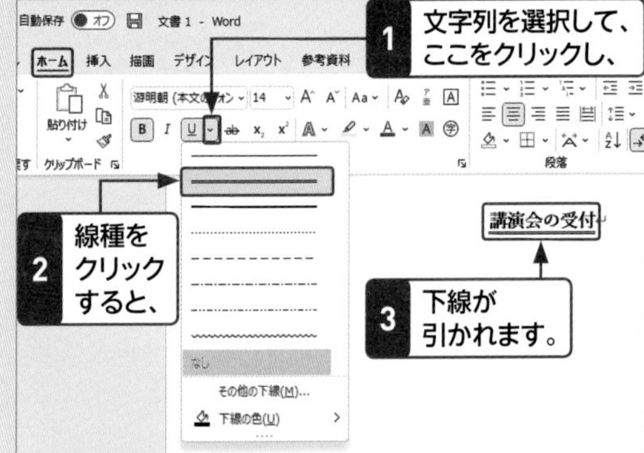
1 文字列を選択して、ここをクリックし、
2 線種をクリックすると、
3 下線が引かれます。
講演会の受付

● 下線の色を変える

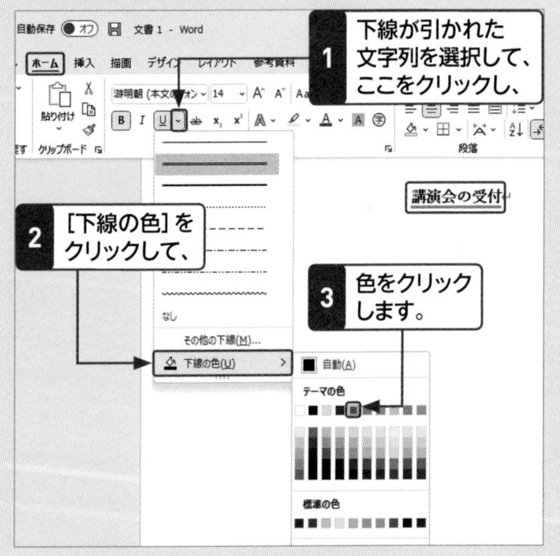
1 下線が引かれた文字列を選択して、ここをクリックし、
2 [下線の色]をクリックして、
3 色をクリックします。
講演会の受付

重要度 ★★★ 文字の書式設定

Q 189 下線の種類を変更したい！

A [下線]から[その他の下線]を選択します。

[ホーム]タブの[下線]の をクリックして、[その他の下線]を選択して表示される[フォント]ダイアログボックスで、下線の線種や色などの細かな設定を変更できます。

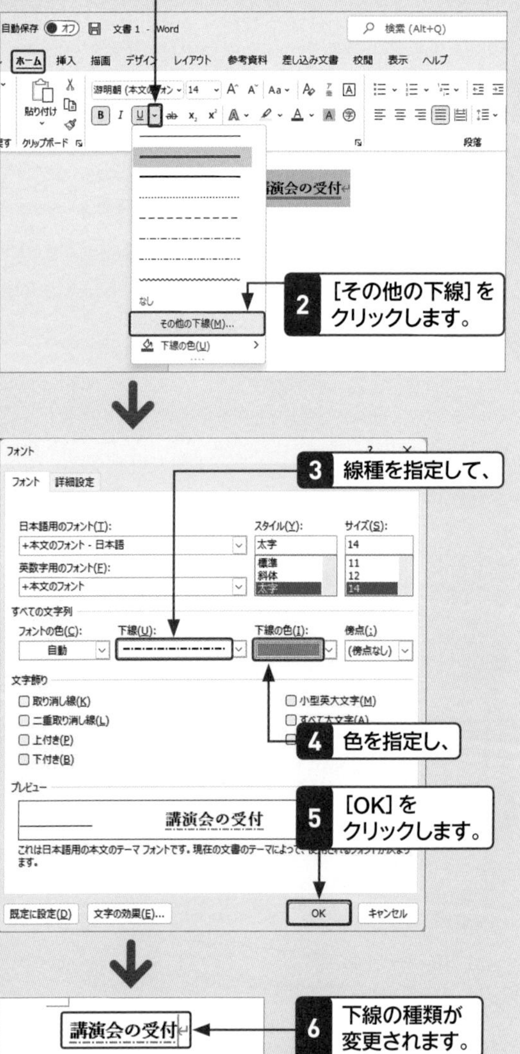
1 下線が引かれた文字列を選択して、ここをクリックし、
2 [その他の下線]をクリックします。
3 線種を指定して、
4 色を指定し、
5 [OK]をクリックします。
6 下線の種類が変更されます。
講演会の受付

Q 190 文字に取り消し線を引きたい！

A [取り消し線]を利用します。

取り消し線を引く場合は、文字列を選択して［ホーム］タブの［取り消し線］をクリックします。もとに戻すには、文字列を選択して、オンになっている［取り消し線］をクリックします。

二重取り消し線を引きたい場合は、取り消し線を引いた文字列を選択して、右クリックし［フォント］を選択する（または［フォント］グループ右下にある をクリックする）と表示される［フォント］ダイアログボックスで指定します。

● 取り消し線を引く

1 取り消し線を引く文字列を選択して、

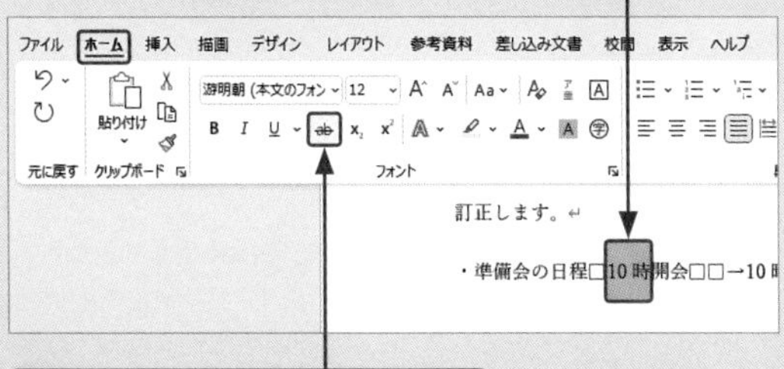

2 ［取り消し］をクリックします。

3 文字列に取り消し線が引かれます。

● 二重取り消し線を引く

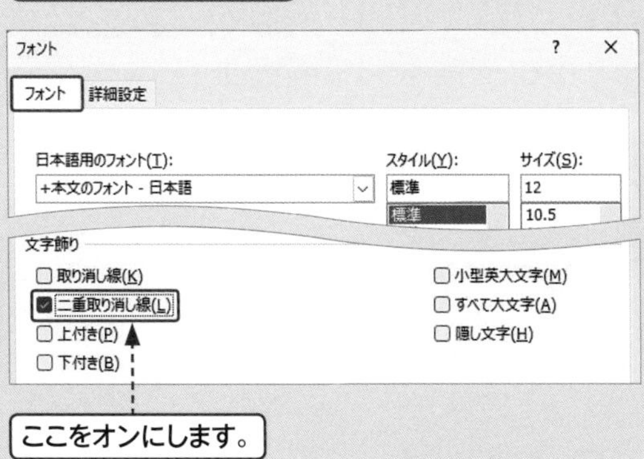

ここをオンにします。

Q 191 上付き文字や下付き文字を設定したい！

A [上付き]や[下付き]を利用します。

上付き文字は通常の文字より上部に、下付き文字は下部に配置される添え字です。設定するには、文字列を選択して［ホーム］タブの［上付き］／［下付き］をクリックするか、［フォント］ダイアログボックスの［フォント］タブで［上付き］／［下付き］をクリックしてオンにします。なお、この設定をしたまま次の文字を入力すると、上付き／下付きで入力されてしまうので、必ず［ホーム］タブの ／ をクリックしてオフにしておきます。このような操作が必要になるため、上付きや下付きは、文章の入力が済んでから設定するほうがよいでしょう。

● 上付き文字にする

1 文字を選択して、

2 ［上付き］をクリックすると、

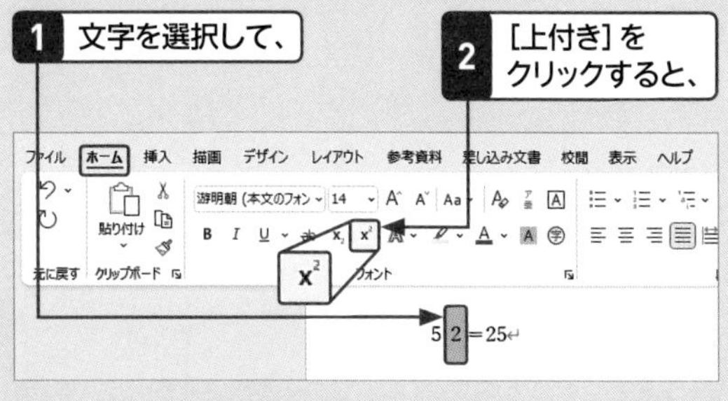

3 上付き文字になります。

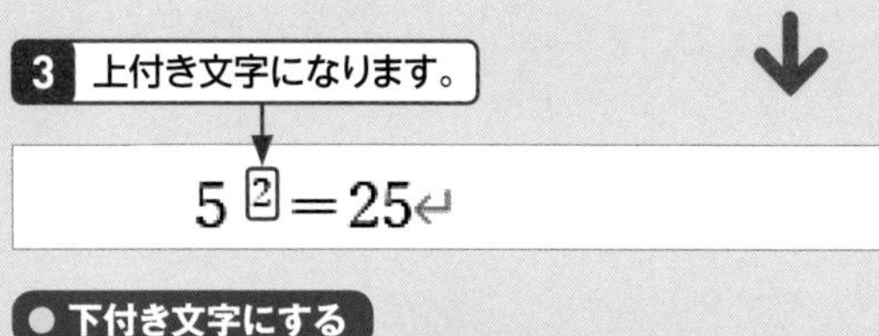

● 下付き文字にする

1 文字を選択して、

2 ［下付き］をクリックすると、

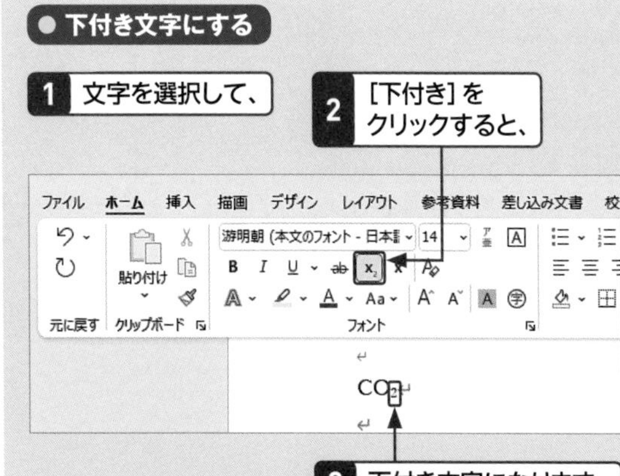

3 下付き文字になります。

重要度★★★　文字の書式設定

Q 192 フォントの種類を変更したい！

A [フォント]ボックスでフォントを変更します。

フォントの種類を変更するには、文字列を選択して、[ホーム]タブの[フォント]ボックスの▾をクリックします。フォント一覧が表示されるので、そこから目的のフォントを選択します。

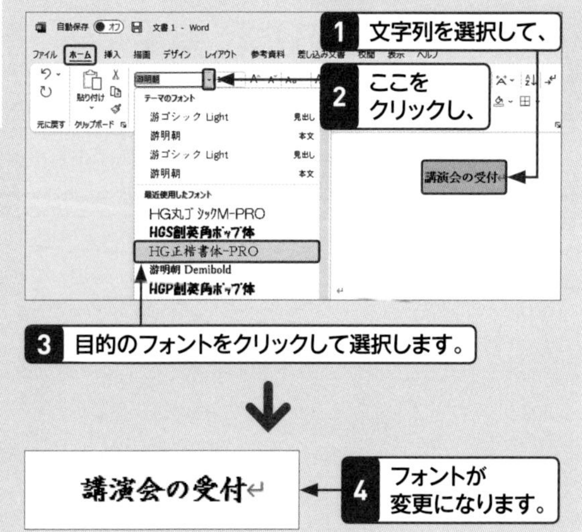

重要度★★★　文字の書式設定

Q 193 標準のフォントを変更したい！

A 標準にしたいフォントを既定として設定します。

Wordの初期設定(標準)のフォントは「游明朝」の「10.5」ptです。変更するには、[ホーム]タブの[フォント]グループの右下にある⧅をクリックして[フォント]ダイアログボックスを表示します。[フォント]タブでフォントを変更して、[既定に設定]をクリックします。確認メッセージが表示されるので、いずれかを選び[OK]をクリックすると、標準のフォントを変更できます。
なお、手順❹の「Normalテンプレート」とはWord文書のことで、新しく開く文書はこのフォントが既定になります。

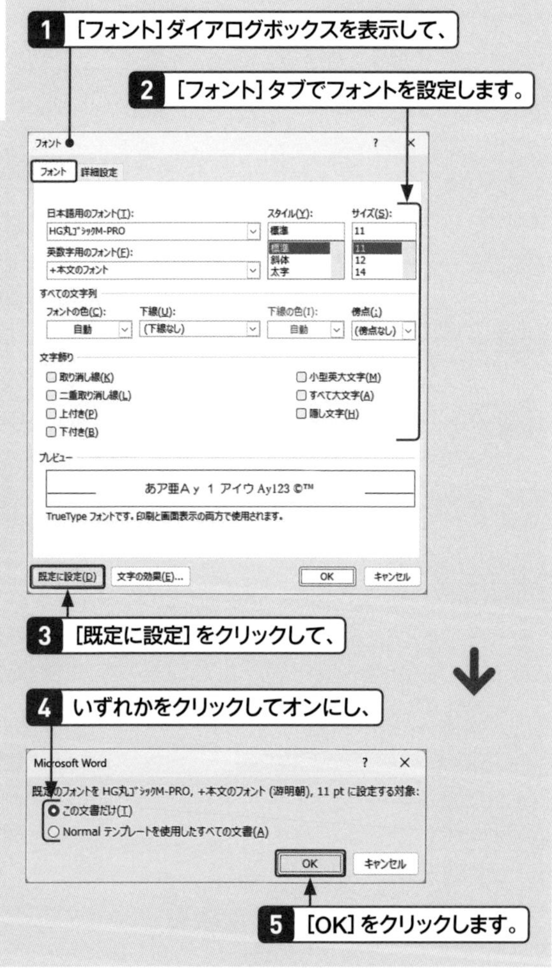

Q 194 文字に派手な飾りを付けたい!

A [文字の効果と体裁] から さらに効果を付けます。

文字を選択して、[ホーム]タブの[文字の効果と体裁]をクリックすると、[文字の輪郭][影][反射][光彩]から効果を選択できます。文字列を選択して、効果を選択するだけでさまざまな飾りを付けることができます。また、複数の効果を合わせるとさらに派手な飾りになりますが、好みで設定するとよいでしょう。
効果を取り消したい場合は、設定した文字列を選択して、それぞれの効果で[なし]を選択します。

● 文字の輪郭や光彩を指定する

1 文字列を選択して、[文字の効果と体裁]をクリックし、

プレビューされるので、確認しながら選びます。

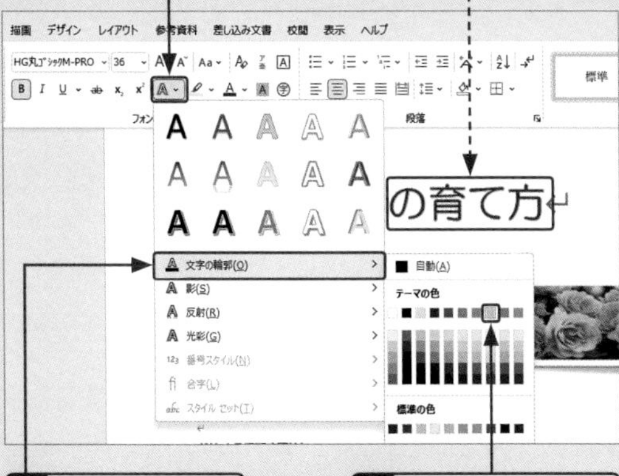

2 [文字の輪郭]をクリックして、

3 [テーマの色]から色をクリックして選択します。

4 文字列を選択したまま[文字の効果と体裁]をクリックして、

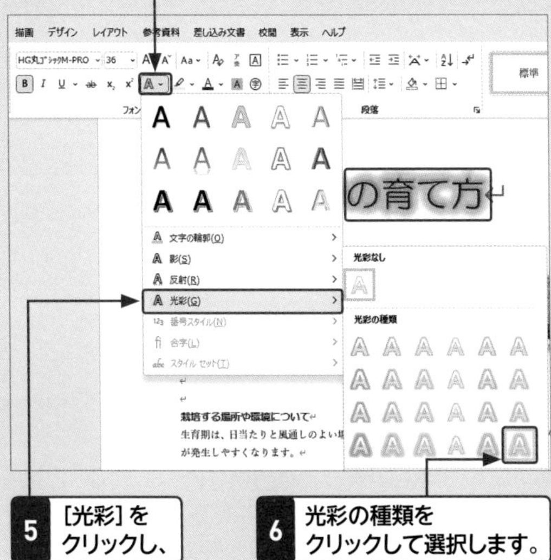

5 [光彩]をクリックし、

6 光彩の種類をクリックして選択します。

● 反射を付ける

1 [文字の効果と体裁]をクリックして、

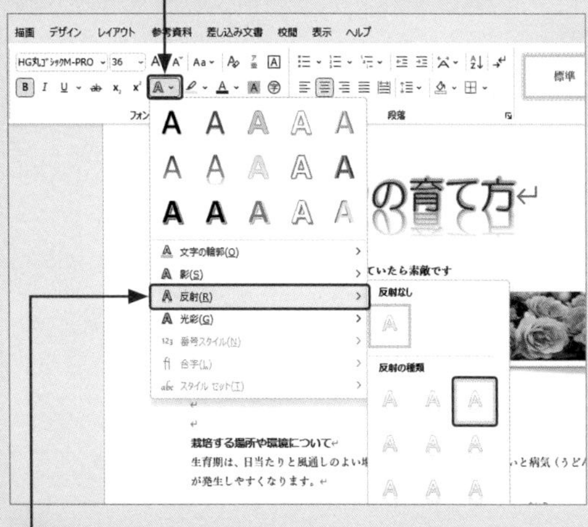

2 [反射]→種類をクリックすると、反射が付きます。

● 影を付ける

1 [文字の効果と体裁]をクリックして、

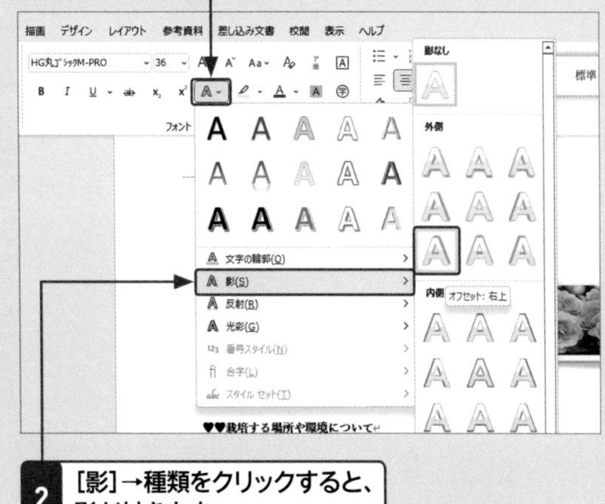

2 [影]→種類をクリックすると、影が付きます。

重要度 ★★★ 文字の書式設定

Q 195 文字に色を付けたい！

A ［フォントの色］を利用します。

文字列を選択して［ホーム］タブの［フォントの色］の ˇ をクリックすると、［テーマの色］と［標準の色］から文字に色を設定できます。
また、［その他の色］をクリックすれば、さらに多くの色を選択できます。

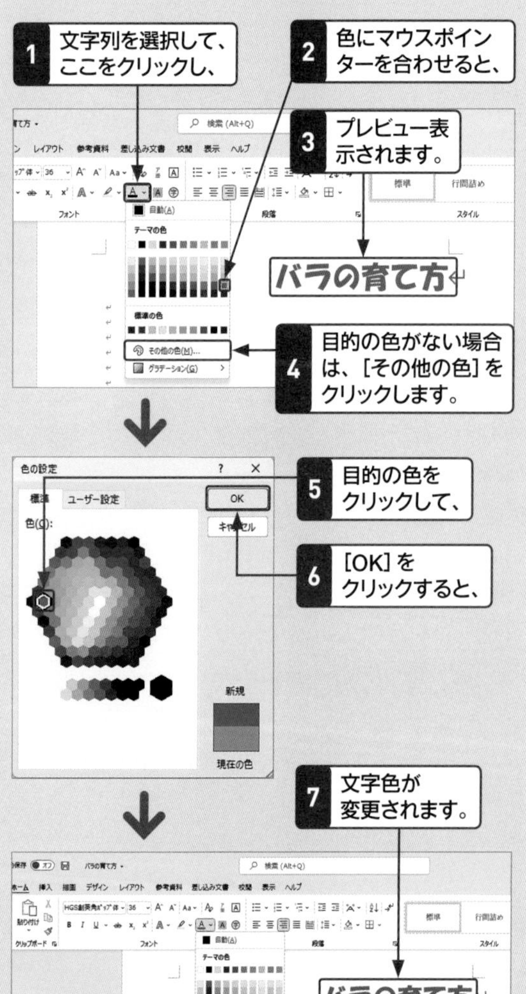
1 文字列を選択して、ここをクリックし、
2 色にマウスポインターを合わせると、
3 プレビュー表示されます。
バラの育て方
4 目的の色がない場合は、［その他の色］をクリックします。
色の設定
標準
ユーザー設定
OK
キャンセル
新規
現在の色
5 目的の色をクリックして、
6 ［OK］をクリックすると、
7 文字色が変更されます。
バラの育て方
［色の設定］で選択した色は、ここに表示されます。

重要度 ★★★ 文字の書式設定

Q 196 上の行と文字幅が揃わない！

A 等幅フォントを利用します。

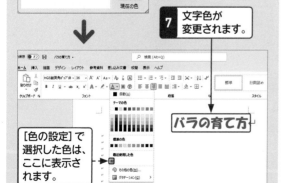

フォントには、文字によって字間が異なるプロポーショナルフォント（たとえば「MS P明朝」）と、常に一定の幅で表現される等幅フォント（たとえば「MS明朝」）があります。文字幅を揃えるには、等幅フォントを利用しましょう。

参照▶Q 192

重要度 ★★★ 文字の書式設定

Q 197 離れた文字に一度に同じ書式を設定したい！

A Ctrl を押しながら文字列を選択します。

Ctrl を押しながら複数の文字列を選択して、選択した状態のままでフォントやフォントサイズなどさまざまな書式を一度に設定することができます。

参照▶Q 122

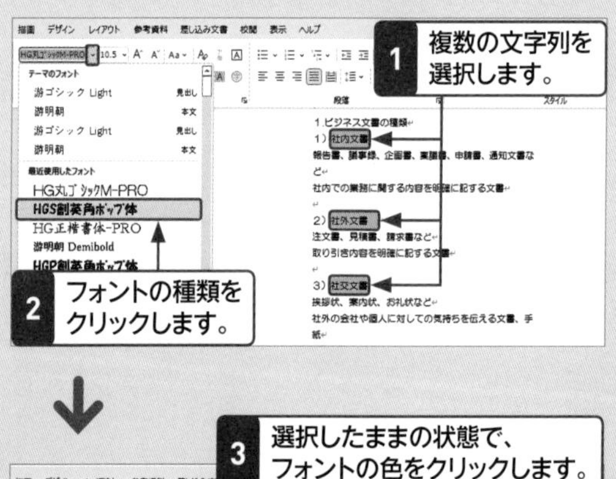
1 複数の文字列を選択します。
2 フォントの種類をクリックします。
1.ビジネス文書の種類
1）社内文書
2）社外文書
3）社交文書

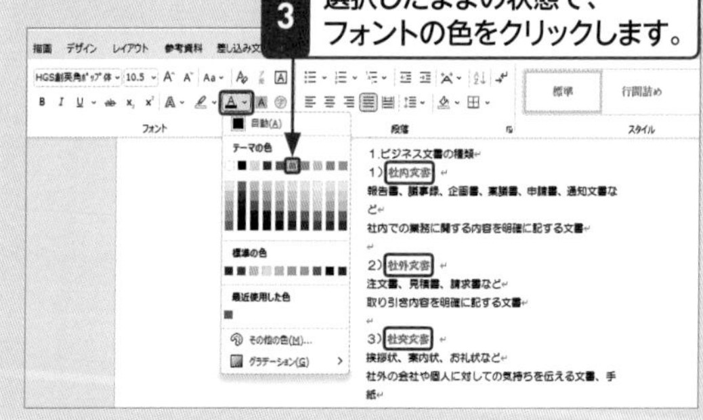
3 選択したままの状態で、フォントの色をクリックします。

Q 198 指定した幅に文字を均等に配置したい!

A 均等割り付けを設定します。

指定した幅の中に文字列を均等に配置することを、均等割り付けといいます。文字列を選択して、[ホーム]タブの[均等割り付け]をクリックします。このとき、段落記号 ↵ を含めずに選択するようにします。
表示される[文字の均等割り付け]ダイアログボックスで、文字列の幅(文字数)を指定すると、その幅に文字列が均等に配置されます。取り消す場合は、文字を選択して、[文字の均等割り付け]ダイアログボックスの[解除]をクリックします。

参照▶Q 200

1 段落記号を含めずに文字列を選択して、

2 [均等割り付け]をクリックします。

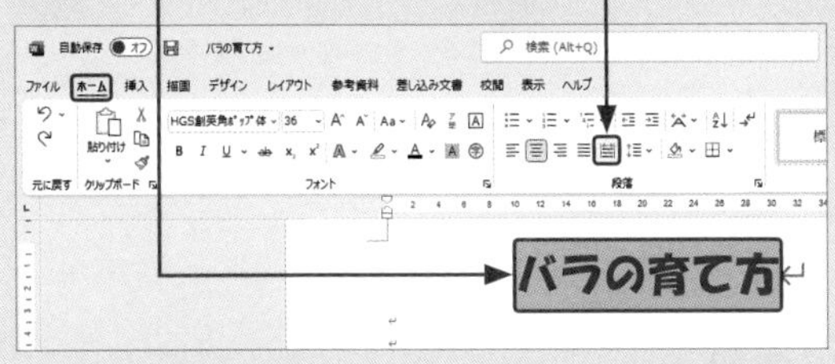

3 文字列の幅を指定して、

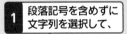

文字の均等割り付け
現在の文字列の幅: 6 字 (76.2 mm)
新しい文字列の幅(I): 8字 (127 mm)
解除(R) OK キャンセル

4 [OK]をクリックすると、

5 指定した幅の中に均等に配置されます。

バ ラ の 育 て 方

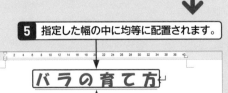

均等割り付けの設定を示す下線が表示されます。

Q 199 複数行をまとめて均等に配置したい!

A 行を選択してから[文字の均等割り付け]を利用します。

複数行をまとめて均等割り付けにする場合は、複数行をブロックで選択して、[ホーム]タブの[拡張書式]をクリックし、[文字の均等割り付け]を利用します。このとき、通常の行選択ではなく、Altを押しながらブロックで選択する必要があります。[ホーム]タブの[文字の均等割り付け]は段落幅で割り付けられてしまうので、必ず[拡張書式]の[文字の均等割り付け]を使います。

1 先頭にカーソルを移動して、Altを押しながらブロックの右下までドラッグして選択します。

2 [ホーム]タブの[拡張書式]をクリックして、

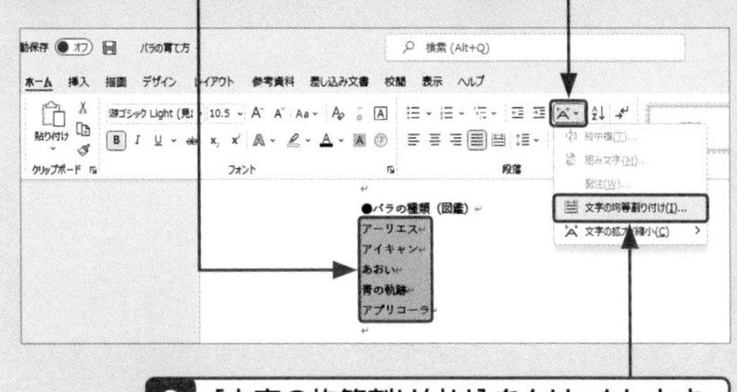

3 [文字の均等割り付け]をクリックします。

4 文字列の幅を指定して、

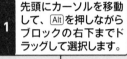

文字の均等割り付け
現在の文字列の幅: 5 字 (18.2 mm)
新しい文字列の幅(I): 7字 (29.1 mm)
解除(R) OK キャンセル

5 [OK]をクリックします。

6 複数行を一度に配置できます。

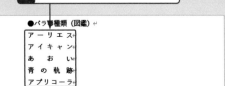

●バラの種類（図鑑）
アーリエス
アイキャン
あ お い
青 の 軌 跡
アプリコーラ

重要度 ★★★ 文字の書式設定

Q 200 行全体に文字が割り付けられてしまった！

A 段落記号を選択範囲に入れないようにします。

均等割り付けを行う文字列を選択するときに、段落記号 ↵ まで選択すると段落全体への均等割り付けになってしまいます。必ず文字列のみを選択するか、［ホーム］タブの［拡張書式］の［文字の均等割り付け］をクリックしましょう。 参照▶Q 193, Q 199

段落記号まで選択すると、段落全体に均等割り付けされてしまいます。

重要度 ★★★ 文字の書式設定

Q 201 書式だけをコピーしたい！

A ［書式のコピー／貼り付け］を利用します。

文字列を選択して、［ホーム］タブの［書式のコピー／貼り付け］をクリックすると、マウスポインターが に変わります。この状態で、目的の文字列を選択すると、書式だけがコピーされます。

なお、［書式のコピー／貼り付け］をダブルクリックすると、Esc を押して解除するまで繰り返し書式コピーが行えます。

1 目的の文字列を選択して、

2 ［書式のコピー／貼り付け］をクリックします。

ファイル ホーム 挿入 描画 デザイン レイアウト 参考資料 差し込み文書 校閲
元に戻す クリップボード フォント
1.ビジネス文書の種類
社内文書
報告書、議事録、企画書、稟議書
社内での業務に関する内容を明確
2）社外文書

3 コピーした書式を適用したい文字列をドラッグして選択すると、

報告書、議事録、企画書、稟議書、申請書、通知文書など
社内での業務に関する内容を明確に記する文書
2）社外文書
注文書、見積書、請求書など
取り引き内容を明確に記する文書

4 書式が適用されます。

社内での業務に関する内容を明確に記する文書
2）社外文書
注文書、見積書、請求書など
取り引き内容を明確に記する文書

重要度 ★★★ 文字の書式設定

Q 202 書式だけを削除したい！

A ［ホーム］タブの［すべての書式をクリア］をクリックします。

設定した書式を取り消して、標準状態に戻したい場合には、文字列を選択して、［ホーム］タブの［すべての書式をクリア］をクリックするか、Ctrl ＋ Shift ＋ N を押します。標準では、フォントが「游明朝」の10.5ptで、両端揃えになっています。

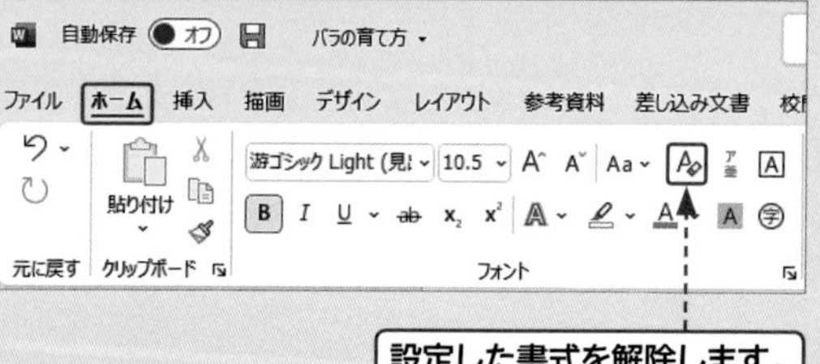

設定した書式を解除します。

重要度 ★★★　文字の書式設定

Q 203 英数字の前後に空白が入らないようにしたい！

A 日本語と英数字の間隔の自動調整をオフにします。

英数字前後の空白をなくすには、［ホーム］タブの［段落］グループ右下にある をクリックすると表示される［段落］ダイアログボックスの［体裁］タブで、［日本語と英字の間隔を自動調整する］と［日本語と数字の間隔を自動調整する］をクリックしてオフにします。

英字の前後、数字の前後に空白が入っています。

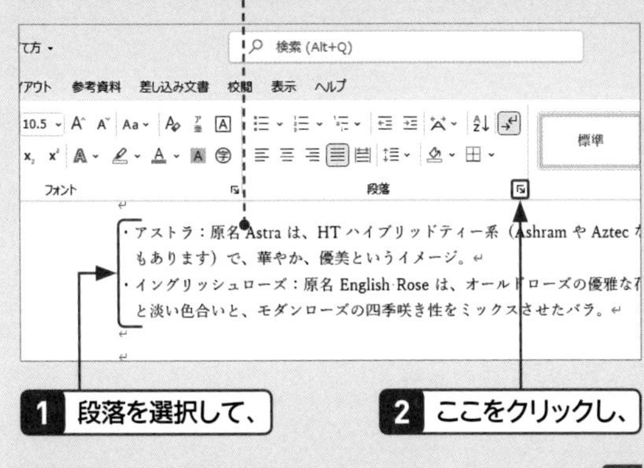

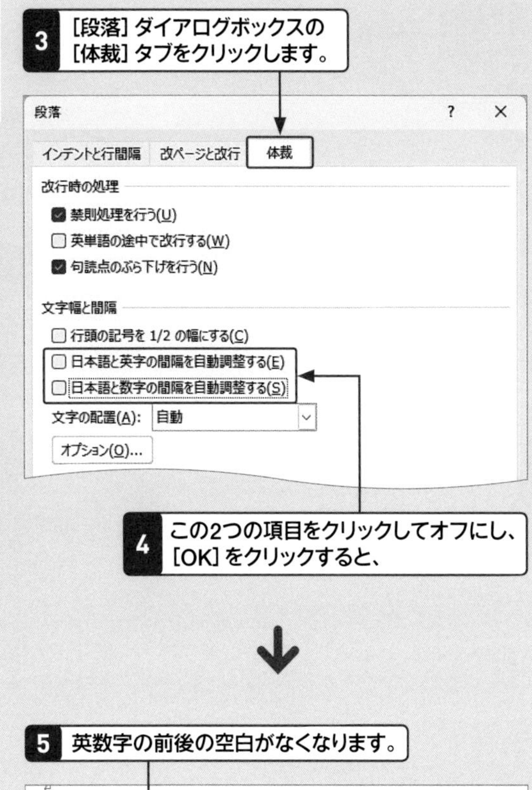

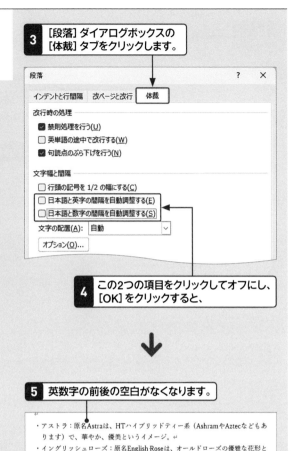

・アストラ：原名Astraは、HTハイブリッドティー系（AshramやAztecなどもあります）で、華やか、優美というイメージ。
・イングリッシュローズ：原名English·Roseは、オールドローズの優雅な花形と淡い色合いと、モダンローズの四季咲き性をミックスさせたバラ。

重要度 ★★★　文字の書式設定

Q 204 英単語の途中で改行したい！

A ［段落］ダイアログボックスの［体裁］タブで設定します。

英単語が1行内に収まらない場合などは、単語前で自動的に改行されます。［段落］ダイアログボックスの［体裁］タブで、［英単語の途中で改行する］をオンにすると、英単語の途中で改行されるようになります。

なお、1つの単語だということを示すために、Ctrl＋Shift＋＼を押して、間にハイフンを挿入するとよいでしょう。英文の場合は［レイアウト］タブの［ハイフネーション］をクリックして［自動］をクリックすると、自動的にハイフンが挿入されるようになります。 参照▶Q 203

1 ［段落］ダイアログボックスの［体裁］タブをクリックし、

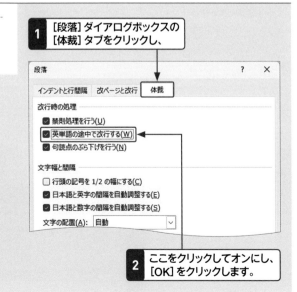

段落
インデントと行間隔　改ページと改行　体裁
改行時の処理
禁則処理を行う(U)
英単語の途中で改行する(W)
句読点のぶら下げを行う(N)
文字幅と間隔
行頭の記号を 1/2 の幅にする(C)
日本語と英字の間隔を自動調整する(E)
日本語と数字の間隔を自動調整する(S)
文字の配置(A):　自動

2 ここをクリックしてオンにし、［OK］をクリックします。

重要度★★★　文字の書式設定

Q 205 行頭が「っ」や「ゃ」で始まらないようにしたい！

A 「禁則文字」の設定を変更します。

「っ」「ゃ」などの拗音、）や」などの閉じるカッコは、文頭に配置しないのが一般的です。これらを行頭禁則文字といい、（や「など行末に配置しない文字のことを行末禁則文字といいます。通常は、［段落］ダイアログボックスの［体裁］タブで［禁則処理を行う］をオンにしていれば禁則処理されますが、さらに各種の記号などを禁則処理したい場合は、［Wordのオプション］の［文字体裁］で、［禁則文字の設定］を［高レベル］にします。

栽培する場所や環境について
生育期は、日当りと風通しのよい場所で栽培しましょう。風通しが悪いと病気（うどんこ病
）が発生しやすくなります。
庭植えの場合、肥よくで水はけがよい場所にします。
そうでない場合は堆肥（1株15リットル程度）を多めにして、土壌の改良をしておきまし
ょう。

禁則文字が行頭に来ています。

栽培する場所や環境について
生育期は、日当りと風通しのよい場所で栽培しましょう。風通しが悪いと病気（うどんこ病）
が発生しやすくなります。
庭植えの場合、肥よくで水はけがよい場所にします。
そうでない場合は堆肥（1株15リットル程度）を多めにして、土壌の改良をしておきましょ
う。

禁則処理をすると、先頭に配置されないようになります。

参照▶Q 041, Q 203

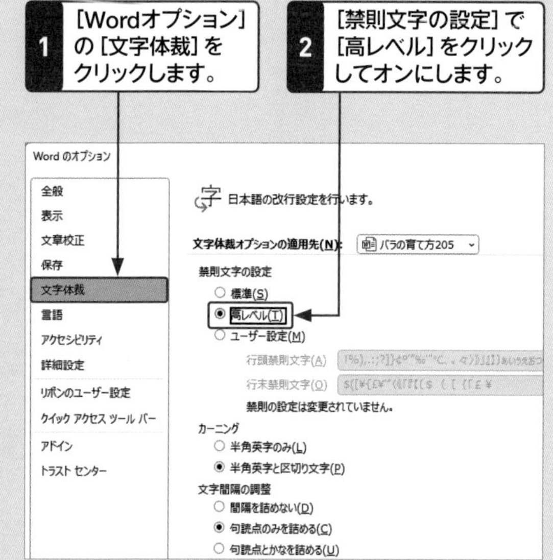

重要度★★★　文字の書式設定

Q 206 行頭や行末にこない文字を指定したい！

A ユーザー設定で指定します。

行頭や行末にこさせたくない禁則文字は、［Wordのオプション］の［文字体裁］の［禁則文字の設定］で自動的に設定できますが、それ以外に追加したい文字、あるいは設定されている文字を外したい場合には、［ユーザー設定］で指定できます。
行頭にこさせたくない文字は［行頭禁則文字］、行末にこさせたくない文字は［行末禁則文字］に追加し、外したい文字は選択して Delete を押して削除します。

参照▶Q 041, Q 205

1 ［Wordのオプション］の［文字体裁］を表示します。

2 ［禁則文字の設定］で［ユーザー設定］をクリックしてオンにします。

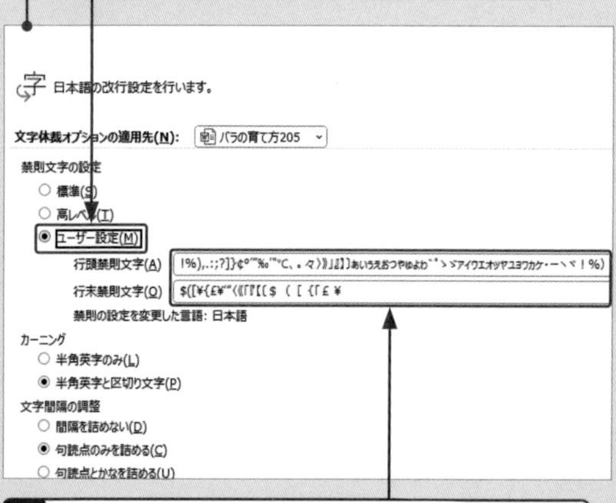

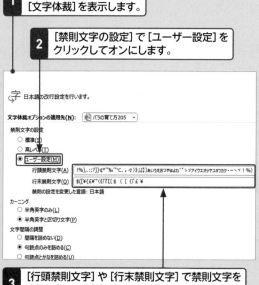

3 ［行頭禁則文字］や［行末禁則文字］で禁則文字を追加したり、削除したりします。

重要度 ★★★ 文字の書式設定

Q 207 蛍光ペンを引いたように文字を強調したい！

A [ホーム]タブの[蛍光ペンの色]を利用します。

蛍光ペンを利用するには、強調したい文字列を選択して、[ホーム]タブの[蛍光ペンの色]の ⌄ をクリックし、色を選択します。

1 目的の文字列を選択して、

2 ここをクリックし、

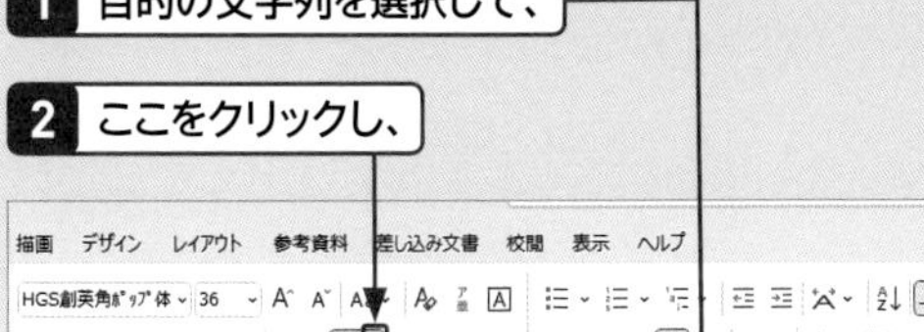

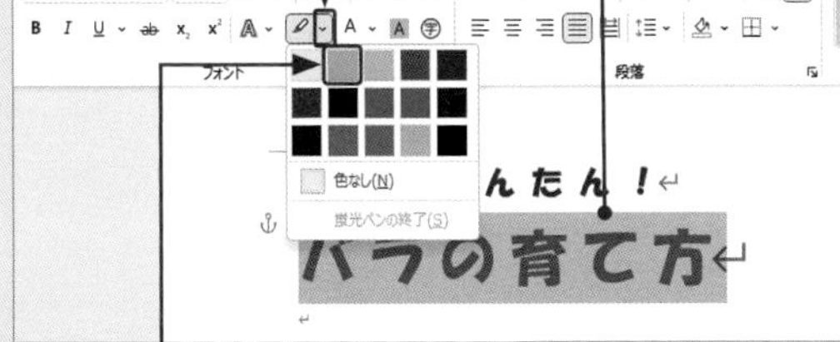

3 色を選択すると、

4 文字列が選択した色で塗られます。

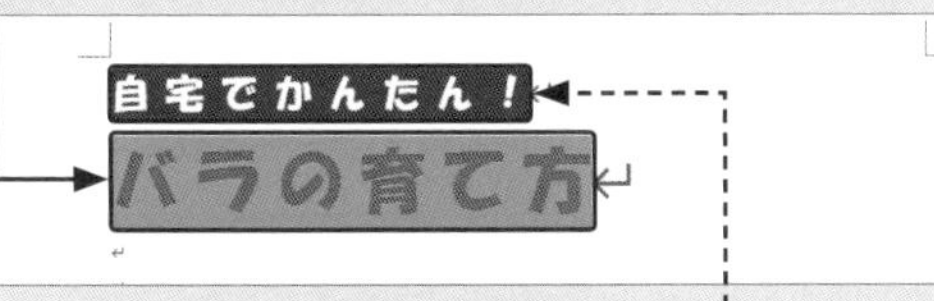

蛍光ペンの色を濃くする場合は、フォントの色を薄い種類にすると文字が読みやすくなります。

● あとから文字列を選択する

文字列を選択せずに[蛍光ペンの色]をクリックすると、マウスポインターが に変わり、Esc を押して解除するまで繰り返し文字列を選択できます。

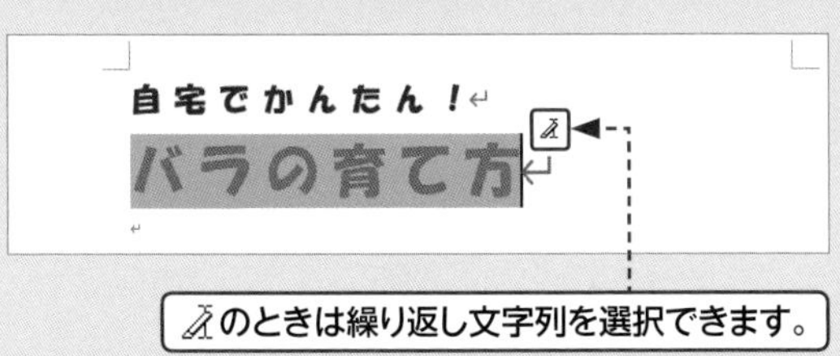

のときは繰り返し文字列を選択できます。

重要度 ★★★ 文字の書式設定

Q 208 文字に網をかけたい！

A [ホーム]タブの[文字の網かけ]を利用します。

文字の網掛けは、文字列の強調に使います。1色で印刷する場合など、蛍光ペンを利用できないときに利用すると便利です。

参照▶Q 207

1 文字列を選択して、[ホーム]タブの[文字の網かけ]をクリックします。

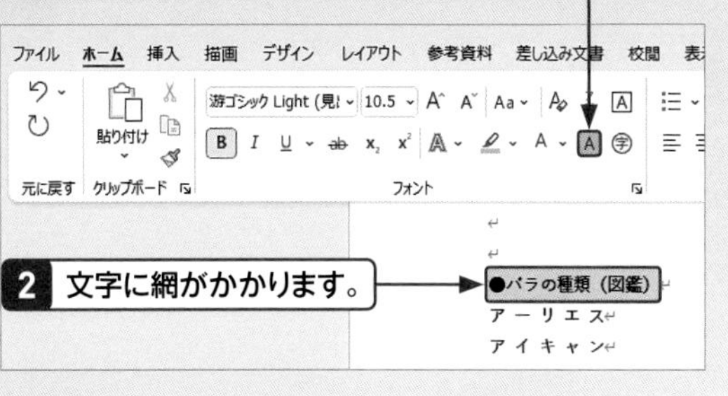

2 文字に網がかかります。

重要度 ★★★ 文字の書式設定

Q 209 文字と文字の間隔を狭くしたい！

A [フォント]ダイアログボックスの[詳細設定]タブで設定します。

文字の間隔を狭めるには、[ホーム]タブの[フォント]グループの右下にある ⧉ をクリックすると表示される[フォント]ダイアログボックスを利用します。[詳細設定]タブにある[文字間隔]で[狭く]を選択して、[間隔]で数値を指定します。数値が大きいと文字が重なってしまうので、結果を見ながら調整します。

1 [文字間隔]を[狭く]にして、

2 間隔を指定し、[OK]をクリックします。

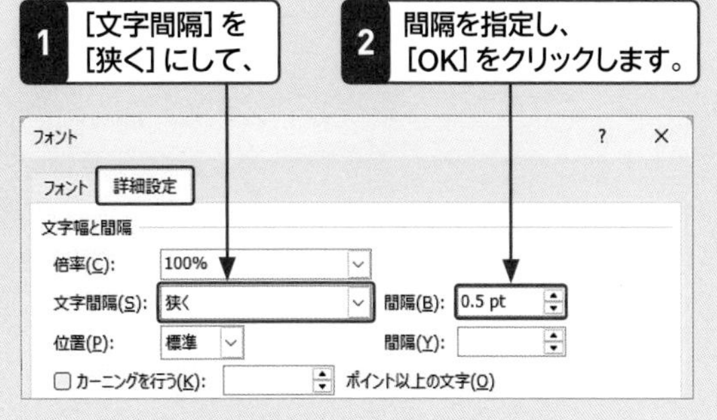

重要度 ★★★ 文字の書式設定

Q 210 用語の説明をカッコ付きの小さな文字で入力したい！

A 「割注」を利用します。

用語の解説など、本文中に2行にして組み込んで表示することを「割注」といいます。
用語の後ろに割注用の説明文を入力しておきます。説明文を選択し、[ホーム] タブの [拡張書式] をクリックして、[割注] をクリックします。[割注] ダイアログボックスが表示されるので、説明にカッコを付けている場合はそのまま、カッコがない場合は [括弧で囲む] を選択して、[OK] をクリックします。
なお、ここでは説明文を先に入力していますが、割注を入れたい位置にカーソルを移動し、[割注] ダイアログボックスで [対象文字列] に直接入力し、[括弧で囲む] をオンにして割注を作成することもできます。

・アストラ（原名はAstra、HTハイブリッドティー）は、ピンクの八重咲きで、華やか、優美というイメージがあります。HTハイブリッドティーには、AshramやAztecなどもあります。

1 カッコ付きの場合は、割注を設定する文字列のみを選択して、

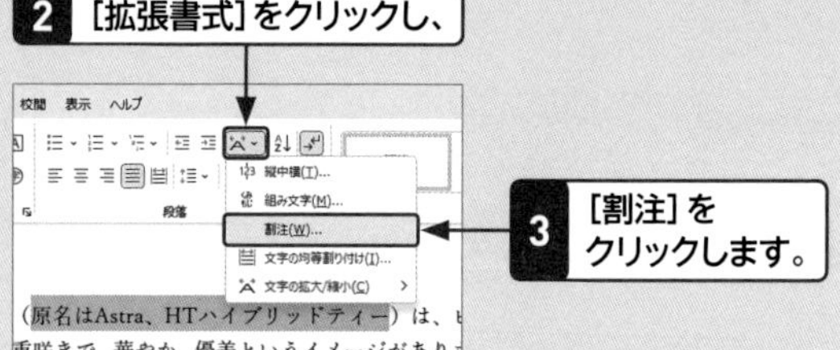

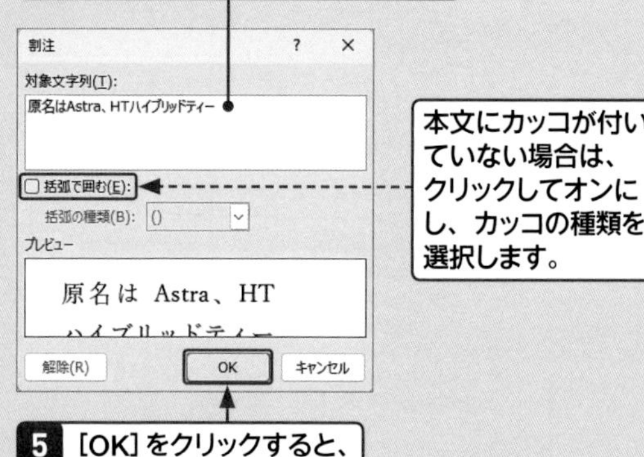

6 割注が設定されます。

・アストラ（原名はAstra、HTハイブリッドティー）は、ピンクの八重咲きで、華やか、優美というイメージがあります。HTハイブリッドティーには、AshramやAztecなどもあります。

重要度 ★★★ 文字の書式設定

Q 211 1文字ずつ囲みを付けたい！

A 「囲み線」を利用します。

文字を囲むには、[ホーム] タブの [囲み線] を利用します。ただし、連続する文字列の場合は全体がまとめて囲まれてしまいます。1文字ずつ囲み線を付けたい場合には、文字と文字の間にスペースを入れて、1文字ずつ囲み線を設定します。

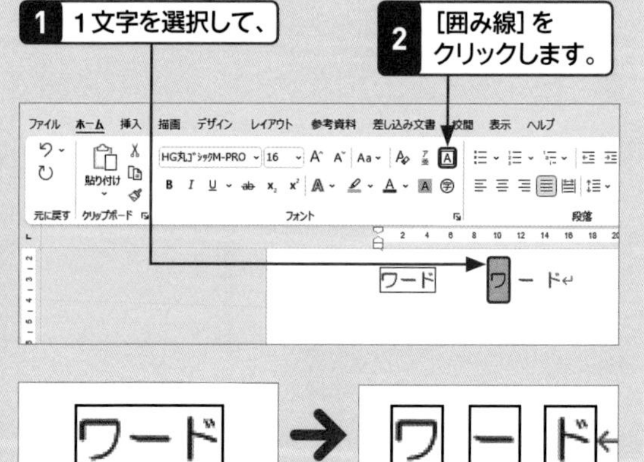

重要度 ★★★ 段落の書式設定

Q 212 段落とは？

A 段落記号↵間の文章のかたまりです。

段落は、冒頭から↵までの1行〜数行の文章で、最初の段落を1段落(目)といいます。最後の↵の次の行から↵までの文章が2段落(目)というようになります。

Wordでの文字の配置や箇条書きなどの書式は、段落を対象に設定されることが多いので行と段落の違いは理解しておきましょう。

また、箇条書きなどの場合、箇条書き1つが1段落となりますが、複数の箇条書きを1つの段落とさせたい場合があります。こういうときは、段落内で改行させておくことが可能です。これを「改行」(Wordでは任意の行区切り)といい、Shift+Enterを押すことで設定でき、↓が表示されます。

参照▶Q 149

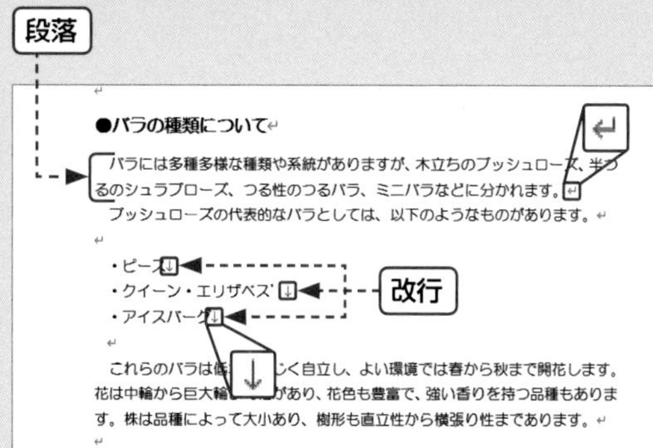

重要度 ★★★ 段落の書式設定

Q 213 段落の前後の間隔を変えたい！

A [段落]ダイアログボックスを利用します。

長文の文書や手紙などで話題を変えたい場合、段落の間を少しあけることで、読む側が一呼吸おけるようになります。段落の間隔を変更する方法の1つは［ホーム］タブの［行と段落の間隔］をクリックして［段落前に間隔を追加］／［段落後に間隔を追加］をクリックします。このとき、既定で「12」ptの間隔があきます（この追加を解除するには［段落前に間隔を削除］／［段落後に間隔を削除］をクリックします）。この間隔があきすぎの場合は、2つ目の方法として［段落］ダイアログボックスの［インデントと行間隔］タブの［間隔］で数値を変更します。

また、文書全体に同じ段落間隔を設定するには、[デザイン]タブの[段落の間隔]を利用することもできます。

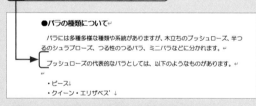

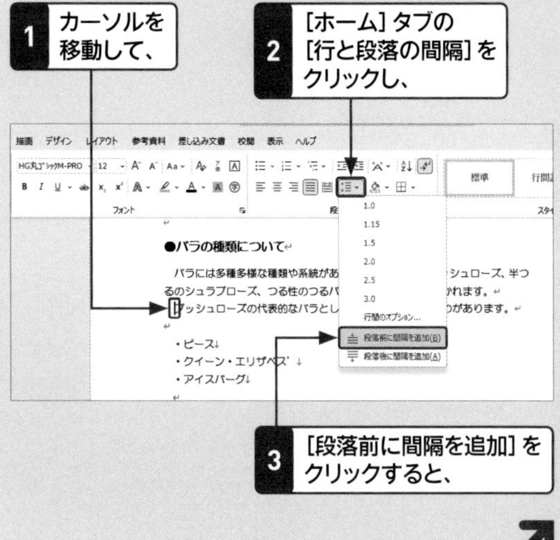

4 段落前の間隔が広がりました。

● [段落]ダイアログボックスを利用する

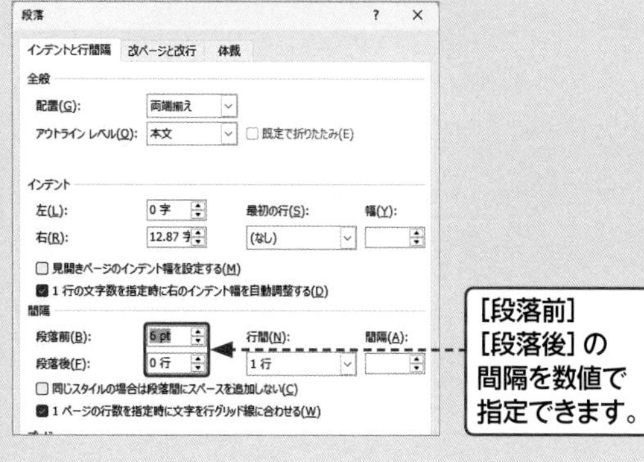

重要度 ★★★ 段落の書式設定

Q 214 段落の先頭を下げたい!

A インデントを設定します。

「インデント」とは、段落や行の先頭の位置を下げることです。インデントを設定したい段落にカーソルを移動して、ルーラーのインデントマーカーを使って、インデントを設定します。

段落の先頭を下げる(字下げ)には、先頭にカーソルを移動して、[1行目のインデント] ▽ をドラッグします。

なお、字下げの字数を正確にしたい場合は、[段落]ダイアログボックスを表示して[インデント]の[最初の行]を[字下げ]にし、幅に文字数を指定します。

参照 ▶ Q 221, Q 222, Q 271

1 字下げする先頭にカーソルを置きます。

1)社内文書
報告書、議事録、企画書、稟議書、申請書、通知文書な
に関する内容を明確に記する文書です。

2 ▽ [1行目のインデント]をドラッグすると、

1)社内文書
報告書、議事録、企画書、稟議書、申請書、通知
業務に関する内容を明確に記する文書です。

3 自由に先頭の位置を下げられます。

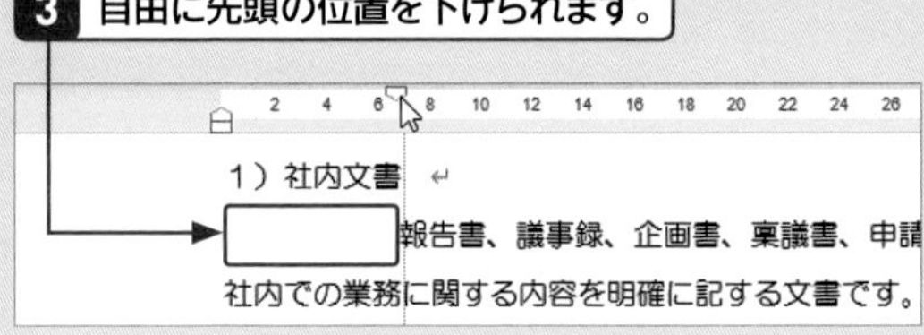

重要度 ★★★ 段落の書式設定

Q 215 段落の2行目以降を下げたい!

A ぶら下げインデントを設定します。

段落が項目とその説明文などの場合、2行目以降を項目の文字数分下げると項目部分が目立つようになります。その場合は、設定したい段落を選択して、[ぶら下げインデント] △ をドラッグします。

なお、ぶら下げインデントの文字数を正確にしたい場合は、[段落]ダイアログボックスを表示して[インデント]の[最初の行]を[ぶら下げ]にし、幅に文字数を指定します。

参照 ▶ Q 221, Q 222

1 段落内にカーソルを置いて、

2 ぶら下げインデントをドラッグすると、

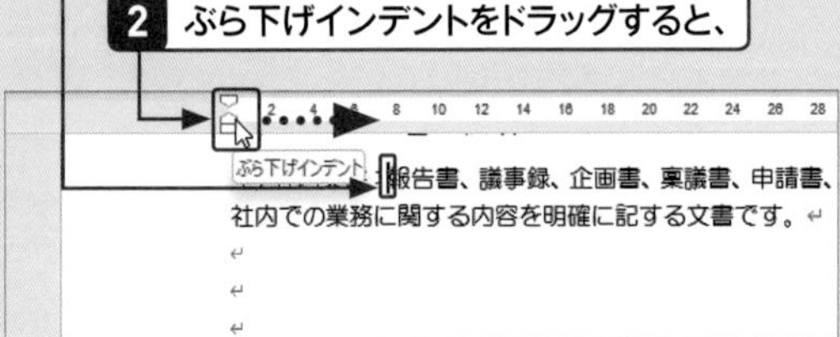

3 2行目以降の行が字下げされます。

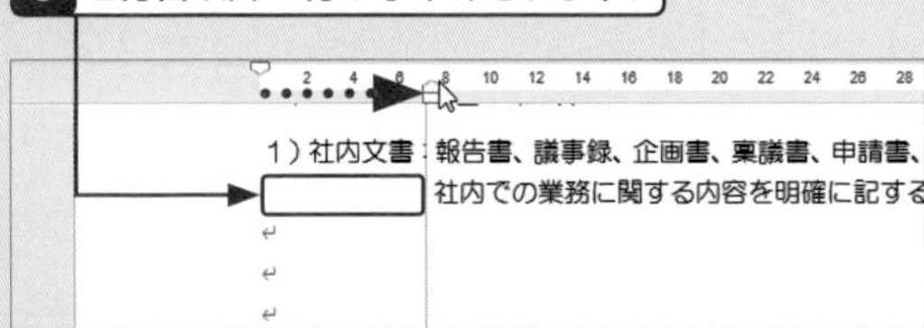

● [段落]ダイアログボックスを利用する

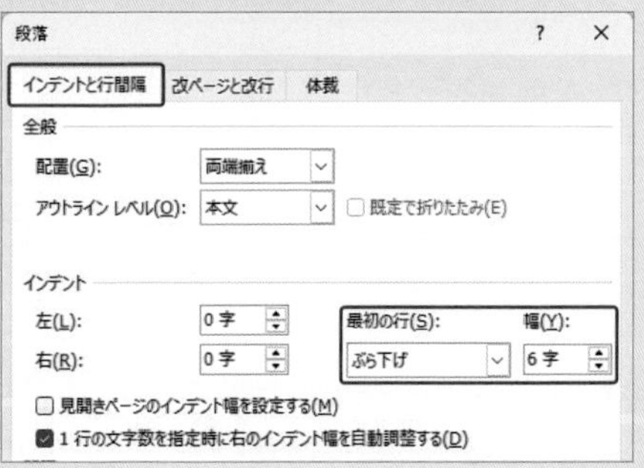

重要度★★★　段落の書式設定

Q 216 段落全体の位置を下げたい！

A 左インデントを設定します。

段落全体の先頭位置を下げたい場合は、左インデントを利用します。段落を選択して、[左インデント]□を下げたい位置までドラッグします。

また、[ホーム]タブの[インデントを増やす]をクリックしても段落を1文字ずつ下げることができます。挿入したインデントを減らしたいときは、[ホーム]タブの[インデントを減らす]をクリックします。

1 段落にカーソルを置いて、

2 [左インデント]□をドラッグします。

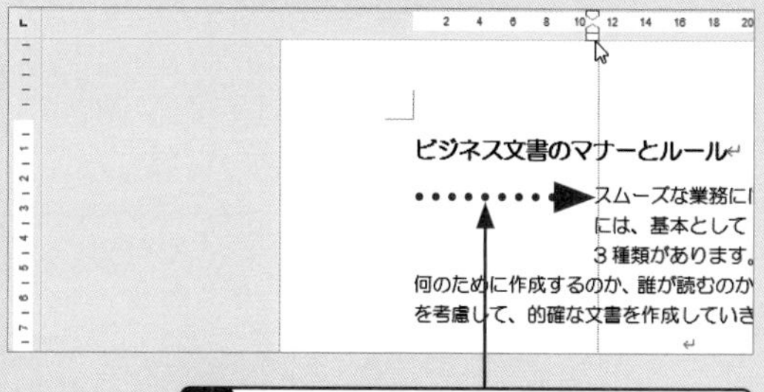

3 段落の先頭がすべて字下げされます。

● [ホーム]タブから設定する

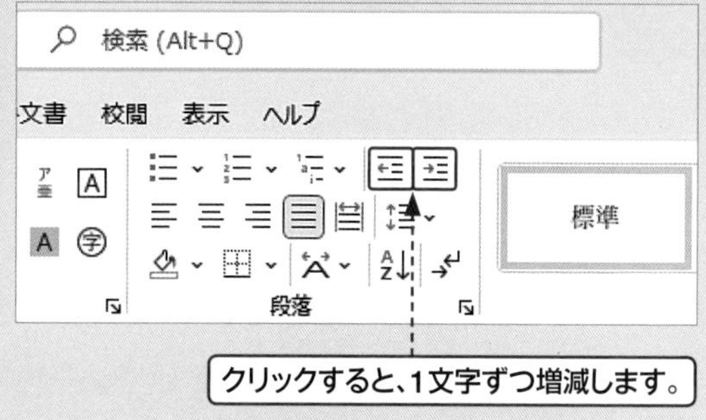

クリックすると、1文字ずつ増減します。

重要度★★★　段落の書式設定

Q 217 インデントマーカーを1文字分ずつ移動させたい！

A グリッド線の間隔を1文字に設定します。

インデントマーカーを1文字ずつ移動させるには、[グリッド線]ダイアログボックスでグリッド線の間隔を「1字」に設定します。

[グリッド線]ダイアログボックスは、[ページ設定]ダイアログボックスの[文字数と行数]タブで[グリッド線]をクリックして表示します。

なお、文字単位で指定するには、[Wordのオプション]の[詳細設定]で[単位に文字幅を使用する]をクリックしてオンにしておく必要があります。 参照▶Q 041

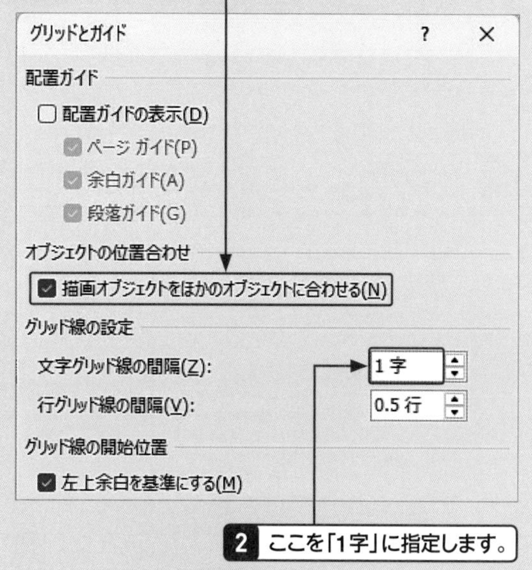

2 ここを「1字」に指定します。

重要度 ★★★ 段落の書式設定

Q 218 「行間」ってどこからどこまでのこと？

A 行の文字の上から次の行の文字の上までの間隔が「行間」です。

Wordでの「行間」とは、行の文字の上から次の行の文字の上までの間隔（行送り）を指します。行間は［ページ設定］ダイアログボックスの［文字数と行数］タブで行数を設定すると、行数に合わせて自動調整されます。

また、［段落］ダイアログボックスの［インデントと行間隔］タブでは、行間だけではなく、段落と段落の間隔を設定することもできます。

参照▶Q 213, Q 219

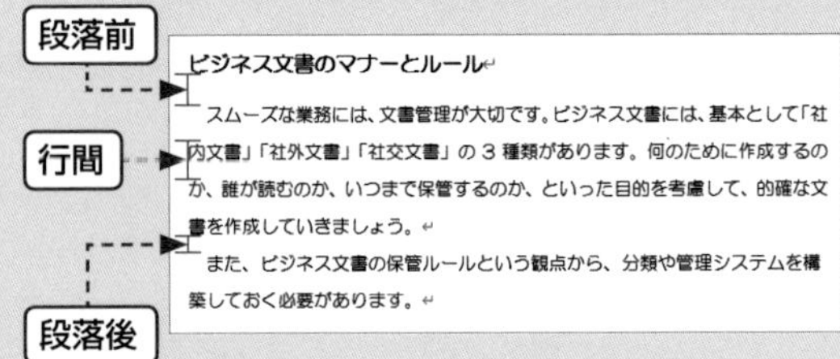

重要度 ★★★ 段落の書式設定

Q 219 行間を変更したい！

A ［行と段落の間隔］または［段落］ダイアログボックスで設定します。

段落内の行間を広げたい場合は、［ホーム］タブの［行と段落の間隔］をクリックして、行間を指定します。また、［段落］グループ右下にある ⧅ をクリックして表示される［段落］ダイアログボックスの［インデントと行間隔］タブで、［行間］と［間隔］を指定することで変更できます。［行間］には［最小値］［固定値］［倍数］があります。［固定値］にして［間隔］の数値を指定すると、指定した行間サイズが固定され、フォントサイズを変更しても行間が変更されなくなります。［最小値］は指定した間隔を最低値として常に保ち、指定した行間隔より大きいフォントサイズを入力した場合、それに応じて行間隔が広がるようになります（小さいフォントサイズにしても狭くなることはありません）。［倍数］は、1行の倍数の間隔のことで、たとえば［間隔］を「3」にすると、行の上余白から次の行の上余白までが1行間隔で、その3倍の間隔になります。

参照▶Q 213, Q 218

1 目的の段落にカーソルを移動して、

2 ［行と段落の間隔］をクリックし、

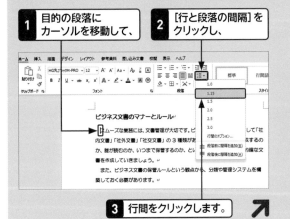

3 行間をクリックします。

4 行間が広がります。

● ［段落］ダイアログボックスで指定する

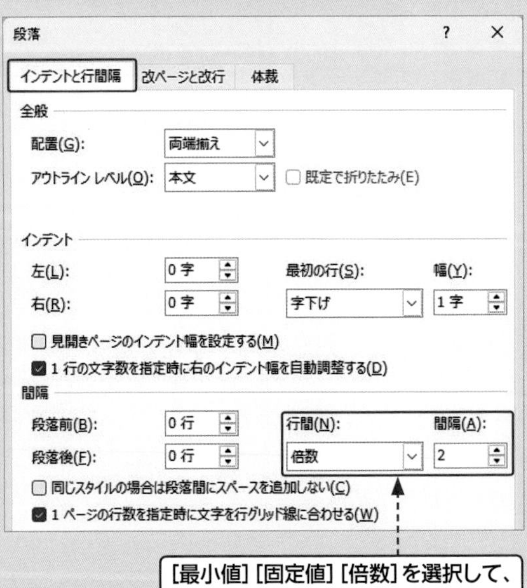

［最小値］［固定値］［倍数］を選択して、任意の値を入力します。

Q 220 行間が広がってしまった！

A フォントサイズを変更したりふりがなを付けると広がります。

行間はページの行数と余白によって決まりますが、游明朝や游ゴシックなどのフォントのサイズを大きくすると行間が広がる場合があります。

また、ふりがなを付けるとその行だけ広がってしまいます。

これらを解消するには、文字をグリッド線に合わせないようにする方法と、行間隔を変更する方法があります。

フォントサイズを大きくしたら行間が広がってしまった。

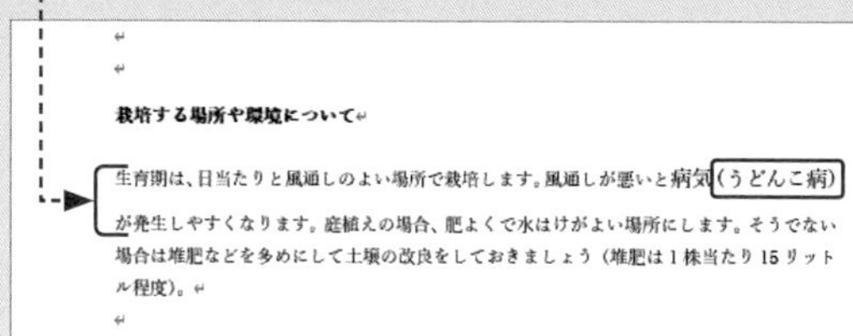

ふりがなを付けたら行間が広がってしまった。

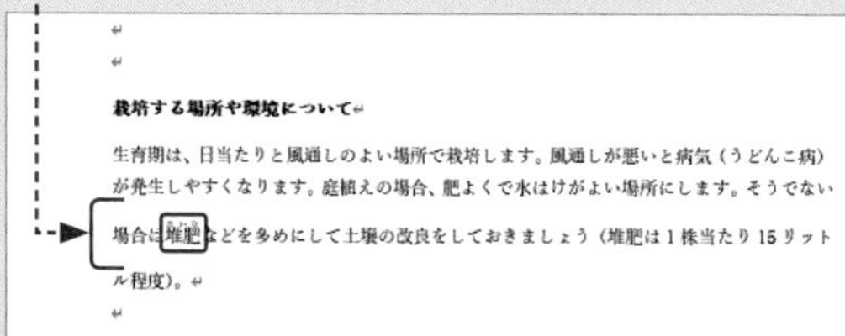

● 文字をグリッド線に合わせない

段落の設定では、文字は1行のグリッド線に合わせてレイアウトするようになっています。フォントサイズを大きくしたり、ふりがなで文字の高さが増えたりして1行のグリッド線よりも大きくなるため、自動的に2行目のグリッド線に合わせられることから行間が広がってしまいます。

この場合、[段落]ダイアログボックスの[インデントと行間隔]タブで[1ページの行数を指定時に文字を行グリッド線に合わせる]をクリックしてオフにします。

参照▶Q 278

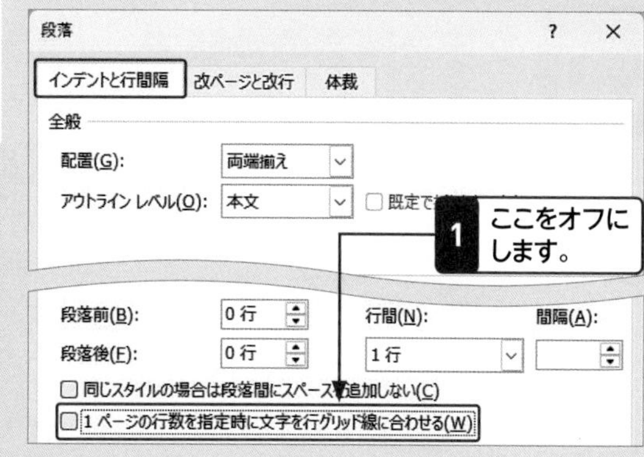
1 ここをオフにします。
2 行間が調整されます。

● 行間隔を変更する

ふりがなを付けると、上下の行の行間が広がってしまうことがあります。こういう場合は全体の行間を一定にするように調整するとよいでしょう。[段落]ダイアログボックスの[インデントと行間隔]タブで[行間]を[固定値]にして、[間隔]を指定します。間隔には、フォントサイズの6～8プラスした値(あるいは[行送り]の値)を指定して、ほかの行とのバランスを見ながら調整します。

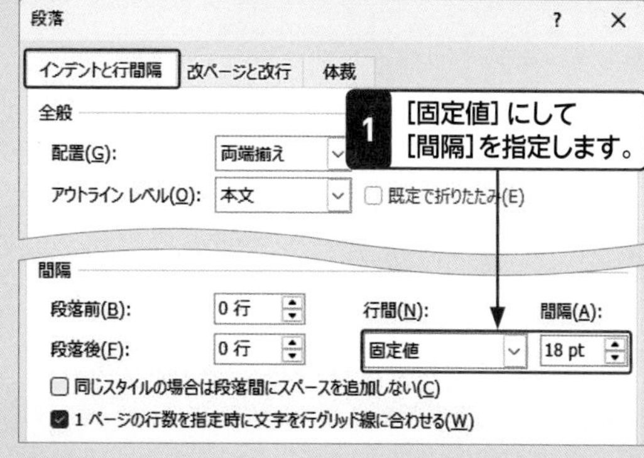
1 [固定値]にして[間隔]を指定します。
2 行間が調整されます。

重要度 ★★★ 段落の書式設定

Q 221 文字を特定の位置で揃えたい！

A タブを挿入します。

揃えたい文字の前でTabを押すとタブが挿入され、複数行の文字位置を特定の位置で揃えることができます。既定では4文字単位でタブ位置が設定されます。このため、Tabを押す前の文字数によって、次の文字列の先頭位置が異なる場合があります。なお、[ホーム]タブの[編集記号の表示／非表示]をクリックすると、タブなどの編集記号を表示できます。

参照▶Q 222

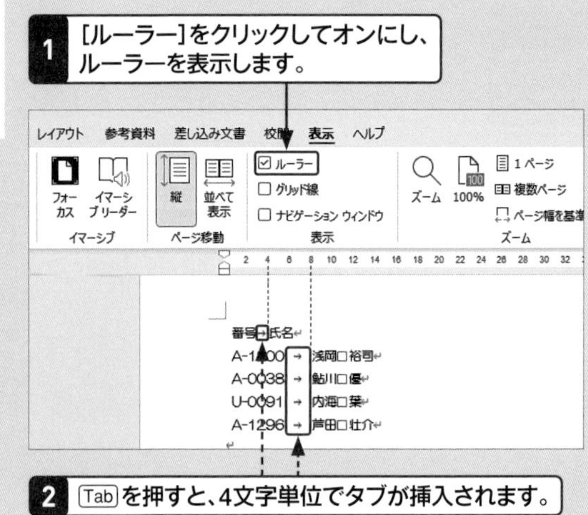

重要度 ★★★ 段落の書式設定

Q 222 タブの間隔を自由に設定したい！

A タブマーカーを利用してタブ位置を設定します。

タブ間隔を調整したい段落を選択して、ルーラー上をクリックするとタブマーカーが表示され、タブの間隔を自由に設定できます。

タブは通常[左揃えタブ]になっているため、タブ位置で文字列が左揃えになります。タブの種類は、左揃えタブのほか、[中央揃えタブ]、[右揃えタブ]、[小数点揃えタブ]、[縦棒タブ]があり、たとえば数値なら右揃え、文字は中央揃えにするなど、タブを使って揃える位置を変更できます。タブの種類の切り替えはルーラーの左端で行います。

なお、タブ位置の設定を解除するには、タブマーカーをルーラーの外へドラッグします。

参照▶Q 221, Q 225

● タブの種類の切り替え

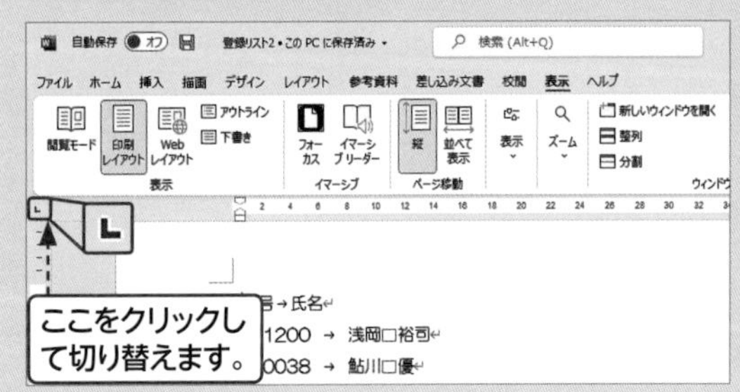

● タブ位置を指定する

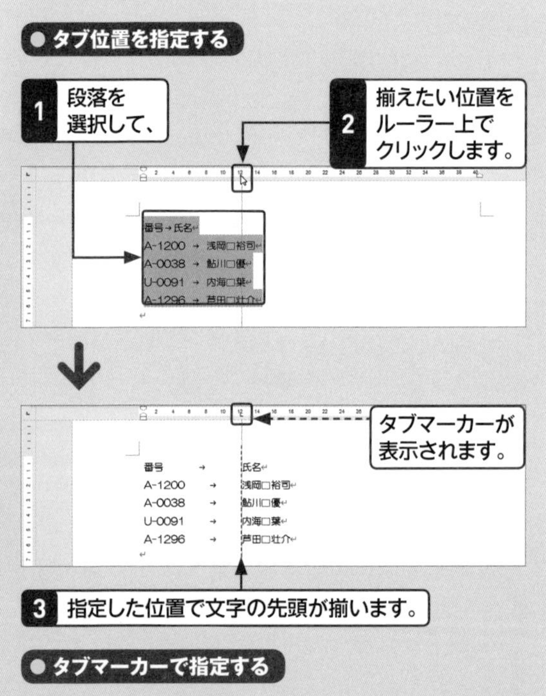

● タブマーカーで指定する

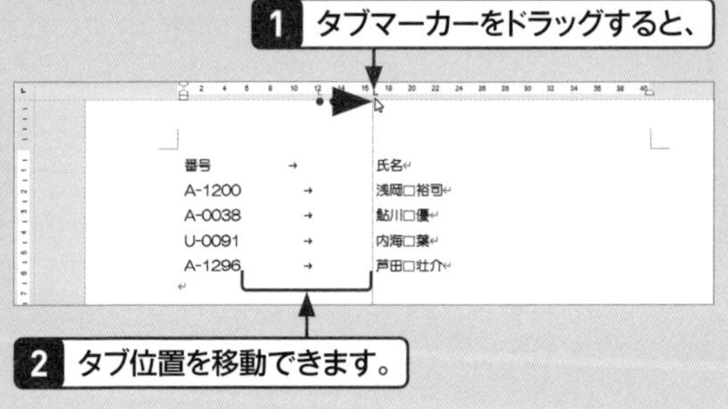

重要度 ★★★ 段落の書式設定

Q 223 タブの位置を微調整したい！

A [Alt]を押しながら タブマーカーをドラッグします。

[Alt]を押しながら、ルーラー上のタブマーカーをドラッグすると、サイズ表示が変わり、タブ位置を細かく調整できます。

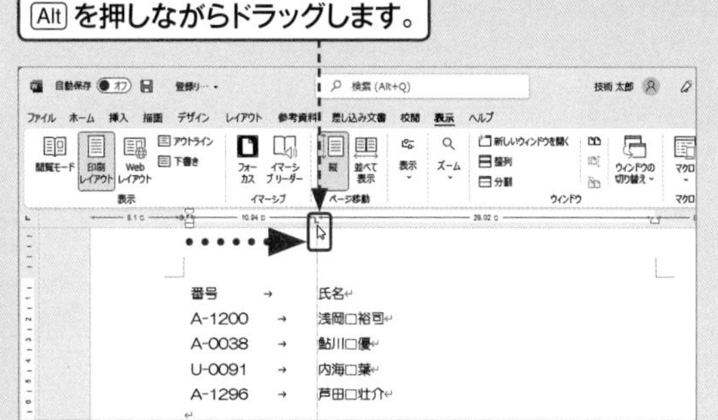

重要度 ★★★ 段落の書式設定

Q 224 タブの間を点線でつなぎたい！

A リーダーを設定します。

[タブとリーダー]ダイアログボックスの[リーダー]で、タブを点線や直線などに変更できます。

[タブとリーダー]ダイアログボックスを表示するには、[ホーム]タブの[段落]グループ右下にある ◲ をクリックして表示される[段落]ダイアログボックスで[タブ設定]をクリックします。

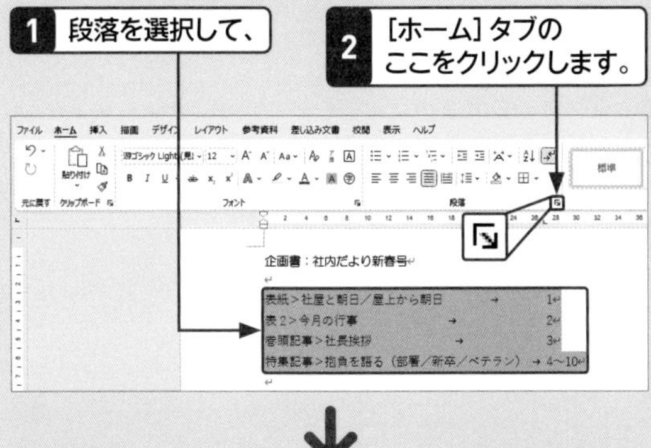

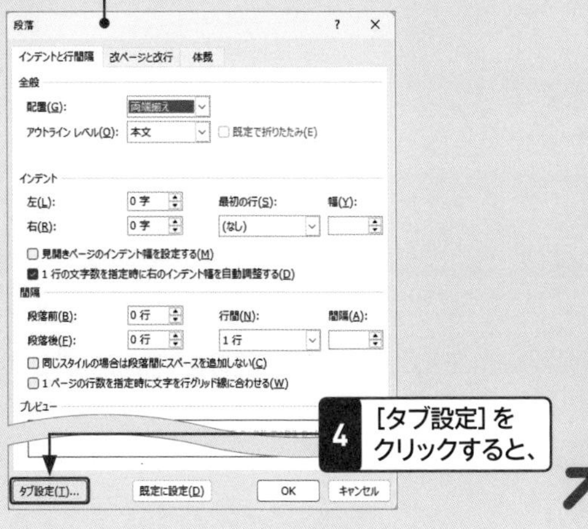

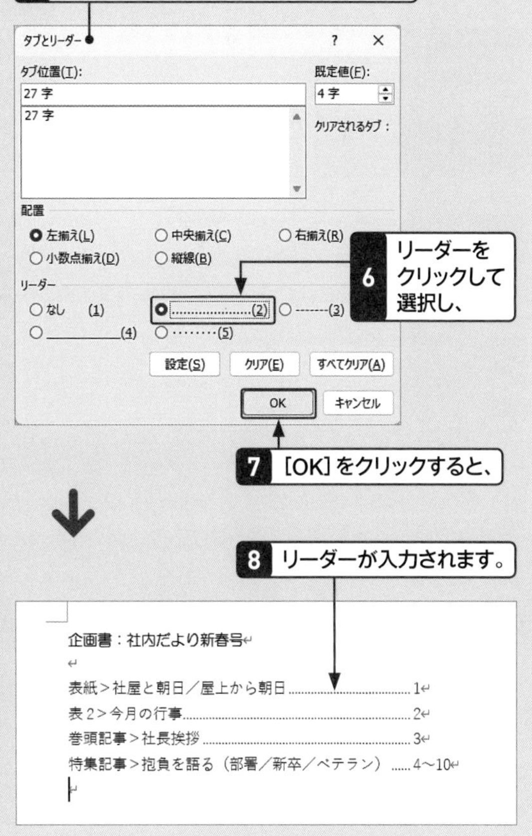

重要度★★★ 段落の書式設定

Q 225 入力した文字を右端できれいに揃えたい！

A [右揃えタブ]を設定します。

文字を右端で揃えるには、タブの種類を[右揃えタブ]にしてタブを設定します。あるいは、[タブとリーダー]ダイアログボックスを表示して[右揃え]を選択します。

参照▶Q 221, Q 222

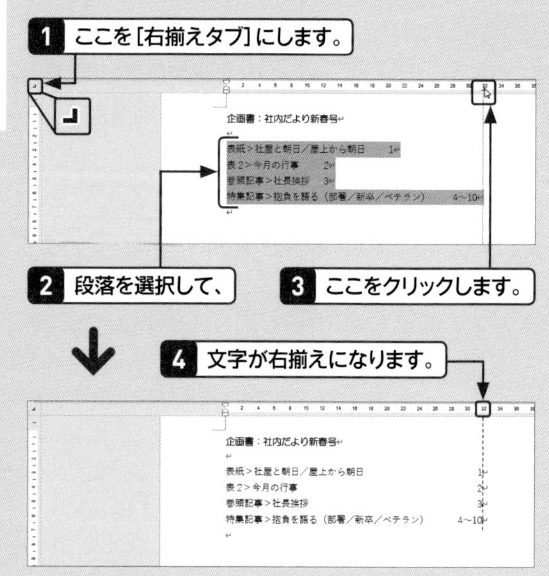

重要度★★★ 段落の書式設定

Q 226 入力した数字を小数点できれいに揃えたい！

A [小数点揃えタブ]を設定します。

数字を小数点で揃えるには、タブの種類を[小数点揃えタブ]にしてタブを設定します。あるいは、[タブとリーダー]ダイアログボックスでを表示して[小数点揃えタブ]を選択します。

参照▶Q 222, Q 224

4 小数点の位置で数字が揃います。

● [小数点揃えタブ]を利用する

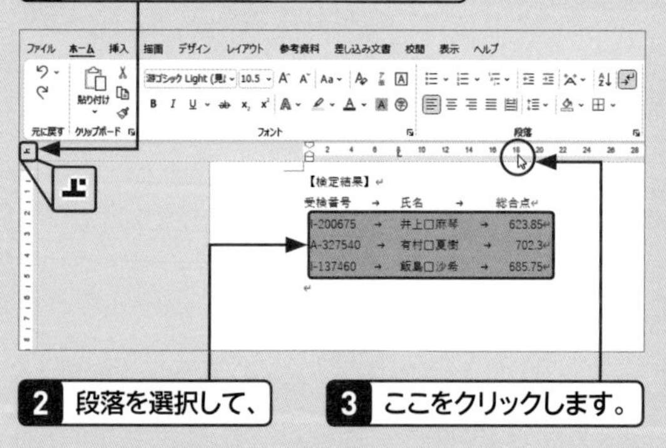

● [タブとリーダー]ダイアログボックスを利用する

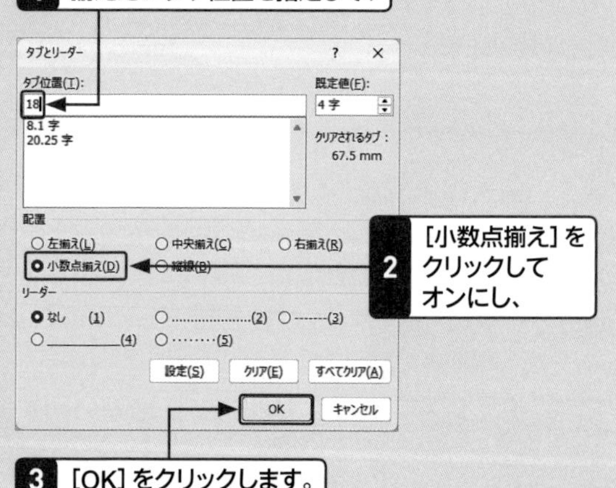

重要度 ★★★ 段落の書式設定

Q 227 段落の最後の行だけが次のページに分かれてしまう!

A [段落]ダイアログボックスで、設定します。

段落の最後の1行だけが、次のページの最初に配置されてしまうことがあります。これを防止するには、分割された段落内にカーソルを移動して、[段落]グループ右下にある ⊡ をクリックして表示される[段落]ダイアログボックスの[改ページと改行]タブで、[改ページ時1行残して段落を区切らない]をクリックしてオンにします。

この操作は前ページに1行入るように調整していますが、ページ設定での行数、余白などによっては、この操作でも解消できない場合があります。その際は、[ページ設定]ダイアログボックスで上下の余白を狭めたり、行数を増減したりして、1ページの行数を調整します。

参照▶Q 203, Q 290

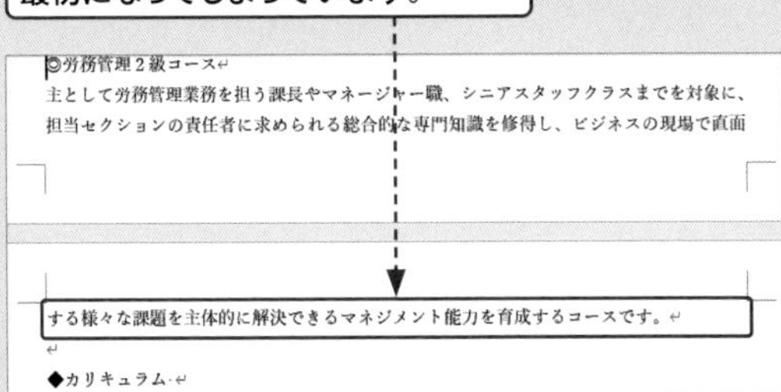

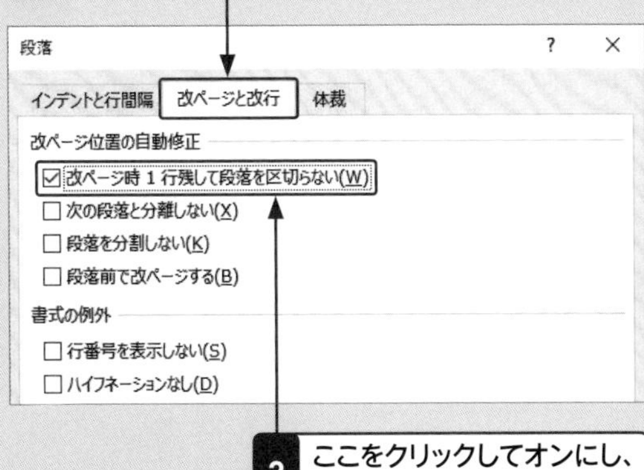

重要度 ★★★ 段落の書式設定

Q 228 次の段落とページが分かれないようにしたい!

A [段落]ダイアログボックスで段落を分割しないように設定します。

見出しがページの最後に配置されてしまい、次のページから本文が始まってしまうことがあります。

見出しを次ページに送るようにするには、見出しにカーソルを移動して、[段落]ダイアログボックスを開き、[改ページと改行]タブで[次の段落と分離しない]をクリックしてオンにします。 参照▶Q 203

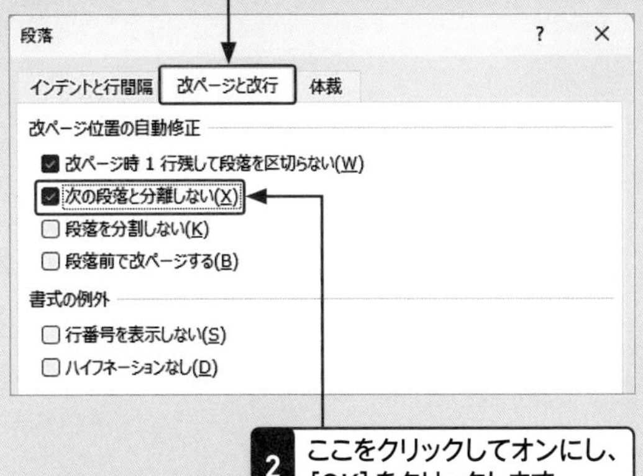

重要度 ★★★ 段落の書式設定

Q 229 段落の途中でページが分かれないようにしたい!

A 1つの段落がページをまたがないように設定します。

1つの段落を同じページ内に収めたい場合は、段落が2ページにわたって分割されないように設定します。段落内にカーソルを移動して、[段落]ダイアログボックスを開き、[改ページと改行]タブで[段落を分割しない]をクリックしてオンにします。ただし、この操作では、2ページに分かれた段落全体が次ページへ送られるので、あまり長い段落の場合には向きません。

参照▶Q 228

重要度★★★ 段落の書式設定

Q 230 文章を左右2つのブロックに分けたい！

A 段組みを設定します。

段組みとは、文書や段落などをいくつかのブロックで横に区切って並べることです。範囲を選択して、[レイアウト]タブの[段組み]をクリックして、段を選択します。なお、最初に範囲を指定しないと、文書全体が段組みの対象になります。また、[段組み]をクリックして、[段組みの詳細設定]をクリックすると[段組み]ダイアログボックスが表示され、詳細な設定ができます。段組みを設定すると、その範囲が1つのセクションとなり、前後にセクション区切りが設定されます。

参照▶Q 231, Q 232, Q 258

1 範囲を選択して、

2 [レイアウト]タブの[段組み]をクリックし、

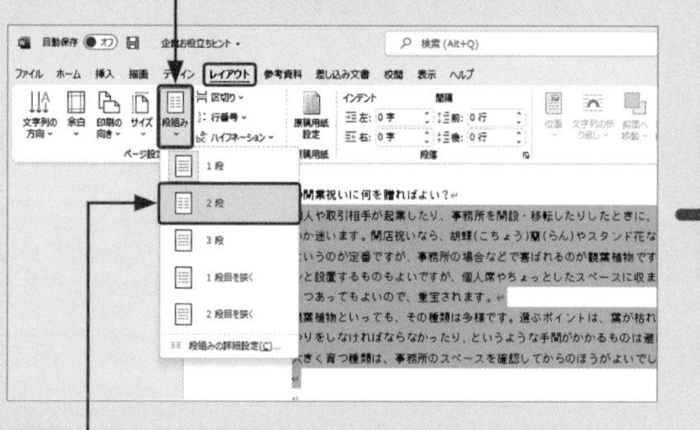

3 [2段]をクリックすると、

4 2段組みになります。

●開業祝いに何を贈ればよい？

知人や取引相手が起業したり、事務所を開設・移転したりしたときに、何を贈ればよいか迷います。開店祝いなら、胡蝶蘭やスタンド花などで名札付きというのが定番になっていますが、事務所の場合などで喜ばれるのが観葉植物です。入り口にドンと設置するものもよいですが、個人席やちょっとしたスペースに収まるサイズはいくつあってもよいので、重宝されます。観葉植物といっても、その種類は多様です。選ぶポイントは、葉が枯れたり、毎日水やりをしたり、というような手間がかかるものは避けます。また、大きく育つ種類は、事務所のスペースを確認してからのほうがよいでしょう。

以下は、人気の観葉植物です。

重要度★★★ 段落の書式設定

Q 231 段組みの間に境界線を入れたい！

A [段組み]ダイアログボックスで境界線を設定します。

段組み部分にカーソルを置いて、[段組み]ダイアログボックスで[境界線を引く]をクリックしてオンにすると、段の間に線が引かれます。[段組み]ダイアログボックスを開くには、[ホーム]タブの[段組み]をクリックし、[段組みの詳細設定]をクリックします。

参照▶Q 230

1 [境界線を引く]をクリックしてオンにし、

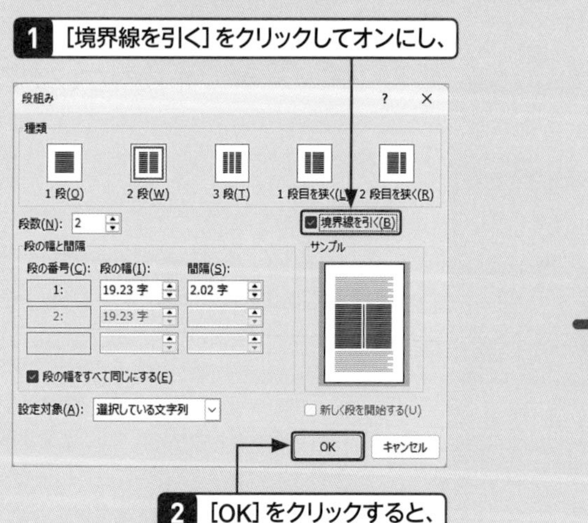

2 [OK]をクリックすると、

3 境界線が引かれます。

●開業祝いに何を贈ればよい？

知人や取引相手が起業したり、事務所を開設・移転したりしたときに、何を贈ればよいか迷います。開店祝いなら、胡蝶蘭やスタンド花などで名札付きというのが定番になっていますが、事務所の場合などで喜ばれるのが観葉植物です。入り口にドンと設置するものもよいですが、個人席やちょっとしたスペースに収まるサイズはいくつあってもよいので、重宝されます。観葉植物といっても、その種類は多様です。選ぶポイントは、葉が枯れたり、毎日水やりをしたり、というような手間がかかるものは避けます。また、大きく育つ種類は、事務所のスペースを確認してからのほうがよいでしょう。

以下は、人気の観葉植物です。

パキラ：パキラは別名を「発財樹」といい、金運や仕事運を上げる効果があるといわれています。幹を編み込んで育てられたものも発売されています。

重要度 ★★★ 段落の書式設定

Q 232 1段目と2段目の幅が異なる2段組みにしたい！

A [段組み] ダイアログボックスで段の幅を指定します。

段の幅を変更するには、[段組み] ダイアログボックスの [1段目を狭く] や [2段目を狭く] をクリックして選択するか、段の幅の数値を自分で設定する方法があります。段の幅を指定するとともに、段間の幅も変更すると、オリジナルの段組みを作成できます。 参照▶Q 231

● 自動で変更する

[1段目を狭く] または [2段目を狭く] をクリックします。

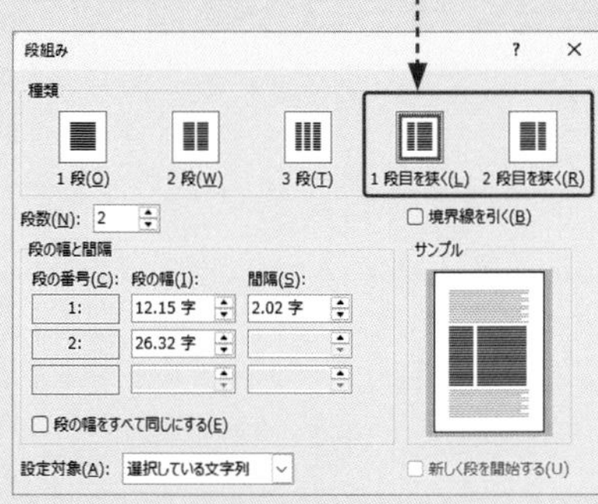

● 数値を指定する

1 ここをオフにします。

2 [段の幅] と [間隔] を指定して、[OK] をクリックします。

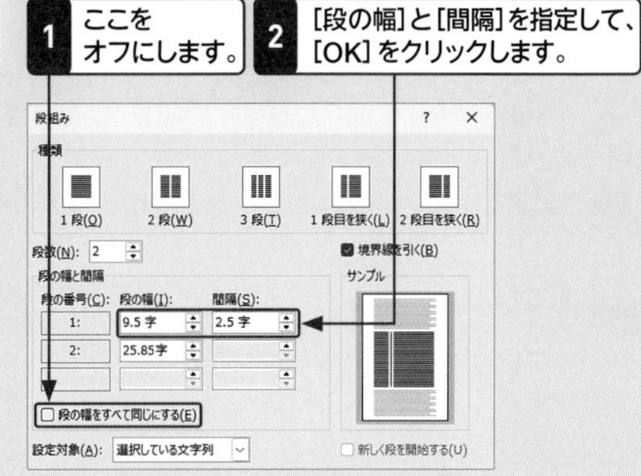

3 段の幅が異なる2段組みになります。

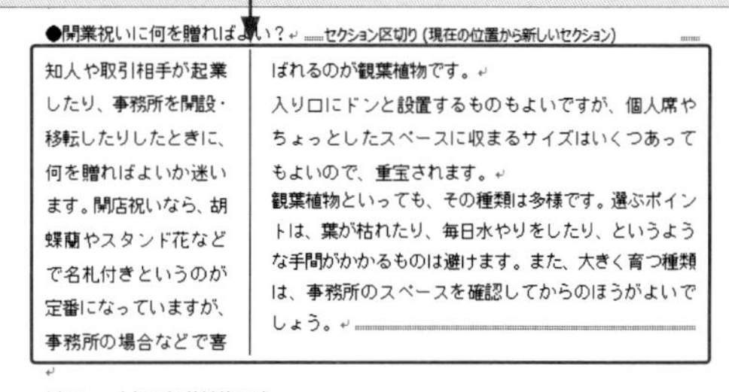

重要度 ★★★ 段落の書式設定

Q 233 段組みの途中で文章を次の段へ送りたい！

A 段区切りを入れます。

段組みの中で、次の段へ送りたい位置にカーソルを移動して、Ctrl + Shift + Enter を押すと、文章の途中で次の段に文章を送ることができます。
または、[レイアウト] タブの [ページ／セクション区切りの挿入] 区切り をクリックして、[段区切り] をクリックしても同様の操作ができます。

1 目的の位置にカーソルを置き、

2 Ctrl + Shift + Enter を押します。

●開業祝いに何を贈ればよい？ セクション区切り (現在の位置から新しいセクション)
知人や取引相手が起業したり、事務所を開設・移転したりしたときに、何を贈ればよいか迷います。開店祝いなら、胡蝶蘭やスタンド花などで名札付きというのが定番になっていますが、事務所の場合などで喜ばれるのが観葉植物です。
入り口にドンと設置するものもよいで
収まるサイズはいくつあってもよいので、重宝されます。
観葉植物といっても、その種類は多様です。選ぶポイントは、葉が枯れたり、毎日水やりをしたり、というような手間がかかるものは避けます。また、大きく育つ種類は、事務所のスペースを確認してからのほうがよいでしょう。

3 次の段に送られました。

●開業祝いに何を贈ればよい？ セクション区切り (現在の位置から新しいセクション)
知人や取引相手が起業したり、事務所を開設・移転したりしたときに、何を贈ればよいか迷います。開店祝いなら、胡蝶蘭やスタンド花などで名札付きというのが定番になっていますが、事務所の場合などで喜ばれるのが観葉植物です。
段区切り
入り口にドンと設置するものもよいですが、個人席やちょっとしたスペースに収まるサイズはいくつあってもよいので、重宝されます。
観葉植物といっても、その種類は多様です。選ぶポイントは、葉が枯れたり、毎日水やりをしたり、というような手間がかかるものは避けます。また、大きく育

重要度 ★★★　段落の書式設定

Q 234 書式設定が次の行に引き継がれないようにしたい！

A ［ホーム］タブの［すべての書式をクリア］を利用します。

書式を設定した段落や文字列の末尾で Enter を押すと、次の段落に書式が引き継がれてしまいます。

1 書式を設定した段落で Enter を押すと、

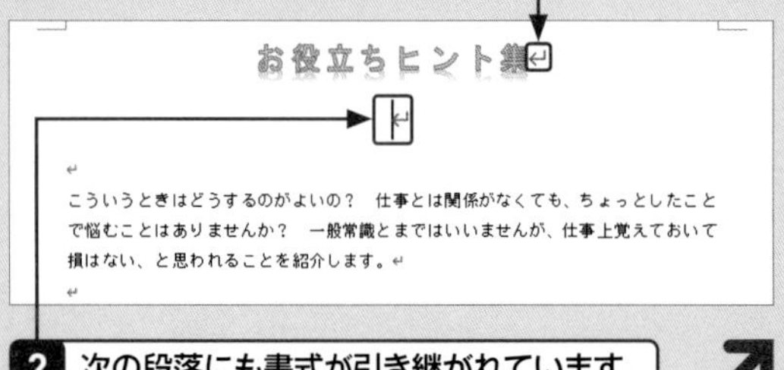

お役立ちヒント集
こういうときはどうするのがよいの？　仕事とは関係がなくても、ちょっとしたこと
で悩むことはありませんか？　一般常識とまではいいませんが、仕事上覚えておいて
損はない、と思われることを紹介します。

2 次の段落にも書式が引き継がれています。

この場合は、［ホーム］タブの［すべての書式をクリア］ をクリックすると、既定の書式になります。また、書式設定された段落末で Ctrl ＋ Space を押すと文字書式が解除されるので、そのあとで Enter を押して改行します。

3 ［すべての書式をクリア］をクリックすると、

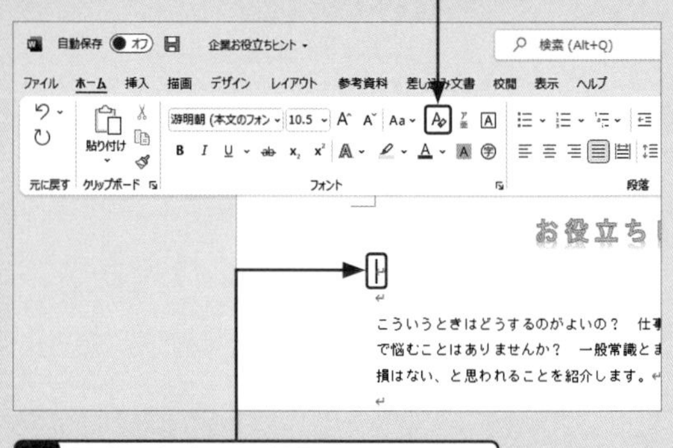

4 既定の書式で、両端揃えになります。

重要度 ★★★　段落の書式設定

Q 235 書式設定の一部を解除したい！

A Ctrl ＋ Q を押します。

書式を付けた文字列や行、段落を選択して Ctrl ＋ Q を押すと、段落書式のみが解除されます。ただし、段落が［スタイル］で作成されていない場合は左インデントが設定されてしまいます。文字列を選択して Ctrl ＋ Space を押すと、段落書式はそのままで、文字書式だけが解除されます。

参照▶Q 236

● もとの段落

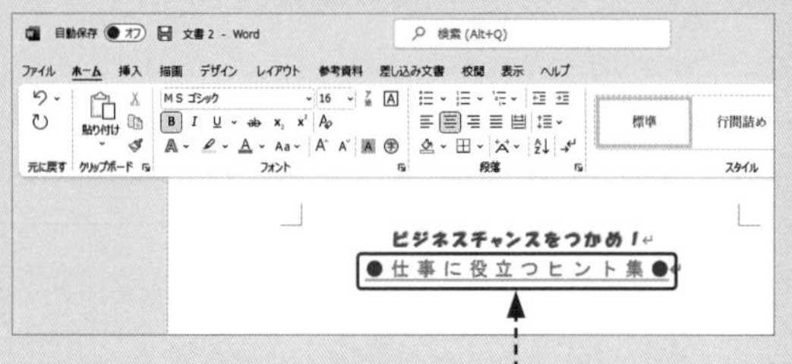

段落書式：中央揃え
文字書式：フォントサイズ「16」、フォント「MSゴシック」、フォントの色、太字、均等割り付け

● 段落書式を解除する

1 Ctrl ＋ Q を押します。

ビジネスチャンスをつかめ！
●仕事に役立つヒント集●

2 段落書式が解除され、文字書式が設定されたまま両端揃えに配置されます。

● 文字書式を解除する

1 Ctrl ＋ Space を押します。

ビジネスチャンスをつかめ！
●仕事に役立つヒント集●

2 文字書式が解除され、中央揃えのまま既定の書式になります。

Q 236 よく使う書式をスタイルとして登録しておきたい！

A ［スタイル］作業ウィンドウで新しいスタイルを作成します。

登録したい書式を選択し、［ホーム］タブの［スタイル］の ⧉ をクリックして表示される［スタイル］作業ウィンドウの［新しいスタイル］をクリックすると、新しいスタイルを登録できます。なお、［スタイルギャラリーに追加する］がオンになっていれば、作成したスタイルはスタイルギャラリーにも追加されます。

● スタイルを登録する

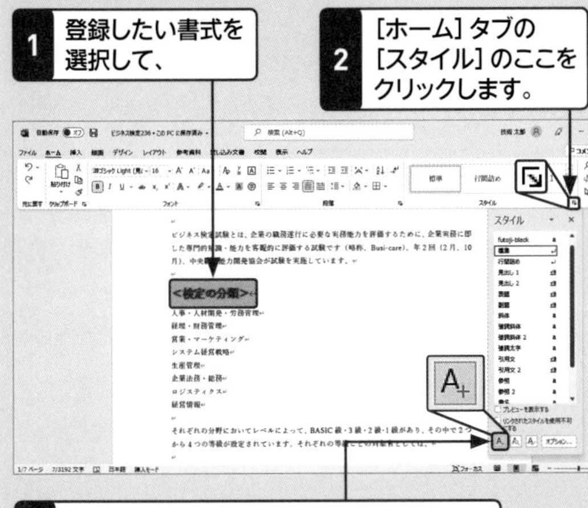

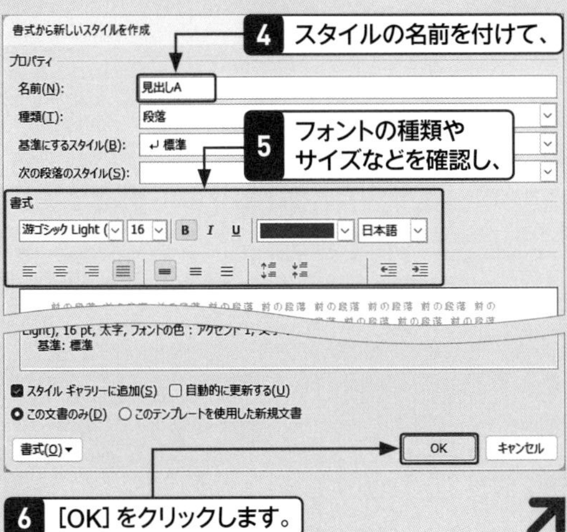

また、［スタイル］作業ウィンドウでスタイル名の ▾ をクリックし、［変更］をクリックすると、登録されているスタイルの設定を変更できます。

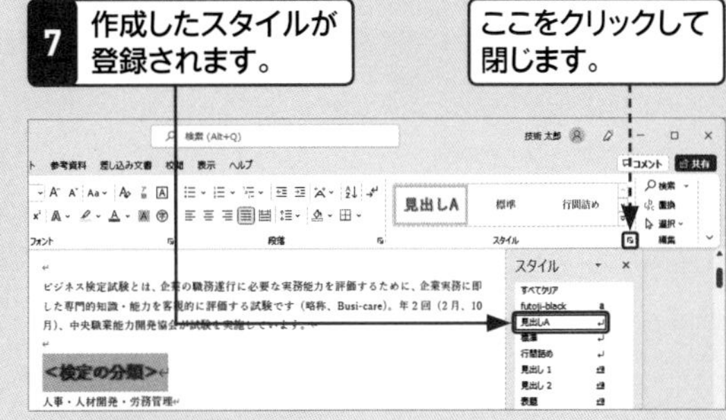

● スタイルを変更する

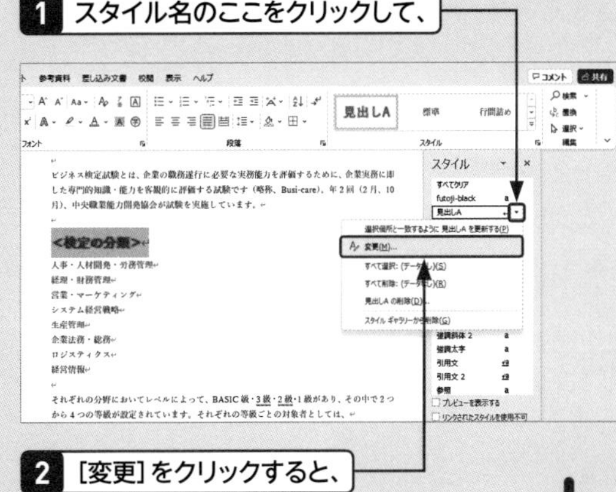

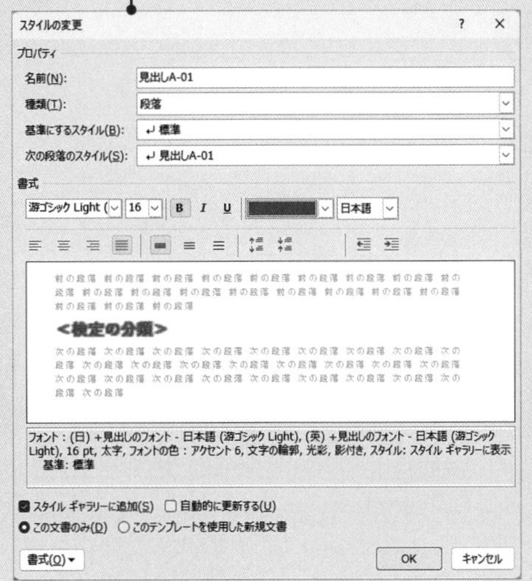

重要度★★★ スタイル

Q 237 使用しているスタイルだけを表示したい！

A [スタイルウィンドウオプション]で設定します。

[スタイル]作業ウィンドウでは、開いている文書で使用しているスタイルだけを表示できます。[スタイル]作業ウィンドウの右下にある[オプション]をクリックして、[スタイルウィンドウオプション]ダイアログボックスを表示し、[表示するスタイル]で[使用中のスタイル]をクリックします。なお、自分でテンプレートに登録したオリジナルのスタイルがある場合は、この設定にしても表示されます。

参照▶Q 236

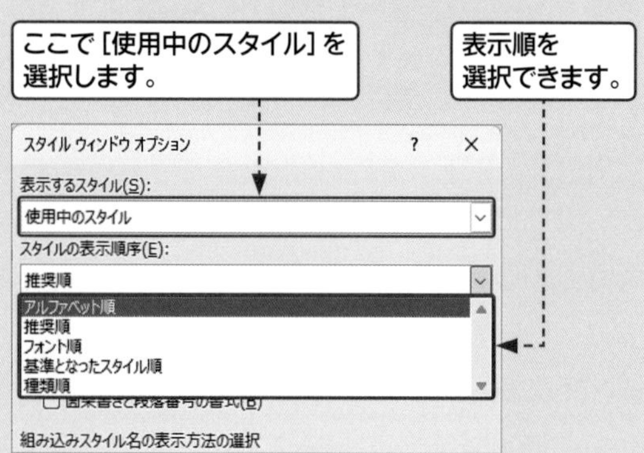

重要度★★★ スタイル

Q 238 スタイルのプレビューを表示させたい！

A [スタイル]作業ウィンドウで設定します。

[スタイル]作業ウィンドウでは、通常、スタイル名が同じフォントで表示されます。どのようなスタイルなのか、その内容も表示したい場合は、下部にある[プレビューを表示する]をクリックしてオンにします。

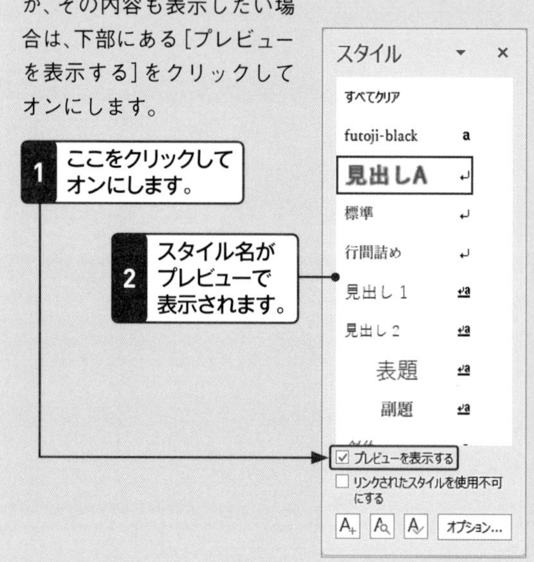

重要度★★★ スタイル

Q 239 見出しの次の段落もスタイルを指定したい！

A [スタイルの変更]ダイアログボックスで設定します。

[スタイルの変更]ダイアログボックスの[次の段落のスタイル]から、次の段落のスタイルを設定できます。なお、段落スタイルは既定から選ぶか、事前に登録しておく必要があります。

参照▶Q 236

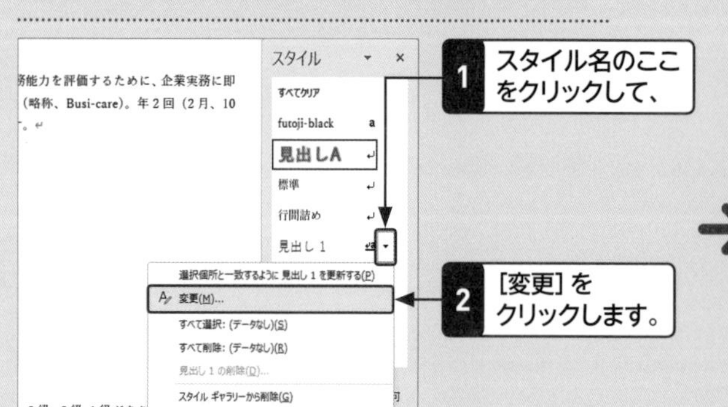

重要度★★★　スタイル

Q 240 スタイルをもっと手軽に利用したい！

A スタイルギャラリーのスタイルを適用します。

スタイルを適用したい段落を選択して、[ホーム]タブの[スタイル]から目的のスタイルを選択します。[その他] をクリックすると、スタイルギャラリーの一覧が表示されます。このとき、[スタイル]作業ウィンドウの[新しいスタイル]で作成したスタイルも、スタイルギャラリーに登録されます。

参照▶Q 236

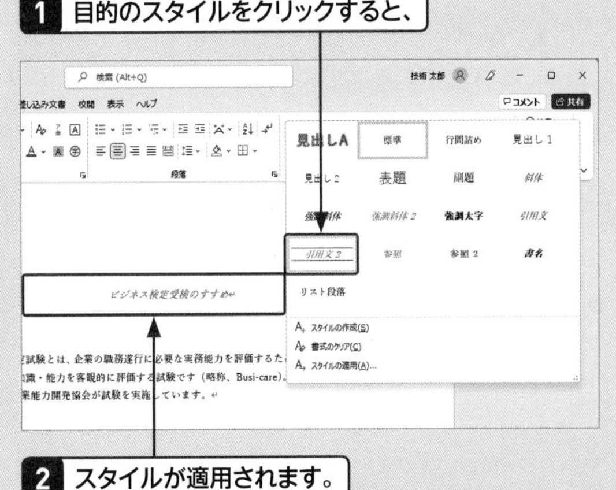

重要度★★★　箇条書き／段落番号

Q 241 行頭に番号の付いた箇条書きを設定したい！

A 段落の先頭で「1.」と入力します。

段落の先頭で「1.」と入力し、文字を入力して Enter を押すと、自動的に次の行に「2.」と表示されます。ただし、この機能は自動入力の設定がオフになっていると利用できません。

参照▶Q 246

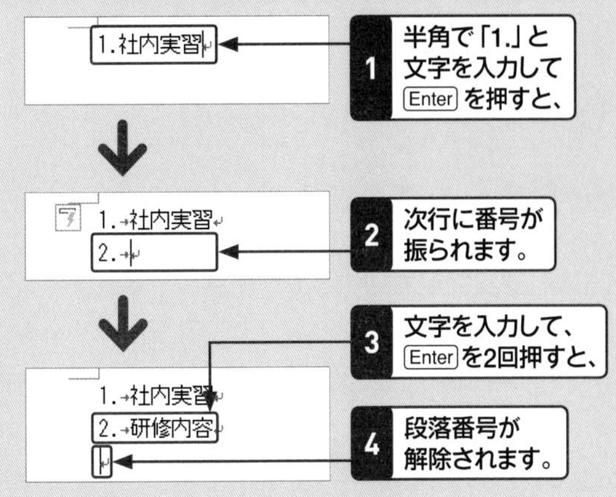

1 半角で「1.」と文字を入力して Enter を押すと、
2 次行に番号が振られます。
3 文字を入力して、Enter を2回押すと、
4 段落番号が解除されます。

重要度★★★　箇条書き／段落番号

Q 242 箇条書きの途中に段落番号のない行を追加したい！

A 段落番号に続く文字の先頭部分で Enter を押します。

箇条書き中に行頭記号や段落番号のない行を1行入れたい場合は、入れたい行の前段落末で Enter を押して改行します。箇条書きの形式になるので、再度 Enter を押すと、通常の段落になります。
このとき、数字やアルファベットなど連続番号の箇条書きであれば、次の行の数字が正しく変更されます。

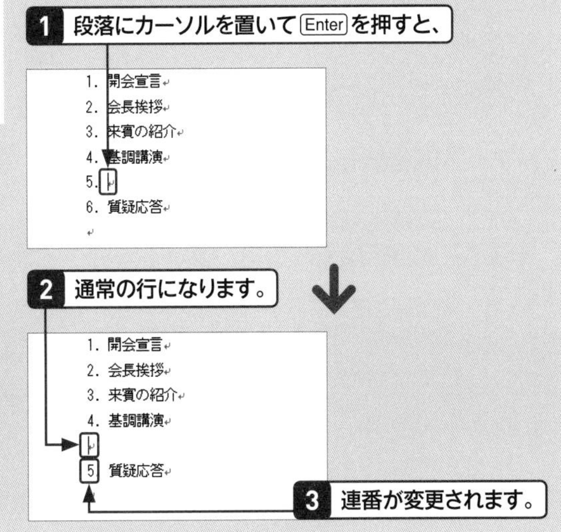

重要度 ★★★ 箇条書き／段落番号

Q 243 箇条書きの段落内で改行したい！

A Shift + Enter を押して、段落を分けずに改行します。

箇条書きの段落内で、次の行を箇条書きにしたくないときは、Shift + Enter を押して、段落記号ではなく改行を挿入します。編集記号は ↓ になります。

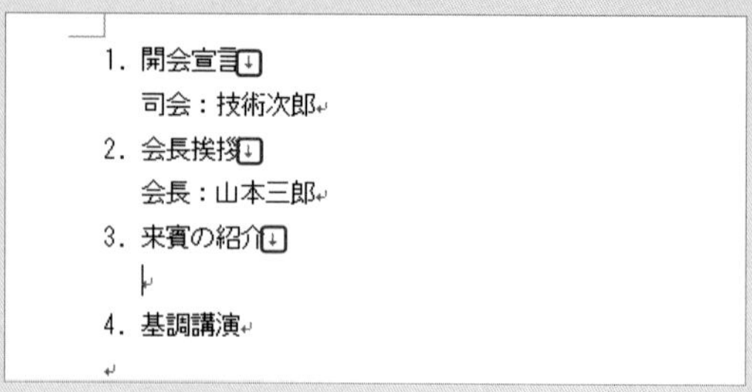

1. 開会宣言↓
司会：技術次郎
2. 会長挨拶↓
会長：山本三郎
3. 来賓の紹介↓

4. 基調講演

重要度 ★★★ 箇条書き／段落番号

Q 244 入力済みの文章を番号付きの箇条書きにしたい！

A ［ホーム］タブの［段落番号］を利用します。

番号を振らずに入力した箇条書きなどの文字列に対して、あとから連番を振ることができます。
文字列を選択して、［ホーム］タブの［段落番号］をクリックすると、設定されている書式の番号が振られます。このとき、［段落番号］の ▾ をクリックすると、スタイルを選択できます。

参照 ▶ Q 245

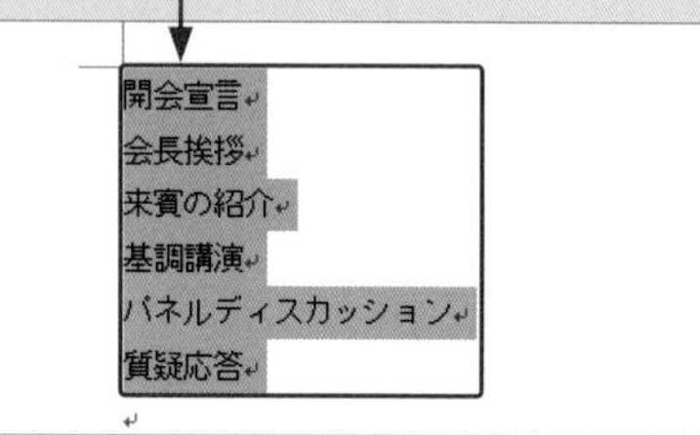

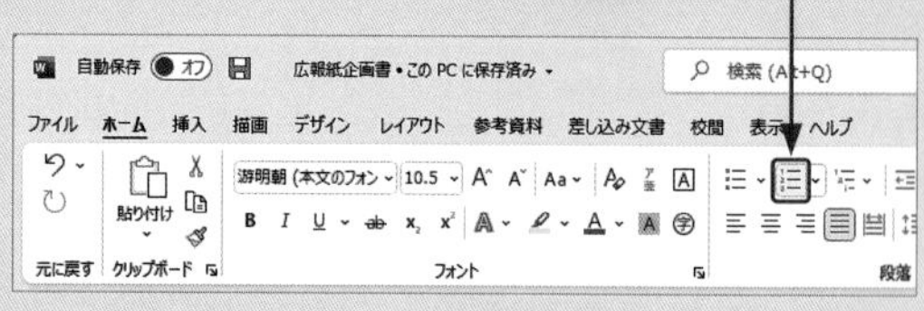

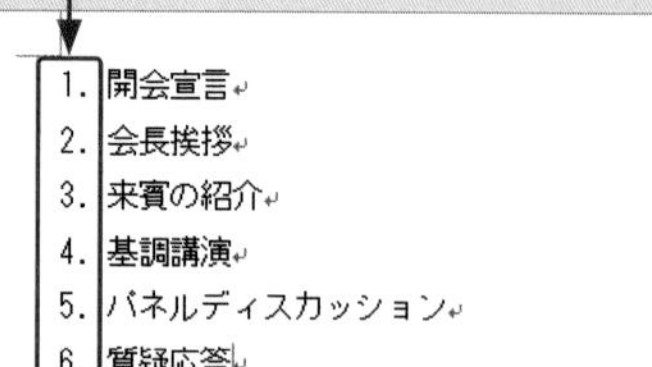

重要度 ★★★ 箇条書き／段落番号

Q 245 箇条書きの記号を変更したい！

A 行頭文字ライブラリ、番号ライブラリから記号を選択します。

箇条書き部分を選択して、［ホーム］タブの［箇条書き］あるいは［段落番号］の ▾ をクリックすると、［行頭文字ライブラリ］あるいは［番号ライブラリ］から行頭の記号を変更できます。

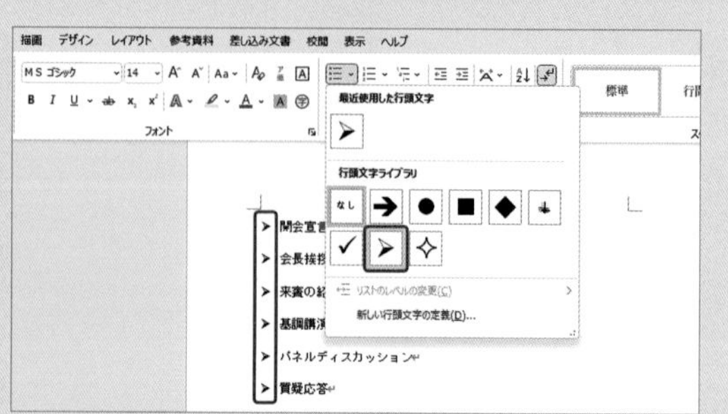

重要度★★★ 箇条書き／段落番号

Q 246 箇条書きになってしまうのをやめたい！

A 入力オートフォーマットの設定を解除します。

箇条書きになるのは、入力オートフォーマット機能がオンになっているためです。これをやめさせるには、[Wordのオプション]の[文章校正]で[オートコレクトのオプション]をクリックし、[入力オートフォーマット]タブの[箇条書き（行頭文字）]および[箇条書き（段落番号）]をクリックしてオフにします。これにより、行の先頭に数字や記号を入力しても、箇条書きの書式は適用されなくなります。 参照▶Q 041

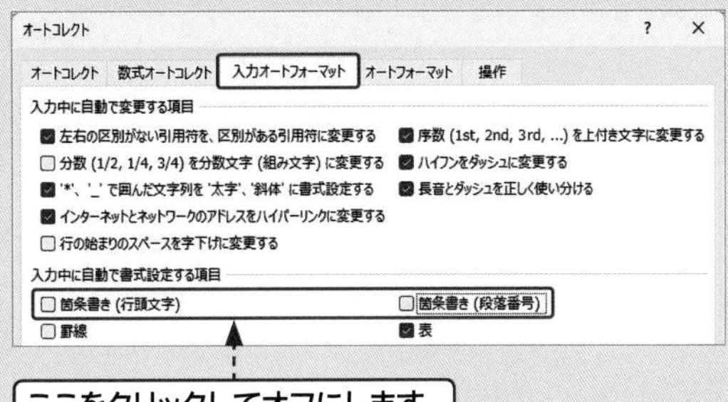

重要度★★★ 箇条書き／段落番号

Q 247 途中から段落番号を振り直したい！

A 右クリックして、[1から再開]をクリックします。

連続した段落番号の途中に通常の行を追加した場合、あるいは1行だけ番号を解除した場合、次の行の番号は自動的に続けて振られます。このとき、次の番号を「1」から振り直すことができます。
振り直したい番号の段落をすべて選択して、右クリックし、[1から再開]をクリックします。 参照▶Q 242

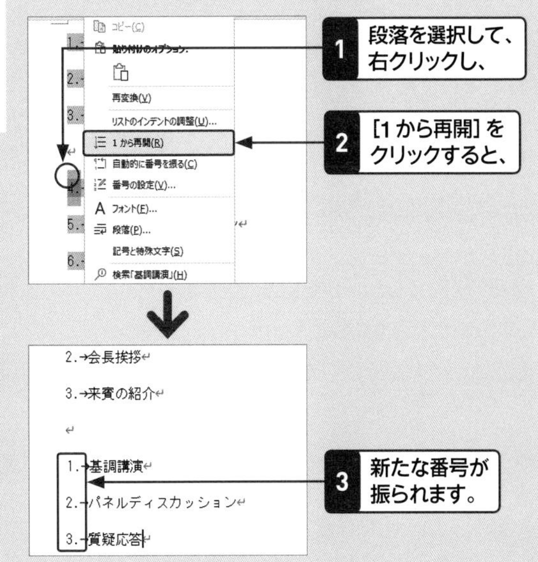

重要度★★★ 箇条書き／段落番号

Q 248 途切れた段落番号を連続させたい！

A 段落を選択して、[段落番号]をクリックします。

連続させたい段落を選択して、[ホーム]タブの[段落番号]をクリックすると、途切れていた段落番号が連続の番号に振り直されます。 参照▶Q 247

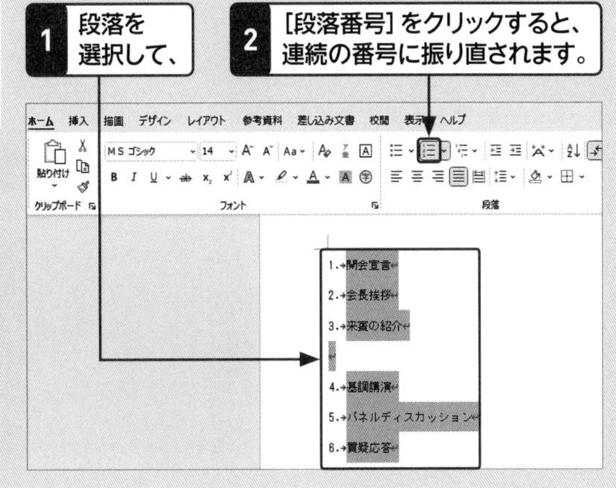

重要度 ★★★ 箇条書き／段落番号

Q 249 段落番号を「.」の位置で揃えたい！

A ［新しい番号書式の定義］で、［右揃え］にします。

［ホーム］タブの［段落番号］の をクリックして、［新しい番号書式の定義］をクリックすると表示される［新しい番号書式の定義］ダイアログボックスで、［配置］を［右揃え］に設定すると、段落番号が「.」の位置で揃います。

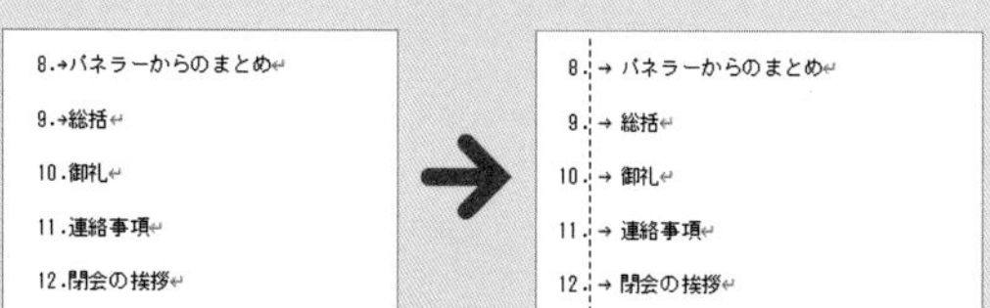

1 段落を選択して、ここをクリックし、

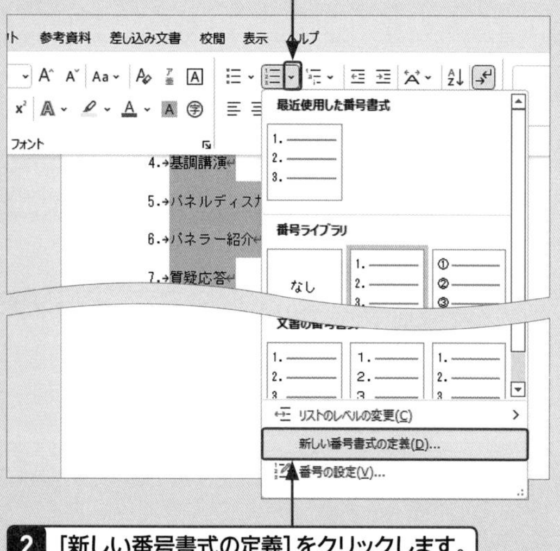

2 ［新しい番号書式の定義］をクリックします。

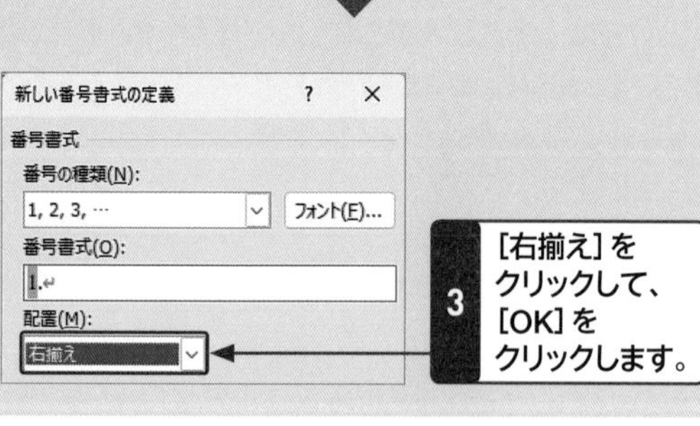

3 ［右揃え］をクリックして、［OK］をクリックします。

重要度 ★★★ 箇条書き／段落番号

Q 250 行頭の記号と文字を揃えたい！

A リストのインデントの調整を利用します。

箇条書きや段落番号、行頭文字（記号）を入力すると、最初の文字はぶら下げインデントの位置で設定されます。文字の位置が離れすぎたり、ずれてしまったりする場合は、［リストのインデントの調整］で設定し直します。文字位置を揃えたい段落を選択して右クリックし、［リストのインデントの調整］をクリックして、表示される［リストのインデントの調整］ダイアログボックスで、調整したい項目を設定します。

なお、［番号に続く空白の扱い］を［タブ文字］にすると、［タブ位置の追加］の設定もできます。

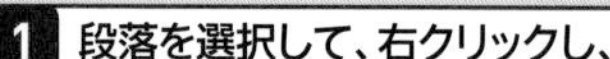

1 段落を選択して、右クリックし、

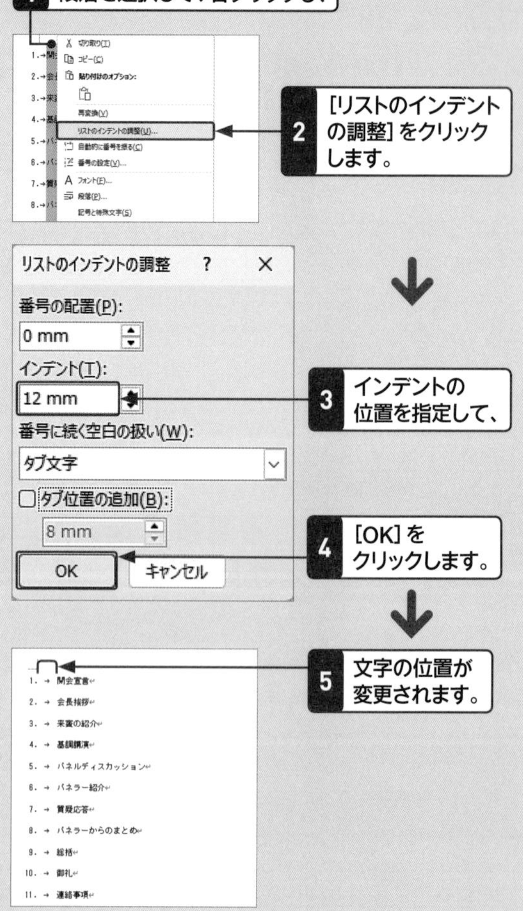

2 ［リストのインデントの調整］をクリックします。

3 インデントの位置を指定して、

4 ［OK］をクリックします。

5 文字の位置が変更されます。

重要度 ★★★ 箇条書き／段落番号

Q 251 オリジナルの段落番号を設定したい！

A [新しい番号書式の定義] ダイアログボックスで設定します。

段落を選択して、[新しい番号書式の定義] ダイアログボックスを表示し、番号書式やフォントなどを設定すると、オリジナルの段落番号を作成できます。

参照 ▶ Q 249

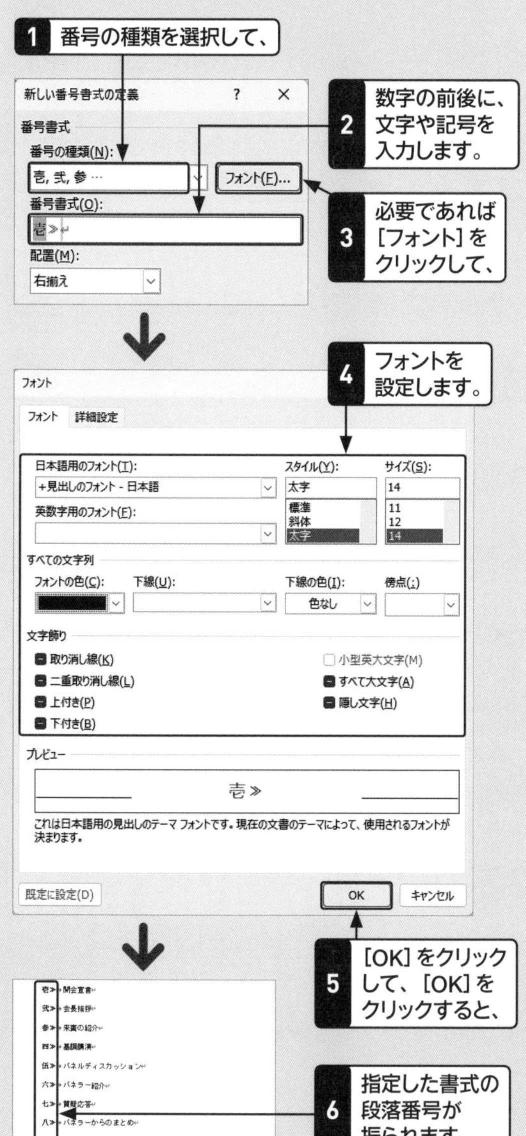

重要度 ★★★ 箇条書き／段落番号

Q 252 箇条書きの記号にアイコンのような絵を使いたい！

A [新しい行頭文字の定義] ダイアログボックスで選択します。

[ホーム] タブの [箇条書き] の をクリックして、[新しい行頭文字の定義] をクリックすると表示される [新しい行頭文字の定義] ダイアログボックスで、[記号] をクリックして、目的の記号を選択します。

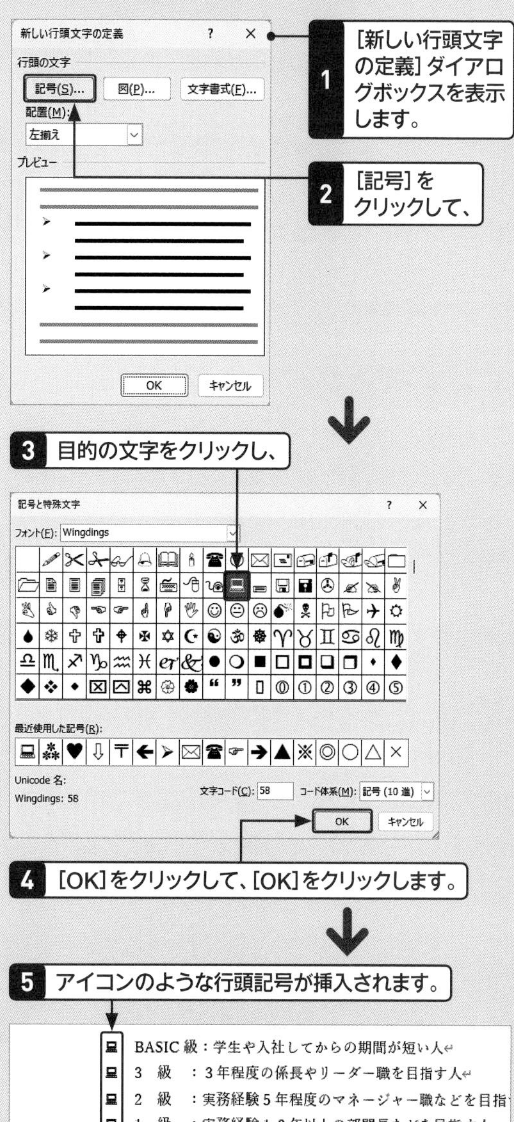

重要度 ★★★　ページの書式設定

Q 253 文書全体を縦書きにしたい！

A [文字列の方向] を [縦書き] に設定します。

[レイアウト] タブの [文字列の方向] をクリックして、[縦書き] をクリックすると、縦書きになります。ただし、縦書きになったとき、レイアウトが崩れた部分の微調整などが必要になります。また、余白の設定、ページ番号、ヘッダー、フッターなどの確認、調整も必要な場合があります。

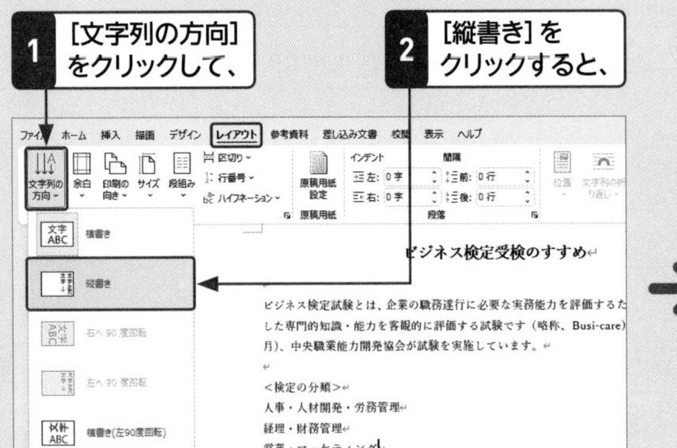

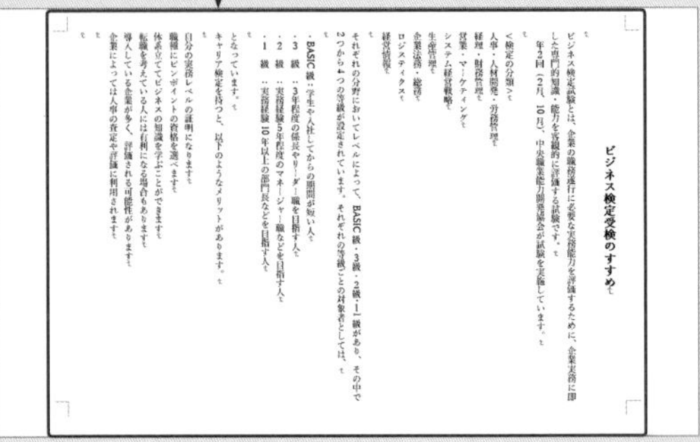

重要度 ★★★　ページの書式設定

Q 254 縦書きにすると数字が横に向いてしまう！

A 「縦中横」を設定します。

文字列の方向を縦書きにすると、半角の英数字は横向きになってしまいます。[ホーム] タブの [拡張書式] をクリックして、[縦中横] をクリックすると、横向きになっている数字を縦にできます。なお、同じ文字がほかにもある場合、手順5で [すべて適用] をクリックするとすべての同じ文字に適用できます。

参照 ▶ Q 253

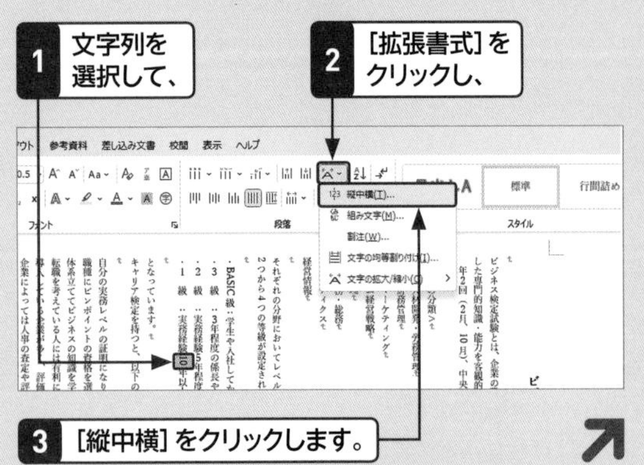

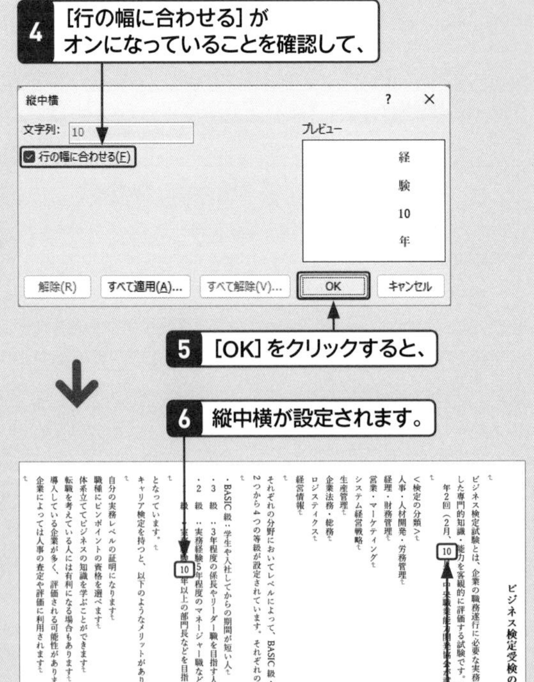

重要度 ★★★ ページの書式設定

Q 255 区切りのよいところでページを変えたい！

A 「ページ区切り」を挿入します。

区切りのよいところで改ページしたい場合、「ページ区切り」を挿入して、強制的に改ページすることができます。ページ区切りを挿入するには、[挿入]タブの[ページ]（画面サイズによっては[ページ]グループ）から[ページ区切り]をクリックします。[レイアウト]タブの[ページ／セクション区切りの挿入] 区切り をクリックして、[改ページ]をクリックしても同じです。

参照▶Q 258

1 ページを区切りたい位置にカーソルを置いて、

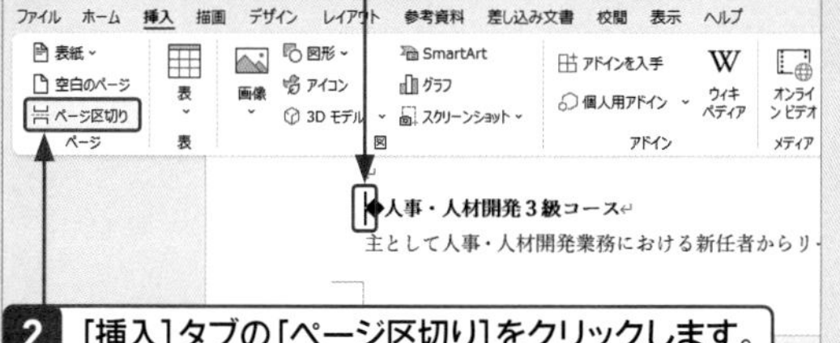

2 [挿入]タブの[ページ区切り]をクリックします。

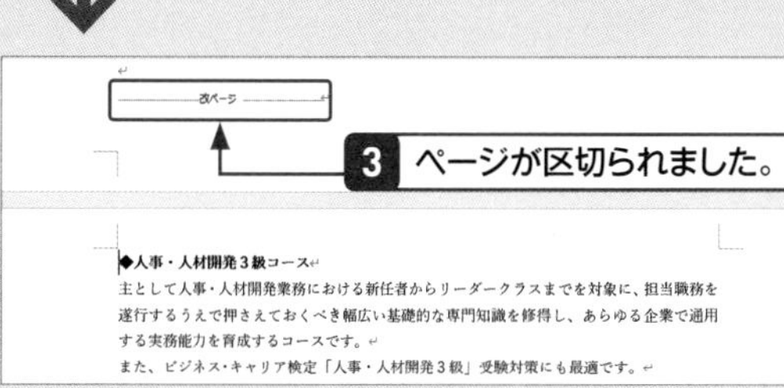

3 ページが区切られました。

重要度 ★★★ ページの書式設定

Q 256 改ページすると前のページの書式が引き継がれてしまう！

A Ctrl＋Shift＋Nを押して、書式を解除します。

「ページ区切り」を挿入すると、新しいページでは直前に使用していた書式が引き継がれます。前の書式を使用したくないときには、Ctrl＋Shift＋Nを押すと設定されている書式を解除できます。

参照▶Q 255

重要度 ★★★ ページの書式設定

Q 257 用紙に透かし文字を入れたい！

A [透かし]を利用します。

[デザイン]タブの[透かし]をクリックすると、透かし文字を挿入できます。入れたい文字がない場合は、[ユーザー設定の透かし]をクリックし、表示される[透かし]ダイアログボックスで、[テキスト]から文字を選択するか、ボックスに直接入力します。

1 [デザイン]タブの[透かし]をクリックして、

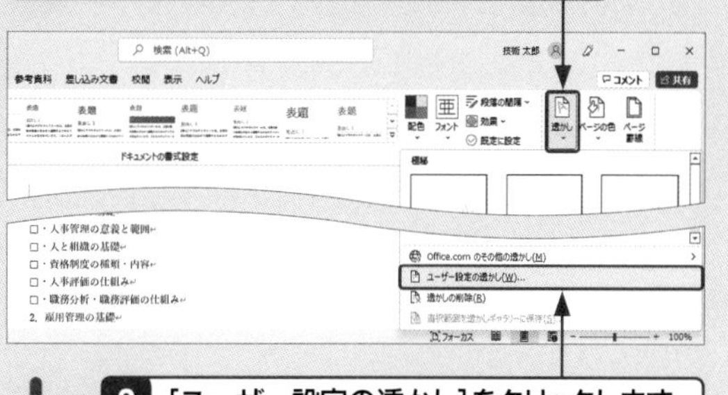

2 [ユーザー設定の透かし]をクリックします。

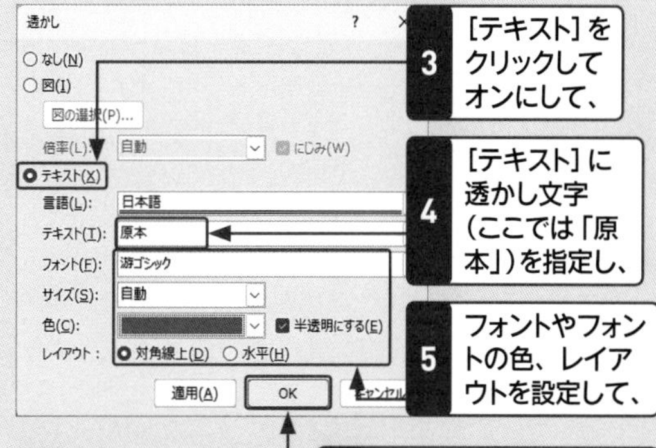

3 [テキスト]をクリックしてオンにして、

4 [テキスト]に透かし文字（ここでは「原本」）を指定し、

5 フォントやフォントの色、レイアウトを設定して、

6 [OK]をクリックします。

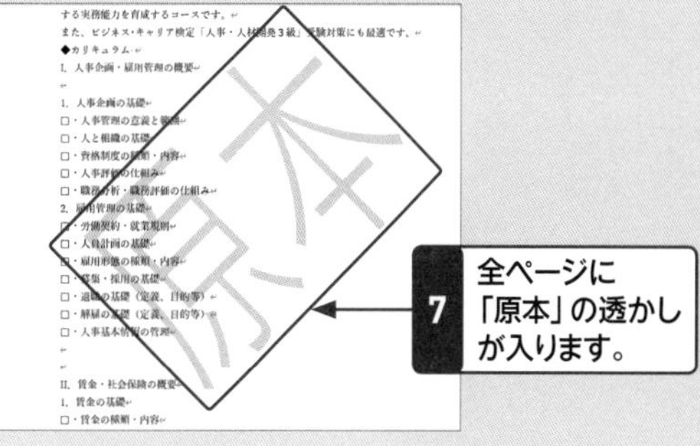

7 全ページに「原本」の透かしが入ります。

重要度★★★ ページの書式設定

Q 258 セクションって何？

A ページ設定を行える範囲のことです。

「セクション」とは、ページ設定を行うことができる範囲の単位です。文書を「章」や「節」などのセクションで区切っておくと、そのセクションのみにページ設定ができ、目次や索引などを作成する際にも便利です。

[レイアウト]タブの[ページ／セクション区切りの挿入] 区切り をクリックすると、目的のページ区切り、セクション区切りを挿入できます。

重要度★★★ ページの書式設定

Q 259 1つの文書に縦書きと横書きのページを混在させたい！

A セクション区切りを挿入して、セクションを縦書きにします。

セクション区切りを挿入すると、セクションごとに縦書きや横書きが異なるページ設定ができるようになります。

縦書きと横書きを分ける位置にカーソルを移動し、[レイアウト]タブの[ページ／セクション区切りの挿入] 区切り をクリックして、セクション区切りを挿入します。縦書きにしたいセクションにカーソルを移動して、[ページ設定]グループの右下にある ↘ をクリックして[ページ設定]ダイアログボックスを表示します。[文字数と行数]タブの[縦書き]をクリックしてオンにし、設定対象を[このセクション]に指定すると、そのセクションが縦書きになります。

参照▶Q 258

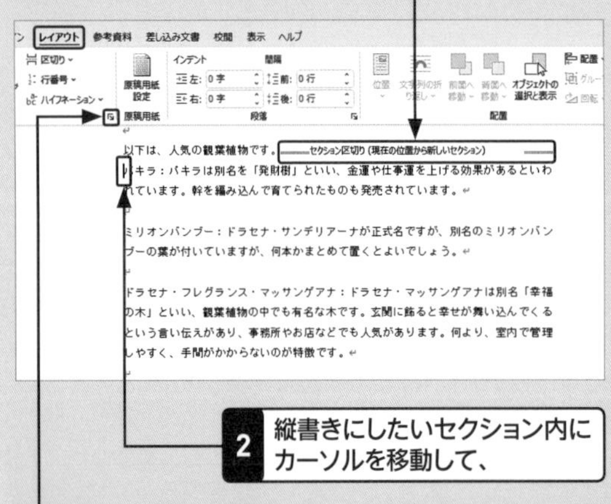

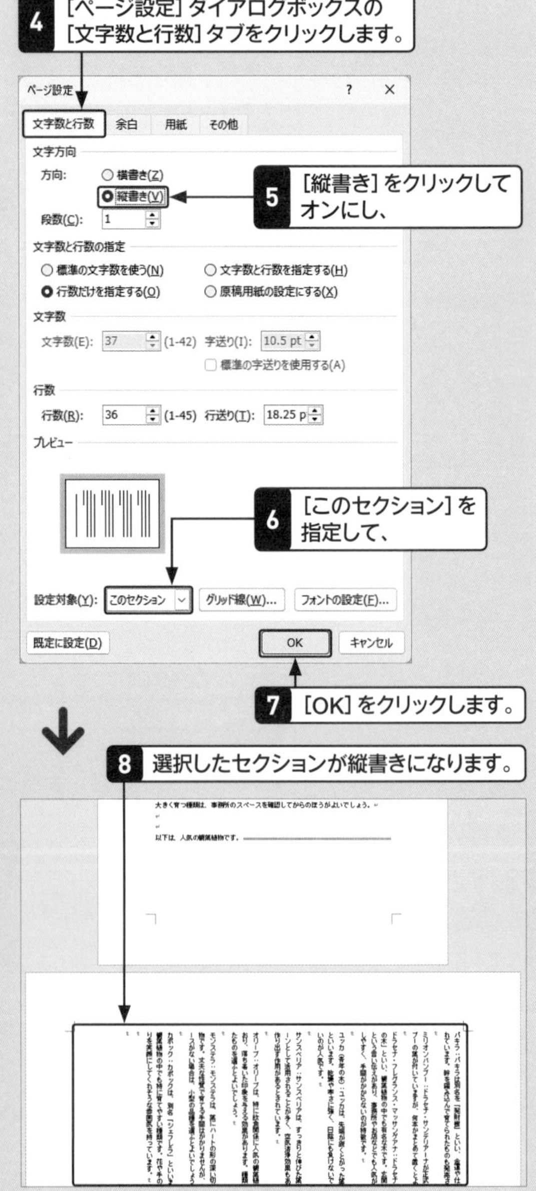

重要度 ★★★　ページの書式設定

Q 260 改ページやセクション区切りを削除したい!

A ページやセクション区切りの編集記号を削除します。

改ページやセクション区切りの編集記号が表示されていない場合は、[ホーム]タブの[編集記号の表示／非表示]をクリックして表示します。改ページやセクション区切りの記号の前にカーソルを移動するか、記号を選択して Delete を押します。

下は、人気の観葉植物です。 セクション区切り (現在の位置から新しいセクション)

キラ：パキラは別名を「発財樹」といい、金運や仕事運を上げるといわれています。幹を編み込んで育てられたものも発売され

カーソルを置いて、Delete を押すと削除できます。

重要度 ★★★　テーマ

Q 261 テーマって何？

A 文書全体のデザインのまとまりです。

テーマとは、文書全体の統一感を保つようにデザインされたものです。[デザイン]タブの[テーマ]には、文書全体の見出しや本文のフォント、色などのデザインが各テーマによって用意されています。テーマをクリックするだけで、文書全体のデザインをかんたんに整えることができます。なお、テーマを利用するには、フォントやフォントの色などがそれぞれの[テーマ]から選択されている必要があります。

テーマを解除したい場合は、手順 3 で左上にある[Office]をクリックします。 参照▶Q 262

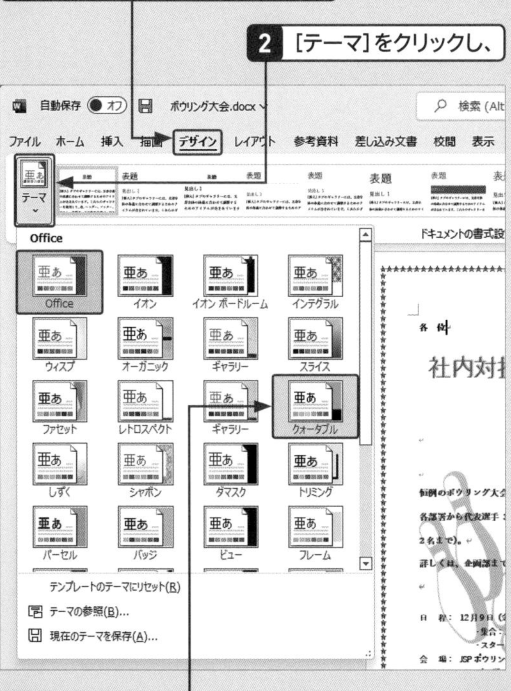

テーマのフォント、テーマの色を使用して文書を作成します。

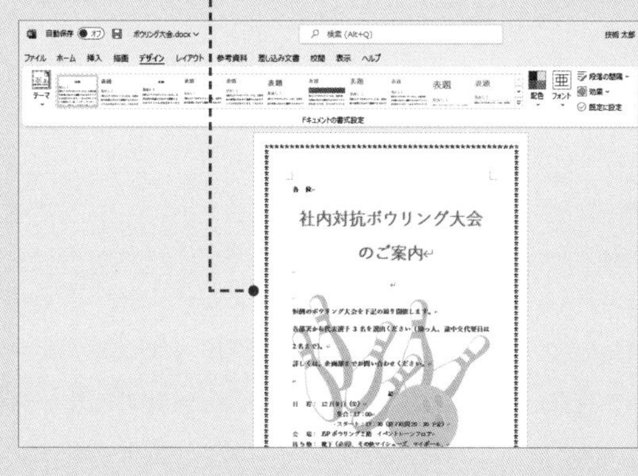

文書にテーマが反映されます。

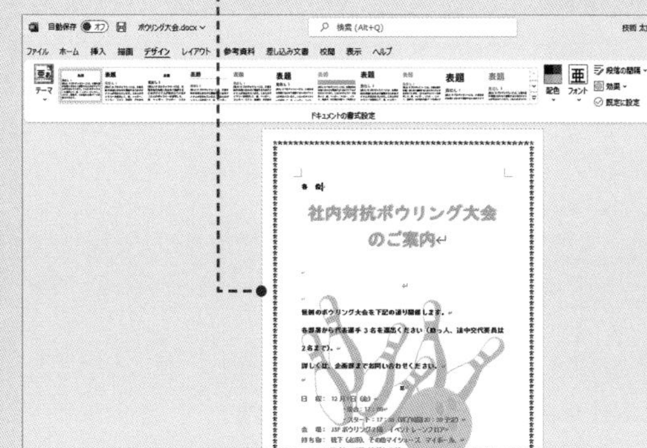

1 Wordの基本
2 入力
3 編集
4 書式設定
5 表示
6 印刷
7 差し込み印刷
8 図と画像
9 表とグラフ
10 ファイル

重要度★★★ テーマ

Q 262 テーマを指定しても変更されない！

A フォントの種類や色はテーマを利用します。

テーマを利用するには、フォントの種類や色としてそれぞれ［テーマのフォント］や［テーマの色］を指定しておく必要があります。また、見出しや本文のスタイルは、［スタイル］内のスタイルを指定しておく必要があります。それ以外の種類を設定していると、変更したいテーマをクリックしても適用されません。

●テーマのフォント

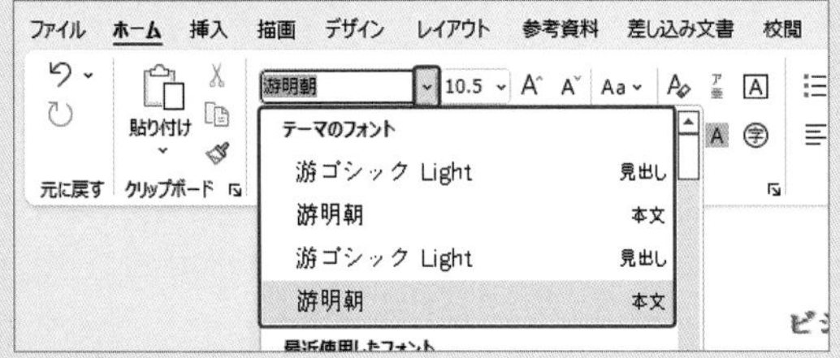
テーマのフォント
游ゴシック Light 見出し
游明朝 本文
游ゴシック Light 見出し
游明朝 本文

●テーマの色

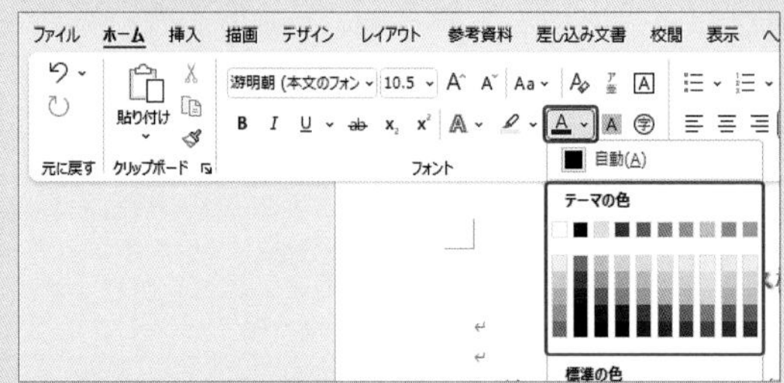
自動(A)
テーマの色
標準の色

重要度★★★ テーマ

Q 263 テーマの色を変更したい！

A ［テーマの色］から選択します。

［テーマ］に用意されているスタイルセットだけでなく、色セットのみを変更することができます。［デザイン］タブの［テーマの色］をクリックして、配色の1つをクリックします。変更したあとでもとに戻したい場合は、［テーマの色］から［Office］をクリックします。

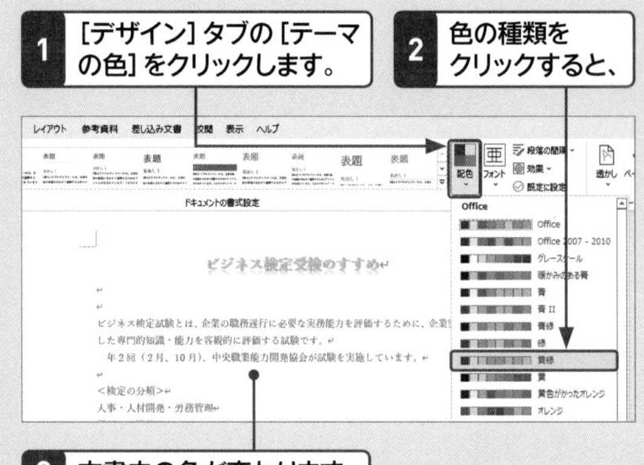
1 ［デザイン］タブの［テーマの色］をクリックします。
2 色の種類をクリックすると、
3 文書内の色が変わります。

重要度★★★ テーマ

Q 264 テーマのフォントを変更したい！

A ［テーマのフォント］から選択します。

テーマのフォントセットのみを変更するには、［デザイン］タブの［テーマのフォント］亜をクリックして、フォントの1つをクリックします。
変更したあとでもとに戻したい場合は、［テーマのフォント］から［Office］をクリックします。

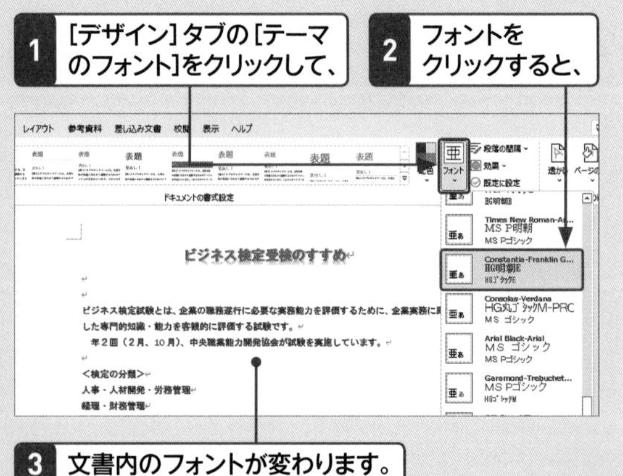
1 ［デザイン］タブの［テーマのフォント］をクリックして、
2 フォントをクリックすると、
3 文書内のフォントが変わります。

第5章

表示の「こんなときどうする?」

重要度 ★★★　表示モード

Q 265 文書の表示方法を切り替えたい！

A [表示] タブの [文書の表示] を利用します。

Wordの文書表示モードには、[閲覧モード]、[印刷レイアウト]、[Webレイアウト]、[アウトライン]、[下書き]の5つがあり、[表示] タブで切り替えることができます。また、画面右下の表示選択ショートカットで [閲覧モード] 、[印刷レイアウト] 、[Webレイアウト] の切り替えができます。このほかに、Word 2021では [フォーカス] モードが用意されています。

● [表示] タブ

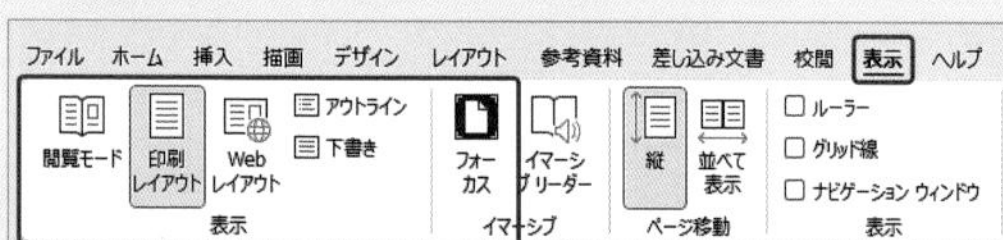

● 閲覧モード

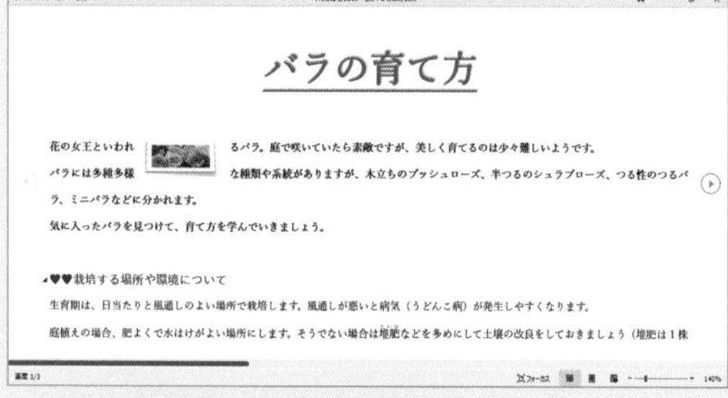

ページを閲覧するための簡素化された表示方法です。[表示] をクリックして、[レイアウト] から表示を変更できます（画面は [列のレイアウト]）。

● 印刷レイアウト

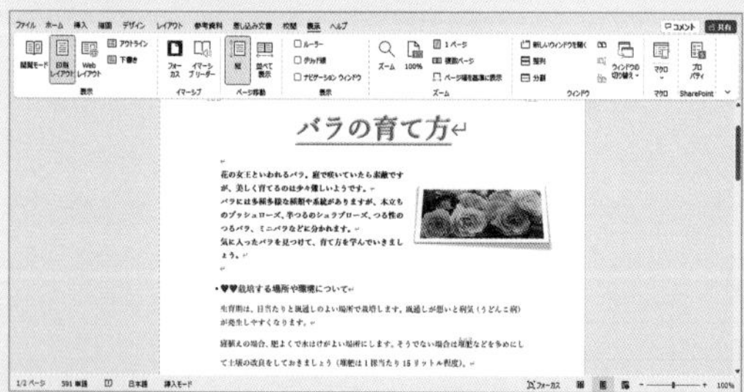

印刷時の仕上がりを確認しながら文書を作成する場合の表示方法です。

● Webレイアウト

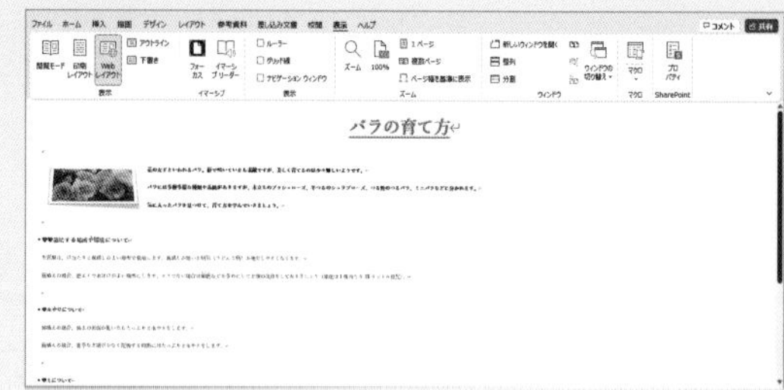

Web用の文書を作成するときの表示方法です。

● アウトライン

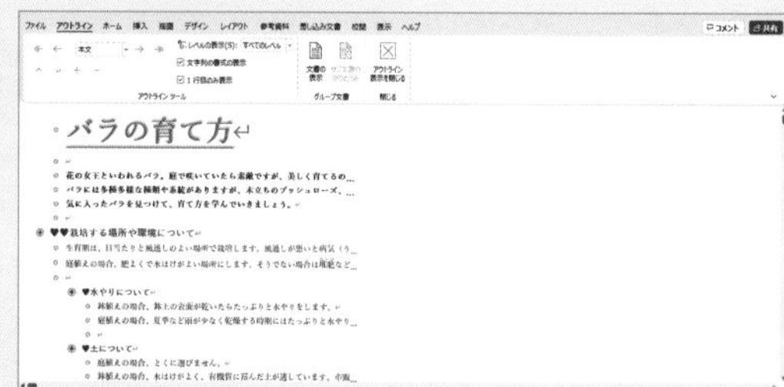

文書の階層構造を視覚的に把握できる表示方法です。

● 下書き

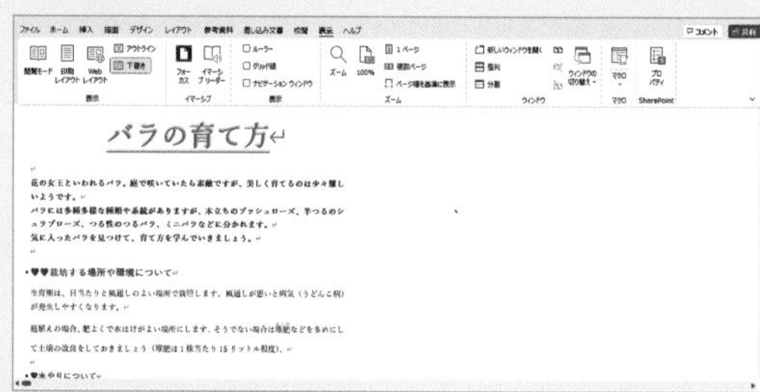

デザインや画像などは省略され、文字入力に集中するための表示方法です。

● フォーカス

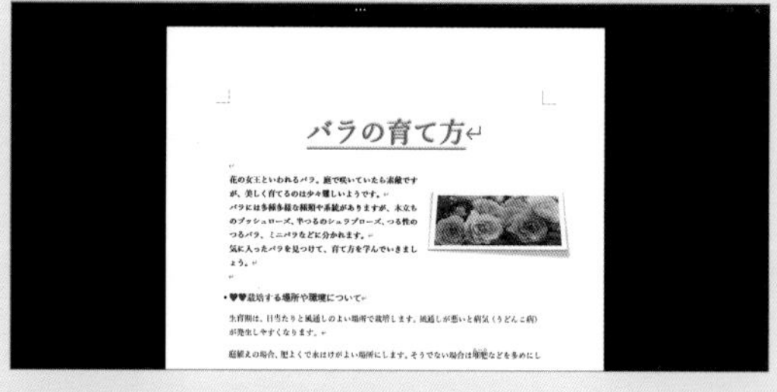

全画面表示で文書以外の部分が黒く、文書だけに集中できる表示方法です。

重要度★★★ 表示モード ⊗2019 ⊗2016

Q 266 文書全体を読みやすく表示させたい！

A フォーカスモードを利用します。

文書作成に集中したいときなど、編集画面周りのリボンタブやコマンド、余白を黒で表示し、文書全体だけを表示するフォーカス機能があります。

1 [表示]タブをクリックして、

2 [フォーカス]をクリックします。

利用するには、[表示]タブの[フォーカス]、[校閲]タブの[アクセシビリティチェック]→[フォーカス]をクリックする方法があります。もとに戻すには、画面上部にマウスポインターを合わせると表示されるリボンタブやステータスバーの[フォーカス]をクリックします。

3 フォーカスで表示されます。

4 上部にマウスポインターを合わせると、リボンタブなどが表示されます。

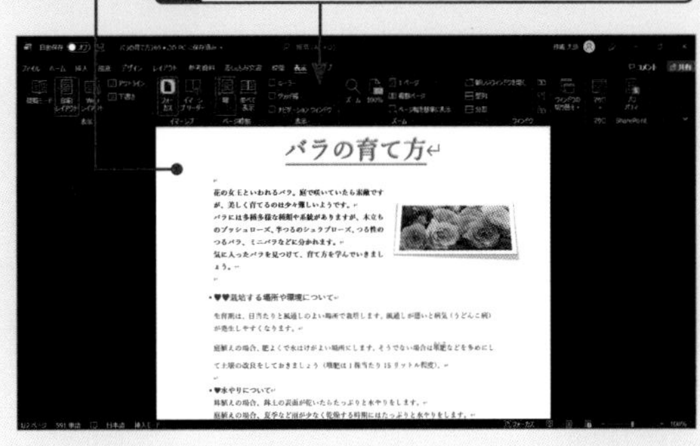

重要度★★★ 表示モード ⊗2019 ⊗2016

Q 267 注目させる行だけを表示させたい！

A 行フォーカスを利用します。

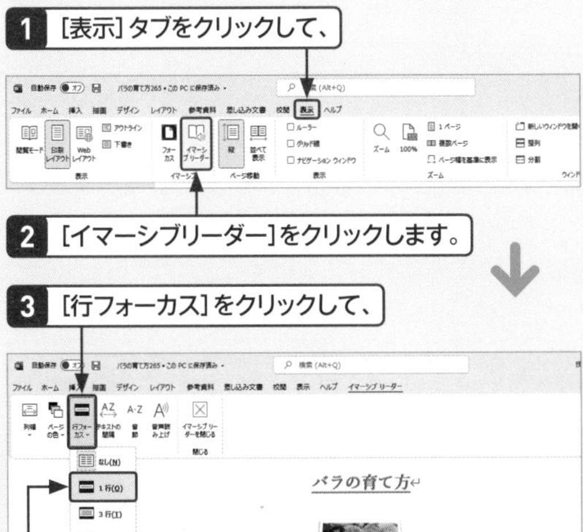

4 行数(ここでは[1行])をクリックします。

Word 2021／Microsoft 365に、読み取りと編集中の単語や文書の表示方法を調整するイマーシブリーダー機能が搭載されています。この中に、目的の行だけを表示させる「行フォーカス」機能があります。長文の文書で文章に集中したいときなどに、数行のみを表示させる機能です。利用するには、[表示]タブの[イマーシブリーダー]をクリックして、[行フォーカス]で行数を選択します。右端の上下の⌃／⌄をクリックするか、マウスのホイールを回して表示する行を移動します。

なお、イマーシブリーダーにすると行間隔が広がって表示されます。[イマーシブリーダーを閉じる]をクリックすると、もとの表示に戻ります。

5 1行分のみを表示できます。

6 ここをクリックして、終了します。

重要度★★★ 表示モード 2019 2016

Q 268 文書を音声で読み上げたい!

A 音声読み上げ機能を利用します。

Word 2021/Microsoft 365に、読み取りと編集中の単語や文書の表示方法を調整するイマーシブリーダー機能が搭載されています。この中に、文書を音声で読み上げる機能があります。

利用するには、スピーカーを設定しておきます。[表示]タブの[イマーシブリーダー]をクリックして、[音声読み上げ]をクリックすると、カーソル位置以降で認識できる文字から読み上げます。表示されるツールバーで、一時停止/再開、前の段落/次の段落への移動、音量などの設定ができます。なお、テキスト形式などには対応しない場合があります。

1 [表示]タブをクリックして、

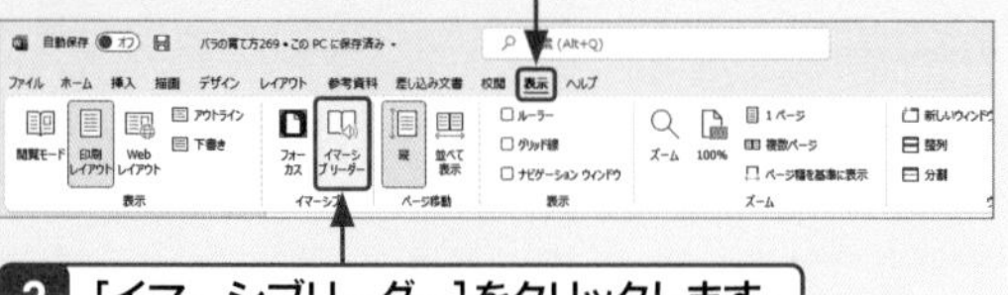

2 [イマーシブリーダー]をクリックします。

3 [音声読み上げ]をクリックすると、

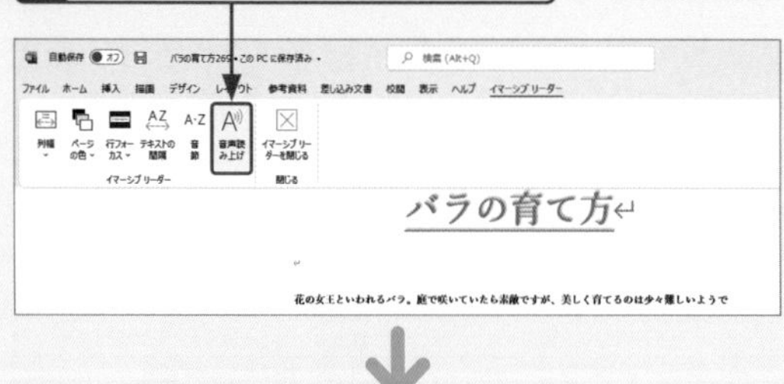
バラの育て方

4 文字を選択しながら読み上げます。

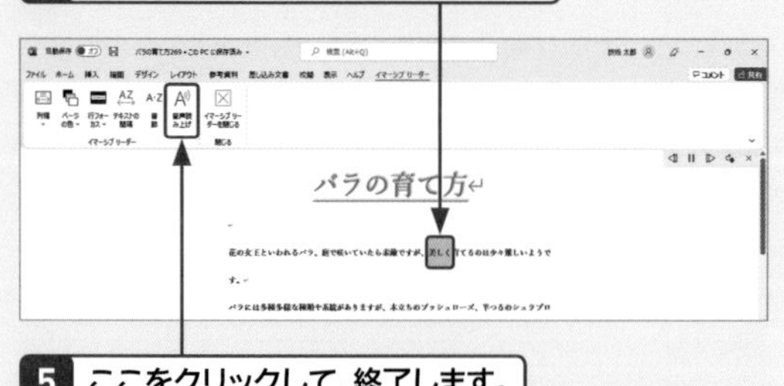
バラの育て方

5 ここをクリックして、終了します。

重要度★★★ 画面表示

Q 269 文書を自由に拡大/縮小したい!

A マウスのホイールボタンを使います。

マウスの中央にホイールボタンが付いているマウスを利用している場合は、Ctrl を押しながらホイールボタンを回転させることで、表示倍率を変更できます。上(前)に回転させると10%ずつ拡大され、下(手前)に回転させると10%ずつ縮小されます。

また、画面右下のズームスライダーを左右にドラッグすると拡大/縮小できるほか、左右の − + をクリックすると10%単位で拡大/縮小できます。さらに、ズームの右にある%表示をクリックすると表示される[ズーム]ダイアログボックスでも変更できます。

参照▶Q 270

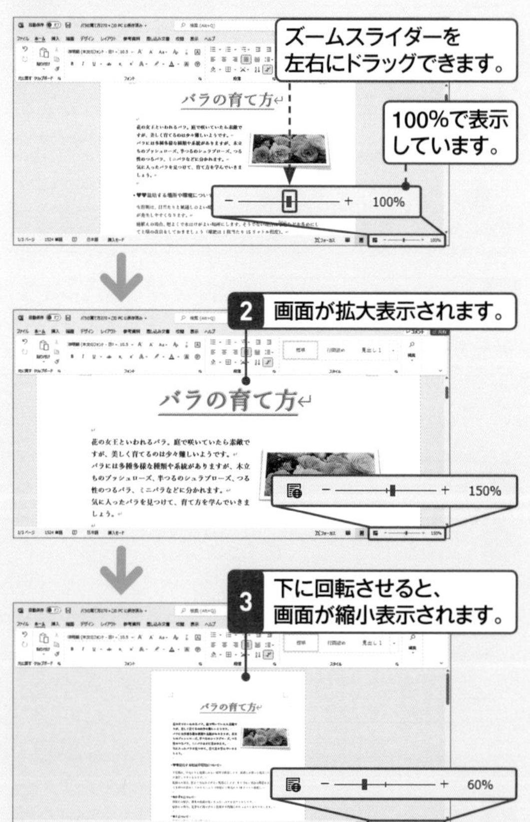
1 Ctrl を押しながらホイールボタンを上に回転させると、
ズームスライダーを左右にドラッグできます。
100%で表示しています。
100%
バラの育て方
2 画面が拡大表示されます。
150%
3 下に回転させると、画面が縮小表示されます。
60%

重要度 ★★★ 画面表示

Q 270 文書の画面表示を切り替えて使いたい!

A [表示]タブの[ズーム]を利用します。

文字内容がよく見えるように文書表示を拡大したり、レイアウトを確認するために文書表示を縮小したりするためには、ズーム機能を利用します。画面右下のズームスライダーや左右の[拡大][縮小]をクリックしても倍率を変更できます。

[表示]タブの[ズーム]グループには、[ズーム][100%][1ページ][複数ページ][ページ幅を基準に表示]の5つのコマンドが用意されています。

● [ズーム]ダイアログボックスを利用する

1 [表示]タブの[ズーム]をクリックして、[ズーム]ダイアログボックスを表示します。

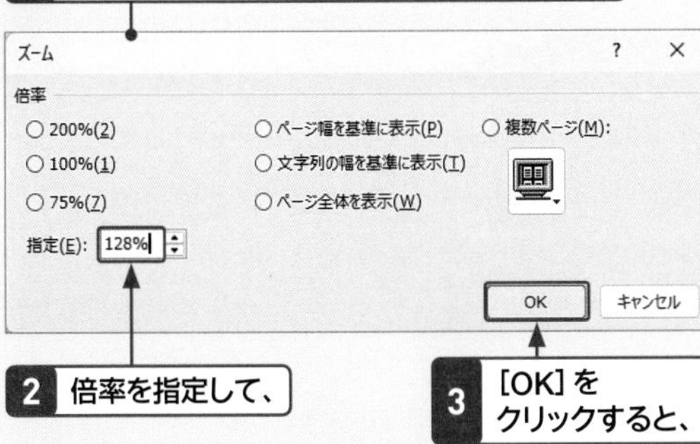

2 倍率を指定して、

3 [OK]をクリックすると、

4 文書の表示倍率が変更されます。

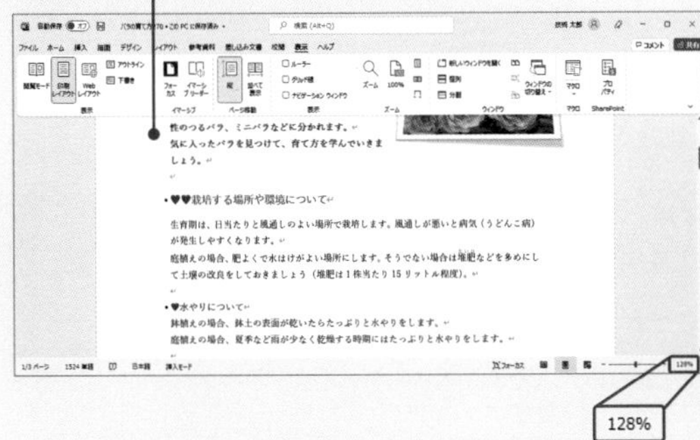

● 1ページ表示

[1ページ]をクリックすると、文書ウィンドウに1ページ全体が表示されます。

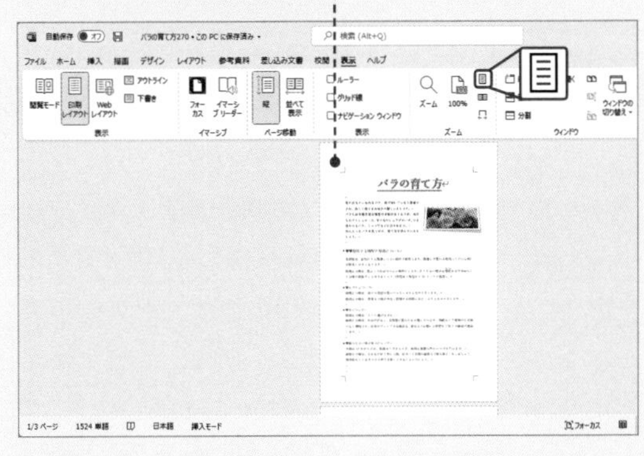

● 複数ページ表示

[複数ページ]をクリックすると、文書ウィンドウに見開きや複数ページが表示されます。

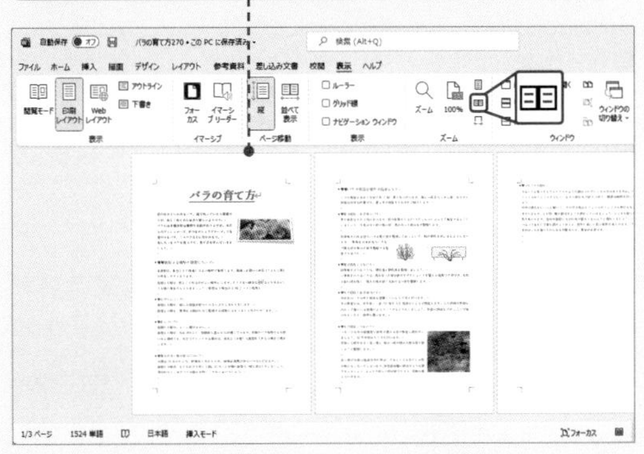

● ページ幅を基準に表示

[ページ幅を基準に表示]をクリックすると、文書ウィンドウに用紙サイズがいっぱいに表示されます。

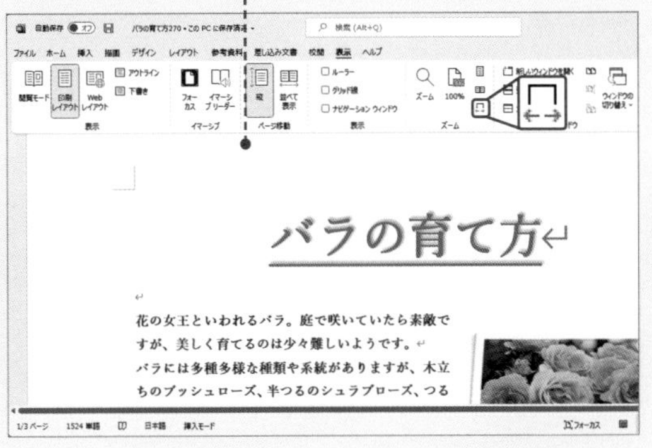

重要度★★★ 画面表示

Q 271 ルーラーを表示させたい！

A [表示]タブの[ルーラー]をクリックしてオンにします。

Wordの初期設定では、画面の上と左側にルーラーが表示されていません。ルーラーが必要な場合は、[表示]タブの[ルーラー]をクリックしてオンにすると表示されます。

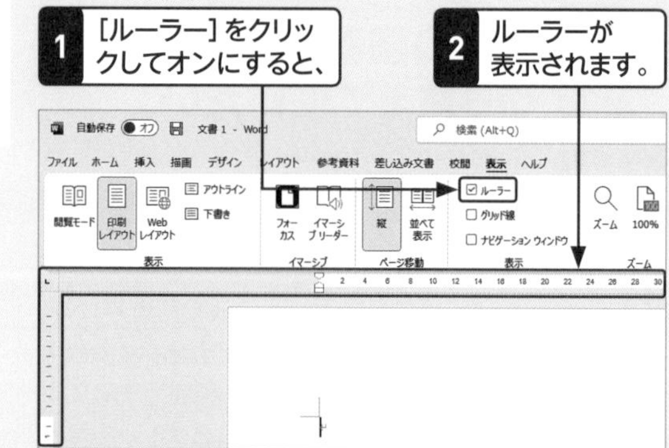

重要度★★★ 画面表示

Q 272 ルーラーの単位を「字」から「mm」に変更したい！

A [Wordのオプション]から変更できます。

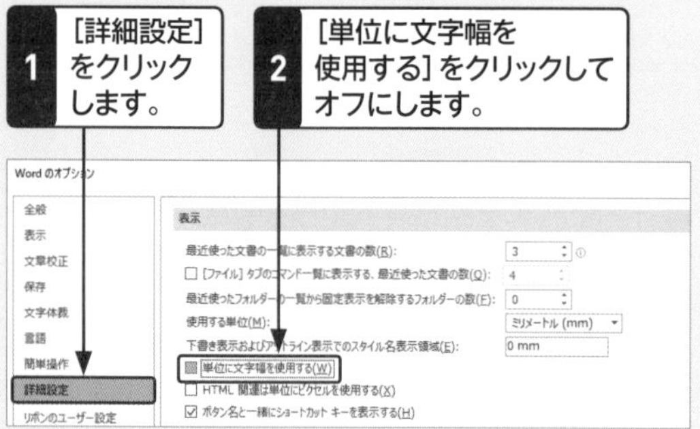

ルーラーは、初期設定では文字単位で表示されます。[Wordのオプション]の[詳細設定]で、[単位に文字幅を使用する]をクリックしてオフにすると、mm単位表示になります。なお、ルーラーはWordの初期設定では表示されていません。[表示]タブの[ルーラー]をクリックしてオンにすると表示されます。

参照▶Q 041

● 文字単位

● mm単位

重要度★★★ 画面表示

Q 273 詳細設定の画面を開きたい！

A グループ名の右にある◲から表示できます。

グループ名の右端にある◲は、詳細設定画面（ダイアログボックス）や作業ウィンドウが用意されていることを示しており、クリックすると、表示できます。このほか、[段組み]ダイアログボックスのようにコマンドのメニューから表示できるものもあります。

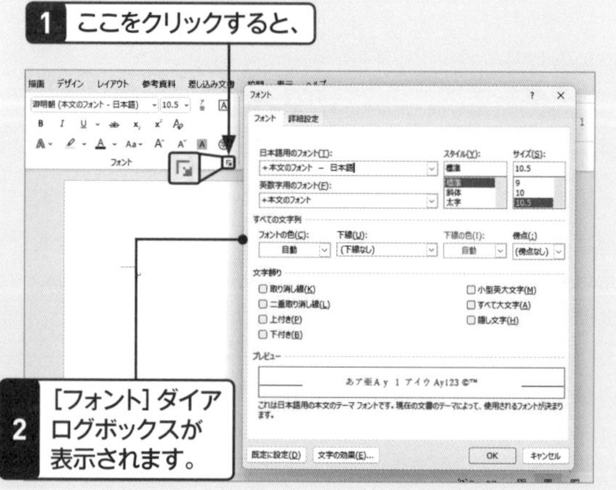

Q 274 作業ウィンドウを使いたい！

A 作業内容に応じて表示されます。

Wordでは、作業内容によって自動的に作業ウィンドウが表示されます。たとえば、[ホーム]タブの[クリップボード]グループや[スタイル]グループなどの右下にある をクリックすると、[クリップボード]作業ウィンドウや[スタイル]作業ウィンドウが表示されます。また、Wordを強制終了した場合は、次回の起動時に[ドキュメントの回復]作業ウィンドウが自動的に表示されます。作業ウィンドウは自由に移動させることができ、右上の や[閉じる]をクリックすると、作業ウィンドウが閉じます。

● [クリップボード] 作業ウィンドウを表示する

1 [クリップボード] のここをクリックすると、

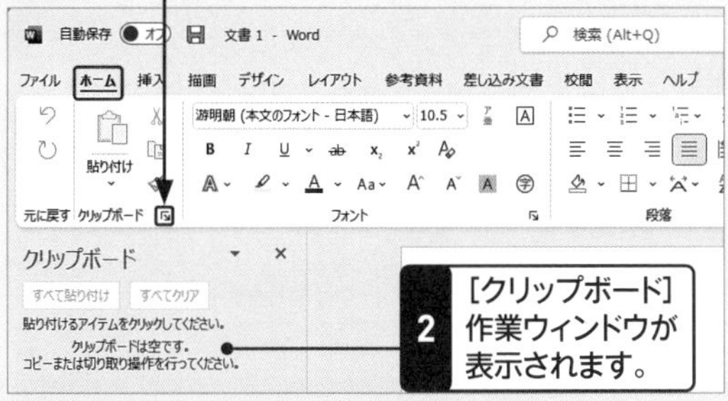

● [スタイル] 作業ウィンドウを表示する

1 [スタイル] のここをクリックすると、

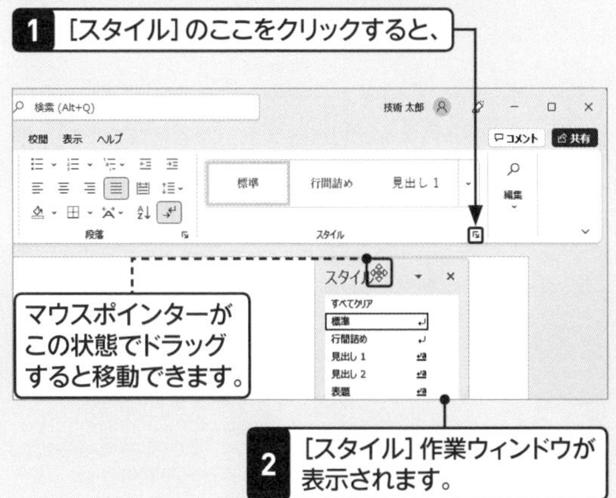

2 [スタイル] 作業ウィンドウが表示されます。

Q 275 行番号を表示したい！

A [レイアウト] タブの [行番号] を利用します。

行番号は、現在何行目を編集しているのか、あるいは入力している分量を知るには便利な機能です。[レイアウト]タブの[行番号]をクリックして、[連続番号]など目的に合った付け方をクリックします。なお、行番号は印刷されるので、不要な場合は[なし]をクリックします。

行番号

1 [行番号] をクリックして、

2 行番号の付け方をクリックします。

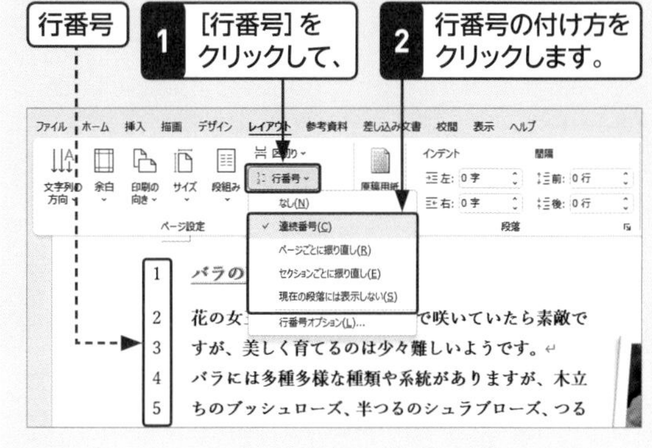

Q 276 スペースを入力したら□が表示された！

A 編集記号が表示される状態になっています。

通常は段落記号(↵)以外の編集記号は表示されませんが、表示している場合は、全角スペースが□で表示されます。編集記号の表示／非表示は、[ホーム]タブの[編集記号の表示／非表示] で切り替えます。

編集記号の表示／非表示を切り替えます。

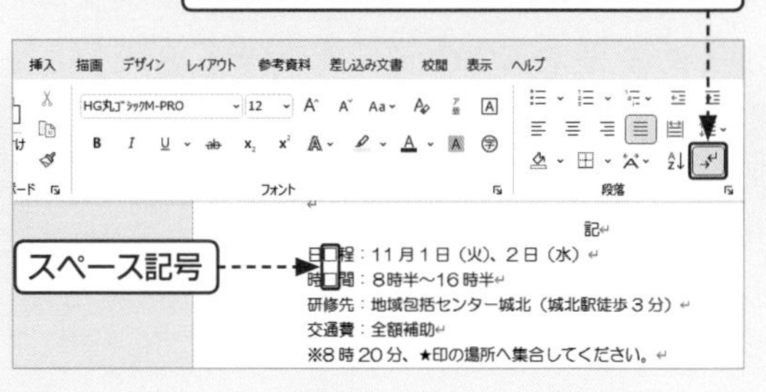

重要度★★★ 画面表示

Q 277 特定の編集記号をいつも画面表示したい!

A [Wordのオプション]で設定します。

編集記号の段落記号は常に表示されます。段落記号を非表示にしたり、ほかの編集記号を個別に表示したい場合は、[Wordのオプション]の[表示]で、[常に画面に表示する編集記号]から目的の編集記号をクリックしてオンにします。このとき、[すべての編集記号を表示する]をオンにするとすべて表示されます。

参照▶Q 041, Q 276

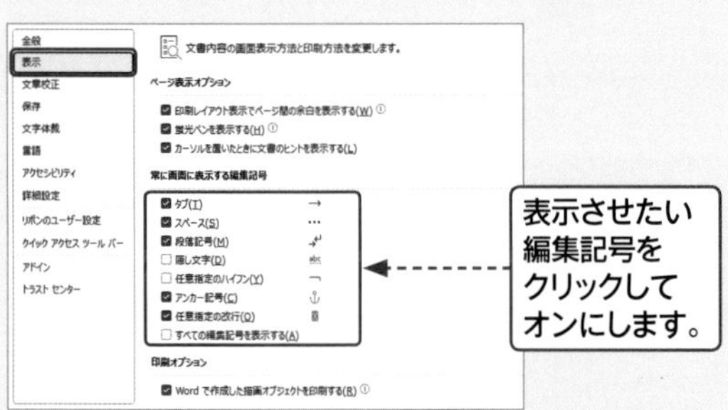

重要度★★★ 画面表示

Q 278 レポート用紙のような横線を表示したい!

A グリッド線を表示します。

[表示]タブの[グリッド線]をクリックしてオンにすると、ページ全体に罫線が引かれて、行が見やすくなります。グリット線は印刷されません。

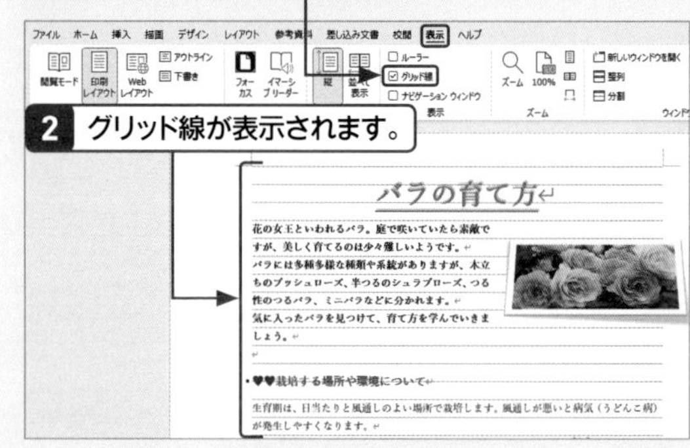

重要度★★★ 画面表示

Q 279 ステータスバーの表示をカスタマイズしたい!

A ステータスバーの何もない部分を右クリックします。

ステータスバーには、初期設定で[ページ番号][文字カウント][スペルチェックと文章校正][言語][表示選択ショートカット][ズーム][ズームスライダー]などが表示されるようになっています。
ステータスバーに表示する項目を自分でカスタマイズするには、ステータスバーの何もないところを右クリックして、[ステータスバーのユーザー設定]から表示する項目をクリックしてオンにし、非表示にする項目をオフにします。

重要度★★★ 文書の表示方法

Q 280 ページとページの間を詰めて表示したい！

A ページ間の表示／非表示を切り替えます。

初期設定では、ページの間には空白を入れて見やすくしています。しかし、ページ移動する際に、このスペースが邪魔に感じることもあります。

ページとページの間を詰めて表示するには、ページとページの間にマウスポインターを合わせて、の状態になったらダブルクリックします。の状態でダブルクリックすると、もとの表示に戻ります。

常に余白設定を詰めた状態にしたい場合は、[Wordのオプション]の[表示]で[印刷レイアウト表示でページ間の余白を表示する]をクリックしてオフにします。なお、ヘッダーやフッター、ページ番号を設定している場合は、ページの間を詰めるとそのスペースも表示されなくなります。

参照▶Q 041

1 マウスポインターがこの形になったら、ダブルクリックすると、

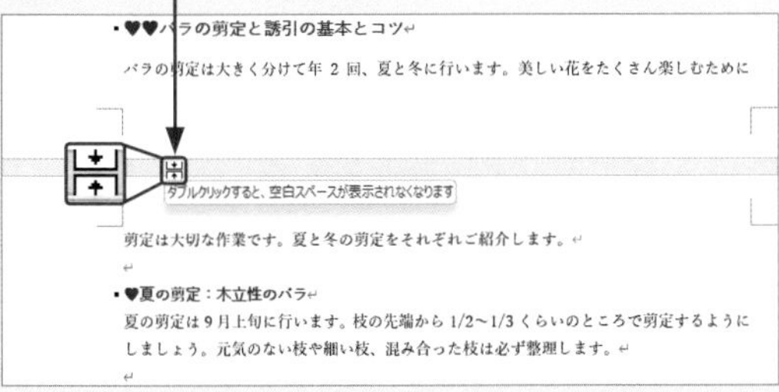

2 余白が詰まって表示されます。

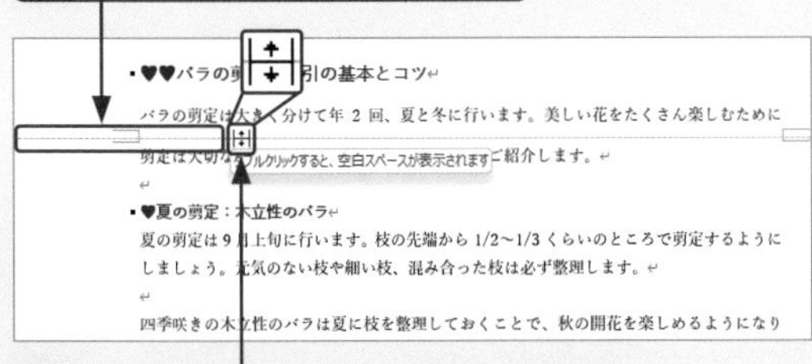

3 マウスポインターがこの形でもう一度ダブルクリックすると、もとに戻ります。

重要度★★★ 文書の表示方法

Q 281 複数の文書を並べて配置したい！

A [整列]、または[並べて比較]を利用します。

複数の文書を開いている場合、[表示]タブの[整列]をクリックすると、開いている文書が上下に整列表示されます。どの文書を開いているのかがわかりやすくなります。

また、[表示]タブの[並べて比較]をクリックすると、開いている文書が左右に表示されます。[並べて比較]はもとの文書に編集を加えて新しい文書にした際に、どの程度変わったのかを比較できる機能です。片方の文書をスクロールすると、もう片方も連動してスクロールされるので、同じ部分を対比できるようになります。表示を解除するには、どちらかの画面の上部をダブルクリックします。

[整列]を利用する

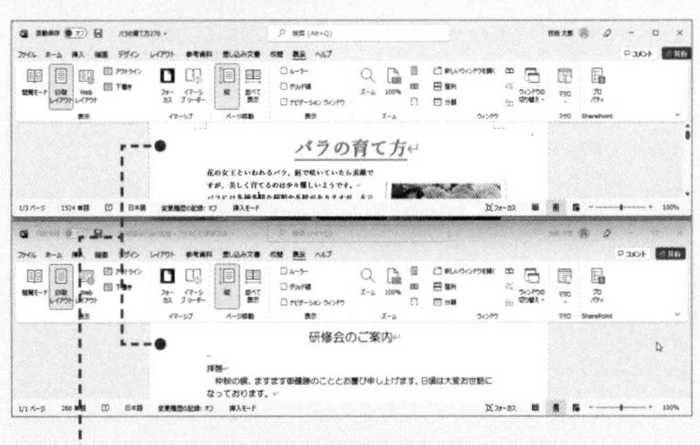

開いている文書が上下に整列表示されます。

[並べて比較]を利用する

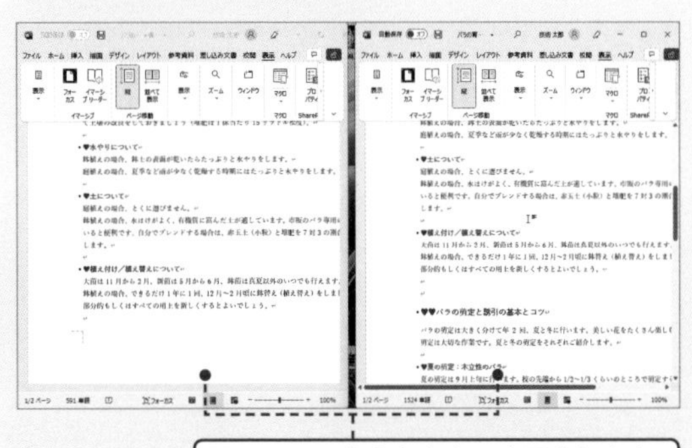

開いている文書が左右に表示されます。

重要度 ★★★ 文書の表示方法

Q 282 1つの文書を上下に分割して表示したい!

A [表示]タブの[分割]を利用します。

[表示]タブの[分割]をクリックすると、文書が上下に分割されて表示され、それぞれの画面でページを移動することができます。また、区切り線の上にマウスポインターを合わせての形になったら、ドラッグして分割する位置を指定できます。

なお、分割表示をしているときは、[分割]の名称は[分割の解除]となります。この[分割の解除]をクリックすると、分割表示は解除されます。

1 [分割]をクリックすると、

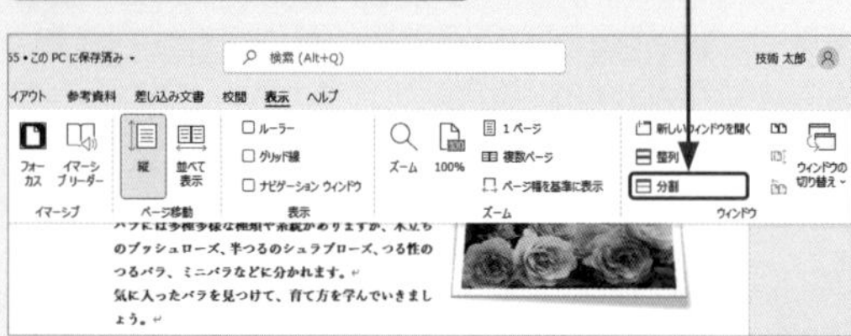

2 区切り線が表示され、文書が上下に分割表示されます。

3 ドラッグして分割位置を指定できます。

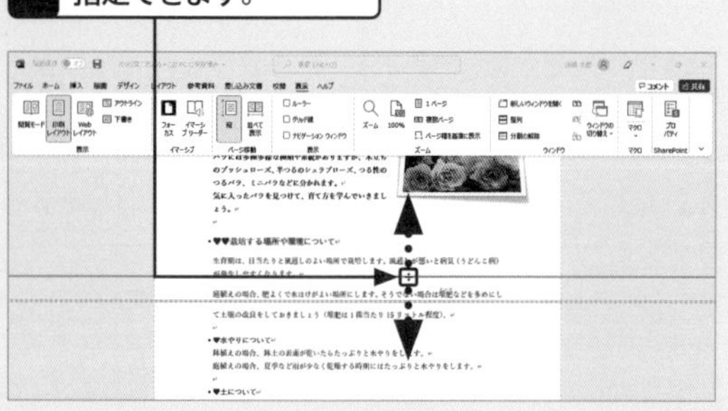

重要度 ★★★ 文書の表示方法

Q 283 文書の見出しだけを一覧で表示したい!

A [ナビゲーション]作業ウィンドウを開きます。

[表示]タブの[ナビゲーションウィンドウ]をクリックしてオンにすると、画面の左側に[ナビゲーション]作業ウィンドウが表示されます。[見出し]をクリックすると、文書内の見出しが表示されます。見出しをクリックすると、その見出しのページに移動します。なお、見出しを表示させるには、[スタイル]作業ウィンドウで見出しを設定するか、アウトラインでレベルを適用させておく必要があります。

1 [表示]タブの[ナビゲーションウィンドウ]をクリックしてオンにすると、

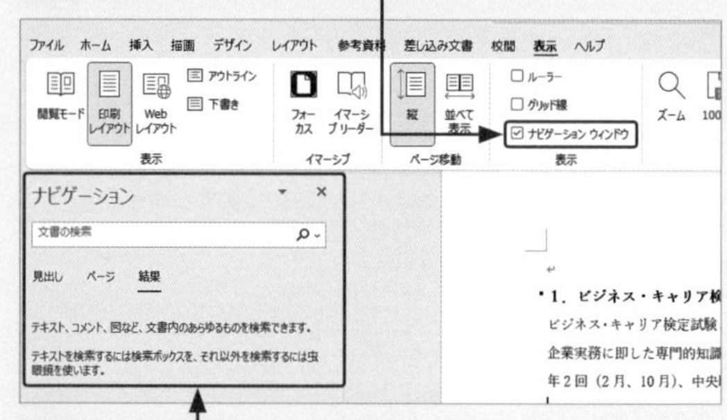

2 [ナビゲーション]作業ウィンドウが表示されます。

3 [見出し]をクリックすると、

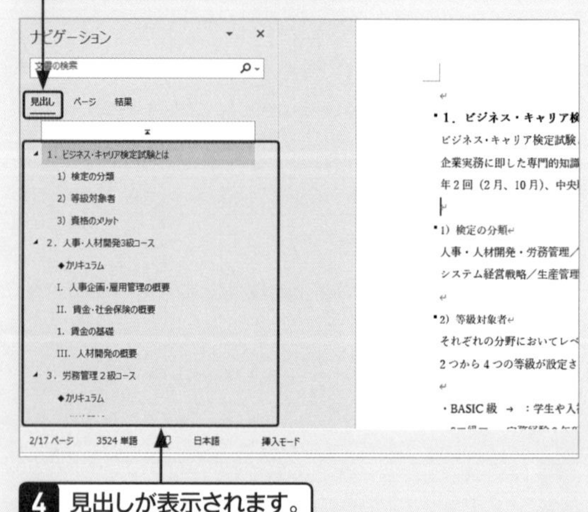

4 見出しが表示されます。

重要度 ★★★ 用紙設定

Q 284 用紙サイズを設定したい!

A [レイアウト]タブの[サイズ]で用紙サイズを設定します。

用紙サイズを設定するには、[レイアウト]タブの[サイズ]をクリックして、目的の用紙サイズを選択します。ただし、選択できる用紙サイズは設定しているプリンターの機種によって異なります。A4までしか印刷できないプリンターの場合、「B4」や「A3」などのサイズは選択できません。このとき、印刷はA3までできるほかのプリンターで印刷するので、A3サイズの文書を作成したいという場合もあります。

そういう場合や用紙サイズの一覧にない特殊なサイズを設定したい場合は、自分で用紙のサイズを設定することができます。[ページ設定]ダイアログボックスの[用紙]タブで[用紙サイズ]を「サイズを指定」として、用紙サイズの数値を指定します。

なお、用紙サイズを設定して文書をレイアウトしたあとで、用紙サイズを変更すると、段落設定や画像配置などによってはレイアウトが崩れることもありますので、用紙サイズの確定は文書作成前に確認しておくとよいでしょう。

● 用紙サイズを選択する

1 [レイアウト]タブをクリックして、

2 [サイズ]をクリックし、

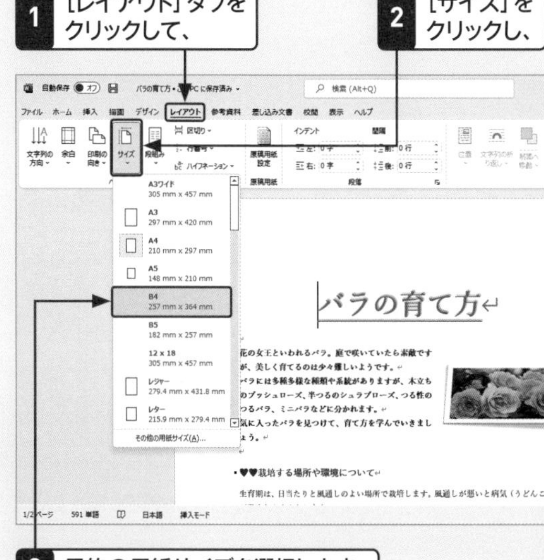

3 目的の用紙サイズを選択します。

● 用紙サイズを数値で指定する

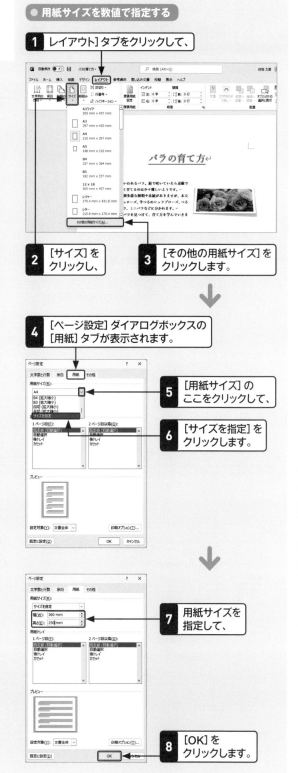

1 レイアウト]タブをクリックして、

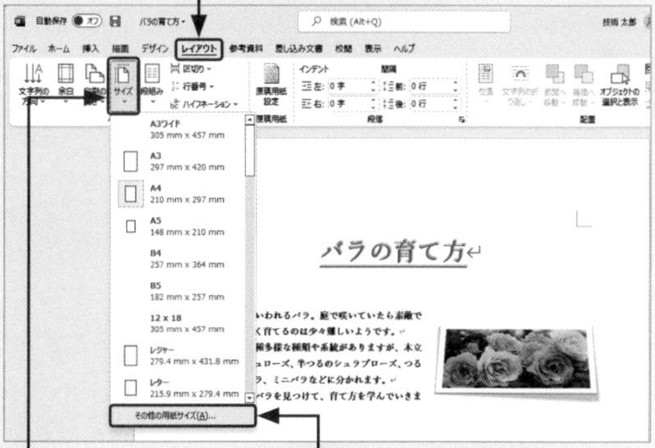

2 [サイズ]をクリックし、

3 [その他の用紙サイズ]をクリックします。

4 [ページ設定]ダイアログボックスの[用紙]タブが表示されます。

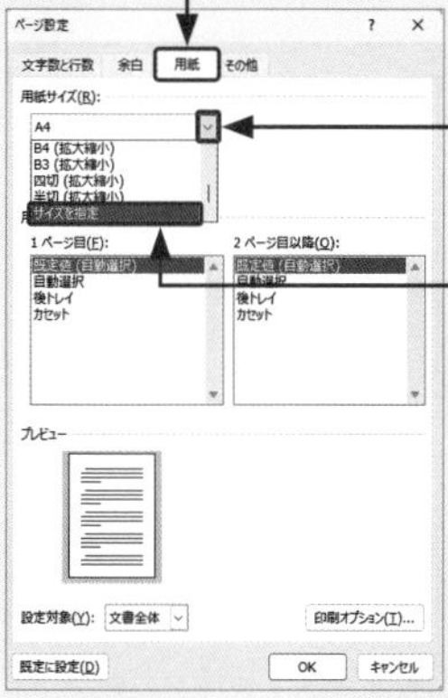

5 [用紙サイズ]のここをクリックして、

6 [サイズを指定]をクリックします。

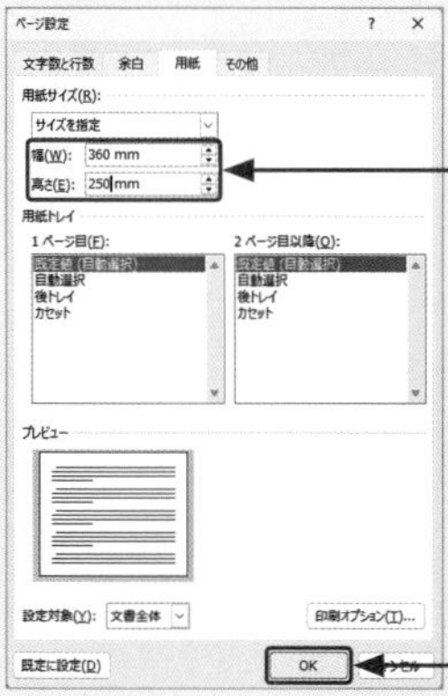

7 用紙サイズを指定して、

8 [OK]をクリックします。

重要度 ★★★ 用紙設定

Q 285 用紙を横置きで使いたい！

A [レイアウト]タブの[印刷の向き]で横を選択します。

用紙の向きは、初期設定では[縦置き]になっています。[横置き]にしたい場合は、[レイアウト]タブの[印刷の向き]をクリックして、[横]をクリックします。なお、[レイアウト]タブの[ページ設定]グループ右下にある をクリックして表示される[ページ設定]ダイアログボックスでも用紙の向きを設定できます。

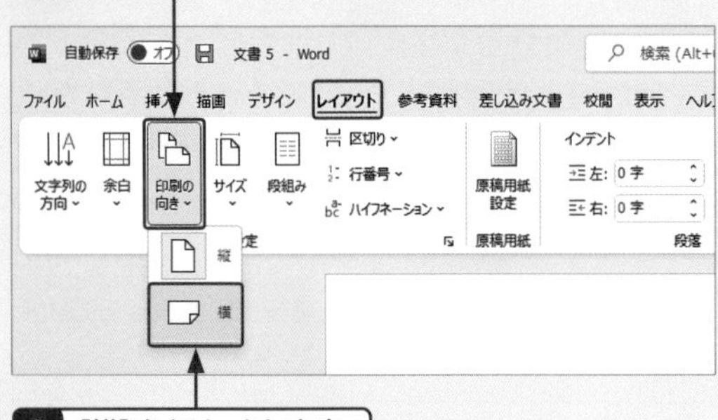

● [ページ設定] ダイアログボックスを利用する

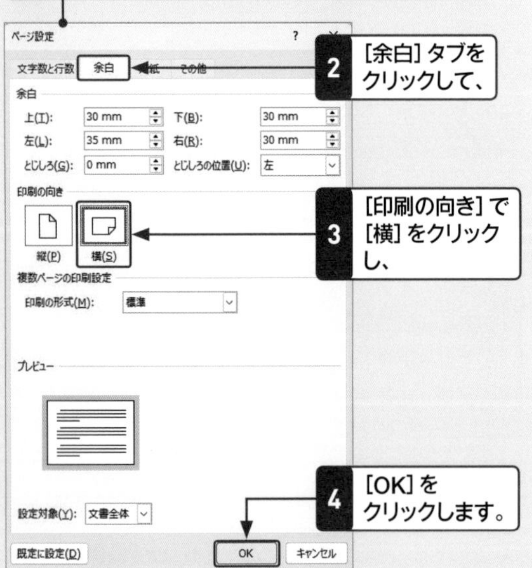

重要度 ★★★ 用紙設定

Q 286 文書の作成後に用紙サイズや余白を変えたい！

A [レイアウト]タブの[サイズ]または[余白]で変更します。

用紙サイズの変更は[レイアウト]タブの[サイズ]、余白の変更は[余白]でかんたんに変更できます。
ただし、すでに作成した文書に用紙サイズや余白の変更を行うと、図表などを挿入している場合にはレイアウトが崩れてしまうことがあります。基本的には、文書を作成する最初の段階で、用紙サイズを決めておきましょう。あとから用紙サイズを変更したときは、レイアウトや余白などを再度調整する必要があります。

参照 ▶ Q 284, Q 290

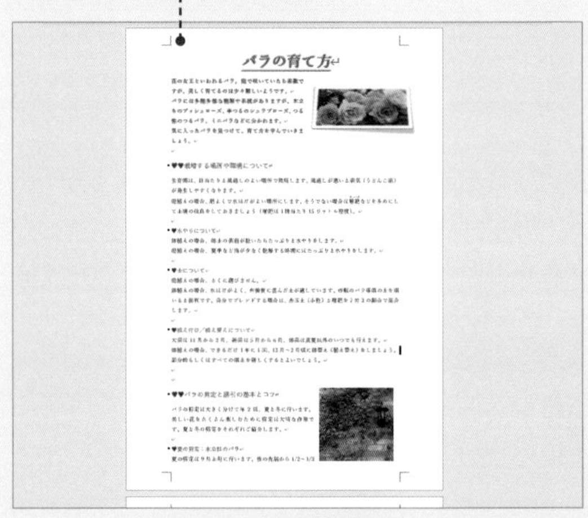

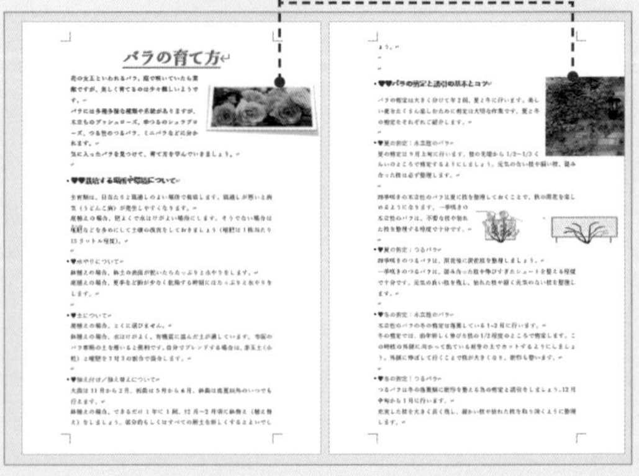

重要度 ★★★　用紙設定

Q 287 1ページの行数や文字数を設定したい!

A [ページ設定]ダイアログボックスを利用します。

1ページの行数や1行の文字数は、[レイアウト]タブの[ページ設定]グループ右下にある をクリックして表示される[ページ設定]ダイアログボックスで設定できます。

[文字数と行数]タブで、[文字数と行数を指定する]をクリックして、[文字数]と[行数]を指定します。このとき、[字送り]と[行送り]は自動的に調整されます。行間や字間が狭い、または広い場合は、[余白]タブの余白を調整します。

[文字数と行数]タブではこのほかに、縦書き/横書き、段組みの設定もできます。 参照▶Q 290

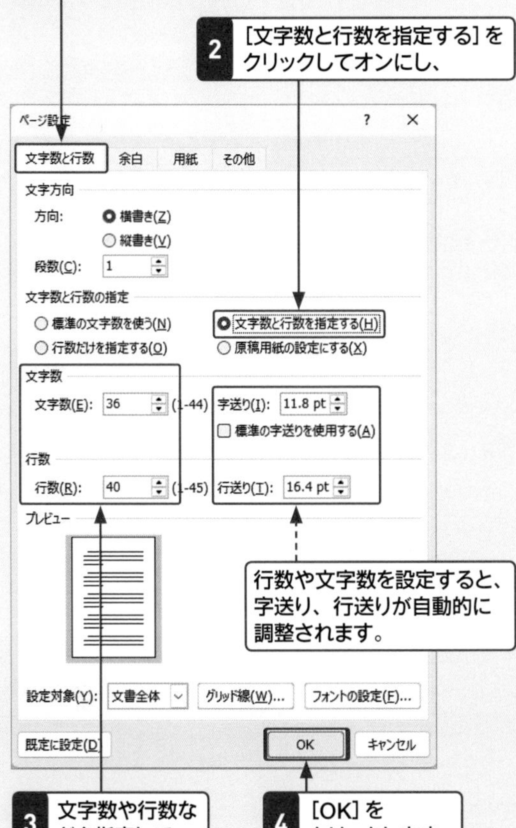

重要度 ★★★　用紙設定

Q 288 ページ設定の「既定」って何?

A 新規文書を作成したときにあらかじめ設定される書式のことです。

新規文書を作成したときの「既定」の値は、初期設定では次のようになっています。

- フォント　游明朝
- フォントサイズ　10.5ポイント
- 用紙サイズ　A4
- 1ページの行数　36行
- 1行の文字数　40文字
- 1ページの余白　上:35mm、下左右:30mm

初期設定とは異なるページ設定をよく使う場合には、その設定を既定として登録しておくと便利です。既定を変更するには、[ページ設定]ダイアログボックスの[文字数と行数]タブで文字方向や段数、文字数と行数、[余白]タブで余白や印刷の向き、[用紙]タブで用紙サイズ、[その他]タブでセクションやヘッダーとフッターなど各タブ単位で設定し、[既定に設定]をクリックします。 参照▶Q 285, Q 289

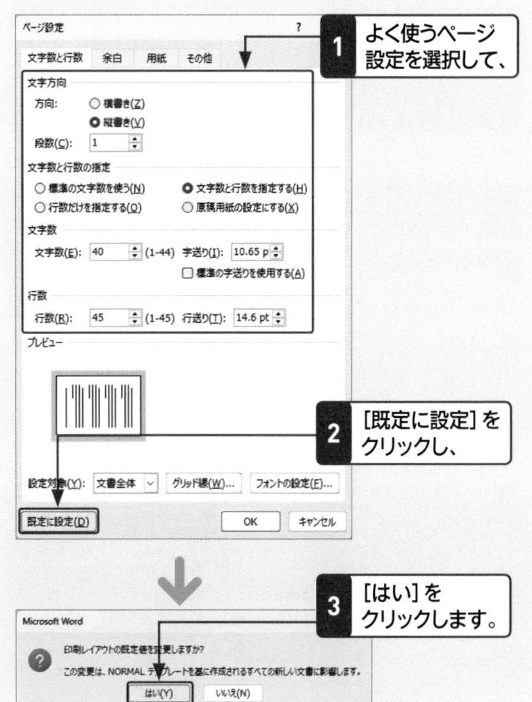

重要度 ★★★ 用紙設定

Q 289 いつも同じ用紙サイズで新規作成したい！

A ページ設定の既定を変更します。

いつも使う用紙が初期設定のA4ではない場合は、目的の用紙サイズを既定として登録しておきます。

［ページ設定］ダイアログボックスの［用紙］タブの［用紙サイズ］で用紙を選択し、［既定に設定］をクリックします。

A4に戻したい場合は、同様に［用紙］タブの［用紙サイズ］で［A4］を指定して、［既定に設定］をクリックします。

参照▶Q 288

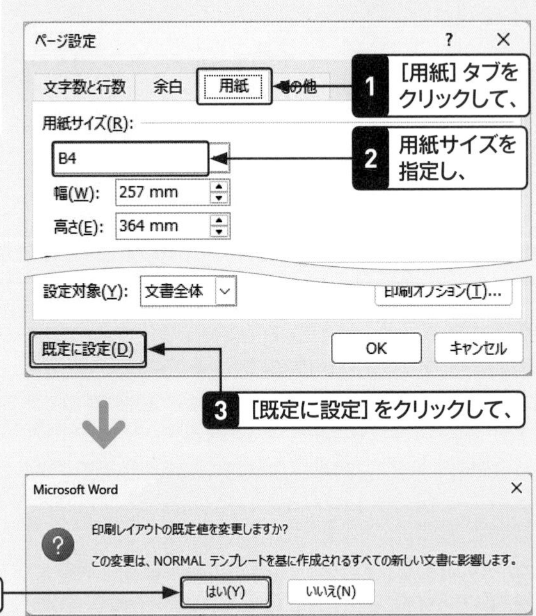

Microsoft Word

印刷レイアウトの既定値を変更しますか?

この変更は、NORMAL テンプレートを基に作成されるすべての新しい文書に影響します。

はい(Y)　いいえ(N)

4 ［はい］をクリックします。

重要度 ★★★ 余白

Q 290 余白を調整したい！

A ［レイアウト］タブの［余白］で設定します。

用紙内の文書を入力できる範囲は、余白の設定によって決まります。［レイアウト］タブの［余白］をクリックして、目的の余白をクリックします。自分で余白サイズを決めたい場合には、［ページ設定］ダイアログボックスの［余白］タブで各余白のサイズを入力します。

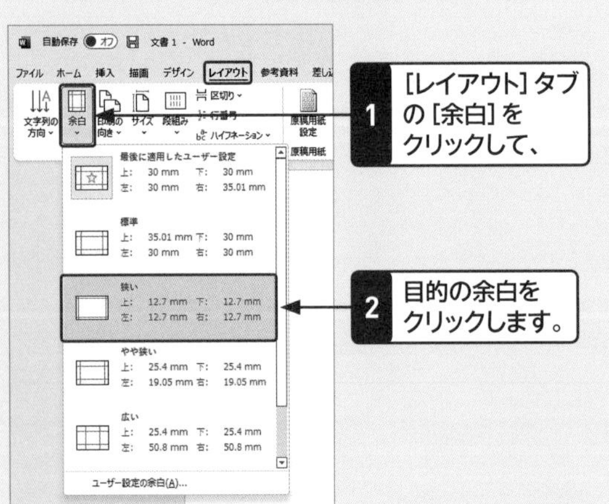

● 余白サイズを指定する

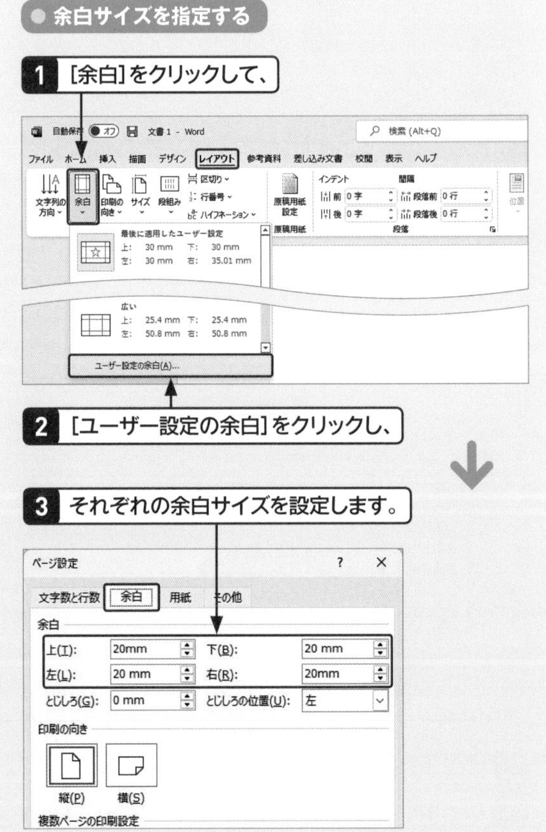

重要度★★★ 余白

Q 291 レイアウトを確認しながら余白を調整したい！

A ルーラー上をドラッグします。

ルーラー上の余白位置にマウスポインターを合わせて、マウスポインターが⇔の形に変わったら、マウスをドラッグして余白位置を調整します。
ルーラーを表示するには、[表示] タブの [ルーラー] をクリックしてオンにします。

ルーラー上をドラッグして、左余白を調整します。

右余白も調整できます。

上余白も調整できます（下余白も同様）。

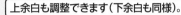

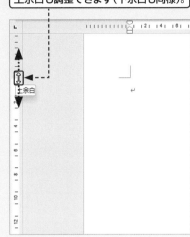

重要度★★★ 余白

Q 292 とじしろって何？

A 文書を綴じる際の余白のことで、上部か左側に設定します。

とじしろは、ホチキスなどで用紙を綴じる際に文字がかからないようにとっておく幅のことで、上部または左側にページの余白とは別に設定できます。また、見開きページにする場合は左右のページ位置が揃うように、偶数ページは右側、奇数ページは左側にとじしろが設定されるので、きれいに製本ができます。
[ページ設定] ダイアログボックスの [余白] タブで、[見開きページ] を選択して、[とじしろ] の数値を設定します。

参照▶Q 290

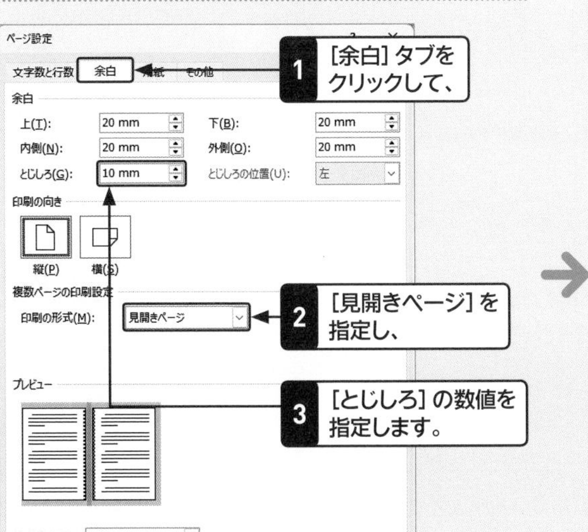

見開きページの場合、綴じる部分が同じ幅になります。

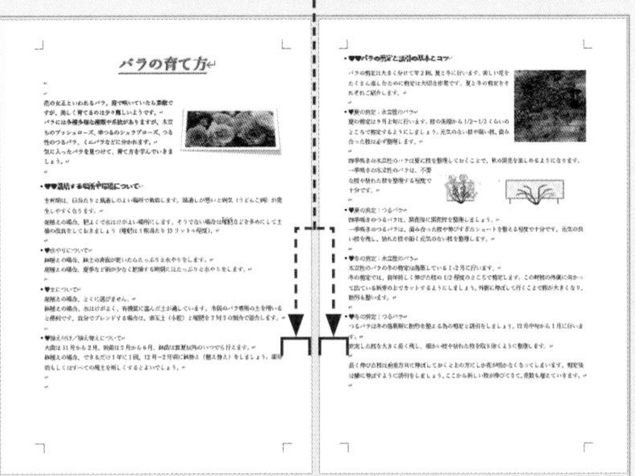

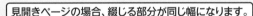

重要度 ★★★ ページ番号

Q 293 ページ番号を付けたい！

A [挿入]タブの[ページ番号]でページ番号を付けます。

ページ番号を付けるには、[挿入]タブの[ページ番号]をクリックして、番号の位置、デザインを指定します。ページ番号はヘッダー／フッターのスペースに挿入されるため、[ヘッダーとフッター]編集画面に切り替わります。通常の編集画面に戻るには[ヘッダーとフッターを閉じる]をクリックし、ページ番号を削除するには[挿入]タブまたは[ヘッダーとフッター]タブの[ページ番号]をクリックして[ページ番号の削除]をクリックします。

1 [挿入]タブの[ページ番号]をクリックして、

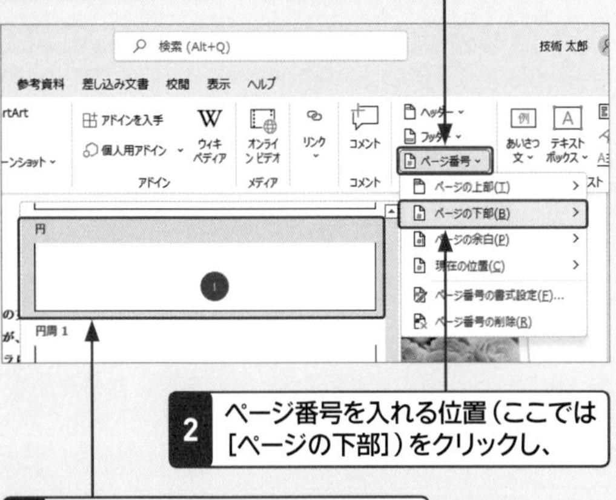

2 ページ番号を入れる位置（ここでは[ページの下部]）をクリックし、

3 目的のデザインをクリックすると、

[ヘッダーとフッター]タブが表示されます。

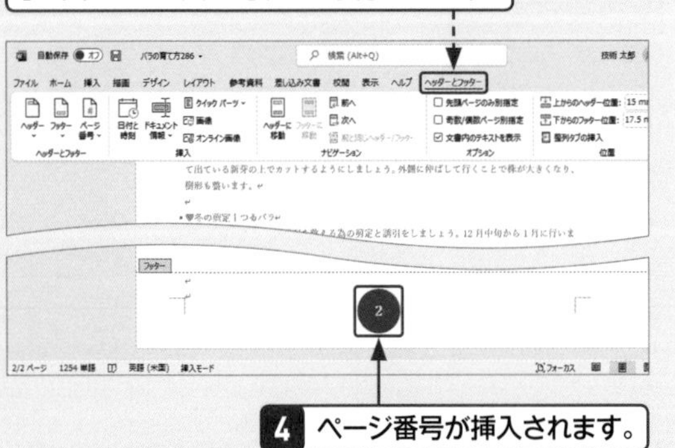

4 ページ番号が挿入されます。

重要度 ★★★ ページ番号

Q 294 縦書き文書に漢数字のページ番号を入れたい！

A 左右余白の位置で漢数字にします。

ページ番号を漢数字にしたい場合、[ページ番号]をクリックして、[ページ番号の書式設定]をクリックし、[ページ番号の書式]ダイアログボックスで漢数字を選択します。
また、縦書き文書の場合、ページ番号の位置を左右に挿入するほうが見やすくなります。[挿入]タブの[ページ番号]をクリックして、[ページの余白]でデザインを選択します。

1 [挿入]タブの[ページ番号]をクリックして、

2 [ページの余白]をクリックし、デザインをクリックします。

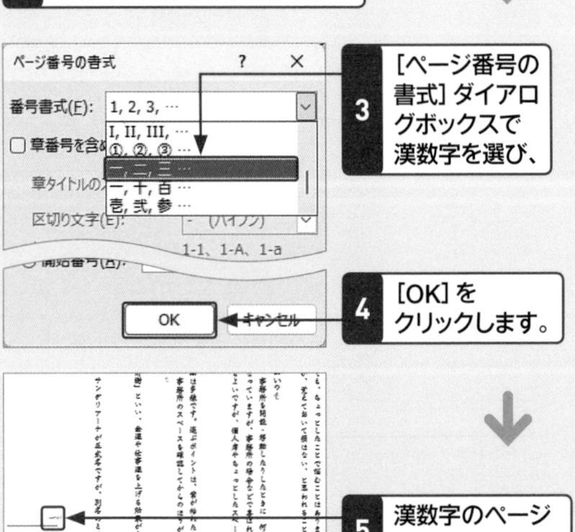

3 [ページ番号の書式]ダイアログボックスで漢数字を選び、

4 [OK]をクリックします。

5 漢数字のページ番号になります。

重要度 ★★★　ページ番号

Q 295 「i」「ii」「iii」…のページ番号を付けたい！

A [ページ番号の書式]ダイアログボックスを利用します。

ページ番号の種類を変えたい場合、[ページ番号]の[ページ番号の書式設定]をクリックして表示される[ページ番号の書式]ダイアログボックスの[番号書式]で変更します。

参照▶Q 294

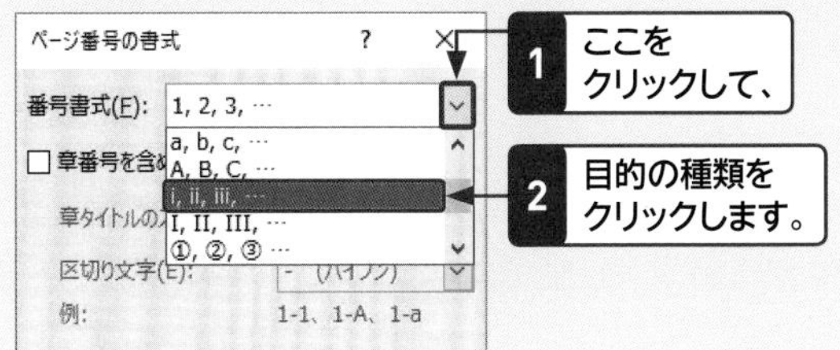

重要度 ★★★　ページ番号

Q 296 ページ番号と総ページ数を付けたい！

A X/Y型のページ番号を選択します。

総ページ数を合わせて表示するには、ページ番号のデザインを選択するときに、[X/Yページ]の中からデザインを選択します。

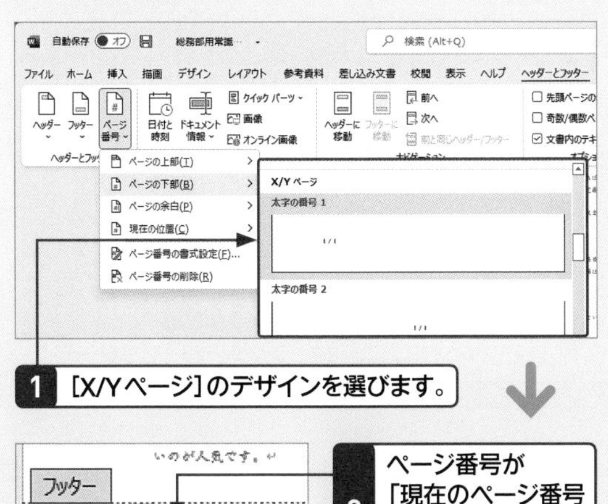

重要度 ★★★　ページ番号

Q 297 表紙のページにページ番号を付けたくない！

A [先頭ページのみ別指定]で設定します。

[ヘッダー／フッター]タブで、[先頭ページのみ別指定]をクリックしてオンにすると、先頭ページには番号が表示されなくなります。ただし、ヘッダーやフッターも表示されなくなります。その場合は、表示ページのみをセクションで区切って設定するとよいでしょう。

参照▶Q 258

重要度 ★★★　ページ番号

Q 298 目次や本文などに別々のページ番号を付けたい！

A セクション区切りを挿入します。

まえがきや目次などのページに、本文とは異なるページ番号を付けたい場合は、セクションを設定して、それぞれでページ番号を設定します。

セクションの設定は、セクションで分けたい位置（たとえば目次ページの最後）にカーソルを移動し、[レイアウト]タブの[区切り]をクリックして、[次のページから開始]をクリックします。本文のセクションで[ページ番号の書式設定]ダイアログボックスを開き、[連続番号]を[開始番号]の「2」にします。

参照▶Q 258

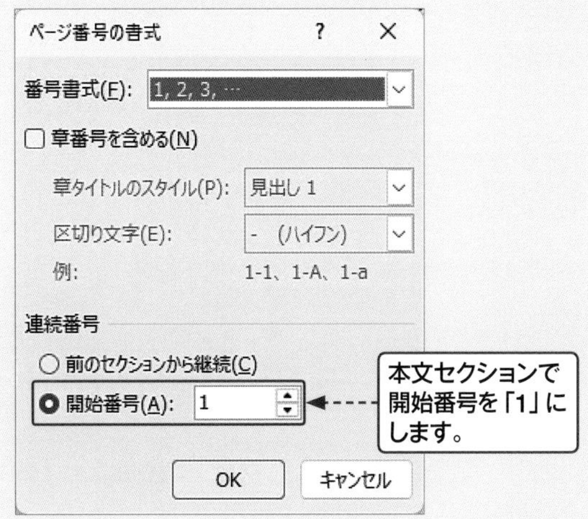

重要度 ★★★　ページ番号

Q 299 ページ番号を「2」から始めたい！

A [ページ番号の書式] ダイアログボックスを利用します。

ページ番号を設定するには、[挿入] タブの [ページ番号] をクリックして、[ページ番号の書式設定] をクリックし、[ページ番号の書式] ダイアログボックスを表示します。[番号書式] を [1,2,3,…] に指定して、[開始番号] を「2」にします。

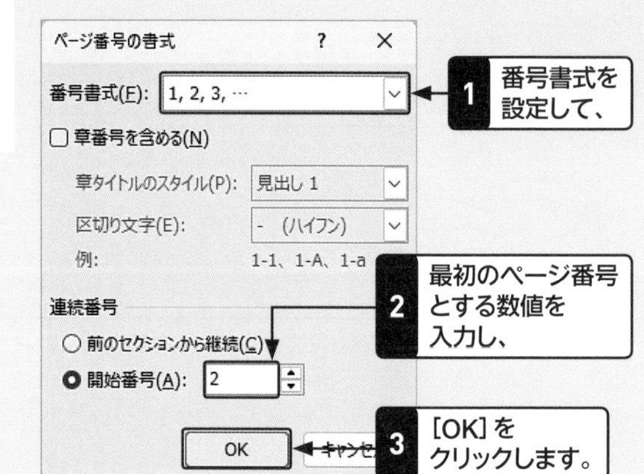

重要度 ★★★　ヘッダー／フッター

Q 300 すべてのページにタイトルを表示したい！

A ヘッダーやフッターにタイトルを設定します。

ヘッダー（ページ上部）、フッター（ページ下部）とは、余白の特定の位置に文字列を毎ページ表示するためのスペースです。ヘッダーやフッターを利用するには、上下の余白部分をダブルクリックして直接入力するか、[挿入] タブの [ヘッダー] または [フッター] をクリックして、位置とデザインを選択します。すべてのページにタイトルや作成者などを表示したい場合は、その要素のあるデザインを選ぶとよいでしょう。なお、タイトルや作成者は、ファイルに登録されていると自動的に挿入されます。
本文の編集を行う場合は、[ヘッダーとフッターを閉じる] をクリックします。

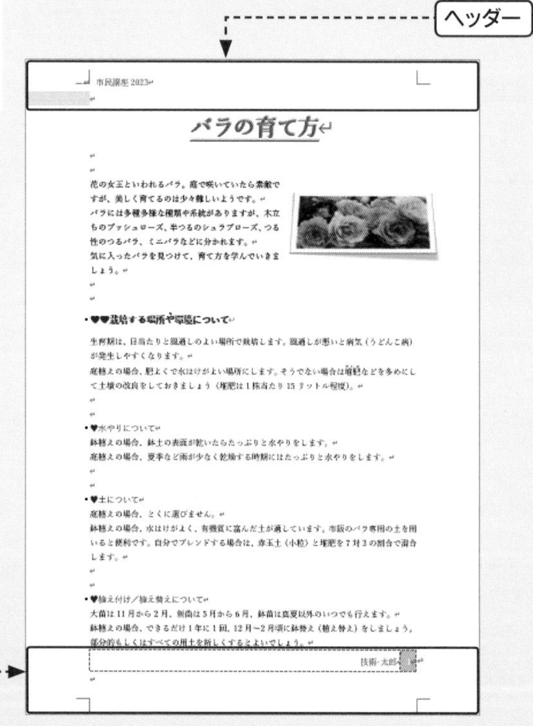

ヘッダーとフッターの作成

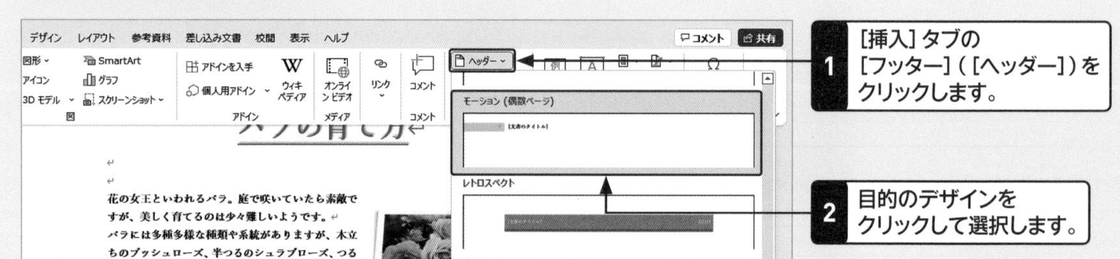

重要度 ★★★ ヘッダー／フッター

Q 301 すべてのページに日付を入れたい！

A 日付を入力できるヘッダー／フッターを利用します。

[挿入]タブの[ヘッダー]または[フッター]をクリックして、「日付」が表示されているデザインは、全ページに日付を指定できるようになっています。

日付のデザインは、カレンダーを表示して、挿入する日付を指定します。

また、[ヘッダーとフッター]タブの[日付と時刻]をクリックすると日付を挿入することができます。[自動的に更新する]をオンにすると、文書を開く日付に更新されます。

参照▶Q 300

● ヘッダーに日付を入れる

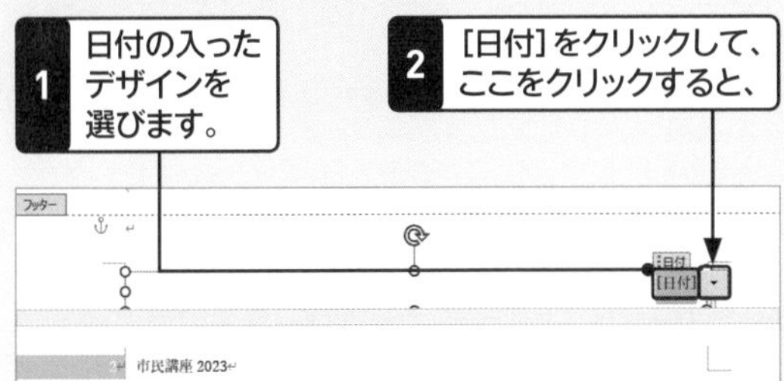

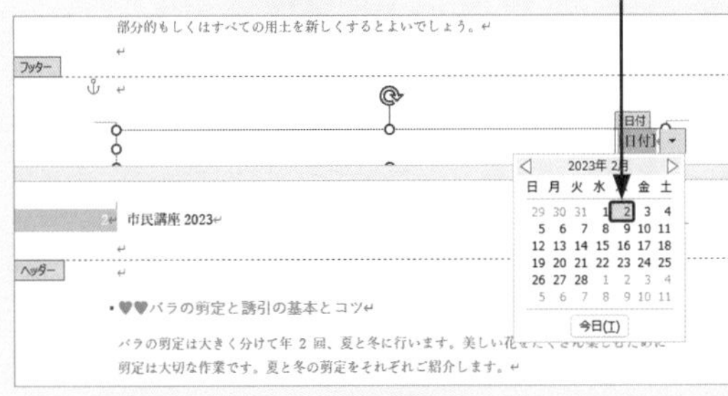

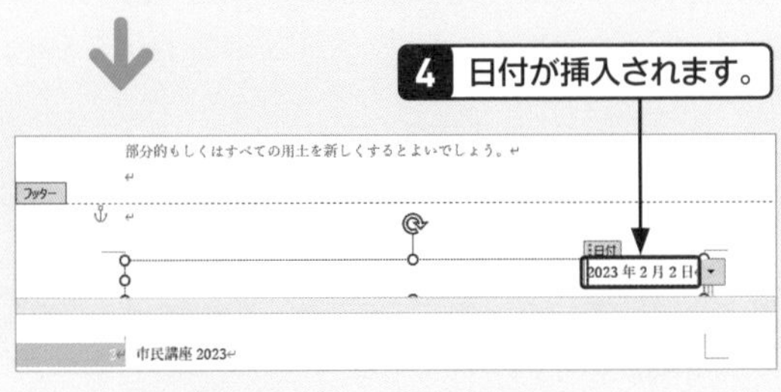

重要度 ★★★ ヘッダー／フッター

Q 302 ヘッダーやフッターに書式を設定したい！

A 本文と同様に書式を設定できます。

ヘッダーやフッターは、本文と同様に書式を設定できます。ヘッダー／フッターを表示するには、ヘッダー／フッター部分をダブルクリックするか、[挿入]タブの[ヘッダー]または[フッター]をクリックして、[ヘッダーの編集]や[フッターの編集]をクリックします。文字列を選択して、[ホーム]タブなどのコマンドやツールバーで編集します。

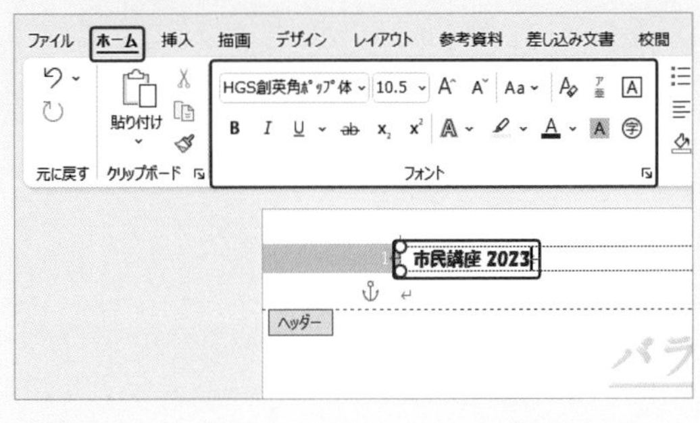

重要度 ★★★ ヘッダー／フッター

Q 303 すべてのページにロゴや写真を入れたい！

A [画像]からファイルを挿入します。

ヘッダーやフッターに画像を配置するには、ヘッダーまたはフッターの編集画面を表示して、[ヘッダーやフッター]タブの[画像]をクリックし、ロゴや写真のファイルを挿入します。サイズや配置など図の扱いについては第8章を参照してください。

参照▶Q 302

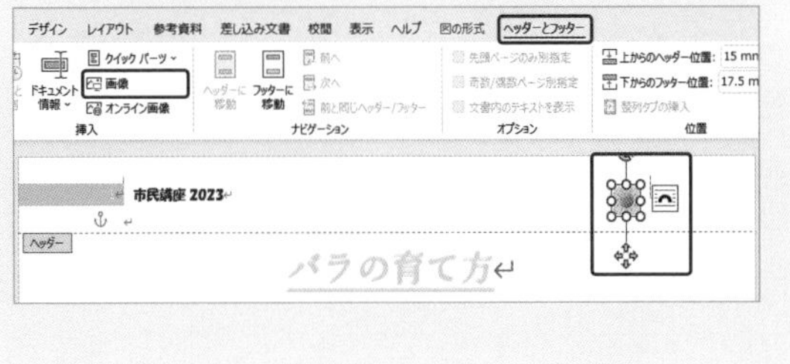

重要度★★★ ヘッダー／フッター

Q 304 左右で異なるヘッダーとフッターを設定したい！

A ［ページ設定］ダイアログボックスで設定します。

［ページ設定］ダイアログボックスの［その他］タブ、または［ヘッダーとフッター］タブで、［奇数／偶数ページ別指定］をクリックしてオンにすると、ページの左右で設定を変えられます。左右のページでページ番号の位置を変える場合も、同様に操作します。 参照▶Q 287

ページ設定 ? ×
文字数と行数 余白 用紙 その他
セクション
セクションの開始位置(R): 次のページから開始
文末脚注を印刷しない(U)
ヘッダーとフッター
奇数/偶数ページ別指定(O)
先頭ページのみ別指定(P)
用紙の端からの距離： ヘッダー(H): 15 mm
フッター(F): 17.5 mm

重要度★★★ ヘッダー／フッター

Q 305 ヘッダーとフッターの余白を調整したい！

A ［デザイン］タブの［位置］で位置調整を行います。

ヘッダーやフッターの余白は、［ヘッダーとフッター］タブの［位置］グループでそれぞれの位置を数値で調整します。また、タイトルや見出し、著者名など複数の項目がある場合には、［整列タブの挿入］をクリックして、項目間をタブで揃えることもできます。画像や作成したテキストボックスなどは、ドラッグして調整します。

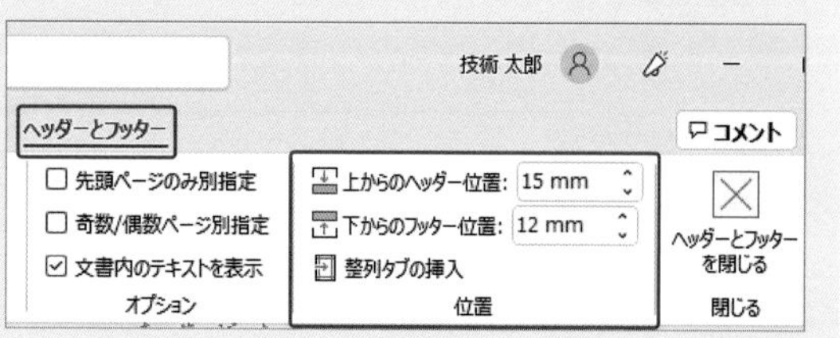

重要度★★★ ヘッダー／フッター

Q 306 左右の余白にヘッダーとフッターを設定したい！

A ［ページ番号］の［ページの余白］を利用します。

縦書きの場合は、ヘッダーとフッターが上下に入りますが、左右の余白に入れることもできます。余白を利用する場合は、［挿入］タブの［ページ番号］をクリックして、［ページの余白］の［縦、右］または［縦、左］をクリックし、文字を入力し直します。 参照▶Q 294

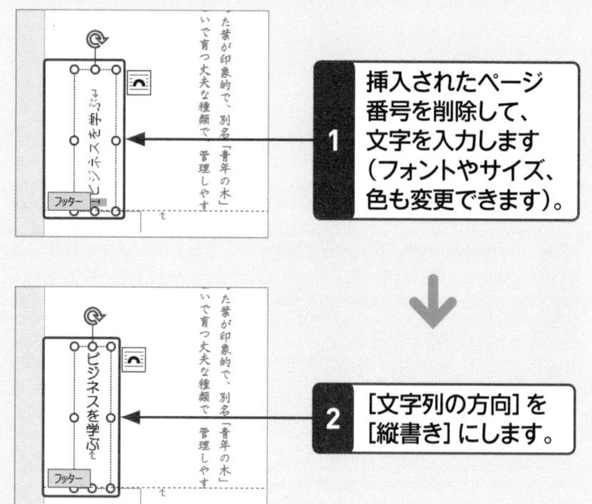

1 挿入されたページ番号を削除して、文字を入力します（フォントやサイズ、色も変更できます）。
2 ［文字列の方向］を［縦書き］にします。
ビジネスを学ぶ
フッター

重要度★★★ ヘッダー／フッター

Q 307 ヘッダーやフッターに移動したい！

A ［ヘッダーに移動］［フッターに移動］をクリックします。

ヘッダー（あるいはフッター）を表示して、［ヘッダーとフッター］タブの［フッターに移動］（あるいは［ヘッダーに移動］）をクリックすると、すばやく移動して表示することができます。

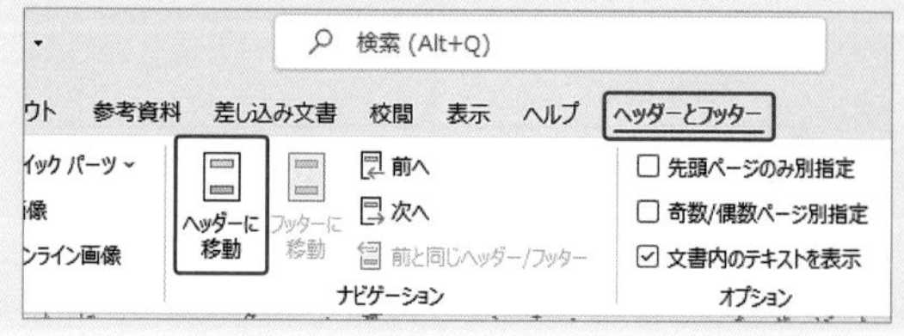

第6章

印刷の「こんなときどうする?」

重要度★★★ 印刷プレビュー

Q 308 画面表示と印刷結果が違う!

A 印刷プレビューで、印刷結果を確認します。

文書を作成後、そのまま印刷すると、画面の表示と印刷結果が異なることがあります。このような印刷の無駄を防ぐため、印刷する前に、文書のプレビュー(印刷プレビュー)で印刷結果のイメージを確認しましょう。

参照▶Q 310

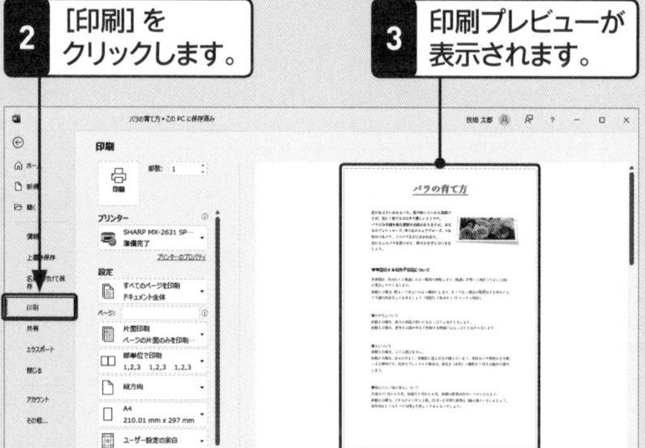

重要度★★★ 印刷プレビュー

Q 309 印刷プレビューで次ページを表示したい!

A [次のページ]を利用します。

印刷プレビューを表示すると、左下にページ数が表示されます。複数ページの文書の場合、[次のページ]▶をクリックすると、次ページが表示されます。また、右側のスクロールバーをスクロールすると、次ページ以降が表示できます。

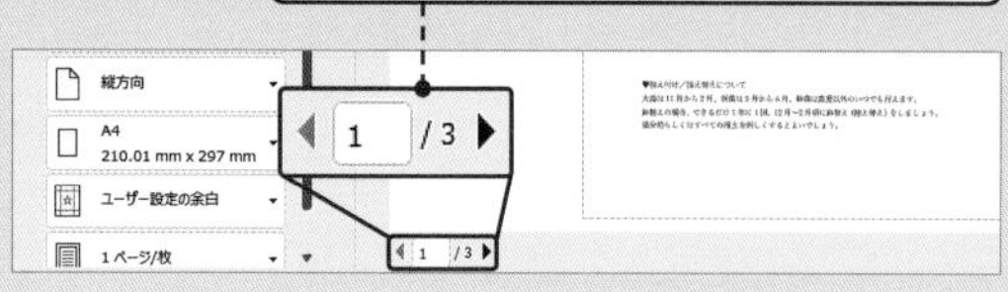

重要度★★★ 印刷プレビュー

Q 310 印刷プレビュー画面をすぐに表示したい!

A Ctrl+Pを押します。

印刷プレビュー画面をすぐに表示するには、Ctrl+Pを押します。また、クイックアクセスツールバーを表示している場合、[クイックアクセスツールバーのユーザー設定]をクリックして、[印刷プレビューと印刷]を登録しておくと、をクリックするだけで表示できます。この画面とは別に、[印刷プレビューの編集モード]という印刷プレビュー独自の画面があります。利用するには、[Wordのオプション]画面の[クイックアクセスツールバー]で[印刷プレビューの編集モード]を追加登録します。クイックアクセスツールバーのをクリックすれば表示できます。

参照▶Q 036, Q 038

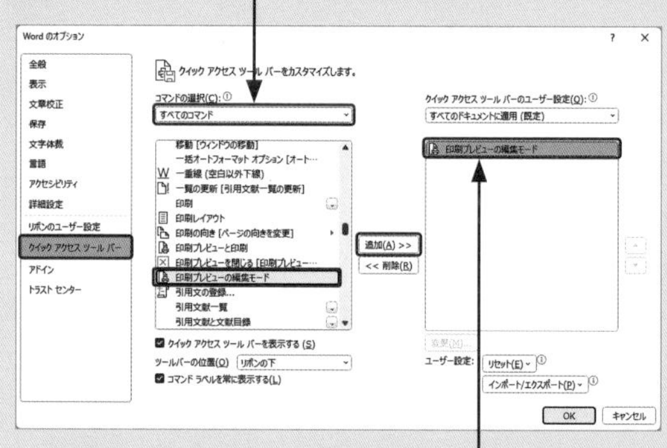

● 印刷プレビューの編集モード

重要度 ★★★　印刷プレビュー

Q 311 印刷プレビューに複数ページを表示したい！

A 表示を縮小します。

1 [縮小] を数回クリックすると、

2 複数ページ分が印刷プレビューに表示されます。

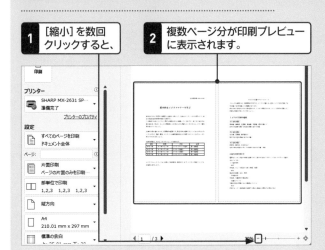

文書のプレビューに複数ページ分を表示するには、印刷プレビューを表示し、[縮小] − を数回クリックします。また、印刷プレビューの編集モードを利用できる場合は、[複数ページ] をクリックすると複数ページを表示することができます。

参照▶Q 310

●印刷プレビューの編集モード

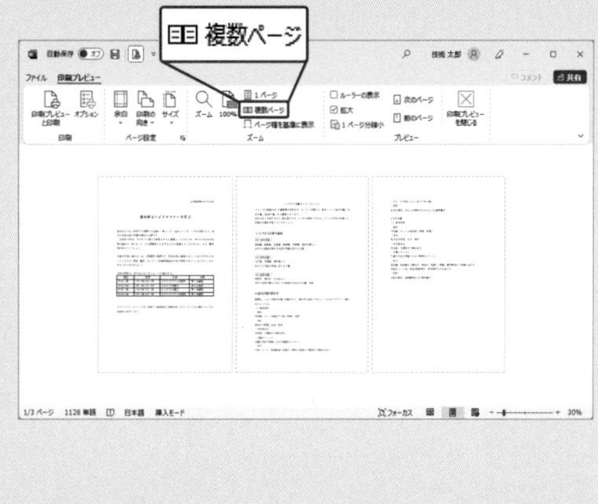

重要度 ★★★　印刷プレビュー

Q 312 印刷プレビューの表示を拡大／縮小したい！

A ズームスライダーを利用します。

印刷プレビューを拡大／縮小するには、ズームスライダーを左右にドラッグするか、スライダーの左右にある [拡大] ＋／[縮小] − をクリックします。
また、印刷プレビューの編集モードの場合は、画面右下のズームのほか、[印刷プレビュー] タブの [ズーム] をクリックして、[ズーム] ダイアログボックスで倍率を指定できます。

参照▶Q 310

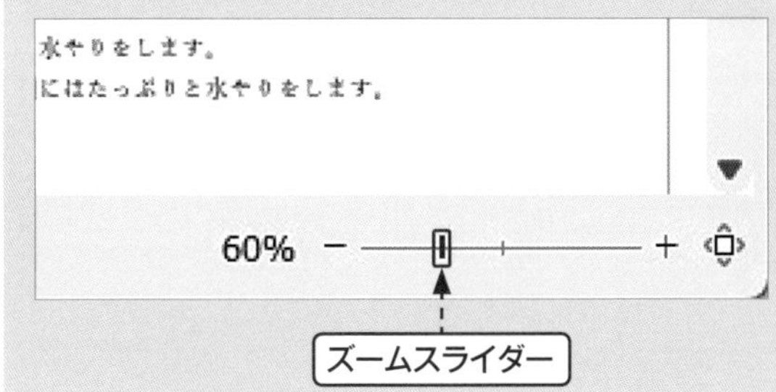

重要度 ★★★　印刷プレビュー

Q 313 ページに合わせてプレビュー表示したい！

A [ページに合わせる] を利用します。

印刷プレビューを開くと、ページが拡大されてプレビュー内に収まっていなかったり、縮小されていたりする場合があります。こういうとき、1ページが表示されるようにするには、プレビューの下のスライダーなどで拡大／縮小しなくても、[ページに合わせる] をクリックすると、プレビューのページに合わせて自動的に1ページ分を表示できます。

参照▶Q 312

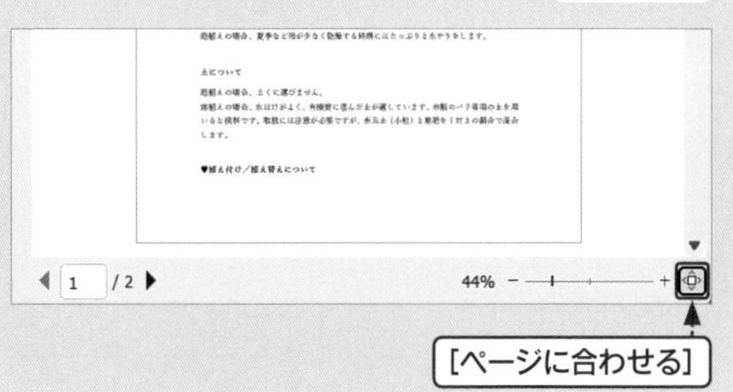

重要度 ★★★　ページの印刷

Q 314 とにかくすぐに印刷したい！

A ［クイック印刷］を利用します。

すぐに印刷したい場合、クイックアクセスツールバーのコマンドを利用すると便利です。［クイック印刷］の をクリックするだけですぐに印刷されます。ただし、このときの印刷設定は、直前（前回）に設定した内容、または既定の内容になるので注意してください。クイックアクセスツールバーへのコマンド登録は、 をクリックして、［クイック印刷］をクリックします。

参照▶Q 036

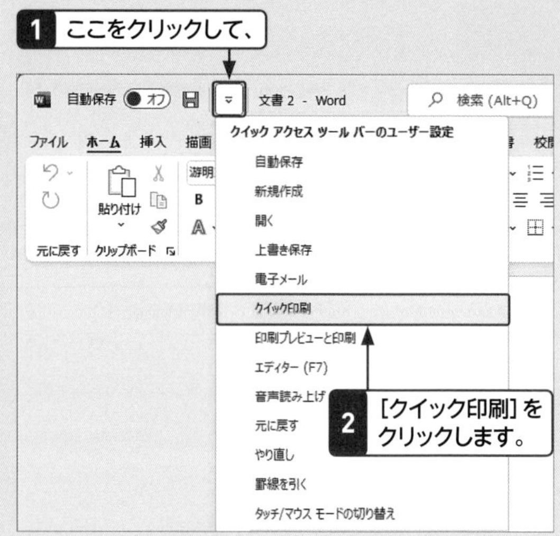

重要度 ★★★　ページの印刷

Q 315 現在表示されているページだけを印刷したい！

A ［印刷］で［現在のページ］を選択して印刷します。

現在印刷プレビューに表示されているページのみを印刷するには、［印刷］の［設定］で［現在のページの印刷］を選択します。なお、事前に目的のページにカーソルを移動しておくと、印刷プレビューを開いたときにそのページが表示されます。

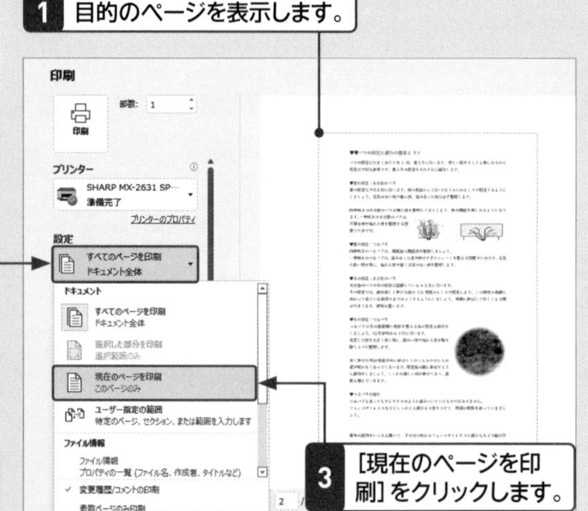

重要度 ★★★　ページの印刷

Q 316 必要なページだけを印刷したい！

A 印刷ページを指定して印刷します。

必要なページだけを印刷したい場合には、［印刷］の［設定］で［ページ］欄に目的のページ数を指定します（［ページ］欄をクリックすると自動的に［ユーザー指定の範囲］に変更されます）。

ページ数を指定するには、連続している複数ページを印刷する場合は、「2-5」のように「-（ハイフン）」でつなげて入力します。離れている複数のページを印刷する場合は、「2,4,8」のように「,（カンマ）」で区切って入力します。

参照▶Q 326

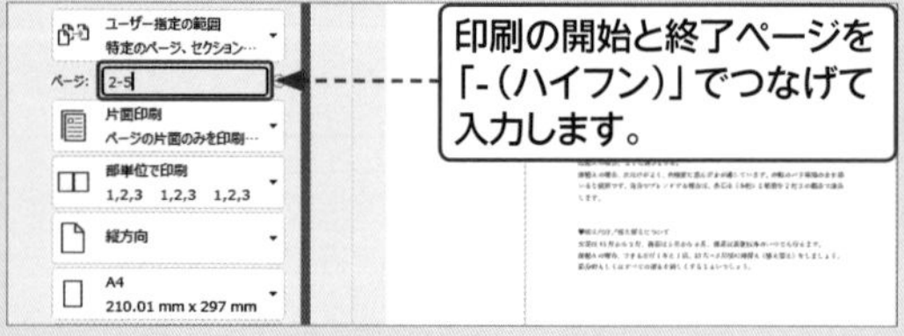

重要度 ★★★ ページの印刷

Q 317 ページの一部だけを印刷したい！

A 印刷したい範囲を選択して、印刷を実行します。

文書の特定の範囲だけを印刷したい場合は、最初に文書内の印刷したい範囲を選択します。[印刷]の[設定]で[すべてのページを印刷]をクリックして、[選択した部分を印刷]を選択します。 参照►Q 315

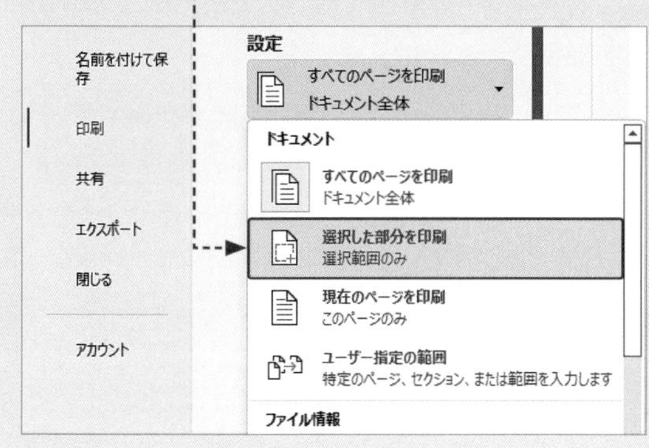

重要度 ★★★ ページの印刷

Q 318 1つの文書を複数部印刷したい！

A [印刷]で印刷部数を指定します。

印刷部数は、[印刷]の[部数]ボックスに印刷したい部数を直接入力するか、⬍をクリックして指定します。

重要度 ★★★ ページの印刷

Q 319 部単位で印刷って何？

A 2部以上の印刷で、ページ順に印刷するひとまとまりのことです。

文書を2部以上印刷する場合、1ページ目から最後のページまでのひとまとまりを印刷する[部単位で印刷]、ページごとに指定した部数を印刷する[ページ単位で印刷]が指定できます。

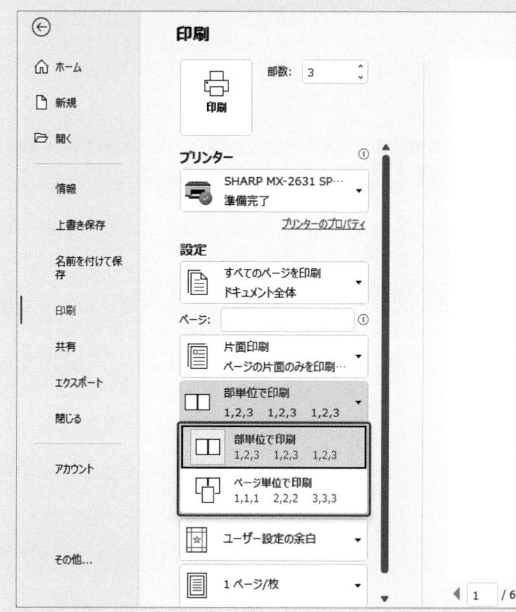

●部単位

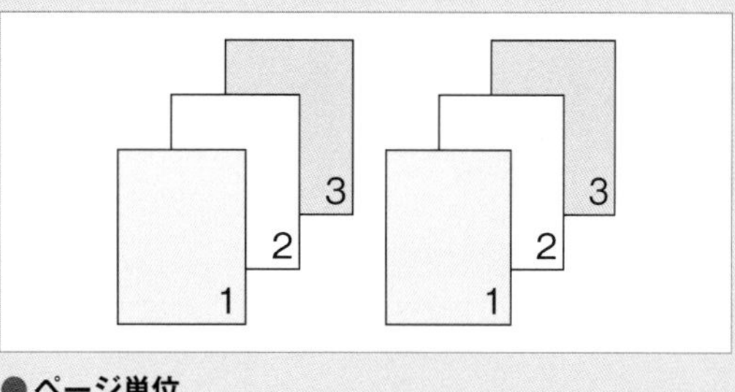

●ページ単位

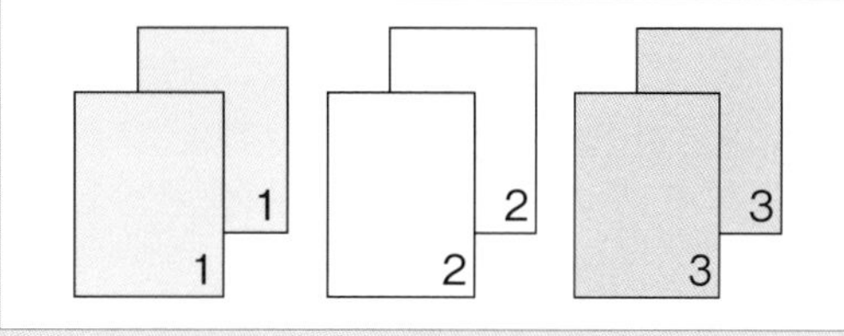

重要度 ★★★　ページの印刷

Q 320 文書ファイルを開かずに印刷したい！

A エクスプローラーから直接印刷します。

文書ファイルをWordで開かずに印刷するには、エクスプローラーを利用します。ただし、文書ファイルのすべてを設定されている用紙サイズで1部のみ直接印刷するので、印刷画面での部数などの指定はできません。エクスプローラーでファイルを右クリックして［その他のオプションを表示］をクリックし、［印刷］をクリックすると、すぐに印刷されます。Windows 10の場合は、ファイルを右クリックして［印刷］をクリックします。なお、エクスプローラーを表示するには、タスクバーの［エクスプローラー］をクリックします。

● Windows 10の場合

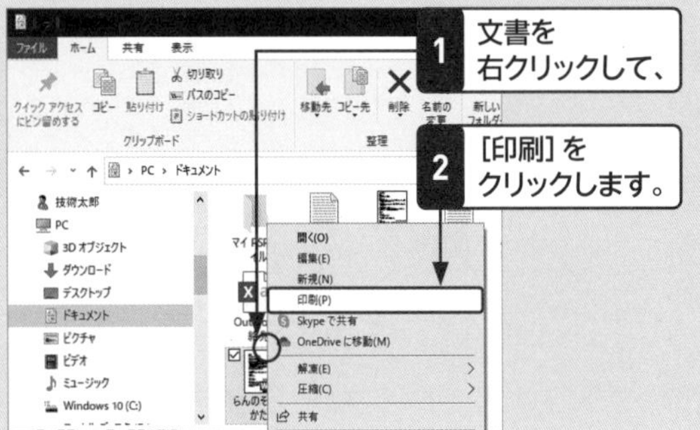

1 文書を右クリックして、

2 ［印刷］をクリックします。

1 文書を右クリックして、

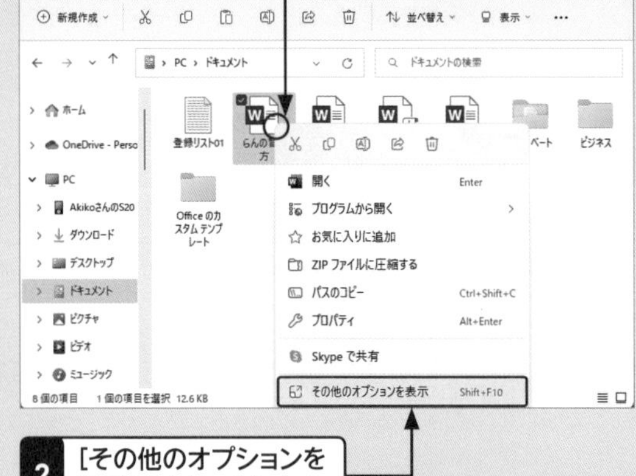

2 ［その他のオプションを表示］をクリックします。

3 ［印刷］をクリックすると、すぐに印刷されます。

重要度 ★★★　ページの印刷

Q 321 複数の文書を一度に印刷したい！

A エクスプローラーで複数のファイルを選択します。

複数の文書ファイルを印刷するには、エクスプローラーで文書ファイルを選択して、印刷操作を実行します。複数のファイルを選択するには、Ctrl を押しながらファイルを1つずつクリックします。連続している場合は、最初のファイルをクリックして、Shift を押しながら最後のファイルをクリックします。

参照▶Q 320

1 Ctrl を押しながら複数のファイルを選択し、

2 選択した状態で右クリックします。

3 ［その他のオプションを表示］をクリックして、［印刷］をクリックします。

重要度 ★★★　ページの印刷

Q 322 1枚の用紙に複数のページを印刷したい！

A 縮小したページを、1枚の用紙に並べて印刷します。

図表の配置などレイアウトを確認する際など、1ページずつ印刷するより複数のページを1枚の用紙に印刷したほうがわかりやすくなります。[ファイル]タブの[印刷]で[1ページ/枚]をクリックして、1枚の用紙で印刷したいページ数をクリックします。なお、あまりページ数が多いと、縮小されて文字が読めない場合があります。

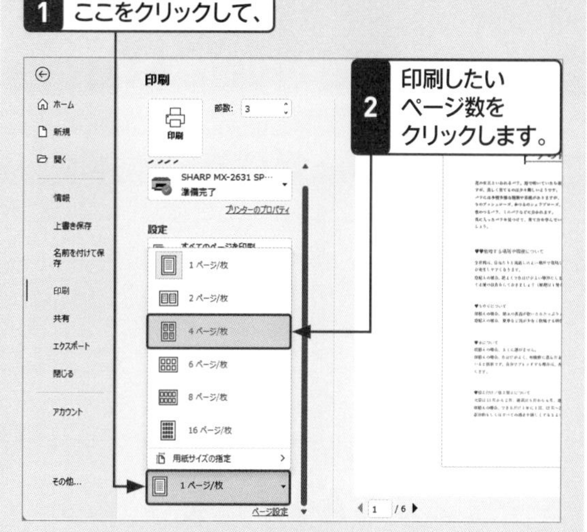

重要度 ★★★　ページの印刷

Q 323 一部の文字を印刷しないようにしたい！

A 隠し文字にします。

個人情報など印刷したくない文字は、「隠し文字」にしておくとよいでしょう。隠し文字とは、文字は入力してあっても印刷できない文字のことをいいます。
設定するには、文字を選択して、[フォント]ダイアログボックスの[隠し文字]をオンにします。この状態で印刷すると、隠し文字部分は印刷されません。なお、[Wordのオプション]の[表示]で[常に画面に表示する編集記号]の[隠し文字]をオフにすると、画面上でも表示されなくなります。

参照 ▶ Q 041

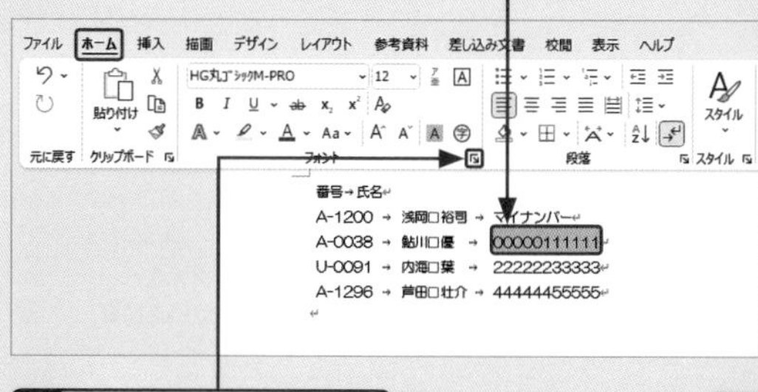

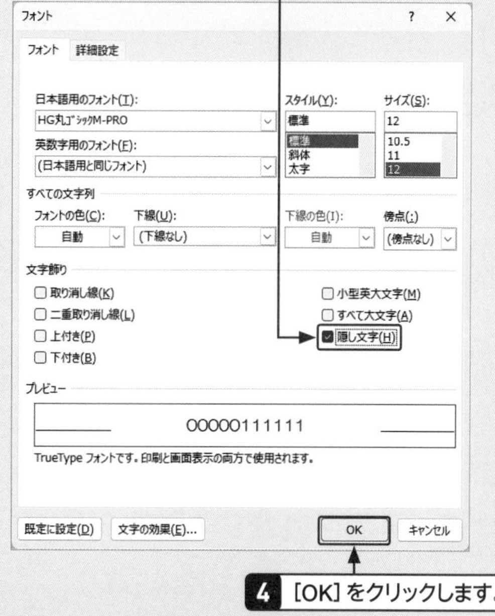

5 指定した部分が隠し文字になります（[隠し文字]を表示する）。

番号→氏名
A-1200 → 浅岡□裕司 → マイナンバー
A-0038 → 鮎川□優 → 00000111111
U-0091 → 内海□葉 → 22222233333
A-1296 → 芦田□壮介 → 44444455555

重要度★★★ ページの印刷

Q 324 A3サイズの文書をA4用紙で印刷したい!

A A4サイズに縮小して印刷します。

ページ設定で設定した用紙サイズと異なるサイズの用紙に印刷したい場合は、[ファイル]タブの[印刷]で[用紙サイズ]からサイズを指定します。ここでは、文書に指定している用紙サイズ[A3]をクリックして、用紙サイズメニューから[A4]をクリックします。

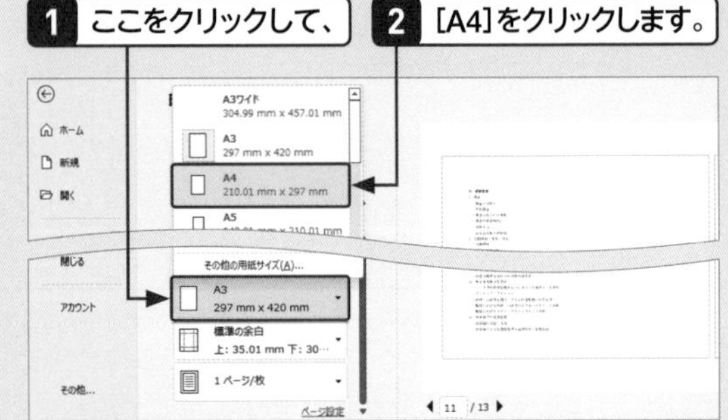
1 ここをクリックして、
2 [A4]をクリックします。

重要度★★★ ページの印刷

Q 325 2枚のA4文書をA3用紙1枚に印刷したい!

A 1枚あたりのページ数と用紙サイズを指定します。

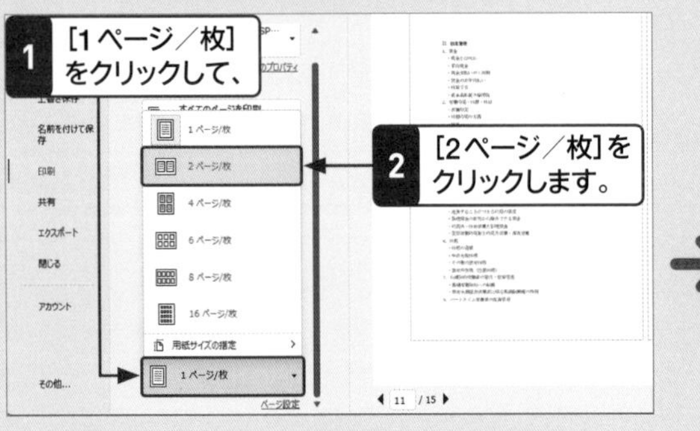
1 [1ページ/枚]をクリックして、
2 [2ページ/枚]をクリックします。

A4の文書の2ページ分を1枚の用紙に印刷する場合は、[ファイル]タブの[印刷]で[1ページ/枚]をクリックし、[2ページ/枚]をクリックします。さらに、[用紙サイズの指定]をクリックして、[A3]を指定します。これで、A4の2ページ分が、A3用紙1枚に自動的に印刷されます。

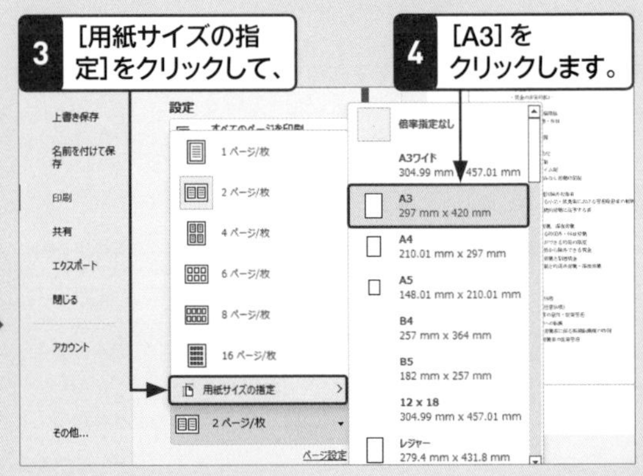
3 [用紙サイズの指定]をクリックして、
4 [A3]をクリックします。

重要度★★★ ページの印刷

Q 326 ページを指定しても印刷されない!

A セクションを指定して印刷します。

文書にセクション区切りを挿入して、セクションを設定していると、セクションごとにページ数がカウントされます。そのため、セクション区切りを挿入した文書で指定したページを印刷するには、セクション番号と、そのセクション内でのページ番号で指定する必要があります。この場合、[印刷]の[ページ]欄に、「p(ページ番号)s(セクション番号)」を入力します。たとえば、セクション2の2ページ目からセクション3の4ページまでを印刷するには、「p2s2-p4s3」と入力します。

参照▶Q 258, Q 316

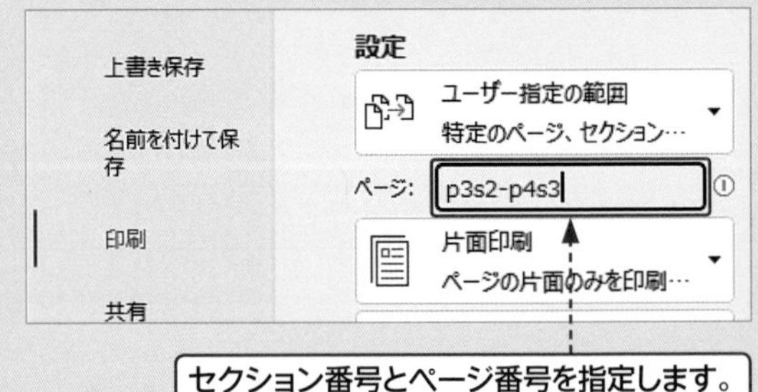
上書き保存
名前を付けて保存
印刷
共有
設定
ユーザー指定の範囲
特定のページ、セクション…
ページ:
p3s2-p4s3
片面印刷
ページの片面のみを印刷…
セクション番号とページ番号を指定します。

重要度 ★★★ ページの印刷

Q 327 白紙のページが余分に印刷される!

A 白紙ページにある段落記号を削除します。

文書を印刷すると、最後に余分な白紙のページが印刷されることがあります。これは、白紙のページに段落記号↵が挿入されていることが原因です。段落記号を削除しておきましょう。

ただし、ページの最後に表など固定されたオブジェクトが配置されていると、次ページの段落記号が削除できない場合があります。その場合は、印刷範囲を指定して印刷します。

参照▶Q 316

重要度 ★★★ ページの印刷

Q 328 挿入した図が印刷されない!

A [Wordのオプション]を利用します。

作成した図や挿入したイラスト、画像などが印刷されない場合は、オブジェクトの印刷がオフになっています。[Wordのオプション]の[表示]で、[印刷オプション]の[Wordで作成した描画オブジェクトを印刷する]をクリックしてオンにします。

参照▶Q 041

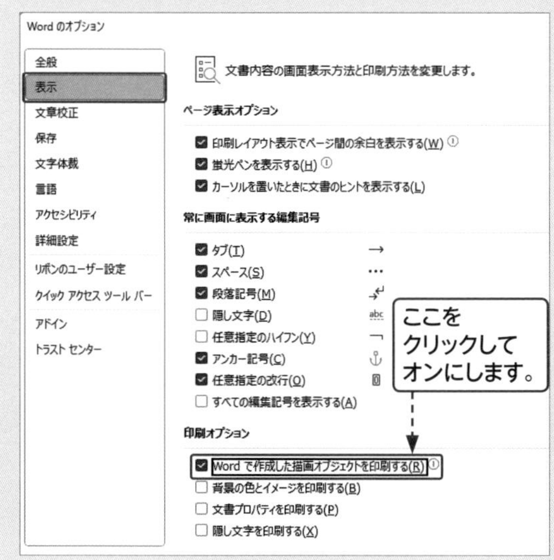

重要度 ★★★ ページの印刷

Q 329 文書の背景の色も印刷したい!

A [Wordのオプション]を利用します。

ページの背景に色を付けるには、[デザイン]タブの[ページの色]をクリックして色を選択します。

通常は、背景に設定した色や塗りつぶし効果は印刷されません。印刷したい場合は、[Wordのオプション]の[表示]で、[背景の色とイメージを印刷する]をクリックしてオンにします。

参照▶Q 041

● 背景に色を付ける

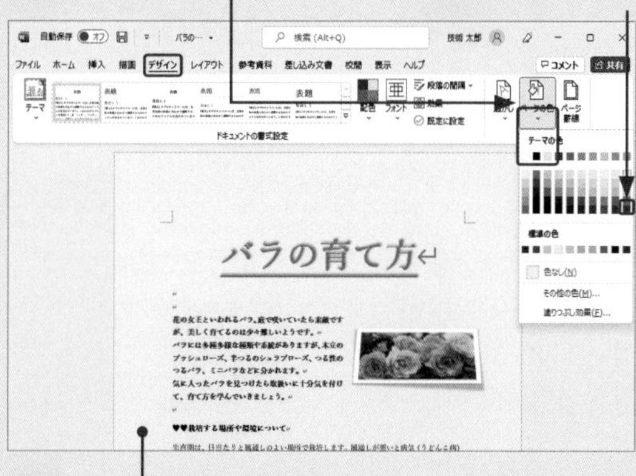

● 背景を印刷する

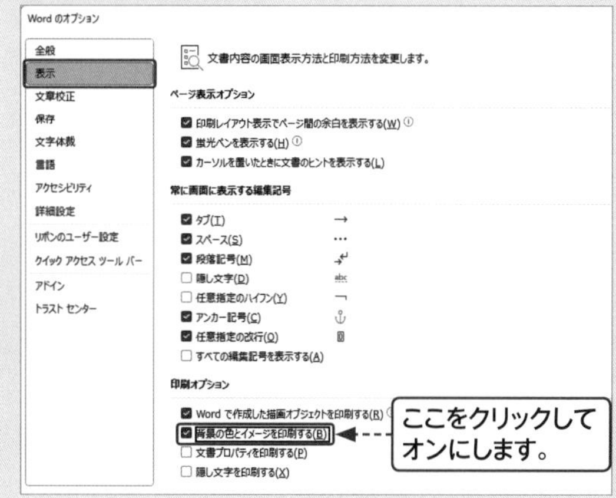

重要度 ★★★ ページの印刷

Q 330 カラープリンターでグレースケール印刷したい！

A プリンターのプロパティでグレースケール印刷に設定します。

グレースケール印刷は、黒の印刷でも濃淡を付けた印刷ができます。単に黒色のみの印刷をモノクロ印刷といいます。グレースケールで印刷するには、プリンターのプロパティで設定します。なお、プリンターのプロパティの内容は、プリンターの機種によって異なります。詳しくは、使用しているプリンターのマニュアルを参照してください。

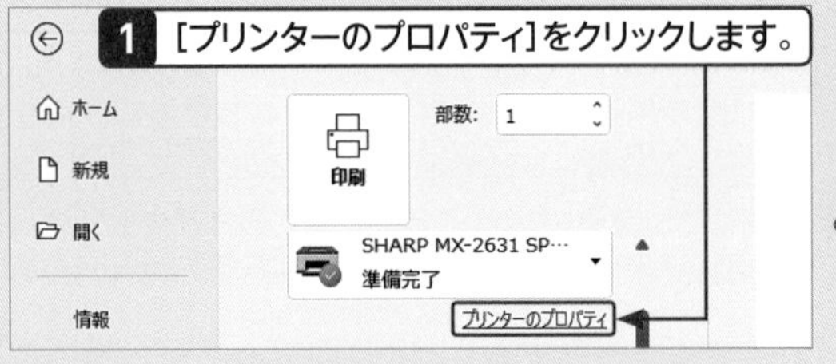

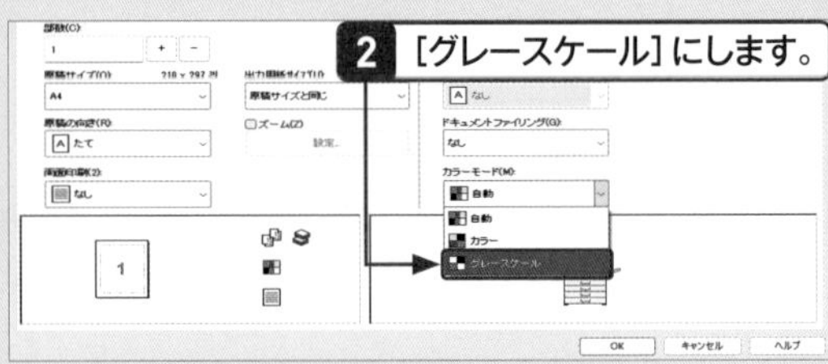

重要度 ★★★ ページの印刷

Q 331 横向きに印刷したい！

A1 印刷向きを変更します。

縦置きの文書を横置きに印刷するには、[印刷]画面で[縦方向]を[横方向]にします。文書内に画像などを貼り込んでいる場合は、レイアウトが崩れてしまうので注意が必要です。

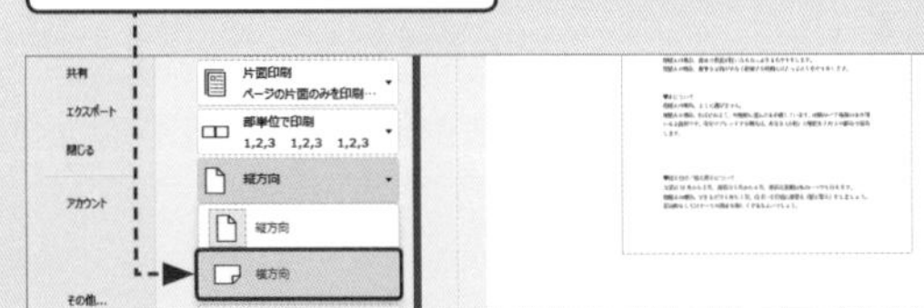

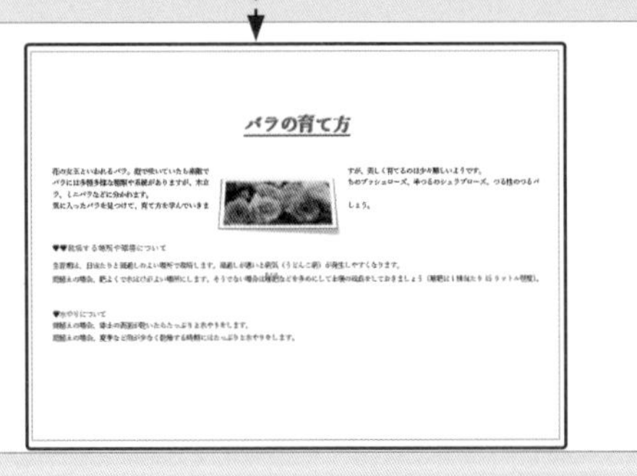

A2 特定のページを横向きにするには、セクションを区切ります。

文書内の特定のページだけ横向きに印刷したい場合は、文書内で該当するページ（の前後）をセクションで区切り、[レイアウト]タブの[用紙の向き]を[横]に変更します。

セクションを区切るには、[レイアウト]タブで[ページ／セクション／区切りの挿入] 区切り をクリックしてセクションを区切る位置を指定します。[印刷]画面で[すべてのページを印刷]を指定すれば、そのページのみ横向きに印刷されます。

参照▶Q 258, Q 259

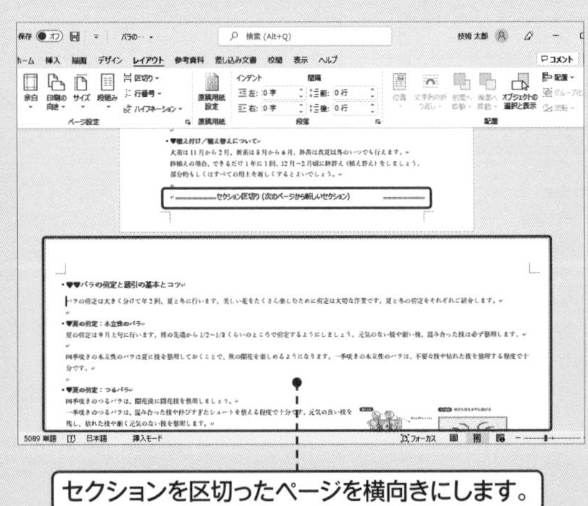

重要度★★★ ページの印刷

Q 332 「余白が～大きくなっています」と表示された！

A 余白を調節して、文書の印刷範囲を印刷可能な範囲内に収めます。

プリンターがサポートしないページサイズで印刷を実行しようとすると、「いくつかのセクションで、上下の余白がページの高さより大きくなっています。」あるいは「いくつかのセクションで、左右の余白、段間隔または段落インデントがページの幅より大きくなっています。」といったメッセージが表示されることがあります。これは、通常使っているプリンターを別のプリンターに変更した場合などに見られる現象です。この場合は、[ページ設定]ダイアログボックスの[余白]タブで余白の値を調節します。

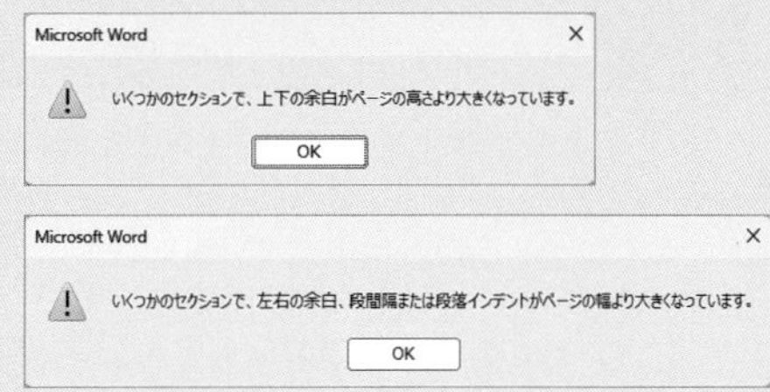

重要度★★★ ページの印刷

Q 333 数行だけはみ出た文書を1ページに収めたい！

A 印刷プレビューの編集モードの1ページ分縮小機能を利用します。

次のページに数行だけはみ出した場合は、[印刷プレビューの編集モード]の[1ページ分縮小]をクリックすると、はみ出た行を前のページに収めることができます。なお、1ページ分縮小機能を利用しても収められないときは、「これ以上ページを縮小することはできません。」と表示されます。この場合には、[ページ設定]ダイアログボックスの[余白]タブで上下余白を減らして調整します。

参照▶Q 310

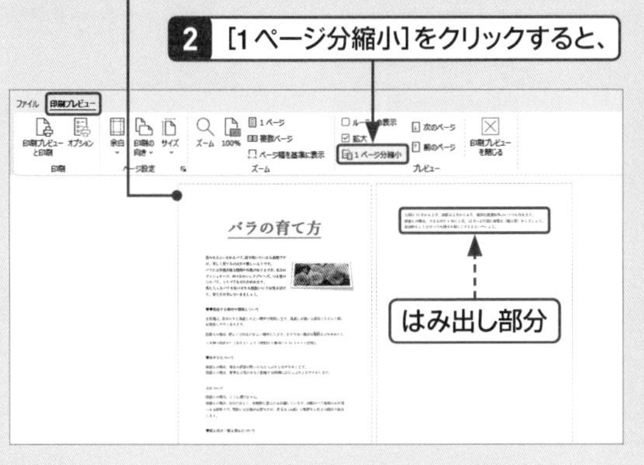

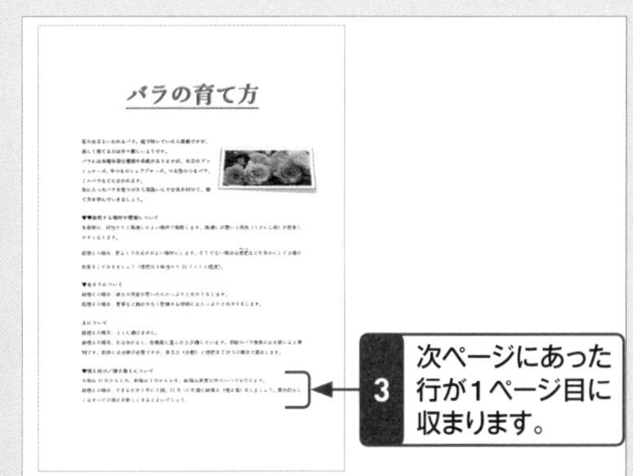

重要度★★★ ページの印刷

Q 334 「余白を印刷可能な範囲に…」と表示された！

A [修正]をクリックすると、自動修正されます。

上下左右の余白の設定をする際に、印刷できない部分にまで文書が配置されるような余白の値を指定すると、以下のようなメッセージが表示されます。[修正]をクリックすると、自動的に最小値が設定されます。[無視]をクリックすると、指定した余白の値になりますが、印刷できない場合がありますので注意してください。

Microsoft Word

一部の余白が印刷可能なページ範囲の外に設定されています。余白を印刷可能な範囲内に移動してください。

ヘルプの表示(E) >>

修正(F)　無視(I)

重要度★★★　ページの印刷

Q 335 ポスター印刷ができない？

A プリンターのプロパティで指定します。

ポスター印刷とは、大きなサイズの文書をA4サイズ数枚に分割して、A4用紙に印刷し、それぞれをつなぎ合わせるとポスターになるというものです。
これは、Wordの機能ではなく、プリンターの機能です。[(プリンター名)のプロパティ]ダイアログボックスを表示して、[ポスター印刷]を設定します。この機能に対応していない場合もあるので、詳しくはプリンターのマニュアルで確認してください。

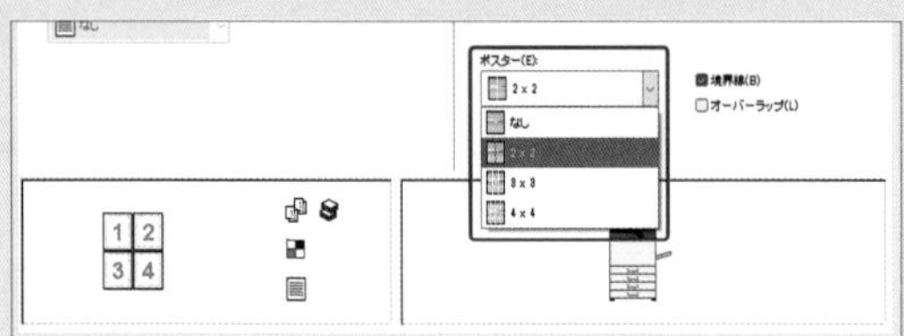

重要度★★★　はがきの印刷

Q 336 はがきいっぱいに写真を印刷したい！

A プリンターの設定を「フチなし」にします。

はがきの文面いっぱいに写真を印刷するには、[ファイル]タブの[印刷]で[プリンターのプロパティ]をクリックすると表示される[(プリンター名)のプロパティ]ダイアログボックスで、「フチなし」にします。なお、「フチなし」への対応はプリンターによって異なり、できない場合もあります。また、「フチなし」を設定するために、「フォトプリント紙」などを選択する必要があることもあります。詳細については、使用しているプリンターのマニュアルを参照してください。

追加する機能(T)
□両面印刷
☑フチなし全面印刷
□モノクロ印刷
□下書き
用紙の種類(Y): インクジェットはがき(あて名面)
出力用紙サイズ(E): はがき
印刷の向き(O): ◉縦　○横
印刷品質(Q):
給紙方法(R):

重要度★★★　原稿用紙の印刷

Q 337 原稿用紙で文書を印刷したい！

A [原稿用紙設定]を利用します。

[レイアウト]タブの[原稿用紙設定]を利用すると、原稿用紙の罫線が自動的に現れ、原稿用紙イメージのページになります。文字を入力すると、原稿用紙のマス目単位で文字が並びます。印刷を実行すると、原稿用紙イメージのまま印刷することができます。

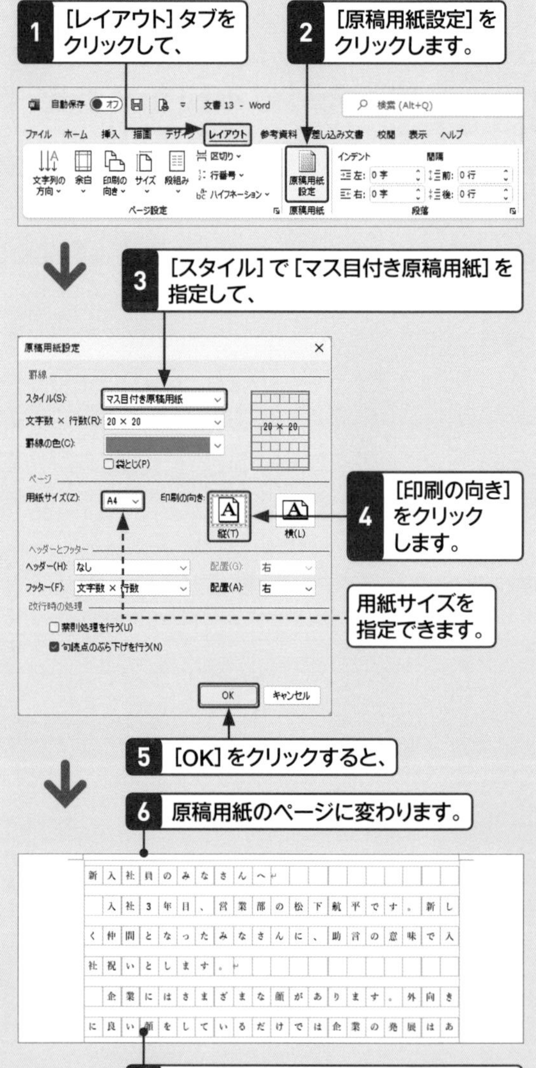

重要度★★★ 原稿用紙の印刷

Q 338 原稿用紙に袋とじ部分を作成したい！

A [原稿用紙設定]ダイアログボックスで[袋とじ]を指定します。

袋とじは中央で折る際の余白部分のことで、[原稿用紙設定]ダイアログボックスで[袋とじ]をクリックしてオンにします。ただし、[用紙サイズ]や[文字数×行数]などによっては[袋とじ]を指定できないこともあります。

参照▶Q 337

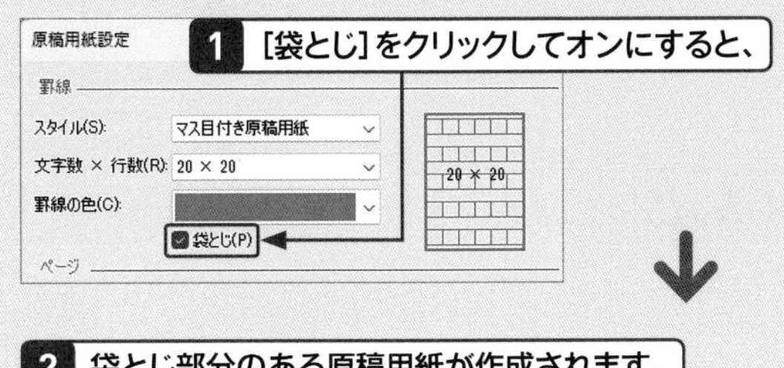

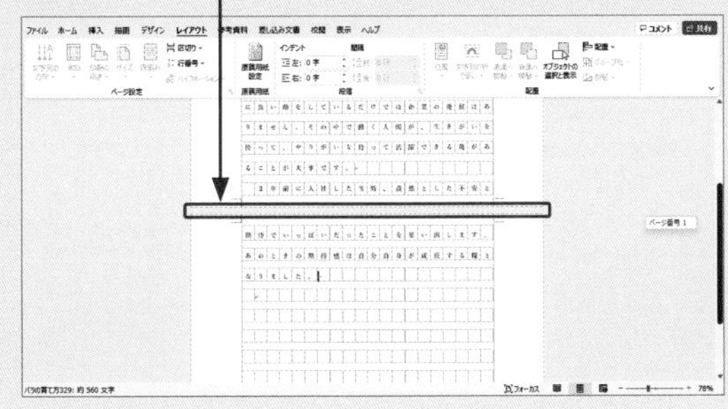

重要度★★★ 原稿用紙の印刷

Q 339 原稿用紙の行数や文字数を設定したい！

A [原稿用紙設定]ダイアログボックスの[文字数×行数]から選択します。

[原稿用紙設定]ダイアログボックスで原稿用紙の行数や文字数を指定するには、[文字数×行数]ボックスの選択肢から選びます。この選択肢にない文字数×行数には設定できません。選択肢は用紙サイズによって異なります。たとえば、「A4」サイズは「20×20」と「20×10」が選択できますが、「B4」サイズでは「20×20」のみです。

参照▶Q 337

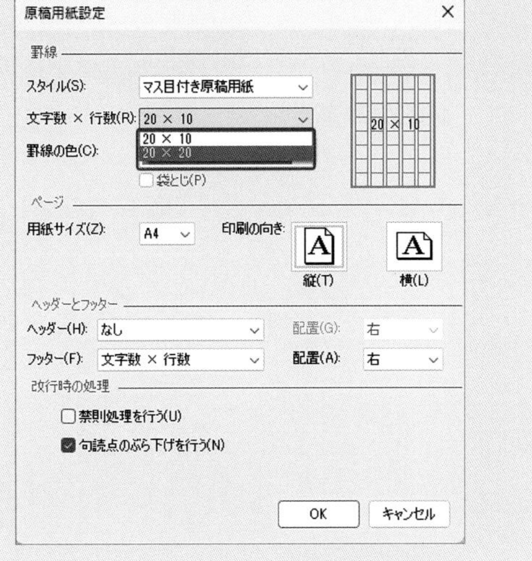

重要度★★★ 原稿用紙の印刷

Q 340 縦書き用の原稿用紙を作成したい！

A [文字数×行数]や[印刷の向き]で設定します。

縦書き用の原稿用紙にするには、[原稿用紙設定]ダイアログボックスの[文字数×行数]と[印刷の向き]で設定します。たとえば、[文字数×行数]を「20×20」にした場合は、[印刷の向き]を[横]にします。また、[文字数×行数]を「20×10」にした場合は、[印刷の向き]を[縦]にすると、縦書き用の原稿用紙になります。

参照▶Q 337

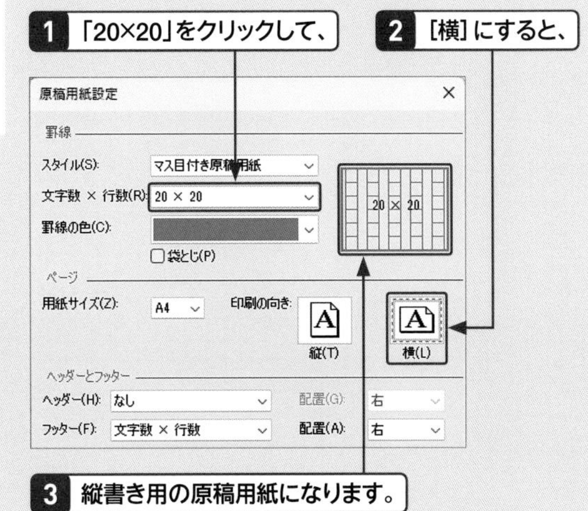

重要度 ★★★　原稿用紙の印刷

Q 341 句読点が原稿用紙の行頭にこないように印刷したい！

A 句読点のぶら下げの設定を行います。

行頭に句読点がこないようにするには、[原稿用紙設定]ダイアログボックスの[句読点のぶら下げを行う]をクリックしてオンにします。句読点が最後のマスの下に配置されます。

参照▶Q 337

1 ここをクリックしてオンにして、

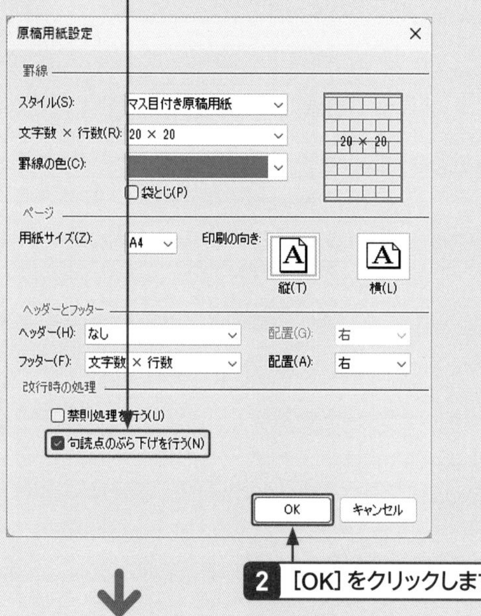

2 [OK]をクリックします。

3 句読点がぶら下がります。

重要度 ★★★　原稿用紙の印刷

Q 342 市販の原稿用紙に印刷したい！

A 原稿用紙のサイズに合わせて、行数と文字数を設定します。

市販の原稿用紙に印刷する場合は、ページ設定を用紙に合わせる必要があります。[レイアウト]タブの[ページ設定]グループ右下の ⧉ をクリックして表示される[ページ設定]ダイアログボックスの[文字数と行数]タブで、[原稿用紙の設定にする]をクリックしてオンにし、[文字方向]で横書きか縦書きを選択します。また、20行×20文字の原稿用紙の場合は、[行数]と[文字数]を[20]に指定します。

1 文字方向をクリックして指定します。

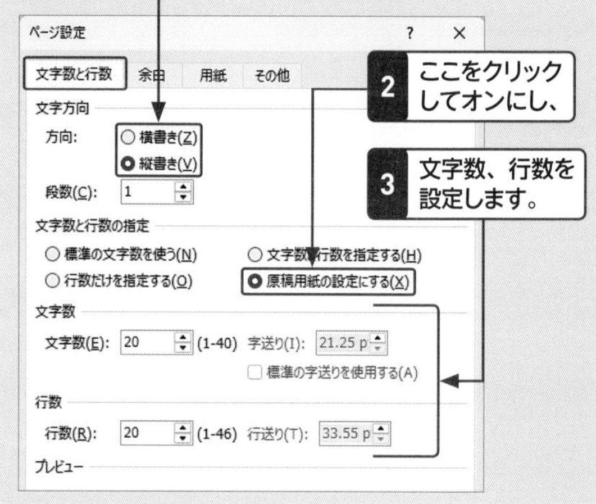

2 ここをクリックしてオンにし、

3 文字数、行数を設定します。

重要度 ★★★　原稿用紙の印刷

Q 343 市販の原稿用紙のマス目からずれて印刷される！

A 余白を調整して、印刷位置を修正します。

市販の原稿用紙に文書を印刷してみて、印刷位置が大きくずれる、または文字がマス目の中央に印刷されない場合は、余白の設定で印刷位置を調整します。[ページ設定]ダイアログボックスの[余白]タブでは、上下左右の余白を0.1mm単位で指定できます。

参照▶Q 345

重要度★★★　印刷方法

Q344 両面印刷をしたい！

A プリンターによって異なります。

大量の文書の場合には両面印刷を利用すると、扱いやすくなり用紙の節約にもなります。自動で両面印刷ができる機能のプリンターを利用している場合は、[両面印刷（長辺を綴じます）] あるいは [両面印刷（短辺を綴じます）] をクリックするだけで両面印刷にできます。両面印刷が自動でできないプリンターの場合は、[手動で両面印刷] をクリックします。裏面を印刷するために用紙をセットするよう求めるメッセージが表示されたら、用紙を裏返します。このとき、上下が逆にならないように注意してください。

● 自動で両面印刷

1 [片面印刷] をクリックして、

2 [両面印刷（長辺を綴じます）] をクリックします。

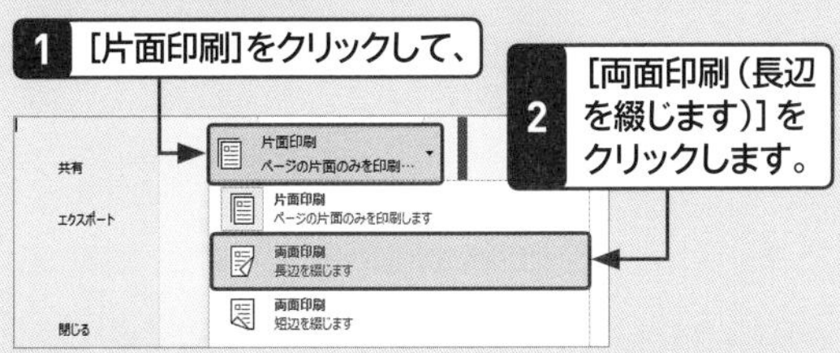

3 [印刷] をクリックすると、自動的に両面が印刷されます。

● 手動で両面印刷

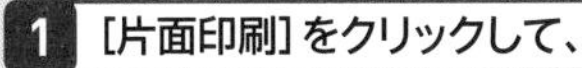

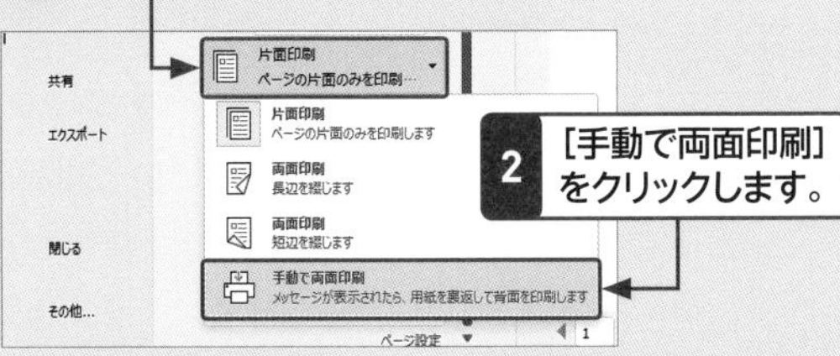

3 [印刷] をクリックすると、片面が印刷されます。

4 用紙を入れ替えて、[OK] をクリックします。

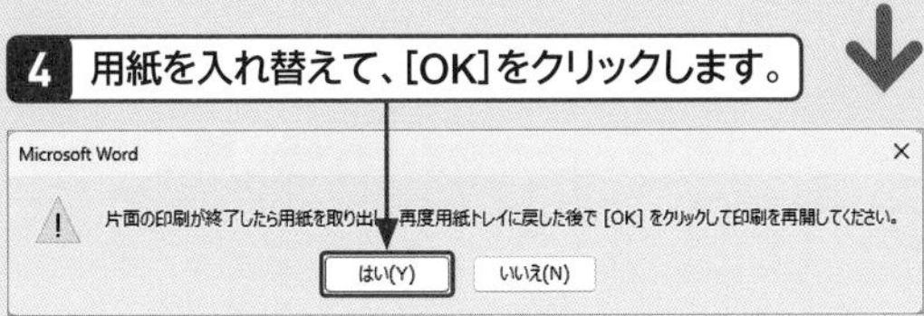

重要度★★★　印刷方法

Q345 見開きのページを印刷したい！

A 印刷の形式を見開きページに選択します。

見開きのページを作成するには、[ページ設定] ダイアログボックスの [余白] タブで、[見開きページ] をクリックします。見開きページにすると、左ページと右ページで、余白が左右対象になります。

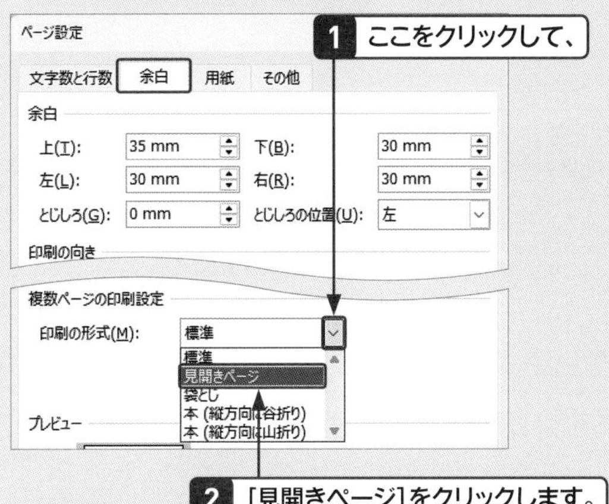

3 余白の項目が変わります。

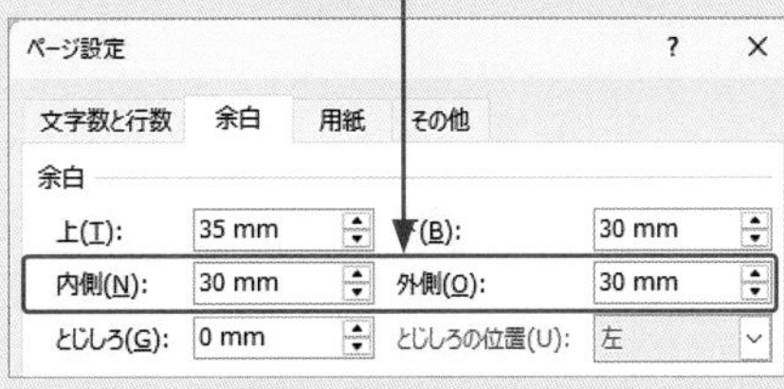

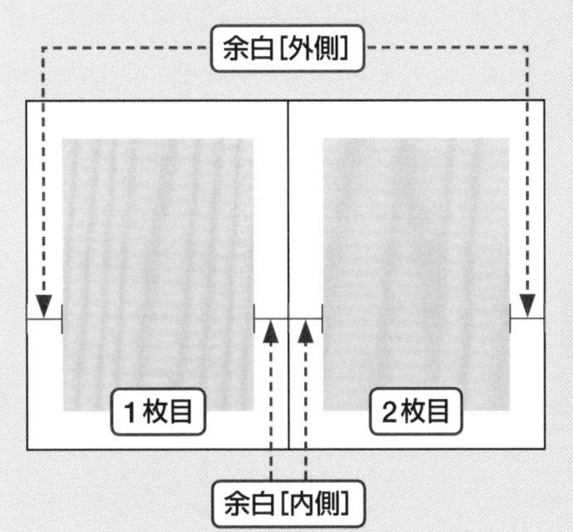

重要度 ★★★ 印刷方法

Q 346 袋とじの印刷を行いたい！

A 印刷の形式を袋とじに設定します。

袋とじとは、1枚の用紙に2ページ分を印刷する方法です。山折りで2つに折り、両端を合わせた部分で綴じます。このとき左右の余白が異なると、外側の余白が合わなくなります。また、[とじしろ]は余白とは別に綴じる幅として設定するか、「0」にして余白部分を綴じる幅にしてもかまいません。

参照▶Q 292

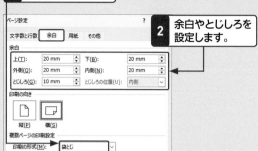

1 [袋とじ]にします。

2 余白やとじしろを設定します。

ページ設定
文字数と行数　余白　用紙　その他
余白
上(T): 20 mm　下(B): 20 mm
外側(O): 20 mm　内側(N): 20 mm
とじしろ(G): 10 mm　とじしろの位置(U): 内側
印刷の向き
縦(P)　横(S)
複数ページの印刷設定
印刷の形式(M): 袋とじ

重要度 ★★★ 印刷方法

Q 347 1ページ目が一番上になるように印刷したい！

A 印刷の順序を逆に設定します。

プリンターによっては、複数ページの文書を印刷すると、1ページ目から積まれていき、最終ページが一番上になる場合があります。このようなときは、[Wordのオプション]を開き、[詳細設定]の[印刷]で[ページの印刷順序を逆にする]をクリックしてオンにすると、最終ページから印刷が始まり、1ページ目を一番上にしてくれます。

参照▶Q 041

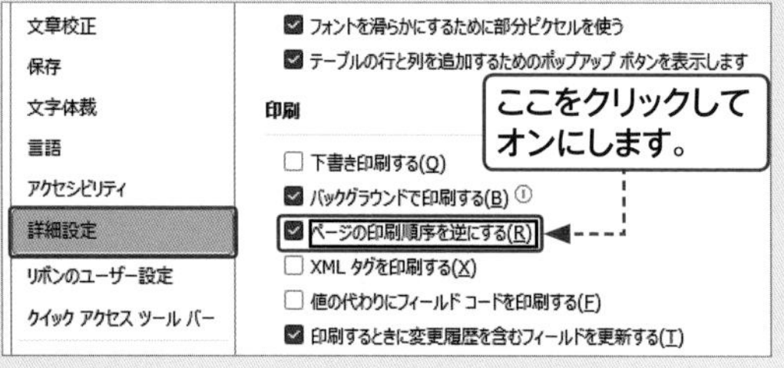

重要度 ★★★ 印刷方法

Q 348 文書の作成者名などの情報が印刷された！

A 文書プロパティの印刷設定を解除します。

文書のファイル名や保存されている場所、作成者名や作成日時などの情報を「文書プロパティ」といいます。文書プロパティの印刷が設定されていると、文書の最後のページに印刷されます。印刷させたくない場合は、[Wordのオプション]を開き、[表示]の[印刷オプション]で[文書プロパティを印刷する]をクリックしてオフにします。

参照▶Q 041

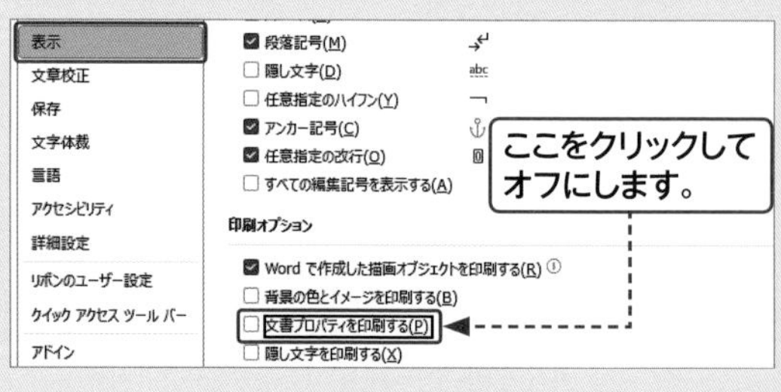

重要度 ★★★ 印刷方法

Q 349 文書の一部の文字列が印刷されない！

A 隠し文字が印刷されるように設定します。

文書中の一部の文字列が印刷されない場合は、その文字列に隠し文字が設定されている可能性があります。印刷できなかった文字が隠し文字になっているか確認してください。

隠し文字を印刷するには、[Wordのオプション]を開き、[表示]の[印刷オプション]で、[隠し文字を印刷する]をクリックしてオンにします。

参照▶Q 323

第7章

差し込み印刷の「こんなときどうする?」

Q 350 アドレス帳を作成して文書に差し込みたい!

A [差し込み印刷ウィザード]を利用します。

「差し込み印刷」では、もとの文書となる「メイン文書」に「差し込みフィールド」領域を配置することができます。文書やラベルなどの宛先として、ほかのファイルからデータを挿し込むことができます。

まずは、差し込むデータとしてアドレス帳(住所録)を作成します。ここでは、[差し込み印刷ウィザード]を利用してアドレス帳を作成し、文書の宛名に差し込むまでを解説します。

なお、ここで作成するアドレス帳には敬称欄がありません。アドレス帳にあとから追加する、文書に直接入力することが可能です。また、Excelなどで作成した住所録、Outlookの連絡先を利用することもできます。

参照▶Q 351, Q 352, Q 360

1 文書を開き、[差し込み文書]タブの[差し込み印刷の開始]をクリックして、

2 [差し込み印刷ウィザード]をクリックします。

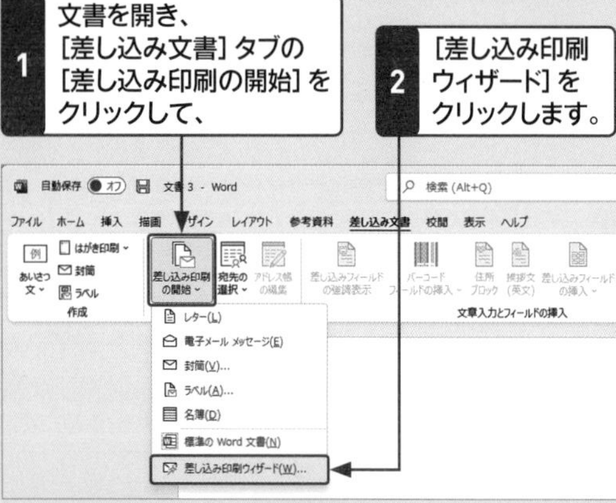

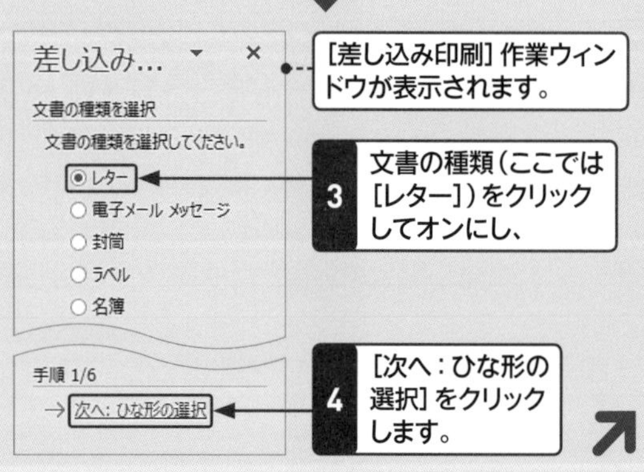

[差し込み印刷]作業ウィンドウが表示されます。

3 文書の種類(ここでは[レター])をクリックしてオンにし、

4 [次へ:ひな形の選択]をクリックします。

差し込み... ひな形の選択 レターを設定する方法を指定してください。 ◉現在の文書を使用 ○テンプレートから開始 ○既存の文書から開始

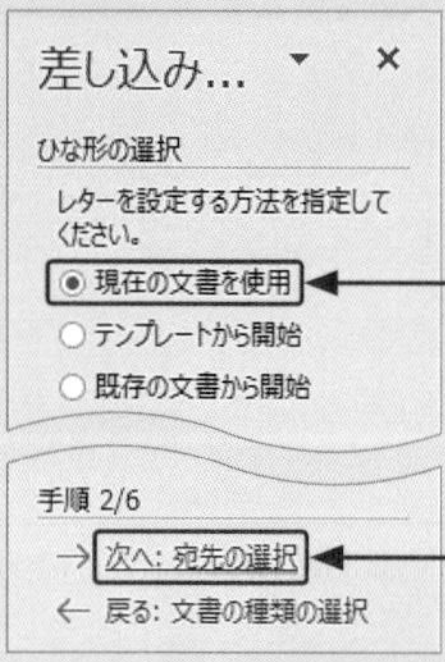

5 [現在の文書を使用]をクリックしてオンにし、

手順 2/6 → 次へ: 宛先の選択 ← 戻る: 文書の種類の選択

6 [次へ:宛先の選択]をクリックします。

差し込み... 宛先の選択 ○既存のリストを使用 ○Outlook 連絡先から選択 ◉新しいリストの入力 新しいリストの入力 宛先の名前と住所を入力します。 作成...

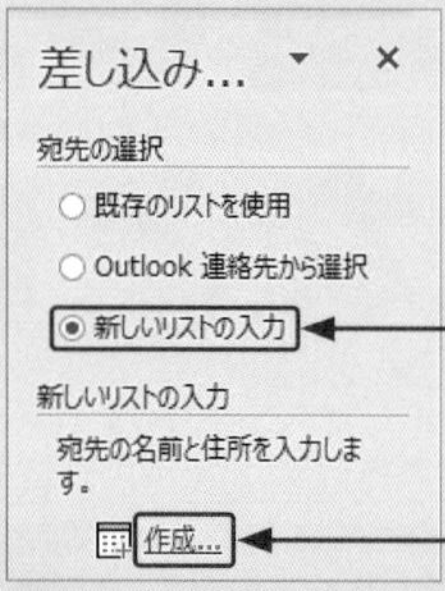

7 [新しいリストの入力]をクリックしてオンにし、

8 [作成]をクリックすると、

9 [新しいアドレス帳]ダイアログボックスが表示されます。

10 必要な項目を入力します。

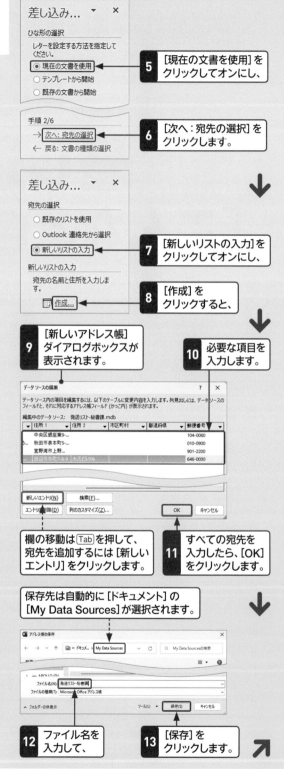

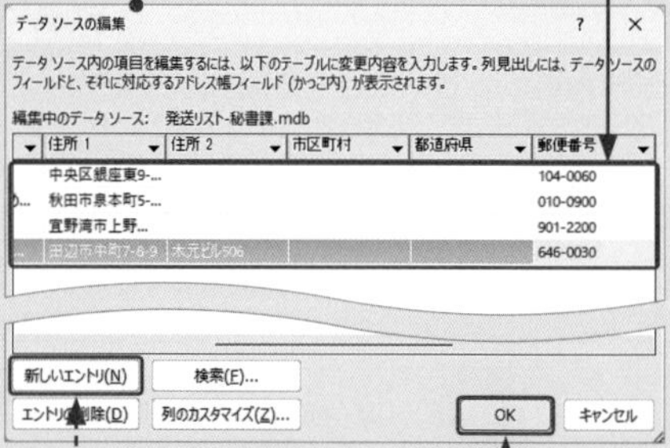

データ ソースの編集

住所 1	住所 2	市区町村	都道府県	郵便番号
中央区銀座東9-...				104-0060
秋田市泉本町5-...				010-0900
宜野湾市上野...				901-2200
田辺市中町7-6-9	木元ビル506			646-0030

新しいエントリ(N) 検索(F)... エントリの削除(D) 列のカスタマイズ(Z)... OK キャンセル

欄の移動はTabを押して、宛先を追加するには[新しいエントリ]をクリックします。

11 すべての宛先を入力したら、[OK]をクリックします。

保存先は自動的に[ドキュメント]の[My Data Sources]が選択されます。

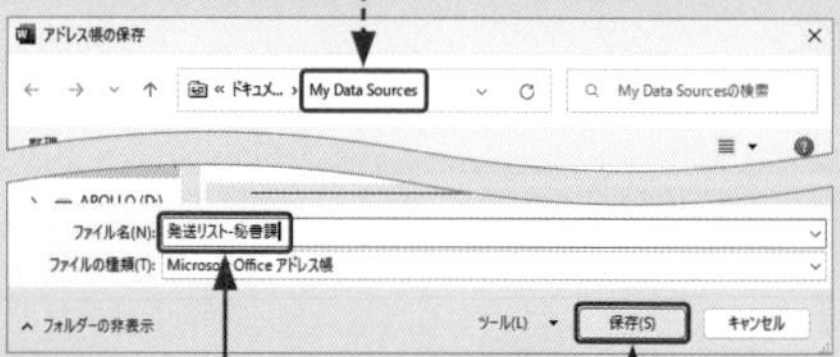

アドレス帳の保存 ファイル名(N): 発送リスト-秘書課 ファイルの種類(T): Microsoft Office アドレス帳 保存(S) キャンセル

12 ファイル名を入力して、

13 [保存]をクリックします。

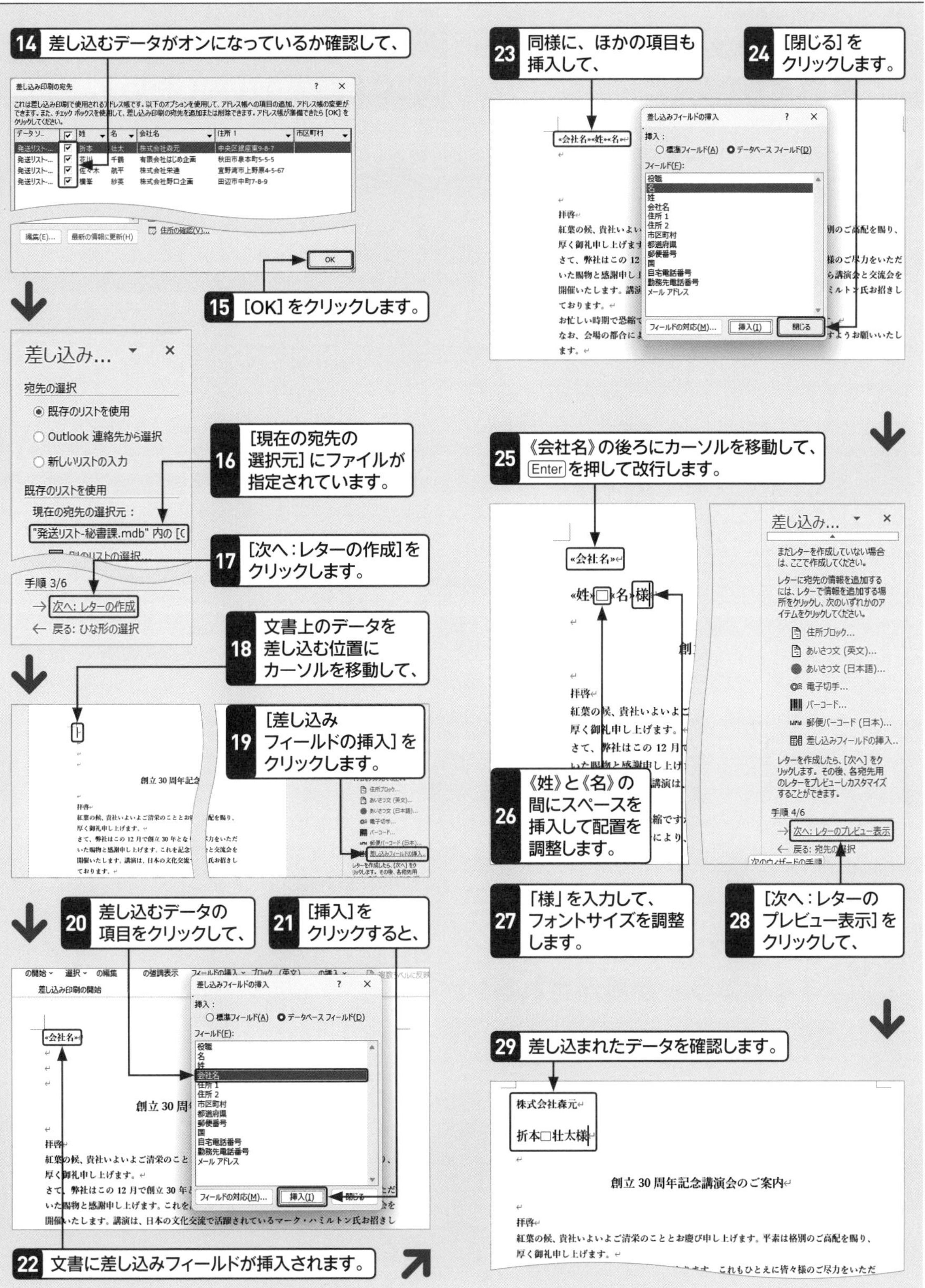

14 差し込むデータがオンになっているか確認して、
15 [OK] をクリックします。
16 [現在の宛先の選択元] にファイルが指定されています。
17 [次へ：レターの作成] をクリックします。
18 文書上のデータを差し込む位置にカーソルを移動して、
19 [差し込みフィールドの挿入] をクリックします。
20 差し込むデータの項目をクリックして、
21 [挿入] をクリックすると、
22 文書に差し込みフィールドが挿入されます。
23 同様に、ほかの項目も挿入して、
24 [閉じる] をクリックします。
25 《会社名》の後ろにカーソルを移動して、Enter を押して改行します。
26 《姓》と《名》の間にスペースを挿入して配置を調整します。
27 「様」を入力して、フォントサイズを調整します。
28 [次へ：レターのプレビュー表示] をクリックして、
29 差し込まれたデータを確認します。
差し込み印刷の宛先
差し込みフィールドの挿入
差し込み...
宛先の選択
既存のリストを使用
Outlook 連絡先から選択
新しいリストの入力
現在の宛先の選択元：
"発送リスト-秘書課.mdb" 内の [C
手順 3/6
次へ: レターの作成
戻る: ひな形の選択
手順 4/6
次へ: レターのプレビュー表示
戻る: 宛先の選択
株式会社森元
折本□壮太様
創立 30 周年記念講演会のご案内

1 Wordの基本
2 入力
3 編集
4 書式設定
5 表示
6 印刷
7 差し込み印刷
8 図と画像
9 表とグラフ
10 ファイル

重要度 ★★★　文書への差し込み

Q 351 新規のアドレス帳を作成したい！

A [新しいアドレス帳]画面で入力します。

Wordで新規にアドレス帳を作成する場合、[差し込み印刷ウィザード]を利用すると、手順を追って作成できるので便利です。文書に差し込まない場合など、単にアドレス帳のみを作成したい場合は、[差し込み文書]タブの[宛先の選択]で[新しいリストの入力]をクリックして、[新しいアドレス帳]ダイアログボックスでデータを入力します。

参照▶Q 350, Q 352

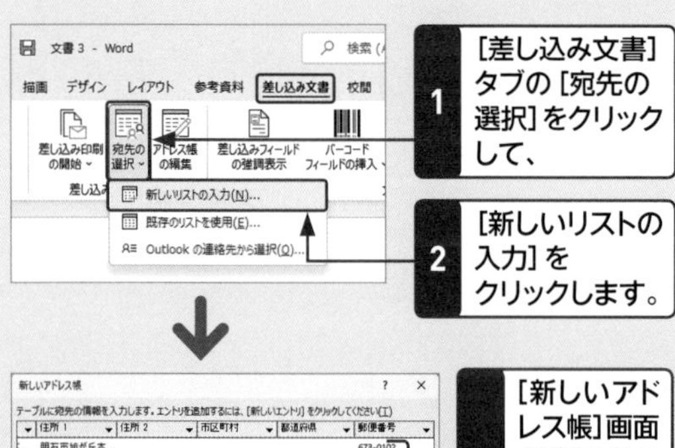

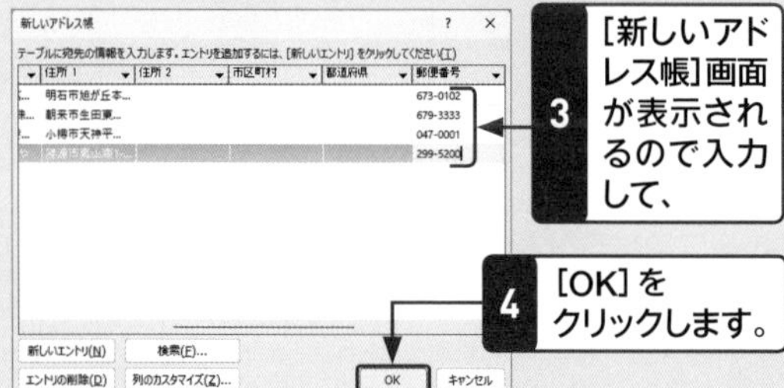

重要度 ★★★　文書への差し込み

Q 352 新規にアドレス帳を作ろうとするとエラーが表示される！

A アドレス帳をExcelなどで作成します。

新規にアドレス帳を作成する場合に、[差し込み文書]タブの[宛先の選択]で[新しいリストの入力]をクリックしても、パソコンの環境によっては[新しいアドレス帳]ダイアログボックスが表示されない事例があります。こういう場合は、Excelなどでアドレス帳を作成して利用するとよいでしょう。

参照▶Q 353

重要度 ★★★　文書への差し込み

Q 353 Excelの住所録を利用して宛先を印刷したい！

A Excelのデータを文書に差し込んで印刷します。

差し込み印刷では、Wordで作成したアドレス帳のほかに、Excelで作成したデータも文書に挿入できます。ただし、差し込み印刷に利用できるExcelのデータは、それぞれの列の1行目に項目名が入力され、項目ごとに数値や文字列が入力されている必要があります。

Wordの文書にExcelのデータを挿入する（差し込む）には、[差し込み印刷ウィザード]を利用します。

[差し込み印刷]タブの[宛先の選択]で[既存のリスト]をクリックして、Excelのファイルを指定してもかまいません。その場合は、[差し込み印刷]タブの[差し込みデータフィールドの挿入]をクリックすると、P.207の手順⑬の画面が表示されるので、同様に操作を行います。

参照▶Q 350, Q 365

● Excelのデータ要素

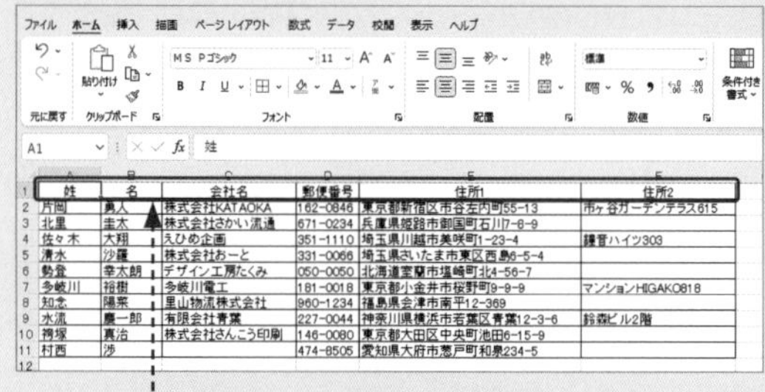

姓	名	会社名	郵便番号	住所1	住所2
片岡	勇人	株式会社KATAOKA	162-0846	東京都新宿区市谷左内町55-13	市ヶ谷ガーデンテラス615
北里	圭太	株式会社さかい流通	671-0234	兵庫県姫路市御国町石川7-8-9	
佐々木	大翔	えひめ企画	351-1110	埼玉県川越市美咲町1-23-4	鐘音ハイツ303
清水	沙羅	株式会社おーと	331-0066	埼玉県さいたま市東区西島6-5-4	
勢登	幸太朗	デザイン工房たくみ	050-0050	北海道室蘭市塩崎町北4-56-7	
多岐川	裕樹	多岐川電工	181-0018	東京都小金井市桜野町9-9-9	マンションHIGAKO818
知念	陽菜	里山物流株式会社	960-1234	福島県会津市南平12-369	
水流	慶一郎	有限会社青葉	227-0044	神奈川県横浜市若葉区青葉12-3-6	鈴森ビル2階
袴塚	真治	株式会社さんこう印刷	146-0080	東京都大田区中央町池田6-15-9	
村西	渉		474-8505	愛知県大府市葱戸町和泉234-5	

フィールドに対応するように、1行目に項目名を入力します。

● Excelデータを差し込む

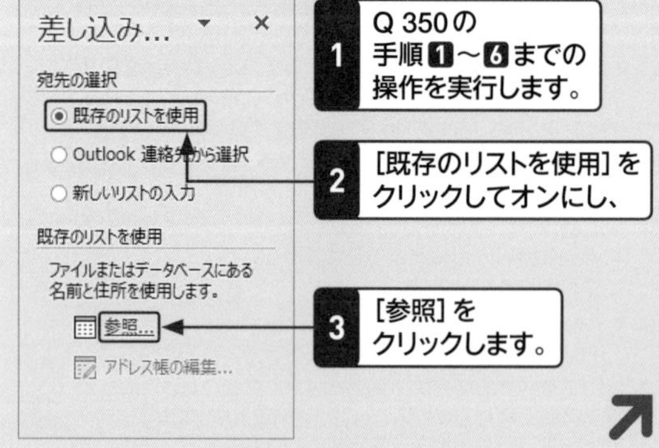

4 目的のExcelファイルを選択して、

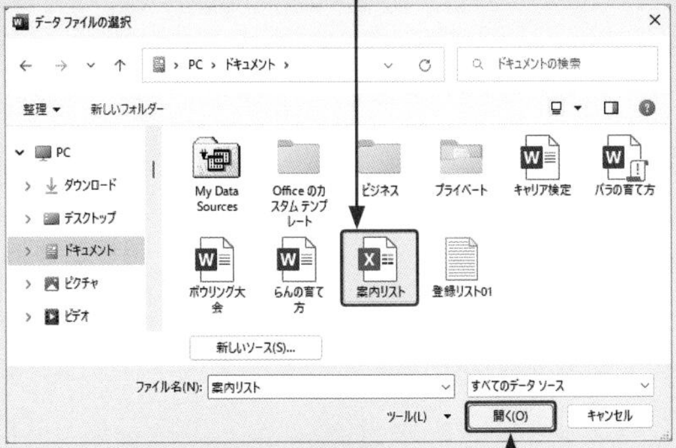

5 [開く] をクリックします。

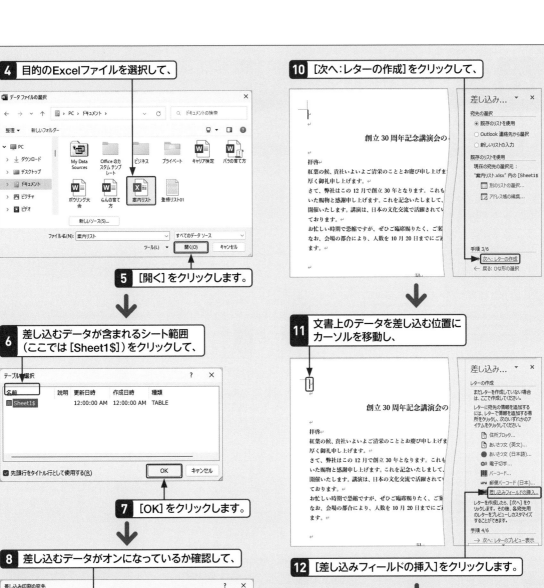

6 差し込むデータが含まれるシート範囲（ここでは [Sheet1$]）をクリックして、

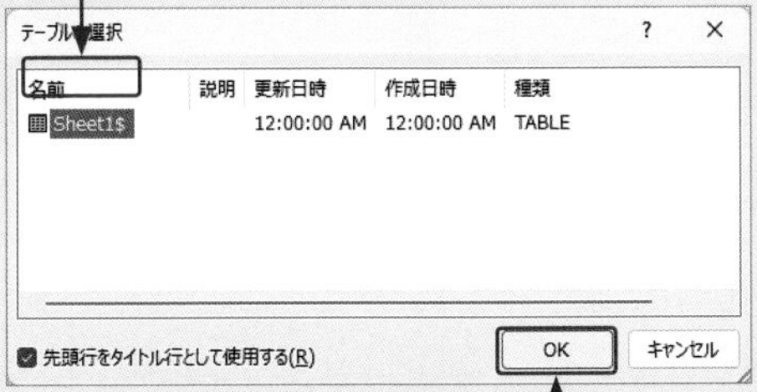

7 [OK] をクリックします。

8 差し込むデータがオンになっているか確認して、

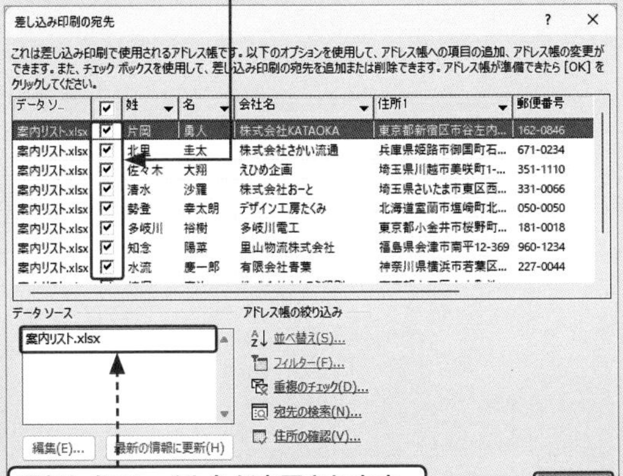

選択したファイル名が表示されます。

9 [OK] をクリックします。

10 [次へ:レターの作成] をクリックして、

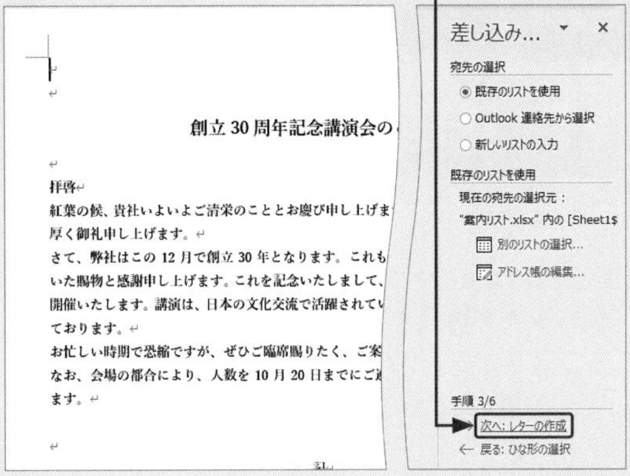

11 文書上のデータを差し込む位置にカーソルを移動し、

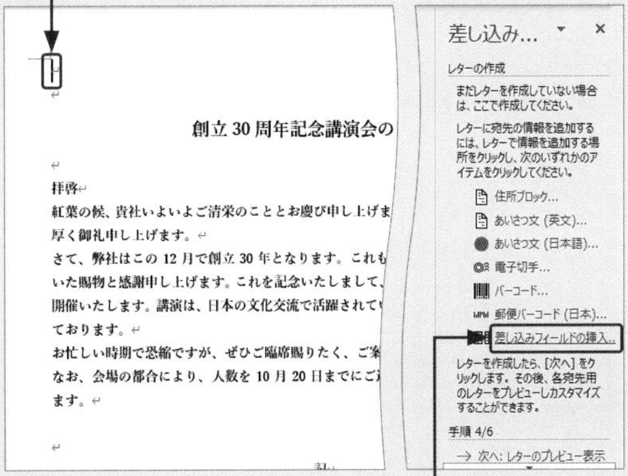

12 [差し込みフィールドの挿入] をクリックします。

13 Excelデータの項目が表示されます。Q 350の手順⑳以降の操作に従い、データを差し込みます。

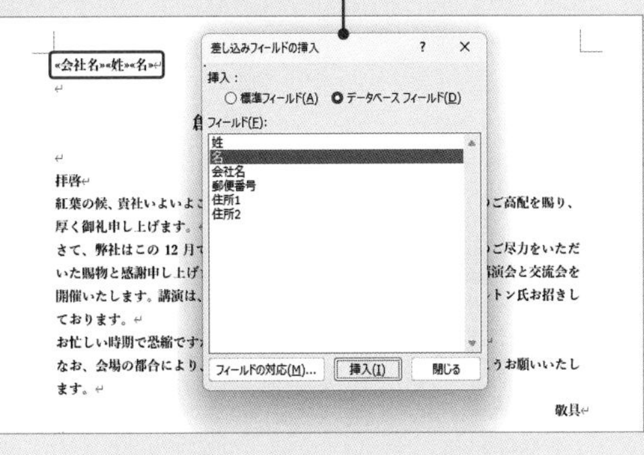

重要度★★★ 文書への差し込み

Q 354 Outlookの「連絡先」を宛先に利用したい！

A Outlookの「連絡先」のデータを文書に差し込むことができます。

電子メールソフトのOutlookを利用している場合、Outlookの連絡先を差し込み印刷に利用できます。Outlookの連絡先を差し込み印刷に利用するには、[差し込み印刷]作業ウィンドウの[宛先の選択]で[Outlook連絡先から選択]をクリックしてオンにし、以下の手順に従います。 参照▶Q 353

1 Q 331の手順1～6までの操作を実行します。

2 [Outlook連絡先から選択]をクリックしてオンにし、

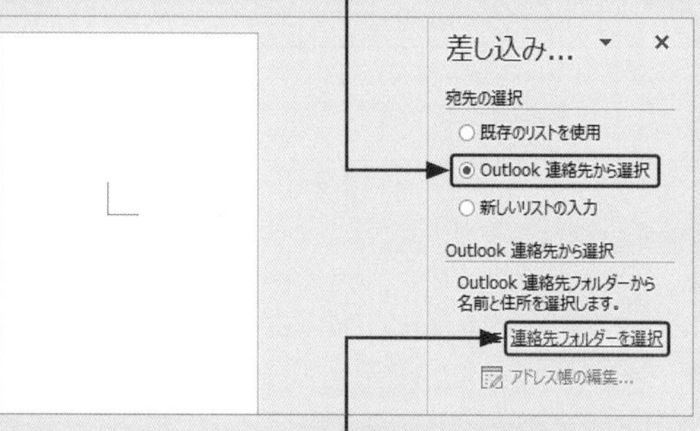

3 [連絡先フォルダーを選択]をクリックします。

4 [連絡先]をクリックして、

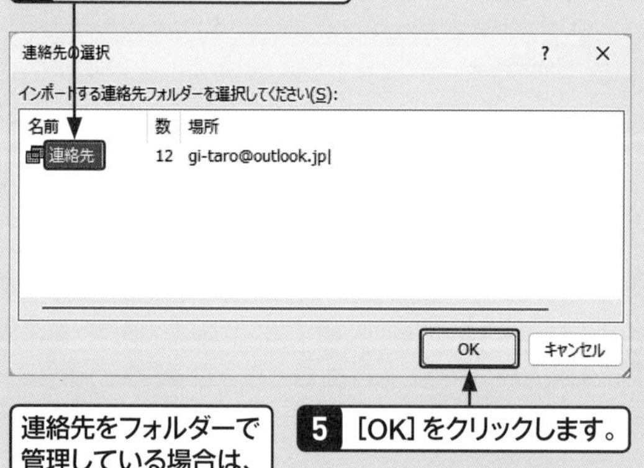

連絡先をフォルダーで管理している場合は、複数のフォルダーが表示されます。

5 [OK]をクリックします。

6 [差し込み印刷の宛先]ダイアログボックスが表示されます。

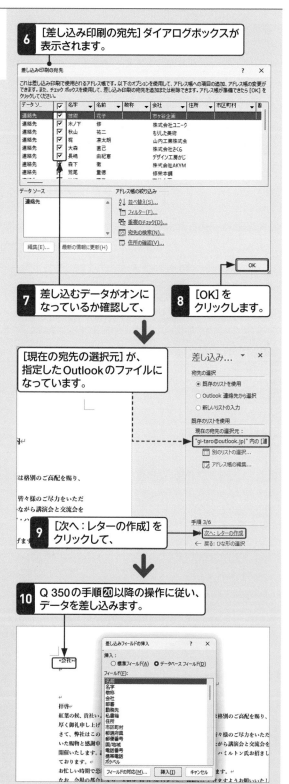

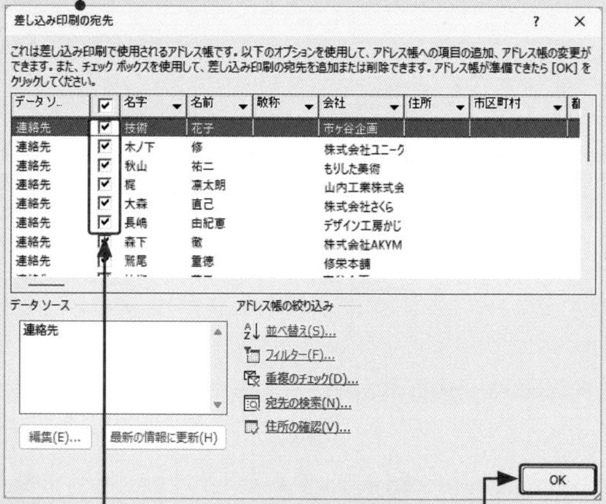

7 差し込むデータがオンになっているか確認して、

8 [OK]をクリックします。

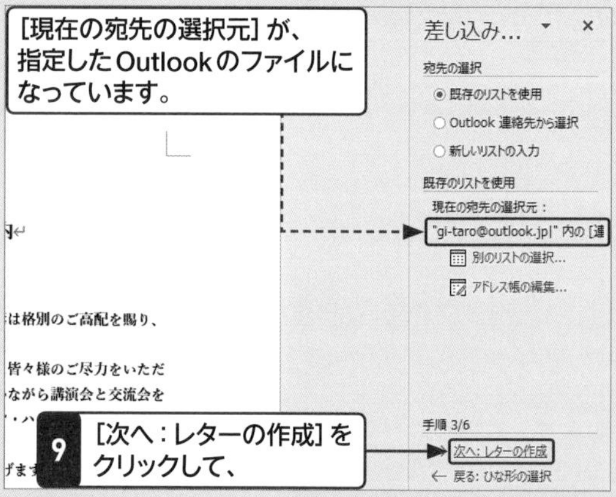

[現在の宛先の選択元]が、指定したOutlookのファイルになっています。

9 [次へ：レターの作成]をクリックして、

10 Q 350の手順20以降の操作に従い、データを差し込みます。

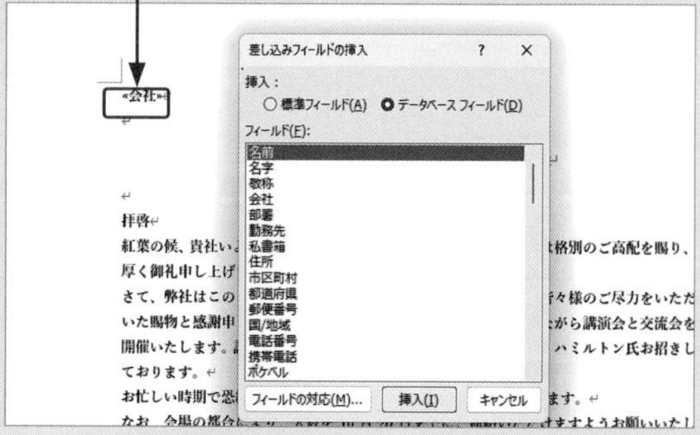

Q355 Outlookの連絡先のデータを書き出したい!

A [ファイル]タブの[開く／エクスポート]から書き出します。

Outlookの「連絡先」のデータをテキストファイルとして書き出すと、CSV形式で保存されます。

CSVは、データを「,」(コンマ)で区切った形式で、Excelなどの表計算ソフトやWordなどのワープロソフトで開いて利用することができます。

Outlookの連絡先のデータをテキストファイルとして書き出す(エクスポートする)には、Outlookを起動して、以下の手順に従います。

1 Outlook(ここではOutlook 2021)を起動して、[ファイル]タブをクリックします。

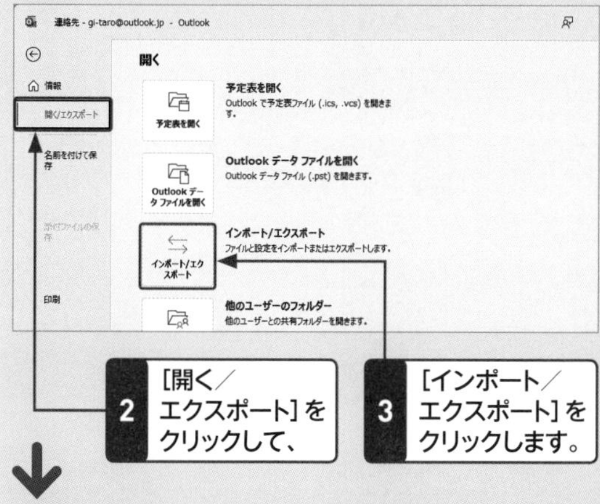

2 [開く／エクスポート]をクリックして、

3 [インポート／エクスポート]をクリックします。

4 [ファイルにエクスポート]をクリックして、

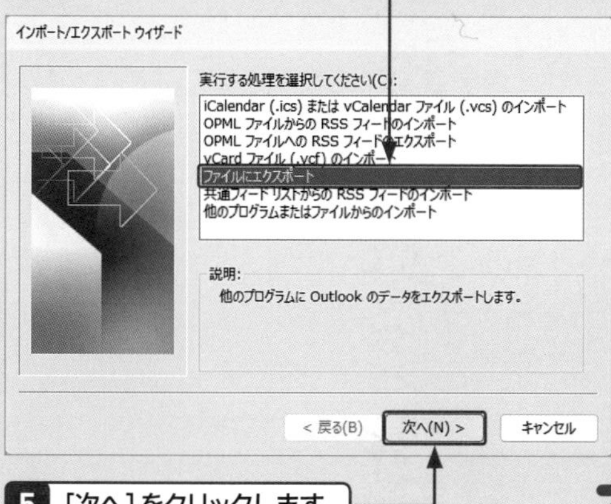

5 [次へ]をクリックします。

6 [テキストファイル(コンマ区切り)]をクリックして、

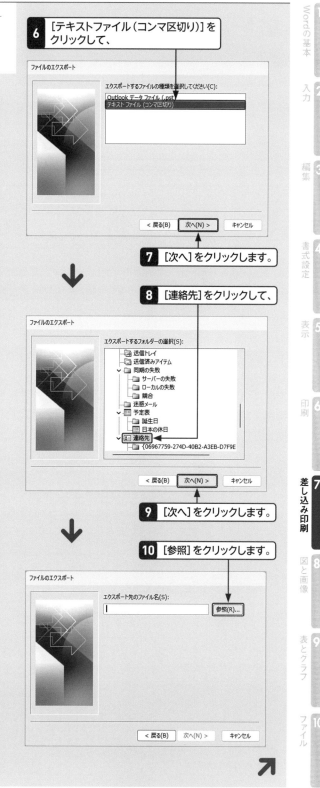

ファイルのエクスポート
エクスポートするファイルの種類を選択してください(C):
Outlook データ ファイル (.pst)
テキスト ファイル (コンマ区切り)
< 戻る(B) 次へ(N) > キャンセル

7 [次へ]をクリックします。

8 [連絡先]をクリックして、

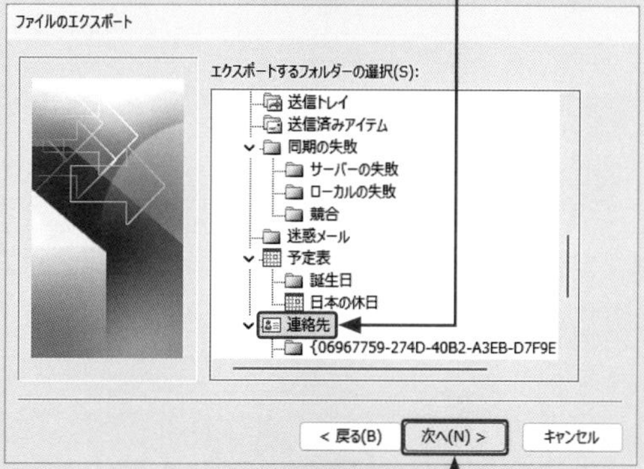

ファイルのエクスポート
エクスポートするフォルダーの選択(S):
送信トレイ
送信済みアイテム
同期の失敗
サーバーの失敗
ローカルの失敗
競合
迷惑メール
予定表
誕生日
日本の休日
連絡先
{06967759-274D-40B2-A3EB-D7F9E
< 戻る(B) 次へ(N) > キャンセル

9 [次へ]をクリックします。

10 [参照]をクリックします。

ファイルのエクスポート
エクスポート先のファイル名(S):
参照(R)...
< 戻る(B) 次へ(N) > キャンセル

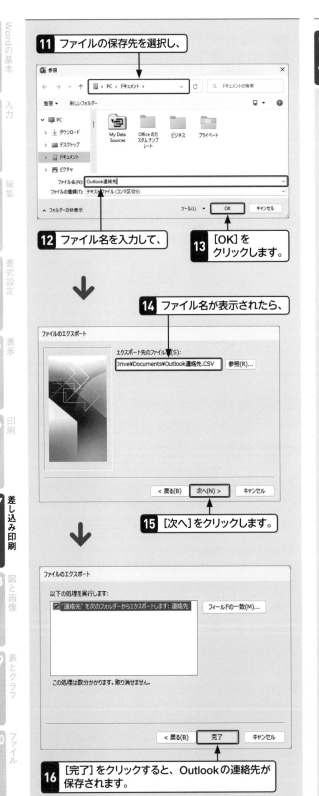

11 ファイルの保存先を選択し、

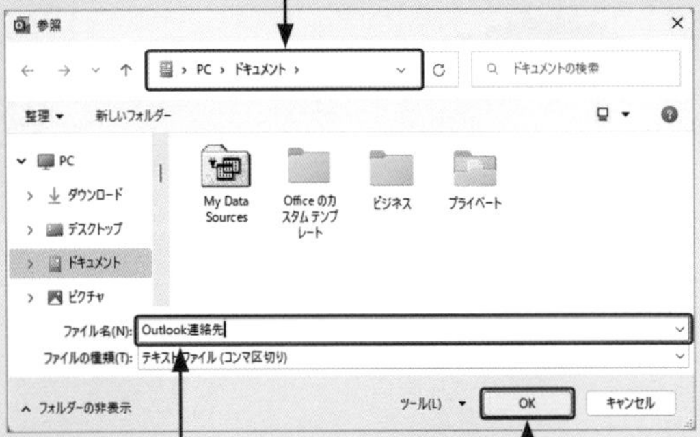

12 ファイル名を入力して、

13 [OK] をクリックします。

14 ファイル名が表示されたら、

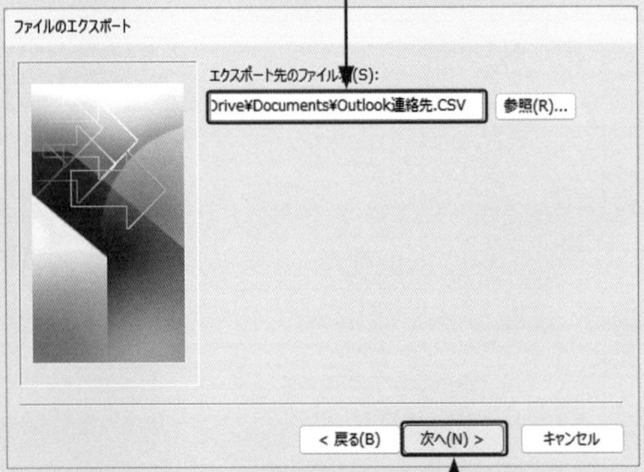

15 [次へ] をクリックします。

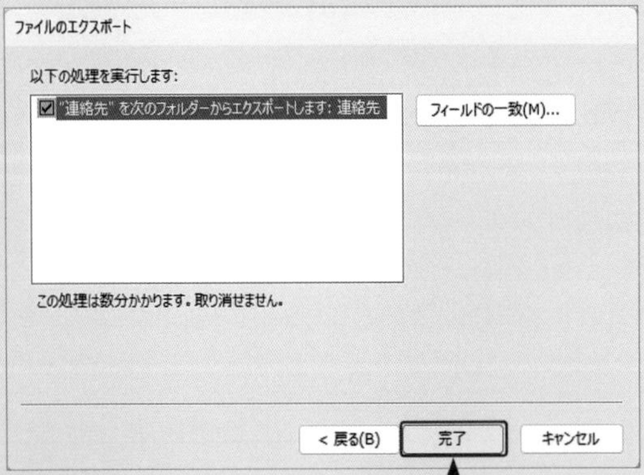

16 [完了] をクリックすると、Outlookの連絡先が保存されます。

重要度 ★★★　文書への差し込み

Q 356 テンプレートを使用して宛名を差し込みたい！

A テンプレートを利用します。

Wordには宛名を差し込めるレターのテンプレートが用意されています。レターにデータを差し込むには、[差し込み印刷ウィザード] を起動して、[差し込み印刷] 作業ウィンドウの [ひな形の選択] を表示し、以下の手順に従います。

参照▶Q 350

1 Q 350の手順1～4までの操作を行います。

2 [テンプレートから開始] をクリックしてオンにし、

3 [テンプレートの選択] をクリックします。

4 [レター] をクリックして、

5 目的の種類をクリックし、

6 [OK] をクリックすると、

7 選択したテンプレートが表示されます。

8 Q 350の手順6以降の操作に従い、データを差し込みます。

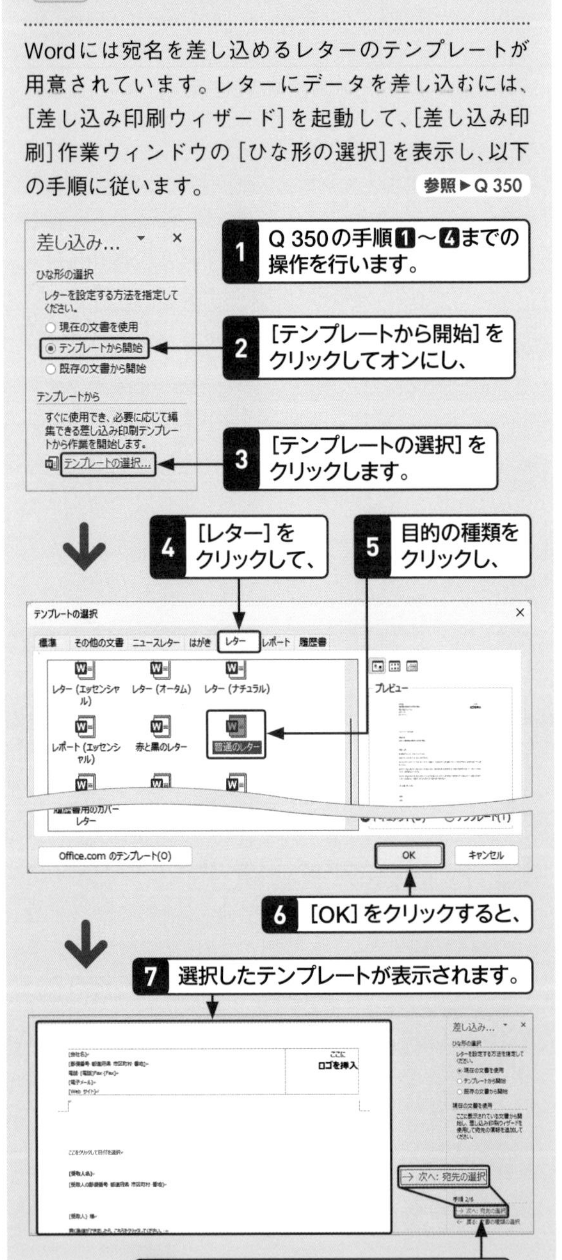

Q 357 差し込む項目をあとから追加したい！

A ［差し込みフィールドの挿入］を利用します。

差し込み印刷が設定された文書に、あとから差し込み項目を追加するには、挿入位置にカーソルを移動して、［差し込み文書］タブの［差し込みフィールドの挿入］の ▼ をクリックし、目的の項目をクリックします。

ほかに、最初に差し込んだときと同じ方法でも追加できます。［差し込み文書］タブの［差し込みフィールドの挿入］をクリックして、［差し込みフィールドの挿入］ダイアログボックスから挿入します。

なお、アドレス帳に該当の項目がない人の場合は、追加した項目（行）を空けずに差し込まれます。

参照▶Q 350

1 項目を追加したい位置にカーソルを移動して、

2 ［差し込みフィールドの挿入］のここをクリックし、

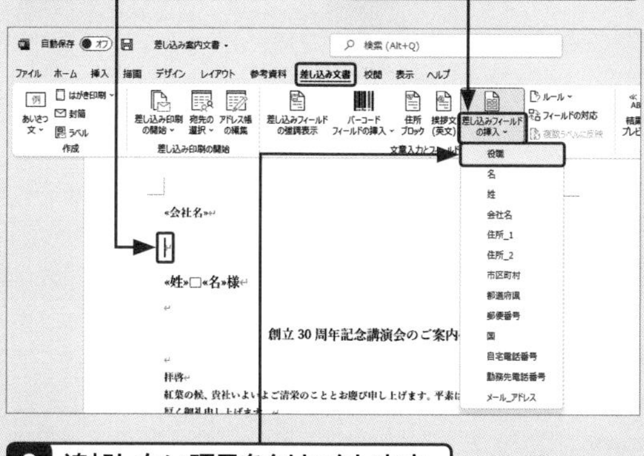

3 追加したい項目をクリックします。

4 項目が挿入されます。

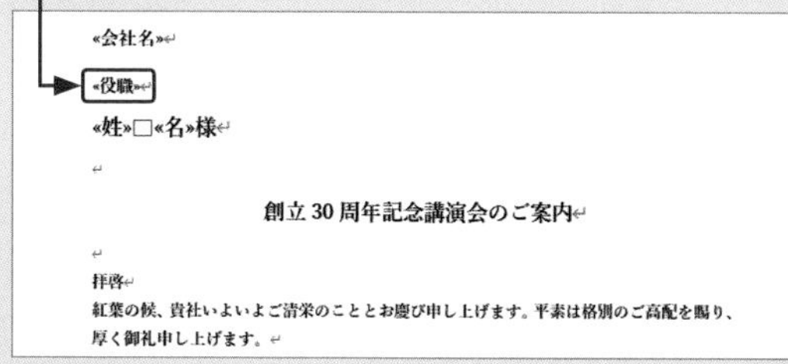

5 フォントやフォントサイズなどを調整します。

6 ［結果のプレビュー］をクリックすると、

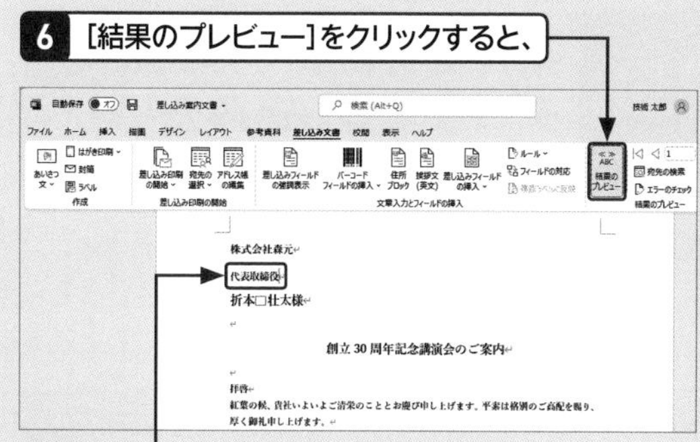

7 データが差し込まれていることを確認できます。

該当の項目がない人は、項目（行）をあけずに差し込まれます。

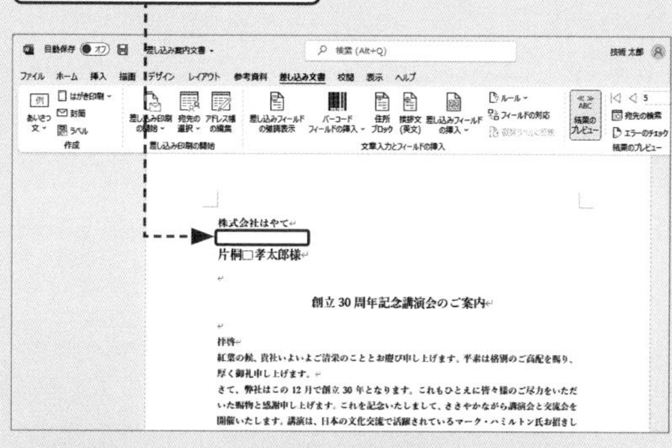

● ［差し込みフィールドの挿入］ダイアログボックス

1 項目を選択して、

2 ［挿入］をクリックすると、

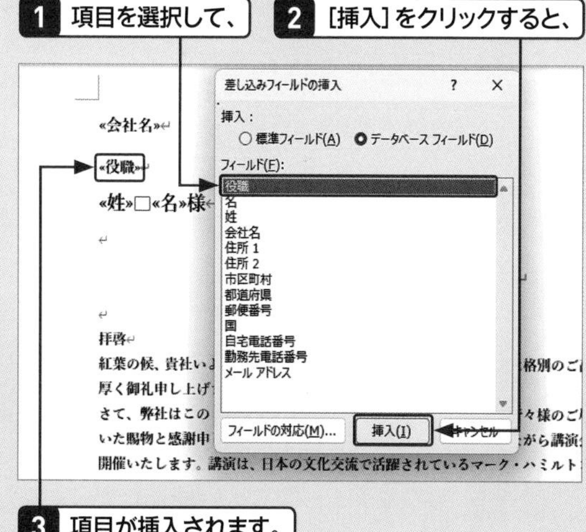

3 項目が挿入されます。

重要度 ★★★　文書への差し込み

Q 358 条件を指定して抽出したデータを差し込みたい!

A1 [差し込み印刷の宛先]ダイアログボックスを利用します。

Wordで条件を指定して抽出したデータを差し込みたい場合は、[差し込み文書]タブの[アドレス帳の編集]をクリックして、[差し込み印刷の宛先]ダイアログボックスを表示し、抽出する項目見出しの▼をクリックして、表示される一覧から抽出条件を指定します。また、[データソース]列の右にあるチェックボックスで抽出する人をオンにすることでも、印刷するレコード(情報)を指定できます。

なお、次回[差し込み印刷の宛先]ダイアログボックスを表示すると、抽出した状態のままになってしまします。操作を終えたら、手順2で[(すべて)]をクリックして、もとに戻しておきましょう。

ここでは同じ会社の人を抽出します。

1 ここをクリックして、

2 抽出する条件を指定すると、

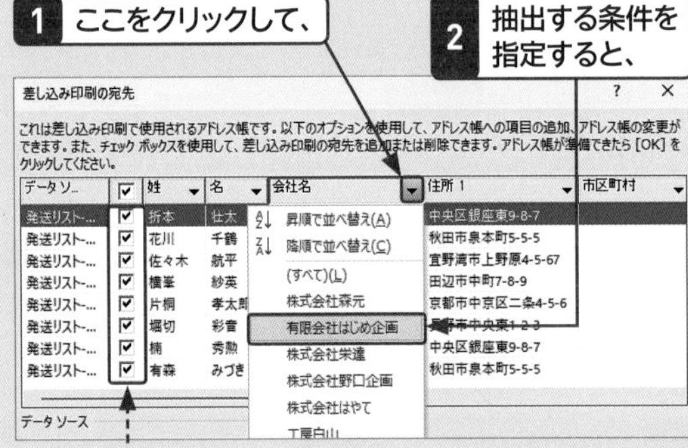

ここをオン／オフにしても指定できます。

3 データが抽出されます。

4 [OK]をクリックすると、抽出したデータが文書に差し込まれます。

A2 [フィルターと並べ替え]ダイアログボックスを利用します。

Wordで条件を指定して抽出したデータを差し込みたい場合は、[差し込み文書]タブの[アドレス帳の編集]をクリックして、[差し込み印刷の宛先]ダイアログボックスを表示し、[フィルター]をクリックします。表示される[フィルターと並べ替え]ダイアログボックスで、抽出する条件を指定します。

1 [フィルター]をクリックして、

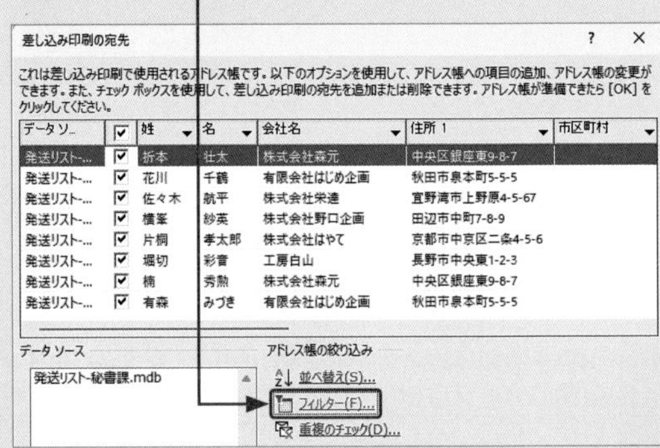

2 フィールドと抽出する条件を選択します。

3 抽出したい値を入力して、

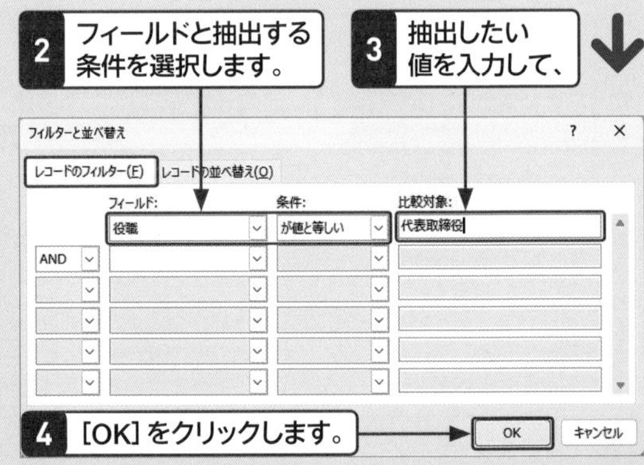

4 [OK]をクリックします。

5 データが抽出されます。

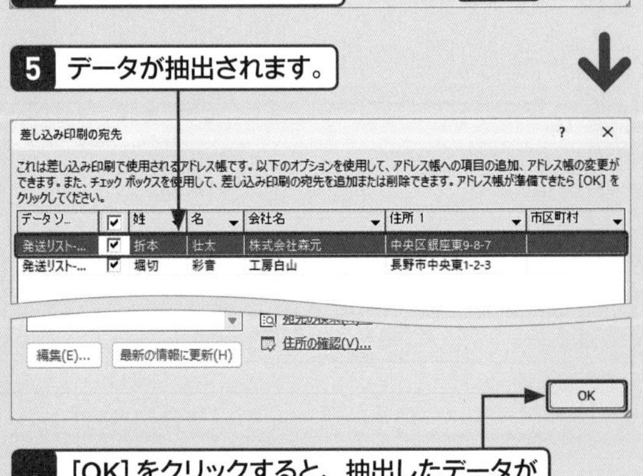

6 [OK]をクリックすると、抽出したデータが文書に差し込まれます。

重要度 ★★★ 文書への差し込み

Q 359 差し込み印刷で作成したアドレス帳を編集したい!

A [データソースの編集]ダイアログボックスで編集します。

差し込み印刷を設定する際にWordで作成したアドレス帳(住所録)は、文書で使用しているときでも編集することができます。

[差し込み文書]タブの[アドレス帳の編集]をクリックして表示される[差し込み印刷の宛先]ダイアログボックスで、アドレス帳を指定し、[編集]をクリックします。[データソースの編集]ダイアログボックスでデータを編集できます。

なお、ほかのアドレス帳データを利用している場合は、[差し込み印刷]作業ウィンドウの[宛先の選択]画面で[別のリストの選択]をクリックして、[データファイルの選択]ダイアログボックスで目的のアドレス帳を選択し、[差し込み印刷の宛先]ダイアログボックスを表示します。

参照▶Q 350

1 [差し込み文書]タブの[アドレス帳の編集]をクリックすると、

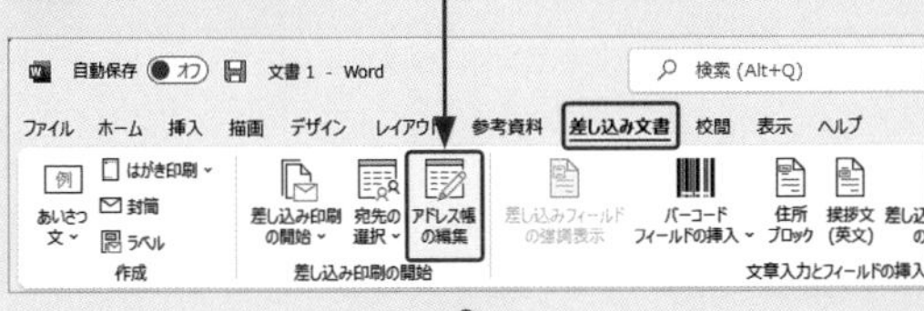

2 [差し込み印刷の宛先]ダイアログボックスが表示されます。

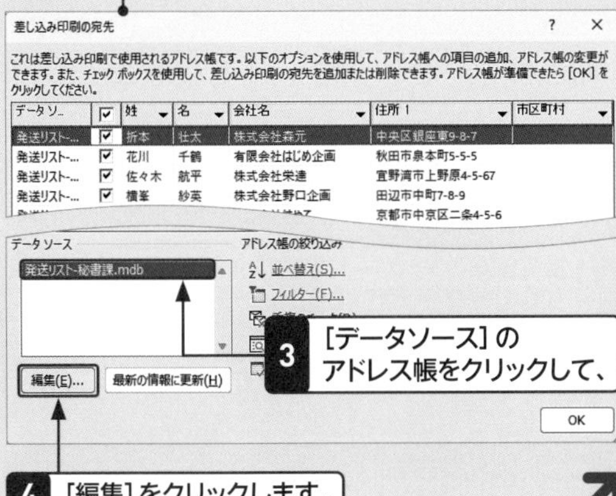

3 [データソース]のアドレス帳をクリックして、

4 [編集]をクリックします。

5 [データソースの編集]ダイアログボックスが表示されるので、

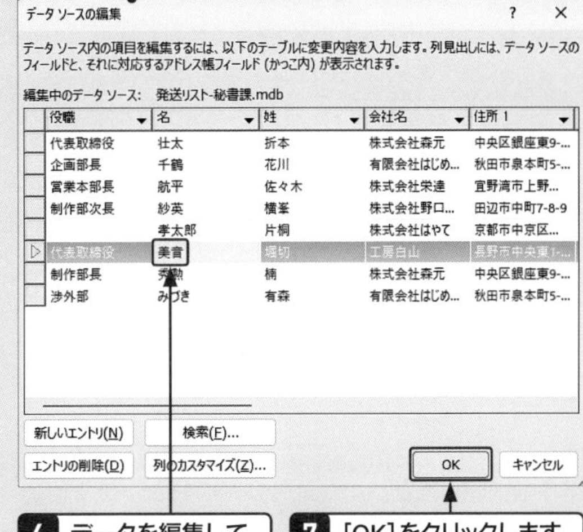

6 データを編集して、

7 [OK]をクリックします。

8 変更確認のメッセージが表示されるので、[はい]をクリックして、

9 変更の反映を確認して、

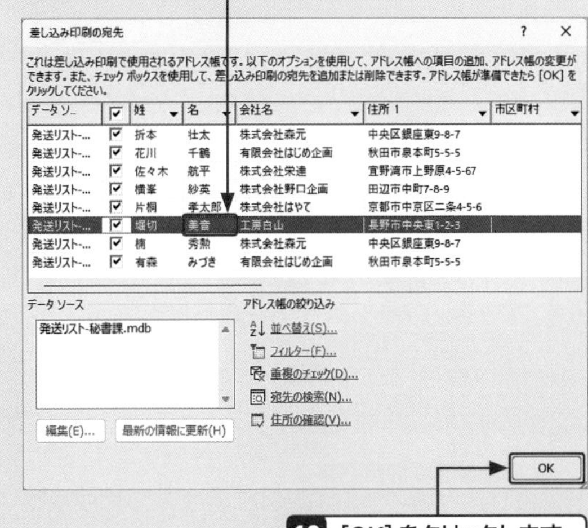

10 [OK]をクリックします。

重要度 ★★★ 文書への差し込み

Q 360 アドレス帳の項目をあとから追加したい！

A [アドレス帳のユーザー設定]ダイアログボックスを利用します。

Wordで作成したアドレス帳（住所録）の項目（フィールド）の追加や削除は、[データソースの編集] ダイアログボックスから行えます。表示するには、[差し込み文書] タブの [アドレス帳の編集] をクリックして [差し込み印刷の宛先] ダイアログボックスを表示し、[データソース] のアドレス帳を選択して、[編集] をクリックします。

参照▶Q 359

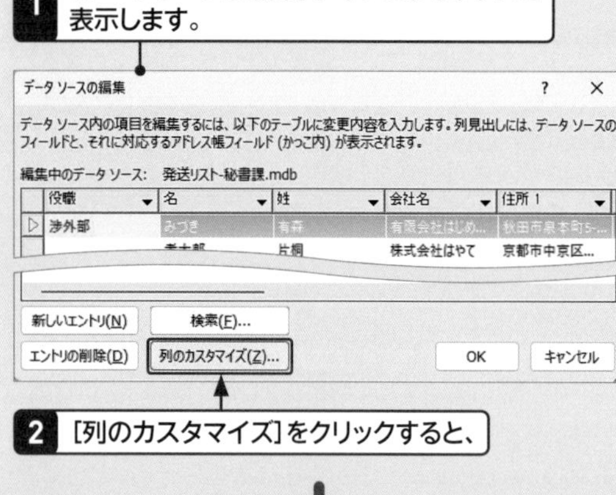

2 [列のカスタマイズ] をクリックすると、

Microsoft Word
このデータ ソースをカスタマイズする前に、変更を保存または破棄する必要があります。このデータ ソース ファイルに対して行った変更を保存しますか?
はい(Y) いいえ(N) キャンセル

3 確認メッセージが表示されるので、[はい] をクリックします。

4 挿入したい位置の上をクリックして選択し、

5 [追加] をクリックします。

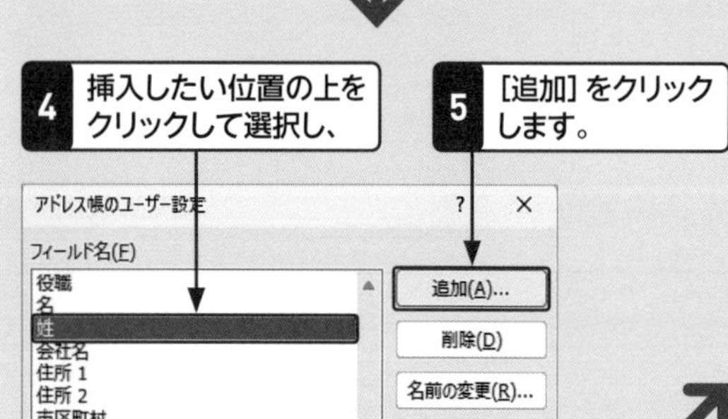

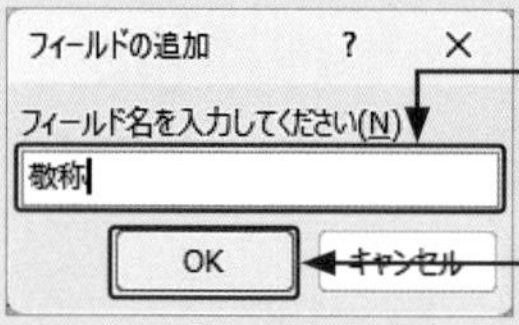

フィールドの追加
フィールド名を入力してください(N)
敬称
OK キャンセル

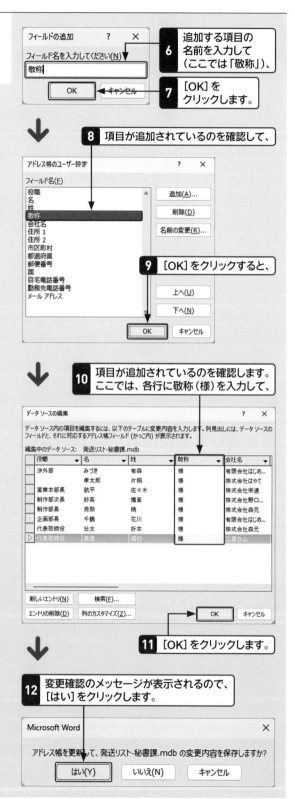

6 追加する項目の名前を入力して（ここでは「敬称」）、

7 [OK] をクリックします。

8 項目が追加されているのを確認して、

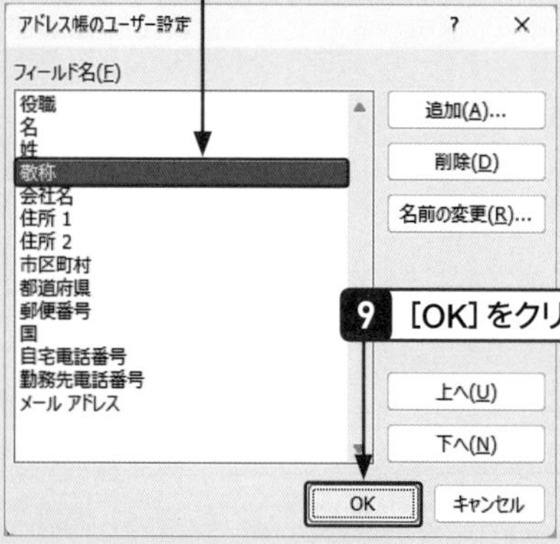

アドレス帳のユーザー設定
フィールド名(F)
役職 / 名 / 姓 / 敬称 / 会社名 / 住所 1 / 住所 2 / 市区町村 / 都道府県 / 郵便番号 / 国 / 自宅電話番号 / 勤務先電話番号 / メール アドレス
追加(A)... 削除(D) 名前の変更(R)... 上へ(U) 下へ(N) OK キャンセル

9 [OK] をクリックすると、

10 項目が追加されているのを確認します。ここでは、各行に敬称（様）を入力して、

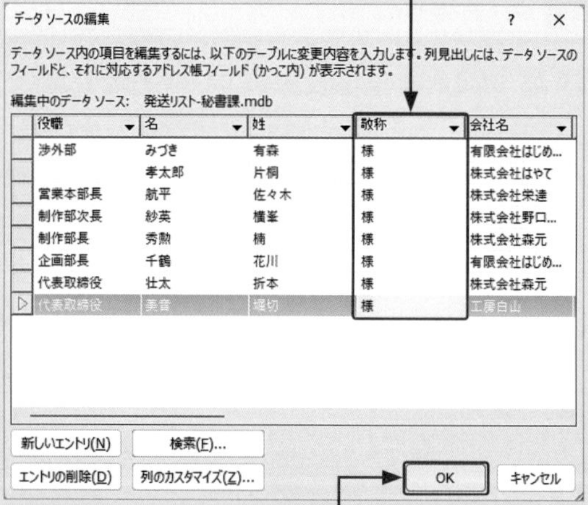

データ ソースの編集
データ ソース内の項目を編集するには、以下のテーブルに変更内容を入力します。列見出しには、データ ソースのフィールドと、それに対応するアドレス帳フィールド (かっこ内) が表示されます。
編集中のデータ ソース: 発送リスト-秘書課.mdb

役職	名	姓	敬称	会社名
渉外部	みづき	有森	様	有限会社はじめ…
	孝太郎	片桐	様	株式会社はやて
営業本部長	航平	佐々木	様	株式会社栄達
制作部次長	紗英	横峯	様	株式会社野口…
制作部長	秀勲	楠	様	株式会社森元
企画部長	千鶴	花川	様	有限会社はじめ…
代表取締役	壮太	折本	様	株式会社森元
代表取締役	善晋	堀切	様	工房白山

新しいエントリ(N) 検索(E)... エントリの削除(D) 列のカスタマイズ(Z)... OK キャンセル

11 [OK] をクリックします。

12 変更確認のメッセージが表示されるので、[はい] をクリックします。

Microsoft Word
アドレス帳を更新して、発送リスト-秘書課.mdb の変更内容を保存しますか?
はい(Y) いいえ(N) キャンセル

重要度 ★★★　文書への差し込み

Q 361 宛名のフォントを変更したい！

A フォントの種類やサイズを変更すると、すべての宛名に反映されます。

宛名のフォントやサイズを変更したい場合は、通常の変更と同様に、宛名の差し込みフィールドを選択して、[ホーム]タブの[フォント]または[フォントサイズ]ボックスで指定します。文字列を選択すると表示されるショートカットメニューを利用すれば、[ホーム]タブをクリックする手間が省けます。

なお、差し込みフィールドを選択する際は、フィールド名の前後にある《》を含めて選択します。差し込みフィールドではなく、結果のプレビューでデータが差し込まれた状態で操作してもかまいません。

1 項目名を選択すると、ショートカットメニューが表示されます。

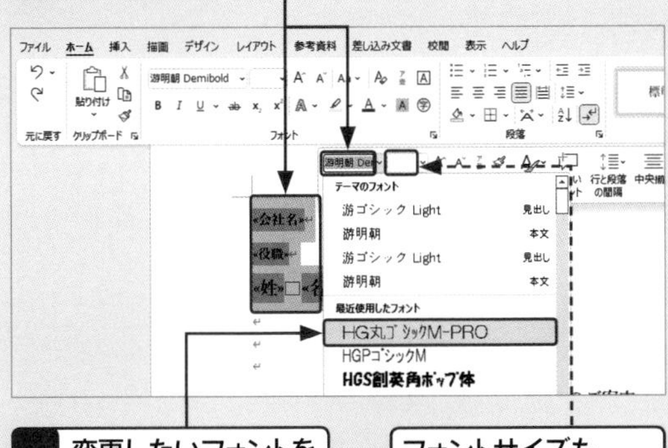

2 変更したいフォントをクリックします。

フォントサイズも同様に変更できます。

3 フォントが変更されます。[結果のプレビュー]をクリックしてデータに反映されていることを確認します。

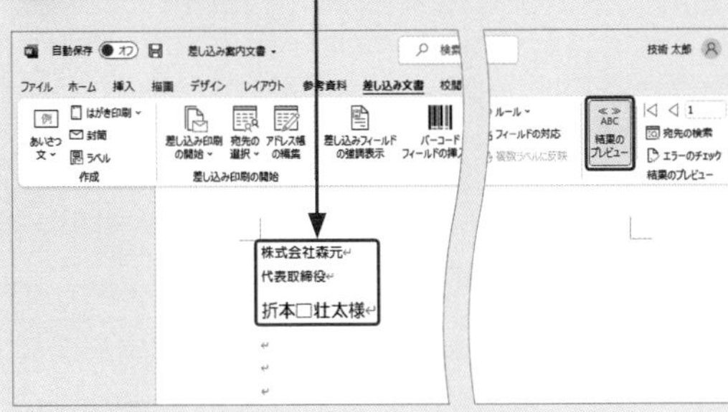

重要度 ★★★　文書への差し込み

Q 362 データを差し込んだらすぐに印刷したい！

A [プリンターに差し込み]ダイアログボックスを利用します。

[差し込み文書]タブの[完了と差し込み]をクリックして[文書の印刷]をクリックするか、[差し込み印刷]作業ウィンドウ最後の[差し込み印刷の完了]で、[印刷]をクリックすると、[プリンターに差し込み]ダイアログボックスが表示されます。[OK]をクリックすると、[印刷]ダイアログボックスが表示されるので、設定して印刷を実行します。

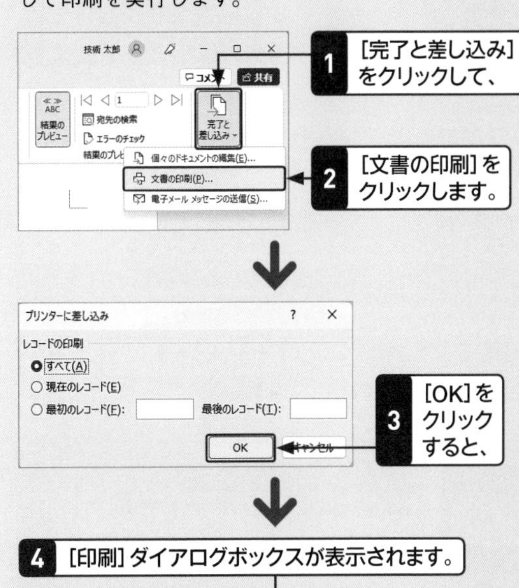

1 [完了と差し込み]をクリックして、

2 [文書の印刷]をクリックします。

3 [OK]をクリックすると、

4 [印刷]ダイアログボックスが表示されます。

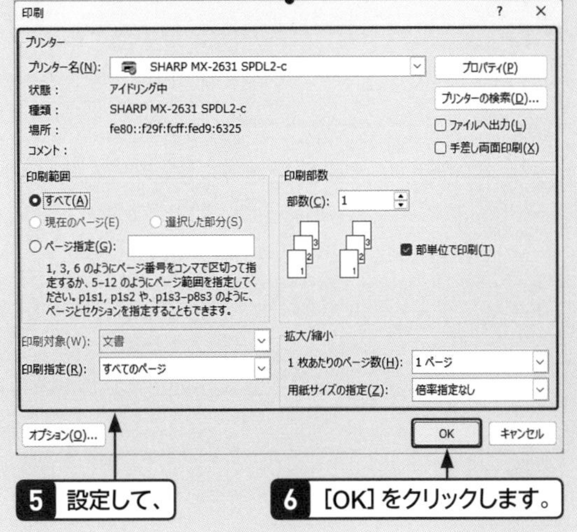

5 設定して、

6 [OK]をクリックします。

重要度 ★★★　文書への差し込み

Q 363 データを差し込んで保存したい!

A [新規文書への差し込み]ダイアログボックスを利用します。

データを差し込んだ状態の文書ファイルを新規文書として保存することができます。たとえば、1ページの元文書の場合、1ページ目にアドレス帳の1人目の宛先が差し込まれ、2ページ目に2人目の宛先…というように、指定した宛先分のページが「レター1」という新規文書として作成されるので、名前を付けて保存します。

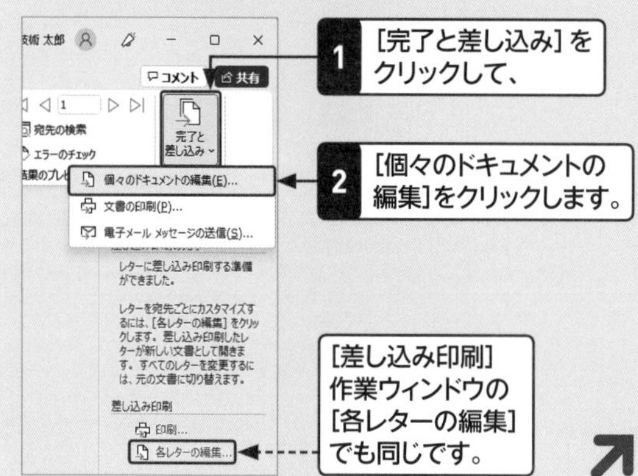

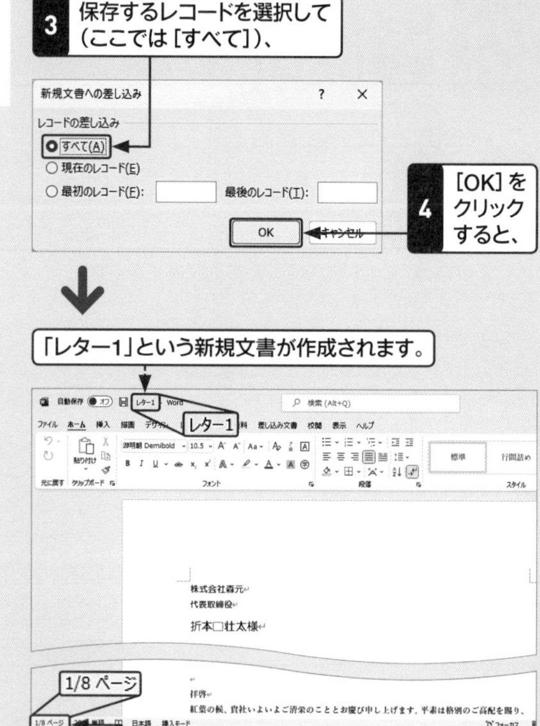

重要度 ★★★　文書への差し込み

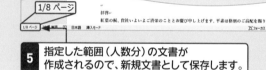

Q 364 [無効な差し込みフィールド]ダイアログボックスが表示された!

A アドレス帳の項目名と差し込みフィールド名を一致させます。

アドレス帳の項目と差し込みフィールド名が一致しない場合、[無効な差し込みフィールド]ダイアログボックスが表示されます。たとえば、アドレス帳の項目を差し込みフィールドに挿入したあとで、アドレス帳の項目を変更した場合など、[結果のプレビュー]をクリックすると発生します。

アドレス帳の項目とデータファイルのフィールドの割り当てが合うように変更するか、[フィールドの削除]をクリックしてフィールド自体の削除を行います。

既存の住所録の項目に該当するものがないフィールド名が表示されます。

[フィールドの削除]をクリックして、[OK]をクリックすると、フィールドが削除されます。

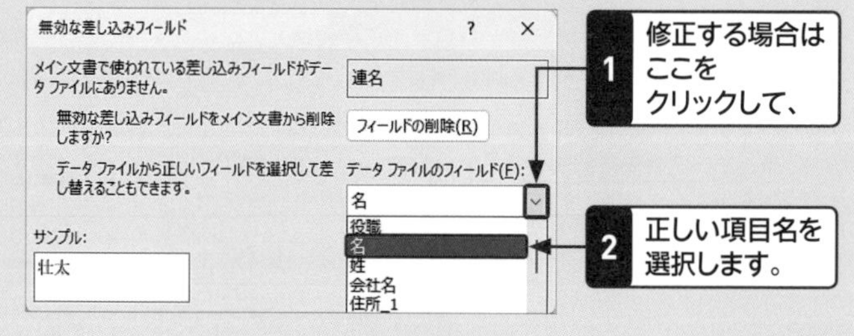

Q 365 アドレス帳の項目が間違っている！

A [フィールドの対応]ダイアログボックスで関連付けを修正します。

アドレス帳を差し込んだ文書を作成したときに、項目に表示されるデータの内容が入れ替わってしまっている場合があります。このような場合は、フィールドの対応を確認して、それぞれの関連付けを正しく修正します。
[差し込み文書]タブの[フィールドの対応]をクリックして、[フィールドの対応]ダイアログボックスを表示します。対応が違っている項目の をクリックし、プルダウンリストから正しい項目をクリックして選択します。
[フィールドの対応]ダイアログボックスは、[差し込みフィールドの挿入]ダイアログボックスの[フィールドの対応]をクリックしても表示できます。

参照▶Q 364

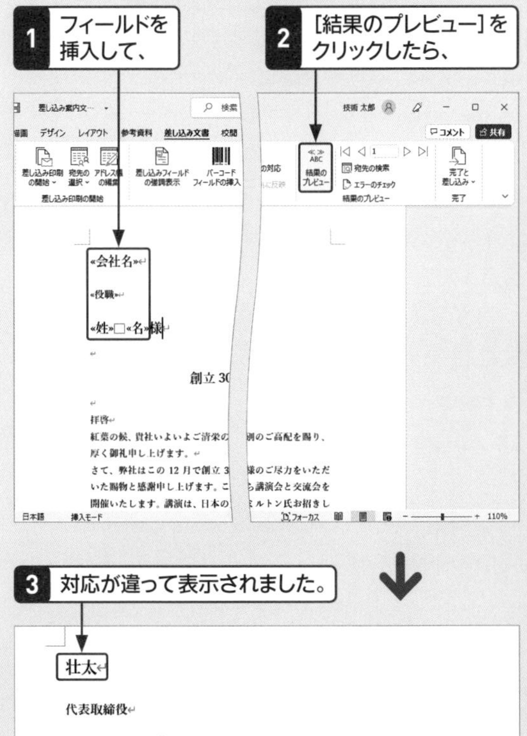

● フィールドの対応の修正

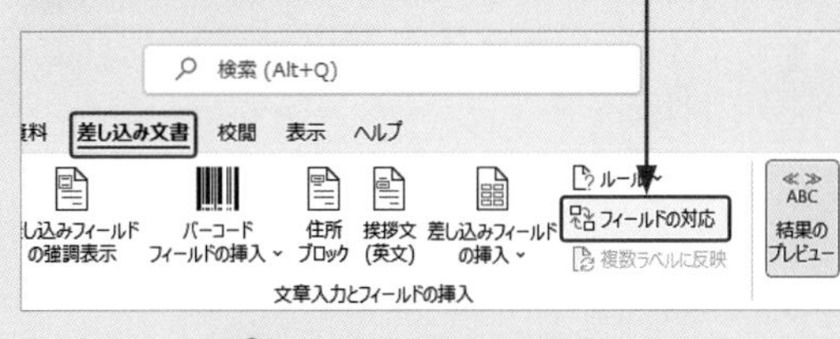

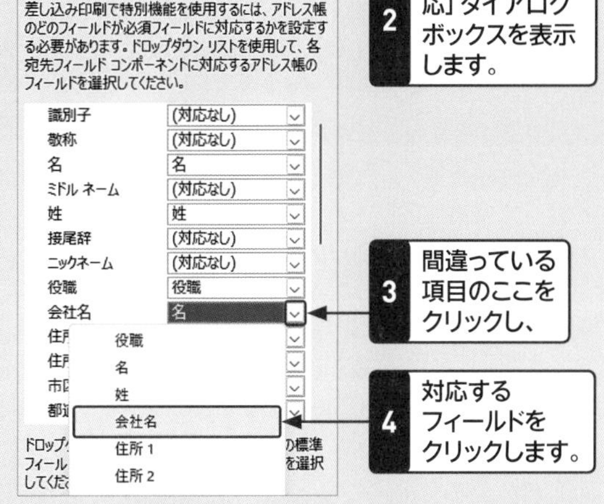

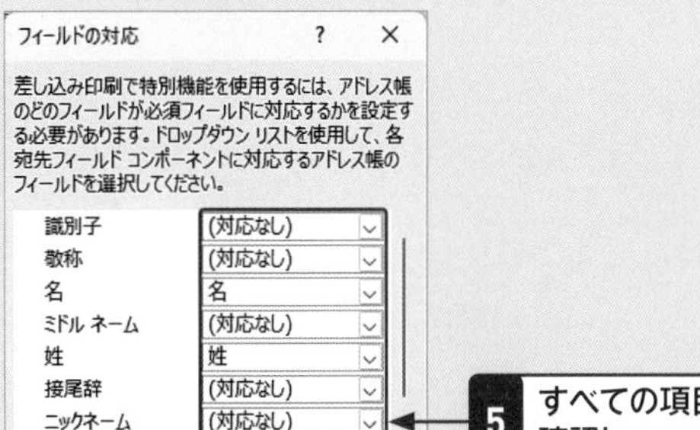

Q 366 はがきの宛名面を作成したい！

A [はがき宛名面印刷ウィザード]を利用します。

はがきの宛名面は、[差し込み文書] タブの [作成] から [はがき印刷] をクリックして、[宛名面の作成] をクリックすると表示される [はがき宛名面印刷ウィザード] に従うと、かんたんに作成することができます。

[はがき宛名面印刷ウィザード] では、はがきの種類、縦書き／横書き、フォントなどの選択を順に行い、差出人情報を入力して、住所録を指定すれば完了です。ここでは、まだアドレス帳（住所録）が作成されていなくても大丈夫です。

使用する住所録はQ 367を参考に作成しましょう。

なお、ExcelやWordで作成した住所録、Outlookから書き出した連絡先のファイルを利用することもできます。その場合は、手順14で [既存の住所録ファイル] をクリックしてオンにし、[参照] をクリックしてファイルを指定すると、はがきの宛名面の完成時に宛名が挿入されます。ただし、差し込むデータは、住所や氏名などの項目が正しく整っている必要があります。

1 [差し込み文書] タブをクリックして、

2 [はがき印刷] をクリックし、

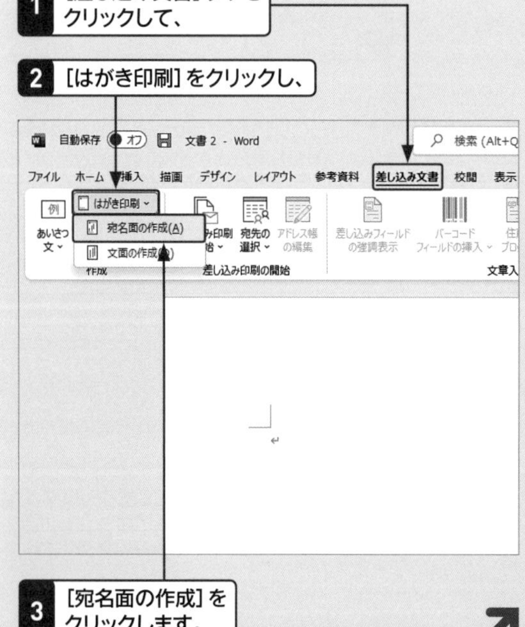

3 [宛名面の作成] をクリックします。

4 新しいWord文書が開き、[はがき宛名面印刷ウィザード] が起動するので、

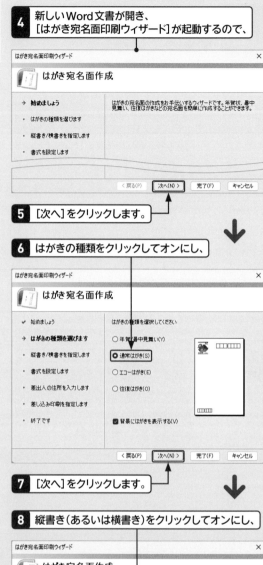

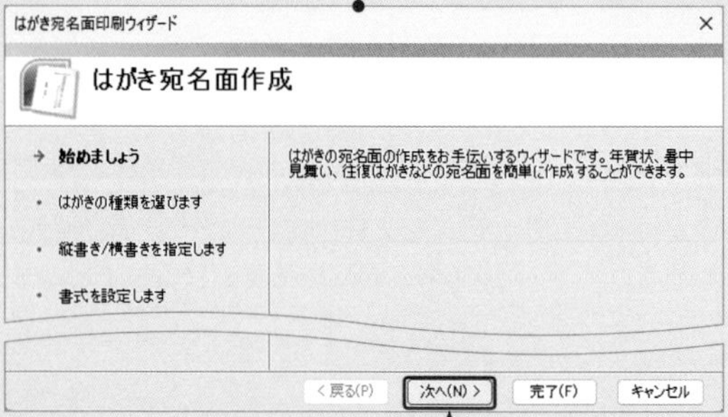

はがき宛名面印刷ウィザード
はがき宛名面作成
→ 始めましょう
・ はがきの種類を選びます
・ 縦書き/横書きを指定します
・ 書式を設定します
はがきの宛名面の作成をお手伝いするウィザードです。年賀状、暑中見舞い、往復はがきなどの宛名面を簡単に作成することができます。
< 戻る(P) 次へ(N) > 完了(F) キャンセル

5 [次へ] をクリックします。

6 はがきの種類をクリックしてオンにし、

はがき宛名面印刷ウィザード
はがき宛名面作成
✔ 始めましょう
→ はがきの種類を選びます
・ 縦書き/横書きを指定します
・ 書式を設定します
・ 差出人の住所を入力します
・ 差し込み印刷を指定します
・ 終了です
はがきの種類を選択してください
○ 年賀/暑中見舞い(Y)
◉ 通常はがき(S)
○ エコーはがき(E)
○ 往復はがき(O)
☑ 背景にはがきを表示する(V)
< 戻る(P) 次へ(N) > 完了(F) キャンセル

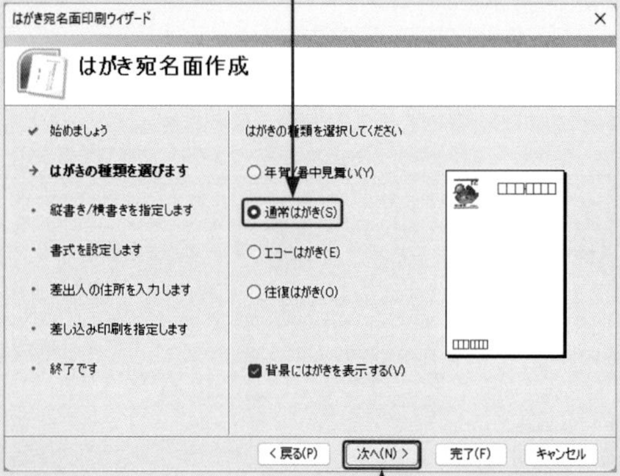

7 [次へ] をクリックします。

8 縦書き（あるいは横書き）をクリックしてオンにし、

はがき宛名面印刷ウィザード
はがき宛名面作成
✔ 始めましょう
✔ はがきの種類を選びます
→ 縦書き/横書きを指定します
・ 書式を設定します
・ 差出人の住所を入力します
・ 差し込み印刷を指定します
・ 終了です
はがきの様式を指定してください
◉ 縦書き(V)
○ 横書き(H)
☐ 差出人の郵便番号を住所の上に印刷する(Z)
< 戻る(P) 次へ(N) > 完了(F) キャンセル

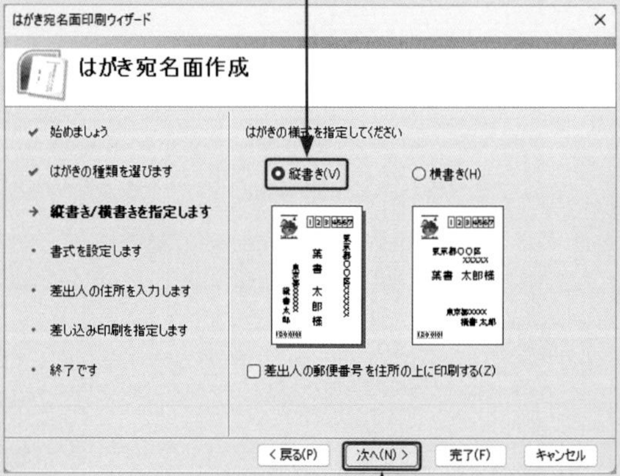

9 [次へ] をクリックします。

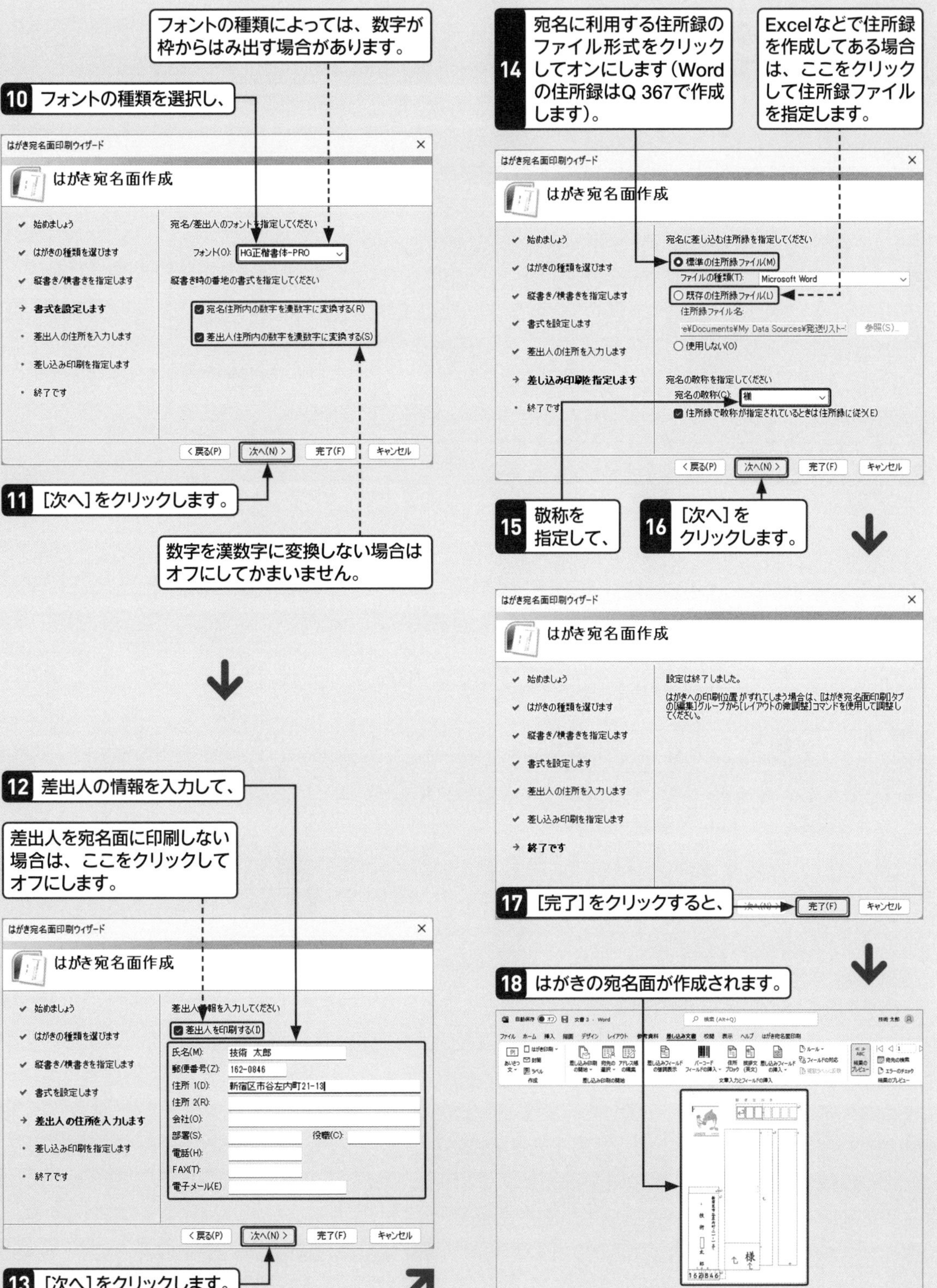
フォントの種類によっては、数字が枠からはみ出す場合があります。
10 フォントの種類を選択し、
はがき宛名面印刷ウィザード
はがき宛名面作成
始めましょう
はがきの種類を選びます
縦書き/横書きを指定します
書式を設定します
差出人の住所を入力します
差し込み印刷を指定します
終了です
宛名/差出人のフォントを指定してください
フォント(O): HG正楷書体-PRO
縦書き時の番地の書式を指定してください
宛名住所内の数字を漢数字に変換する(R)
差出人住所内の数字を漢数字に変換する(S)
< 戻る(P) 次へ(N) > 完了(F) キャンセル
11 [次へ]をクリックします。
数字を漢数字に変換しない場合はオフにしてかまいません。
12 差出人の情報を入力して、
差出人を宛名面に印刷しない場合は、ここをクリックしてオフにします。
差出人情報を入力してください
差出人を印刷する(I)
氏名(M): 技術 太郎
郵便番号(Z): 162-0846
住所 1(D): 新宿区市谷左内町21-13
住所 2(R):
会社(O):
部署(S):
役職(C):
電話(H):
FAX(T):
電子メール(E)
13 [次へ]をクリックします。
14 宛名に利用する住所録のファイル形式をクリックしてオンにします(Wordの住所録はQ 367で作成します)。
Excelなどで住所録を作成してある場合は、ここをクリックして住所録ファイルを指定します。
宛名に差し込む住所録を指定してください
標準の住所録ファイル(M)
ファイルの種類(T): Microsoft Word
既存の住所録ファイル(L)
住所録ファイル名:
e¥Documents¥My Data Sources¥発送リスト
参照(S)...
使用しない(O)
宛名の敬称を指定してください
宛名の敬称(C): 様
住所録で敬称が指定されているときは住所録に従う(E)
15 敬称を指定して、
16 [次へ]をクリックします。
設定は終了しました。
はがきへの印刷位置がずれてしまう場合は、[はがき宛名面印刷]タブの[編集]グループから[レイアウトの微調整]コマンドを使用して調整してください。
17 [完了]をクリックすると、
18 はがきの宛名面が作成されます。

重要度 ★★★ はがきの宛名

Q 367 はがきの宛名面に差し込むアドレス帳を作成したい!

A [データフォーム] ダイアログボックスで入力します。

Q 366の手順で作成したはがきの宛名面に差し込むアドレス帳を作成するには、[差し込み文書] タブの [アドレス帳の編集] をクリックして表示される [データフォーム] ダイアログボックスを使用します。

1件ずつ入力して、[レコードの追加] をクリックし、アドレス帳を作成していきます。

ここで保存されたファイルは、[ドキュメント] の [My Data Sources] フォルダーに「Adress20」というファイル名で保存されます。次回以降、[はがき宛名面印刷ウィザード] で差し込む住所録を [標準の住所録ファイル] に指定すると、このアドレス帳のデータが表示されます。はがきの宛名面に差し込むアドレス帳は、Q 350、Q 351、Q 353、Q 354で作成した住所録でもかまいません。その際は、Q 366の手順14で [既存の住所録ファイル] をオンにしてファイル名を指定します。

Q 366で作成したはがきの宛名面を表示します。

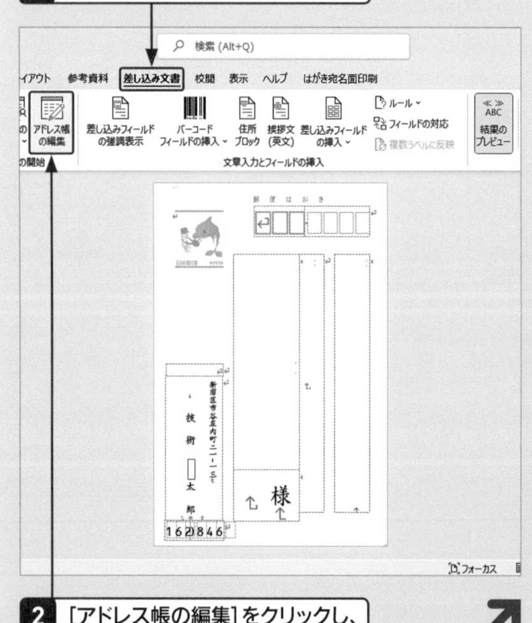

1 [差し込み文書] タブをクリックし、
2 [アドレス帳の編集] をクリックし、

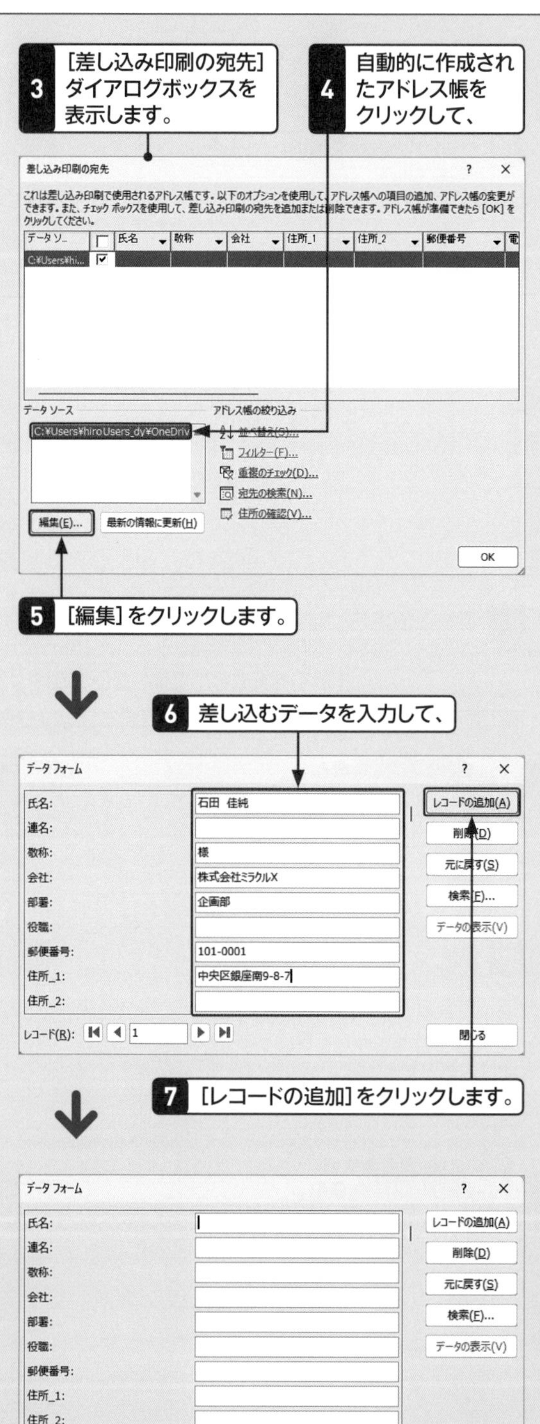

3 [差し込み印刷の宛先] ダイアログボックスを表示します。
4 自動的に作成されたアドレス帳をクリックして、
5 [編集] をクリックします。
6 差し込むデータを入力して、
7 [レコードの追加] をクリックします。
8 同様の方法で全員分を入力したら、
9 [閉じる] をクリックします。

10 宛先が登録されたことを確認して、

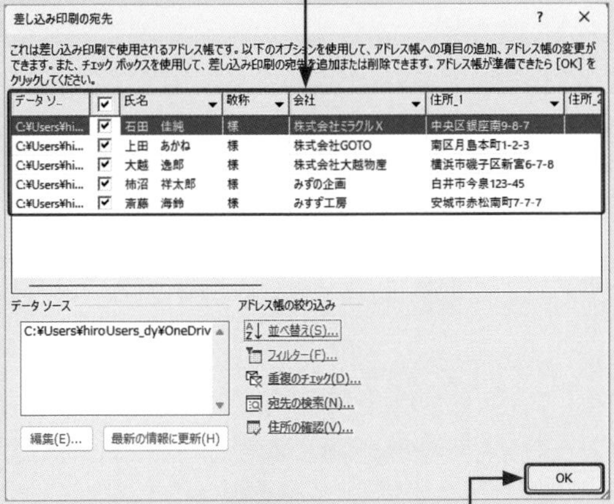

11 [OK] をクリックすると、はがきの宛名面に戻ります。

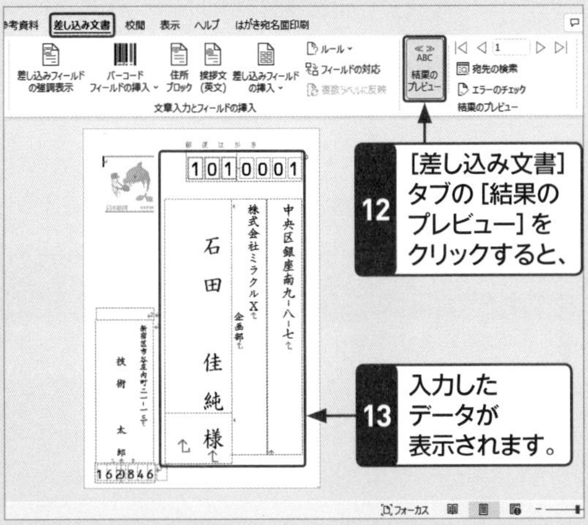

12 [差し込み文書] タブの [結果のプレビュー] をクリックすると、

13 入力したデータが表示されます。

● 作成されたアドレス帳

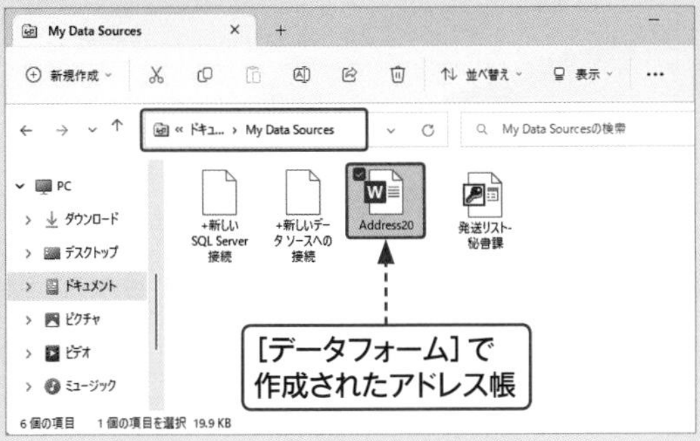

[データフォーム] で作成されたアドレス帳

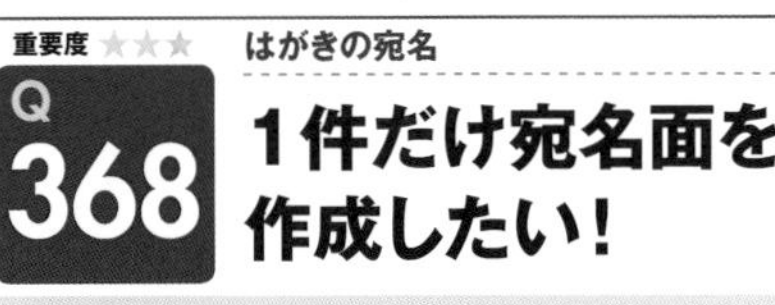

Q 368 1件だけ宛名面を作成したい！

A 直接宛名面に入力します。

はがきの宛名を一人だけ印刷したい場合は、[はがき宛名面ウィザード] で宛名面を作成して、はがきに宛名を直接入力します。このとき、ウィザードの住所録指定の画面では、[使用しない] を選択します。

宛名面には、郵便番号、住所、会社、氏名、敬称の5つのフィールドが作成されているので、それぞれのフィールドにカーソルを移動して入力します。 参照 ▶ Q 366

● 住所録の指定画面

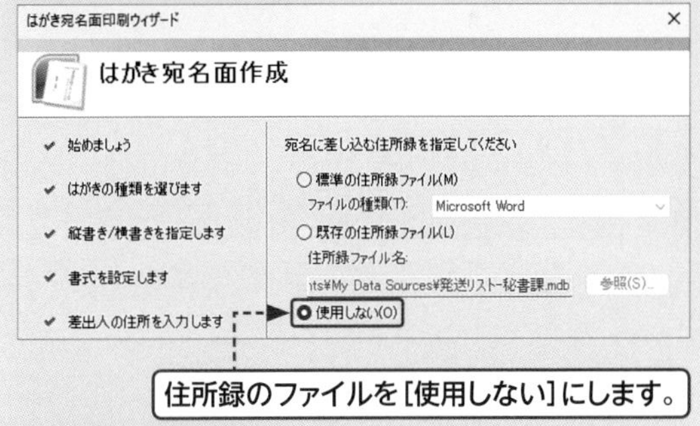

住所録のファイルを [使用しない] にします。

● 宛名面の作成

1 郵便番号の3桁を入力して、
2 Tab を押して下4桁を入力します。
3 各フィールドを入力します。

重要度★★★ はがきの宛名

Q 369 往復はがきを作成したい！

A はがきの種類を［往復はがき］に指定します。

往復はがきには、「往信面」（左側が送る宛名、右側が返信の文面）と「返信面」（左側が返信先の宛名、右側が案内などの文面）があります。往復はがきを作成する場合、両面とも［はがき宛名面印刷ウィザード］で、はがきの種類を［往復はがき］に設定します。

どちらの面から作成してもかまいませんが、返信面のときには、差出人情報画面で［差出人を印刷する］をクリックしてオフにし、アドレス帳の指定画面では［使用しない］をクリックしてオンにし、宛名面の各テキストボックス内に直接返信先の宛名を入力します。

参照▶Q 366, Q 368

● 往復はがきを指定する

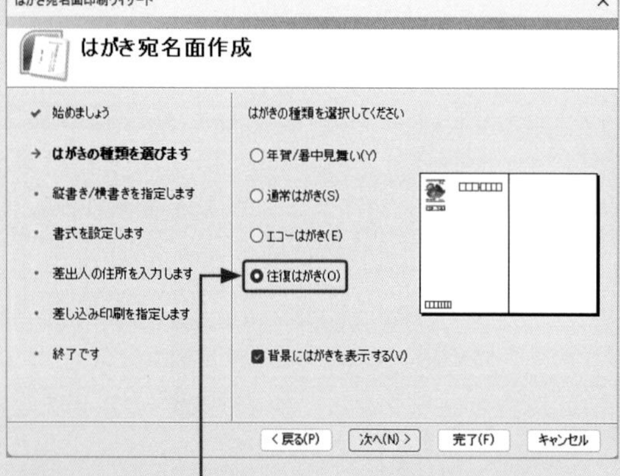

● 往信面を作成する

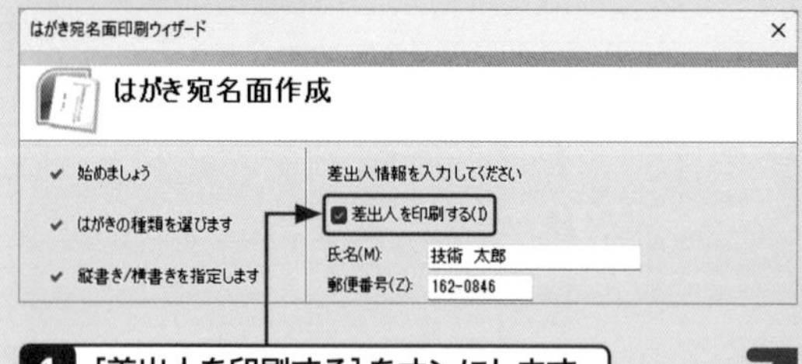

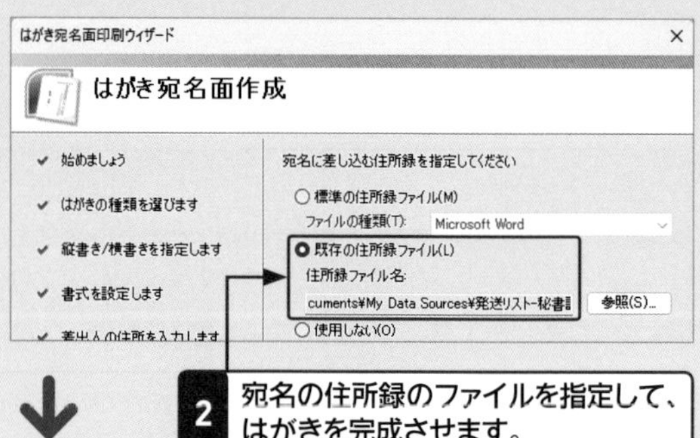

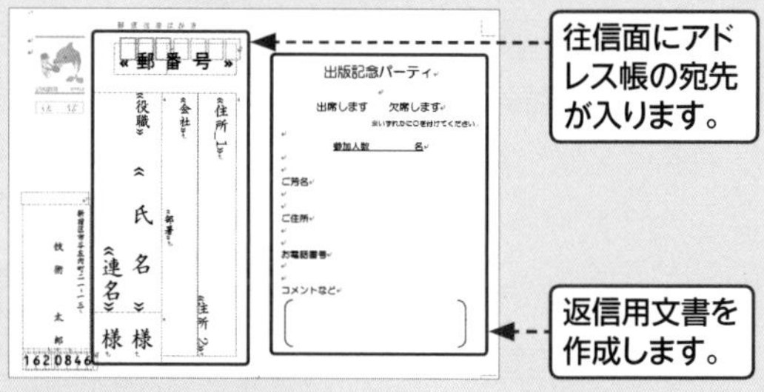

● 返信面を作成する

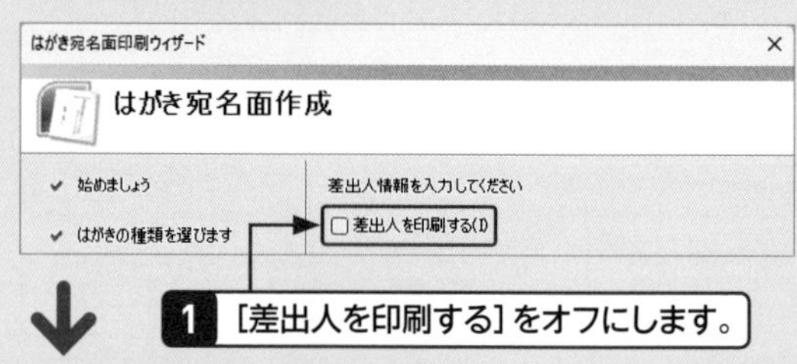

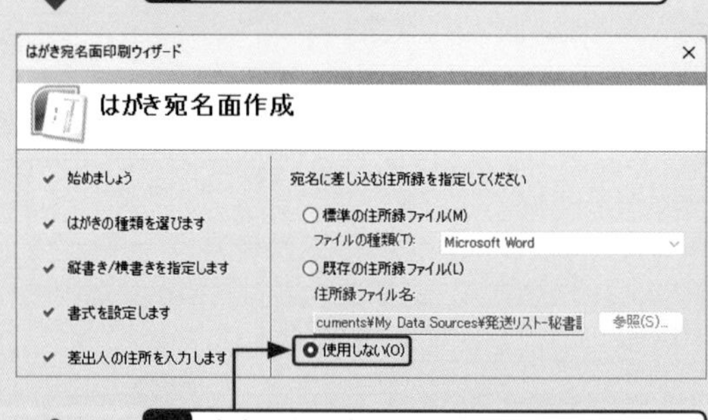

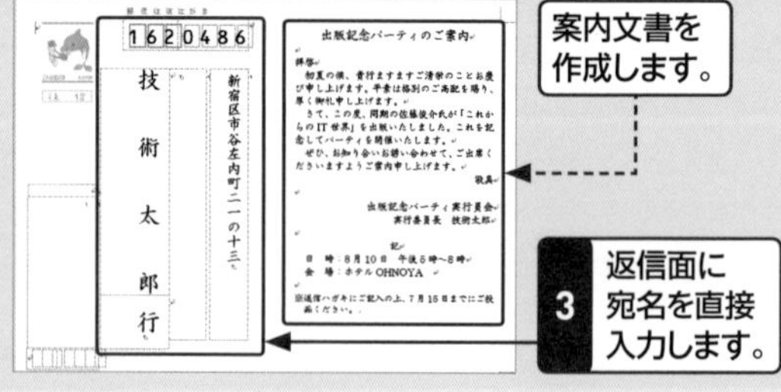

重要度 ★★★　はがきの宛名

Q 370 Excelの住所録をはがきの宛先に差し込みたい！

A 差し込み印刷設定時にExcelのファイルを指定します。

はがきの宛名面にExcelの住所録データを差し込むには、[はがき宛名面印刷ウィザード]の差し込み印刷を指定する画面で、[既存の住所録ファイル]をクリックしてオンにし、[参照]をクリックします。[住所録ファイルを開く]ダイアログボックスが表示されるので、目的のExcelファイルを選択し、[開く]をクリックすると、ファイルが指定されます。

1 [既存の住所録ファイル]をクリックしてオンにし、

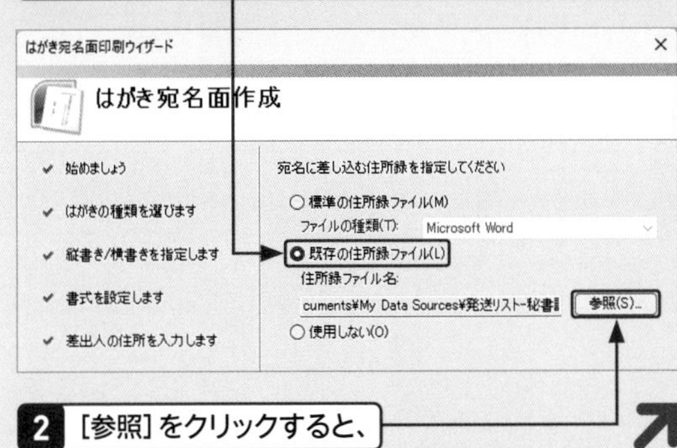

2 [参照]をクリックすると、

3 [住所録ファイルを開く]ダイアログボックスが表示されます。

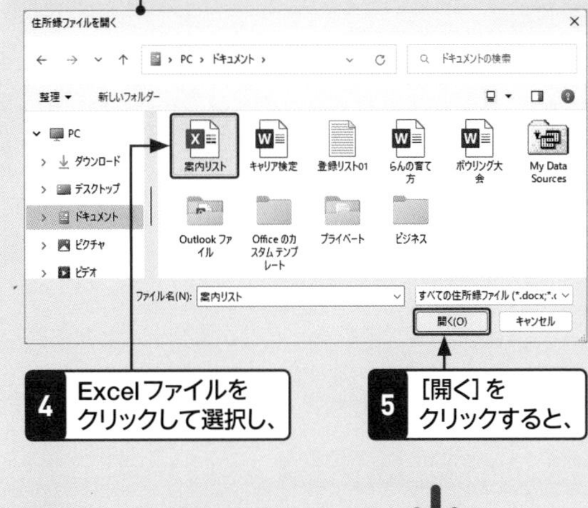

4 Excelファイルをクリックして選択し、

5 [開く]をクリックすると、

6 ファイルが指定されます。

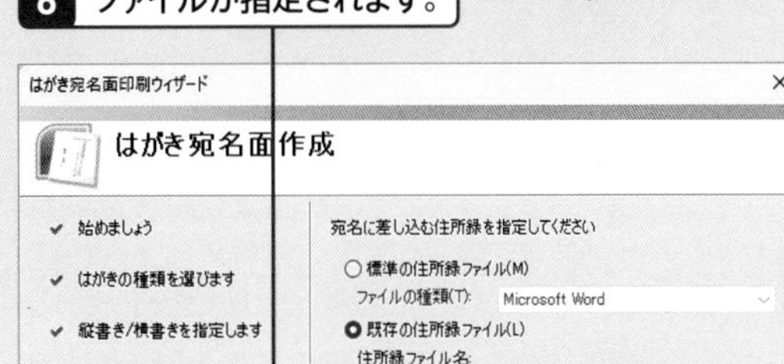

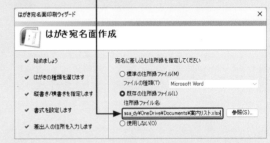

重要度 ★★★　はがきの宛名

Q 371 Excelの住所録が読み込めない！

A 見出しとフィールドを対応させます。

Excelで住所録の見出し（項目名）を、たとえば「姓」と「名」を分けずに「氏名」として作成した場合に、このデータを[はがき宛名面ウィザード]で差し込むと、ほかの項目が挿入されてしまうことがあります。こういうときは、フィールドと項目を1つずつ確認して対応させていきます。[差し込み文書]タブの[フィールドの対応]をクリックして、[フィールドの対応]ダイアログボックスを表示します。違っているフィールドで正しい項目を指定し、すべて正しく対応させてから保存します。

参照▶Q 365

1 [役職]のここをクリックして、

名前が挿入されています。

2 [（対応なし）]をクリックします。

重要度★★★ はがきの宛名

Q 372 住所にほかの文字が表示された！

A フィールド対応に誤りがあります。

作成した住所録を指定してはがきの宛名面を作成したあとで、[結果のプレビュー]をクリックすると、郵便番号や住所、宛名が正しく配置されます。しかし、[表示_2]（住所録によっては[表示2]）自体が表示されなかったり、[住所_2]欄に会社名などほかのフィールドが表示されたりする場合があります。これは、フィールド対応に誤りが生じていることが原因です。

● 差し込むデータを指定する

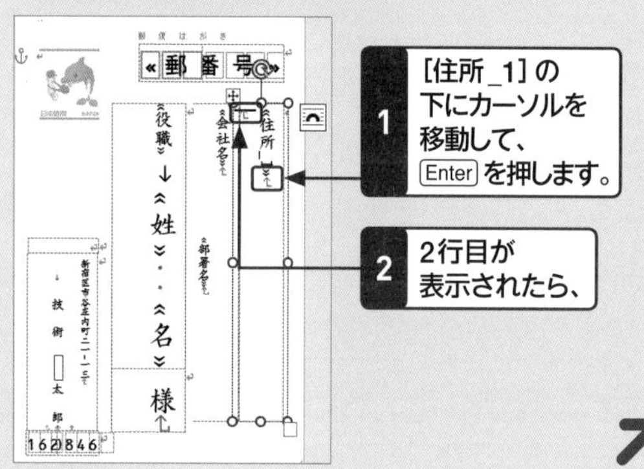

[住所_2]自体が表示されない場合は、フィールドを挿入します。
新しく作成した[住所_2]、あるいは[住所_2]にほかの項目が表示されてしまう場合も、[フィールドの対応]ダイアログボックスで、正しく対応させれば修正できます。

参照▶Q 365

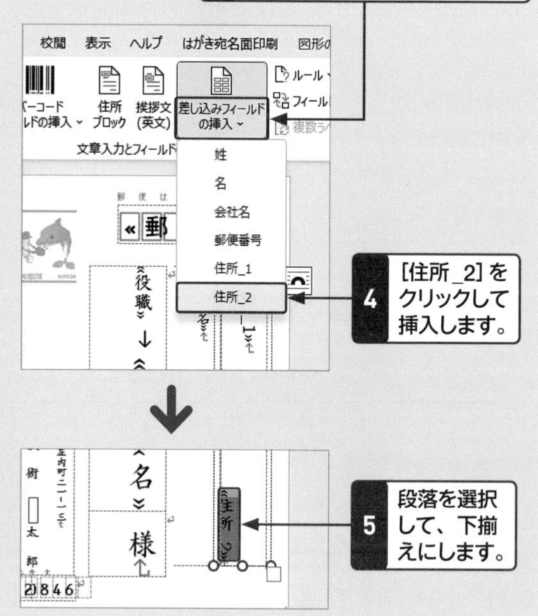

重要度★★★ はがきの宛名

Q 373 宛名の印刷イメージを確認したい！

A [次のレコード]を利用します。

はがきの宛名面の編集画面では、差し込まれた宛先データを表示して、印刷結果をイメージで確認できます。
各宛先の印刷結果をイメージで確認するには、[差し込み文書]タブの[結果のプレビュー]をクリックして、[次のレコード]▷をクリックし、次の宛先を表示します。

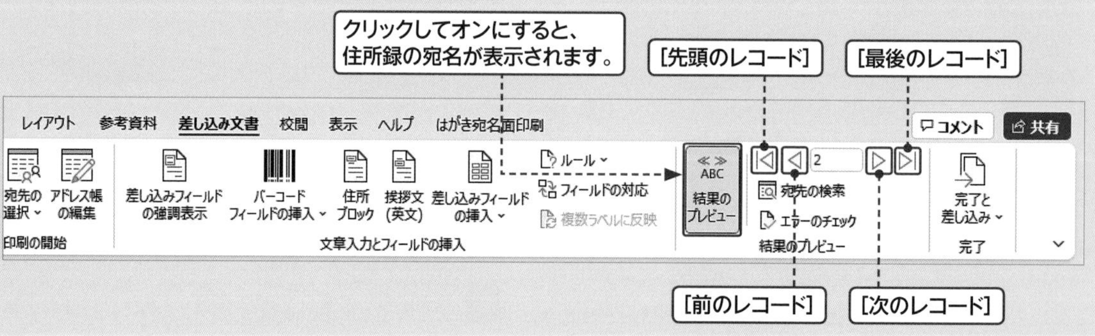

重要度 ★★★　はがきの宛名

Q 374 はがきの宛名面を印刷したい！

A [はがき宛名面印刷] タブで行います。

はがきの宛名面を印刷するには、[差し込み文書] タブの [完了と差し込み] をクリックして、[文書の印刷] をクリックするか、[はがき宛名面印刷] タブの [すべて印刷] をクリックし、[プリンターに差し込み] ダイアログボックスで [OK] をクリックします。[印刷] ダイアログボックスでプリンターや部数、印刷範囲などを指定して [OK] をクリックします。

なお、表示している宛名面のみを印刷したい場合は、[はがき宛名面印刷] タブの [表示中のはがきを印刷] をクリックします。また、一部の宛名（レコード）を印刷したい場合は、[印刷] ダイアログボックスの [ページ指定] で指定します。

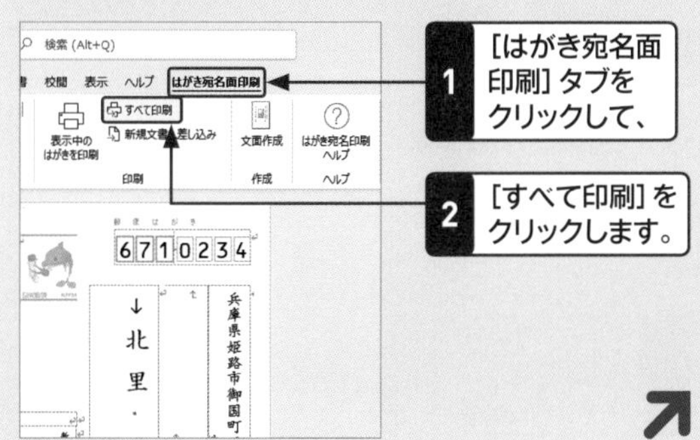

1 [はがき宛名面印刷] タブをクリックして、
2 [すべて印刷] をクリックします。

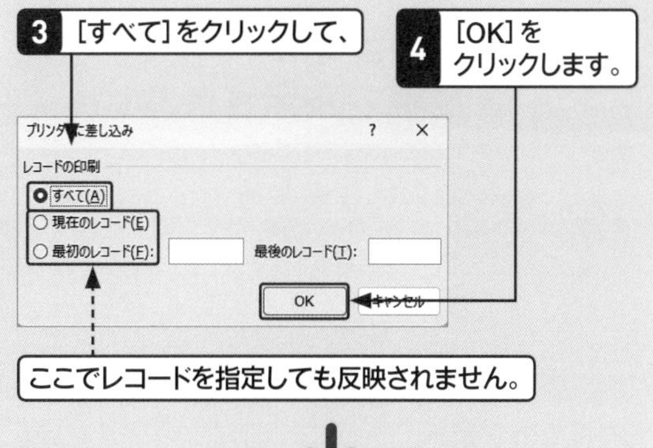

ここでレコードを指定しても反映されません。

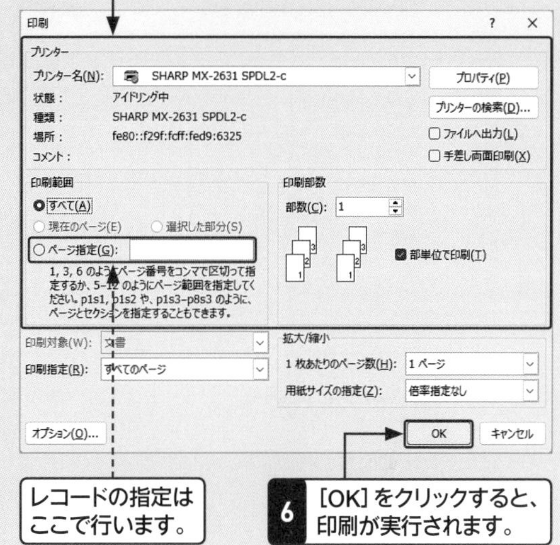

レコードの指定はここで行います。

6 [OK] をクリックすると、印刷が実行されます。

重要度 ★★★　はがきの宛名

Q 375 はがきの模様が印刷されてしまった！

A [隠し文字を印刷する] をオフにします。

[はがき宛名面印刷ウィザード] で作成したときに表示される切手や郵便番号枠などは隠し文字の扱いになっていて、通常は印刷されません。印刷された場合は、隠し文字が印刷されるように設定されています。

[Wordのオプション] の [表示] の [印刷オプション] で、[隠し文字を印刷する] をクリックしてオフにします。

参照▶Q 041, Q 349

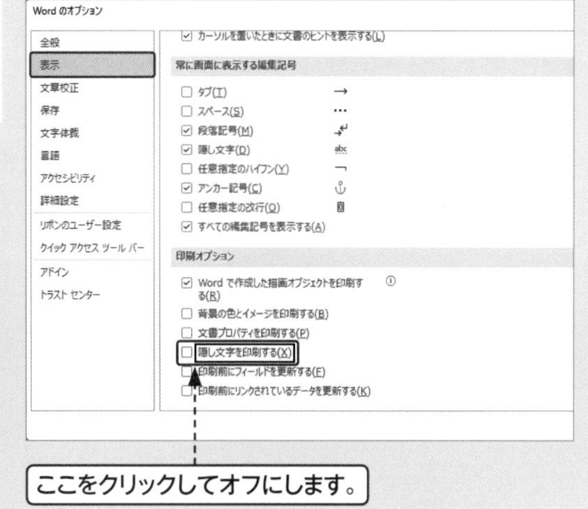

ここをクリックしてオフにします。

重要度 ★★★ はがきの宛名

Q 376 住所の番地が漢数字で表示されない！

A 住所録の数字を半角で入力します。

[はがき宛名面印刷ウィザード]のフォントを指定する画面で、[宛名住所内の数字を漢数字に変換する]をクリックしてオンにすると、住所の番地などの数字を漢数字に変換できます。ただし、もとのデータの数字が全角の場合は、漢数字に変換されません。漢数字で表示したい場合は、住所録を半角文字で入力し直します。

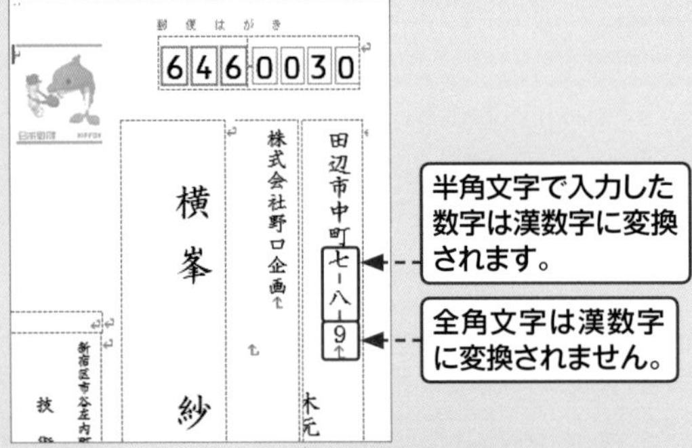

● はがき宛名面印刷ウィザードでの設定

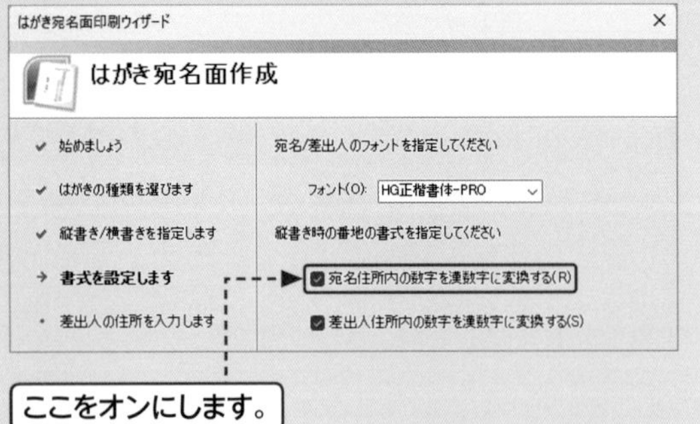

重要度 ★★★ はがきの宛名

Q 377 郵便番号が枠からずれる！

A [レイアウト]ダイアログボックスを利用します。

画面上ではずれていなくても、印刷した宛名面で郵便番号の枠から数字がずれてしまう場合があります。[はがき宛名面印刷]タブの[レイアウトの微調整]をクリックすると表示される[レイアウト]ダイアログボックスで、印刷位置を微調整します。枠の上下にずれている場合は[縦位置]、枠の横にずれている場合は[横位置]に数値を指定し、確認しながら調整します。

なお、はがきをプリンターにセットする際にずれていたり、印刷時に曲がって送られたりするとずれて印刷されます。セットや試し印刷で確認してから、はがきに印刷しましょう。

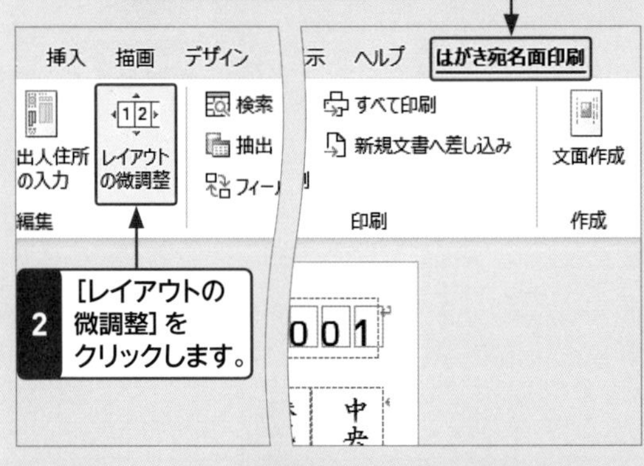

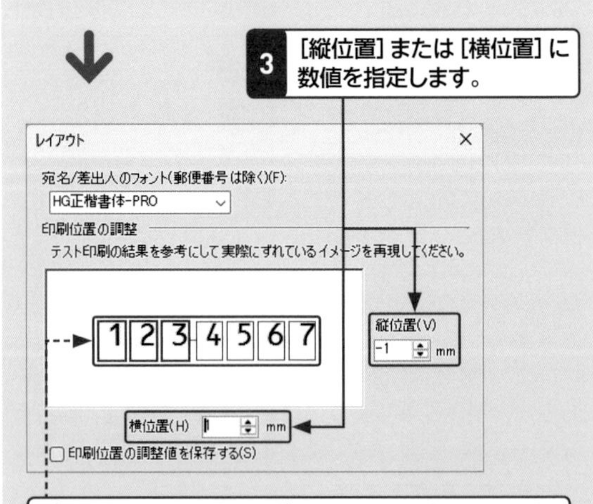

重要度★★★ はがきの宛名

Q 378 はがきの宛名を連名にしたい！

A1 データフォームの連名欄に追加します。

Q 367で作成するアドレス帳のデータフォームには、連名欄が用意されています。ここに入力して、[レコードの追加]をクリックすれば、自動的にはがきの連名欄に挿入されます。このとき、連名の敬称も挿入されます。2人の名前のバランスが悪い場合は、名前の間にスペースを入れるなど調整するとよいでしょう。

なお、Q 367で作成したアドレス帳「Address20」はWordで開くことができ、データが表形式で表示されます。この表で変更して、保存してもかまいません。

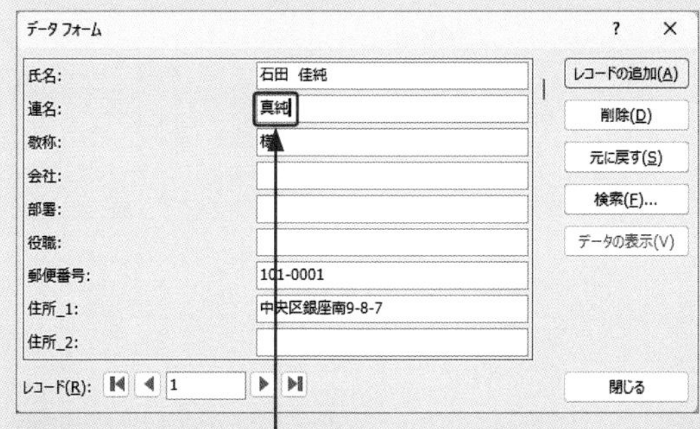

A2 アドレス帳に連名欄を追加します。

差し込み印刷ウィザードやExcelなどで作成したアドレス帳の場合は、アドレス帳を開き、連名欄を追加します。はがきの宛名面で連名用のフィールドを挿入して、アドレス帳の連名を対応させます。

参照▶Q 365, Q 371

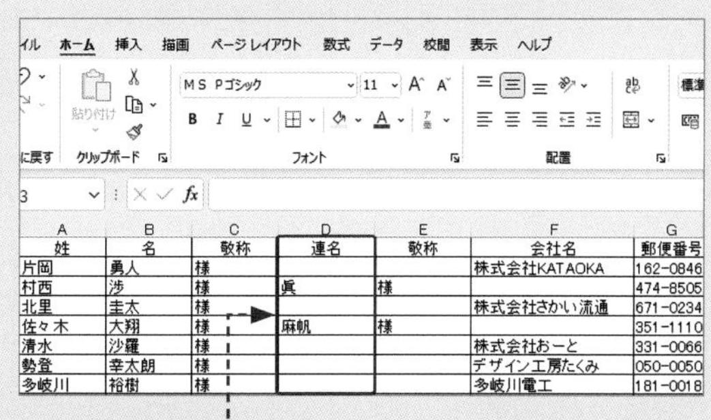

姓	名	敬称	連名	敬称	会社名	郵便番号
片岡	勇人	様			株式会社KATAOKA	162-0846
村西	渉	様	眞	様		474-8505
北里	圭太	様			株式会社さかい流通	671-0234
佐々木	大翔	様	麻帆	様		351-1110
清水	沙羅	様			株式会社おーと	331-0066
勢登	幸太朗	様			デザイン工房たくみ	050-0050
多岐川	裕樹	様			多岐川電工	181-0018

重要度★★★ はがきの宛名

Q 379 連名にも敬称を付けたい！

A 敬称欄に設定します。

連名はアドレス帳を作成する際に、連名欄と連名用の敬称欄を設定しておきましょう。宛名面で連名の敬称フィールドを挿入して、対応させれば表示できます。

そのほか、宛名面で直接連名や敬称を入力する場合は、名前や敬称のテキストボックス内で行を追加することもできます。なお、直接入力すると、ほかの宛名にも表示されてしまいます。1名用と連名用は別に設定するほうがよいでしょう。

参照▶Q 378

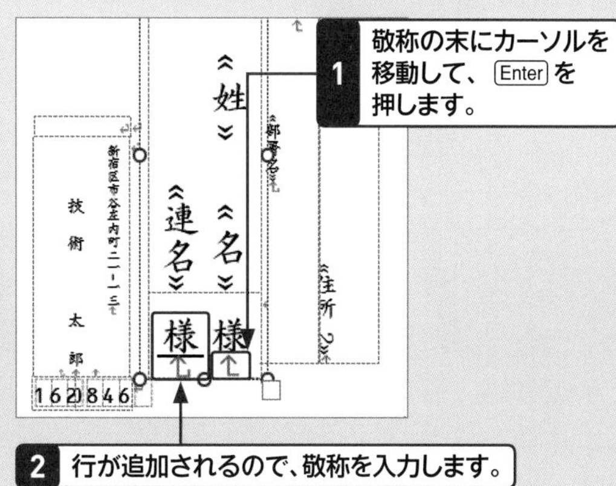

重要度★★★ はがきの宛名

Q 380 はがきの差出人を連名にしたい!

A 差出人ボックスで入力します。

はがきの差出人の情報は、[はがき宛名面印刷ウィザード]の中で入力できますが、連名欄は作成できないので、はがき宛名面で追加します。連名は1名だけでなく、家族などの複数名も設定できます。

なお、差出人の左側の段落は電話番号やメールアドレス用で、行間とフォントサイズが7ptと小さいので、連名を入力するには新しい段落を挿入します。

プレビュー画面を表示して、差出人欄をクリックします。差出人の下の部分にカーソルを移動して、Enterを押して改行します。新しい行は差出人と同じ均等割り付けが設定されているので、[ホーム]タブの[下揃え]をクリックして下揃えにします。連名を入力してバランスを整えます。

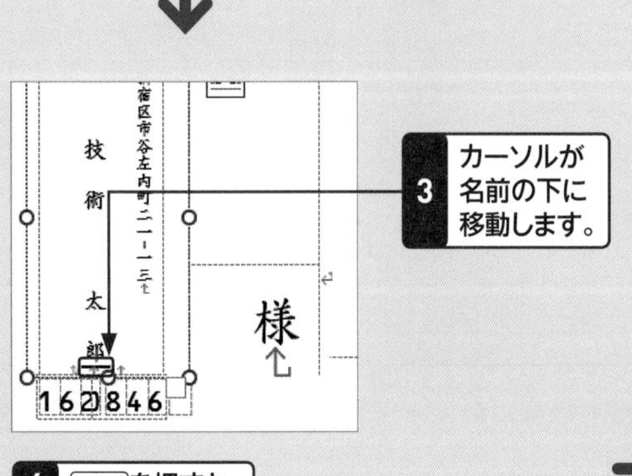
1 差出人欄をクリックします。
2 差出人の名前の下をクリックすると、
3 カーソルが名前の下に移動します。
4 Enterを押すと、

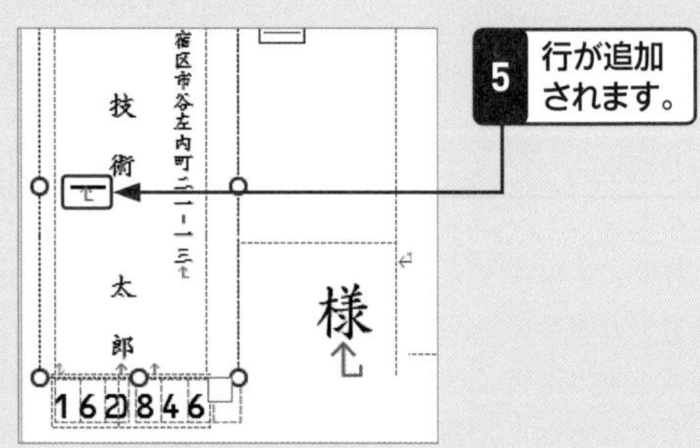
5 行が追加されます。

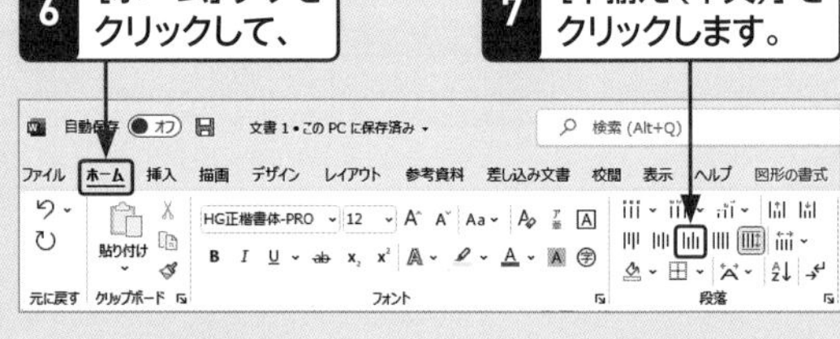
6 [ホーム]タブをクリックして、
7 [下揃え(中央)]をクリックします。

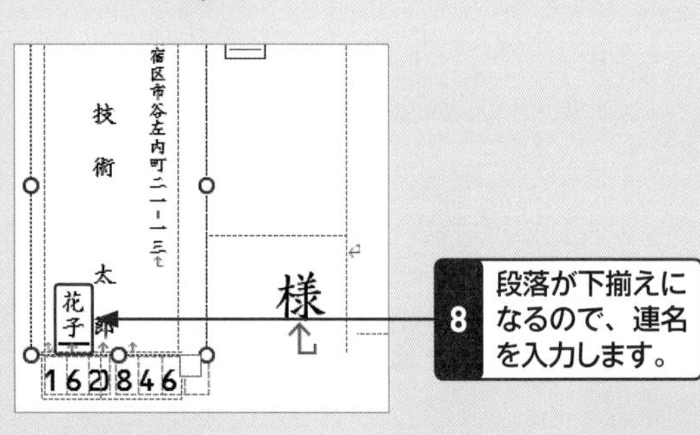
8 段落が下揃えになるので、連名を入力します。

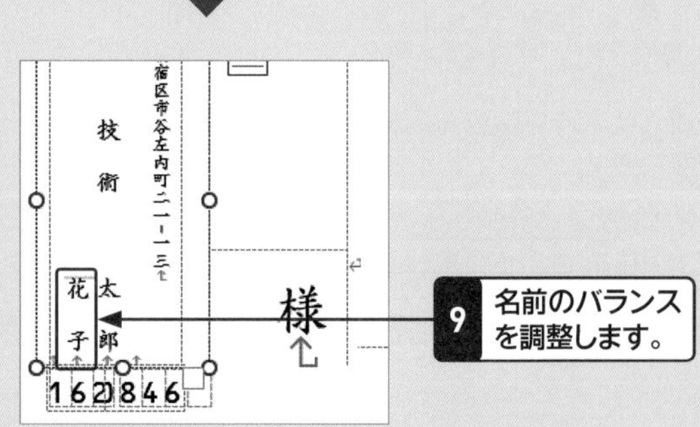
9 名前のバランスを調整します。

重要度★★★　はがきの宛名

Q 381 宛名面の文字が切れてしまった！

A テキストボックスを広げます。

宛名先の文字の一部が隠れて表示される場合があります。通常はきちんと印刷されますが、テキストボックスが重なり合ったり、テキストボックスのサイズが小さかったりして、まれに印刷が欠けてしまうことがあります。テキストボックスを移動するか、枠を広げたり、サイズを小さくしたりするなどして、欠けている文字が表示されるようにします。

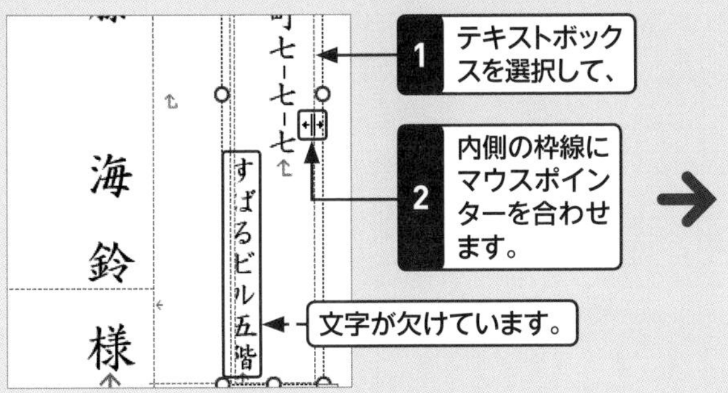

1 テキストボックスを選択して、
2 内側の枠線にマウスポインターを合わせます。
文字が欠けています。

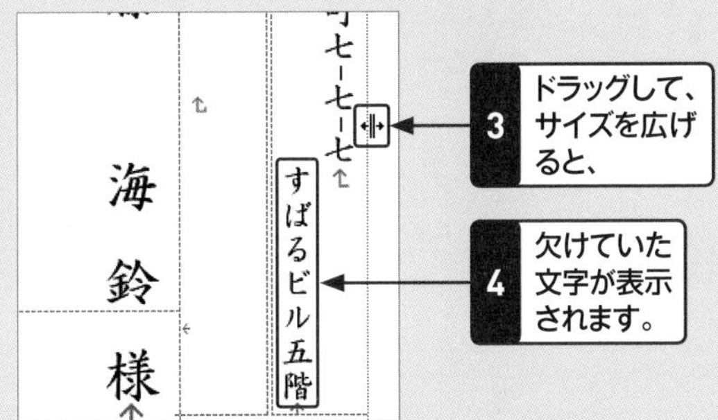

3 ドラッグして、サイズを広げると、
4 欠けていた文字が表示されます。

重要度★★★　はがきの宛名

Q 382 宛名面の文字がうまく揃わない！

A 文字間を調整します。

連名の場合は特に、名前の位置が揃っていないと見栄えがよくありません。氏名欄は均等割り付けになっているので、名字と名前で字間が調整されます。連名の名前を揃えるには、[ホーム] タブの [下揃え] をクリックして、名前の間にスペースを入れたり、手順のように、均等割り付けにしたりして調整します。

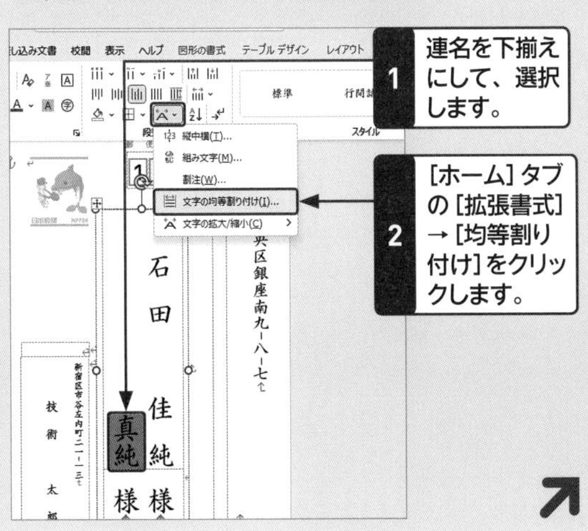

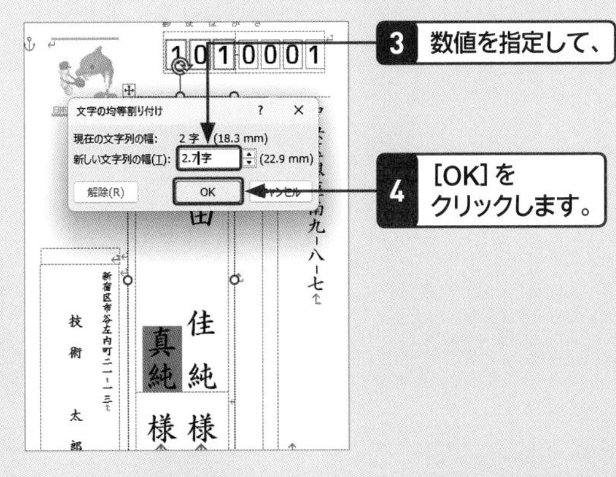

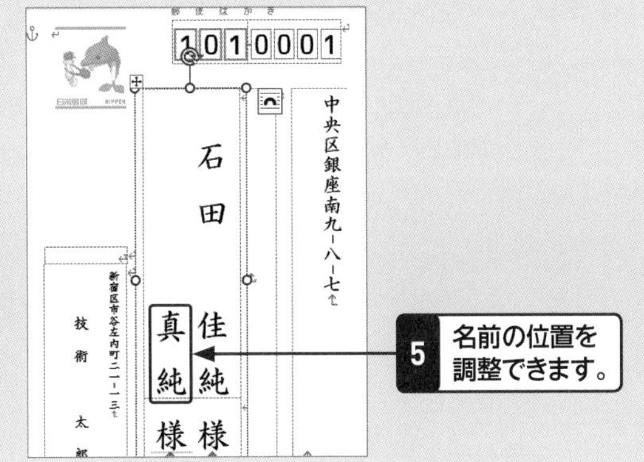

重要度★★★ はがきの文面

Q 383 はがきの文面を作成したい!

A [はがき文面印刷ウィザード]を利用します。

はがきの文面は、用紙サイズを「はがき」にして通常の文書と同様に作成できますが、[はがき文面印刷ウィザード]を利用すると、かんたんに設定できるので便利です。年賀状、暑中見舞い、招待状、引越し連絡など、文面やイラストが用意されているので、選ぶだけで作成できます。なお、題字やイラストなど用意されているものを使いたくない場合は、[なし]を選びます。また、ここで選んだ要素はそれぞれオブジェクトとして挿入されるので、あとから変更することができます。文面を変更したい場合は、テキストボックスをクリックして、文面内にカーソルを移動し、文章を変更します。イラストの場合は、イラストをクリックして選択し、Delete を押すと削除できます。ほかのイラストや画像を挿入することが可能です。ここでは、暑中見舞いを作成します。

参照▶Q 366, Q 447

1 [差し込み文書]タブをクリックして、

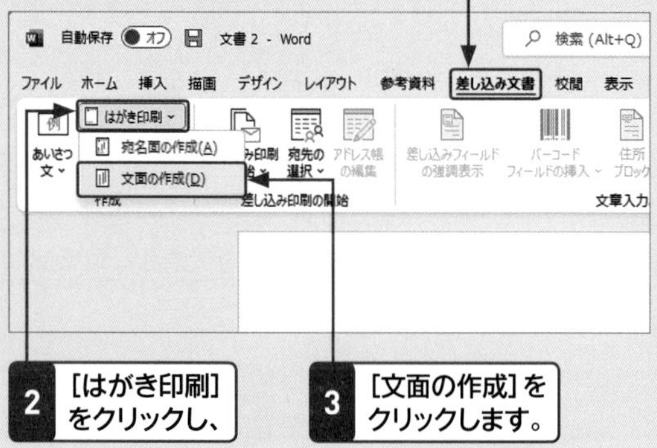

2 [はがき印刷]をクリックし、

3 [文面の作成]をクリックします。

4 [はがき文面印刷ウィザード]が起動するので、

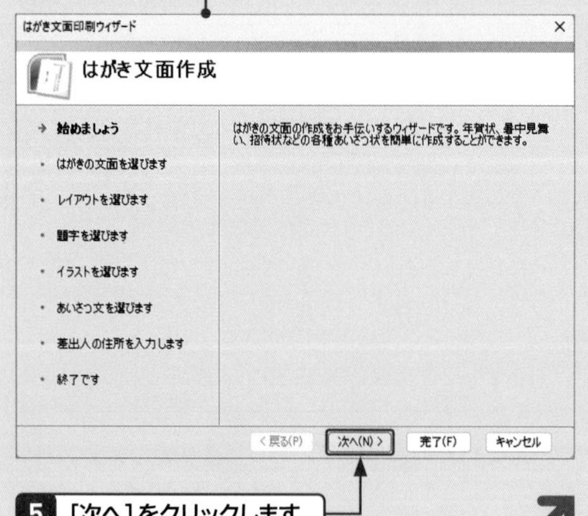

5 [次へ]をクリックします。

6 [暑中／残暑見舞い]をクリックして、

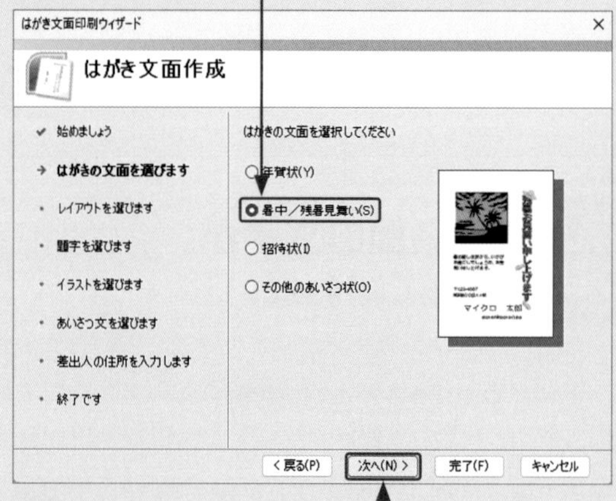

7 [次へ]をクリックします。

8 レイアウトをクリックして、

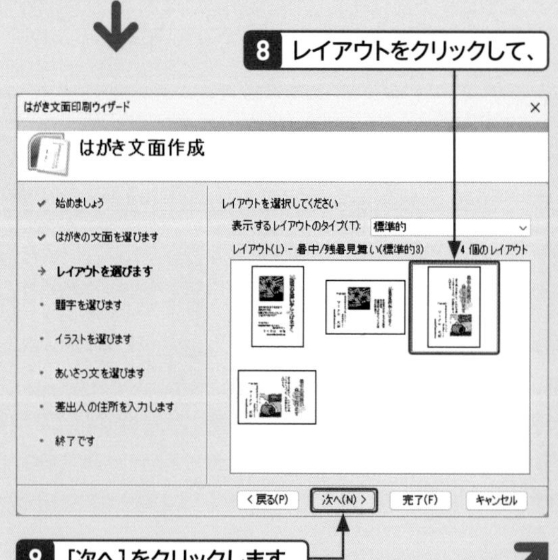

9 [次へ]をクリックします。

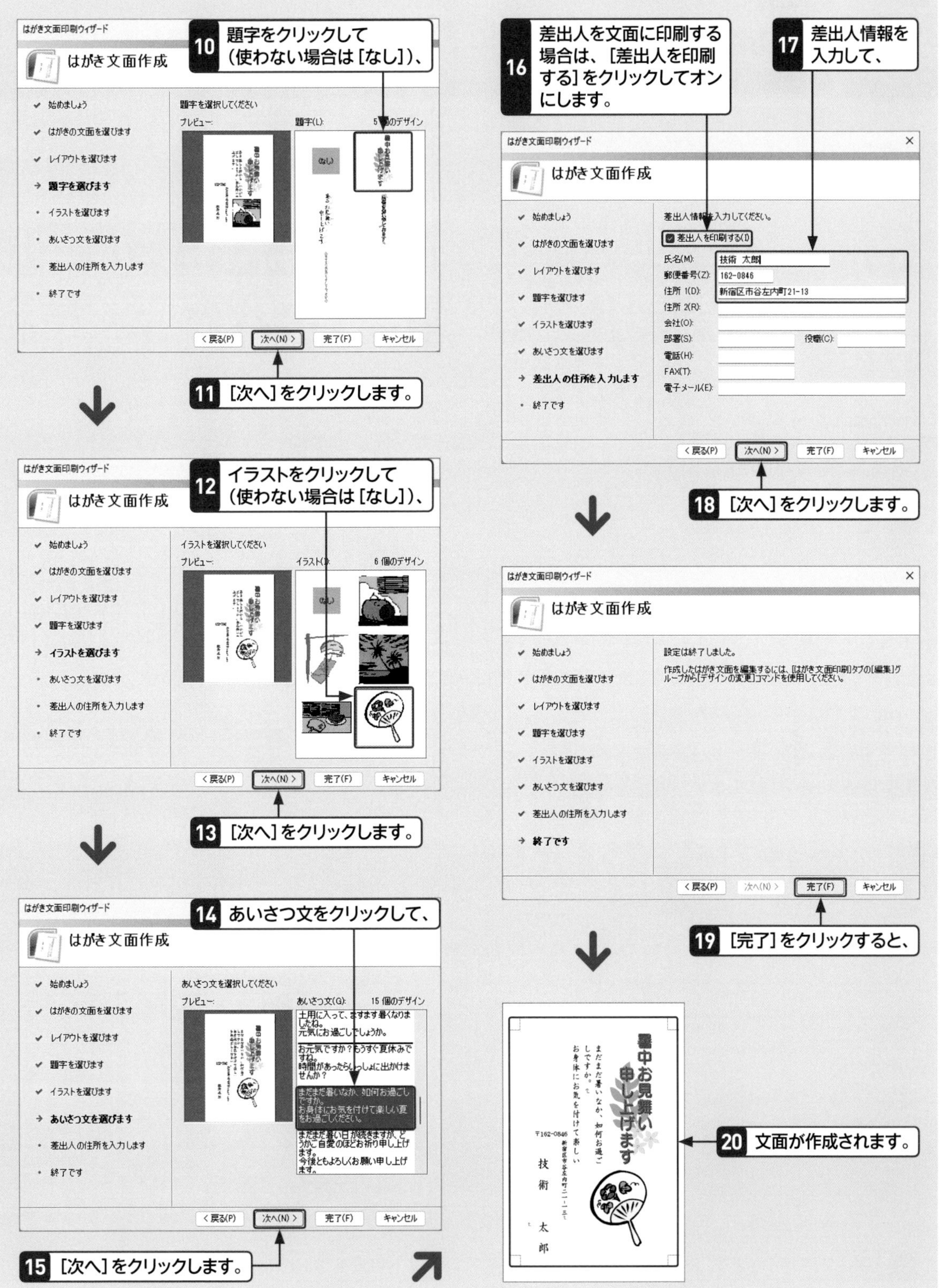
10 題字をクリックして（使わない場合は［なし］）、
11 ［次へ］をクリックします。
12 イラストをクリックして（使わない場合は［なし］）、
13 ［次へ］をクリックします。
14 あいさつ文をクリックして、
15 ［次へ］をクリックします。
16 差出人を文面に印刷する場合は、［差出人を印刷する］をクリックしてオンにします。
17 差出人情報を入力して、
18 ［次へ］をクリックします。
19 ［完了］をクリックすると、
20 文面が作成されます。
はがき文面印刷ウィザード
はがき文面作成
始めましょう
はがきの文面を選びます
レイアウトを選びます
題字を選びます
イラストを選びます
あいさつ文を選びます
差出人の住所を入力します
終了です
題字を選択してください
イラストを選択してください
あいさつ文を選択してください
差出人情報を入力してください。
差出人を印刷する(I)
氏名(M):
技術 太郎
郵便番号(Z):
162-0846
住所 1(D):
新宿区市谷左内町21-13
住所 2(R):
会社(O):
部署(S):
役職(C):
電話(H):
FAX(T):
電子メール(E):
設定は終了しました。
作成したはがき文面を編集するには、[はがき文面印刷]タブの[編集]グループから[デザインの変更]コマンドを使用してください。
< 戻る(P)
次へ(N) >
完了(F)
キャンセル
暑中お見舞い申し上げます
まだまだ暑いなか、如何お過ごしですか。
お身体にお気を付けて楽しい
〒162-0846
技術 太郎

重要度★★★ ラベルの宛名

Q 384 1枚の用紙で同じ宛名ラベルを複数作成したい!

A 1つの宛名をすべてのラベルに反映します。

ラベル枠すべてを同じ宛先にしたい場合は、まずは印刷するラベル用紙の型番を[ラベルオプション]ダイアログボックスで指定して、ラベル用の枠を作成します。次に、宛名用の住所録を作成し、住所録をラベルに差し込んで、レイアウトを調整します。差し込む宛先の選択で住所録を指定するので、すでにある住所録内の一人を対象にする場合は、住所録で選択しておくとよいでしょう。 参照▶Q 350

● 宛名用ラベルの枠を作成する

1 [差し込み文書]タブの[差し込み印刷の開始]をクリックして、

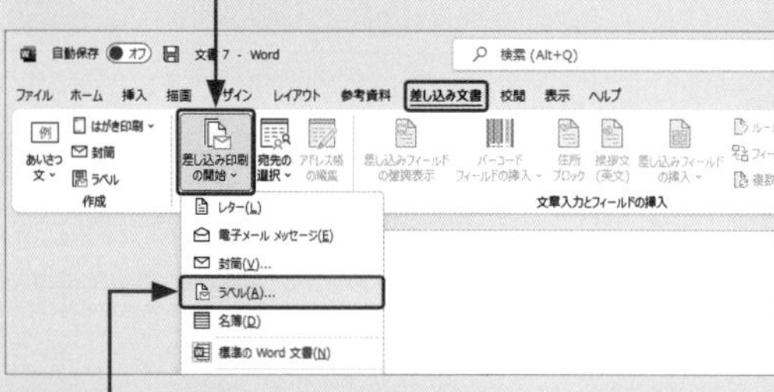

2 [ラベル]をクリックします。

3 プリンターの種類と用紙トレイをクリックして選択し、

4 ラベルの製造元と製品番号を指定し、

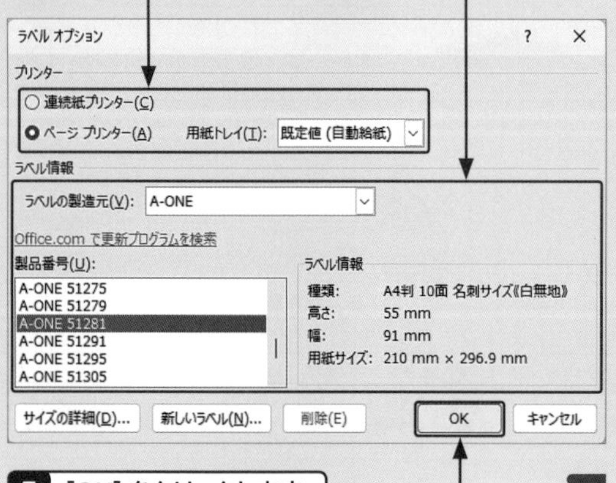

5 [OK]をクリックします。

6 宛名用ラベルの枠が表示されます。

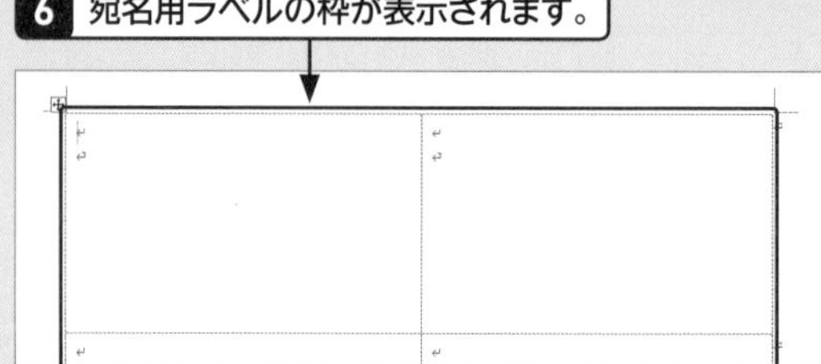

● 差し込むデータを作成する

1 ラベルの枠が表示された状態で、[差し込み文書]タブの[宛先の選択]をクリックします。

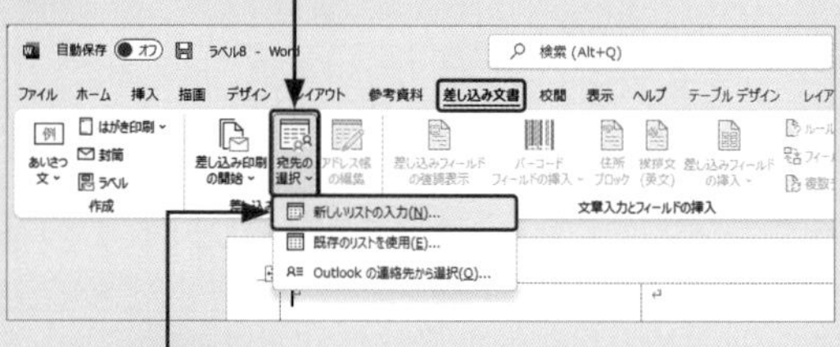

2 [新しいリストの入力]をクリックして、

3 [新しいアドレス帳]ダイアログボックスに一人分の必要項目を入力し、

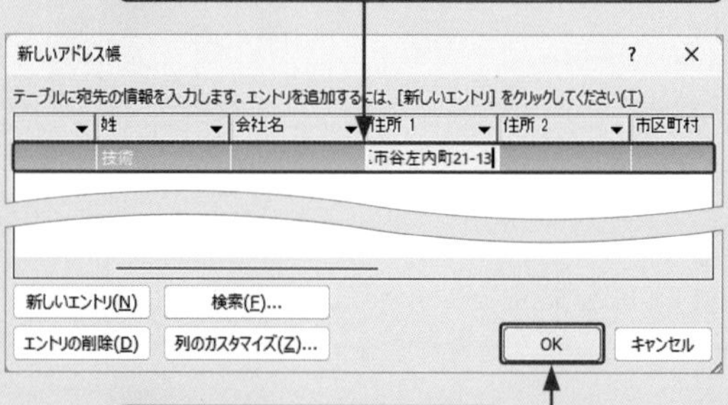

4 [OK]をクリックします。

5 [アドレス帳の保存]ダイアログボックスでファイル名を付けて、

6 [保存]をクリックします。

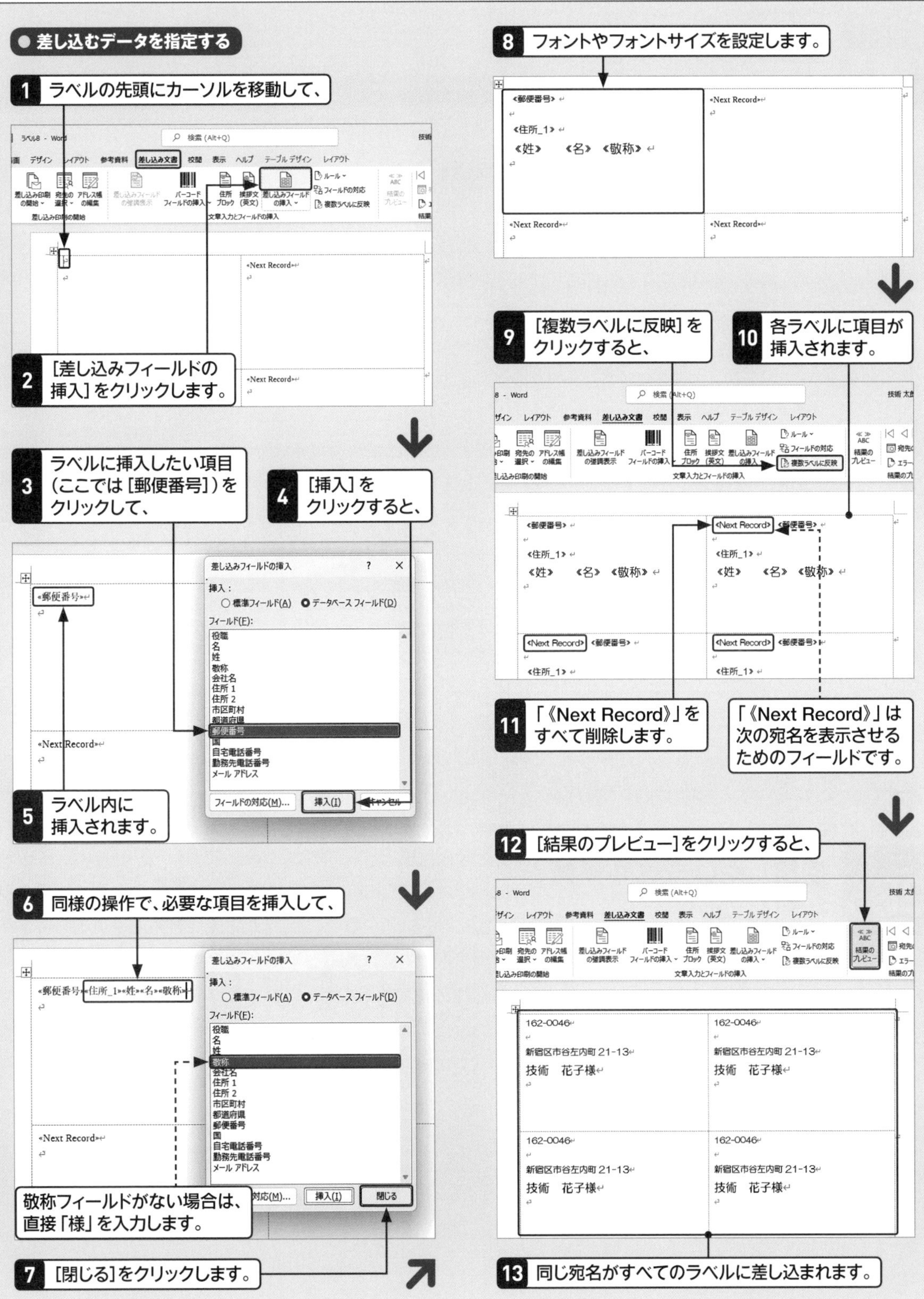

● 差し込むデータを指定する
1 ラベルの先頭にカーソルを移動して、
2 [差し込みフィールドの挿入]をクリックします。
3 ラベルに挿入したい項目（ここでは[郵便番号]）をクリックして、
4 [挿入]をクリックすると、
5 ラベル内に挿入されます。
6 同様の操作で、必要な項目を挿入して、
敬称フィールドがない場合は、直接「様」を入力します。
7 [閉じる]をクリックします。
8 フォントやフォントサイズを設定します。
9 [複数ラベルに反映]をクリックすると、
10 各ラベルに項目が挿入されます。
11 「《Next Record》」をすべて削除します。
「《Next Record》」は次の宛名を表示させるためのフィールドです。
12 [結果のプレビュー]をクリックすると、
13 同じ宛名がすべてのラベルに差し込まれます。

Wordの基本 1
入力 2
編集 3
書式設定 4
表示 5
印刷 6
差し込み印刷 7
図と画像 8
表とグラフ 9
ファイル 10

重要度 ★★★　ラベルの宛名

Q 385 差出人のラベルをかんたんに印刷したい！

A [封筒とラベル]ダイアログボックスで差出人の情報を登録します。

差出人の宛名ラベルを作成するには、[差し込み文書]タブの[ラベル]をクリックして、[封筒とラベル]ダイアログボックスの[ラベル]タブで[宛先]欄に宛先を入力して、[印刷]をクリックします。

また、[Wordのオプション]の[詳細設定]の[住所]に住所や氏名を入力しておくと、差出人の情報として使用できるようになります。この場合は、[差出人住所を印刷する]をクリックしてオンにすると、登録してある住所や氏名が挿入されます。

なお、このラベルで使用するフォントを変更したい場合は、文字列を選択して右クリックし、[フォント]をクリックして[フォント]ダイアログボックスを表示し、サイズや色を指定します。

参照▶Q 041

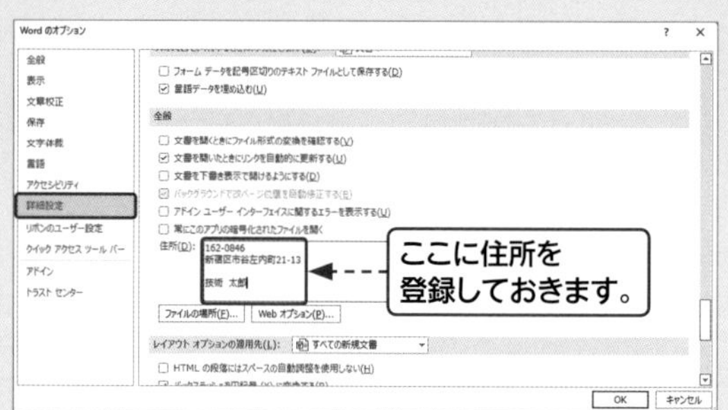

ここに住所を登録しておきます。

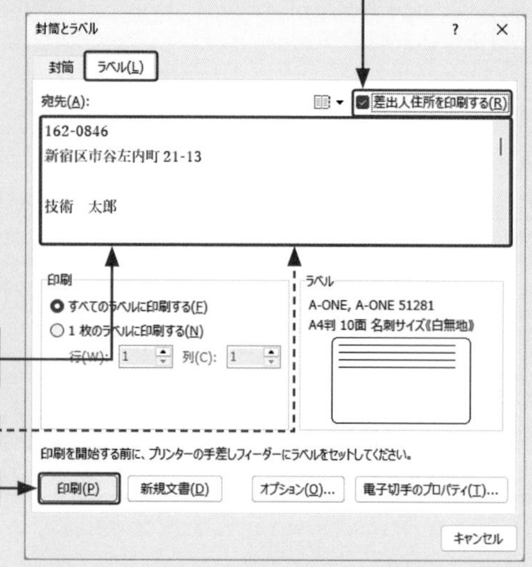

1 [封筒とラベル]ダイアログボックスで、ここをクリックしてオンにすると、
2 登録されている住所や氏名が表示されます。
ここに直接入力してもかまいません。
3 [印刷]をクリックします。
封筒とラベル
差出人住所を印刷する(R)
162-0846
新宿区市谷左内町21-13
技術　太郎

重要度 ★★★　ラベルの宛名

Q 386 使用したいラベル用紙が一覧にない！

A ラベルのサイズを指定します。

Q 384の「宛名用ラベルの枠を作成する」の手順4で、[ラベルオプション]ダイアログボックスのラベルの一覧に目的のラベルのサイズがない場合は、サイズを指定して、オリジナルのテンプレートを作成します。

テンプレートを作成するには、[ラベルオプション]ダイアログボックスで、[新しいラベル]をクリックして、[ラベルオプション]画面(右図)を表示します。ラベル名、ラベル用紙の余白やラベルの高さ、幅などを入力します。

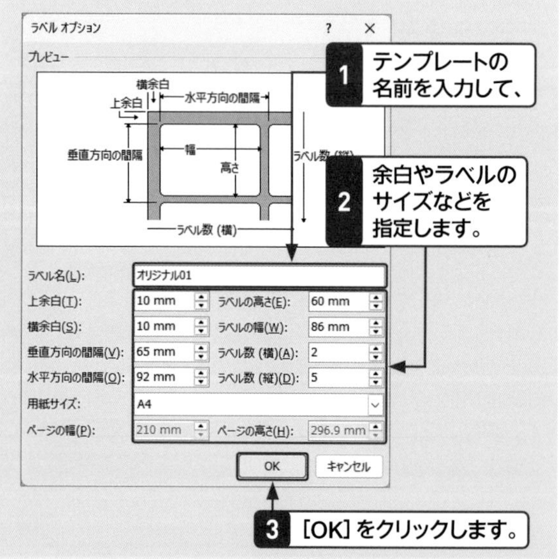

1 テンプレートの名前を入力して、
2 余白やラベルのサイズなどを指定します。
3 [OK]をクリックします。
ラベル オプション
オリジナル01

重要度 ★★★　ラベルの宛名

Q 387 宛名によって使用する敬称を変更したい！

A あらかじめ敬称のフィールドを作成しておきます。

アドレス帳(住所録)を作成する場合は、「敬称」欄を設けておくと、郵送物の宛名に利用する場合に便利です。差し込み印刷ウィザードで作成したアドレス帳には「敬称」の項目がないため、[列のカスタマイズ]で列を追加するとよいでしょう。
また、「敬称」(列)を作成して、宛名ごとに利用する敬称を入力しておくと、差し込み印刷の設定を行う際に[敬称]フィールドを関連付けることができます。

参照▶Q 360, Q 367

Excelの住所録では「敬称」欄を作成しておきます。

C1　敬称

	A	B	C	D	E	F	G
1	姓	名	敬称	郵便番号	住所_1	住所_2	
2	片岡	勇人	様	162-0846	東京都新宿区市谷左内町55-13		
3	村西	渉	ちゃん	474-8505	愛知県大府市惣戸町和泉234-5		
4	北里	圭太	様	671-0234	兵庫県姫路市御国町石川7-8-9		
5	佐々木	大翔	先生	351-1110	埼玉県川越市美咲町1-23-4		
6	清水	沙羅	様	331-0066	埼玉県さいたま市東区西島6-5-4		
7	勢登	幸太朗	様	050-0050	北海道室蘭市塩崎町北4-56-7		
8	多岐川	裕樹	様	181-0018	東京都小金井市桜野町9-9-9		

Wordのアドレス帳では、[データソースの編集]ダイアログボックスで[列のカスタマイズ]をクリックして列を追加します。

データ ソースの編集

データ ソース内の項目を編集するには、以下のテーブルに変更内容を入力します。列見出しには、データ ソースのフィールドと、それに対応するアドレス帳フィールド (かっこ内) が表示されます。

編集中のデータ ソース:　発送リスト-秘書課.mdb

役職	名	姓	敬称	会社名
代表取締役	壮太	折本	様	株式会社森元
営業本部長	航平	佐々木		株式会社栄達

重要度 ★★★　ラベルの宛名

Q 388 あとから敬称を追加したい！

A 1枚目のラベルに敬称を入力して、すべてのラベルに反映します。

アドレス帳に「敬称」を設定していない場合、宛名に敬称を付けるには、差し込み印刷フィールドを設定後、1枚目のラベルで宛名のフィールドの後ろにカーソルを移動して、「様」などの敬称を入力します。[差し込み文書]タブの[複数ラベルに反映]をクリックすると、2枚目以降のラベルにも敬称が追加されます。なお、宛名ラベルのそれぞれに異なる宛先を表示する場合は、「《Next Record》」を削除する必要はありません。

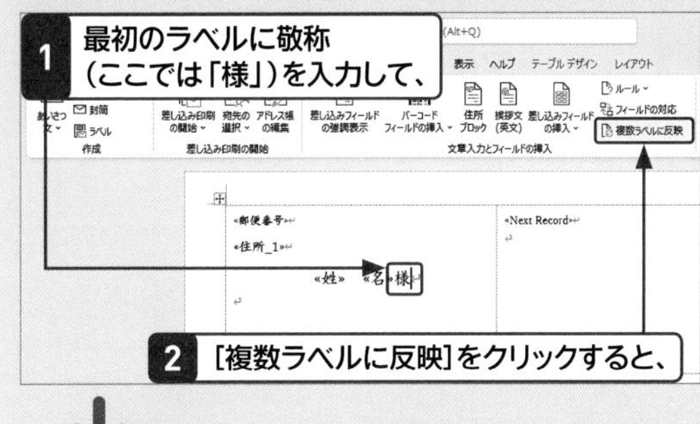

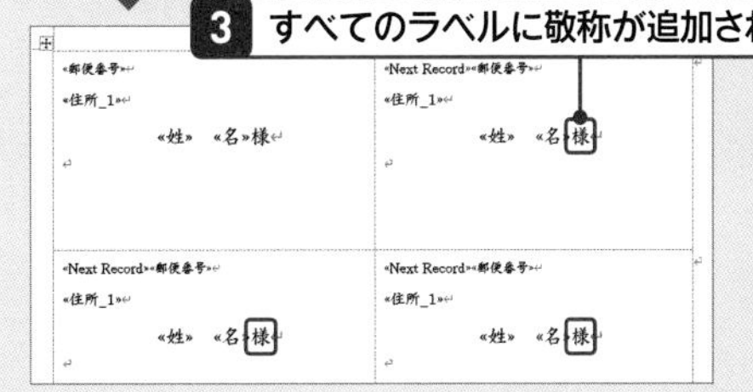

重要度 ★★★　ラベルの宛名

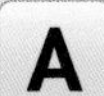

Q 389 ラベルの枠が表示されない！

A グリッド線を表示します。

ラベルの枠が表示されていない場合は、グリッド線が非表示になっています。右端の[レイアウト]タブの[グリッド線の表示]をクリックすると、表示されます。なお、この枠線は印刷されません。

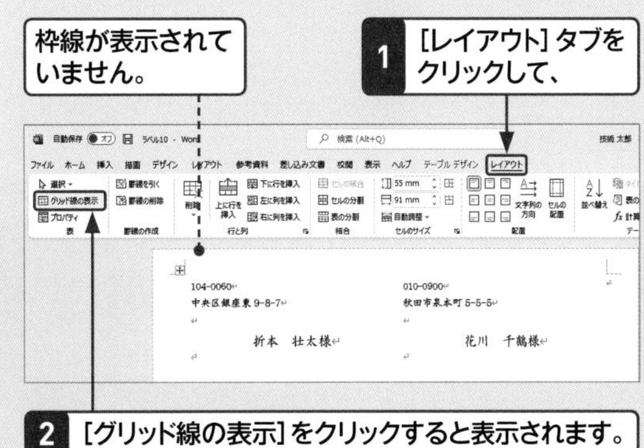

Q 390 封筒に宛名を印刷したい！

A [差し込み印刷ウィザード]で住所録を挿入します。

封筒の宛名印刷も、はがきや文書と同様です。[差し込み印刷]作業ウィンドウで[封筒]を選択して、封筒のサイズや差し込む住所録を指定し、差し込みフィールドを挿入します。
また、[挿し込み文書]タブの[封筒]をクリックして表示される[封筒とラベル]ダイアログボックスに宛先を直接入力することもできます。封筒のサイズや向き、文字の書式を指定して、印刷できます。 参照▶Q 350, Q 385

2 [封筒オプション]をクリックします。

3 [封筒のサイズ]をクリックして、[OK]をクリックします。

4 [既存のリストを使用]をオンにして、

5 [参照]をクリックして、住所禄を指定します。

6 [差し込みフィールドの挿入]をクリックして、

7 フィールドを挿入して、体裁を整えます。

8 [結果のプレビュー]をクリックすると、

```
104-0060
中央区銀座東 9-8-7
    株式会社森元
        折本壮太様
```

9 宛先が表示されます。

を利用する

ここに直接入力します。

ここでサイズや向きを変更できます。

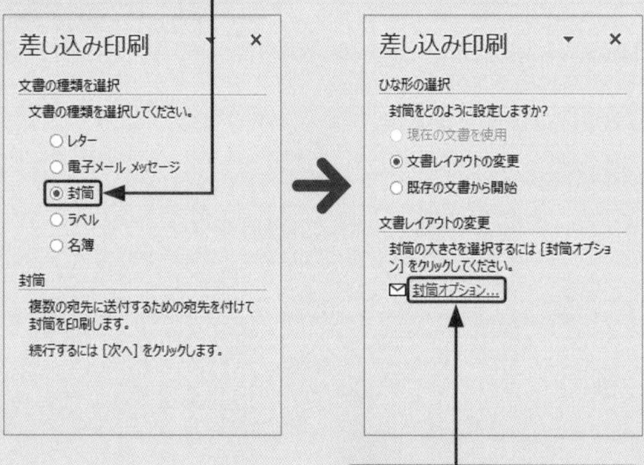

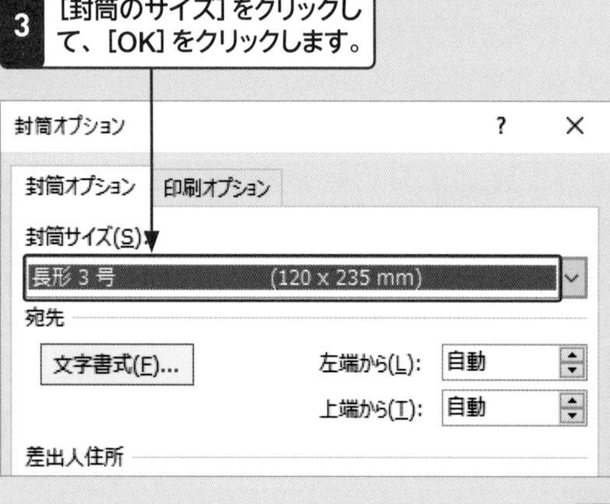

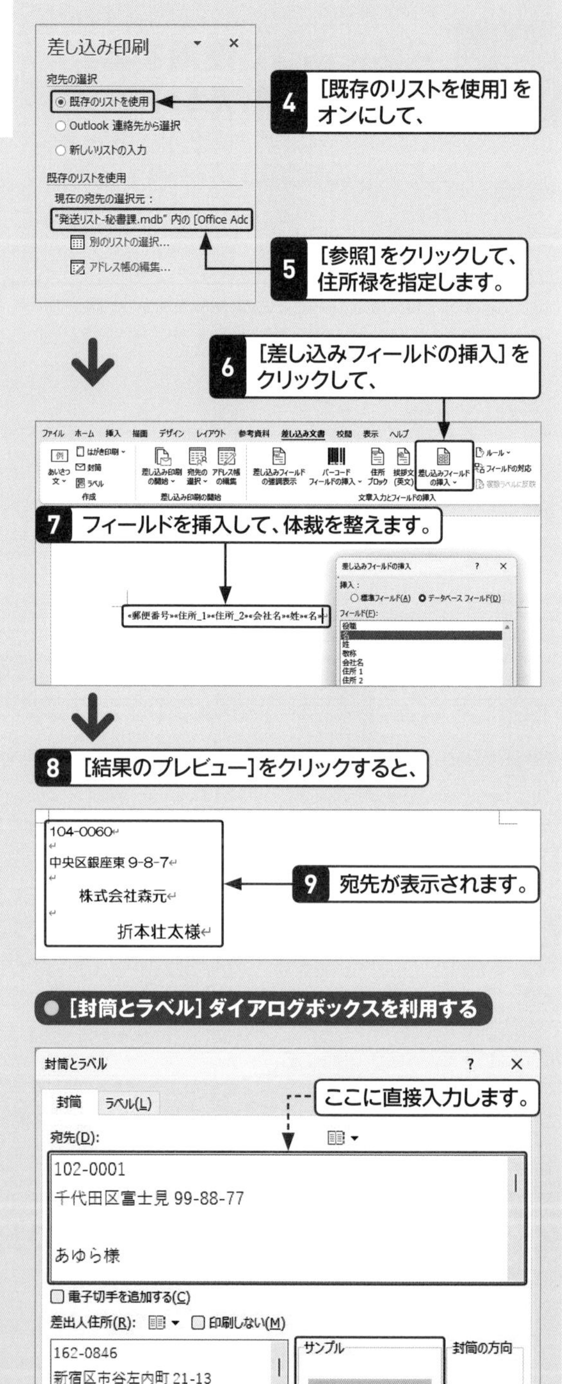

第8章

図と画像の「こんなときどうする?」

重要度★★★ 図形描画

Q 391 文書に図形を描きたい!

A [挿入]タブの[図形]から図形を選択します。

文書に図形を描くには、[挿入]タブの[図形]をクリックして、表示される一覧から目的の図形を選択し、画面上でドラッグします。マウスボタンを離すと図形が描かれ、初期設定では青色に塗りつぶされます。また、図形を選択している状態では、図形の周りにハンドル○や回転ハンドル が表示されます。これらのハンドルはサイズ変更や回転させるときに利用します。

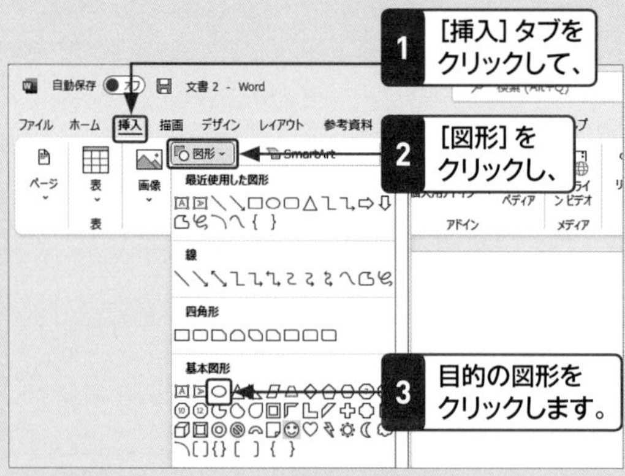
1 [挿入]タブをクリックして、
2 [図形]をクリックし、
3 目的の図形をクリックします。

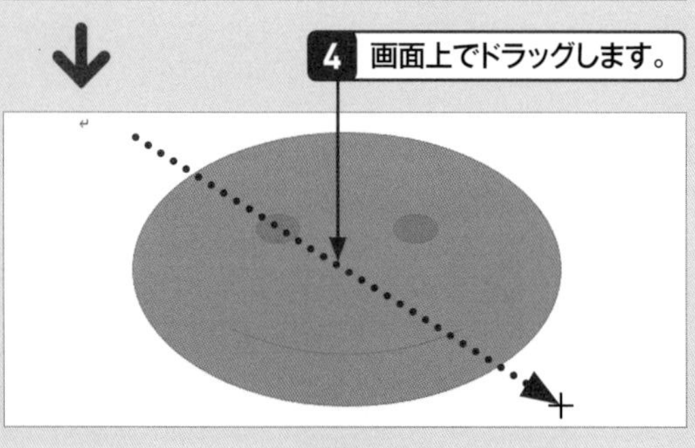
4 画面上でドラッグします。

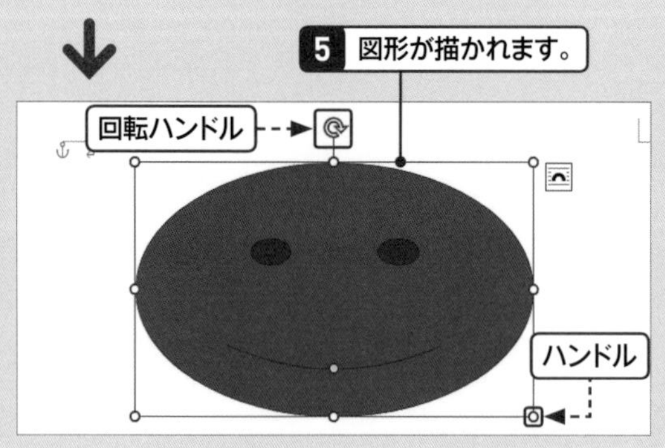
5 図形が描かれます。
回転ハンドル
ハンドル

重要度★★★ 図形描画

Q 392 正円や正多角形を描きたい!

A クリックするか、Shiftを押します。

[挿入]タブの[図形]から図形を選択して画面上をクリックすると、正円や四辺が同じサイズ(25.4mm)の多角形を描けます(台形などは除く)。また、図形をドラッグして描く場合、Shift を押すと長い辺に合わせて正四角形になります。Shift を押しながらドラッグしても縦横比が固定されて図形を描くことができます。

参照▶Q 391

[四角形]を選択して、文書内でクリックすると、正四角形で描けます。

重要度★★★ 図形描画

Q 393 水平/垂直の線を描きたい!

A Shiftを押しながらドラッグします。

[挿入]タブの[図形]から[直線]を選択して、Shift を押しながらドラッグすると、水平方向または垂直方向にまっすぐな線を引くことができます。
また、[表示]タブの[グリッド線]をクリックしてオンにし、グリッド線を表示し、線に沿ってドラッグすると、横の直線が引きやすくなります。

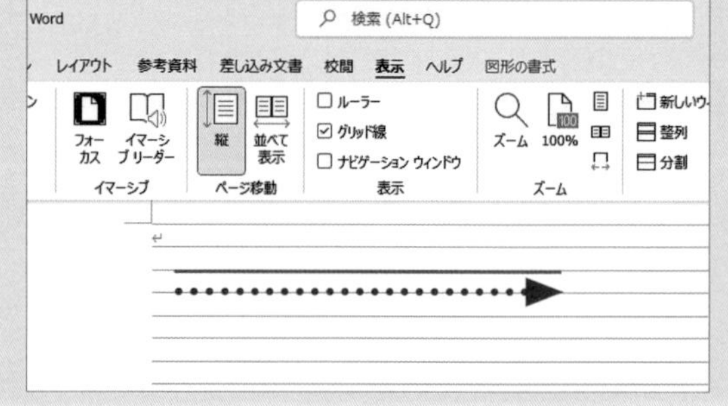

重要度 ★★★　図形描画

Q 394 [図形の書式設定] 作業ウィンドウを使いたい！

A 図形を右クリックして [図形の書式設定]をクリックします。

[図形の書式設定] 作業ウィンドウは、図形の塗りつぶし、影などの効果、文字の効果などの設定をさらに詳細に行うことができます。[図形の書式設定] 作業ウィンドウを表示するには、図形を右クリックして [図形の書式設定] をクリックするか、図形を選択して [図形の書式] タブ（Word 2019／2016では描画ツールの [書式] タブ）の [図形のスタイル] グループ右下にある ◲ をクリックします。

なお、対象の図形によって設定できる種類は異なります。また、この作業ウィンドウは、対象によって、たとえば画像（写真）は [図の書式設定]、アイコンは [オブジェクトの書式設定] など名称は異なりますが、内容や操作はほぼ同じです。

参照 ▶ Q 395, Q 401, Q402

1 図形を右クリックして、

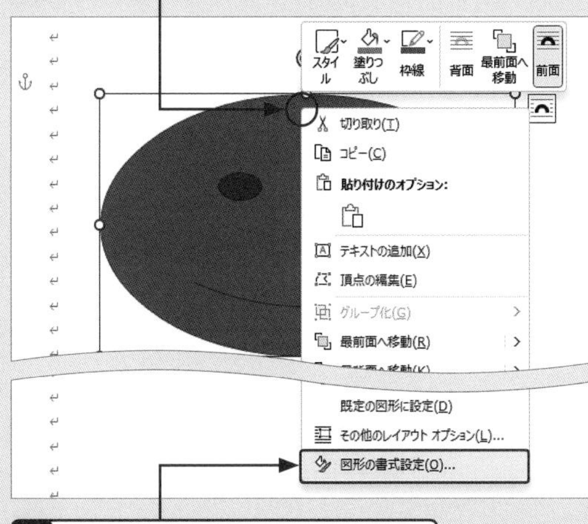

2 [図形の書式設定] をクリックします。

3 [図形の書式設定] 作業ウィンドウが表示されます。

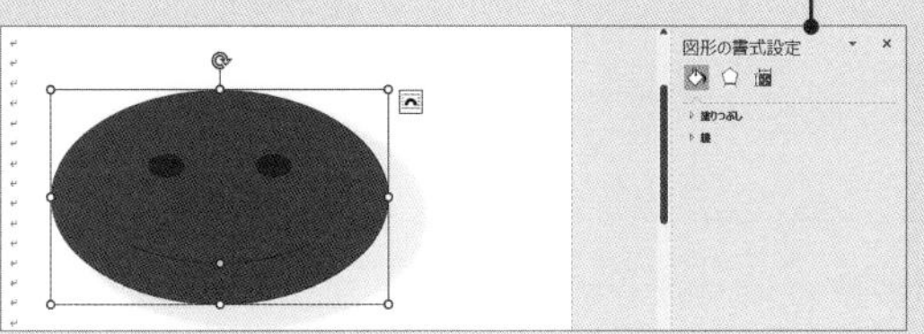

● [塗りつぶし] で設定する

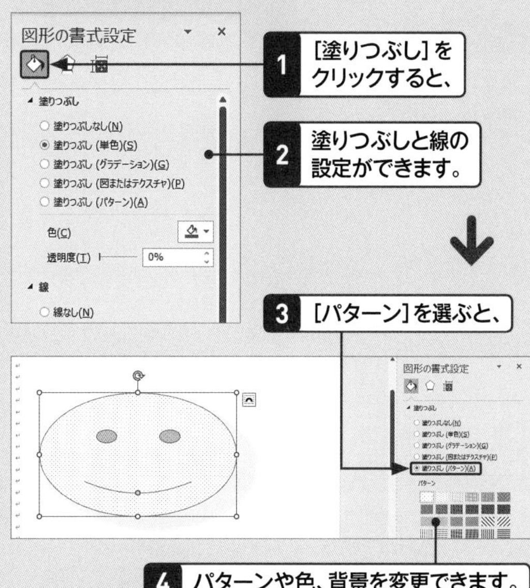

1 [塗りつぶし] をクリックすると、

2 塗りつぶしと線の設定ができます。

3 [パターン] を選ぶと、

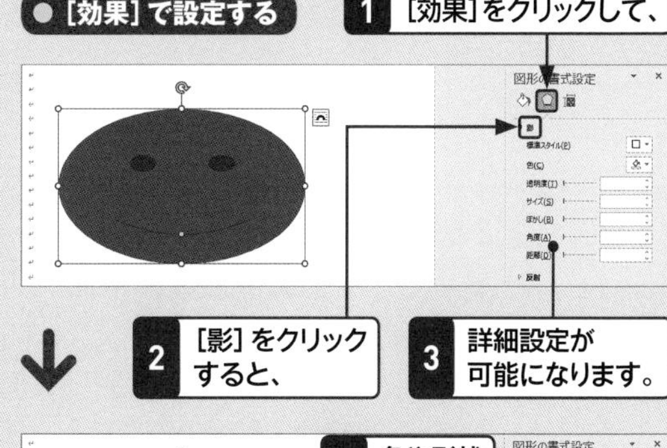

4 パターンや色、背景を変更できます。

● [効果] で設定する

1 [効果] をクリックして、

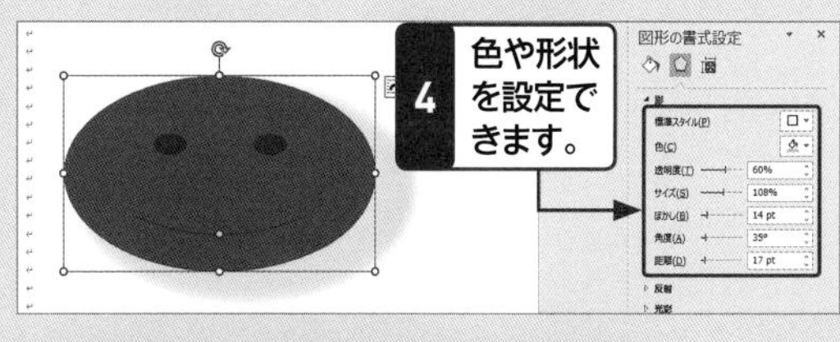

2 [影] をクリックすると、

3 詳細設定が可能になります。

4 色や形状を設定できます。

● [レイアウトとプロパティ] で設定する

テキストボックスの余白や配置などの詳細設定が可能になります。

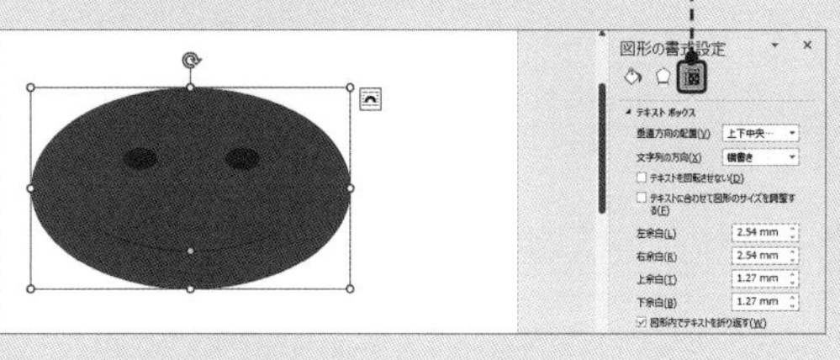

重要度 ★★★ 図形描画

Q 395 矢印の形を変えたい！

A [図形の書式設定]作業ウィンドウを利用します。

矢印の矢の形は、線の太さや始点／終点の形などを変更することができます。描画した矢印を右クリックして、[図形の書式設定]をクリックします。[図形の書式設定]作業ウィンドウが表示されるので、[始点矢印の種類]や[終点矢印の種類]からクリックして選択します。

参照▶Q 394

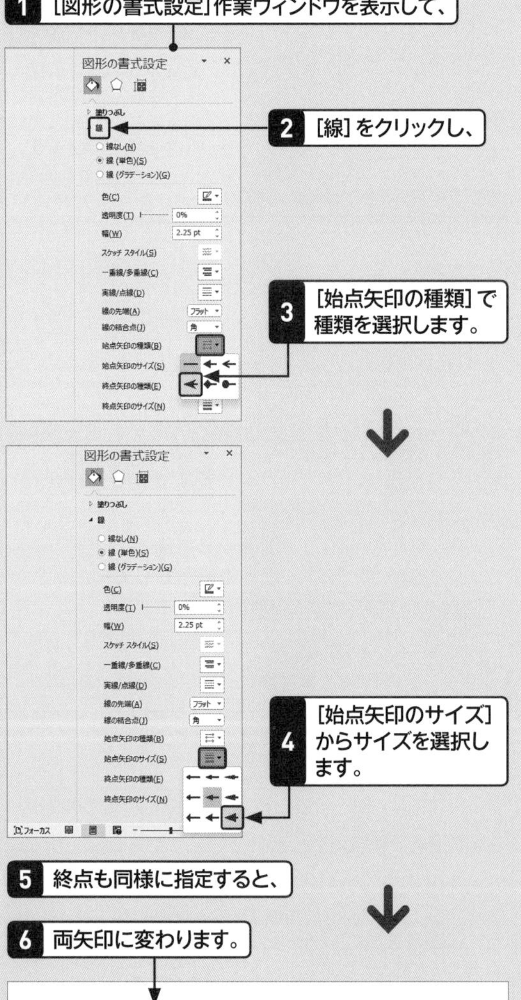

重要度 ★★★ 図形描画

Q 396 図形のサイズや形を変えたい！

A ハンドルをドラッグします。

図形をクリックして選択すると、図形の周りにハンドル○が表示されます。このハンドルをドラッグすると、図形のサイズを変更したり、変形したりできます。

また、黄色の調整ハンドル◯が表示される場合は、図形の輪郭を変形できます。

変形を取りやめたい、やり直したい場合は、[ホーム]タブの[元に戻す]をクリックします。

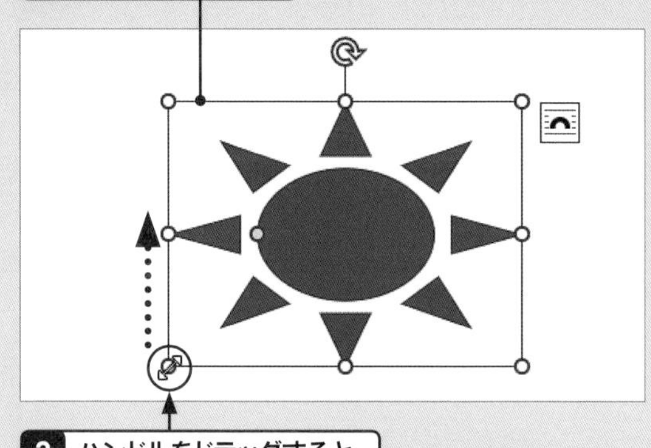

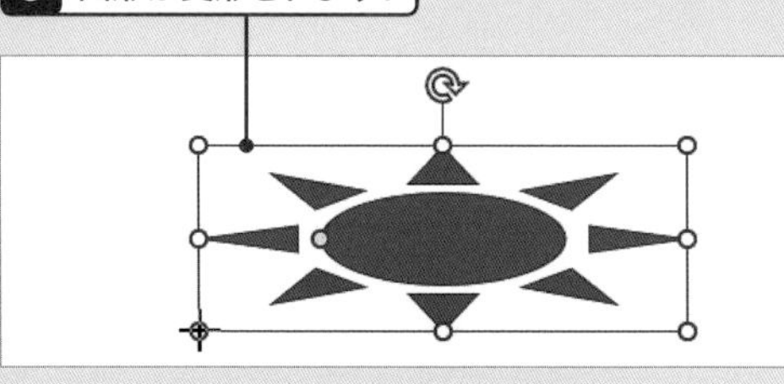

● 調整ハンドルを利用する

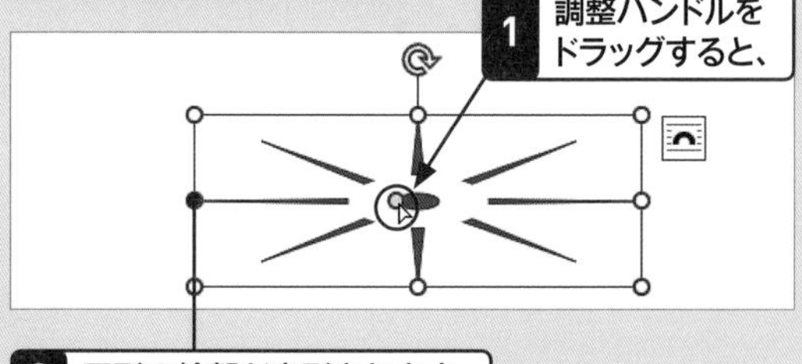

重要度 ★★★　図形描画

Q 397 図形を細かく変形させたい!

A [頂点の編集] を利用します。

図形を選択して、[図形の書式] タブ（Word 2019／2016では描画ツールの [書式] タブ）の [図形の編集]→[頂点の編集] をクリックするか、図形を右クリックして、[図形の編集] をクリックすると、図形の頂点に■が表示されます。この■をドラッグすると、図形を変形できます。なお、頂点のない図形はこの機能は使えません。

1 図形を選択して、[図形の編集] をクリックし、

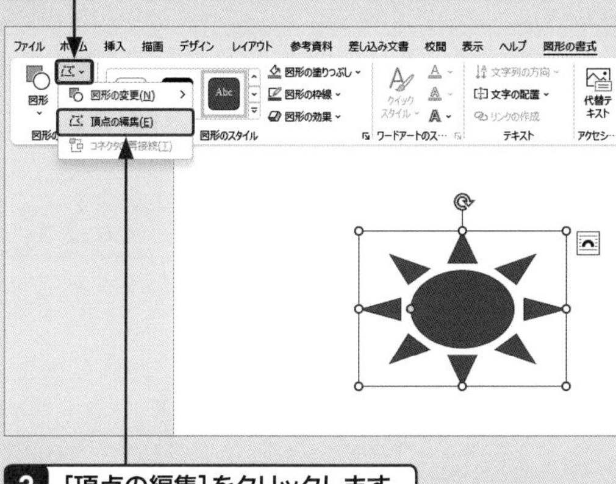

2 [頂点の編集] をクリックします。

3 頂点が表示されるので、

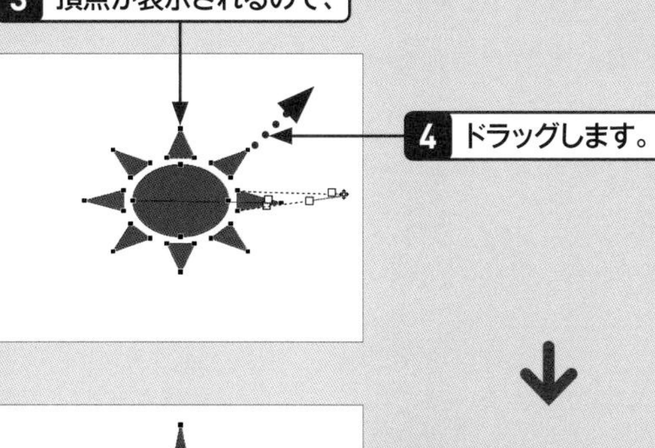

4 ドラッグします。

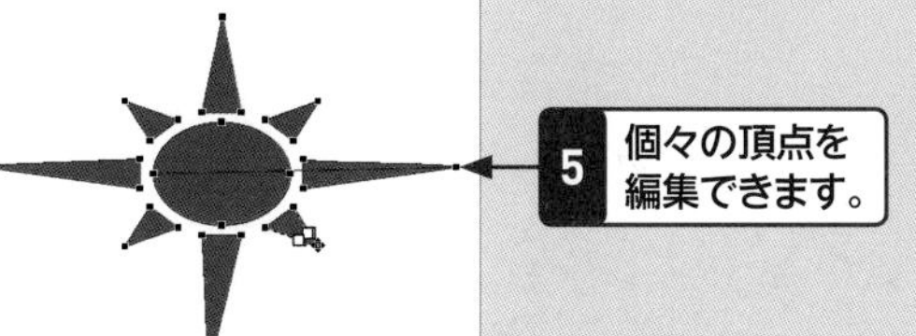

5 個々の頂点を編集できます。

重要度 ★★★　図形描画

Q 398 図形に頂点を追加したい!

A 頂点を右クリックして [頂点の追加] をクリックします。

Wordの図形は、頂点を変更することが可能です。変形用の頂点を追加するには、図形を選択して頂点を表示し、頂点を右クリックして [頂点の追加] をクリックします。追加された頂点をドラッグすると、図形を変形できます。

参照▶Q 397

1 Q 397の方法で図形の頂点を表示します。

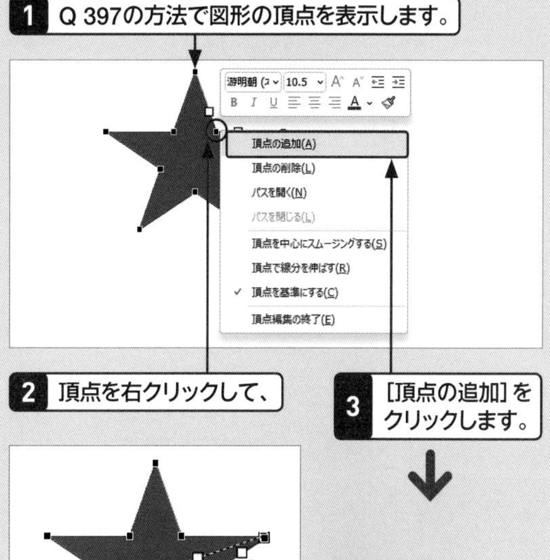

2 頂点を右クリックして、

3 [頂点の追加] をクリックします。

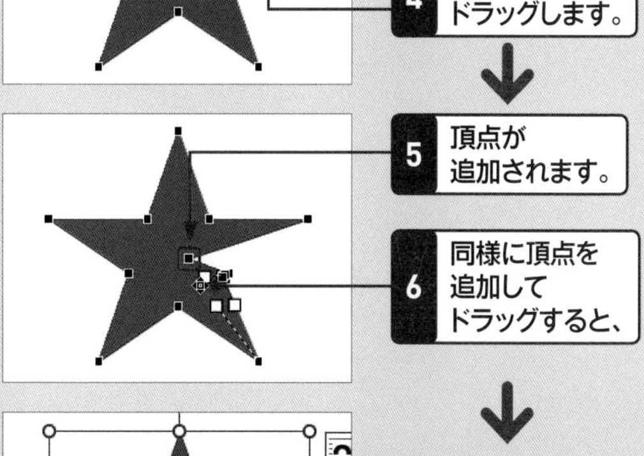

4 頂点をドラッグします。

5 頂点が追加されます。

6 同様に頂点を追加してドラッグすると、

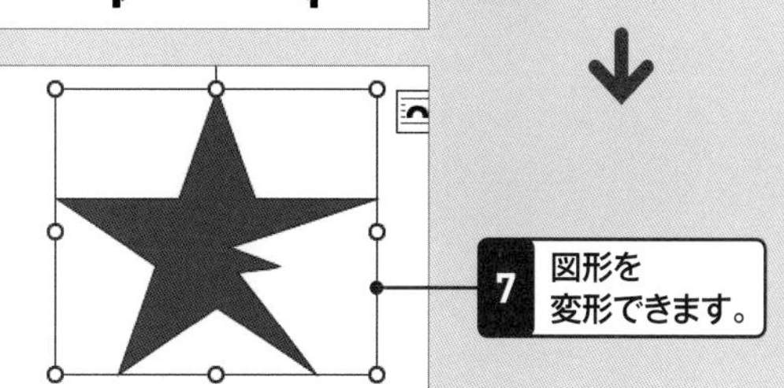

7 図形を変形できます。

重要度 ★★★ 図形描画

Q 399 図形の上下を反転させたい!

A [オブジェクトの回転]を利用します。

図形の上下を反転させるには、図形を選択して、[図形の書式]タブ(Word 2019／2016では描画ツールの[書式]タブ)の[オブジェクトの回転])をクリックして、[上下反転]をクリックします。このとき、左右反転や、左右90度回転も可能です。また、図形の回転ハンドルをドラッグすると自由な角度で回転できます。

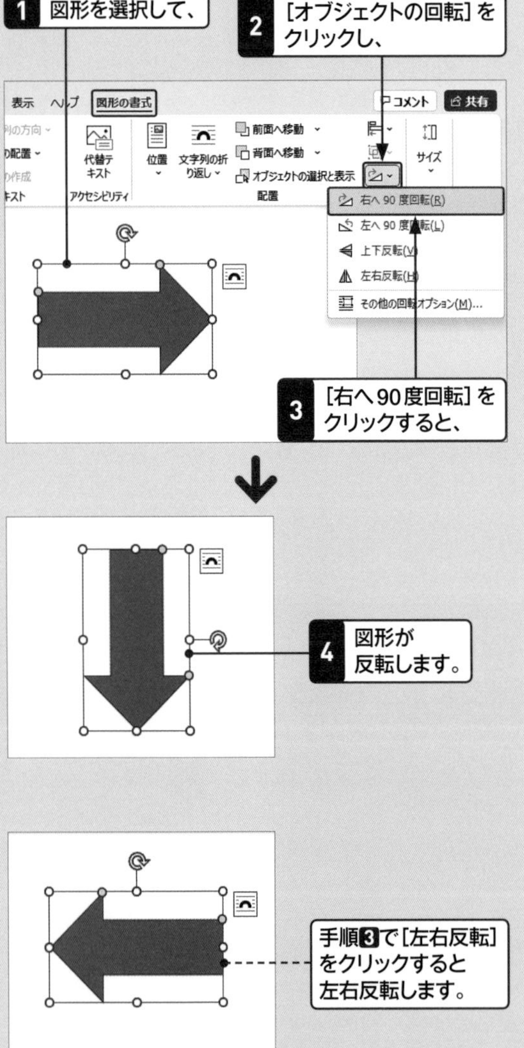

重要度 ★★★ 図形描画

Q 400 図形の色を変更したい!

A [図形の塗りつぶし]を利用します。

図形の色は図形の中の塗りつぶしの色と、枠線の色で作られています。図形の色を変更するには、図形の中の塗りつぶしのほか、必要であれば枠線の色も変更します。[図形の書式]タブ(Word 2019／2016では描画ツールの[書式]タブ)の[図形の塗りつぶし]の右側をクリックすると表示される色の一覧から、目的の色をクリックします。さらに、[図形の枠線]の右側をクリックして、枠線の色を変更します。

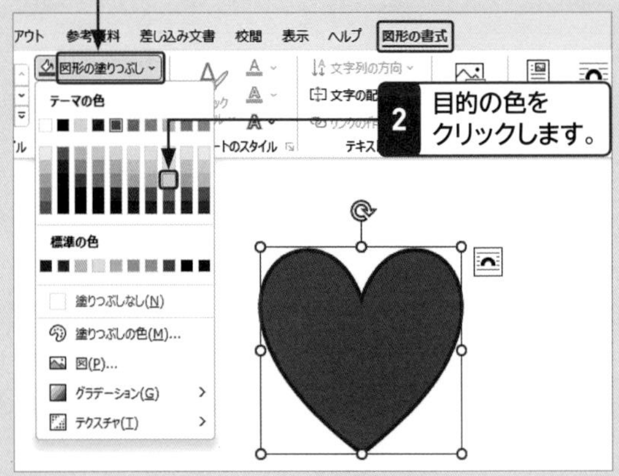

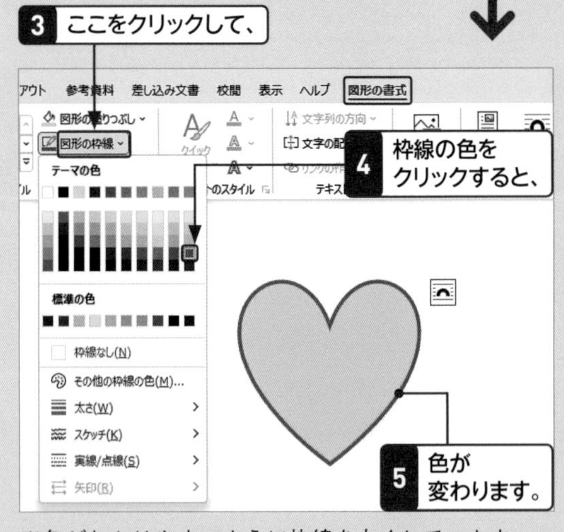

※色がわかりやすいように枠線を太くしています。

重要度★★★ 図形描画

Q 401 図形の色を半透明にしたい！

A 図形の透明度を変更します。

重なった図形の下の図形を見せたいときや、図形の下の文字を読めるようにしたいときには、上の図形の色を半透明にします。半透明にしたい図形を右クリックして、[図形の書式設定]をクリックすると表示される[図形の書式設定]作業ウィンドウの[塗りつぶし]で、[透明度]の値を変更します。

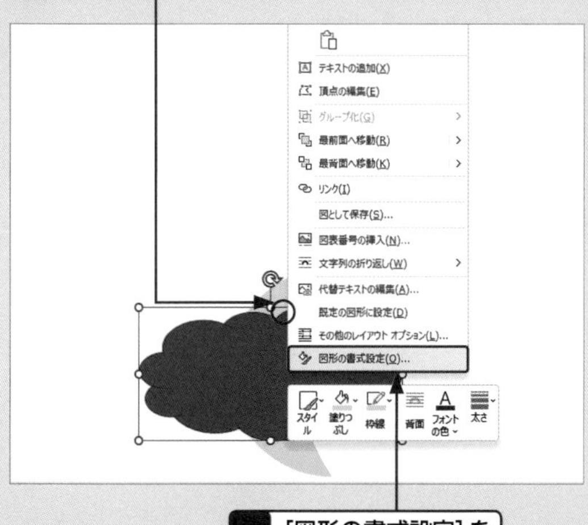

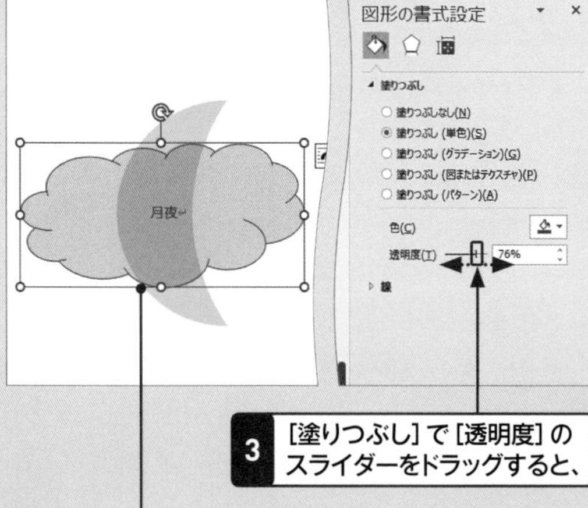

重要度★★★ 図形描画

Q 402 図形の形をあとから変更したい！

A [図形の変更]を利用します。

図形を描画／編集したあとで図形を変更したい場合は、図形を選択して、[図形の書式]タブ（Word 2019／2016では描画ツールの[書式]タブ）の[図形の編集]をクリックし、[図形の変更]をクリックし、表示される一覧から変更したい図形をクリックします。スタイルを設定している図形の場合は、同じスタイルが反映されます。

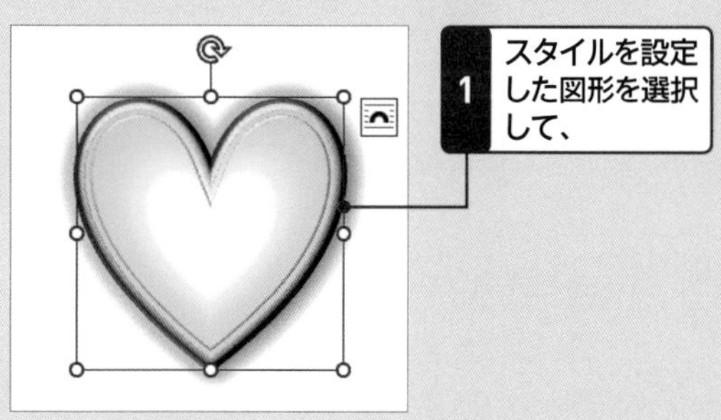

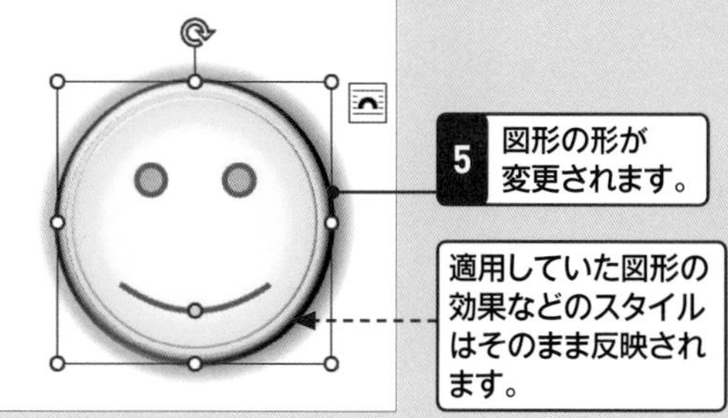

重要度 ★★★　図形描画

Q 403 図形にグラデーションを付けたい!

A1 [図形のスタイル]ギャラリーを利用します。

図形を選択して、[図形の書式]タブ(Word 2019／2016では描画ツールの[書式]タブ)の[図形のスタイル]で[その他]をクリックして表示される[図形のスタイル]のギャラリーには、グラデーションの図形も用意されており、自由に設定できます。

1 [図形のスタイル]のギャラリーを表示して、

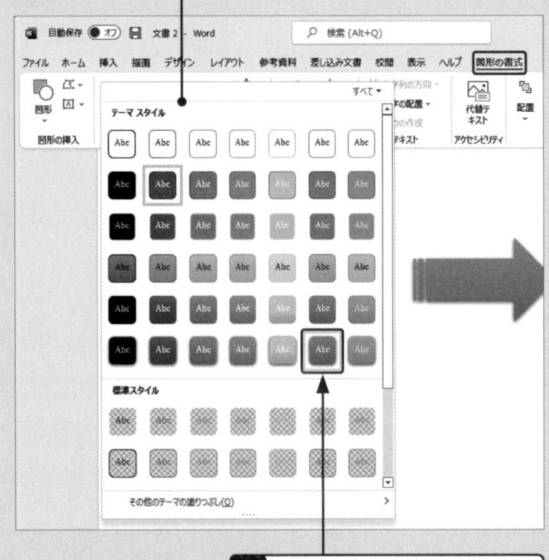

2 グラデーションを選びます。

A2 [図形の塗りつぶし]を利用します。

[図形の塗りつぶし]の右側をクリックして、[グラデーション]から方向などのバリエーションを選ぶこともできます。[その他のグラデーション]をクリックして表示される[図形の書式設定]作業ウィンドウでは、さらに細かく設定できます。

1 [図形の塗りつぶし]の、ここをクリックして、

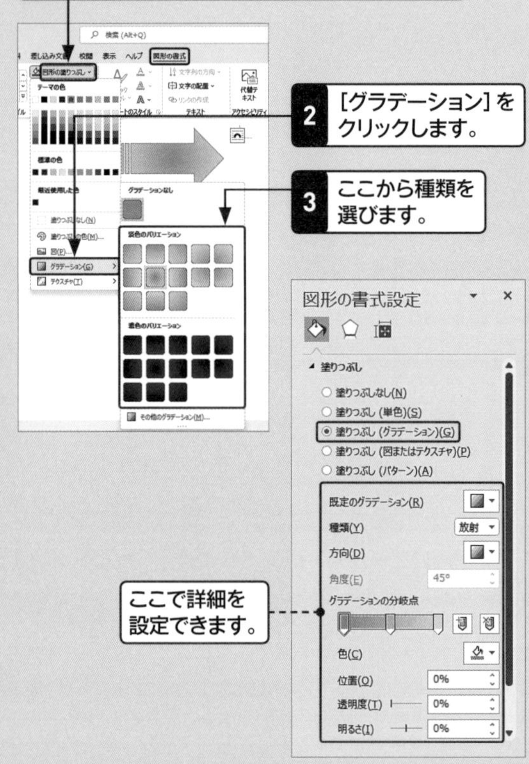

重要度 ★★★　図形描画

Q 404 複数の図形を選択したい!

A Shiftを押しながら選択します。

複数の図形を描いて移動する場合などは、すべての図形を選択する必要があります。Shiftを押しながら必要な図形をすべてクリックすると選択できます。

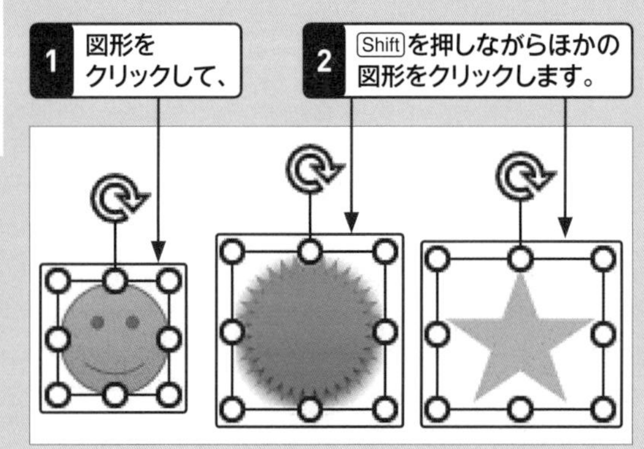

重要度★★★　図形描画

Q 405 図形を重ねる順番を変更したい！

A ［最前面へ移動］、［最背面へ移動］を利用します。

複数の図形や写真の重ね順を変更するには、順序を変更したい図形を右クリックして、［最前面へ移動］あるいは［最背面へ移動］をクリックし、それぞれ目的の順番を選択します。なお、［図形の書式］タブ（Word 2019／2016では描画ツールの［書式］タブ）の［前面へ移動］［背面へ移動］でも同じ操作ができます。図形の重ね順は、次の中から選択できます。

● ［最前面へ移動］

- 最前面へ移動
  ページ内のすべての図形のいちばん上に移動します。
- 前面へ移動
  現在の重ね順から、1つ上に移動します。
- テキストの前面へ移動
  テキストの下にある場合に上に移動します。

● ［最背面へ移動］

- 最背面へ移動
  ページ内のすべての図形のいちばん下に移動します。
- 背面へ移動
  現在の重ね順から、1つ下に移動します。
- テキストの背面へ移動
  テキストの上にある場合に下に移動します。

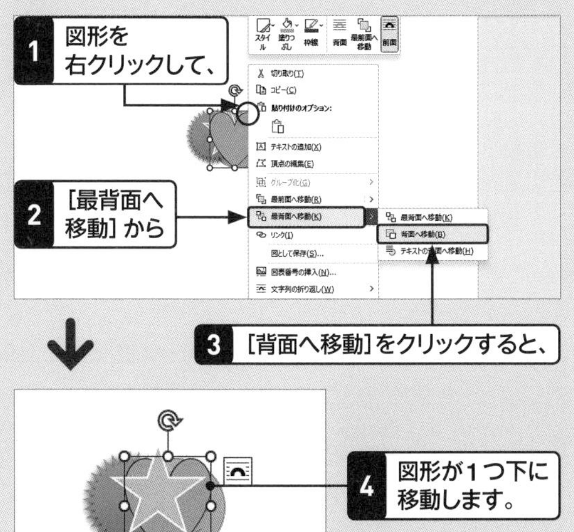

重要度★★★　図形描画

Q 406 重なった図形の下にある図形が選択できない！

A Tabを押すと、下の図形を選択できます。

大きい図形の下に小さい図形が重なって見えなくなってしまった場合は、上にある図形を選択してTabを押すと、その下にある図形を選択できます。
文書内に図形やテキストボックスなど多数配置されている場合は、［ホーム］タブの［選択］をクリックし、［オブジェクトの選択と表示］をクリックすると表示される［選択］作業ウィンドウで目的の図形をクリックすると図形を選択できます。

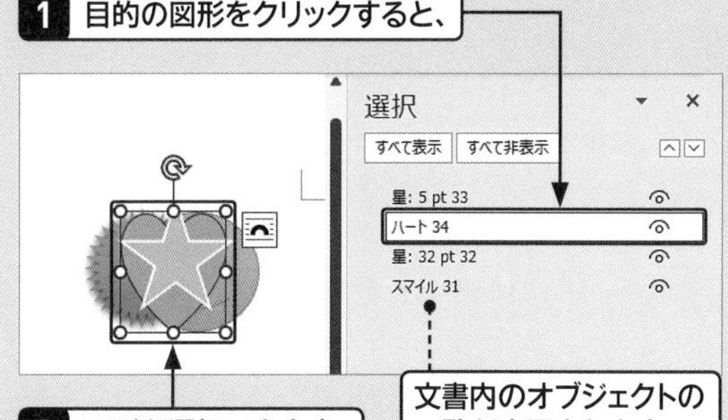

重要度★★★　図形描画

Q 407 図形をかんたんにコピーしたい！

A Ctrlを押しながらドラッグします。

図形を選択して、Ctrlを押しながらドラッグすると、選択した図形をコピー（複製）できます。

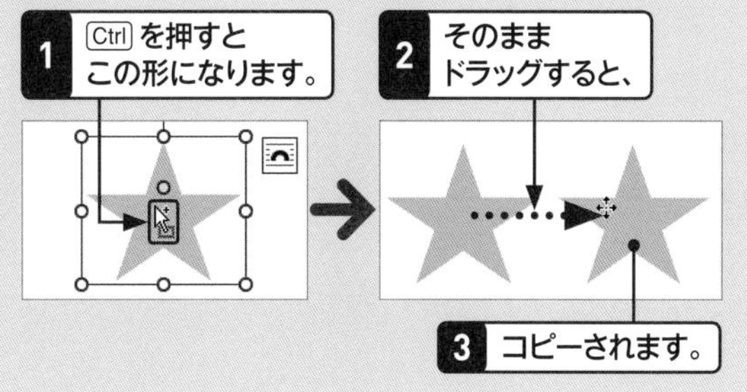

1 Ctrlを押すとこの形になります。
2 そのままドラッグすると、
3 コピーされます。

重要度 ★★★　図形描画

Q 408 文字列の折り返しの違いを知りたい！

A 図形の周りに文章を配置する種類があります。

図形や画像などのオブジェクトを文書内に挿入したとき、オブジェクトの周囲に文章を配置する方法を「文字の折り返し」といいます。

文字の折り返しは、図形をクリックして選択し、[レイアウトオプション] をクリックするか、[図形の書式] タブ（Word 2019／2016では描画ツールの [書式] タブ）の [文字の折り返し] をクリックして、種類から選択します。

文字の折り返しの種類は、[四角形] [狭く] [内部] [上下] [背面] [前面] があります。なお、[行内] は行内固定のため上下に行が配置され、自由に移動できません。

参照▶Q 453

[レイアウトオプション] から選択します。

[文字列の折り返し] から選択します。

● [四角形] の例

花の女王といわれるバラ。庭で咲いていたら素敵ですが、美しく育てるのは少々難しいようです。
バラには多種多様な種類や系統がありますが、木立ちのブッシュローズ、半つるのシュラブローズ、つる性のつるバラ、ミニバラなどに分かれます。
気に入ったバラを見つけて、育て方を学んでいきましょう。

栽培する場所や環境について

生育期は、日当たりと風通しのよい場所で栽培します。風通しが悪いと病気（うどんこ病）が発生しやすくなります。

● [上下] の例

花の女王といわれるバラ。庭で咲いていたら素敵ですが、美しく育てるのは少々難しいよう

です。
バラには多種多様な種類や系統がありますが、木立ちのブッシュローズ、半つるのシュラブローズ、つる性のつるバラ、ミニバラなどに分かれます。
気に入ったバラを見つけて、育て方を学んでいきましょう。

種　類	コマンド	内　容
[四角形]		オブジェクトを囲む枠線に四角形の枠に沿って文字列が折り返されます。
[狭く]		オブジェクトを囲む枠線に沿って文字列が折り返されます。
[内部]		オブジェクトを囲む枠線に沿って文字列が折り返されます。さらに枠線内に透明な部分がある場合、透明な部分にも文字列が配置されます。
[上下]		オブジェクトの上下に文字列が折り返されます。
[背面]		オブジェクトを文字列の背面に配置します。文字列は折り返されません。
[前面]		オブジェクトを文字列の前面に配置します。文字列は折り返されません。

重要度★★★ 図形描画

Q 409 図形の左端をきれいに揃えたい！

A [オブジェクトの配置]の[左揃え]を利用します。

図形の配置は、[図形の書式]タブ（Word 2019／2016では描画ツールの[書式]タブ）の[オブジェクトの配置]を利用します。選択した複数の図を対象に[左揃え][左右中央揃え][右揃え]ができます。図形をすべて選択して、[オブジェクトの配置]の[左揃え]をクリックすると、いちばん左の図形の左端に揃います。また、揃える基準（用紙、余白）を先に指定しておくと、用紙の左端、あるいは余白の左端に揃えて配置できます。

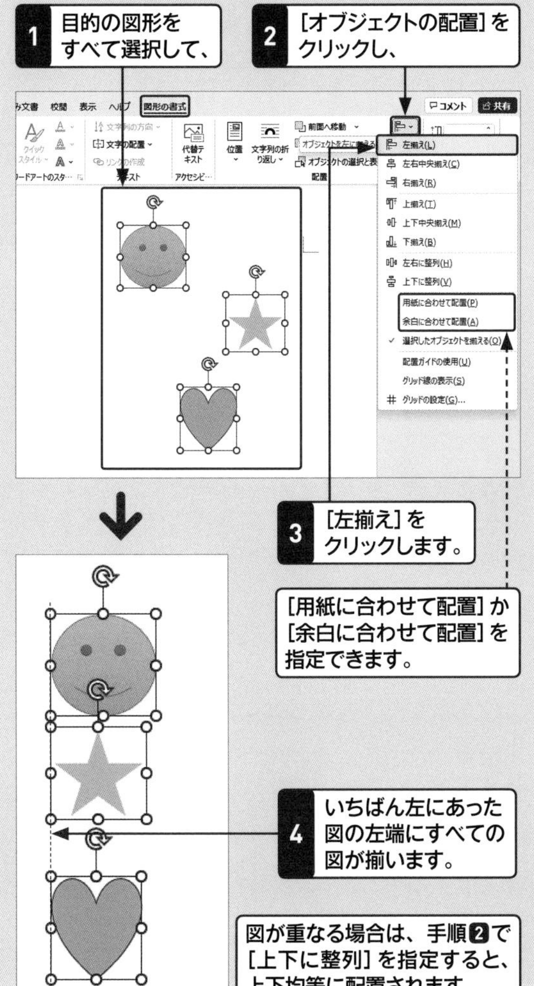

1 目的の図形をすべて選択して、
2 [オブジェクトの配置]をクリックし、
3 [左揃え]をクリックします。
[用紙に合わせて配置]か[余白に合わせて配置]を指定できます。
4 いちばん左にあった図の左端にすべての図が揃います。
図が重なる場合は、手順2で[上下に整列]を指定すると、上下均等に配置されます。

重要度★★★ 図形描画

Q 410 きれいに配置するためにマス目を表示したい！

A 文字グリッド線と行グリッド線を設定します。

[表示]タブの[グリッド線]や、[図形の書式]タブ（Word 2019／2016では描画ツールの[書式]タブ）の[オブジェクトの配置]をクリックし、[グリッド線の表示]をクリックしてオンにすると、行の線（グリッド線または行グリッド線）が引かれます。また、マス目のようにグリッド線を引くには、以下の方法で設定します。

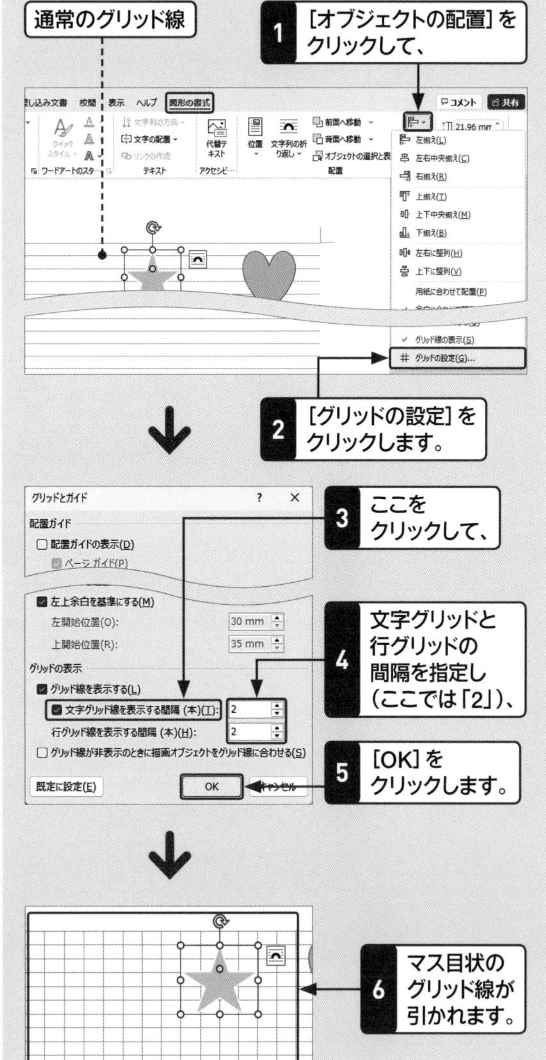

通常のグリッド線
1 [オブジェクトの配置]をクリックして、
2 [グリッドの設定]をクリックします。
3 ここをクリックして、
4 文字グリッドと行グリッドの間隔を指定し（ここでは「2」）、
5 [OK]をクリックします。
6 マス目状のグリッド線が引かれます。

重要度 ★★★　図形描画

Q 411 複数の図形を一度に操作したい！

A 「描画キャンバス」を利用します。

「描画キャンバス」は、複数の図形をまとめて操作するための領域です。地図など細かい図形をたくさん利用して描画した場合、それらを移動する際にはすべての図形を選択しなければなりません。描画キャンバス内に描画すると、1つのオブジェクトとして扱われるため自由に移動することができます。なお、描画キャンバスを移動する場合は、[文字列の折り返し]を[行内]以外に指定します。

また、描画キャンバスのサイズは、枠線上にマウスポインター合わせて⤡の形になったらドラッグすると変更できます。

1 [挿入]タブの[図形]をクリックして、

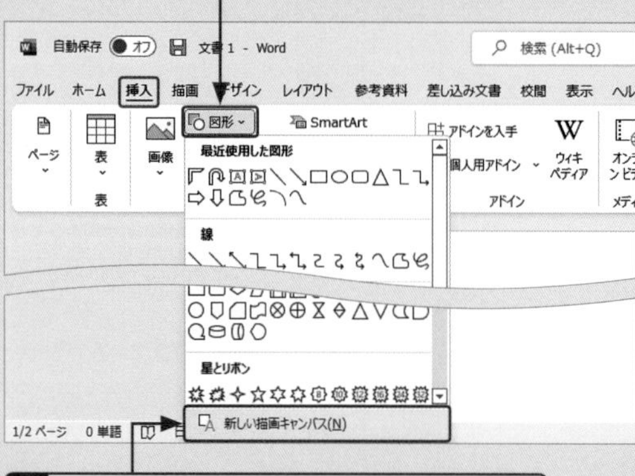

2 [新しい描画キャンバス]をクリックすると、

3 描画キャンバスが挿入されます。

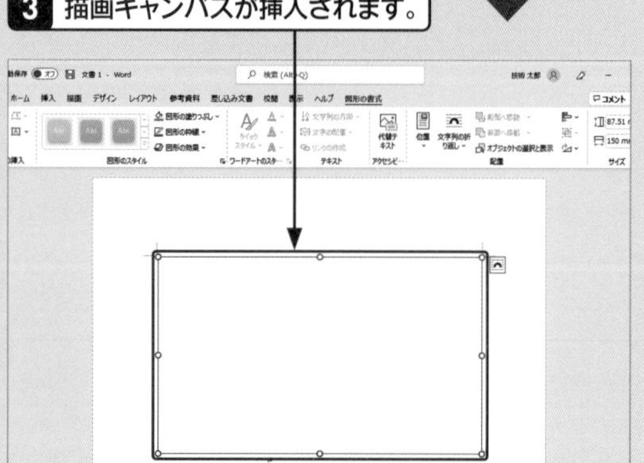

重要度 ★★★　図形描画

Q 412 図形の中に文字を入力したい！

A 右クリックして、[テキストの追加]を選択します。

文字を入れたい図形を右クリックして、[テキストの追加]をクリックすると、カーソルが配置され、文字を入力できます。また、図形の中にテキストボックスを配置することでも、図形に文字を入力したように見せることができます。

なお、図形の中で[吹き出し]は、自動的に図中にカーソルが配置され文字を入力できます。

参照▶Q 414, Q 418

1 図形を右クリックして、

2 [テキストの追加]をクリックすると、

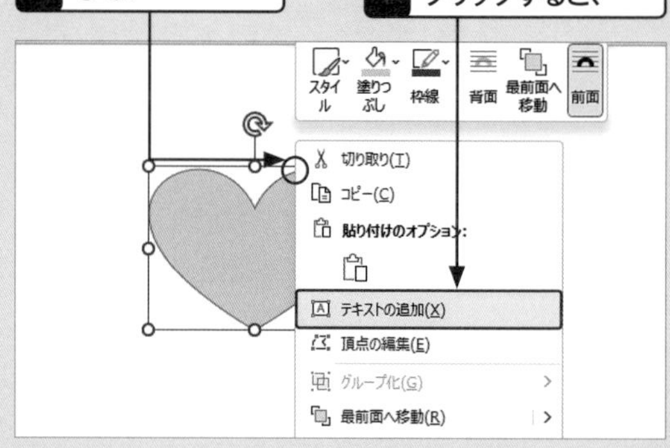

3 図形にカーソルが配置され、文字を入力できるようになります。

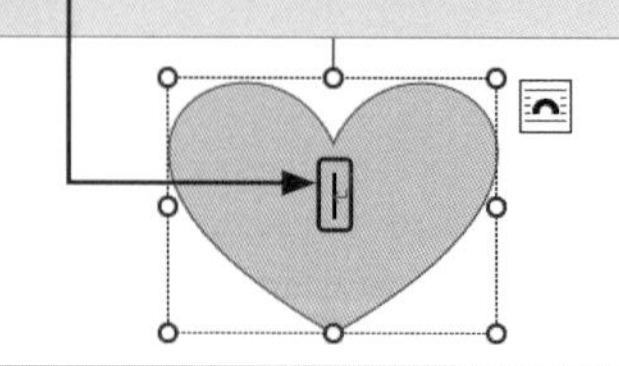

4 図形内の文字も通常と同じように、フォントやサイズ、色などを変更できます。

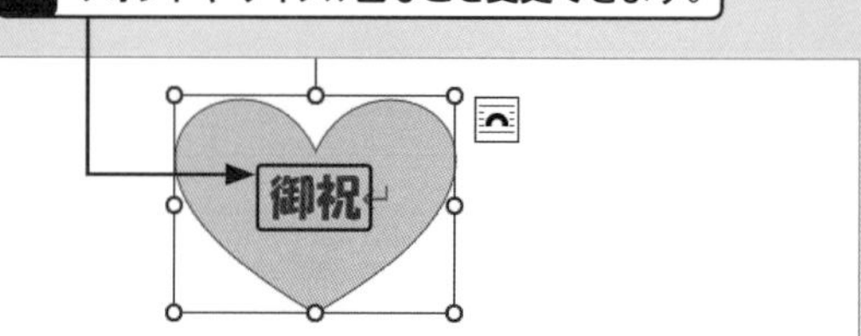

重要度 ★★★　図形描画

Q 413 図形に入力した文字が隠れてしまった！

A 文字列に合わせて図形のサイズを自動的に調整します。

図形を右クリックして、[図形の書式設定]をクリックし、[図形の書式設定]作業ウィンドウの[文字のオプション]から[レイアウトプロパティ]をクリックします。テキストボックスの設定項目が表示されるので、ここでテキストボックスを調整します。

文字列を折り返さずに図形を調整したい場合は、[図形内でテキストを折り返す]をクリックしてオフにし、[テキストに合わせて図形のサイズを調整する]をクリックしてオンにします。それでも文字が表示されない場合は、テキストボックスの余白を小さくします。

なお、図形のサイズを変えたくない場合は、フォントサイズを小さくしましょう。

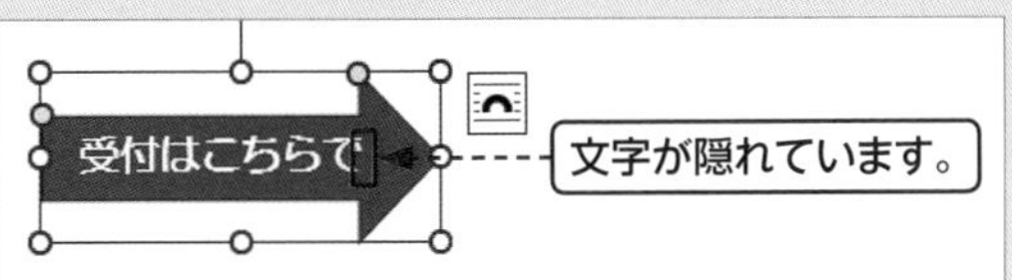

1 [文字のオプション]→[レイアウトプロパティ]をクリックします。

2 ここをオンにして、図の文字列が表示されるか確認します。

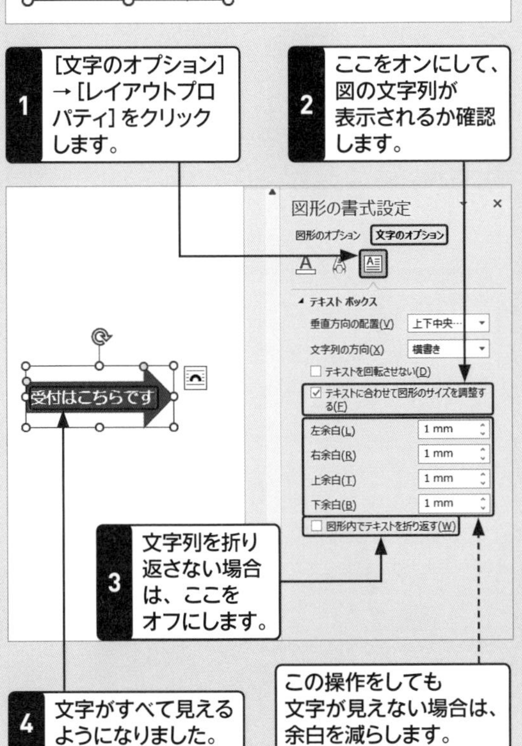

3 文字列を折り返さない場合は、ここをオフにします。

4 文字がすべて見えるようになりました。

この操作をしても文字が見えない場合は、余白を減らします。

重要度 ★★★　図形描画

Q 414 吹き出しを描きたい！

A [図形]の[吹き出し]から選択します。

[挿入]タブの[図形]をクリックして、[吹き出し]の中から目的の図形をクリックします。文書上をドラッグすると、吹き出しが作成され、自動的にカーソルが配置されるので、文字を入力します。調整ハンドル○をドラッグして、吹き出し口のバランスを整えます。

1 [挿入]タブの[図形]をクリックして、

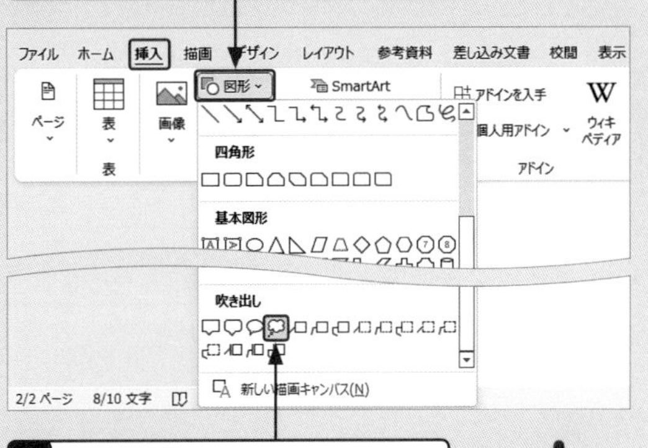

2 目的の吹き出しをクリックします。

3 文書上をドラッグすると、吹き出しが作成されます。

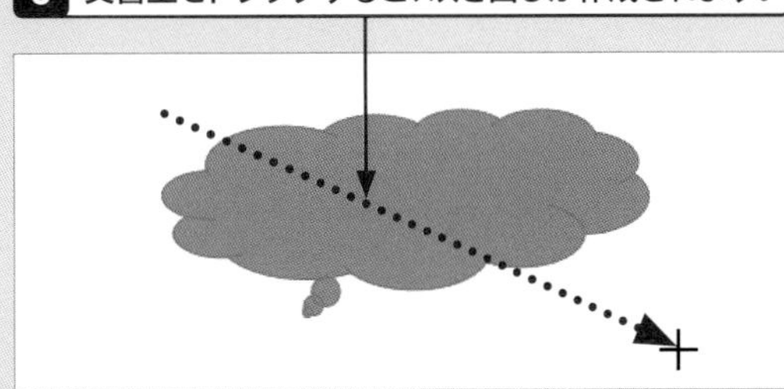

4 文字を入力して、スタイルを整えます。

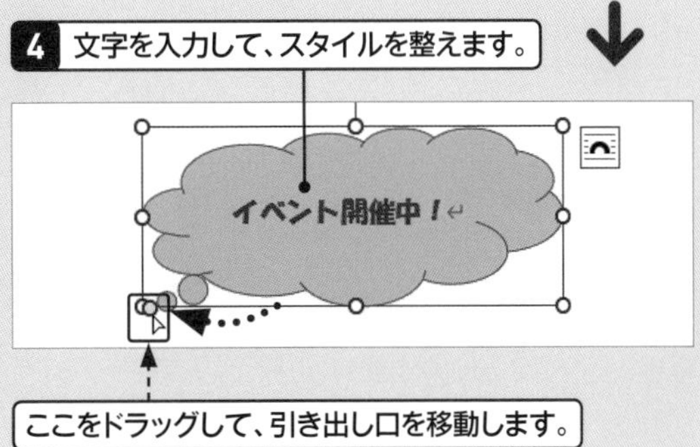

ここをドラッグして、引き出し口を移動します。

重要度 ★★★ 図形描画

Q 415 図形を立体的に見せたい！

A 面取りや3-D回転を利用します。

図形を立体的に見せるには、図形を選択して、[図形の書式]タブ（Word 2019／2016では描画ツールの［書式］タブ）の[図形の効果]をクリックし、[面取り]や[3-D回転]から効果をクリックして選択します。それぞれの効果を組み合わせるほか、[3-Dオプション]をクリックして、[図形の書式設定]作業ウィンドウを表示すれば、細かな設定も行えます。

参照►Q 394

1 図形を選択して、[図形の効果]をクリックし、

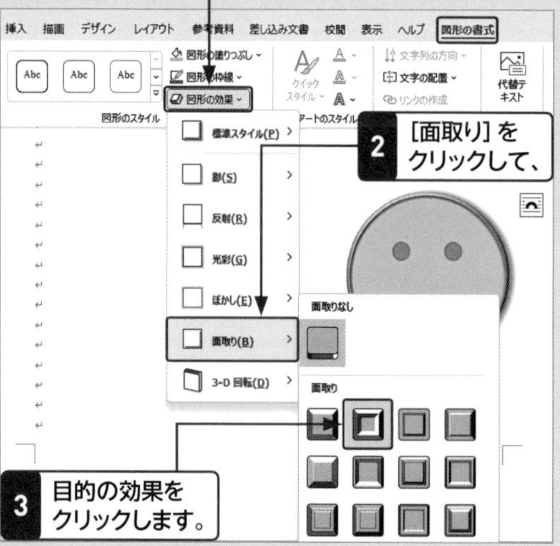

4 立体的な効果が付きます。

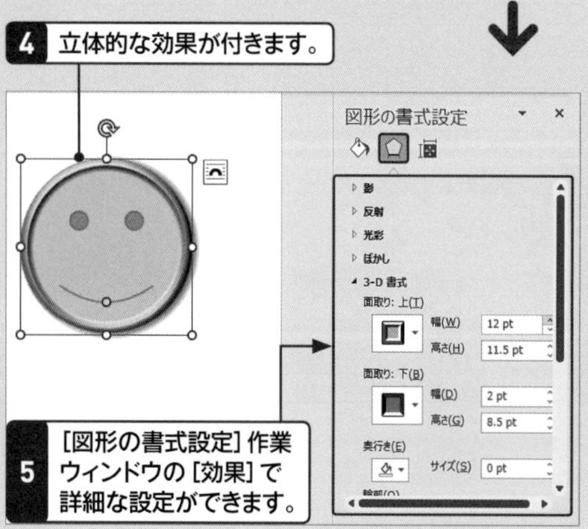

重要度 ★★★ 図形描画

Q 416 作った図形を1つにまとめたい！

A 図形をグループ化します。

図形をグループ化すると、まとめて移動したり、同じサイズに変更したりすることができます。このとき、グループ化したい図形をShiftを押しながらすべて選択して、[図形の書式]タブ（Word 2019／2016では描画ツールの［書式］タブ）の［オブジェクトのグループ化］をクリックして、[グループ化]をクリックします。ただし、グループ化したあとにスタイルの変更などを行うと、すべての図形に反映されてしまうので、グループ化は個々の図形を完成させてから行いましょう。不具合がある場合は、グループ化を一旦解除して個々に設定し直します。グループ化の解除は、図形を選択して、[オブジェクトのグループ化]をクリックし、[グループ解除]をクリックします。

1 グループ化したい図形をすべて選択して、

2 [オブジェクトのグループ化]をクリックし、

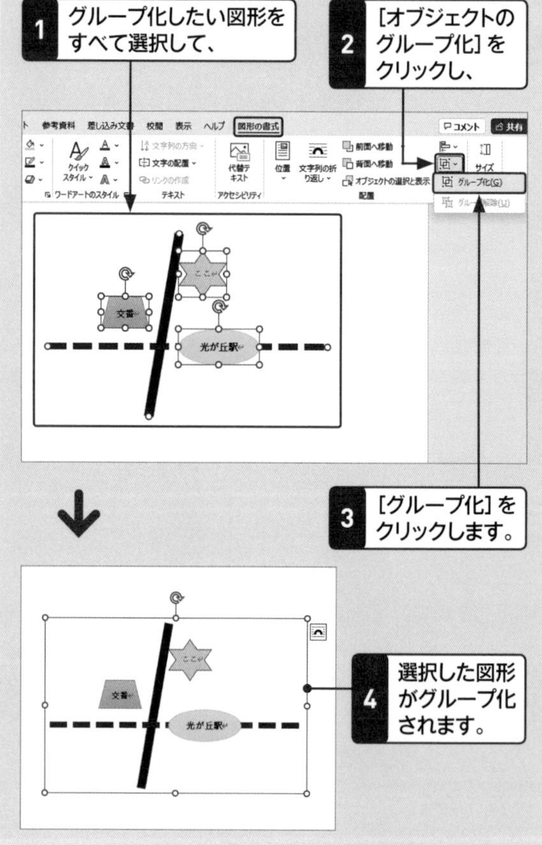

重要度 ★★★　図形描画

Q 417 書き込みを図や数式に変換したい！

A [描画]タブの機能を利用します。

Wordではマウスやデジタルペンを使って文書内に手書きすることが可能です。

[描画]タブの[インクを図形に変換]を利用すると、○や□などを手書きすると自動的にデジタル化して、図形として扱われるようになります。

また、[描画キャンバス]を利用すると、ペンで手書きした文字や図などがそのまま図として扱われるようになります。

● 図形に変換する

1 [描画]タブをクリックして、

2 [インクを図形に変換]をクリックします。

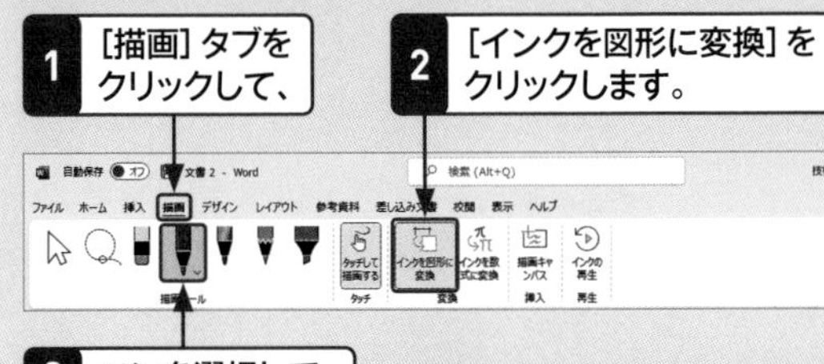

3 ペンを選択して、

4 文書内に図形を手書きします。

5 [タッチして描画する](あるいは[インクを図形に変換])をクリックすると、

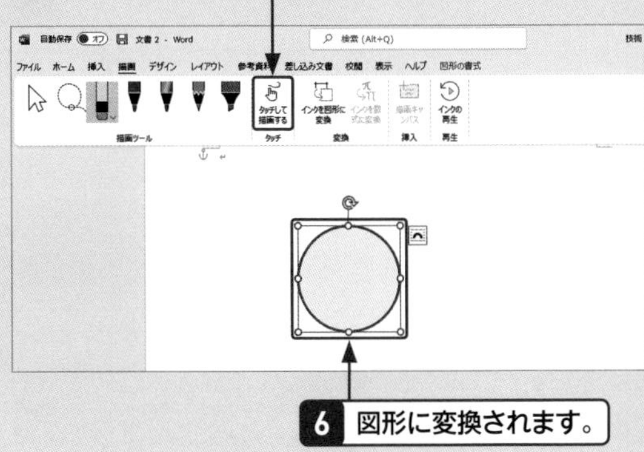

6 図形に変換されます。

[インクを数式に変換]を利用すると、[数式入力コントロール]画面に文字(数式)を手書きすると自動的にデジタル化して、文書内で数式として扱われるようになります。なお、Word 2016では[挿入]タブの[数式]→[インク数式]を利用します。

参照▶Q 098

● 描画キャンバスを利用する

1 [描画]タブの[描画キャンバス]をクリックすると、

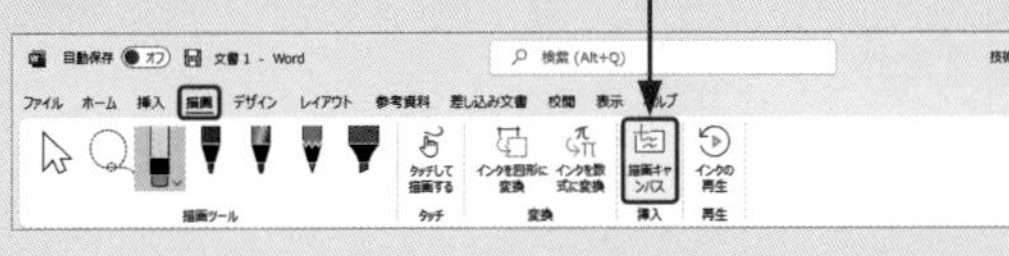

2 描画キャンバスが表示されます。

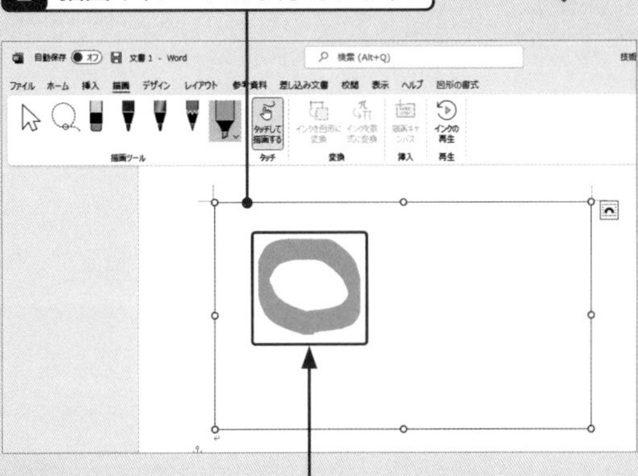

3 ペンを選択して、キャンバス内に手書きします。

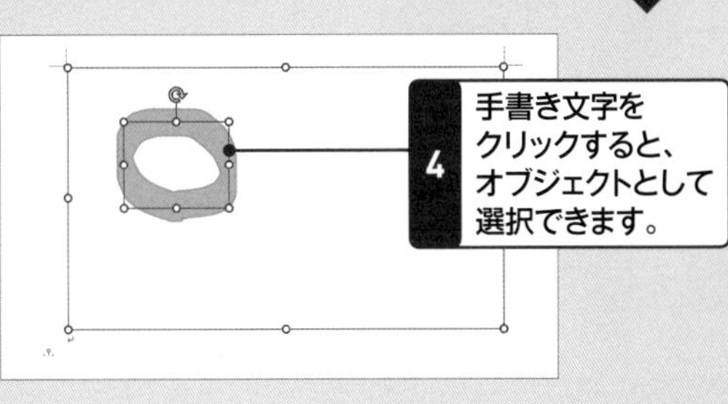

4 手書き文字をクリックすると、オブジェクトとして選択できます。

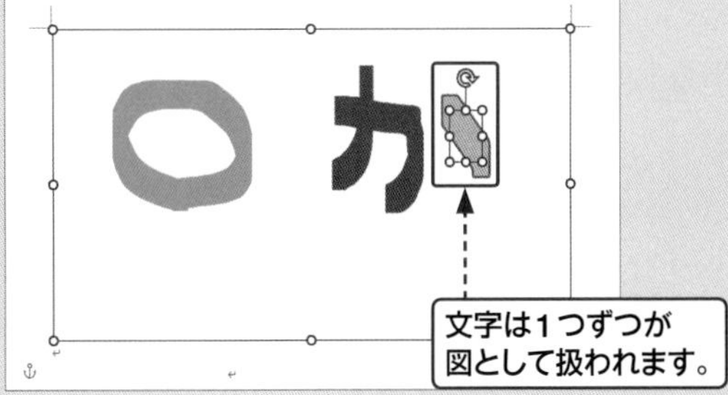

文字は1つずつが図として扱われます。

重要度★★★　テキストボックス

Q 418 文字を自由に配置したい！

A テキストボックスを利用します。

文字を自由な位置に配置するには、テキストボックスを利用します。横書きの文書に縦書きの文章を入れたいときなどに便利です。

テキストボックスを挿入するには、[挿入]タブの[テキストボックス]をクリックして、縦書きか横書きのテキストボックス、あるいは組み込まれているスタイルを利用します。ここでは、縦書きテキストボックスを挿入します。テキストボックスは、図や文書の文字と同様にスタイルやフォントを変更できます。

1 [挿入]タブの[テキストボックス]をクリックして、

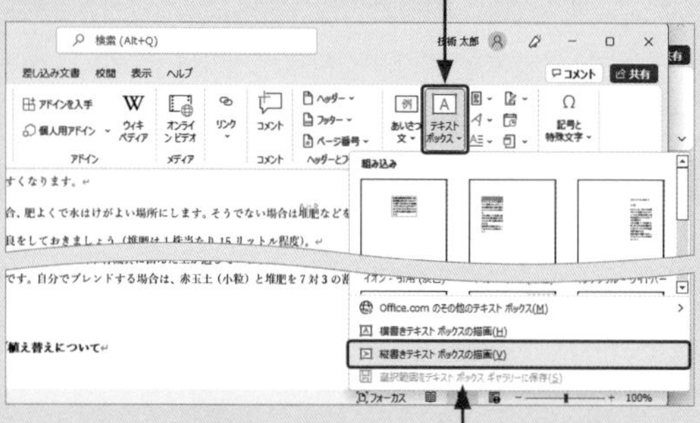

2 [縦書きテキストボックスの描画]をクリックします。

3 目的の位置でドラッグすると、テキストボックスが挿入されます。

4 文字を入力して、スタイルを整えます。

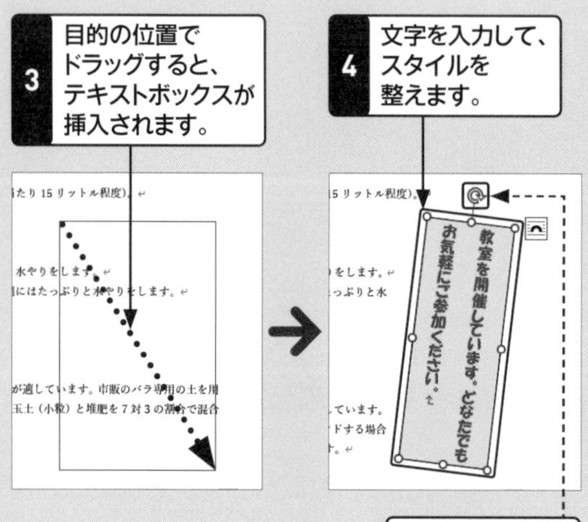

回転も可能です。

重要度★★★　テキストボックス

Q 419 文書中の文字からテキストボックスを作成したい！

A 文字を選択して、[テキストボックス]をクリックします。

文書中に入力してある文字列を選択し、[挿入]タブの[テキストボックス]をクリックして、[横書きテキストボックスの描画]または[縦書きテキストボックスの描画]をクリックします。文書上をドラッグすると、選択した文字列が入力されたテキストボックスが作成できます。

1 テキストボックスにしたい文字を選択して、

2 [テキストボックス]をクリックし、

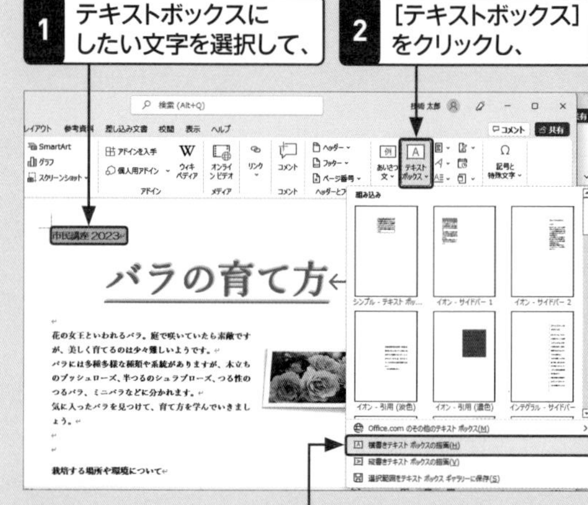

3 [横書きテキストボックスの描画]をクリックすると、

4 文字の入力されたテキストボックスが自動的に作成されます。

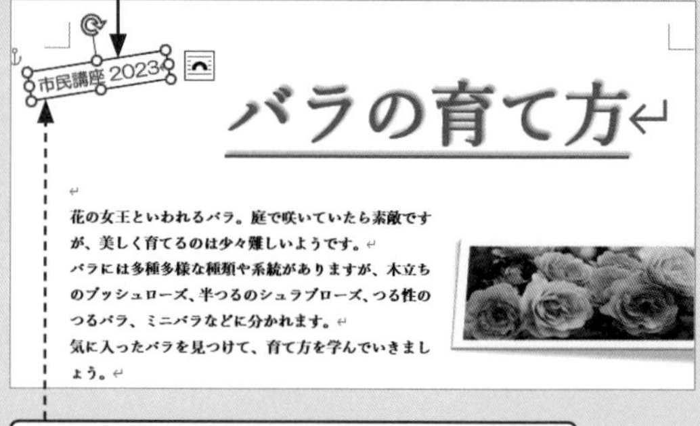

移動やスタイルの変更、回転などもできます。

重要度 ★★★　テキストボックス

Q 420 1つの文章を複数のテキストボックスに挿入したい！

A テキストボックスの間にリンクを設定します。

複数のテキストボックスに続けて文章を表示させる場合、1つずつのテキストボックスでは文字の増減でいちいち修正しなければなりませんが、リンクを設定すると、自動的に文章がつながって表示できます。チラシやカードなど、凝ったレイアウトにする際に便利です。

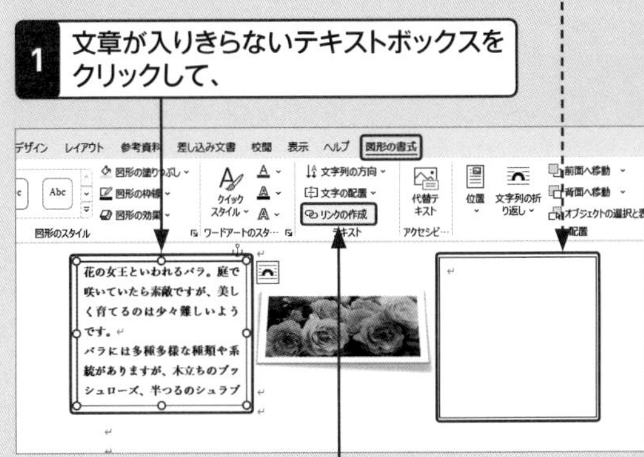

テキストボックスを2つ用意し、1つ目に文章を入力しておきます。[図形の書式]タブ（Word 2019／2016では描画ツールの[書式]タブ）の[リンクの作成]をクリックして、2つ目のテキストボックスをクリックします。この場合、1つ目のテキストボックスに表示しきれない文章が流し込まれるので、テキストサイズを変更する、文章を修正するなどの増減分が、自動的に流し込まれます。

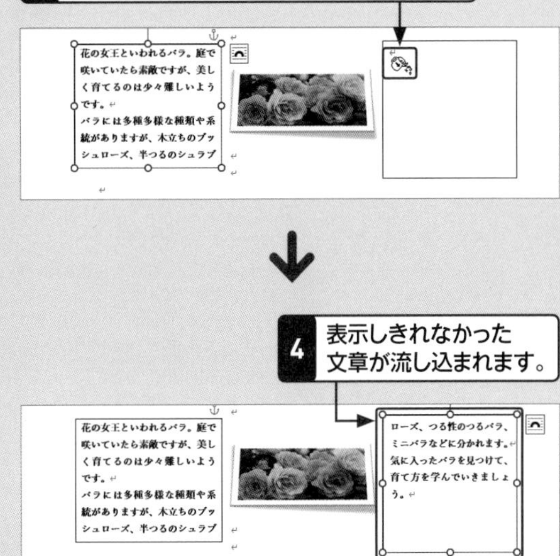

重要度 ★★★　テキストボックス

Q 421 テキストボックスの枠線を消したい！

A [図形の枠線]で[線なし]にします。

テキストボックスも図形と同じ扱いで、テキストボックス内は[図形の書式]タブ（Word 2019／2016では描画ツールの[書式]タブ）にある[図形の塗りつぶし]で色を変更でき、[図形の枠線]で色や太さを変更できます。テキストボックスは文書内に自由に配置できる文字として利用するため、枠線がないほうがよい場合もあります。消したいときには、[図形の枠線]の右側をクリックして、[枠線なし]（Word 2016は[枠なし]）をクリックします。

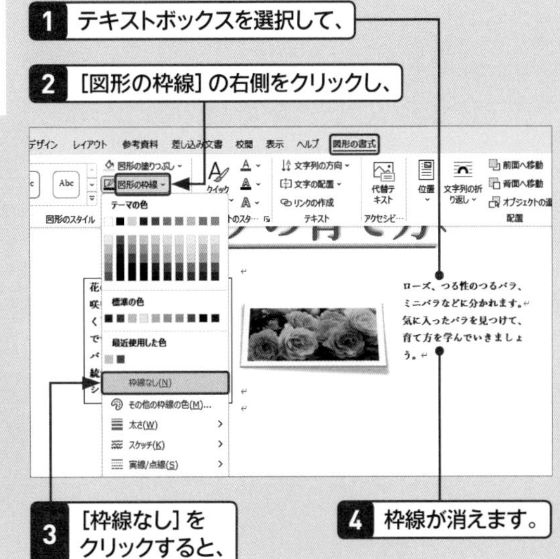

重要度★★★ アイコン

Q 422 ピクトグラムのようなアイコンを挿入したい！

A [挿入]タブの[アイコンの挿入]をクリックして選びます。

Wordにはピクトグラムのようなアイコンが用意されています。[挿入]タブの[アイコン]をクリックすると、顔や標識などさまざまなアイコンが表示されます。これらのアイコンは、視覚的に表現する必要があるときに便利です。

挿入時のサイズは25.4mm四方で、通常の図と同様に扱うことができます。

1 アイコンを挿入する位置にカーソルを移動して、

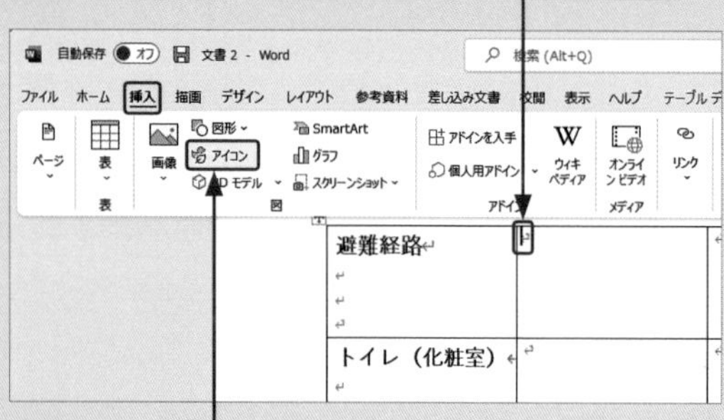

2 [挿入]タブの[アイコンの挿入]をクリックします。

3 目的のアイコンをクリックして、

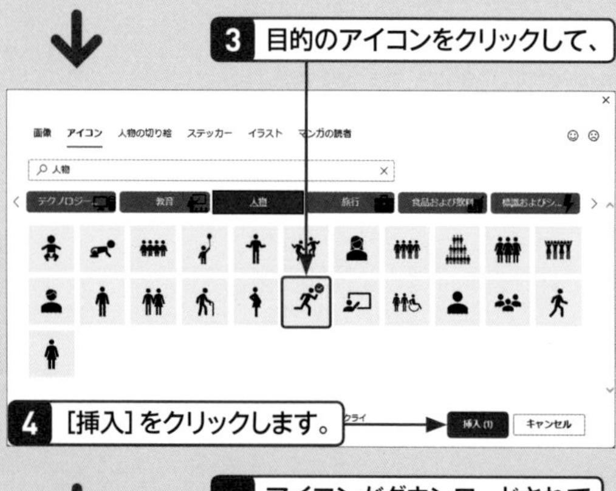

4 [挿入]をクリックします。

5 アイコンがダウンロードされて挿入されます。

重要度★★★ アイコン

Q 423 アイコンのサイズを変更したい！

A ハンドルをドラッグします。

挿入したアイコンは通常の図と同じ扱いなので、自由にサイズを変更できます。アイコンの周りにあるハンドル○をドラッグします。Shift を押しながらドラッグすると、縦横の比率を同じにして拡大／縮小ができます。

参照▶Q 422

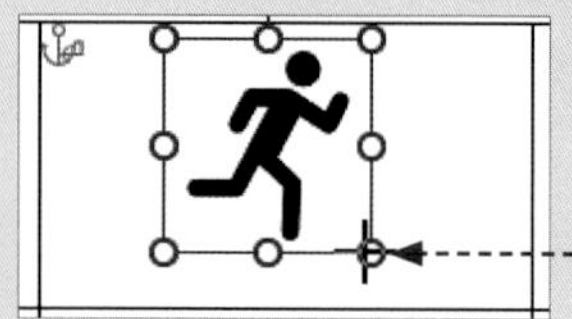

ハンドルをドラッグすると、サイズを変更できます。

重要度★★★ アイコン

Q 424 アイコンの色を変更したい！

A [グラフィックの塗りつぶし]から色を選択します。

挿入したアイコンは通常の図と同じ扱いなので、自由に色を変更することができます。アイコンを選択して、[グラフィック形式]タブ（Word 2019／2016ではグラフィックツールの[書式]タブ）の[グラフィックの塗りつぶし]から色を選択します。

参照▶Q 422

1 [グラフィックの塗りつぶし]の右側をクリックして、

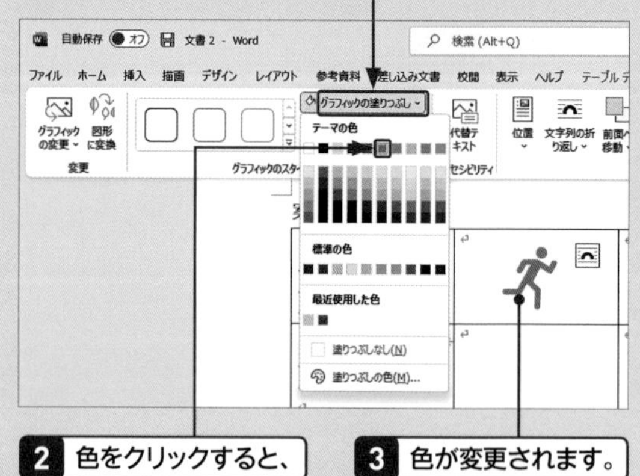

2 色をクリックすると、

3 色が変更されます。

重要度★★★　3Dモデル　2016

Q 425 3Dモデルを挿入したい！

A [3Dモデル]画面から選びます。

Wordでは、3Dデータを使用した画像（3Dモデル）をオンラインで検索して挿入することができます。手持ちのファイルを挿入する場合、[挿入]タブの[3Dモデル]の ⌄ をクリックして、[このデバイス]をクリックし、ファイルを選択します。

1 [挿入]タブの[3Dモデル]をクリックします。

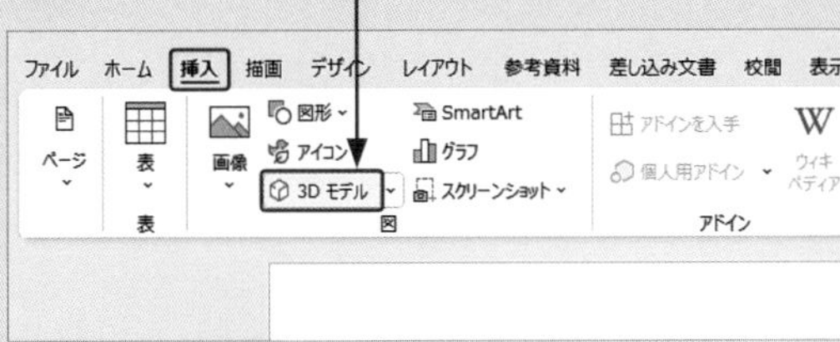

キーワードを入力して検索できます。

2 分類をクリックし、

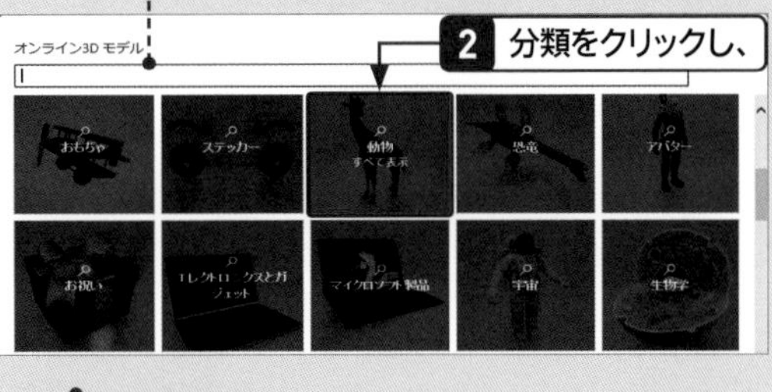

3 目的の3Dモデルをクリックして選択し、

4 [挿入]をクリックすると、挿入されます。

重要度★★★　3Dモデル　2016

Q 426 3Dモデルの大きさや向きを変えたい！

A 中央をドラッグすると向きが変わります。

3Dモデルもオブジェクトと同様に、周りのハンドル○をドラッグしてサイズを変更できます。向きを変更するには、中央の ◎ 部分をドラッグします。

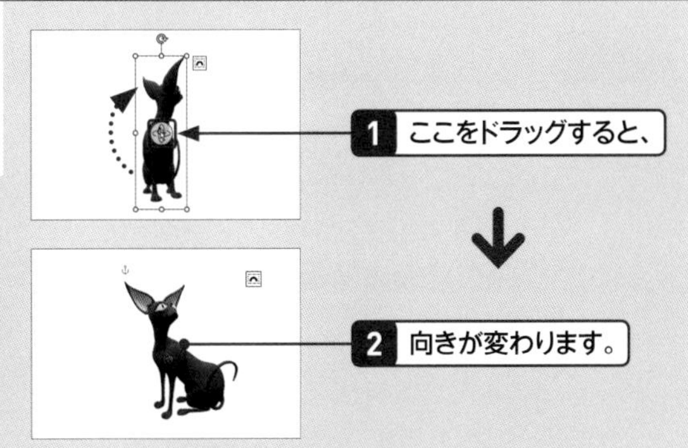

1 ここをドラッグすると、

2 向きが変わります。

重要度★★★　3Dモデル　2016

Q 427 3Dモデルをズームしたい！

A [パンとズーム]を利用します。

3Dモデルを選択すると、[3Dモデル]タブ（Word 2019／2016では3Dモデルツールの[書式]タブ）が表示されます。[パンとズーム]をクリックすると 🔍 が表示されるので、上下にドラッグするとズーム表示になります。

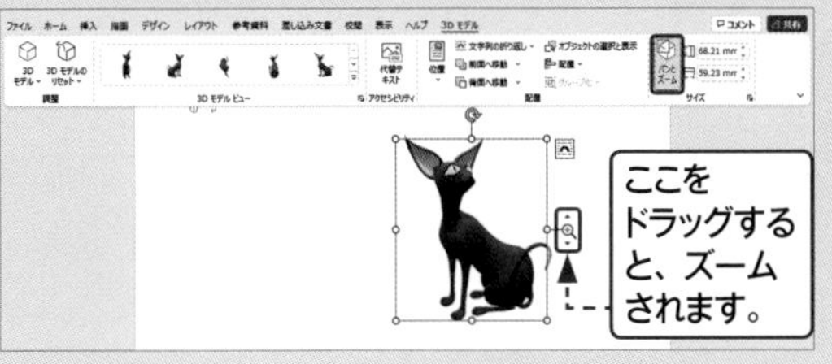

ここをドラッグすると、ズームされます。

重要度 ★★★ ワードアート

Q 428 タイトルロゴを作成したい!

A ワードアートを作成します。

文書にタイトルロゴを付けたい場合には、ワードアートを作成します。「ワードアート」とは、デザインされた文字を作成する機能のことです。[ホーム]タブの[文字の効果と体裁] とほぼ同じデザインですが、ワードアートは文字と異なり図として扱われます。

ワードアートを挿入するには、[挿入]タブの[ワードアート]からデザインを選び、文字を入力します。

参照▶Q 431

1 [挿入]タブの[ワードアート]をクリックして、

2 目的のワードアートをクリックします。

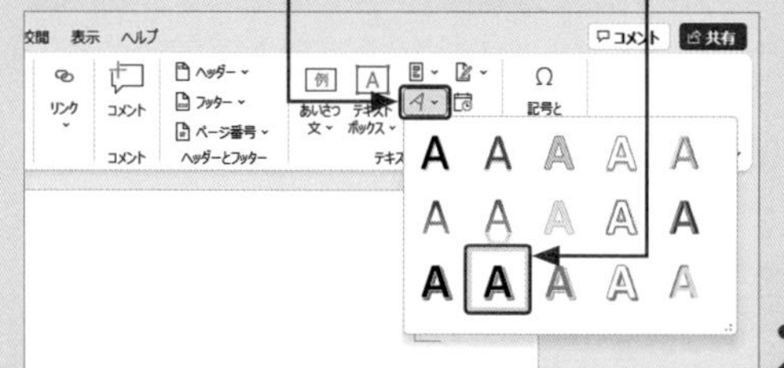

3 ワードアートが挿入されるので、

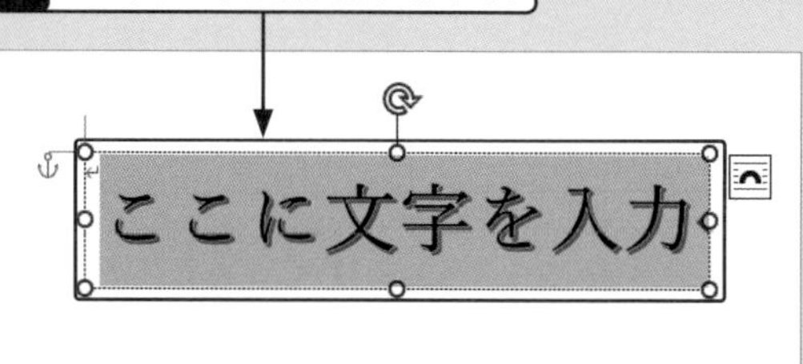

4 文字を入力して、フォントやサイズ、色などのスタイルを整えます。

重要度 ★★★ ワードアート

Q 429 ワードアートを変形させたい!

A [文字の効果]から[変形]を選択します。

ワードアートの形を変更するには、ワードアートを選択して、[図形の書式]タブ(Word 2019/2016では描画ツールの[書式]タブ)の[文字の効果]をクリックし、[変形]をクリックすると表示される一覧から形状をクリックして選択します。

1 [文字の効果]をクリックして、

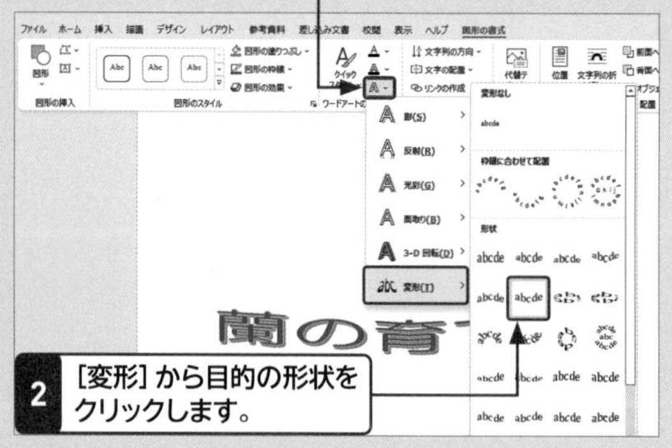

2 [変形]から目的の形状をクリックします。

重要度 ★★★ ワードアート

Q 430 ワードアートのデザインをあとから変えたい!

A [クイックスタイル]からデザインを選びます。

ワードアートのデザインは、[図形の書式]タブ(Word 2019/2016では描画ツールの[書式]タブ)の[クイックスタイル]をクリックして、デザインをクリックすれば変更できます。

参照▶Q 431, Q 432

重要度★★★　ワードアート

Q 431 ワードアートのフォントを変えたい！

A ［ホーム］タブのフォントボックスで変更します。

ワードアートのフォントの変更方法は、通常の文字修飾と同じです。ワードアートを選択して、［ホーム］タブのフォントボックスの ˅ をクリックし、変更したいフォントをクリックします。同様に、サイズも［ホーム］タブを利用して変更します。なお、フォントやフォントサイズによっては、行が増えたりボックスが広がったりしてしまう場合があります。その場合、あとから文字列の改行やボックスの調整などを行います。

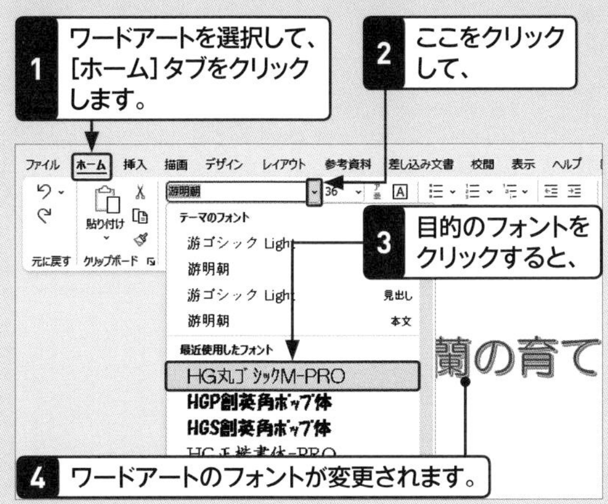

1 ワードアートを選択して、［ホーム］タブをクリックします。
2 ここをクリックして、
3 目的のフォントをクリックすると、
4 ワードアートのフォントが変更されます。

重要度★★★　ワードアート

Q 432 ワードアートの色を変えたい！

A ［文字の塗りつぶし］を利用します。

ワードアートの色を変更するには、ワードアートの文字を選択して、［図形の書式］タブ（Word 2019／2016では描画ツールの［書式］タブ）の［文字の塗りつぶし］の ˅ をクリックし、目的の色をクリックします。なお、ワードアートの影の色は、［文字の効果］ をクリックし、［影］→［影のオプション］の順にクリックして表示される［図形の書式設定］作業ウィンドウの［色］から変更します。

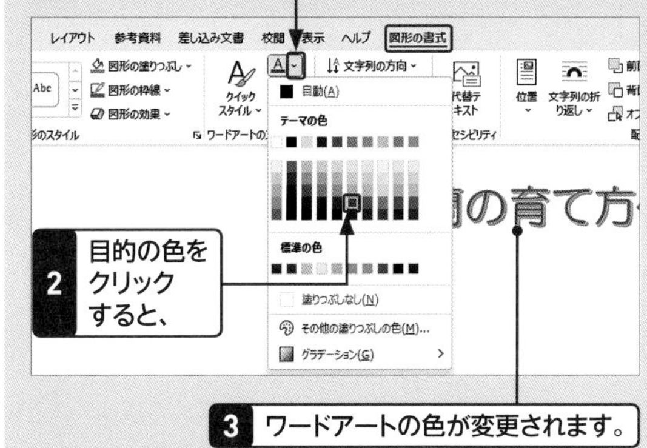

1 ワードアートを選択して、ここをクリックし、
2 目的の色をクリックすると、
3 ワードアートの色が変更されます。

重要度★★★　ワードアート

Q 433 ワードアートを縦書きにしたい！

A ［文字列の方向］から［縦書き］を選択します。

ワードアートを選択して、［図形の書式］タブ（Word 2019／2016では描画ツールの［書式］タブ）の［文字列の方向］をクリックし、［縦書き］をクリックすると、ワードアートを縦書きにできます。［レイアウト］タブの［文字列の方向］でも同様です。もとに戻すには、［横書き］をクリックします。

文字のバランスが悪い場合は、枠を広げて文字が見えるように調整します。

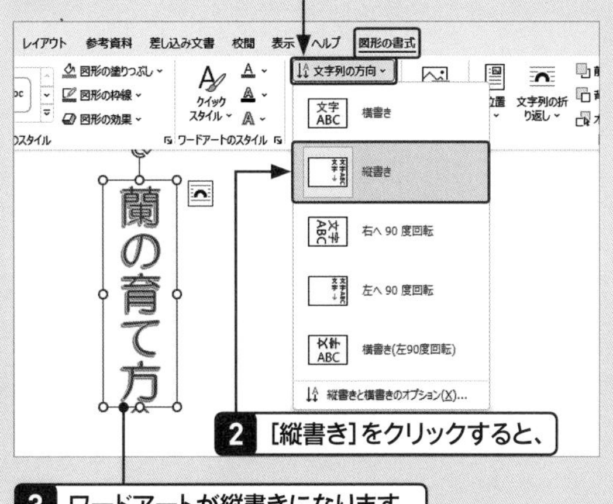

1 ［書式］タブの［文字列の方向］をクリックし、
横書き
縦書き
右へ 90 度回転
左へ 90 度回転
横書き(左90度回転)
2 ［縦書き］をクリックすると、
3 ワードアートが縦書きになります。

重要度 ★★★ ワードアート

Q 434 ワードアートを回転させたい！

A 回転ハンドルをドラッグすると回転できます。

ワードアートを選択すると、ワードアートの上に回転ハンドル が表示されるので、これを左右にドラッグします。また、[図形の書式]タブ（Word 2019／2016では描画ツールの［書式］タブ）の［オブジェクトの回転］ をクリックすると、左右へ90度回転、上下／左右反転ができます。

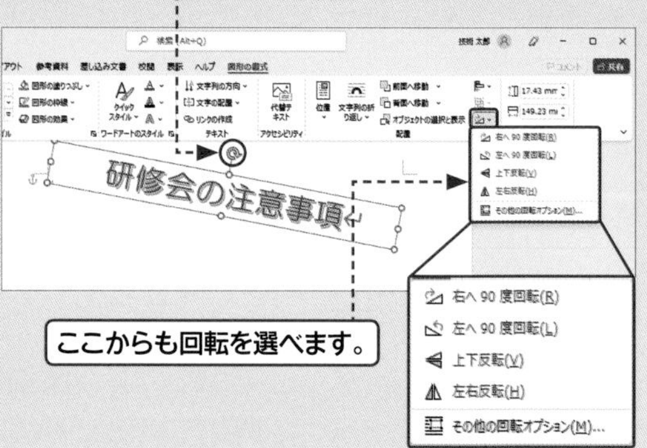

重要度 ★★★ ワードアート

Q 435 ワードアートの大きさを変更したい！

A ワードアートのハンドルをドラッグします。

枠を広げるには、ワードアートの四隅にあるハンドルにマウスポインターを移動して、マウスポインターの形が に変わった状態でドラッグします。
ただし、ワードアートの枠を広げても、文字のサイズは変わりません。[ホーム]タブの［フォントサイズ］でフォントサイズを変更すると、文字のサイズに合わせて枠が調整されます。

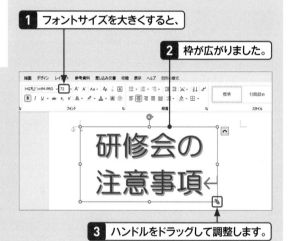

1 フォントサイズを大きくすると、
2 枠が広がりました。
3 ハンドルをドラッグして調整します。

重要度 ★★★ ワードアート

Q 436 ワードアートの背景に色を付けたい！

A [図形の塗りつぶし]を利用します。

色を変える場合は、ワードアートを選択して、[図形の書式]タブ（Word 2019／2016では描画ツールの［書式］タブ）で［図形の塗りつぶし］の右側をクリックして、色を選択します。ワードアートの枠線も変えるには、[図形の枠線]の右側をクリックして選択します。

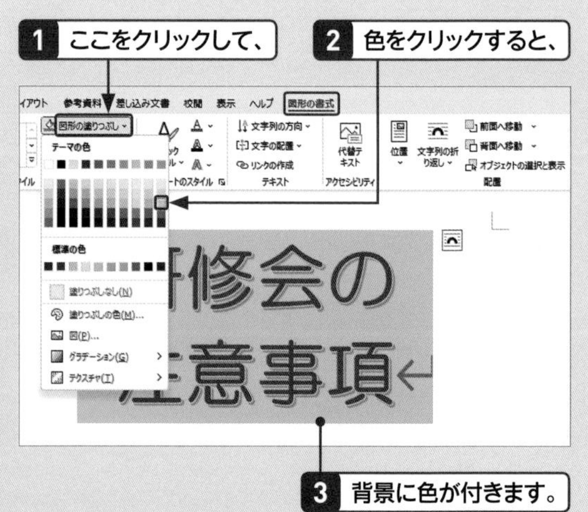

重要度★★★ SmartArt

Q 437 見栄えのする図表をかんたんに作りたい！

A SmartArtを利用します。

SmartArtには、各種の視覚的な図が用意されています。利用するには、[挿入] タブの [SmartArtグラフィックの挿入] をクリックして、[SmartArtグラフィックの選択] ダイアログボックスから選択します。

各パーツ内に文字を入力するには、パーツをクリックしてカーソルを配置するか、テキストウィンドウ内のパーツに対応する欄をクリックして入力します。テキストウィンドウが表示されていない場合は、[SmartArtのデザイン] タブ（Word 2019／2016ではSmartArtツールの [デザイン] タブ）の [テキストウィンドウ] をクリックしてオンにします。

入力した文字のフォントやサイズは、通常の文字と同様に変更できます。

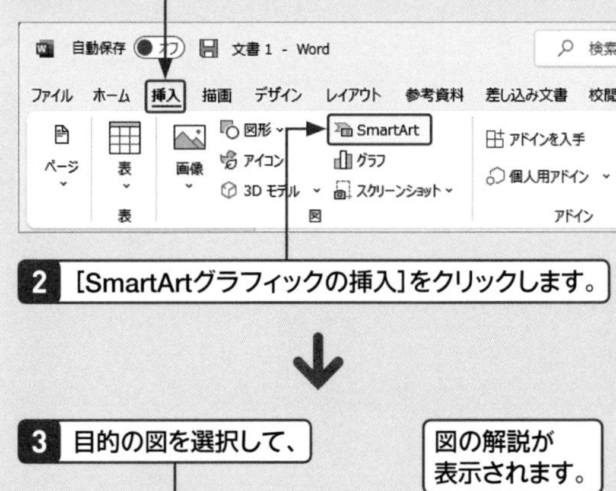

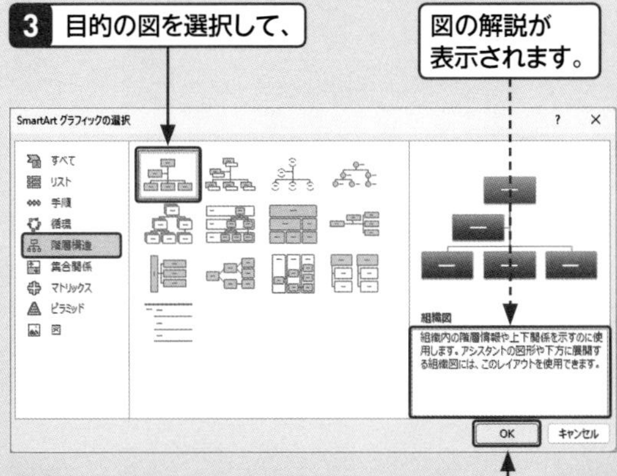

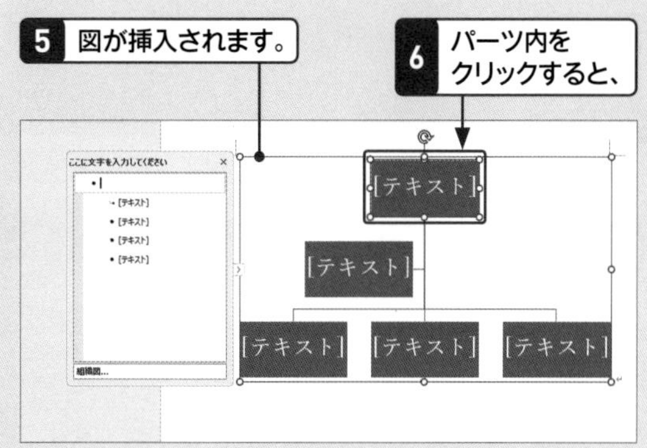

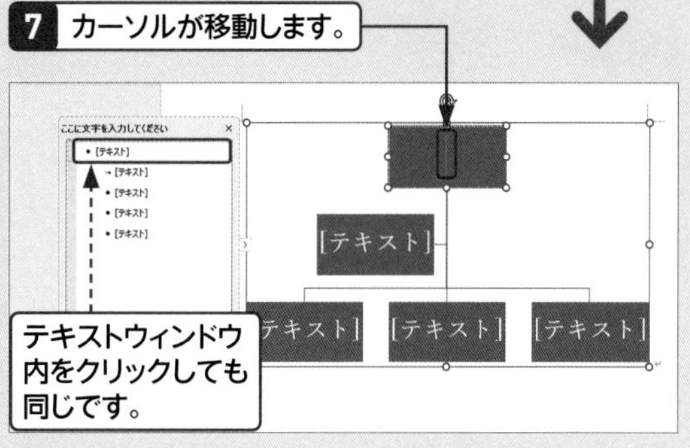

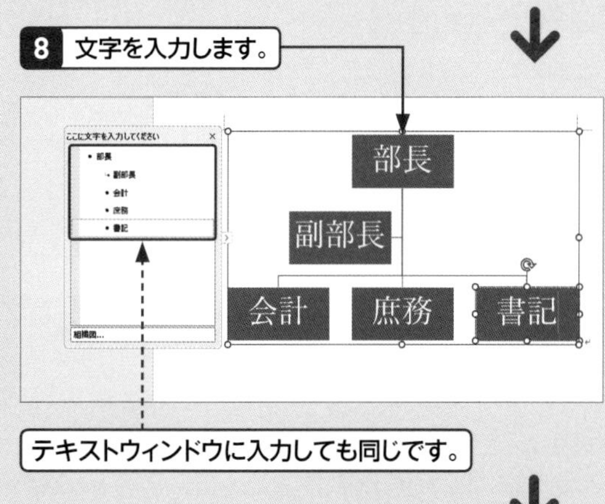

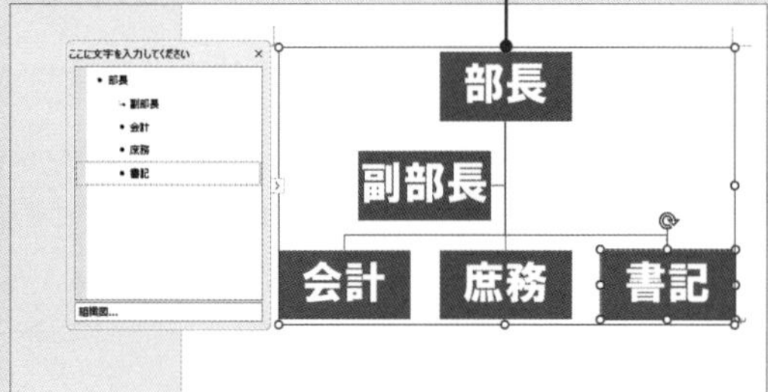

重要度 ★★★ SmartArt

Q 438 図表にパーツを追加したい！

A ［図形の追加］を利用します。

追加したい位置のパーツを選択して、［SmartArtのデザイン］タブ（Word 2019／2016ではSmartArtツールの［デザイン］タブ）で［図形の追加］の ⌄ をクリックし、追加したい位置を選びます。そのほか、テキストウィンドウで追加したい位置をクリックしても、パーツが増えます。なお、図表によってはパーツを追加できない種類もあり、［図形の追加］は非表示になっています。

1 図の中で追加したい位置のパーツを選択します。

2 ［図形の追加］のここをクリックして、

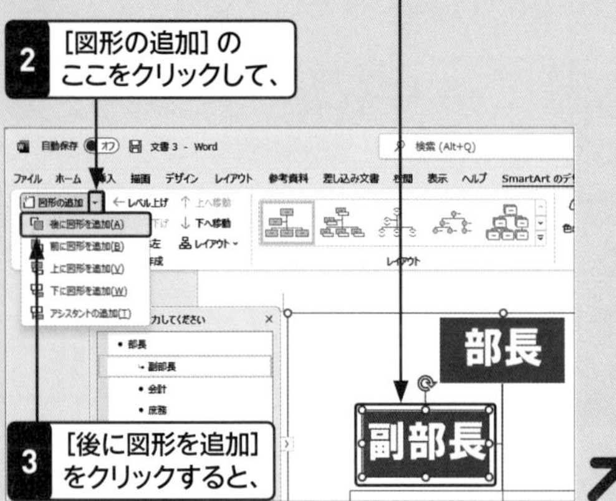

3 ［後に図形を追加］をクリックすると、

4 パーツが追加され、組織図が全体的に調整されます。

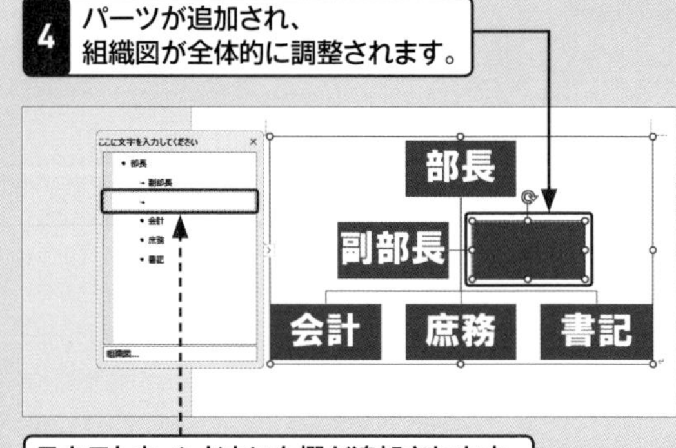

テキストウィンドウにも欄が追加されます。

5 文字を入力して、フォントを揃えます。

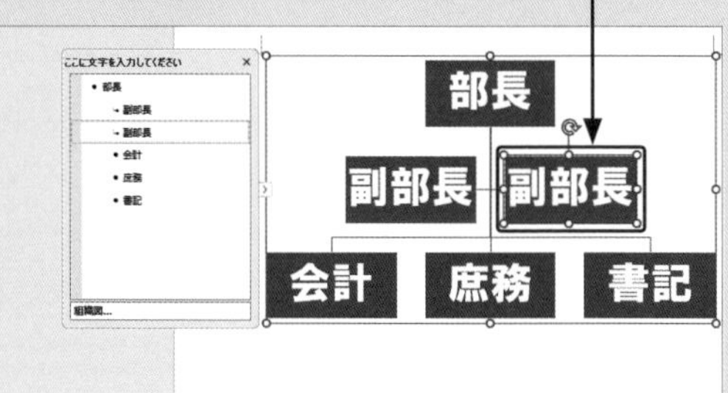

重要度 ★★★ SmartArt

Q 439 図表のパーツを削除したい！

A パーツを選択して、Deleteを押します。

パーツを削除するには、削除したいパーツを選択して、DeleteまたはBackSpaceを押すか、テキストウィンドウのパーツの文字を選択して、Deleteを押します。削除された分、全体の配置が調整されます。

1 パーツを選択して、

2 Deleteを押します。

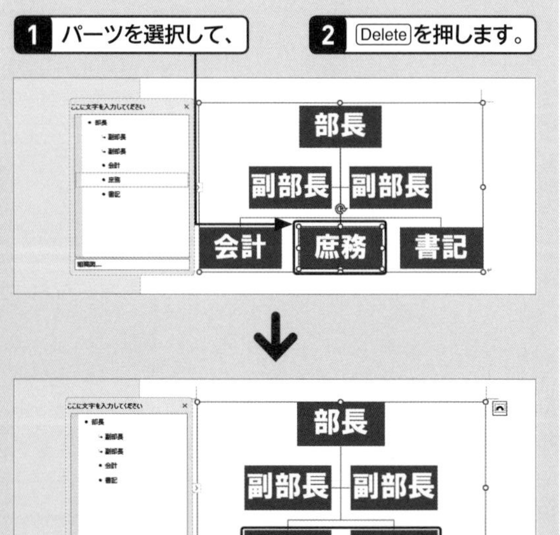

3 削除され、配置が調整されます。

重要度★★★ SmartArt

Q 440 図表のデザインを変更したい!

A [デザイン]タブから選択します。

SmartArtのデザインを変える場合、スタイルを変更することと、図の種類そのものを変更することがあります。スタイルを変更するには、[SmartArtのデザイン]タブ(Word 2019／2016ではSmartArtツールの[デザイン]タブ)で[SmartArtのスタイル]の[その他]をクリックして、スタイルを選択します。
また、図の種類を変更するには、で[レイアウト]の[その他]をクリックして、レイアウトを選択します。

● スタイルの変更

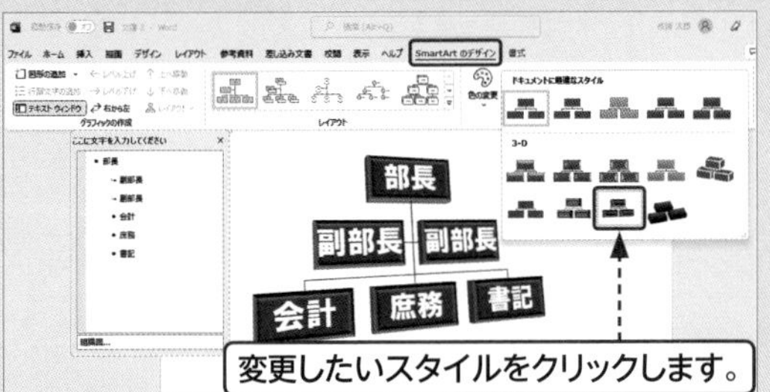

● レイアウトの変更

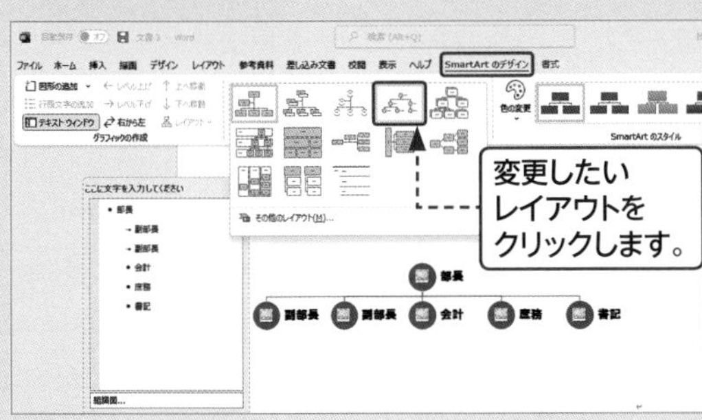

重要度★★★ SmartArt

Q 441 図表の色を変更したい!

A [図形の塗りつぶし]を利用します。

SmartArtのパーツごとに色を変えたい場合、パーツを選択して[書式]タブで[図形の塗りつぶし]から色を選びます。全体をまとめて配色する場合、[SmartArtのデザイン]タブ(Word 2019／2016ではSmartArtツールの[デザイン]タブ)の[色の変更]から選ぶことができます。

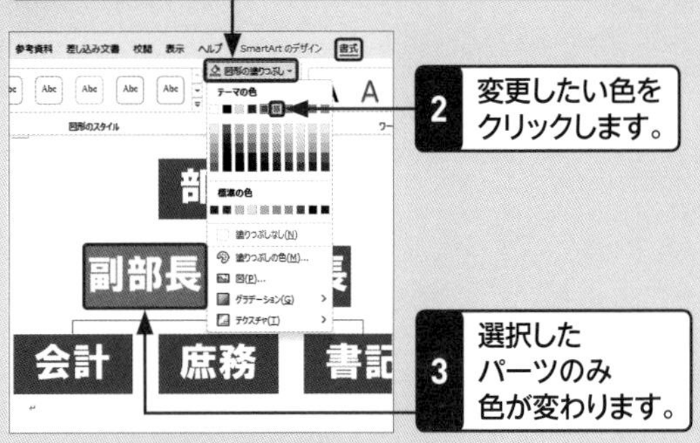

● [色の変更]を利用する

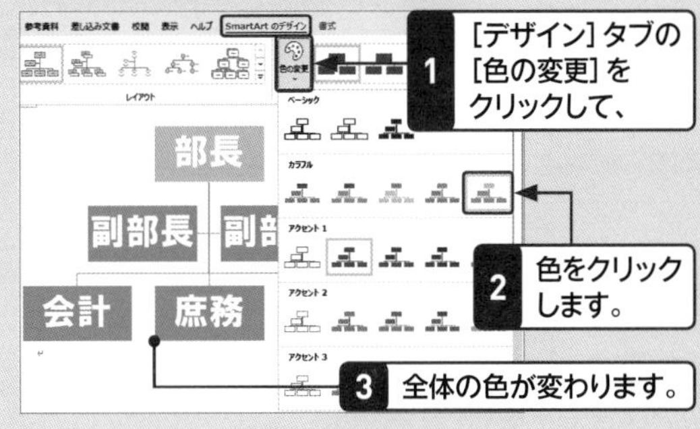

重要度★★★ SmartArt

Q 442 変更した図表をもとに戻したい!

A [グラフィックのリセット]をクリックします。

作成したSmartArtにパーツを追加したり、色を変えたりしたあとで、もとの図に戻したい場合は、[SmartArtのデザイン]タブ(Word 2019ではSmartArtツールの[デザイン]タブ)で[グラフィックのリセット]をクリックします。

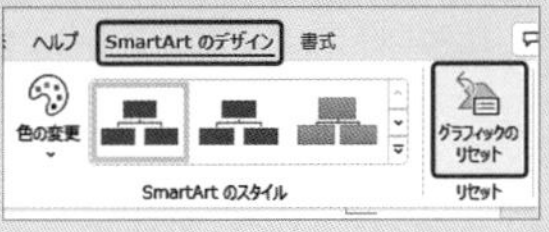

重要度 ★★★ SmartArt

Q 443 図表のパーツのサイズを大きくしたい！

A ハンドルをドラッグします。

パーツを選択して表示されるハンドル○にマウスポインターを合わせて、⤡の形になったらドラッグします。

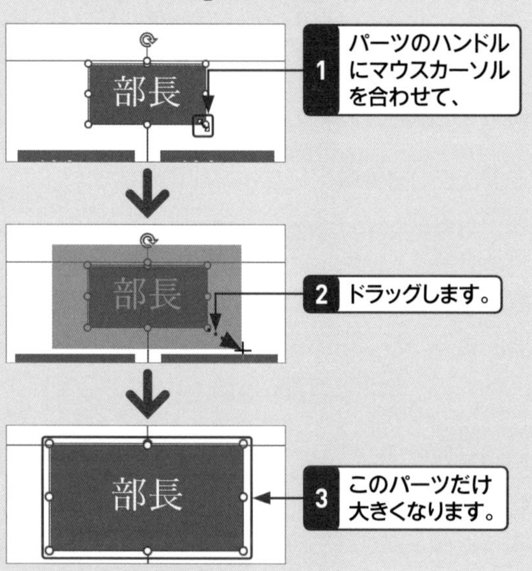

部長
1 パーツのハンドルにマウスカーソルを合わせて、
2 ドラッグします。
3 このパーツだけ大きくなります。

重要度 ★★★ 図の位置

Q 444 真上や真横に図を移動させたい！

A Shift を押しながらドラッグします。

図を移動させる場合は、ドラッグすると自由に動かすことができます。真上や真横などに移動させる場合は、Shiftを押しながらドラッグします。この方法は、斜め方向に動かすことができなくなるので、水平、垂直方向にのみの移動に固定されます。[表示]タブの[グリッド線]をクリックしてオンにし、グリッド線を表示すると、まっすぐに移動していることがわかります。

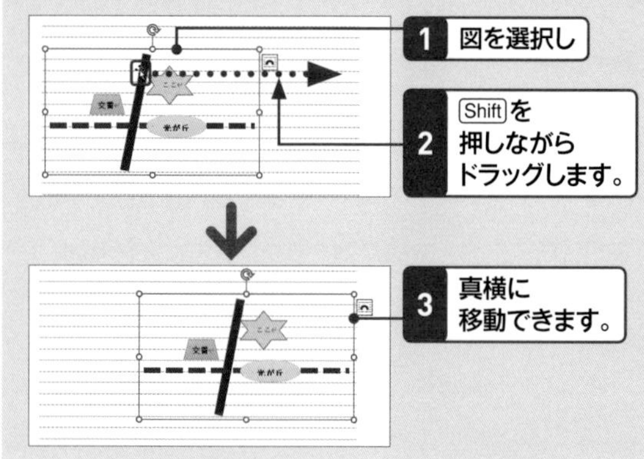

1 図を選択し
2 Shiftを押しながらドラッグします。
3 真横に移動できます。

重要度 ★★★ 図の位置

Q 445 文字と一緒に図も移動してしまう！

A ページ上で固定させます。

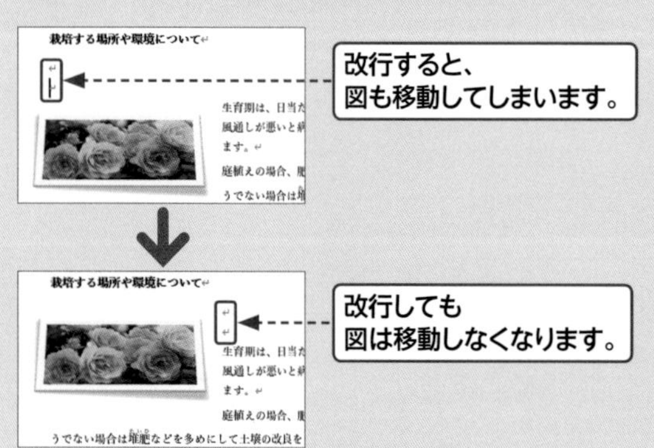

栽培する場所や環境について
改行すると、図も移動してしまいます。
改行しても図は移動しなくなります。

図を文字と一緒に移動するか、ページ上の位置に固定しておくかは、[文字列の折り返し]で設定します。位置を固定する場合は、[図形の書式]タブ（Word 2019／2016では描画ツールの[書式]タブ）の[文字列の折り返し]または[レイアウトオプション]で、[ページ上の位置を固定]をオンにします。

1 図を選択して、[レイアウトオプション]をクリックします。

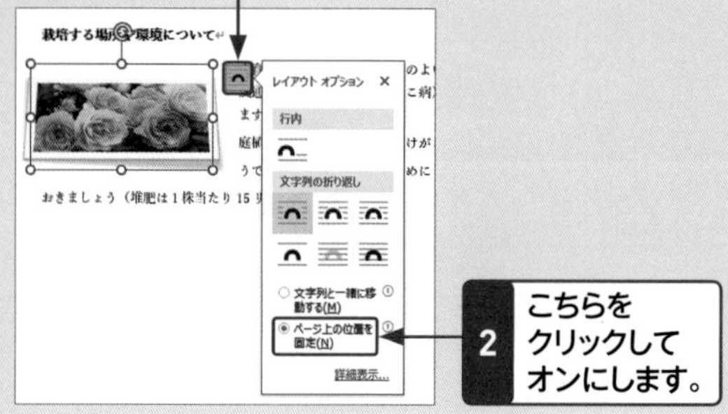

レイアウト オプション
行内
文字列の折り返し
文字列と一緒に移動する(M)
ページ上の位置を固定(N)
詳細表示...
2 こちらをクリックしてオンにします。

重要度★★★　画像

Q 446 表示された画面を画像として挿入したい！

A スクリーンショットを利用します。

インターネットで検索した画面をWord文書に挿入できる機能がスクリーンショットです。画面上の必要な範囲を指定して、そのまま文書に挿入できます。挿入した画面は、画像として扱うことができます。
まず、Webブラウザー（ここではMicrosoft Edge）を起動して、利用する画像を検索して表示します。次に、Word文書を開いて、挿入する位置にカーソルを移動します。Wordの［挿入］タブをクリックして、［スクリーンショット］をクリックし、［画面の領域］をクリックします。Webブラウザーの画面に切り替わり、白い画面になるので、必要な部分をドラッグすると、その部分のみが文書に挿入されます。

1 インターネット上の地図を表示しておきます。

2 文書を用意します。

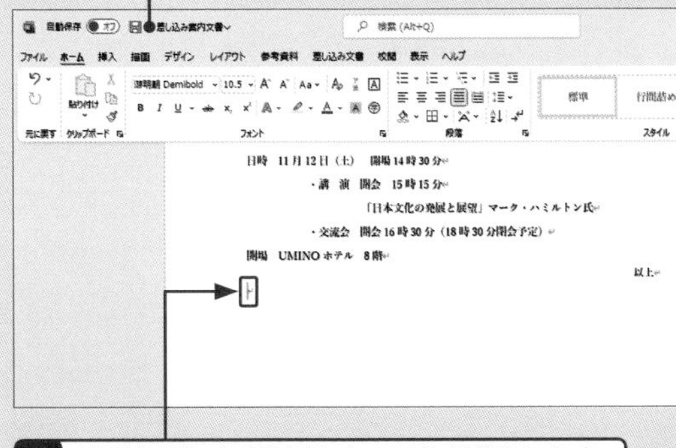

3 地図を挿入する位置にカーソルを移動します。

4 ［挿入］タブをクリックして、

5 ［スクリーンショット］をクリックし、

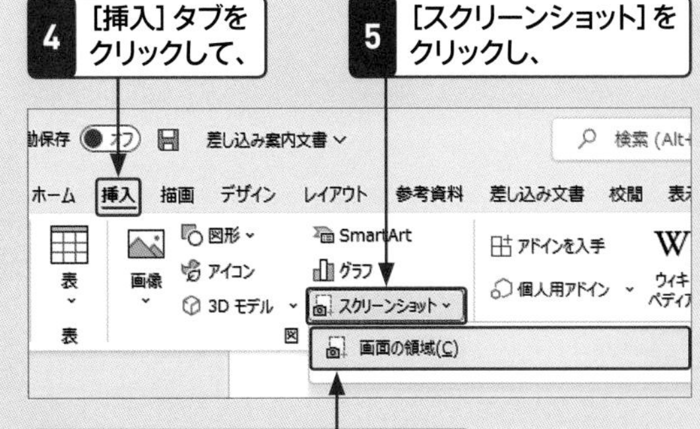

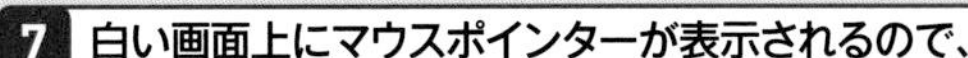

6 ［画面の領域］をクリックします。

7 白い画面上にマウスポインターが表示されるので、

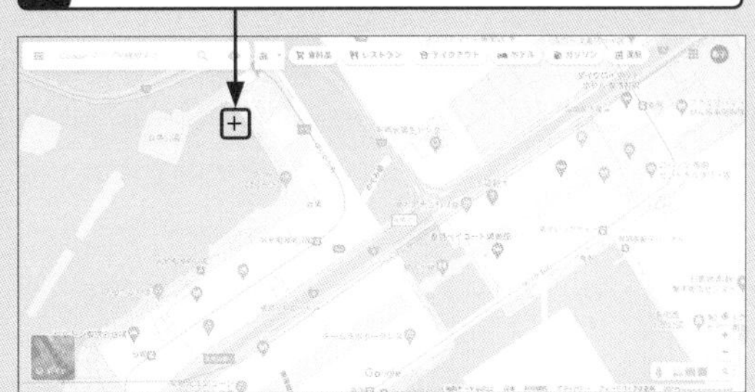

8 利用する範囲をドラッグすると、

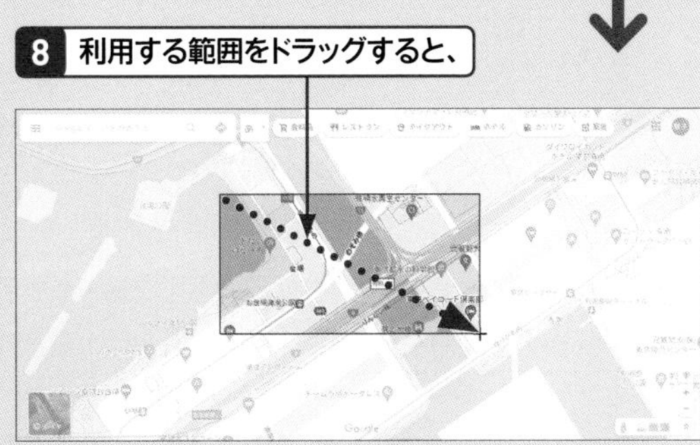

9 文書に挿入されます。

サイズや位置を微調整します。

重要度★★★ 画像

Q 447 インターネットから画像やイラストを挿入したい！

A [オンライン画像]で画像やイラストを検索します。

インターネットから画像やイラストを挿入するには、[挿入]タブの[画像]をクリックして[オンライン画像]（Word 2019／2016では[挿入]タブの[オンライン画像]）をクリックし、表示されるウィンドウで検索します。検索には、表示されるカテゴリーをクリックするか、検索キーワードを入力し、表示される一覧から選びます。この一覧には、画像のほか、イラスト（クリップアート）、アニメーション、線画などが表示されるので、写真またはイラストのみに絞り込むと探しやすくなります。

既定では、Creative Commonsのみが検索されるようになっていますが、文書を広く配布する場合などは、著作権を確認しましょう。

1 [挿入]タブの[画像]をクリックして、

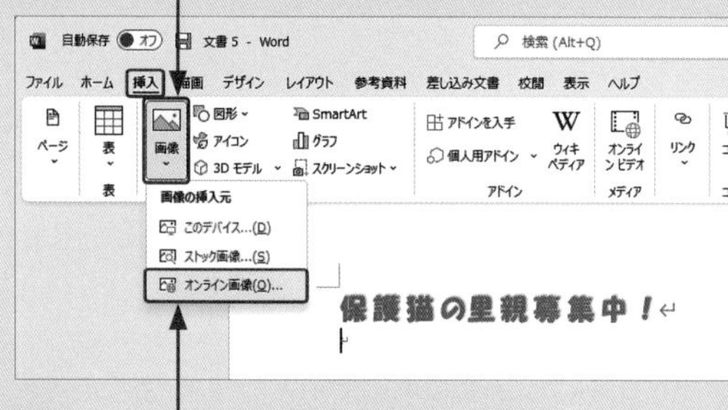

2 [オンライン画像]をクリックします。

3 キーワードを入力して、Enterを押します。

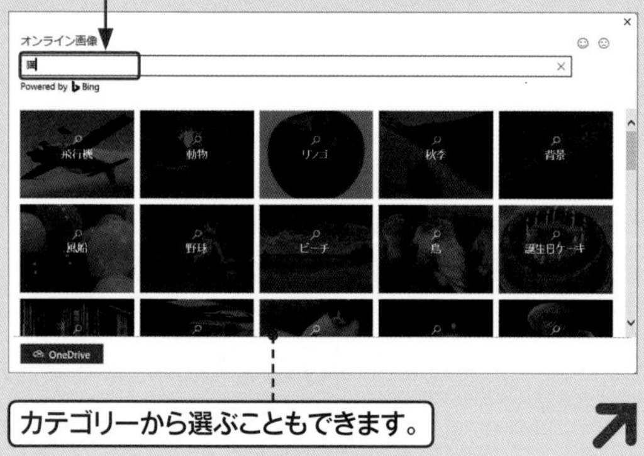

カテゴリーから選ぶこともできます。

4 ここをクリックして、

5 [写真]をクリックします。

6 目的の画像が見つかったらクリックして、

7 [挿入]をクリックすると、

画像の右下に表示される ⋯ をクリックすると、画像情報が表示されます。

8 文書に画像が挿入されます。

9 [レイアウトオプション]をクリックして、

10 [行内]以外をクリックし、

11 サイズを変更し、移動します。

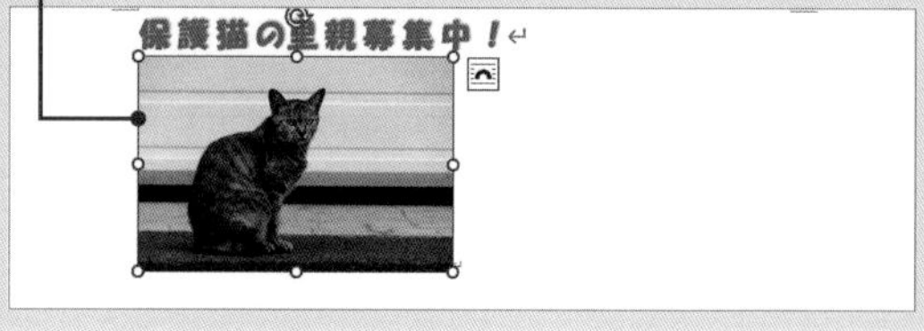

重要度 ★★★ 画像

Q 448 手持ちの写真を文書に挿入したい！

A [図の挿入]ダイアログボックスを利用します。

デジタルカメラやスマートフォンの写真を利用するには、メモリカードをパソコンに差し込むか、パソコンをケーブルでつなぎます。あるいは、写真データをパソコン内に保存しておきます。[挿入]タブの[画像]をクリックして[このデバイス](Word 2019／2016では[挿入]タブの[画像])をクリックし、、[図の挿入]ダイアログボックスで目的の写真をクリックします。挿入した写真は、サイズを変更したり、移動したりして配置します。

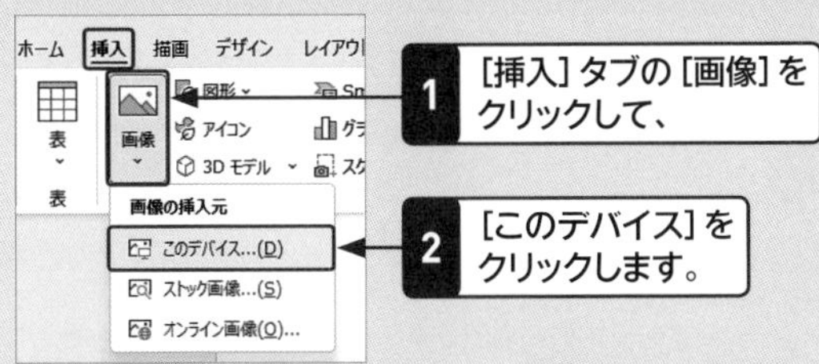

3 写真の保存先を選択して、
4 目的の写真をクリックし、
5 [挿入]をクリックすると、
6 写真が文書に挿入されます。

重要度 ★★★ 画像

Q 449 写真のサイズを変更したい！

A ハンドルをドラッグします。

写真のサイズを変更するには、写真を選択すると周りに表示されるハンドル○をドラッグします。サイズを数値で指定する方法もあります。 参照▶Q 450

重要度 ★★★ 画像

Q 450 写真のサイズを詳細に設定したい！

A サイズを指定します。

写真を選択して、[図の形式]タブ(word 2019／2016では図ツールの[書式]タブ)の[サイズ]で[高さ]と[幅]のボックスから、サイズを数値で設定できます。また、[サイズ]グループ右下の ⧉ をクリックすると表示される[レイアウト]ダイアログボックスの[サイズ]タブでも指定できます。

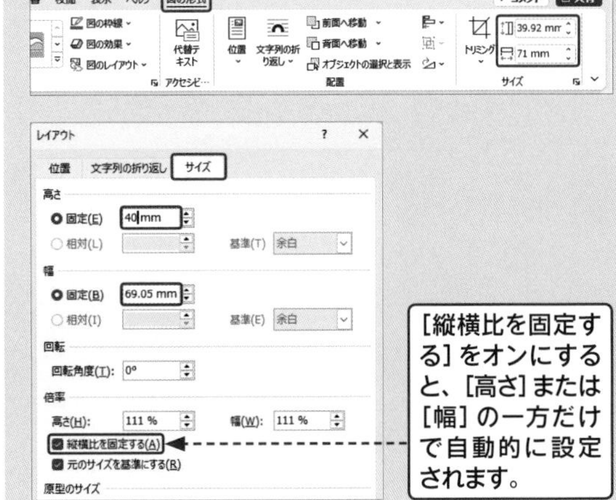

重要度★★★　画像

Q 451 写真を移動したい！

A [文字列の折り返し]を[行内]以外にします。

挿入した写真は、移動できないように固定で配置されます。移動したい場合は、[図の形式]タブ（word 2019／2016では図ツールの[書式]タブ）の[文字列折り返し]をクリックして、[行内]以外にします。また、写真をクリックすると表示される[レイアウトオプション] を利用することもできます。なお、文字列の折り返しは、画像だけでなく、挿入したワードアートやイラストなどのオブジェクトにも適用できます。

●[文字列の折り返し]を利用する

1 写真を選択して、
2 [文字列の折り返し]をクリックし、

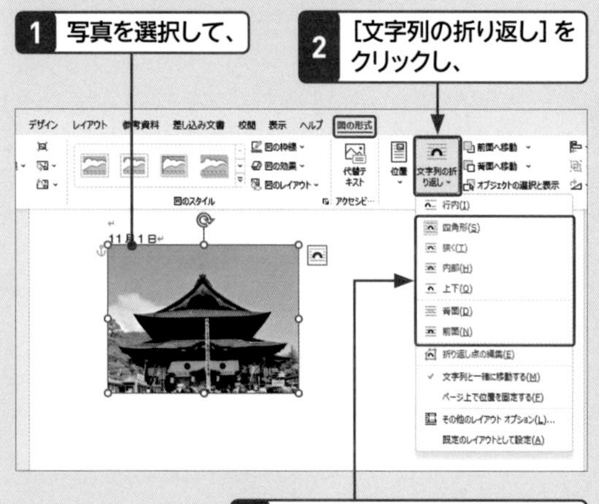

3 [行内]以外をクリックします。

●[レイアウトオプション]を利用する

1 写真を選択して、
2 [レイアウトオプション]をクリックし、

3 [行内]以外をクリックします。

4 ドラッグして移動できます。

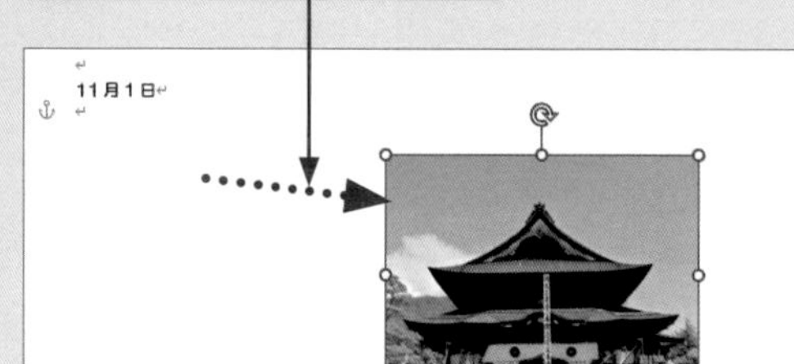

重要度★★★　画像

Q 452 写真に沿って文字を表示したい！

A [文字列の折り返し]を[四角形]にします。

文章がある中に写真を配置する場合は、[図の形式]タブ（word 2019／2016では図ツールの[書式]タブ）の[文字列の折り返し]をクリックするか、[レイアウトオプション] をクリックして、[四角形]または[内部]にすると、写真の周りに文章が流し込まれます。

参照▶Q 451

1 写真を選択して、
2 [レイアウトオプション]をクリックして、
3 [四角形]をクリックします。

4 写真を移動すると、文章が写真に沿って配置されます。

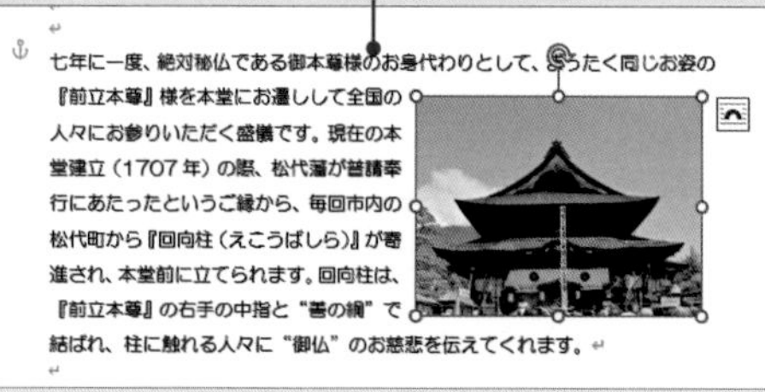

重要度 ★★★　画像

Q 453 写真を文書の前面や背面に配置したい！

A ［文字列の折り返し］を［前面］［背面］にします。

文字よりも写真のほうを目立たせたい場合など、写真を文章の上に配置することができます。また、文章の背景に写真を配置することもできます。
配置するには、［図の形式］タブ（word 2019／2016では図ツールの［書式］タブ）の［文字の折り返し］をクリックするか、［レイアウトオプション］をクリックして、［前面］または［背面］をクリックします。ただし、前面に配置すると文字が隠れてしまったり、背面に配置すると文字が読みづらくなってしまうので、利用する場合は注意が必要です。 参照▶Q 408

1 写真を選択して、
2 ［レイアウトオプション］をクリックして、

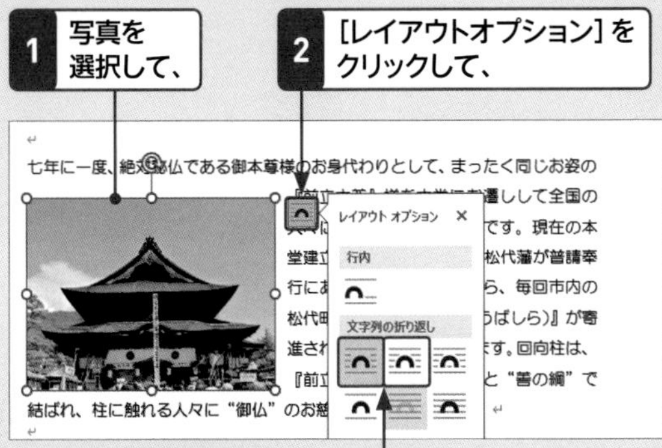
七年に一度、絶対秘仏である御本尊様のお身代わりとして、まったく同じお姿の
レイアウト オプション
行内
文字列の折り返し
結ばれ、柱に触れる人々に"御仏"のお慈

3 ［背面］または［前面］をクリックします。

● ［背面］

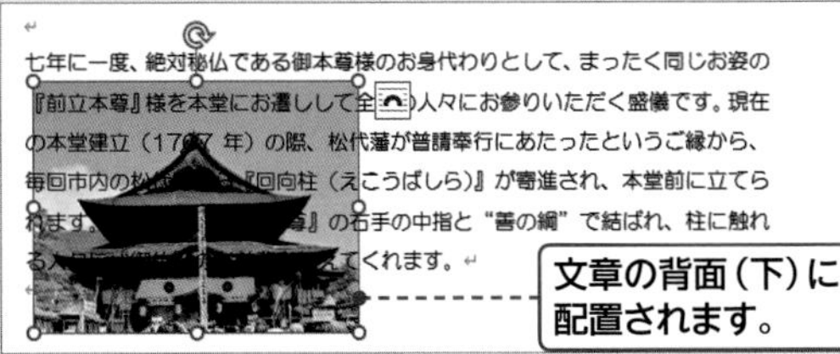
七年に一度、絶対秘仏である御本尊様のお身代わりとして、まったく同じお姿の
『前立本尊』様を本堂にお遷しして全国の人々にお参りいただく盛儀です。現在
の本堂建立（1707年）の際、松代藩が普請奉行にあたったというご縁から、
毎回市内の松代町より『回向柱（えこうばしら）』が寄進され、本堂前に立てら
れます。『前立本尊』の右手の中指と"善の綱"で結ばれ、柱に触れ
てくれます。

文章の背面（下）に配置されます。

● ［前面］

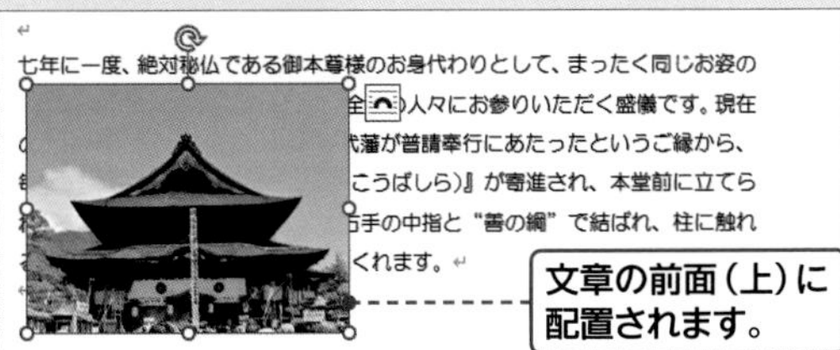
七年に一度、絶対秘仏である御本尊様のお身代わりとして、まったく同じお姿の
全国の人々にお参りいただく盛儀です。現在
松代藩が普請奉行にあたったというご縁から、
こうばしら)』が寄進され、本堂前に立てら
右手の中指と"善の綱"で結ばれ、柱に触れ
くれます。

文章の前面（上）に配置されます。

重要度 ★★★　画像

Q 454 写真の一部分だけを表示したい！

A ［書式］タブの［トリミング］を利用します。

トリミングとは、写真の不要な部分を隠す作業のことです。写真を選択して、ハンドルにマウスポインターを合わせてトリミングの形になったら、［トリミング］をクリックし、ハンドルをドラッグすると、写真が切り取られます。なお、［トリミング］による切り取りはWord文書上のみの処理なので、もとの写真データに変化はありません。また、トリミングをもとに戻したい場合は、［図のリセット］をクリックします。 参照▶Q 465

1 写真を選択して、
2 ［トリミング］の上をクリックします。

図の形式
トリミング
保護猫の里親募集中！

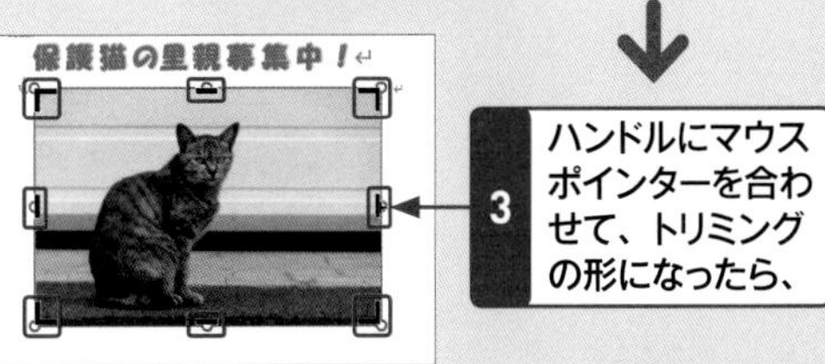
保護猫の里親募集中！

3 ハンドルにマウスポインターを合わせて、トリミングの形になったら、

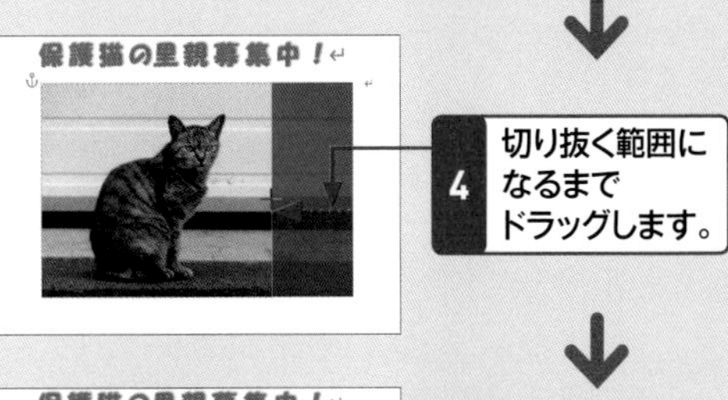
保護猫の里親募集中！

4 切り抜く範囲になるまでドラッグします。

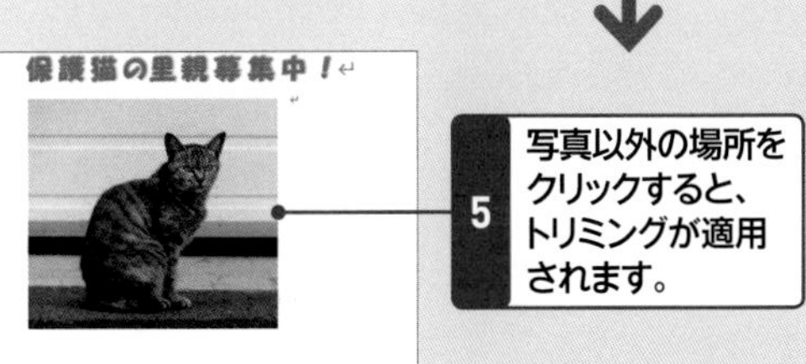
保護猫の里親募集中！

5 写真以外の場所をクリックすると、トリミングが適用されます。

重要度★★★ 画像

Q 455 写真を好きな形で見せたい！

A ［図に合わせてトリミング］を利用します。

写真を選択して、［図の形式］タブ（word 2019／2016では図ツールの［書式］タブ）の［トリミング］の下部分をクリックし、［図に合わせてトリミング］をクリックして、図形を選択します。この処理はWord文書上のみの処理なので、もとの写真データに変化はありません。

1 写真を選択して、
2 ［トリミング］の下をクリックし、
3 ［図形に合わせてトリミング］をクリックして、
4 図形（ここでは［雲］）をクリックします。
5 写真が雲の形に切り取られます。
保護猫の里親募集中！

重要度★★★ 画像

Q 456 写真の周囲をぼかしたい！

A ［図の効果］の［ぼかし］を利用します。

写真を選択して、［図の形式］タブ（word 2019／2016では図ツールの［書式］タブ）の［図の効果］をクリックして、［ぼかし］から種類を選択します。なお、［ぼかしのオプション］をクリックして［図の書式設定］作業ウィンドウで詳細の設定ができます。この加工はWord文書上のみの処理なので、もとの写真データに変化はありません。

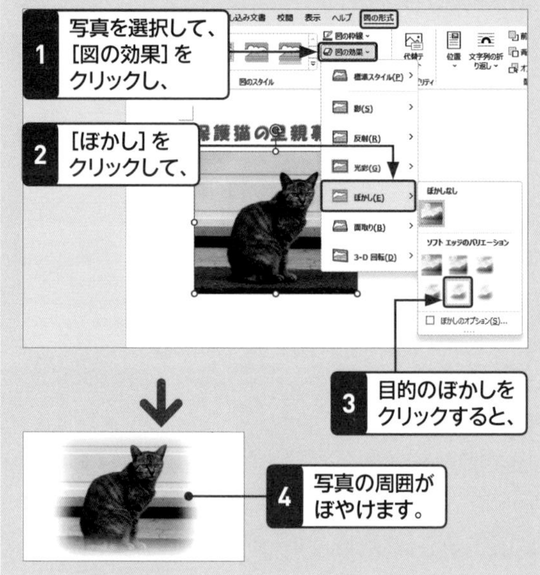

1 写真を選択して、［図の効果］をクリックし、
2 ［ぼかし］をクリックして、
3 目的のぼかしをクリックすると、
4 写真の周囲がぼやけます。

重要度★★★ 画像

Q 457 写真の周囲に影を付けたい！

A ［図の効果］で［影］を選びます。

写真を選択して、［図の形式］タブ（word 2019／2016では図ツールの［書式］タブ）の［図の効果］をクリックして、［影］から種類を選択します。メニュー下の［影のオプション］をクリックして［図の書式設定］作業ウィンドウで詳細設定ができます。この加工はWord文書上のみの処理なので、もとの写真データに変化はありません。

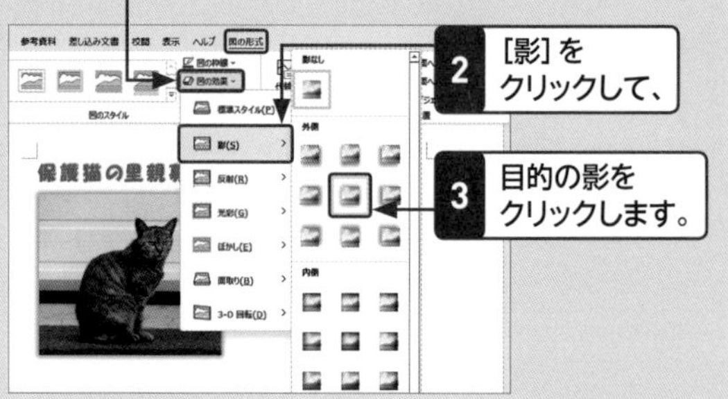

重要度 ★★★ 画像

Q 458 写真の背景を削除したい！

A ［背景の削除］を利用します。

写真の背景を削除するには、写真を選択して、[図の形式]タブ（word 2019／2016では図ツールの［書式］タブ）の［背景の削除］をクリックし、範囲を指定します。背景が残る場合は、[削除する領域としてマーク]をクリックして、背景部分をクリックまたはドラッグします。また、背景でない部分が削除される場合は、[保持する領域としてマーク]をクリックして、必要な部分を選択します。この加工はWord文書上のみの処理なので、もとの写真データに変化はありません。なお、写真によっては、背景を削除できない場合があります。

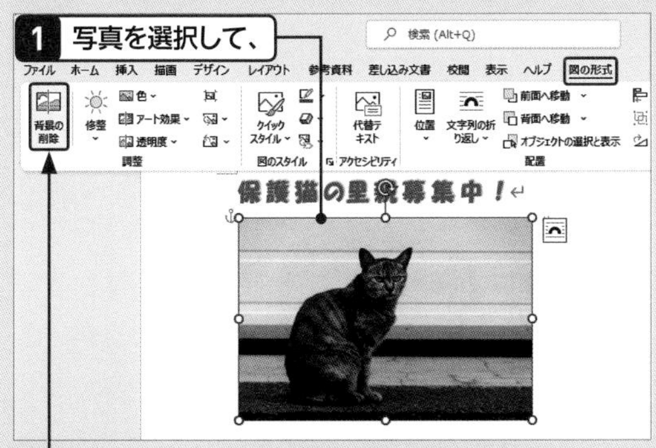

1 写真を選択して、

2 ［背景の削除］をクリックすると、

3 削除部分がこのように表示されます。

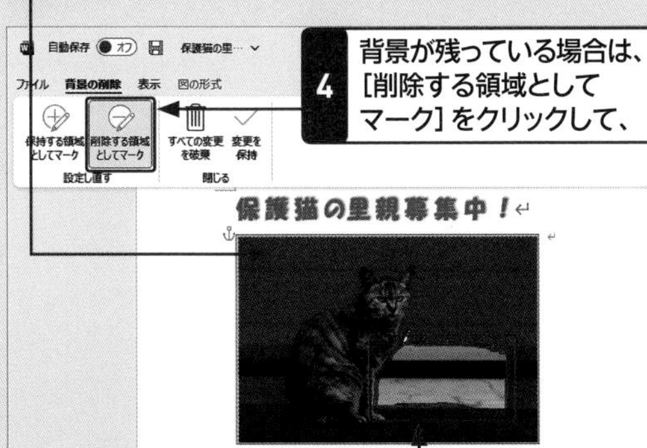

4 背景が残っている場合は、［削除する領域としてマーク］をクリックして、

5 削除する部分をクリックしたり、ドラッグして囲んだりして選択します。

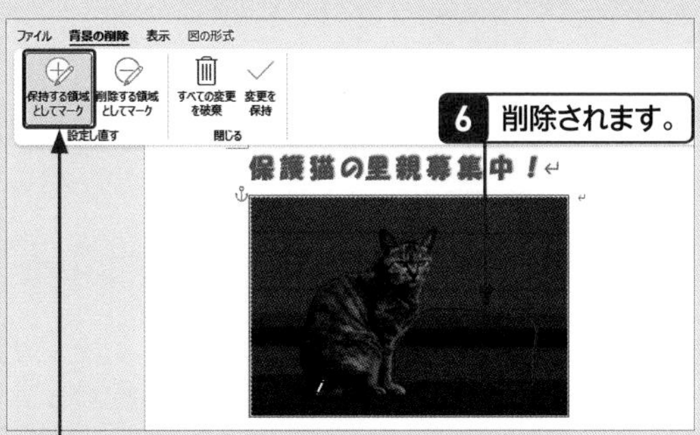

6 削除されます。

7 削除を解除したい場合は、［保持する領域としてマーク］をクリックして、

8 戻す部分を選択します。

9 背景がすべて削除部分になったら、［変更を保持］をクリックします。

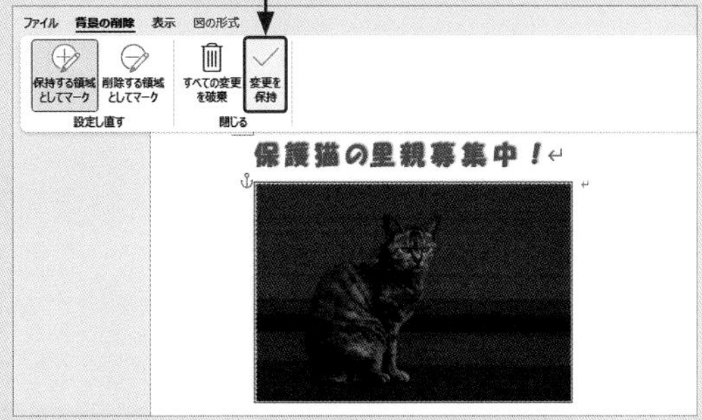

10 背景が削除されました。

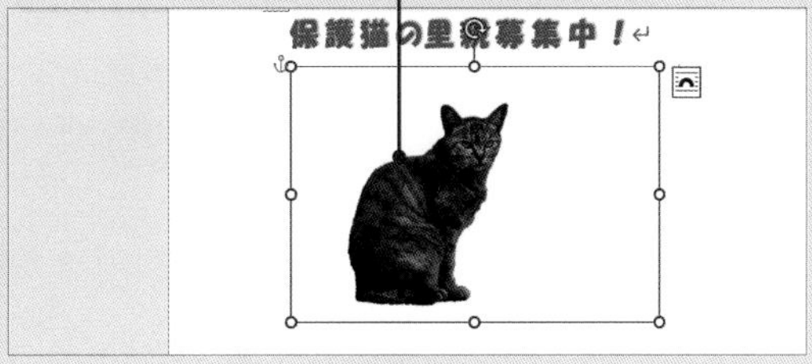

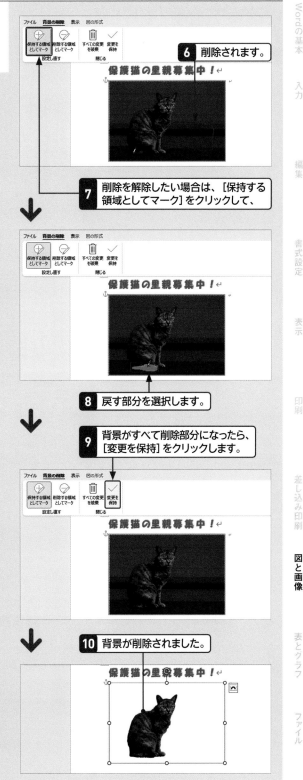

重要度 ★★★ 画像

Q 459 写真の中に文字を入れたい!

A テキストボックスを写真の上に配置します。

テキストボックスを挿入するには、[挿入]タブの[テキストボックス]をクリックして、「横書き(縦書き)テキストボックスの描画]をクリックし、写真の上でドラッグします。
テキストボックス内に文字を入力して、書式設定をします。このとき、文字が目立つようなフォントや色、枠線の色などを使うとよいでしょう。テキストボックスを塗りつぶしなし、線なしにすると、文字だけが写真に入ります。

参照▶Q 418

1 テキストボックスを作成します。

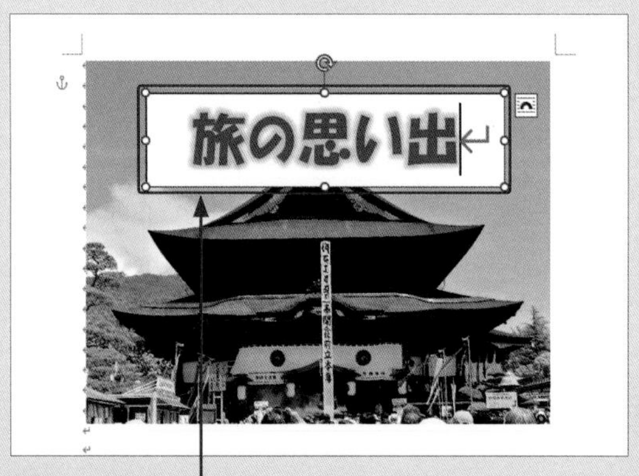

2 文字を入力して、フォントや色、文字効果などを設定します。

3 [図形の塗りつぶし]の右側をクリックして、

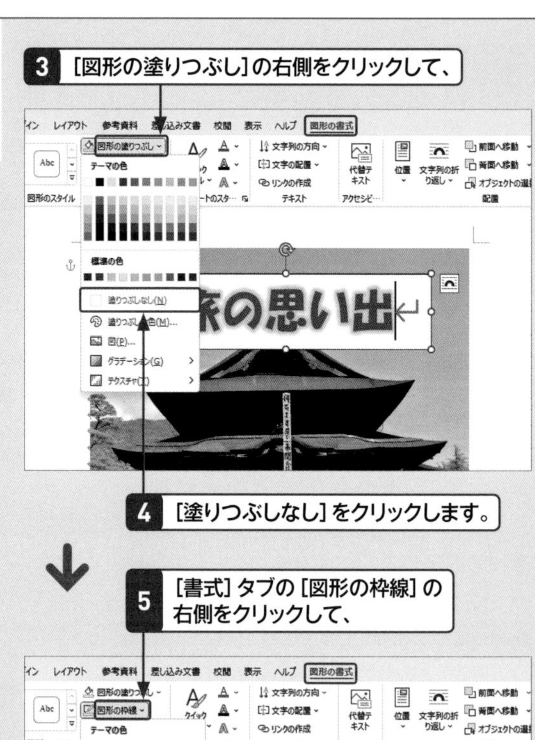

4 [塗りつぶしなし]をクリックします。

5 [書式]タブの[図形の枠線]の右側をクリックして、

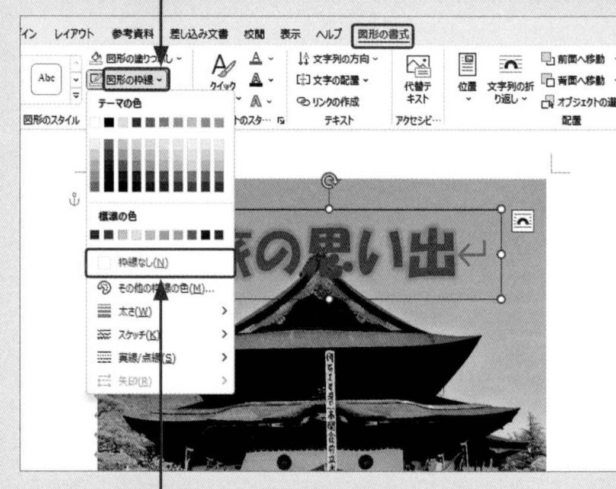

6 [枠線なし]をクリックします。

7 写真に文字が入ります。

重要度 ★★★　画像

Q 460 暗い写真を明るくしたい！

A ［明るさ］で目的の明るさを指定します。

暗い写真を明るくするには、［図の形式］タブ（word 2019／2016では図ツールの［書式］タブ）の［修整］で、目的の明るさを指定します。
明るさを指定したあとでもとに戻す場合は、手順**3**で［明るさ/コントラスト］の一覧の中央の写真を選びます。そのほか、直後なら［ホーム］タブの［元に戻す］をクリックするか、［図のリセット］をクリックしても戻せます。

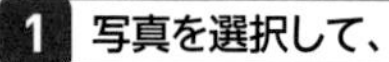

2 ［修整］をクリックし、

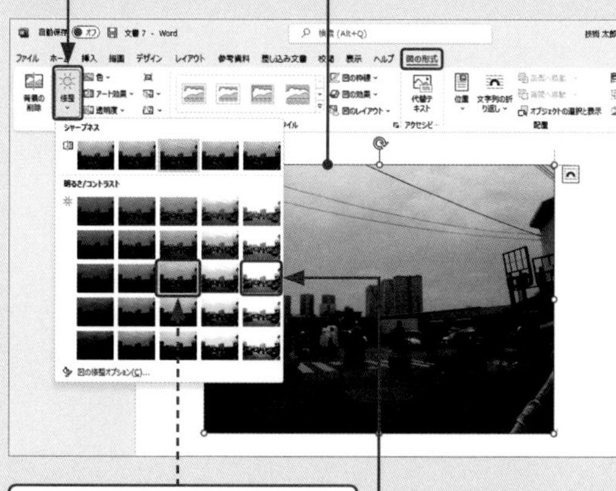

この明るさがもとの写真です。

3 ［明るさ/コントラスト］から目的の明るさをクリックすると、

4 写真が補正されます。

重要度 ★★★　画像

Q 461 カラー写真をモノクロで使いたい！

A ［色の変更］から［グレースケール］を選択します。

写真を選択して、［図の形式］タブ（word 2019／2016では図ツールの［書式］タブ）の［色］をクリックし、表示される一覧から［グレースケール］をクリックすると、写真がモノクロになります。
また、［白黒］をクリックすると、写真の明るい部分を白、暗い部分を黒にした写真になります。

1 写真を選択して、［色］をクリックし、

2 ［グレースケール］をクリックします。

● もとの写真

● グレースケール

● 白黒50%

重要度 ★★★ 画像

写真を文書の背景として使いたい!

A1 写真を背面においてウォッシュアウトにします。

写真を挿入して、必要なサイズまで拡大し、[レイアウトオプション]の文字列の折り返しを「背面」にします。[図の形式]タブ（word 2019／2016では図ツールの[書式]タブ）の[色]をクリックし、[ウォッシュアウト]をクリックします。 参照▶Q 460

1 写真を拡大して配置します。

2 ここをクリックして、

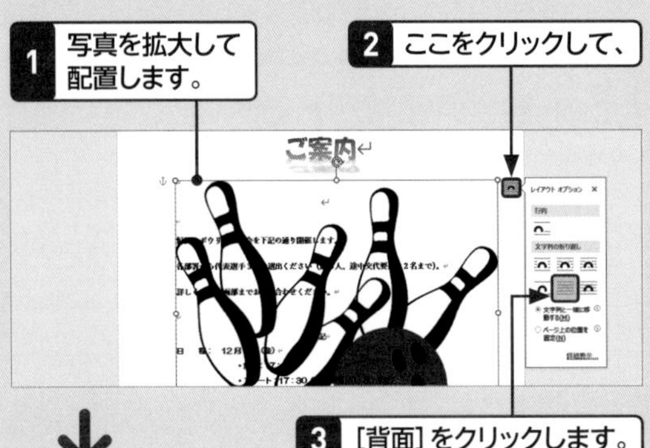

3 [背面]をクリックします。

4 写真を選択したまま、[色]をクリックして、

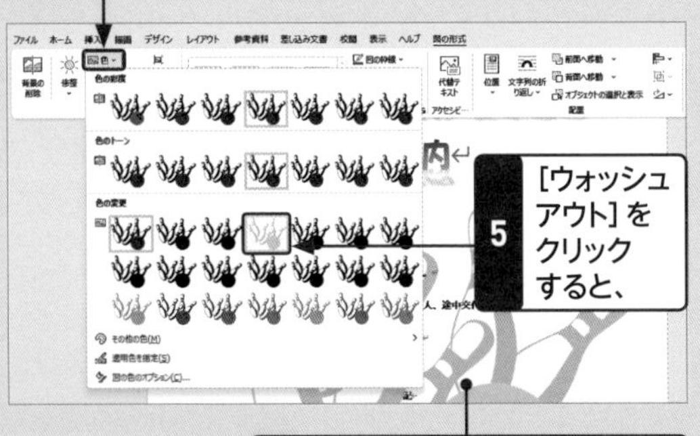

5 [ウォッシュアウト]をクリックすると、

6 写真が文書の背景になります。

A2 [透かし]を利用します。

「透かし」機能は文書の背面に配置する機能で、通常は文字を指定しますが、画像（図）を指定することができます。[デザイン]タブの[透かし]から[ユーザー設定の透かし]をクリックして、[透かし]画面で手順のように操作します。 参照▶Q 257

1 [図]をクリックして、

2 [図の選択]をクリックします。

3 [ファイルから]をクリックして、[図の挿入]画面を表示します。

4 写真をクリックして、

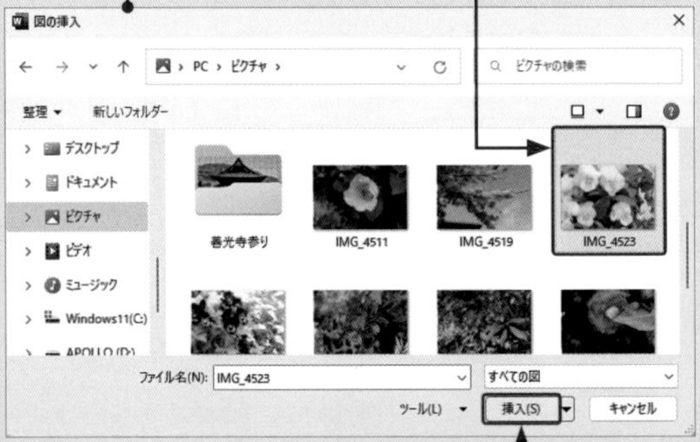

5 [挿入]をクリックします。

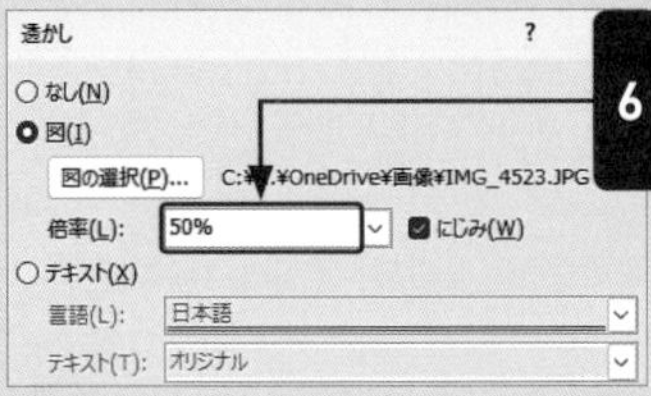

6 [50]に指定して、[OK]をクリックすると、

7 写真が背景になります。

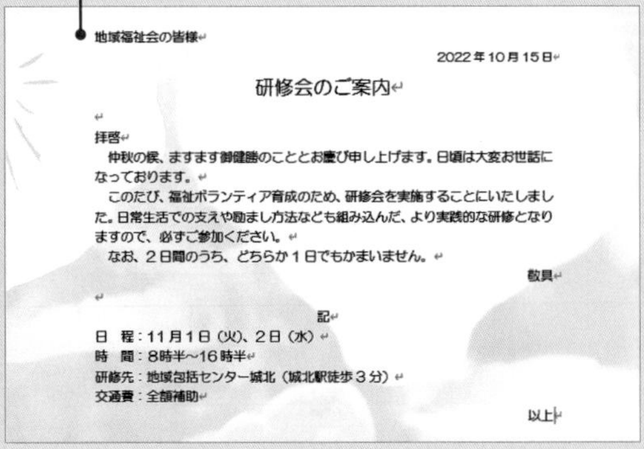

地域福祉会の皆様

2022年10月15日

研修会のご案内

拝啓
仲秋の候、ますますご健勝のこととお慶び申し上げます。日頃は大変お世話になっております。
このたび、福祉ボランティア育成のため、研修会を実施することにいたしました。日常生活での支えや励まし方法なども組み込んだ、より実践的な研修となりますので、必ずご参加ください。
なお、2日間のうち、どちらか1日でもかまいません。

敬具

記

日　程：11月1日（火）、2日（水）
時　間：8時半～16時半
研修先：地域包括センター城北（城北駅徒歩3分）
交通費：全額補助

以上

Q 463 写真にフレームを付けたい！

A [クイックスタイル]ギャラリーで設定します。

写真を選択して、[図の形式]タブ（word 2019／2016では図ツールの［書式］タブ）の［クイックスタイル］ギャラリーから選択します。フレームはさまざまな種類があるので、写真に合わせて選ぶことができます。なお、フレームを付けるとスペースが拡大されるものがあり、文字列の折り返しやレイアウトに影響する場合があります。

1 写真を選択して、

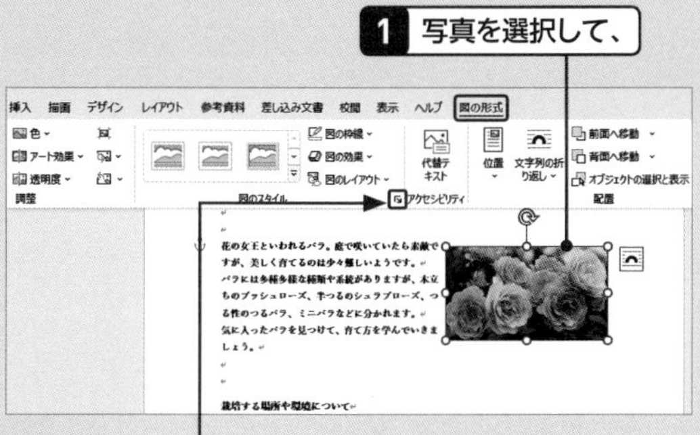

2 ここをクリックします。

3 目的のフレームをクリックすると、

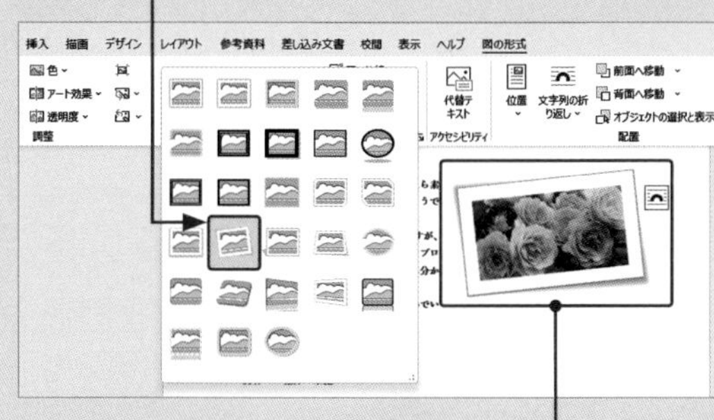

4 フレームが付きます。

●楕円、ぼかし

●メタルフレーム

Q 464 写真を芸術作品のように見せたい！

A [アート効果]を利用します。

写真を選択して、[図の形式]タブ（word 2019／2016では図ツールの［書式］タブ）の［アート効果］を利用すると、鉛筆書きのスケッチ風にしたり、ガラスを通して見た絵のようになったりと、写真にさまざまな効果を付けることができます。

取り消したい場合は、[アート効果]をクリックして左上のもとの写真をクリックするか、[図のリセット]をクリックします。

また、[アート効果のオプション]をクリックすると表示される［図の書式設定］作業ウィンドウから自由にアート効果を付けることもできます。

1 写真を選択して、

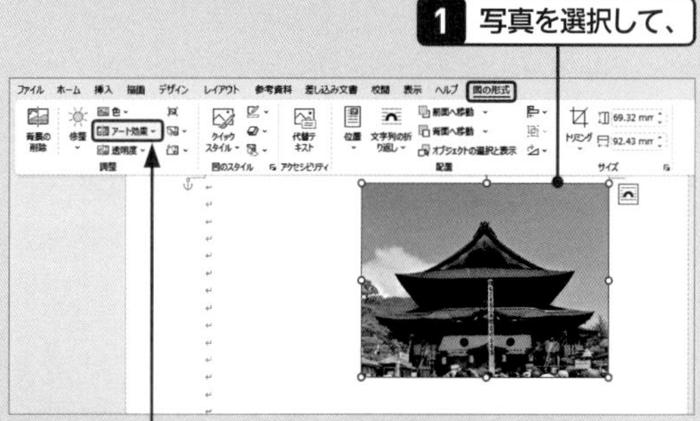

2 [アート効果]をクリックします。

3 効果（ここでは[鉛筆:モノクロ]）をクリックします。

4 効果が付きます。

重要度 ★★★　画像

Q 465 変更した写真をもとに戻したい！

A ［図のリセット］を利用します。

写真にさまざまな修整を加えたあとで、最初の状態の写真に戻したい場合は、［図の形式］タブ（word 2019／2016では図ツールの［書式］タブ）の［図のリセット］をクリックします。

また、［図のリセット］の をクリックすると、図への修整のみをリセットする［図のリセット］と、図への修正に加えサイズもリセットする［図とサイズのリセット］を選ぶことができます。

なお、変更直後なら、［ホーム］タブの［元に戻す］をクリックしても戻せます。

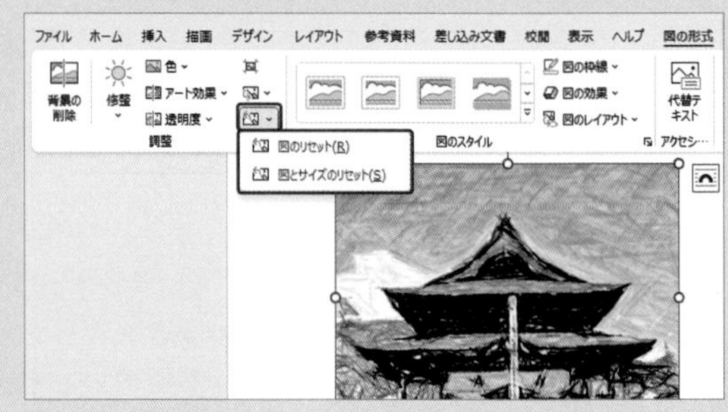

重要度 ★★★　画像

Q 466 変更した画像をファイルとして保存したい！

A ［図として保存］を利用します。

写真、スクリーンショットなどは、Word文書の中のオブジェクトとして保存されますが、編集した画像自体をファイルとして保存することが可能です。

写真を右クリックして、［図として保存］をクリックします。［図として保存］ダイアログボックスでファイル名を指定して、［ファイルの種類］で種類を選択します。

［なお、図として保存する際の注意として、いったんビットマップ画像にした画像は、拡大するとピクセルが大きく（粗く）なってしまいます。また、文書内の画像はもとの画像が高画質であっても、通常の保存では圧縮され画質が低下します。保存する際には、図を圧縮しないようにします。

1 Word文書に挿入して編集した画像を右クリックして、

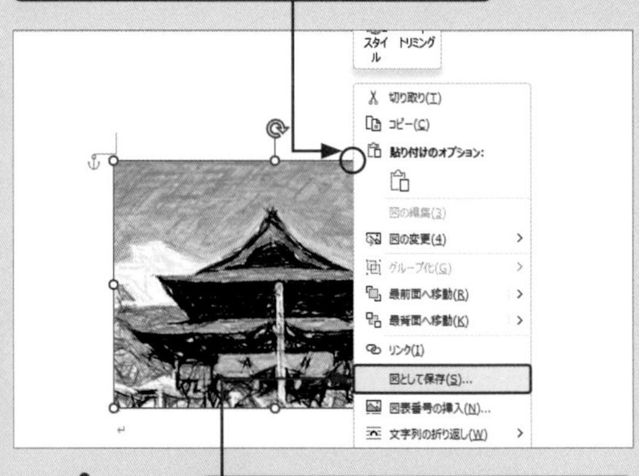

2 ［図として保存］をクリックします。

3 ［図として保存］ダイアログボックスが表示されるので、

4 ファイル名を入力して、

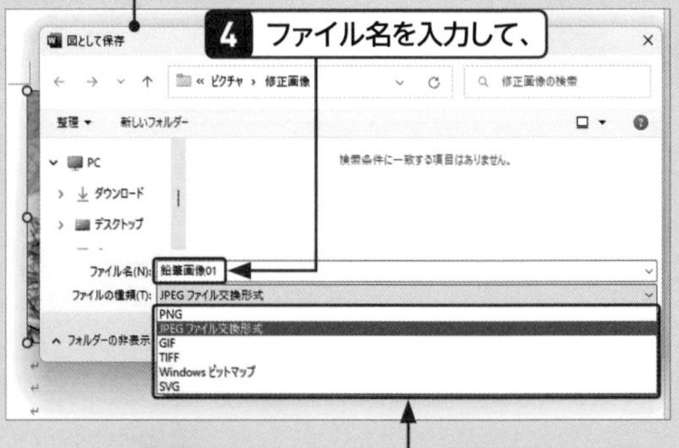

5 ［ファイルの種類］で保存したい形式をクリックして、［保存］をクリックします。

第9章

表とグラフの「こんなときどうする?」

重要度 ★★★　表の作成

Q 467 表を作りたい！

A [挿入]タブの[表]を利用します。

表を作成する方法はいくつかありますが、[挿入]タブの[表]をクリックして、表のマス目をマウスで選択するのがいちばんかんたんです。

表を作成して、表内にカーソルを移動したり、表を選択したりすると、[テーブルデザイン]タブと[レイアウト]タブ（Word 2019／2016では表ツールの[デザイン]タブと[レイアウト]タブ）が表示されます。ここには、表の編集に必要な機能が用意されています。なお、[レイアウト]タブは通常のリボンタブもあるため、本書では「右端の[レイアウト]タブ」と表記します。

表のマス目1つ1つを「セル」と呼びます。セル内にカーソルを移動して、文字を入力します。キーボードで右隣のセルに移動するにはTabあるいは→を押します。

● Word 2019／2016の場合

表ツールの[デザイン]タブと[レイアウト]タブが表示されます。

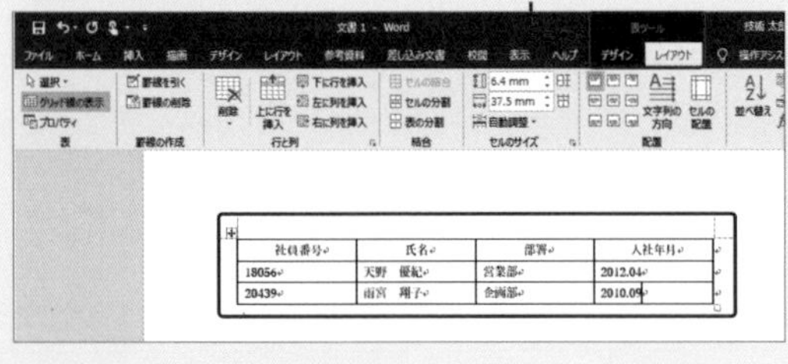

1 [挿入]タブをクリックして、

2 [表]をクリックします。

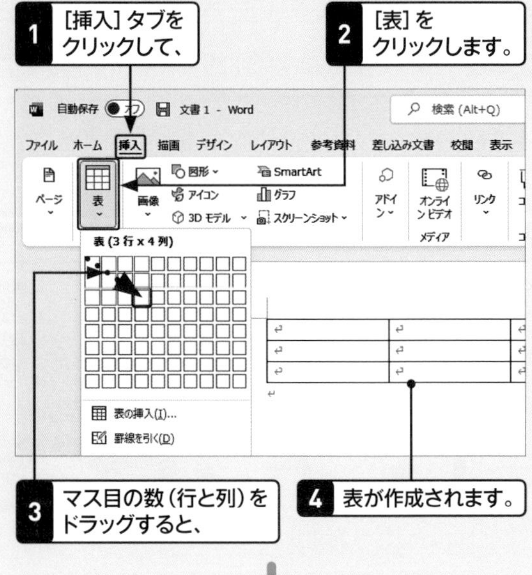

3 マス目の数（行と列）をドラッグすると、

4 表が作成されます。

[テーブルデザイン]タブと[レイアウト]タブが表示されます。

5 文字や数字を入力して、配置します。

重要度 ★★★　表の作成

Q 468 表全体をかんたんに削除したい！

A 表を選択してBackSpaceを押します。

表の左上に表示される⊞をクリックすると、表全体が選択されます。表全体を選択してBackSpaceを押すと、表を削除できます。あるいは、右端の[レイアウト]タブの[削除]をクリックし、[表の削除]をクリックします。

1 ここをクリックして表を選択します。

2 [削除]をクリックして、

3 [表の削除]をクリックします。

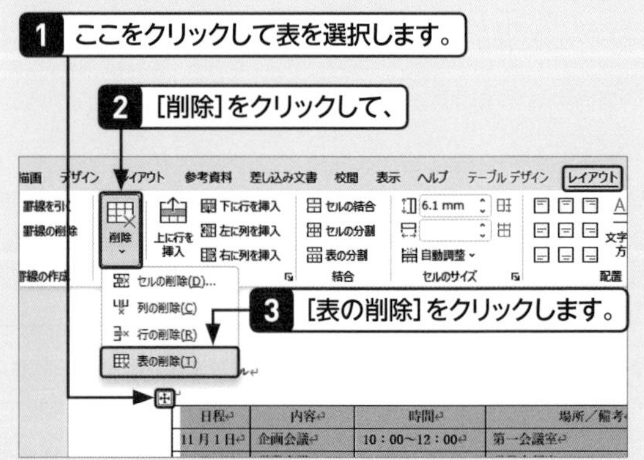

重要度 ★★★ 表の作成

Q 469 表は残して文字だけ削除したい!

A 表を選択して Delete を押します。

表の左上の ⊞ をクリックして表全体を選択し、Delete を押せば、表の罫線だけ残して文字を削除できます。

1 ここをクリックして表全体を選択し、Delete を押します。

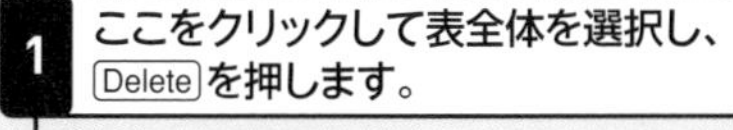

日程	内容	時間	場所／備考
11月1日	企画会議	10：00～12：00	第一会議室
11月1日	営業会議	13：15～14：30	営業本部室
11月1日	制作担当者会議	16：00～17：30	第三会議室

2 文字だけが削除されます。

重要度 ★★★ 表の作成

Q 470 最初からデザインされた表を利用したい!

A [クイック表作成]を利用します。

[挿入]タブの[表]から[クイック表作成]をクリックすると、あらかじめデザインされた表を利用することができます。カレンダーなどイメージに合うものを選んで、修正をすれば作成がスムーズです。

1 [挿入]タブの[表]をクリックして、

2 [クイック表作成]をクリックし、

3 目的の表のスタイルをクリックします。

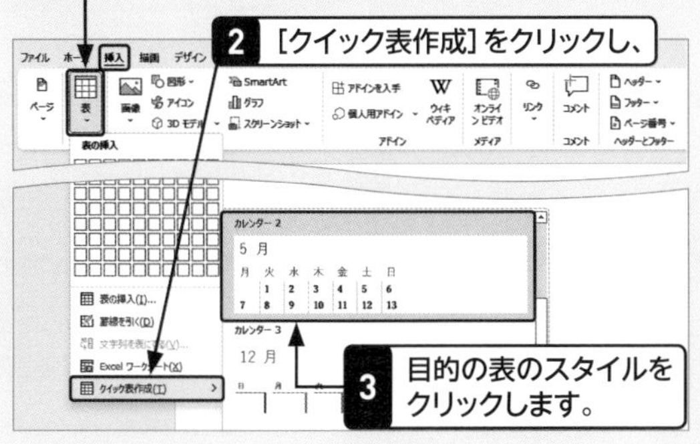

重要度 ★★★ 表の作成

Q 471 Excel感覚で表を作成したい!

A [Excelワークシート]を利用します。

[挿入]タブの[表]から[Excelワークシート]をクリックすると、Excelのワークシートが挿入されます。Excelと同じ操作で表を作成できます。
なお、この機能はMicrosoft Excelがインストールされていなければ利用できません。

1 [挿入]タブの[表]をクリックして、

2 [Excelワークシート]をクリックすると、

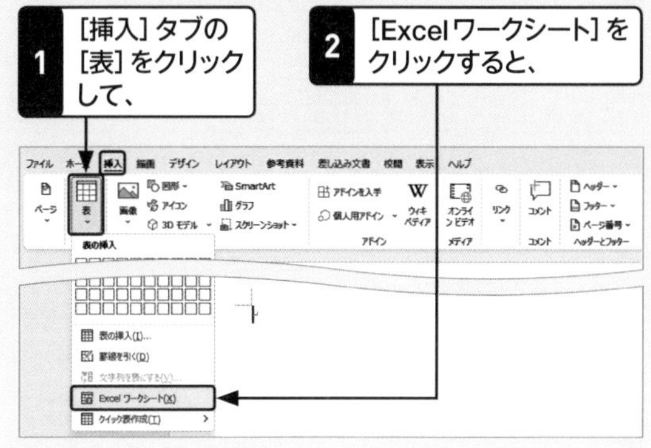

3 Excelのワークシートが挿入されるので、表を作成します。

Excel用のリボンに変わります。

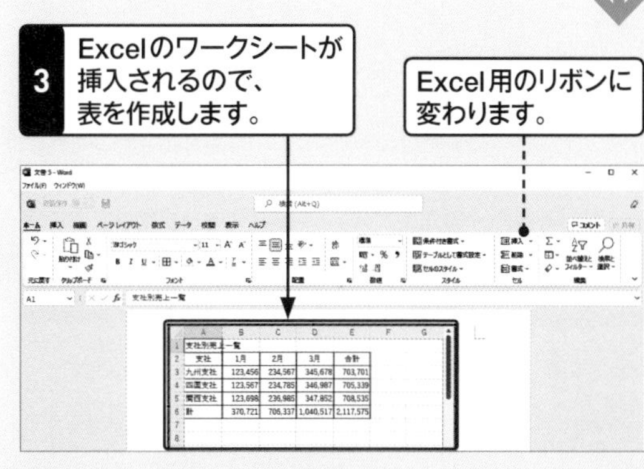

支社別売上一覧				
支社	1月	2月	3月	合計
九州支社	123,456	234,567	345,678	703,701
四国支社	123,567	234,785	346,987	705,339
関西支社	123,698	236,985	347,852	708,535
計	370,721	706,337	1,040,517	2,117,575

4 ワークシート以外の部分をクリックすると、Word文書内に表として表示されます。

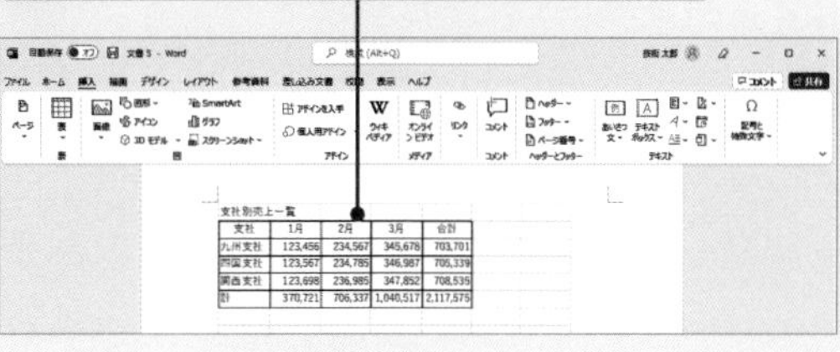

重要度 ★★★ 表の編集

Q 472 入力済みの文字列を表組みにしたい!

A [表の挿入]を利用します。

文字列を表にする場合、あらかじめタブやカンマで区切って表のもととなる文字を入力しておきます。
表にする部分を選択し、[挿入]タブの[表]から[表の挿入]をクリックします。

1 表の文字列をタブで区切って入力します。

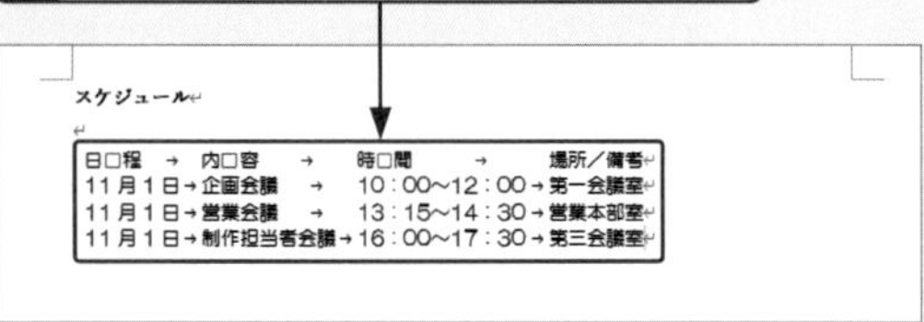

2 文字列を選択して、

3 [挿入]タブの[表]をクリックします。

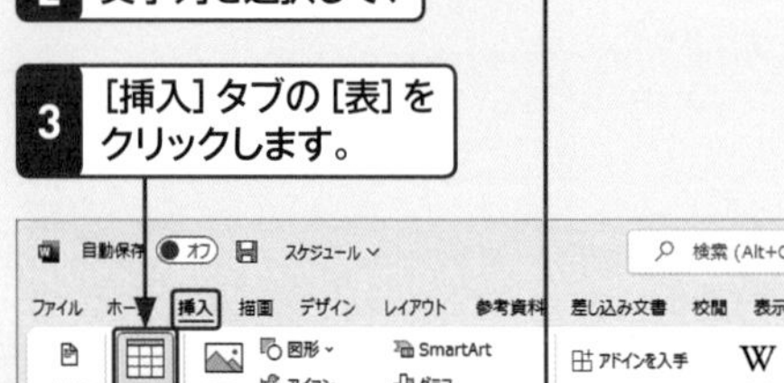

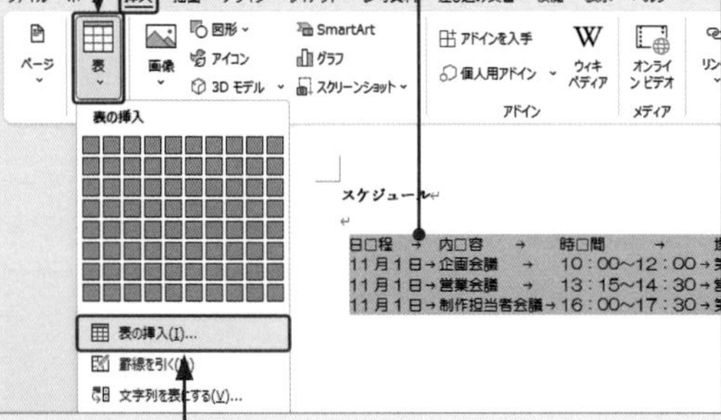

4 [表の挿入]をクリックすると、

5 選択した部分が表に変換されます。

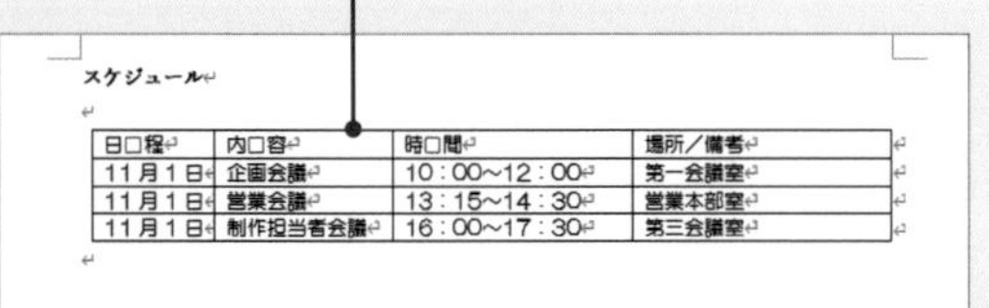

重要度 ★★★ 表の編集

Q 473 文字は残して表だけを削除したい!

A [表の解除]を利用します。

表だけを削除したい場合は、まず表全体を選択するか、表内にカーソルを移動して表を選択します。右端の[レイアウト]タブの[表の解除]をクリックすると、[表の解除]ダイアログボックスが表示されるので、文字の区切り方を選択すると、表が消えて文字列のみになります。

1 表を選択します。

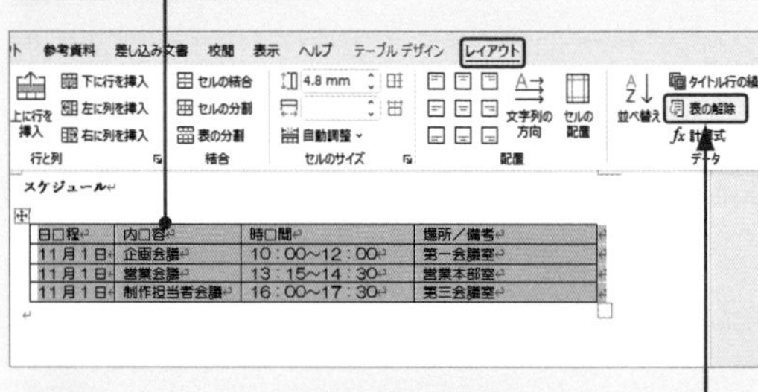

2 [レイアウト]タブの[表の解除]をクリックします。

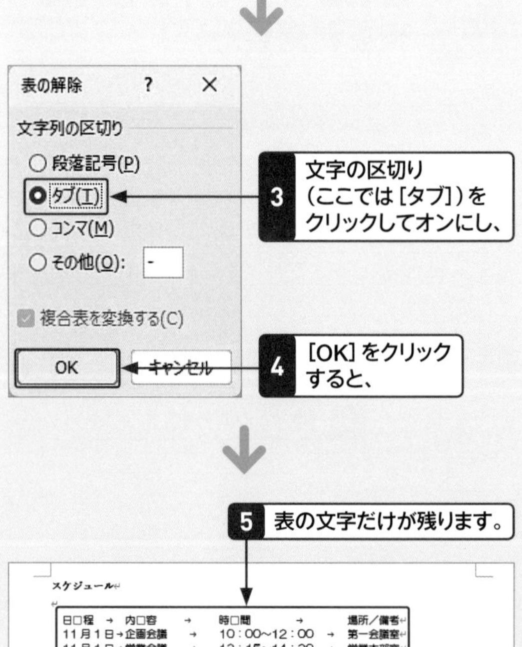

3 文字の区切り(ここでは[タブ])をクリックしてオンにし、

4 [OK]をクリックすると、

5 表の文字だけが残ります。

日□程	内□容	時□間	場所/備考
11月1日	企画会議	10:00~12:00	第一会議室
11月1日	営業会議	13:15~14:30	営業本部室
11月1日	制作担当者会議	16:00~17:30	第三会議室

重要度★★★　表の編集

Q474 表の2ページ目にも見出し行を表示したい！

A ［タイトル行の繰り返し］を利用します。

2ページ以上にわたる表では、2ページ以降の先頭行の見出し（タイトル行）が表示されないので、項目がわかりづらくなります。こういうときは、すべてのページの先頭にタイトル行が入るようにするとよいでしょう。タイトル行を選択して、右端の［レイアウト］タブの［タイトル行の繰り返し］をクリックします。

2ページ以降はタイトル行がありません。

	喜多川□優実	K-029345	お試し3か月	コース案内中

	佐々木□えみり	S-034568	3年	
	嘉多蔵□七海	K-039567	3年	
	春山□寿美礼	H-006325	5年	
	野口□優里奈	N-077823	3年	

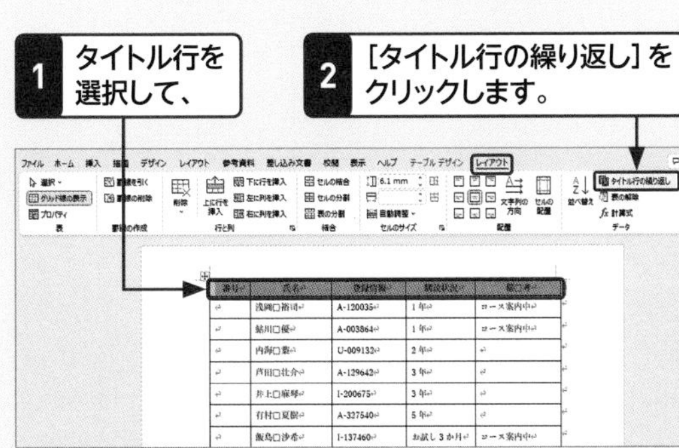

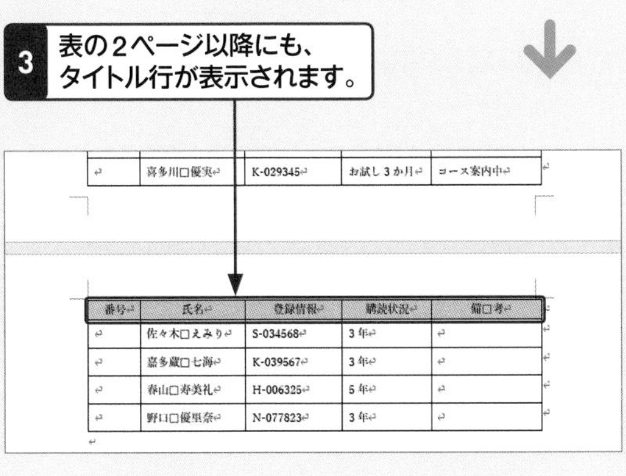

	喜多川□優実	K-029345	お試し3か月	コース案内中

番号	氏名	登録情報	購読状況	備□考
	佐々木□えみり	S-034568	3年	
	嘉多蔵□七海	K-039567	3年	
	春山□寿美礼	H-006325	5年	
	野口□優里奈	N-077823	3年	

重要度★★★　表の編集

Q475 表全体を移動したい！

A 表のハンドルをドラッグします。

表内にカーソルを入れると表示される表の移動ハンドルをドラッグすると、表を移動できます。また、［表のプロパティ］を利用すると、表の配置を左揃え、中央揃え、右揃え、あるいは左揃えで左端からのインデント（字下げ）位置を指定できます。［表のプロパティ］を表示するには、右端の［レイアウト］タブの［プロパティ］をクリックします。

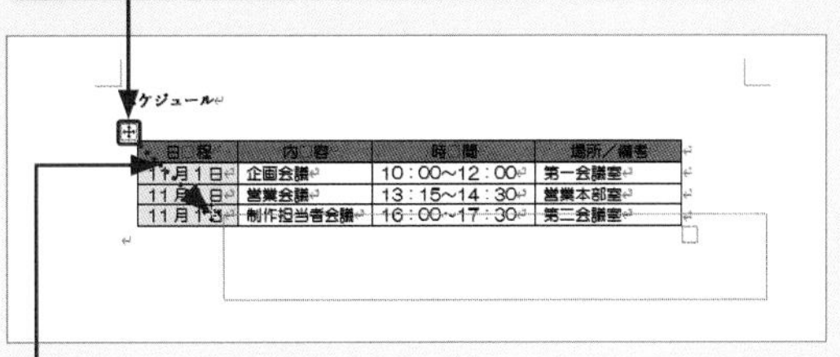

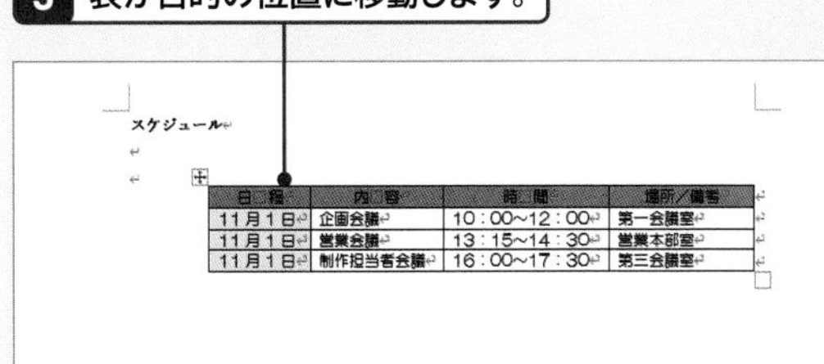

日□程	内□容	時□間	場所／備考
11月1日	企画会議	10：00〜12：00	第一会議室
11月1日	営業会議	13：15〜14：30	営業本部室
11月1日	制作担当者会議	16：00〜17：30	第三会議室

● 表のプロパティ

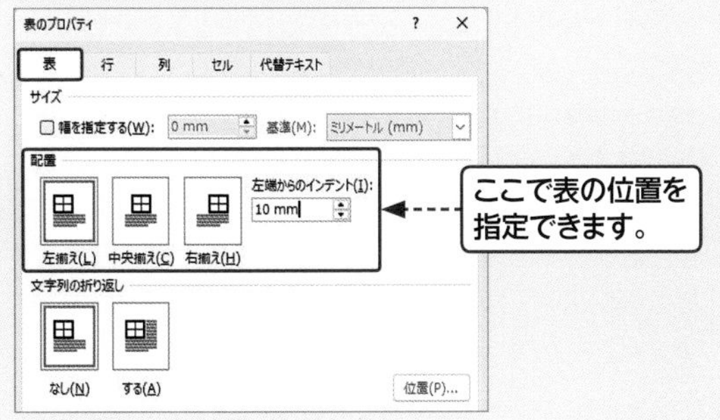

重要度★★★ 表の編集

Q 476 表の下の部分が次のページに移動してしまった！

A 段落の設定を変更します。

段落の設定で、[次の段落と分離しない]や[段落前で改ページする]がオンになっていると、表の下の部分が次のページへ移動してしまうことがあります。
[ホーム]タブの[段落]グループ右下にある をクリックして表示される[段落]ダイアログボックスの[改ページと改行]タブで、これらをクリックしてオフにします。

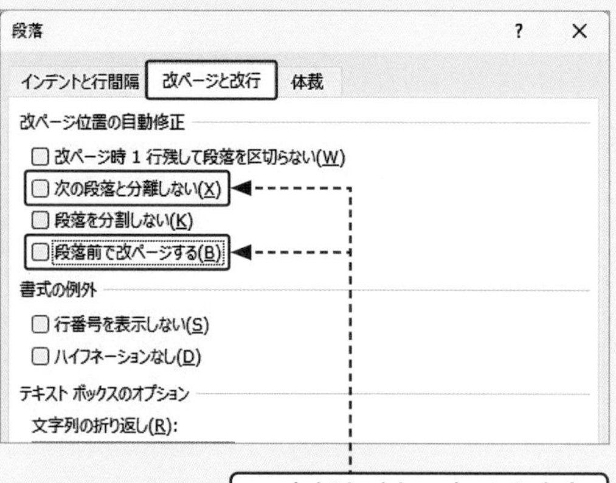

重要度★★★ 表の編集

Q 477 表全体のサイズをかんたんに変更したい！

A 表をドラッグしてサイズを変更します。

表の右下の角にマウスポインターを移動し、 の形になったらそのままドラッグすればサイズを変更できます。

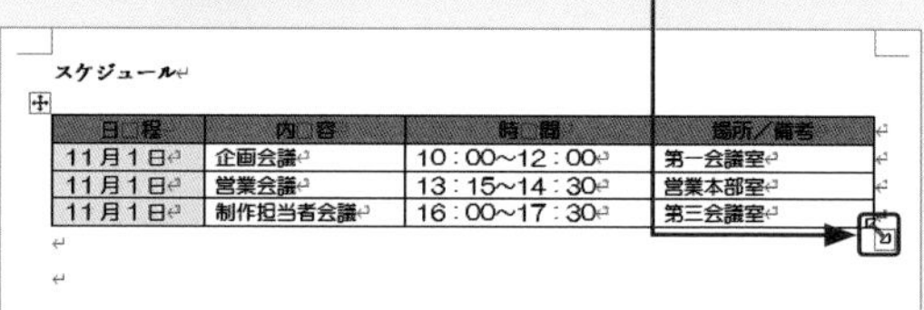

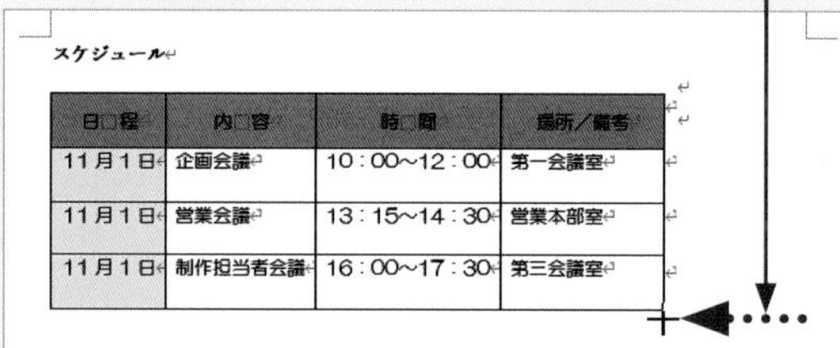

重要度★★★ 表の編集

Q 478 列の幅や行の高さを変更したい！

A 表の罫線にマウスポインターを合わせてドラッグします。

列の幅を変更するには、変更したい列の罫線の上にマウスポインターを合わせると、の形になるので、そのまま変更したい左右の方向にドラッグします。
行の高さを変更するには、変更したい行の罫線の上にマウスポインターを合わせると、 の形になるので、そのまま変更したい上下の方向にドラッグします。
もとのサイズに戻したい場合は、ドラッグで戻すのではなく、[ホーム]タブの[元に戻す] をクリックします。

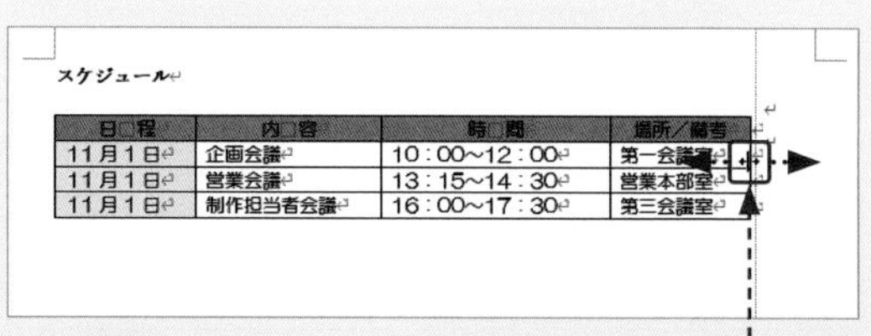

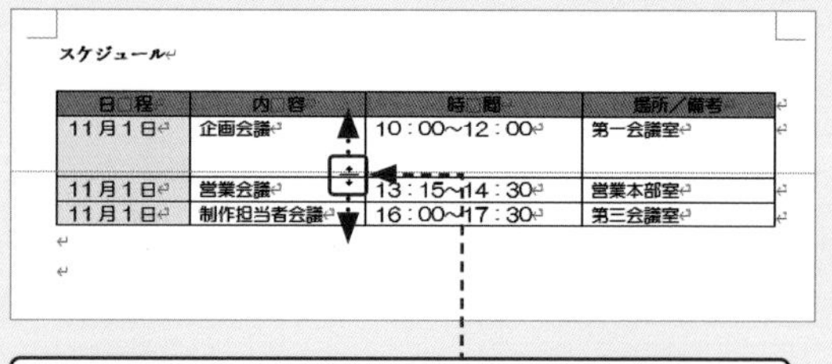

重要度 ★★★ 表の編集

Q 479 一部のセルだけ幅を変更したい！

A 目的のセルだけを選択してからドラッグします。

一部のセルの幅を変更したい場合は、最初にセルを選択します。セルを選択するには、マウスカーソルをセルの左下に移動し、➚の形になったらクリックします。セルを選択したら、縦線にマウスポインターを合わせて⇹になったらドラッグします。

1 セルにマウスポインターを合わせてクリックし、

受付シフト

担当	10：00～11：00	11：00～12：00	12：00～13：00
山崎			
江藤			
五十嵐			
森			

幅をもとに戻したい場合は、同様にしてドラッグします。ただし、ほかの行と揃わなくなった場合は、表全体の幅を揃える必要があります。

参照▶Q 482, Q 484

2 セルを選択します。

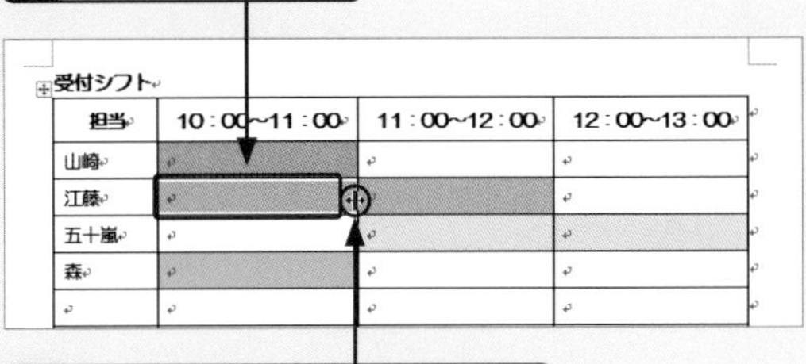

3 線にマウスポインターを合わせ、

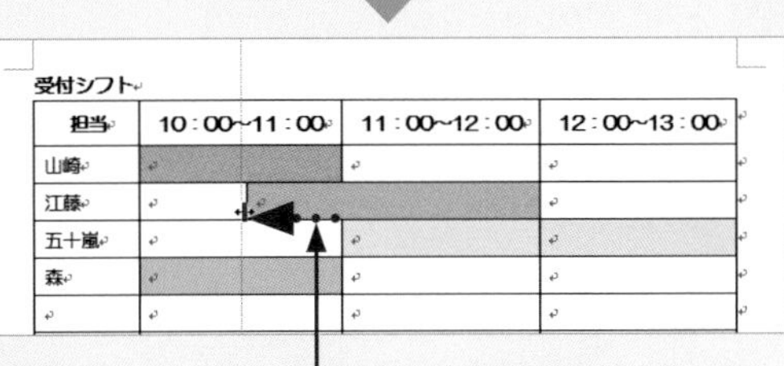

4 ドラッグすると、特定のセルの幅を変更できます。

重要度 ★★★ 表の編集

Q 480 列の幅や行の高さを均等に揃えたい！

A [幅を揃える]や[高さを揃える]を利用します。

表を選択して、右端の[レイアウト]タブにある[高さを揃える]⊞や[幅を揃える]⊞をクリックすると、行の高さや列の幅が表全体で均等に揃います。

文書　校閲　表示　ヘルプ　テーブル デザイン　レイアウト

セルの結合　セルの分割　表の分割（結合）　4.8 mm　45.5 mm　自動調整（セルのサイズ）　文字列の方向　セルの配置（配置）　データ

重要度 ★★★ 表の編集

Q 481 文字列の長さに列の幅を合わせたい！

A 罫線上をダブルクリックします。

揃えたい列の右側の罫線にマウスポインターを合わせると、⇹の形になるのでダブルクリックします。
また、右端の[レイアウト]タブで[自動調整]の[文字列の幅に合わせる]をクリックすると、表全体の列幅を文字列の長さに揃えることができます。

参照▶Q 482

1 この形になったらダブルクリックします。

日程	内容	時間	場所／備考
11月1日	企画会議	10：00～12：00	第一会議室
11月1日	営業会議	13：15～14：30	営業本部室
11月1日	制作担当者会議	16：00～17：30	第三会議室

2 1番長い文字列に合わせて変更されます。

重要度★★★ 表の編集

Q 482 自動的に列幅を合わせたい!

A [自動調整]機能を利用します。

右端の[レイアウト]タブの[自動調整]で、[文字列の幅に自動調整](Word 2016は「文字列の幅に合わせる」)をクリックすると、各列幅が文字数に合わせて調整されます。また、[ウィンドウ幅に自動調整](Word 2016は[ウィンドウサイズに合わせる])にすると、表の横幅がウィンドウサイズ(文書の横幅)になり、表全体の幅が調整されます。

1 表内にカーソルを移動して、

2 [レイアウト]タブの[自動調整]をクリックして、

3 [文字列の幅に自動調整]をクリックします。

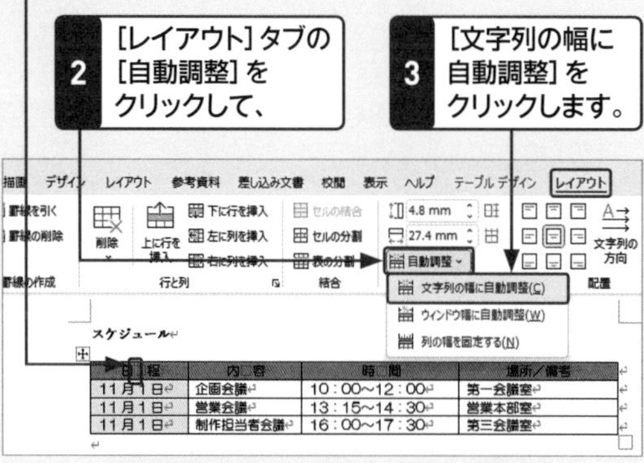

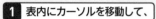

4 すべての幅が文字列に合わせて自動調整されます。

5 [ウィンドウ幅に自動調整]をクリックすると、

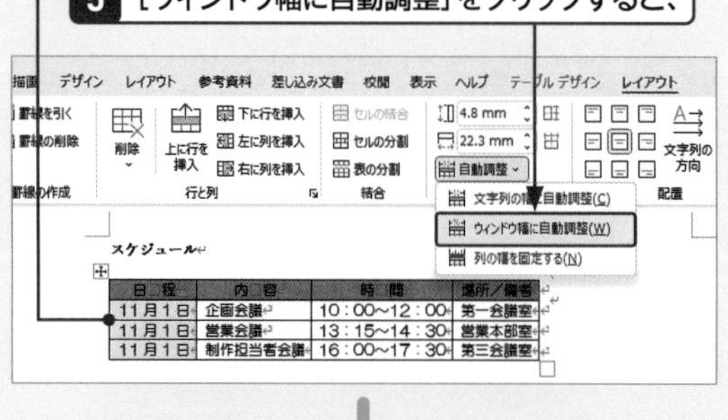

スケジュール

日程	内容	時間	場所／備考
11月1日	企画会議	10：00～12：00	第一会議室
11月1日	営業会議	13：15～14：30	営業本部室
11月1日	制作担当者会議	16：00～17：30	第三会議室

6 横幅に合わせて自動調整されます。

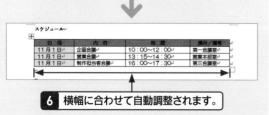

重要度★★★ 表の編集

Q 483 セル内の余白を調整したい!

A [表のオプション]画面で余白を変更します。

セル内は既定で、左右に1.9mm(上下は0)の余白が設定されています。文字の位置を内側にしたい、上下の空白を入れたいといった場合は、余白を変更します。表を選択して、右端の[レイアウト]タブの[プロパティ]をクリックし、[表のプロパティ]ダイアログボックスの[オプション]をクリックします。表示される[表のオプション]画面の[既定のセルの余白]で数値を指定します。

1 [レイアウト]タブの[プロパティ]をクリックします。

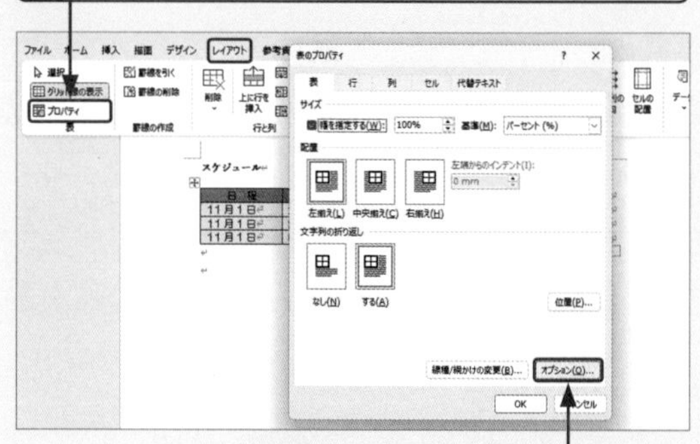

2 [オプション]をクリックして、

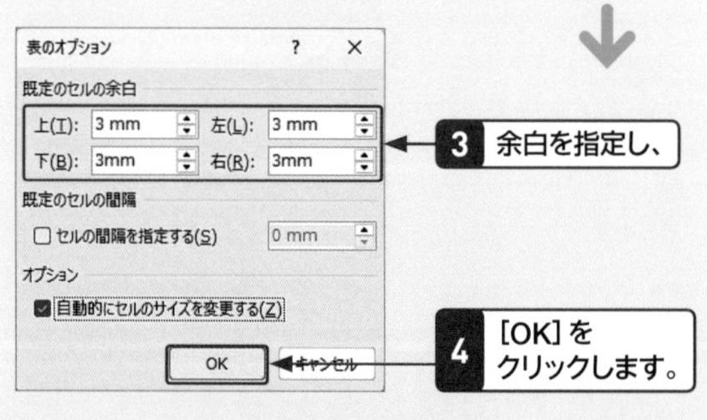

3 余白を指定し、

4 [OK]をクリックします。

5 セル内の余白が設定されます。

スケジュール

日程	内容	時間	場所／備考
11月1日	企画会議	10：00～12：00	第一会議室
11月1日	営業会議	13：15～14：30	営業本部室
11月1日	制作担当者会議	16：00～17：30	第三会議室

重要度 ★★★ 表の編集

Q 484 列の幅や行の高さを数値で指定したい!

A1 [列の幅の設定]や[行の高さの設定]で指定します。

列の幅や行の高さを正確な数値で指定したい場合は、列や行にカーソルを移動するか、列や行を選択して、右端の[レイアウト]タブで[列の幅の設定]または[行の高さの設定]の数値ボックスで指定します。
ただし、ウィンドウ幅によっては指定した数値から自動的に調整される場合もあります。

1 設定したい列を選択して、

2 [レイアウト]タブをクリックします。

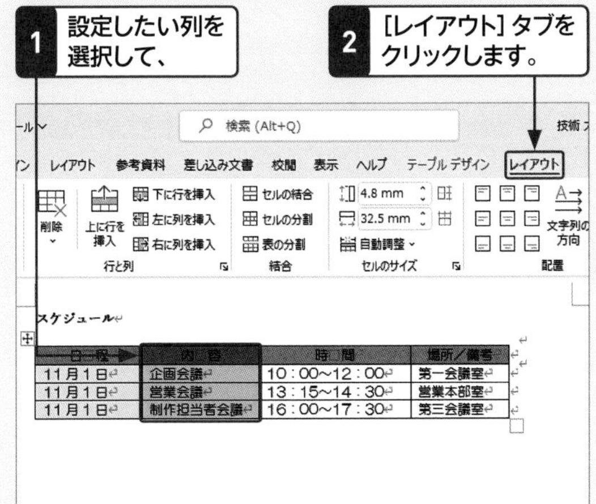

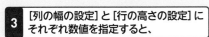

3 [列の幅の設定]と[行の高さの設定]にそれぞれ数値を指定すると、

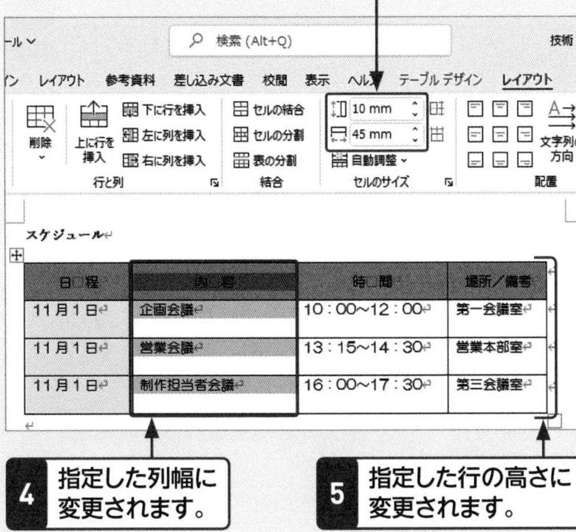

4 指定した列幅に変更されます。

5 指定した行の高さに変更されます。

A2 [表のプロパティ]ダイアログボックスを利用します。

指定したい列や行内にカーソルを移動して、右端の[レイアウト]タブの[プロパティ]をクリックすると表示される[表のプロパティ]ダイアログボックスでも指定できます。[行]タブで行の高さ、[列]タブで列幅を数値で指定します。

1 指定したい列または行にカーソルを移動して、

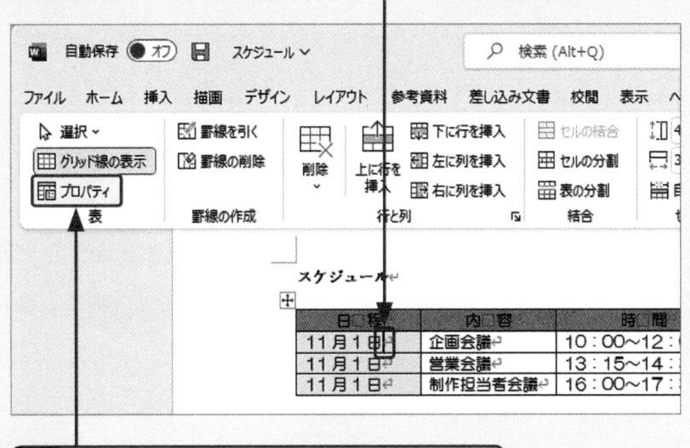

2 [レイアウト]タブの[プロパティ]をクリックします。

3 [行]タブをクリックして、

4 ここをクリックしてオンにし、

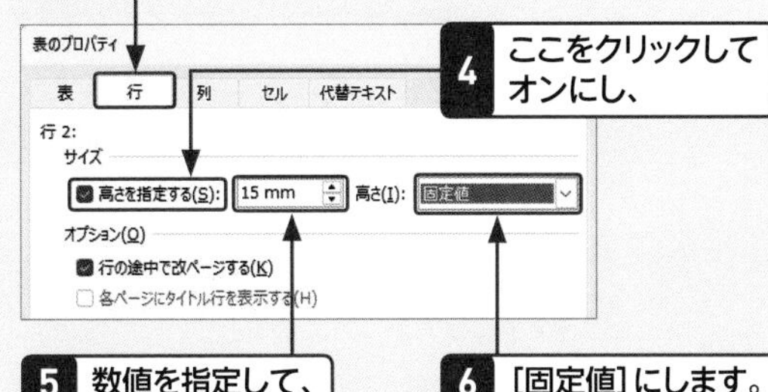

5 数値を指定して、

6 [固定値]にします。

7 [列]タブをクリックして、

8 [ミリメートル]にします。

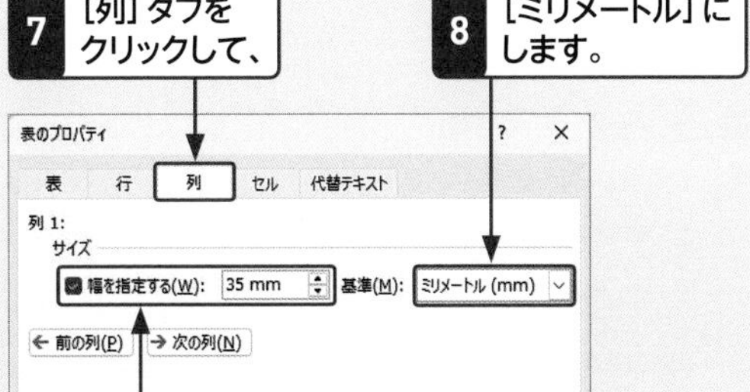

9 幅を指定します。

重要度★★★ 表の編集

Q 485 列や行の順序を入れ替えたい!

A 列や行を選択して、ドラッグします。

列や行を選択して、入れ替えたいセルにカーソルが移動するようにドラッグして貼り付けます。
なお、この方法は、表によっては変形してしまう場合があります。ドラッグしてうまくいかない場合は、入れ替えたい列や行を選択して Ctrl + X を押して切り取り、移動先の位置で Ctrl + V を押して貼り付けます。

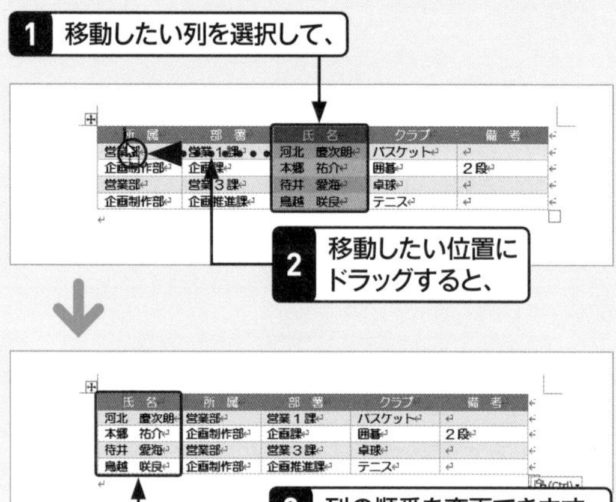

重要度★★★ 表の編集

Q 486 複数のセルを1つにまとめたい!

A [セルの結合]を利用します。

結合したいセルを選択して、表ツールの[レイアウト]タブの[セルの結合]をクリックすると、結合して1つになります。

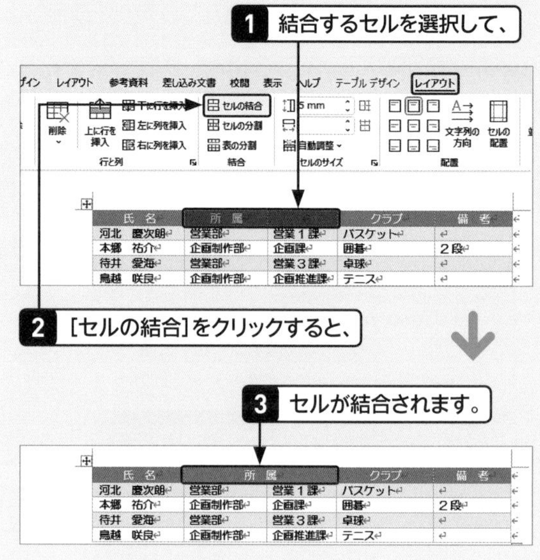

重要度★★★ 表の編集

Q 487 1つのセルを複数のセルに分けたい!

A [セルの分割]を利用します。

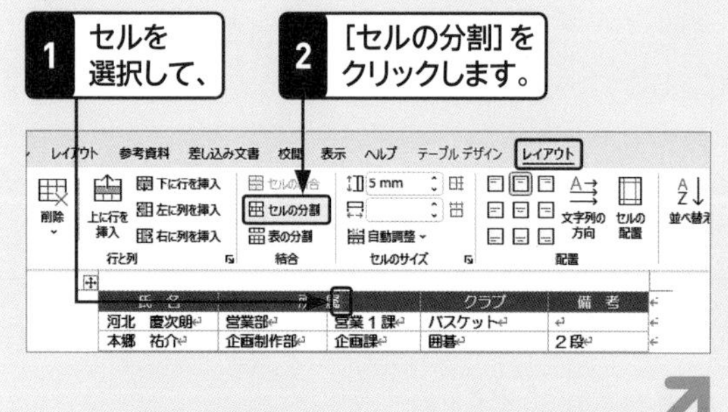

分割するセルを選択して、右端の[レイアウト]タブの[セルの分割]をクリックし、[セルの分割]画面で行数と列数を指定します。

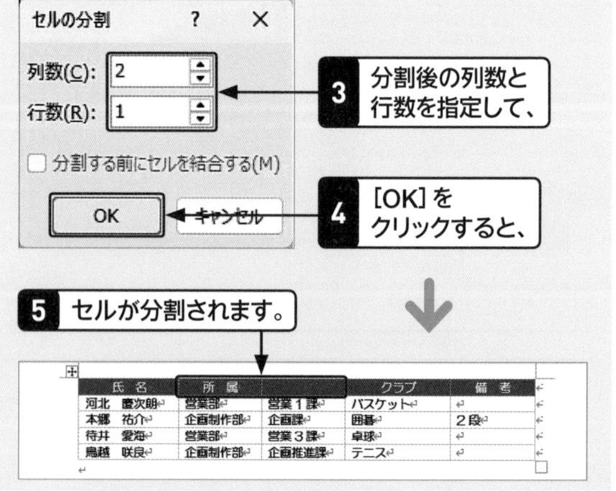

重要度 ★★★　表の編集

Q 488 列や行を追加したい！

A1 挿入マーカーを利用します。

行（列）を挿入したい位置にマウスポインターを合わせると挿入マーカーが表示されます。挿入マーカーをクリックすると、行（列）が挿入されます。

1 挿入マーカーをクリックすると、

スケジュール

日程	内容	時間	場所／備考
11月1日	企画会議	10：00～12：00	第一会議室
11月1日	営業会議	13：15～14：30	営業本部室
11月1日	制作担当者会議	16：00～17：30	第三会議室

2 行が挿入されます。

スケジュール

日程	内容	時間	場所／備考
11月1日	企画会議	10：00～12：00	第一会議室
11月1日	営業会議	13：15～14：30	営業本部室
11月1日	制作担当者会議	16：00～17：30	第三会議室

A2 ［レイアウト］タブのコマンドを利用します。

挿入したい位置にカーソルを移動して、右端の［レイアウト］タブの［上に行を挿入］［下に行を挿入］／［左に列を挿入］［右に列を挿入］をクリックします。

1 カーソルを移動して、

2 ［右に列を挿入］をクリックすると、

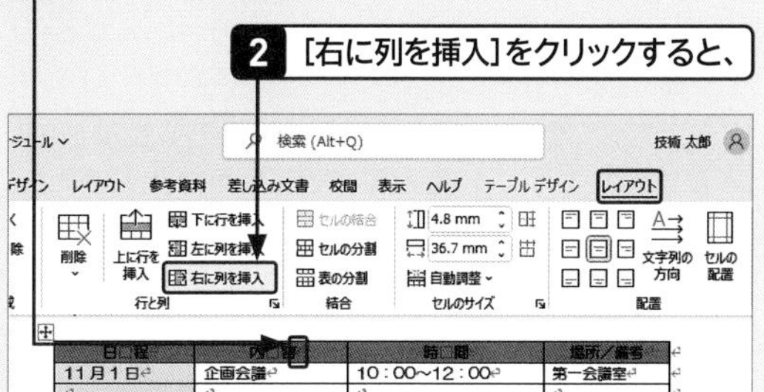

3 右の列が挿入されます。

スケジュール

日程	内容		時間	場所／備考
11月1日	企画会議		10：00～12：00	第一会議室
11月1日	営業会議		13：15～14：30	営業本部室
11月1日	制作担当者会議		16：00～17：30	第三会議室

重要度 ★★★　表の編集

Q 489 不要な列や行を削除したい！

A ［削除］を利用します。

列や行を削除するには、削除したい列や行を選択して、右端の［レイアウト］タブで［削除］をクリックし、［列の削除］または［行の削除］をクリックします。このとき、1行や1列を削除したい場合は、その位置にカーソルを移動しておくだけでもかまいません。

そのほか、列や行を選択して BackSpace を押す、行や列を右クリックして［行の削除］（または［列の削除］）をクリックする方法でも削除できます。

1 削除する行を選択して、

2 ［削除］をクリックし、

3 ［行の削除］をクリックすると、

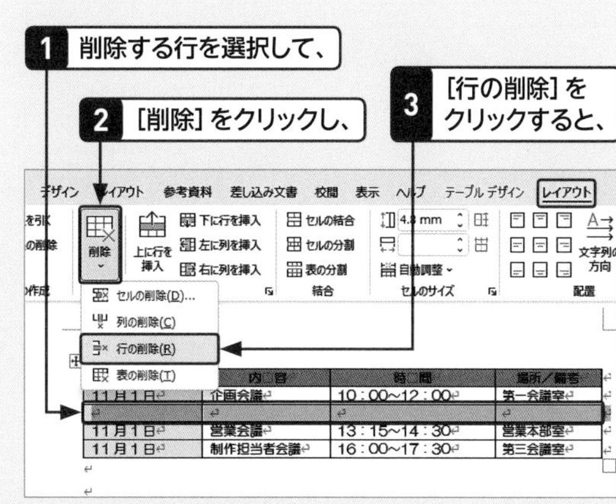

4 行が削除されます。

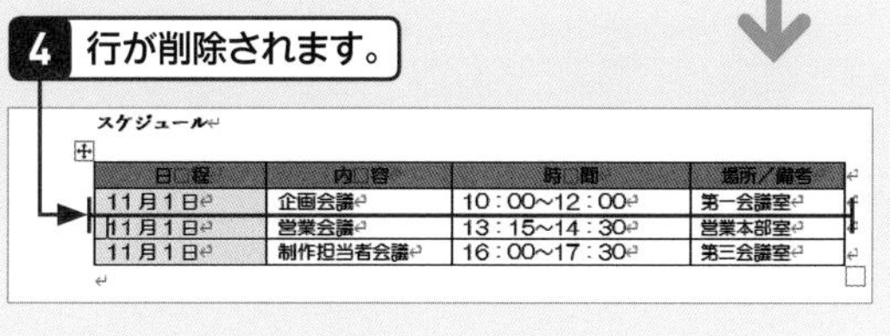

スケジュール

日程	内容	時間	場所／備考
11月1日	企画会議	10：00～12：00	第一会議室
11月1日	営業会議	13：15～14：30	営業本部室
11月1日	制作担当者会議	16：00～17：30	第三会議室

重要度 ★★★ 表の編集

Q 490 セルを追加したい！

A ［表の行／列／セルの挿入］ダイアログボックスを利用します。

セルを追加したい位置にカーソルを移動して、右端の［レイアウト］タブの［行と列］グループの右下にある［セルの挿入］をクリックします。［表の行／列／セルの挿入］画面で、［セルを挿入後、右に伸ばす］または［セルを挿入後、下に伸ばす］をクリックしてオンにします。ただし、セル幅が異なる表内でセルを追加すると表がずれてしまうので、あとからセル幅を調整する必要があります。

1 セルを追加する位置にカーソルを移動して、

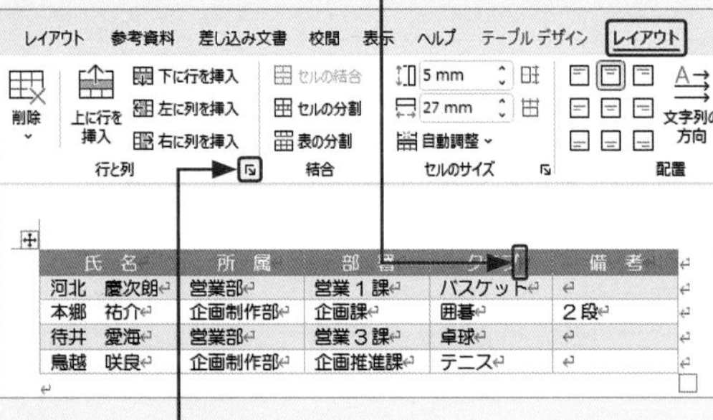

2 ここをクリックします。

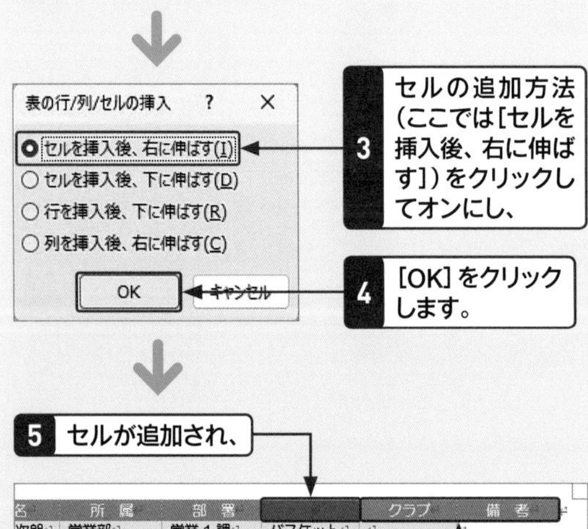

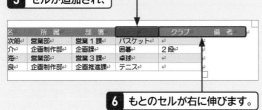

6 もとのセルが右に伸びます。

重要度 ★★★ 表の編集

Q 491 セルを削除したい！

A ［削除］を利用します。

削除したいセルを選択して、右端の［レイアウト］タブの［削除］から［セルの削除］をクリックすると、セルを削除できます。［表の行／列／セルの削除］画面で、［セルを削除後、左に詰める］または［セルを削除後、上に詰める］をクリックしてオンにします。
セル幅が異なる表内でセルを削除すると、表がずれてしまうので、あとからセル幅を調整する必要があります。

1 削除するセルにカーソルを移動して、

2 ［削除］をクリックし、

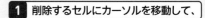

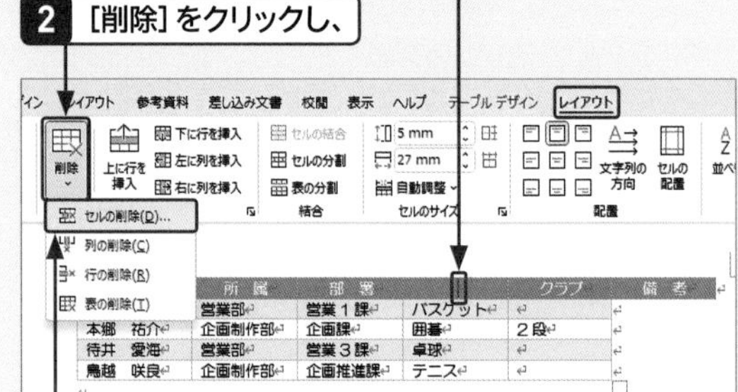

3 ［セルの削除］をクリックします。

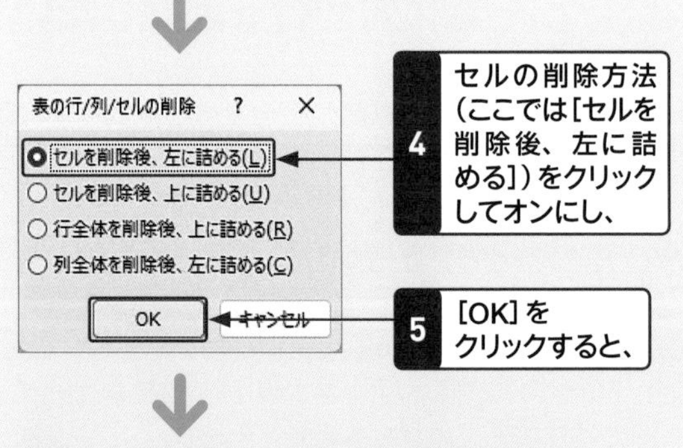

6 セルが削除され、隣のセルが移動します。

重要度 ★★★　表の編集

Q 492 あふれた文字をセル内に収めたい！

A ［セルのオプション］ダイアログボックスで均等割り付けを設定します。

［表のプロパティ］ダイアログボックスの［セル］タブの［オプション］をクリックして、［セルのオプション］画面を表示し、［文字列をセル幅に均等に割り付ける］をクリックしてオンにします。［表のプロパティ］ダイアログボックスを表示するには、右端の［レイアウト］タブの［プロパティ］、またはセルを右クリックして［表のプロパティ］をクリックします。

参照▶Q 484

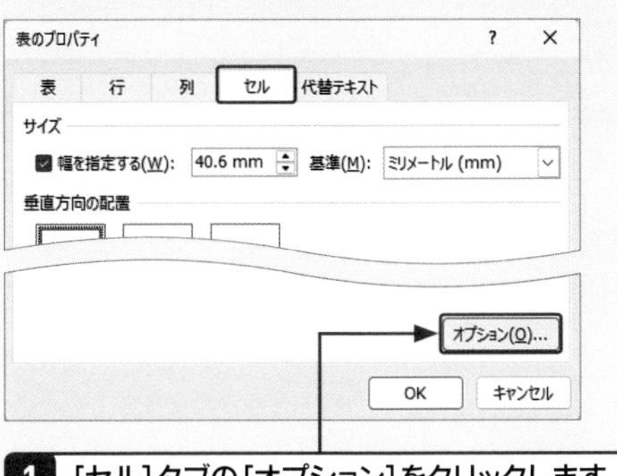

1 ［セル］タブの［オプション］をクリックします。

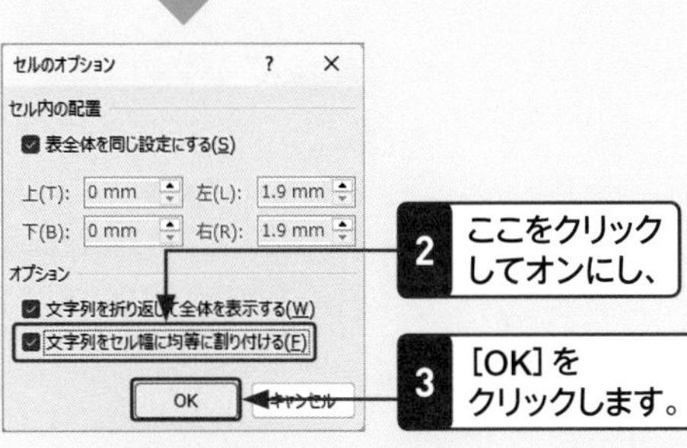

2 ここをクリックしてオンにし、

3 ［OK］をクリックします。

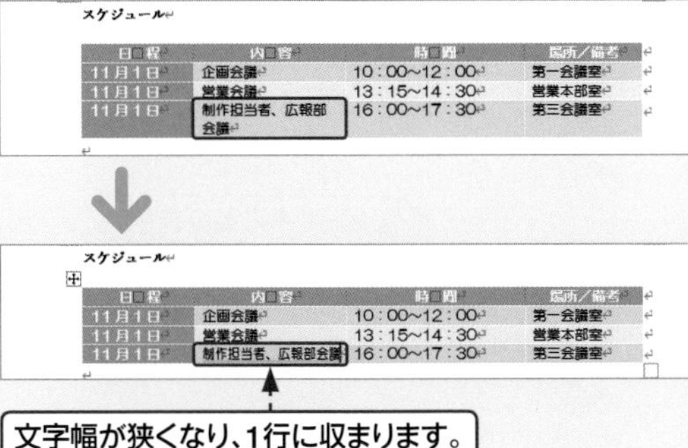

文字幅が狭くなり、1行に収まります。

重要度 ★★★　表の編集

Q 493 表に入力したデータを五十音順に並べたい！

A ［並べ替え］ダイアログボックスを利用します。

表を並べ替えるには、［ホーム］タブまたは右端の［レイアウト］タブにある［並べ替え］をクリックして表示される［並べ替え］ダイアログボックスで条件を指定します。名前で並べ替える際に、漢字が正しい読みの五十音順にならない場合があります。ふりがなの列を作り、その列を基準にするとよいでしょう。

また、手順 4 でそのほかの見出し項目を基準にして並べ替えることもできます。

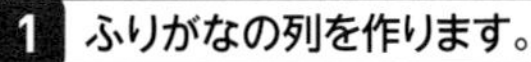

1 ふりがなの列を作ります。

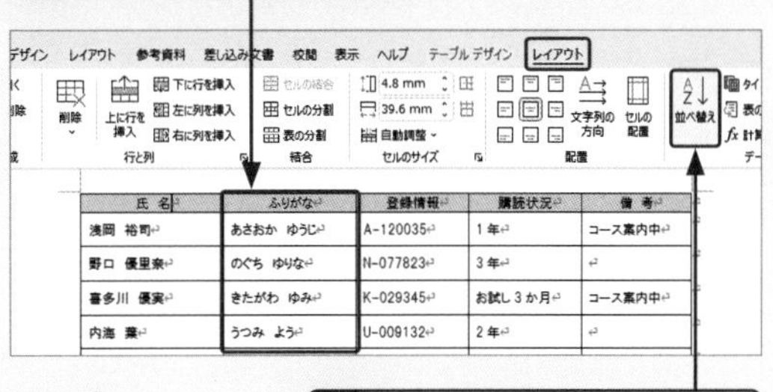

2 ［並べ替え］をクリックします。

3 ここをクリックして、

4 基準にする列をクリックし、

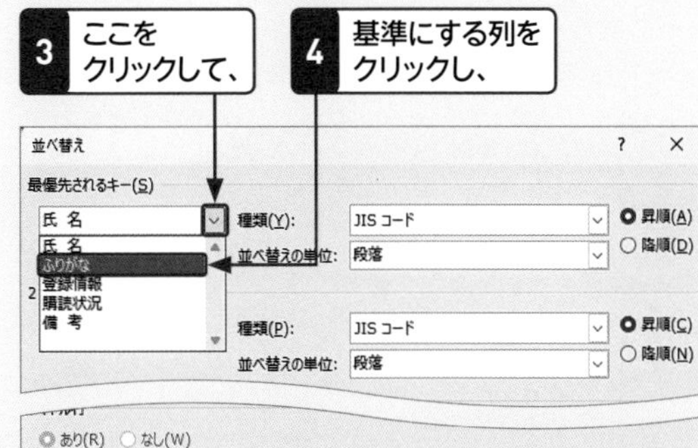

5 ［OK］をクリックします。

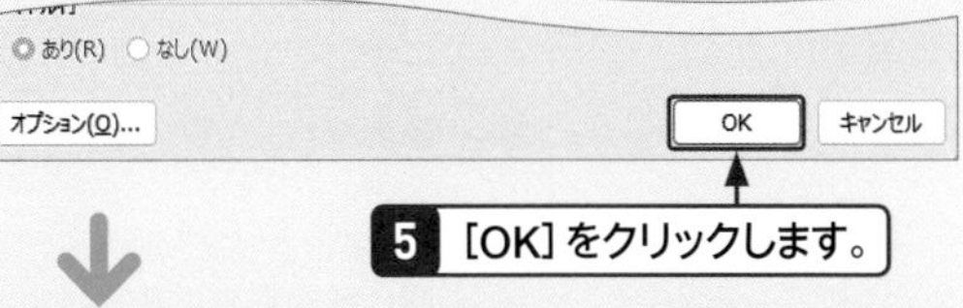

6 ふりがなの昇順でデータが並べ替えられます。

重要度 ★★★ 表の編集

Q 494 1つの表を2つに分割したい！

A [表の分割]を利用します。

表は、行単位で分割することができます。
分割したい行にカーソルを移動して、右端の[レイアウト]タブの[表の分割]をクリックします。カーソルの行の上で分割され、通常の段落が入ります。
分割を解除するには、表の間の[段落記号]↵をクリックして段落を削除します。

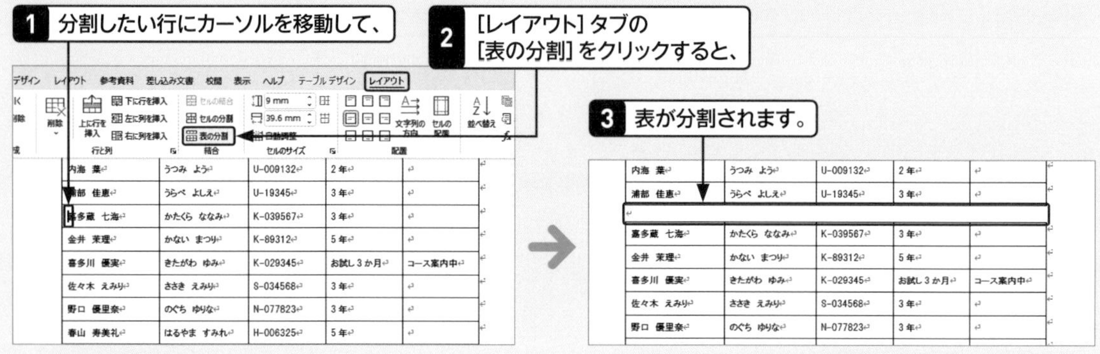

重要度 ★★★ 表の編集

Q 495 1つの表を分割して横に並べたい！

A1 表を分割して横にドラッグします。

1つの細長い表の場合、最後まで見るのにドラッグするのが面倒だったり、印刷時には用紙の無駄になったりします。こういうときは、均等になる位置で表を分割して、下の表を上の表の横に移動するとよいでしょう。

参照▶Q 494

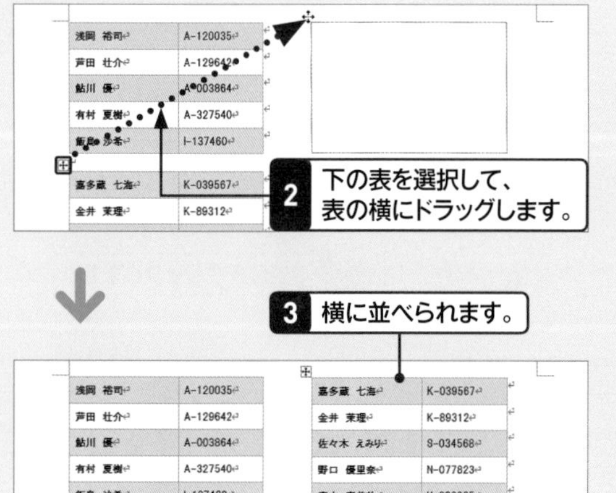

A2 段組みを設定します。

表を選択して、[レイアウト]タブの[段組み]で[2段組み]をクリックすると、表が2段に並べられます。
列幅が変更されてしまう場合は、あとから調整します。

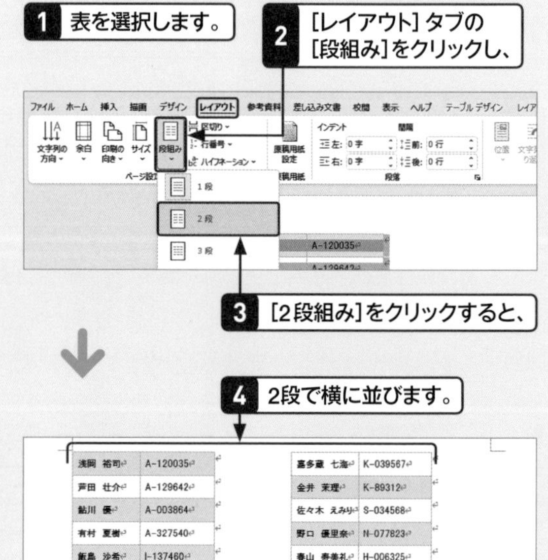

重要度 ★★★ 表の編集

Q 496 セルの中でタブを使いたい！

A [Ctrl]＋[Tab]を押します。

セルの中で[Tab]を押すと、隣のセルに移動するため、そのままではタブを挿入できません。
セル内にタブを入れるには、タブを入れる文字列の最後にカーソルを移動して、[Ctrl]＋[Tab]を押します。

複数の行でタブ位置を揃えたい場合、タブを挿入したセルを選択して、ルーラー上をクリックします。

参照▶Q 221

タブを挿入すると、セル内で文字を揃えることができます。

氏□名	所□属部□署		クラブ	備□考
河北□慶次朗	営業部 →	営業１課	バスケット	
本郷□祐介	企画制作部 →	企画課	囲碁	２段
待井□愛海	営業部 →	営業３課	卓球	
鳥越□咲良	企画制作部 →	企画推進課	テニス	

重要度 ★★★ 表の計算

Q 497 表のデータで計算したい！

A ［計算式］ダイアログボックスを利用します。

右端の［レイアウト］タブの［計算式］をクリックすると表示される［計算式］画面で、「＝」のあとに続けて計算式を入力します。自動的に「＝SUM（ABOVE）」が表示されますが、これは「上／左側のすべてのセル（ABOVE）の値を合計（SUM）する」という意味で、SUM関数を利用する計算です。関数には下表のようなものがあります。なお、数値が並んでいない場合は、セル番地と計算記号で計算します。

参照▶Q 498

1 計算式を設定したいセルにカーソルを移動して、

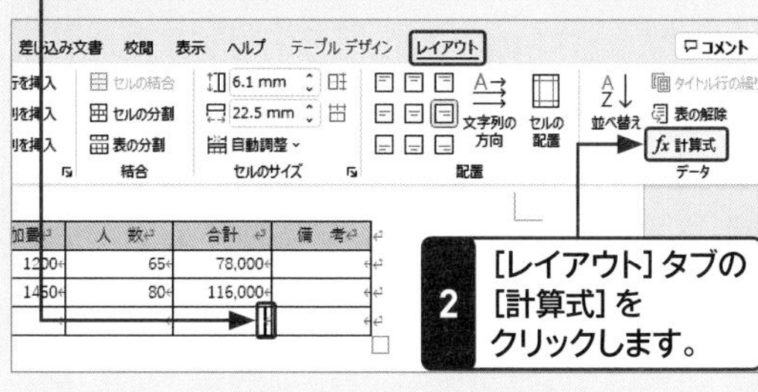

3 計算式を入力して、

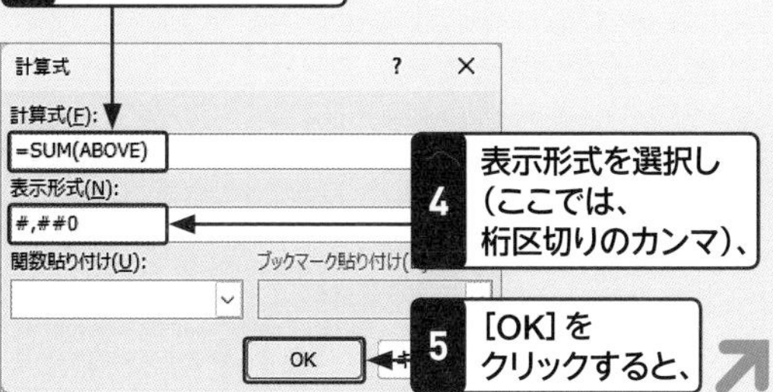

月	参加費	人　数	合計	備　考
1月	1200	65	78,000	
2月	1450	80	116,000	
計			194,000	

6 計算結果が表示されます。

● Wordで利用できる主な関数

関　数	解　説
AVERAGE（値1［,値2］...）	引数リストの平均値を返します。
COUNT（値1［,値2］...）	値が入力されたセルの個数を返します。
IF（論理式［,真の場合］［,偽の場合］）	論理式が［TRUE］のとき［真の場合］を、［FALSE］のとき［偽の場合］を返します。
INT（値）	［値］を超えない最大の整数を返します。
MAX（値1［,値2］...）	引数リストの最大値を返します。
MIN（値1［,値2］...）	引数リストの最小値を返します。
MOD（値,除数）	除算の余りを返します。
NOT（論理式）	引数が［TRUE］のとき［0］を、［FALSE］のとき［1］を返します。
PRODUCT（値1［,値2］...）	引数リストに含まれる値の積を返します。
ROUND（値,桁数）	［値］を指定した［桁数］にします。
SUM（値1［,値2］...）	引数リストに含まれる値の合計を返します。

重要度★★★ 表の計算

Q 498 セルに入力された数値で計算をしたい！

A 計算式でセル番号を使用できます。

セル内に入力された数値で計算を行うときには、計算記号とセル番号（セル番地ともいいます）を利用します。計算記号は、足し算「+」、引き算「-」、掛け算「*」、割り算「/」（いずれも半角）を使います。

Wordにおけるセル番号は、右上の図のように割り当てられています。なお、セルが結合されている場合は、結合前の位置でセルを数えます。

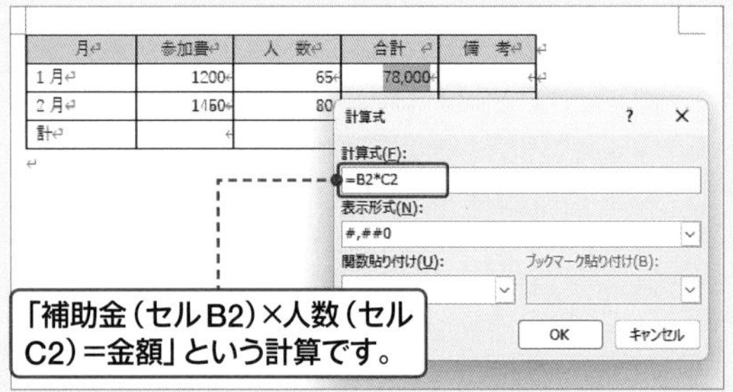

	A	B	C	D
1	A1	B1	C1	D1
2	A2	B2	C2	D2
3	A3	B3	C3	D3
4	A4	B4	C4	D4

重要度★★★ 表の計算

Q 499 数値を変更しても計算結果が変わらない！

A フィールドを更新します。

Wordの計算では数値を変更しても、計算結果は自動的には更新されません。数値を変更した場合は、計算式の設定されているセルの数値を右クリックして、［フィールド更新］をクリックすると更新されます。

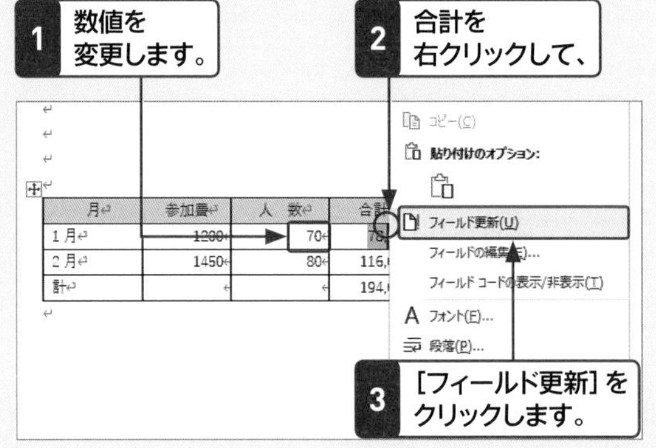

重要度★★★ 罫線

Q 500 セルに斜線を引きたい！

A ［罫線］の［斜め罫線］を利用します。

セルに斜線を引くには、［テーブルデザイン］タブ（Word 2019／2016では表ツールの［デザイン］タブ）の［罫線］の下の部分をクリックし、［斜め罫線（右下がり）］または［斜め罫線（右上がり）］をクリックします。

なお、ここで引かれる罫線は［飾り枠］グループで設定してあるペンのスタイル、太さ、色です。線を引く前に確認して、線が異なる場合は変更します。

参照▶Q 501

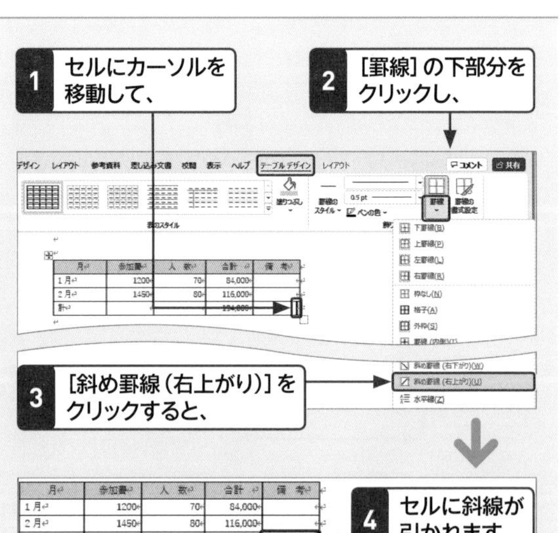

重要度★★★ 罫線

Q 501 表の一部だけ罫線の太さや種類を変更したい！

A 罫線の書式設定を変更して、罫線の上をなぞります。

すでに引かれている罫線を、ほかの線種で上書きします。[テーブルデザイン]タブ(Word 2019／2016では表ツールの[デザイン]タブ)で、[ペンの色]や[ペンのスタイル][ペンの太さ]をクリックして選択します。マウスポインターが🖌の形になるので、変更したい罫線上をドラッグします。[罫線]の下部分をクリックして[罫線を引く]をクリックしてから、書式を変更して、マウスポインターが🖊の形の状態で、罫線上を引いても同じです。

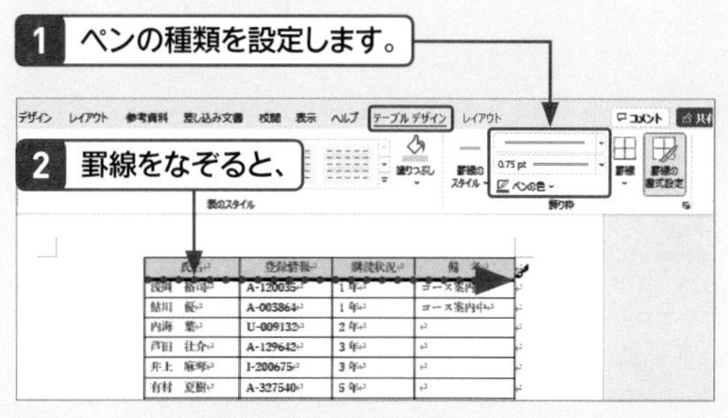

1 ペンの種類を設定します。
2 罫線をなぞると、

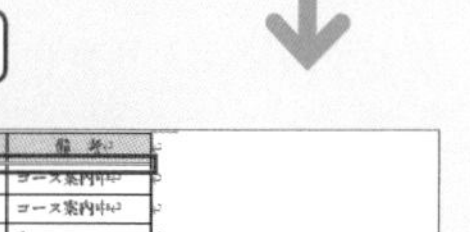

3 罫線の種類が変わります。

重要度★★★ 罫線

Q 502 セルはそのままで罫線を消したい！

A [罫線なし]にします。

印刷したくない罫線がある場合は、[テーブルデザイン]タブ(Word 2019／2016では表ツールの[デザイン]タブ)の[ペンのスタイル]を[罫線なし]にして、罫線の上をドラッグします。
マウスポインターを近づけたり、グリッド線の表示を表示すると、セルが区切られていることがわかります。

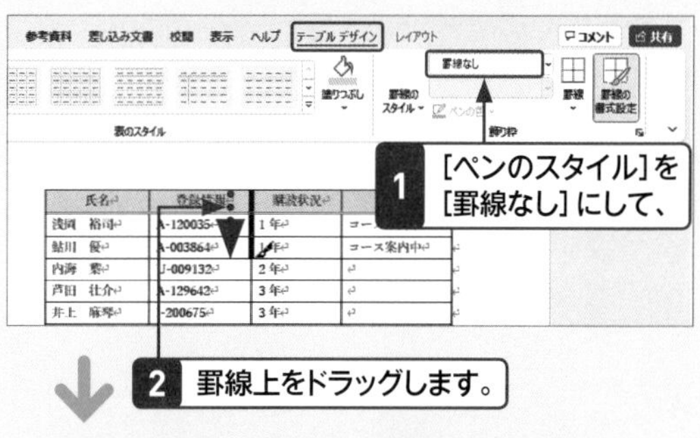

重要度★★★ 罫線

Q 503 セルの一部だけ罫線を削除したい！

A [罫線の削除]を利用します。

右端の[レイアウト]タブの[罫線の削除]をクリックすると、マウスポインターが◇の形になるので、削除したい罫線上をドラッグします。罫線を削除すると、隣のセルと合体されます。Escを押すか、[罫線の削除]をクリックすると解除されます。

2 罫線上をドラッグすると、

3 罫線が削除されます。

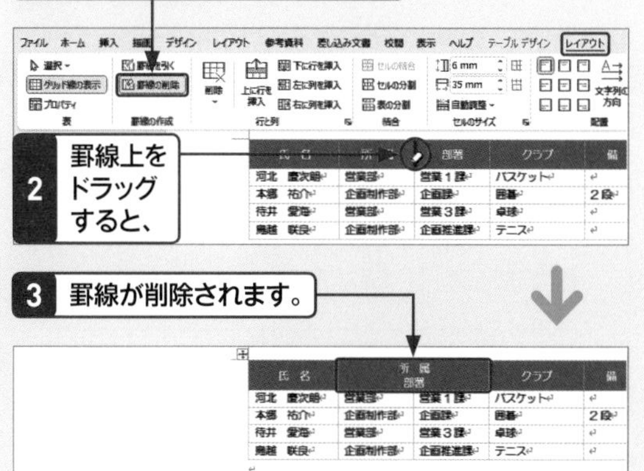

重要度 ★★★ 罫線

Q 504 切り取り線の引き方を知りたい！

A1 図形の罫線を利用します。

[挿入]タブの[図形]で[直線]をクリックして罫線を引き、罫線の種類を点線や破線に変更します。中央にテキストボックスで「切り取り線」を入れ、枠線を消すと、切り取り線ができます。

参照▶Q 393, Q 418

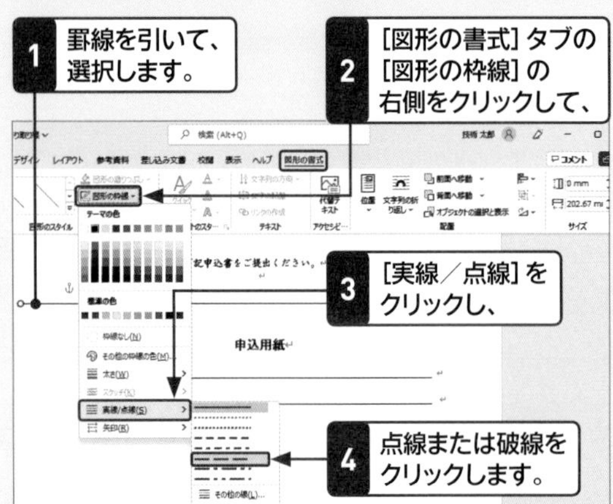

1 罫線を引いて、選択します。
2 [図形の書式]タブの[図形の枠線]の右側をクリックして、
3 [実線／点線]をクリックし、
4 点線または破線をクリックします。

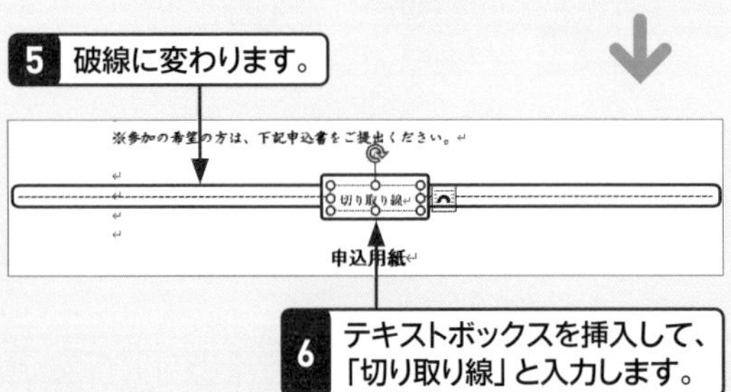

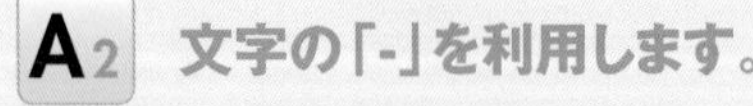

A2 文字の「-」を利用します。

半角の「-」を中央付近まで入力して、「切り取り線」と入力し、再度最後まで「-」を入力します。

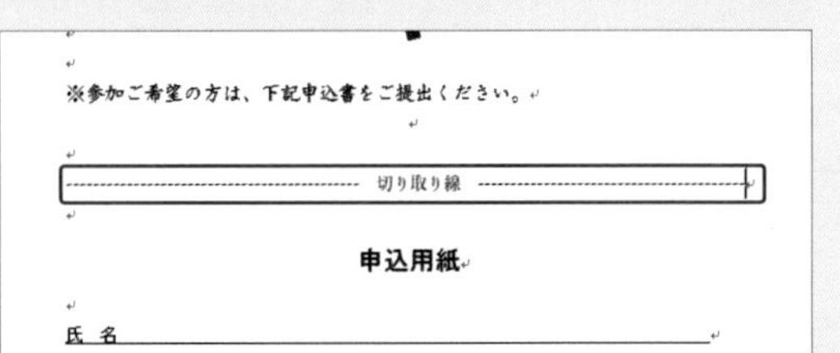

重要度 ★★★ ページ罫線

Q 505 ページ全体を枠で囲みたい！

A [ページ罫線]を利用します。

[デザイン]タブの[ページ罫線]をクリックすると表示される[線種とページ罫線と網かけの設定]ダイアログボックスの[ページ罫線]タブを利用すると、ページ全体を罫線で囲むことができます。

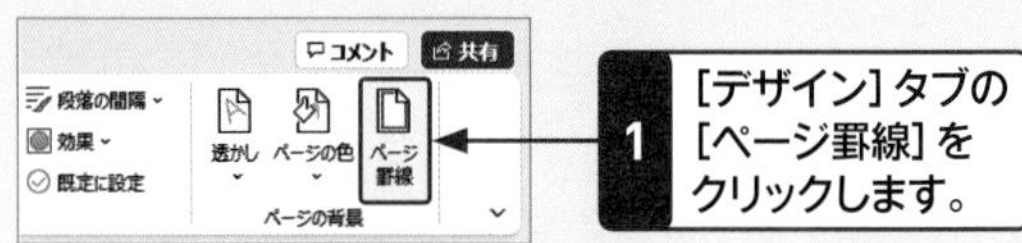

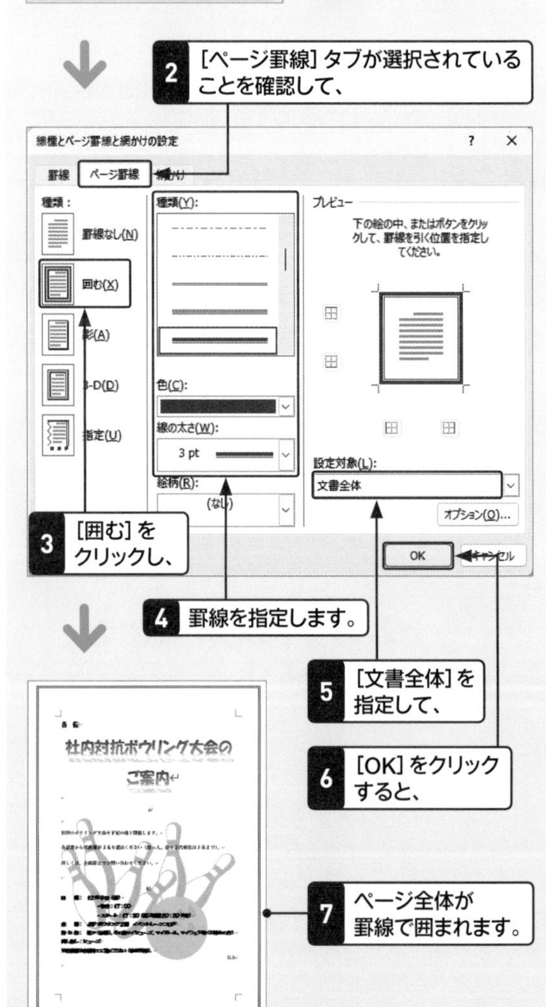

重要度 ★★★ ページ罫線

Q 506 ページ全体を飾りのような枠で囲みたい！

A ページ罫線の設定を変更します。

[線種とページ罫線と網かけの設定] ダイアログボックスの [ページ罫線] タブで [絵柄] をクリックすると、ページ全体を絵柄で囲むことができます。 参照▶Q 505

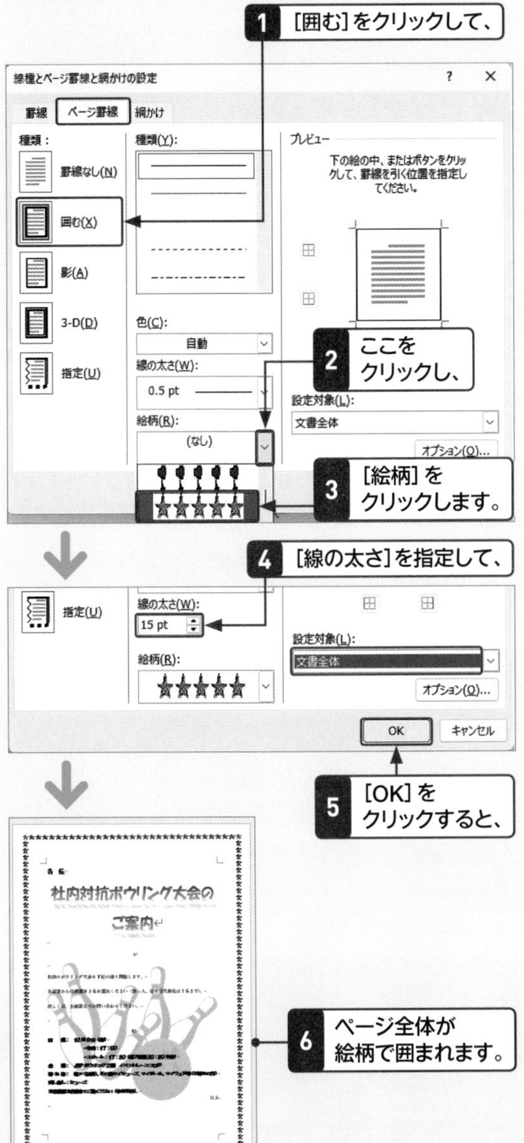

重要度 ★★★ ページ罫線

Q 507 ページ罫線の余白位置を設定したい！

A [罫線とページ罫線のオプション] ダイアログボックスを利用します。

ページ罫線の余白の初期設定は、ページの端を基準として24ptになっています。これを変更するには、[線種とページ罫線と網かけの設定] ダイアログボックスの [ページ罫線] タブで [オプション] をクリックすると表示される [罫線とページ罫線のオプション] 画面で設定します。また、余白の基準として [ページの端] か [本文] をクリックして選択することができます。 参照▶Q 505

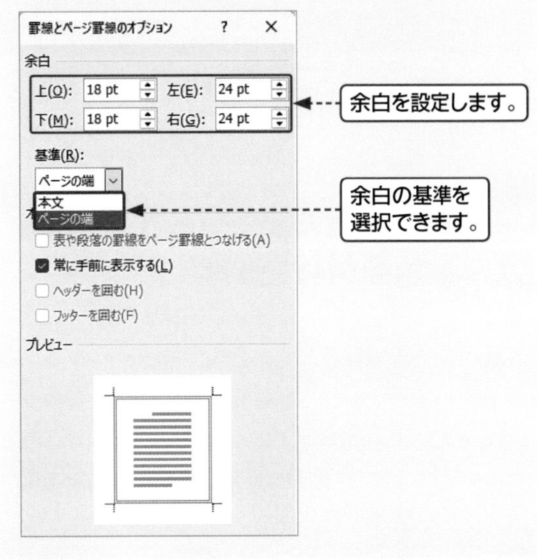

重要度 ★★★ ページ罫線

Q 508 ページ罫線が表示されない！

A [印刷レイアウト] モードにします。

ページ罫線が設定されている場合、ページ罫線が表示されるのは [印刷レイアウト] モードのときだけです。それ以外のモード（閲覧モード、Webレイアウト、アウトライン、下書き）のときは、ページ罫線は表示されません。表示モードの切り替えは、[表示] タブで行います。 参照▶Q 265

重要度 ★★★ 表のデザイン

Q 509 セル内の文字の配置を変更したい！

A ［配置］グループのコマンドを利用します。

初期設定では、Wordの表はセルの左上を基準に両端揃えで入力されます。セルを選択して、右端の［レイアウト］タブの［配置］グループにある配置コマンドをクリックすると、文字の配置を変更できます。

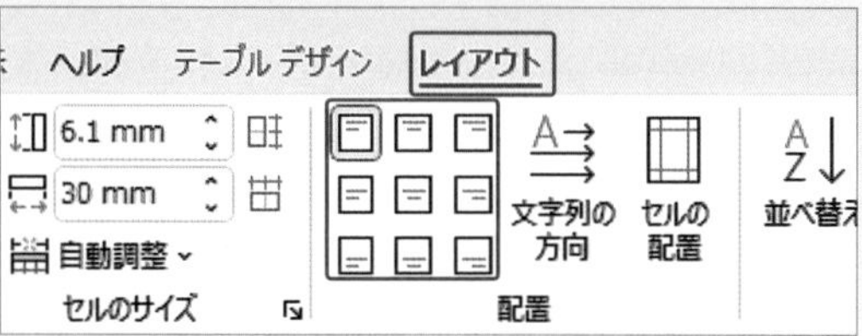

重要度 ★★★ 表のデザイン

Q 510 表のセルや行、列に色を付けたい！

A ［塗りつぶし］を利用します。

［テーブルデザイン］タブ（Word 2019／2016では表ツールの［デザイン］タブ）の［塗りつぶし］から色を選ぶと、セルや行、列に色を付けられます。

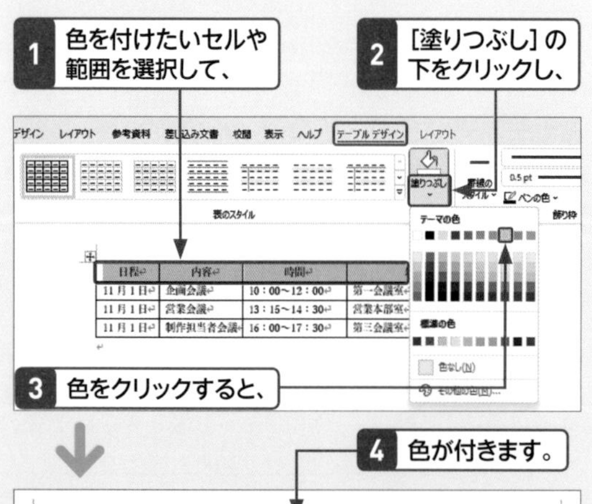

重要度 ★★★ 表のデザイン

Q 511 表をかんたんにデザインしたい！

A ［表のスタイル］を利用します。

［テーブルデザイン］タブ（Word 2019／2016では表ツールの［デザイン］タブ）の［表のスタイル］には組み込みデザインがあらかじめ用意されており、クリックするだけで適用できます。なお、デザインの文字は［両端揃え（上）］に配置されるので、中央に揃えるとよいでしょう。 参照▶Q 509

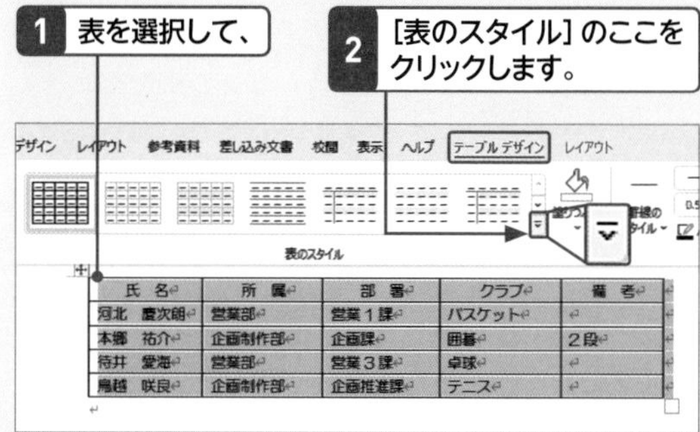

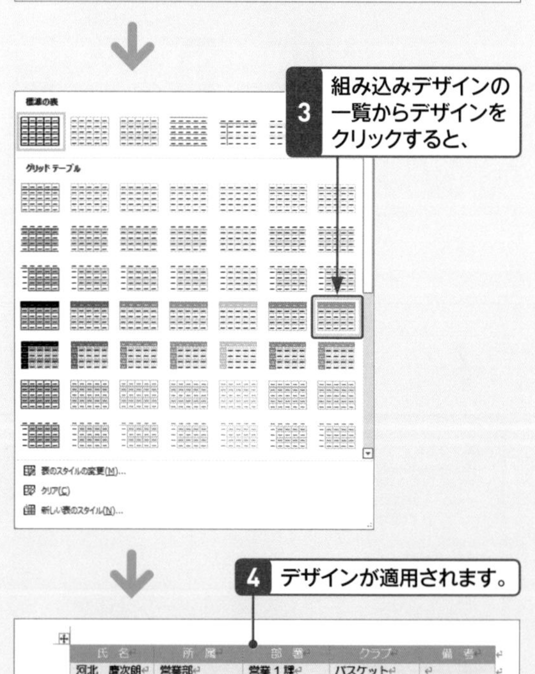

重要度 ★★★　表のデザイン

Q 512 特定の行と列だけにデザインを適用したい！

A [表スタイルのオプション]を利用します。

[表のスタイル]に用意されている組み込みデザインは、[テーブルデザイン]タブ(Word 2019／2016では表ツールの[デザイン]タブ)の[表スタイルのオプション]で選択された行と列に対してのみ適用されます。組み込みデザインに適用したい行や列は、[表スタイルのオプション]で選択しておきましょう。それに合ったデザインが一覧に表示されます。

ここで選択された列と行に対して、デザインが適用されます。

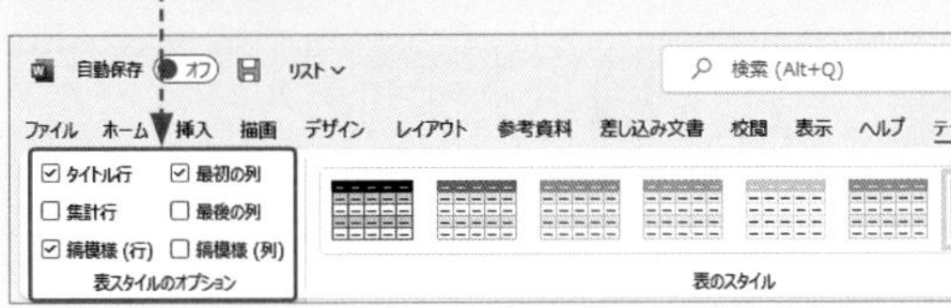

● [最初の列] [縞模様(列)] の例

氏名	所属	部署	クラブ	備考
河北　慶次朗	営業部	営業１課	バスケット	
本郷　祐介	企画制作部	企画課	囲碁	２段
待井　愛海	営業部	営業３課	卓球	
鳥越　咲良	企画制作部	企画推進課	テニス	

● [タイトル行] [縞模様(行)] の例

氏名	所属	部署	クラブ	備考
河北　慶次朗	営業部	営業１課	バスケット	
本郷　祐介	企画制作部	企画課	囲碁	２段
待井　愛海	営業部	営業３課	卓球	
鳥越　咲良	企画制作部	企画推進課	テニス	

● [タイトル行] [最初の列] の例

氏名	所属	部署	クラブ	備考
河北　慶次朗	営業部	営業１課	バスケット	
本郷　祐介	企画制作部	企画課	囲碁	２段
待井　愛海	営業部	営業３課	卓球	
鳥越　咲良	企画制作部	企画推進課	テニス	

重要度 ★★★　表のレイアウト

Q 513 表の周りに本文を回り込ませたい！

A 文字列の折り返しを設定します。

表の周りに本文を回り込ませる処理を「文字列の折り返し」といいます。右端の[レイアウト]タブの[プロパティ]をクリックすると表示される[表のプロパティ]ダイアログボックスで、[表]タブの[文字列の折り返し]で[する]をクリックしてオンにします。表と文字の間隔など詳細は、[位置]をクリックすると表示される、[表の位置]画面で設定します。

1 [文字列の折り返し]で[する]をクリックします。

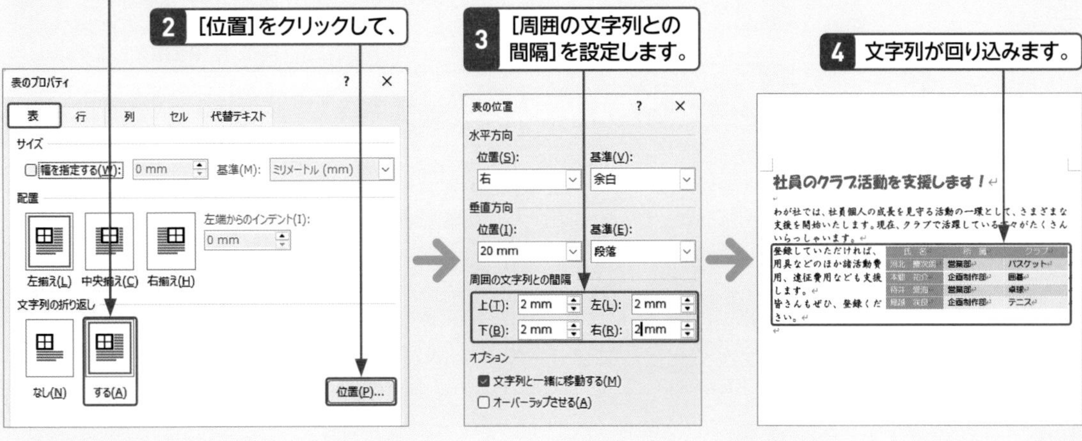

重要度★★★ Excelの表の利用

Q 514 Excelで作成した表をWordで利用したい！

A Excelの表をコピーして、Wordの文書に貼り付けます。

Excelの表を選択して［ホーム］タブの［コピー］をクリック（またはCtrl＋Cを押す）してコピーし、Wordの文書を開いて［ホーム］タブの［貼り付け］をクリック（またはCtrl＋Vを押す）すると、貼り付けられます。このとき、［元の書式を保持］形式で貼り付けられます。ただし、表の高さがもとのサイズとは異なって貼り付けられる場合があります。

なお、貼り付ける際に［貼り付け］の下の部分、または貼り付けた表の右下の(Ctrl)をクリックすると、貼り付ける形式を変更できます。 参照▶Q 516

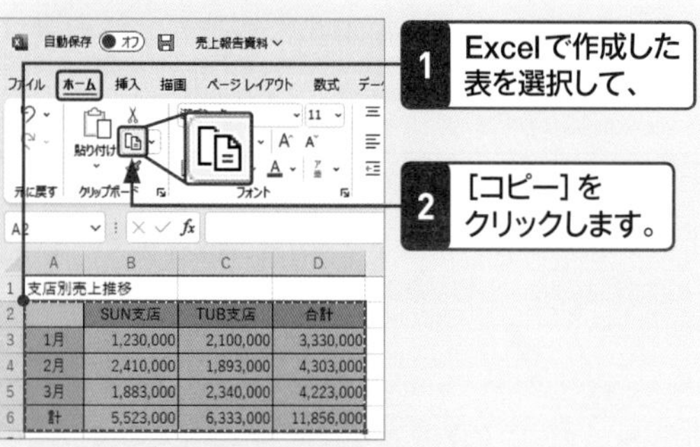

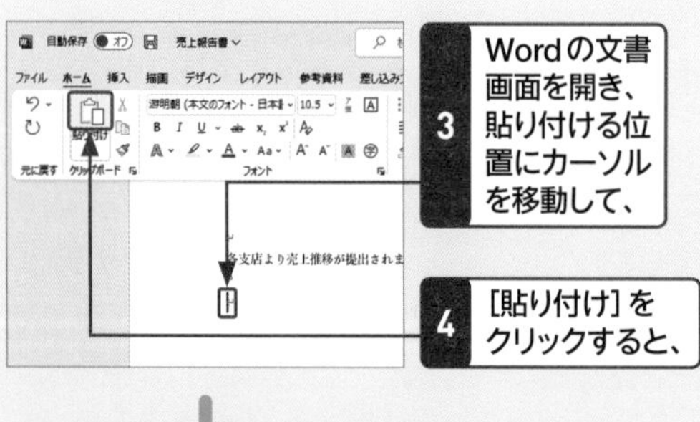

3 Wordの文書画面を開き、貼り付ける位置にカーソルを移動して、
4 ［貼り付け］をクリックすると、

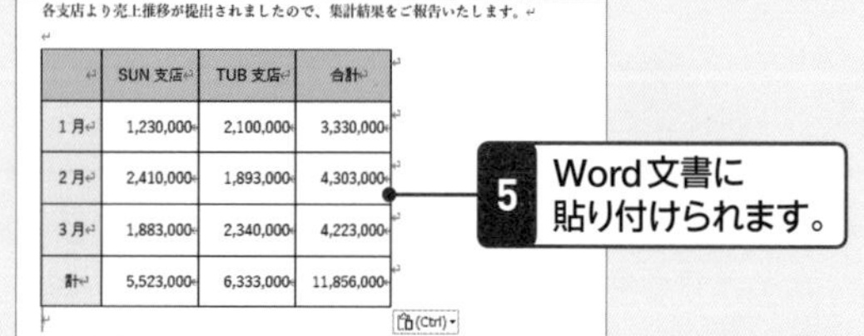

重要度★★★ Excelの表の利用

Q 515 コピーしたExcelの表の行高を変更したい！

A 表のプロパティで行の設定を変更します。

Excelの表をWord文書にコピーする際に、［元の書式を保持］形式で貼り付けられますが、通常の表のように行の高さをドラッグで変更できません。行の高さを変更するには、［プロパティ］ダイアログボックスの［行］タブで手順のように指定します。このあとは、ドラッグや数値で高さを変更できるようになります。

また、貼り付ける際に［貼り付け］の下の部分、または貼り付けた表の右下の(Ctrl)をクリックして、［貼り付け先のスタイルを使用］をクリックすると、Wordの表として扱えるようになります。 参照▶Q 514, Q 516

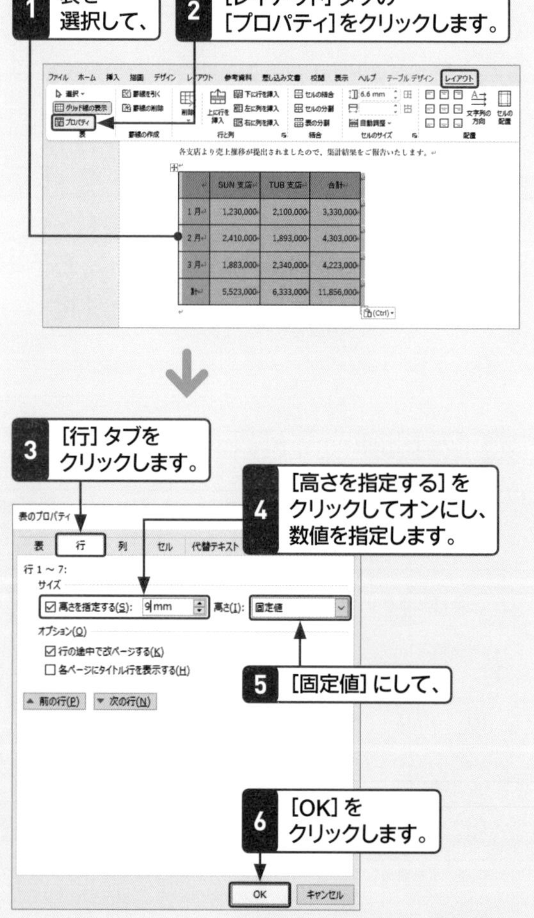

Q 516 Wordに貼り付けた表をExcelの機能で編集したい！

A [Microsoft Excelワークシートオブジェクト]として貼り付けます。

Excelの表をWordに貼り付けるときに、[形式を選択して貼り付け]を選び、貼り付ける形式を[Microsoft Excelワークシートオブジェクト]にします。貼り付けた表をダブルクリックすると、WordのリボンがExcel用に切り替わり、Excelの機能を使って編集ができるようになります。

なお、Word文書に貼り付ける際に[リンク貼り付け]をした場合は、Wordで編集したデータがもとのExcelデータにも反映されます。

参照▶Q 518

1 Excelの表を選択して、

2 [コピー]をクリックします。

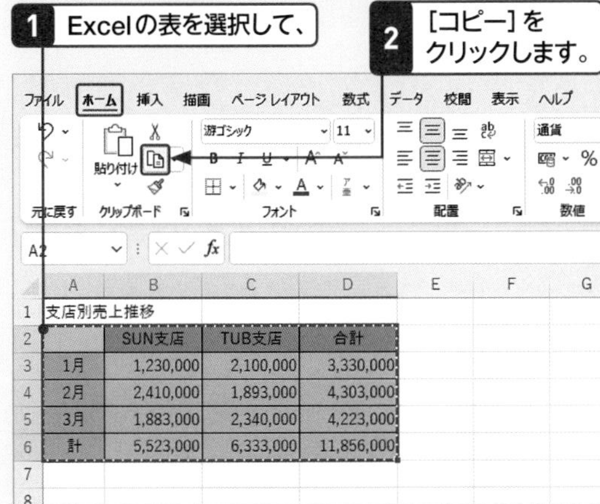

3 Word文書を開いて、カーソルを移動します。

4 [貼り付け]の下部分をクリックして、

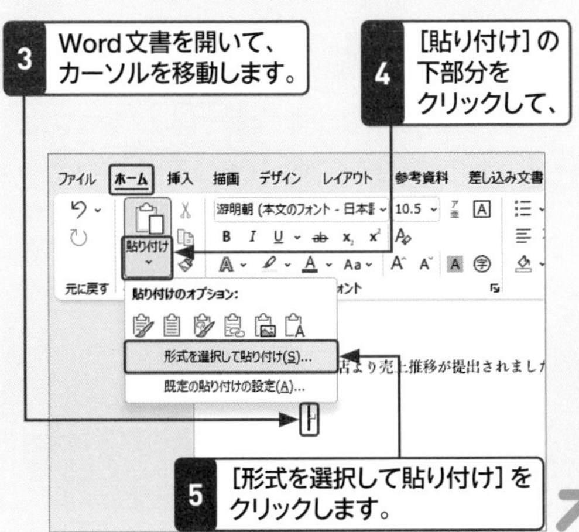

5 [形式を選択して貼り付け]をクリックします。

6 [貼り付け]をクリックしてオンにし、

7 [Microsoft Excelワークシートオブジェクト]をクリックし、

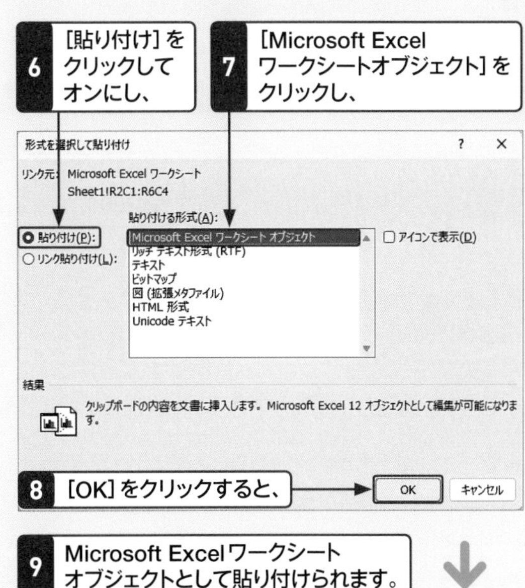

8 [OK]をクリックすると、

9 Microsoft Excelワークシートオブジェクトとして貼り付けられます。

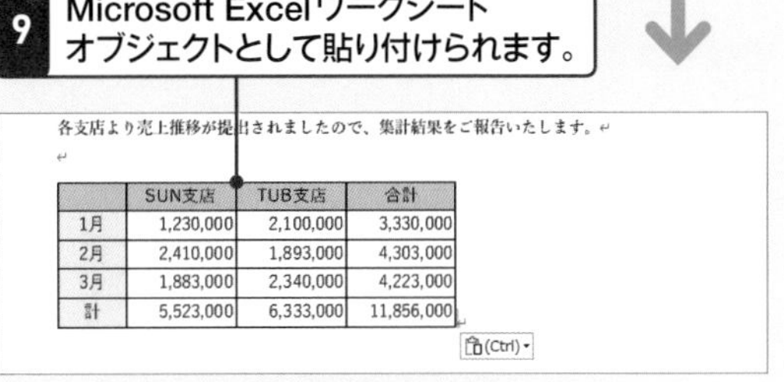

● 貼り付けたExcelの表を編集する

1 表をダブルクリックすると、

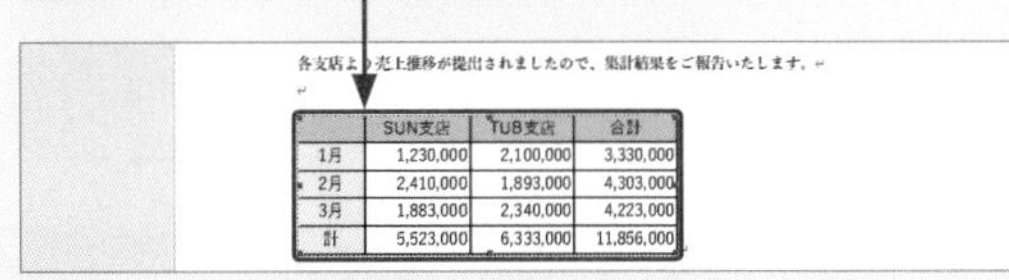

2 リボンがExcelに切り替わり、Excelの機能を使って編集できます。

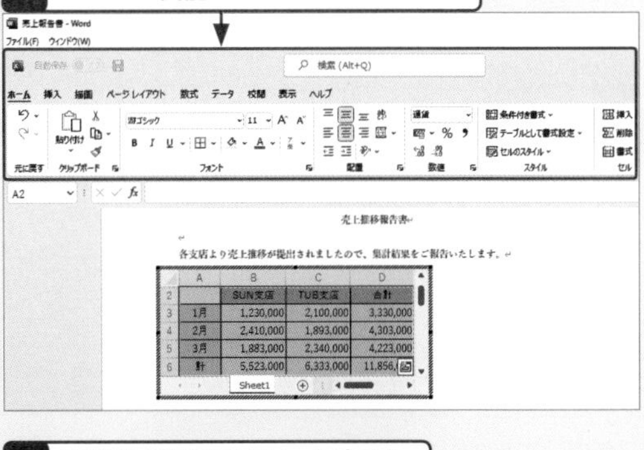

3 表以外の場所をクリックすると、もとのWord文書に戻ります。

重要度 ★★★ Excelの表の利用

Q 517 Excelの表データが編集されないようにしたい！

A [図]として貼り付けます。

ほかの人にファイルを渡す場合や、大事な文書を作成している場合は、表の内容を変更されないように、Excelの表を図として貼り付けると安全です。

図として貼り付けるには、Excelの表をコピーしてWordに貼り付ける際に、[形式を選択して貼り付け]を選び、貼り付ける形式を[図(拡張メタファイル)]にします。

なお、Wordの[貼り付け]の下をクリックし、[図]をクリックしても、図として貼り付けることができます。

参照▶Q 516, Q 520

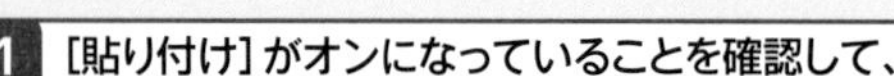

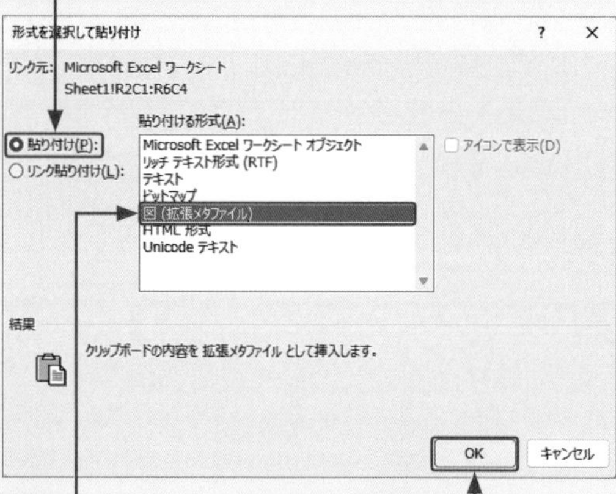

2 [図(拡張メタファイル)]をクリックし、

3 [OK]をクリックします。

4 表が図として貼り付けられます。

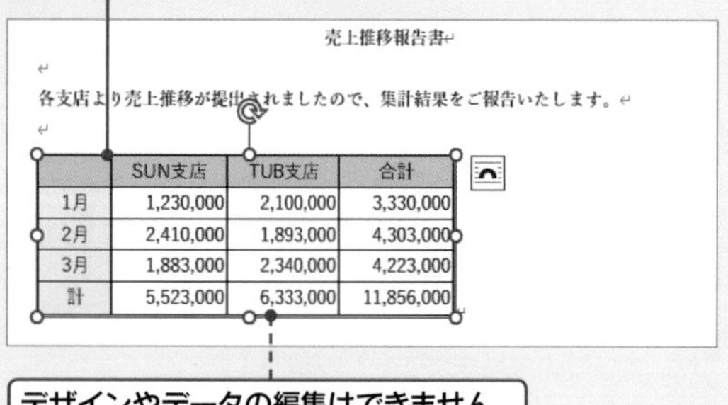

	SUN支店	TUB支店	合計
1月	1,230,000	2,100,000	3,330,000
2月	2,410,000	1,893,000	4,303,000
3月	1,883,000	2,340,000	4,223,000
計	5,523,000	6,333,000	11,856,000

デザインやデータの編集はできません。

重要度 ★★★ Excelの表の利用

Q 518 Excelの表とWordの表を連係させたい！

A [リンク貼り付け]を行います。

Excel上でデータを修正した結果が、Word文書にコピーした表にも反映されるようにするには、リンク貼り付けを利用します。Excelの表をコピーしてWordに貼り付ける際に、[形式を選択して貼り付け]を選び、貼り付ける形式を[リンク貼り付け]にします。

なお、自動的に更新されない場合は、Word側の表を右クリックして、[リンク先の更新]をクリックします。

1 [リンク貼り付け]をクリックしてオンにし、

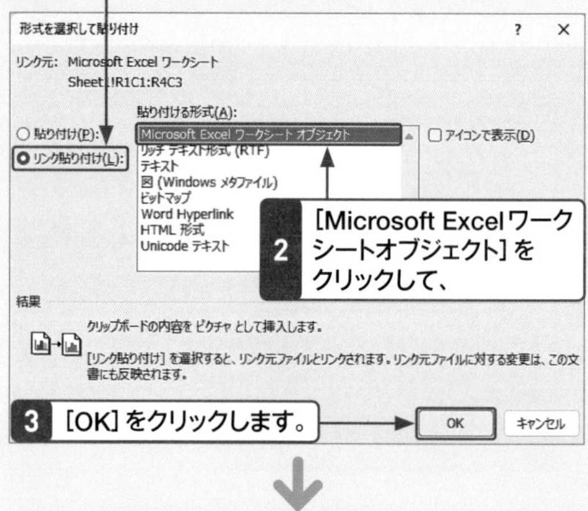

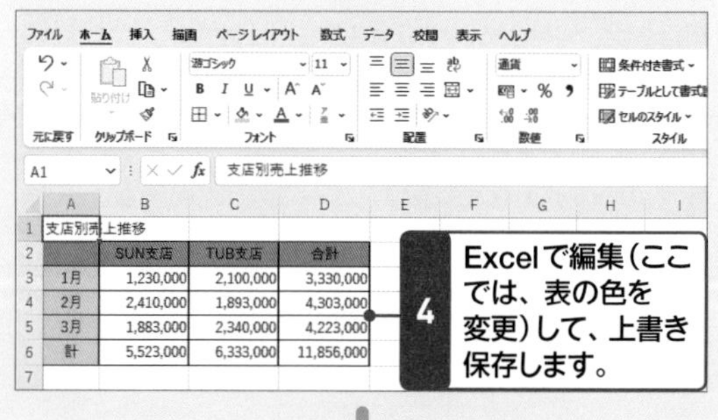

	A	B	C	D
1	支店別売上推移			
2		SUN支店	TUB支店	合計
3	1月	1,230,000	2,100,000	3,330,000
4	2月	2,410,000	1,893,000	4,303,000
5	3月	1,883,000	2,340,000	4,223,000
6	計	5,523,000	6,333,000	11,856,000

売上推移報告書

各支店より売上推移が提出されましたので、集計結果をご報告いたします。

	SUN支店	TUB支店	合計
1月	1,230,000	2,100,000	3,330,000
2月	2,410,000	1,893,000	4,303,000
3月	1,883,000	2,340,000	4,223,000
計	5,523,000	6,333,000	11,856,000

5 変更内容がWord文書の表にも反映されます。

重要度★★★　Excelの表の利用

Q 519 リンク貼り付けした表が編集できない！

Excelファイルが移動または削除されている可能性があります。

リンク貼り付けされたExcelの表は、もととなるExcelの表が別の場所に移動されたり、削除されてしまったりすると、編集できない場合があります。
このようなときは、実際に存在しているExcelファイルを利用して、もう一度リンク貼り付けを行います。

参照▶Q 518

重要度★★★　Excelの表の利用

Q 520 形式を選択して貼り付ける方法を知りたい！

貼り付けたあとExcelの表をどのように扱うか決めます。

Excelの表をコピーしてWord文書に貼り付けるには、さまざまな方法があります。貼り付けたあと、その表をどのように扱うかによって貼り付け方法が異なります。どのような貼り付け方法があるのかを理解しておくと、表を利用する際にも便利です。
貼り付け方法は、[ホーム]タブの[貼り付け]の下部分 、または貼り付けた表の右下の (Ctrl) をクリックすると表示される貼り付け形式から選択します。このときに選択できる項目は、コピー元のデータによって異なります。
また、[形式を選択して貼り付け]を選択すると表示される[形式を選択して貼り付け]ダイアログボックスでは[貼り付け]と[リンク貼り付け]を選択できます。[リンク貼り付け]は、元データが変更されると貼り付けたデータも連係して変更されます。この貼り付け方法は、Office製品で共通です。

●貼り付け

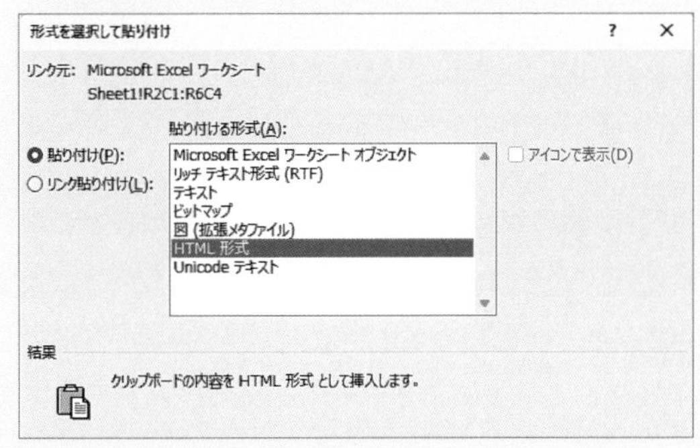

●リンク貼り付け

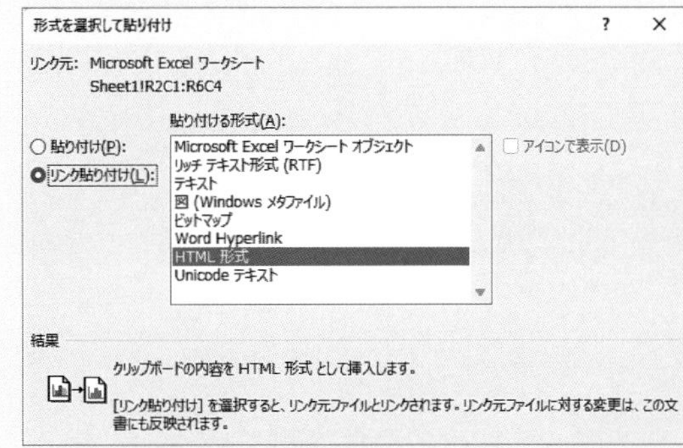

貼り付ける形式	内　容
Microsoft Excelワークシシートオブジェクト	ワークシートの状態で貼り付けられます。Excelワークシートオブジェクトとして編集が可能になります。
リッチテキスト形式	書式情報の付いたテキストとして貼り付けます。
テキスト	文字情報のみのテキストとして貼り付けます。
ビットマップ	ビットマップとして貼り付けます。
図（拡張メタファイル）	ピクチャ（拡張メタファイル形式）として貼り付けます。鮮明で、拡大／縮小しても文字や図の配置に影響しません。
Word Hyperlink	ハイパーリンクとして貼り付けます。リンク先のファイルを表示できます。
HTML形式	HTML形式として貼り付けます。
Unicodeテキスト	書式情報を持たないテキストとして貼り付けます。

重要度★★★　Excelの表の利用

Q 521 Wordで作成した表をExcelで使いたい！

A Wordで作成した表をコピーして、Excelに貼り付けます。

Wordで作成した表を、Excelのシートに貼り付けることもできます。

Wordで作成した表を選択して、[ホーム]タブの[コピー]をクリック（または Ctrl ＋ C を押す）してコピーします。Excel画面を開いて、[ホーム]タブの[貼り付け]の下部分をクリックし、[元の書式を保持]をクリックして貼り付けます。通常に貼り付けたあとで、表の右下の[貼り付けのオプション] (Ctrl) をクリックして、[元の書式を保持]をクリックしても同じです。

参照▶Q 516

1 Wordで作成した表を選択して、

ファイル　ホーム　挿入　描画　デザイン　レイアウト　参考資料　差し込み文書　校閲
HG丸ｺﾞｼｯｸM-PRO　10.5
貼り付け
元に戻す　クリップボード　フォント　段落
スケジュール
日 程　曜日　時 間
11月1日　月　10：00～12：00
11月1日　月　13：15～14：30
11月2日　火　10：15～12：00
11月2日　火　16：00～18：00

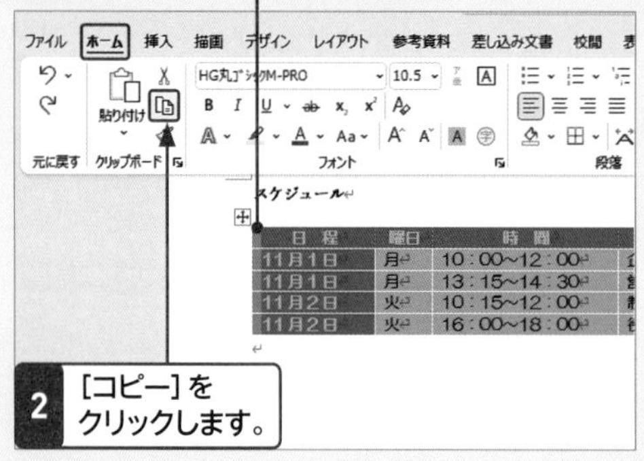

2 [コピー]をクリックします。

3 Excel画面で[貼り付け]のここをクリックして、

自動保存　オフ　Book4 - Excel
検索 (Alt+Q)
ファイル　ホーム　挿入　描画　ページレイアウト　数式　データ　校閲　表示　ヘルプ
游ゴシック　11
標準
貼り付け
元に戻す　配置　数値
貼り付けのオプション:
形式を選択して貼り付け(S)...
_Hlk1097
週間スケジュール

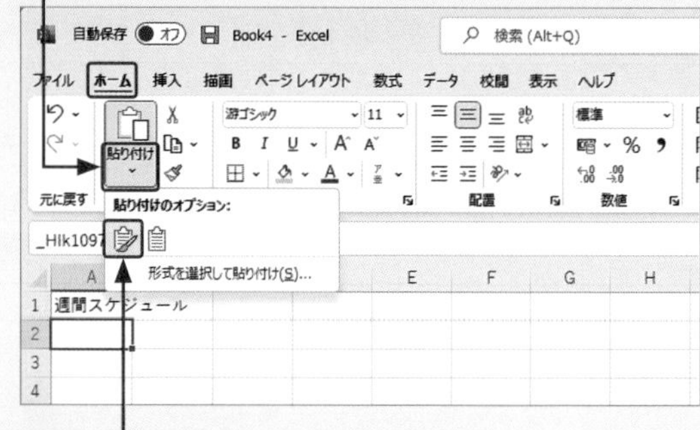

4 [元の書式を保持]をクリックします。

5 Excelに貼り付けられます。

ファイル　ホーム　挿入　描画　ページレイアウト　数式　データ　校閲　表示　ヘルプ
游ゴシック　11
標準
貼り付け
元に戻す　クリップボード　フォント　配置　数値
A1　週間スケジュール
週間スケジュール
日 程　曜日　時 間　内 容　場所／備考
11月1日　月　10：00～12：00　企画会議　第一会議室
11月1日　月　13：15～14：30　営業会議　営業本部室
11月2日　火　10：15～12：00　制作部会議　第三会議室
11月2日　火　16：00～18：00　役員会議　役員室

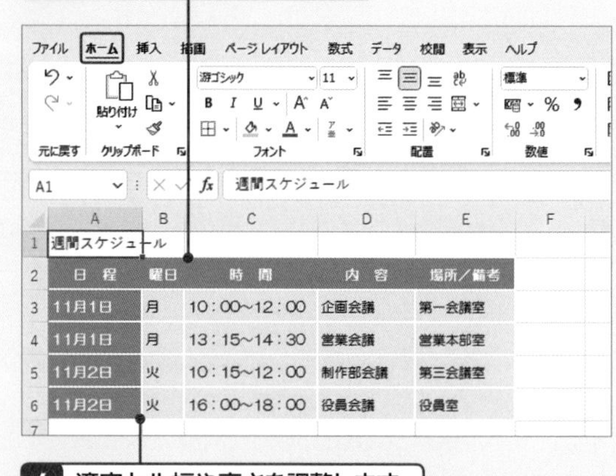

6 適宜セル幅や高さを調整します。

重要度★★★　その他の表の操作

Q 522 ページの先頭に作成した表の上に行を挿入したい！

A [表の分割]、または左上のセルで Enter を押します。

文書の先頭に表を挿入して作成すると、当初あった段落は表の下に移動します。表の上にタイトルなどを入力したい場合は、行を挿入する必要があります。表の1行目にカーソルを移動して、右端の[レイアウト]タブの[表の分割]をクリックします。あるいは、表の左上のセルにカーソルを移動して Enter を押しても行を挿入できます。

参照▶Q 494

1 このセルにカーソルを移動して、Enter を押すと、

項 目　日 付　時 間　場 所　備 考
企画会議 1　9月 1日　10：00～12：00　会議室 2B　部長同席
企画会議 2　9月 9日　13：00～15：30　会議室 1C
開発部打合せ　9月 20日　11：00～12：00　大会議室　企画部、営業部

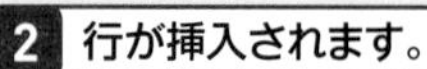

2 行が挿入されます。

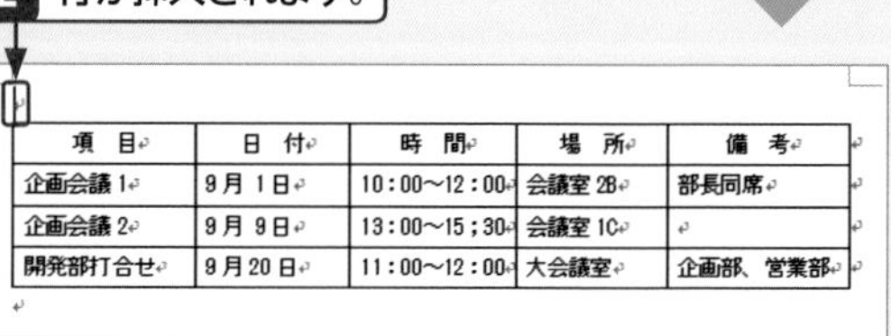

項 目　日 付　時 間　場 所　備 考
企画会議 1　9月 1日　10：00～12：00　会議室 2B　部長同席
企画会議 2　9月 9日　13：00～15：30　会議室 1C
開発部打合せ　9月 20日　11：00～12：00　大会議室　企画部、営業部

重要度 ★★★ その他の表の操作

Q 523 表が用紙からはみ出してしまった！

A 下書き表示にして表を編集します。

ページサイズより大きな表を貼り付けたりしてはみ出してしまった場合は、左右の余白を狭めてみましょう。それでもはみ出す場合は、[下書き] 表示にしてはみ出し部分を確認します。列の幅を狭めてから、[印刷レイアウト] 表示に切り替えて列幅を調整します。ドラッグがしにくい場合は、右端の [レイアウト] タブの [自動調整] → [ウィンドウ幅に自動調整] をクリックして、表全体を文書内に収めてから、各列の列幅を調整します。

参照 ▶ Q 290, Q 478, Q 482

1 余白を狭めて確認します。

はみ出しています。

2 解消されなければ、[表示] タブの [下書き] をクリックします。

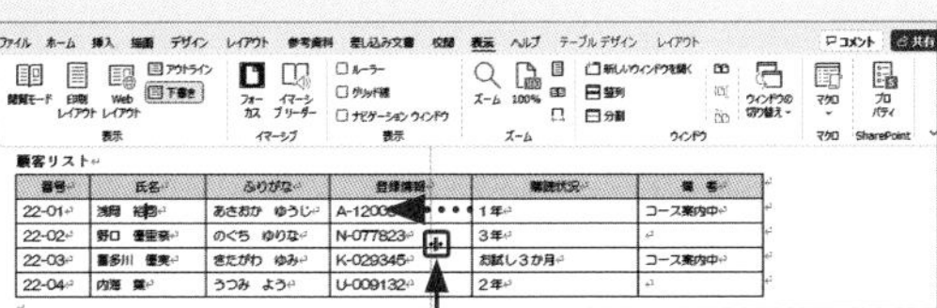

3 ドラッグして各列を狭めます。

● [ウィンドウ幅に自動調整] を利用する

1 [自動調整] をクリックして、[ウィンドウ幅に自動調整] をクリックします。

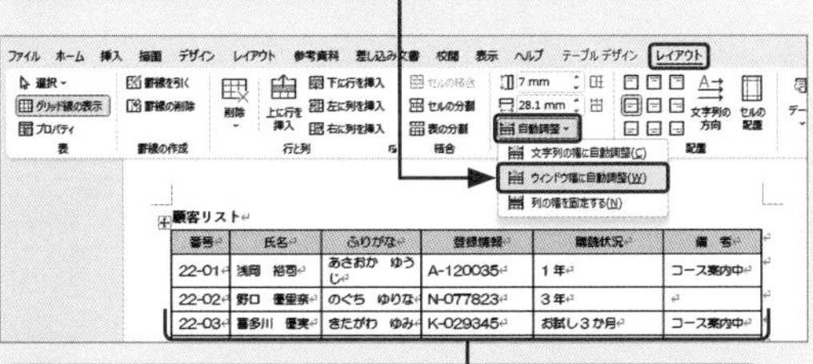

2 はみ出しは解消されるので、列幅を調整します。

重要度 ★★★ その他の表の操作

Q 524 表のセルに連番を振りたい！

A 段落番号の機能を利用します。

段落番号を利用して、表の列、あるいは一部のセルに連番を振ることができます。表に連番用の列を挿入して、列を選択するか、あるいは連番を付けたいセルを選択して、[ホーム] タブの [段落番号] の ⌄ をクリックし、書式を選択します。既定の書式のほか、新規に書式を登録することもできます。

なお、連番を振ったあとで、行の削除や行の追加をしても、連番は自動的に更新されるので、振り直す必要はありません。

参照 ▶ Q 241

1 連番を振りたいセルを選択します。

2 ここをクリックして、

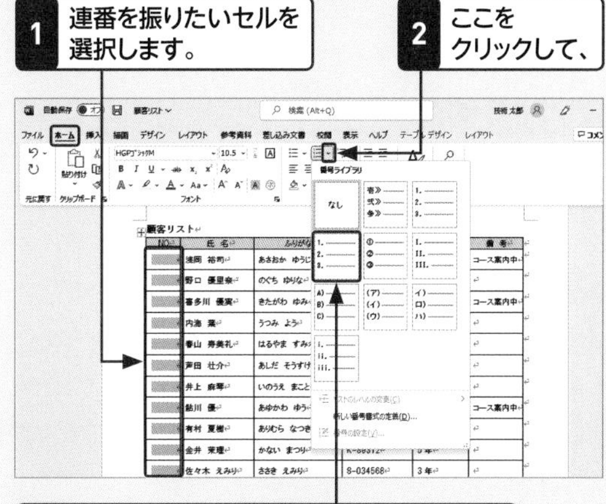

3 番号ライブラリから書式をクリックすると、

4 セルに連番が振られます。

顧客リスト

NO	氏名	ふりがな	登録情報	購読状況	備考
1.	浅岡 裕司	あさおか ゆうじ	A-120035	1年	コース案内中
2.	野口 優里奈	のぐち ゆりな	N-077823	3年	
3.	喜多川 優実	きたがわ ゆみ	K-029345	お試し3か月	コース案内中
4.	内海 葉	うつみ よう	U-009132	2年	
5.	春山 寿美礼	はるやま すみれ	H-006325	5年	
6.	芦田 壮介	あしだ そうすけ	A-129642	3年	
7.	井上 麻琴	いのうえ まこと	I-200675	3年	
8.	鮎川 優	あゆかわ ゆう	A-003864	1年	コース案内中
9.	有村 夏樹	ありむら なつき	A-327540	5年	
10.	金井 茉理	かない まつり	K-89312	5年	

重要度★★★ グラフ

Q 525 グラフを作りたい！

A [挿入]タブの[グラフ]をクリックします。

[挿入]タブの[グラフ]をクリックすると、[グラフの挿入]ダイアログボックスが表示されます。グラフの種類を指定すると、グラフ用シートの[Microsoft Word内のグラフ]が起動します。表の要素とデータを入力すると、Word文書上にグラフが作成されます。
表示される「グラフタイトル」はテキストボックスになっているので、タイトルを入力します。

1 [挿入]タブをクリックして、
2 [グラフ]をクリックすると、

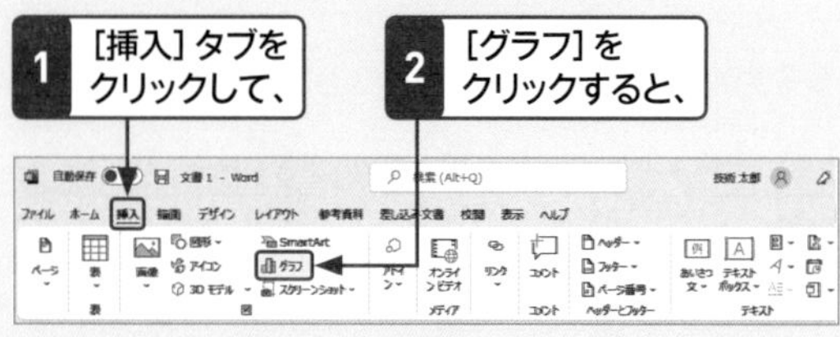

3 [グラフの挿入]ダイアログボックスが表示されます。
4 グラフをクリックして、
5 グラフの種類をクリックし、

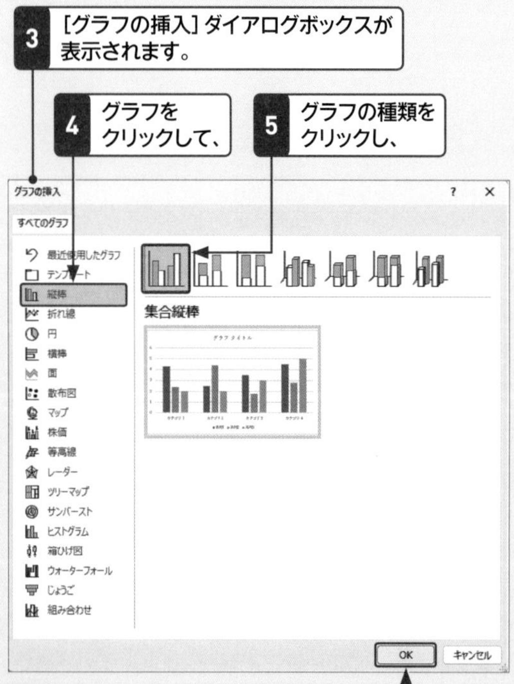

6 [OK]をクリックします。

Word画面はグラフ用のタブに変わります。

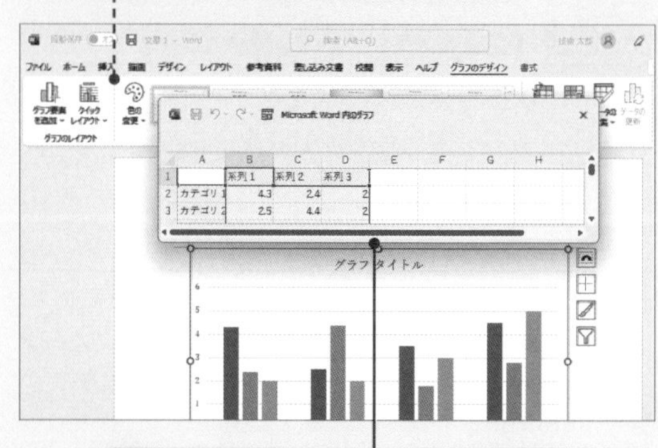

7 [Microsoft Word内のグラフ]が起動して、例示が表示されたシートが開きます。

8 表の要素とデータを入力して、

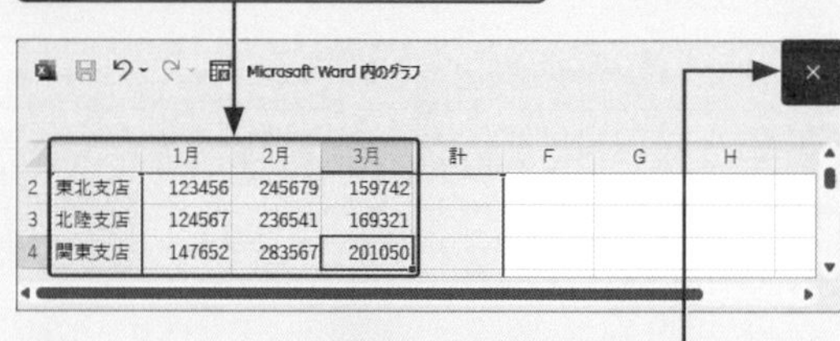

	1月	2月	3月
東北支店	123456	245679	159742
北陸支店	124567	236541	169321
関東支店	147652	283567	201050

9 ここをクリックして閉じます。

10 Word文書上にグラフが作成されます。

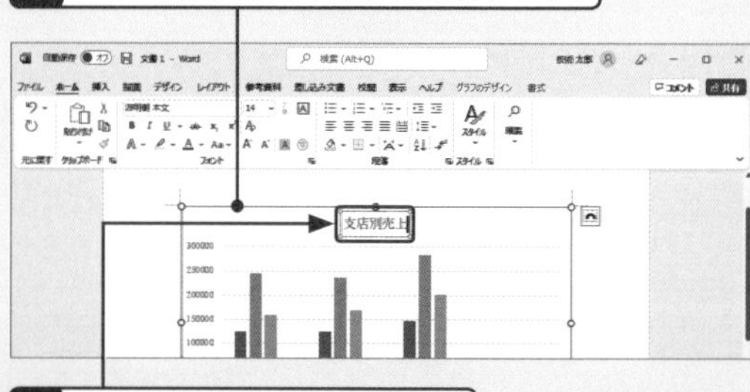

11 グラフタイトルを入力します。

● Excelでデータを編集を利用する

事前にExcelでデータを用意している場合は、データをコピーし、手順7の[Microsoft Word内のグラフ]の画面にCtrl+Vで貼り付けることも可能です。

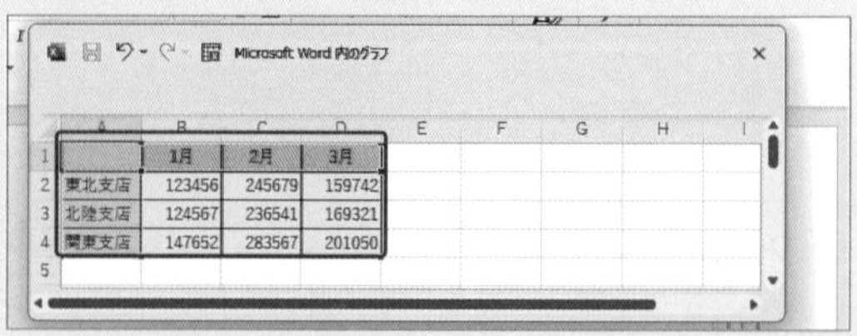

	1月	2月	3月
東北支店	123456	245679	159742
北陸支店	124567	236541	169321
関東支店	147652	283567	201050

重要度 ★★★ グラフ

Q 526 グラフの数値を変更したい！

A グラフのもとのデータを表示して数値を変更します。

グラフを選択して、[グラフのデザイン] タブ（Word 2019／2016では表ツールの [デザイン] タブ）をクリックし、[データの編集] の上の部分をクリックすると [Microsoft Word内のグラフ] が起動します。グラフのもとになっているデータが表示されるので、数値を変更できます。なお、[データの編集] の下の部分をクリックすると、[Excelでデータを編集] が選択できるので、こちらで数値を変更しても同様です。

1 グラフを選択して、

2 [グラフのデザイン] タブをクリックし、

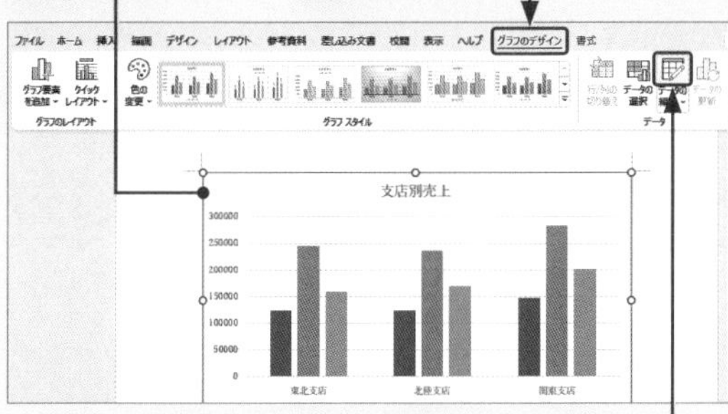

3 [データの編集] の上をクリックします。

4 もとの表のデータが表示されるので、

5 数値を変更して、保存すると、

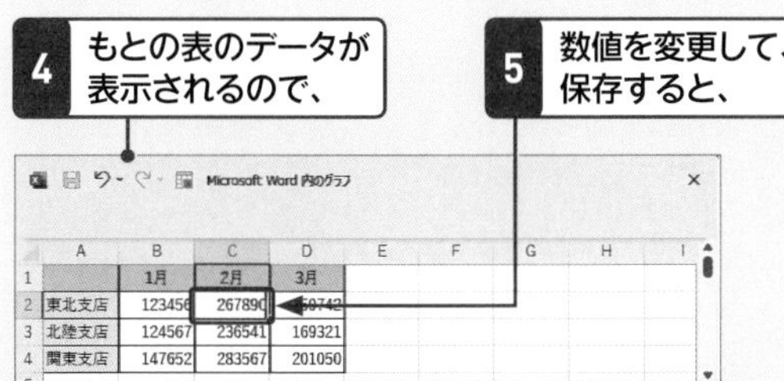

	A	B	C	D
1		1月	2月	3月
2	東北支店	123456	267890	160742
3	北陸支店	124567	236541	169321
4	関東支店	147652	283567	201050

6 グラフの数値が変更されます。

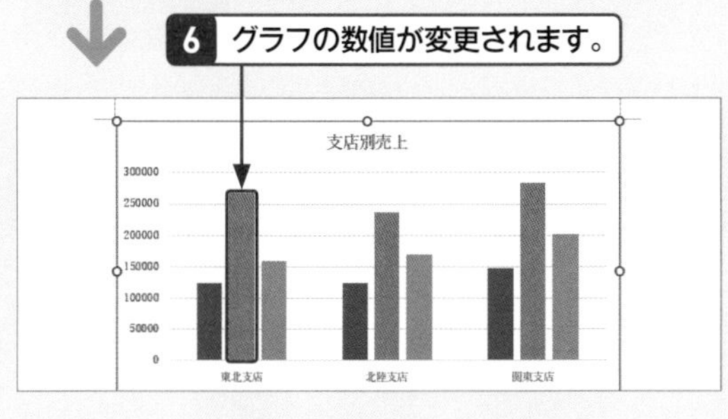

重要度 ★★★ グラフ

Q 527 グラフに使うデータの範囲を変更したい！

A もとのデータの選択範囲を変更します。

グラフは表全体のデータを利用して作成されます。グラフに使用したくない部分がある場合は、その範囲を除いて範囲指定し直します。

[グラフのデザイン] タブ（Word 2019／2016では表ツールの [デザイン] タブ）の [データの選択] をクリックすると表示される [データソースの選択] ダイアログボックスで除きたい項目をクリックしてオフにします。

1 [グラフのデザイン] タブの [データの選択] をクリックすると、

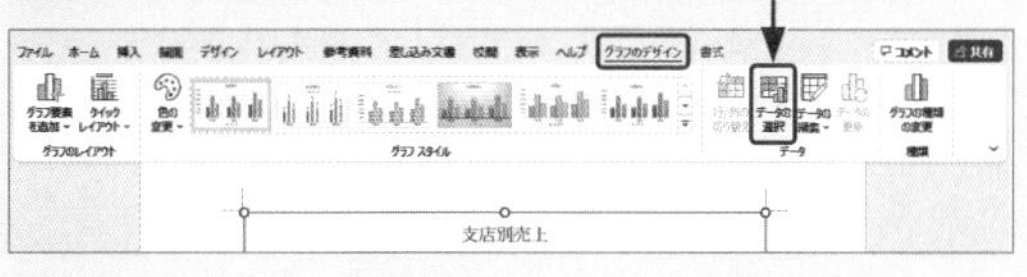

2 [データソースの選択] ダイアログボックスが表示されます。

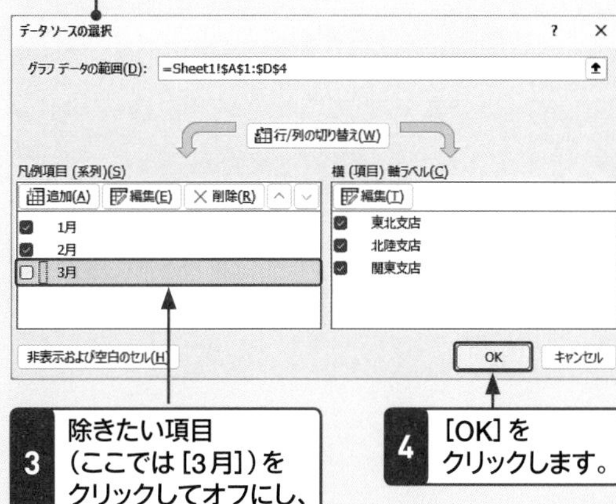

3 除きたい項目（ここでは [3月]）をクリックしてオフにし、

4 [OK] をクリックします。

5 変更が反映されます。

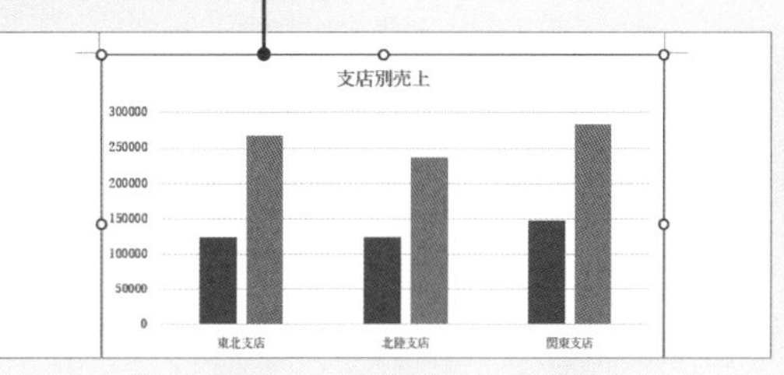

重要度 ★★★ グラフ

Q 528 グラフの種類を変更したい！

A ［グラフの種類の変更］を利用します。

グラフの種類を変更するには、グラフを選択して、［グラフのデザイン］タブ（Word 2019／2016では表ツールの［デザイン］タブ）で［グラフの種類の変更］をクリックし、目的のグラフの種類をクリックして選択します。

1 グラフを選択して、

2 ［グラフのデザイン］タブの［グラフの種類の変更］をクリックします。

3 目的のグラフをクリックして、

4 グラフの種類をクリックし、

5 ［OK］をクリックすると、

6 グラフの種類が変更されます。

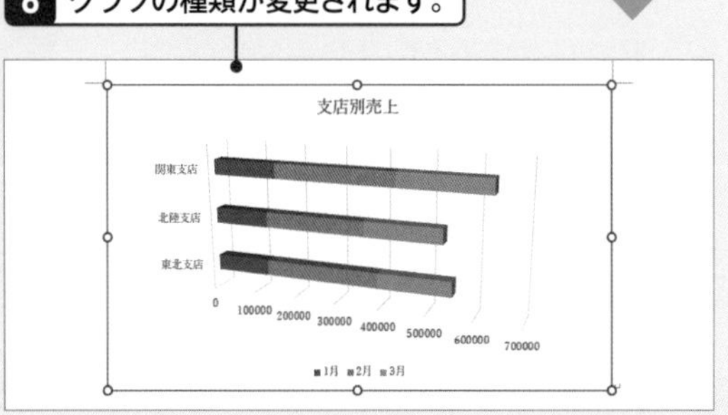

重要度 ★★★ グラフ

Q 529 グラフの要素を追加したい！

A ［グラフ要素を追加］を利用します。

グラフの要素を追加するには、グラフ全体もしくは追加したい項目を選択して、［グラフのデザイン］タブ（Word 2019／2016では表ツールの［デザイン］タブ）で［グラフ要素の追加］をクリックし、追加する要素をクリックします。ここでは、さらに要素の位置を指定することができます。また、グラフの右に表示されている［グラフ要素］⊞をクリックすると、要素表示のオン／オフができます。

1 グラフを選択して、［グラフのデザイン］タブをクリックします。

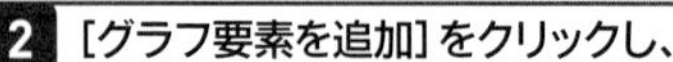

2 ［グラフ要素を追加］をクリックし、

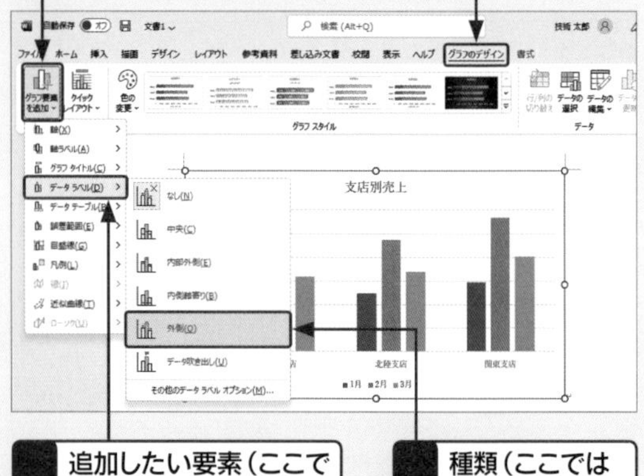

3 追加したい要素（ここでは［データラベル］）をクリックして、

4 種類（ここでは［外側］）をクリックします。

5 追加したデータラベルが表示されます。

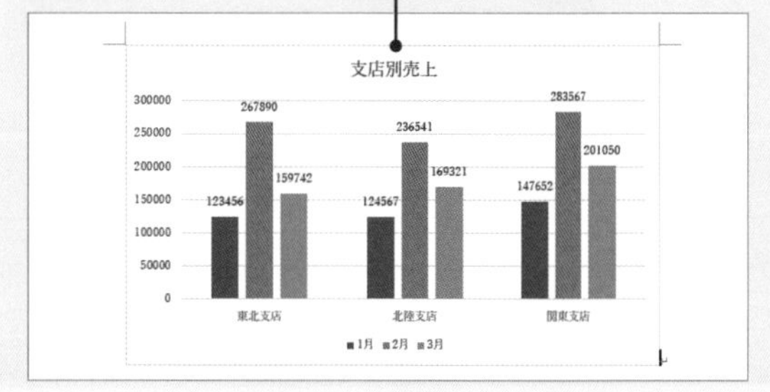

重要度★★★　グラフ

Q 530 グラフの色やスタイルを変更したい！

A [色の変更]や[グラフのスタイル]を利用します。

[グラフのデザイン]タブ（Word 2019／2016では表ツールの[デザイン]タブ）にある[色の変更]や[グラフのスタイル]ギャラリーには、かんたんに変更できるように多数の色やスタイルが用意されています。[色の変更]では配色パターンを選べるほか、[グラフのスタイル]の[その他]▽をクリックするとギャラリーが表示され、目的のスタイルをクリックするだけでかんたんにスタイルを変更できます。また、個々のパーツを選択してデザインを変更することもできます。

● [色の変更]を利用する

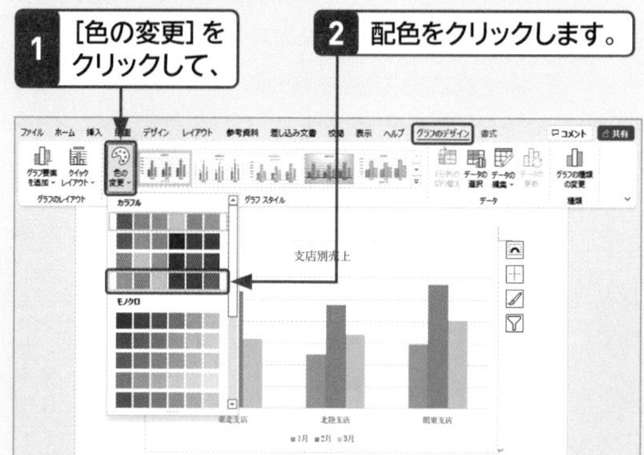

1 [色の変更]をクリックして、
2 配色をクリックします。

● [グラフのスタイル]を利用する

1 ここをクリックして、

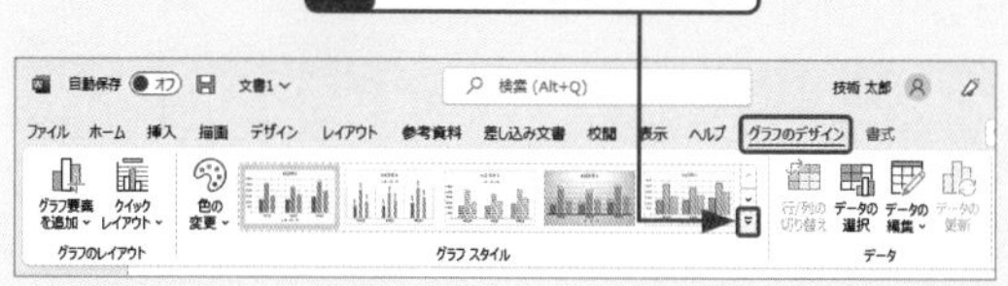

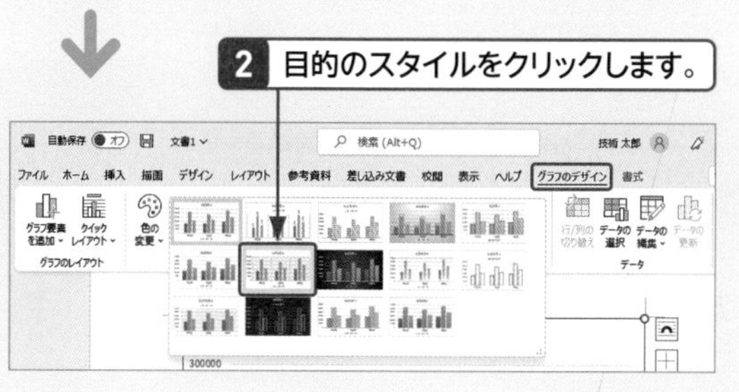

2 目的のスタイルをクリックします。

重要度★★★　グラフ

Q 531 グラフのレイアウトをかんたんに変更したい！

A [クイックレイアウト]を利用します。

[グラフのデザイン]タブ（Word 2019／2016では表ツールの[デザイン]タブ）の[クイックレイアウト]には、タイトルや凡例などが配置されたレイアウトが用意されているので、クリックするだけでレイアウトを変更できます。

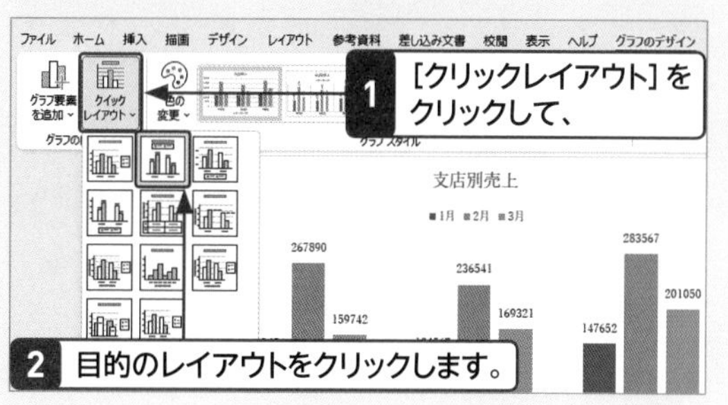

1 [クリックレイアウト]をクリックして、
2 目的のレイアウトをクリックします。

重要度★★★　グラフ

Q 532 グラフのデータ要素の色を変更したい！

A [図形のスタイル]を利用します。

データ系列の個別の色を変更する方法は、図形を編集する操作と同じです。データ系列を選択して、[書式]タブで[図形の塗りつぶし]や[図形の枠線]、あるいは[図形のスタイル]ギャラリーから選択します。また、データ要素をダブルクリックすると表示される作業ウィンドウで設定することもできます。

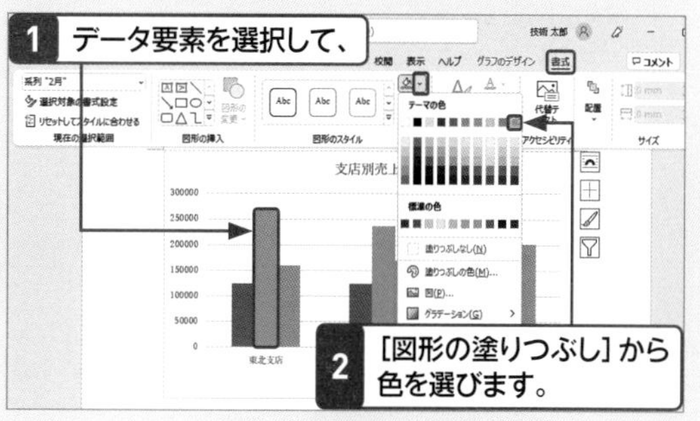

1 データ要素を選択して、
2 [図形の塗りつぶし]から色を選びます。

重要度★★★ グラフ

Q 533 ExcelのグラフをWordで利用したい！

A リンク貼り付けを利用します。

ExcelのグラフをWordで利用するには、グラフをコピーしてWord文書に貼り付けます。[ホーム]タブの[貼り付け]の上部をクリックするとグラフがそのまま貼り付けられ、[貼り付け]の下部分をクリックすると、貼り付けの形式を選ぶことができます。

[貼り付け先テーマを使用しデータをリンク]または[元の書式を保持しデータをリンク]を利用すると、もとのExcelのデータが変更されると、自動的にWordのグラフにも変更が反映されます（[形式を選択して貼り付け]ダイアログボックスの[リンク貼り付け]と同様です）。ただし、貼り付けたもとのデータ（ファイル）の保存先を移動したり、削除したりすると反映されません。

なお、単に貼り付けたグラフの場合、Excelのデータが変わったときは、グラフ要素を右クリックして[データの編集]でデータを修正する必要があります。

参照▶Q 518

1 Excelでグラフのファイルを開きます。

2 グラフを選択して、

3 [ホーム]タブの[コピー]をクリックします。

4 Wordで文書を開き、カーソルを移動します。

5 [ホーム]タブの[貼り付け]の下部分をクリックして、

6 貼り付けの形式（ここでは[元の書式を保持しデータをリンク]）をクリックします。

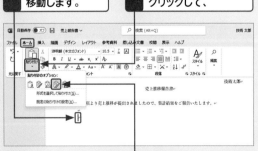

7 グラフが貼り付けられます。

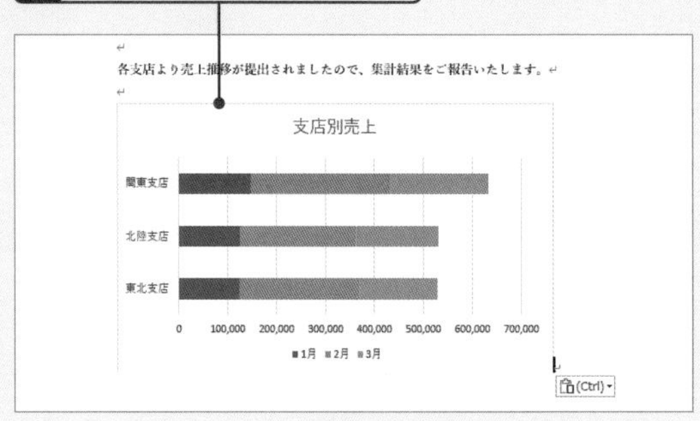

8 Excelのもとデータが変更されると、

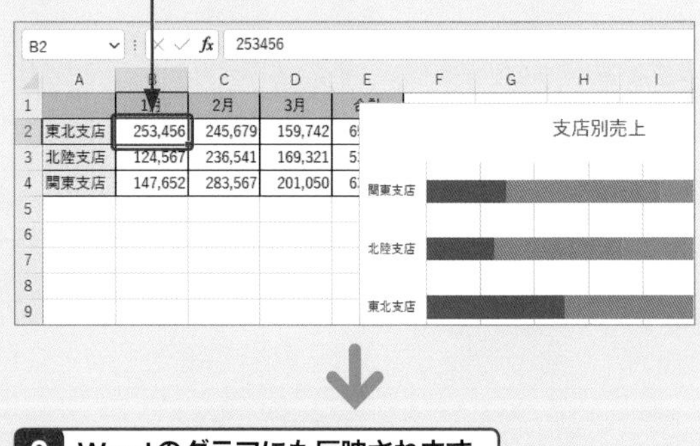

9 Wordのグラフにも反映されます。

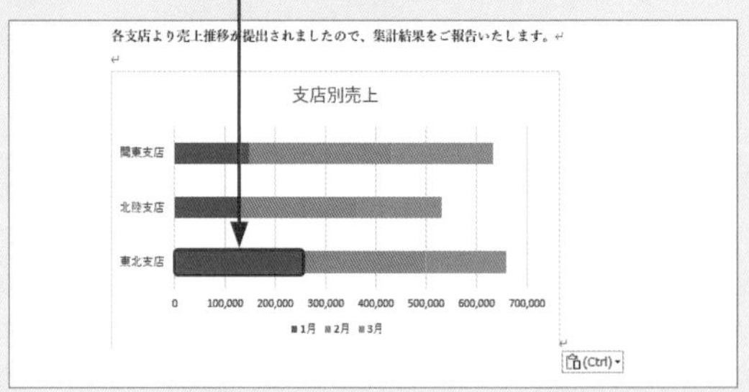

第10章

ファイルの「こんなときどうする?」

重要度 ★★★　ファイル（文書）を開く

Q 534 ほかのファイルをWordで開きたい！

A1 ［すべてのファイル］でファイルを表示します。

Wordでファイルを開く場合、［ファイル］タブの［開く］をクリックして、［参照］をクリックすると表示される［ファイルを開く］ダイアログボックスでファイルを指定します。このとき、ファイルの種類を［すべてのファイル］に指定すると、すべてのファイルが表示されます。

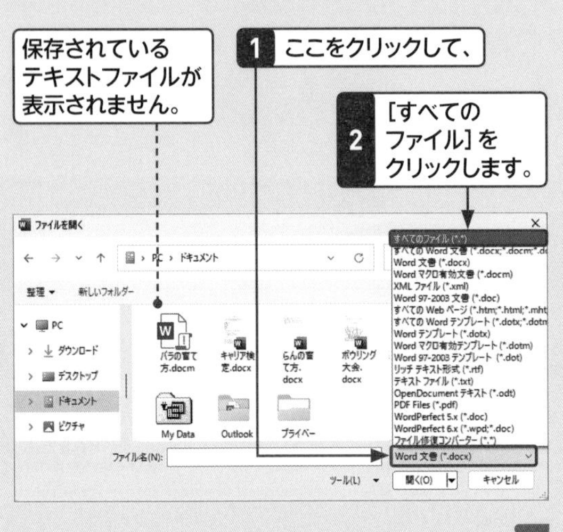

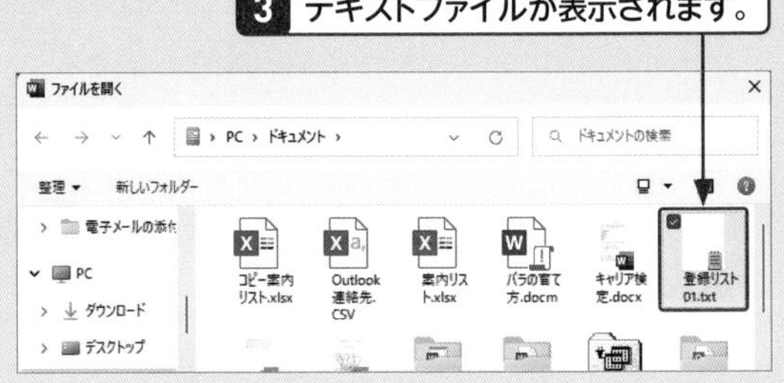

A2 エクスプローラーから開きます。

エクスプローラーを表示して、Wordで開きたいファイルを右クリックし、［プログラムから開く］をクリックして、［Word］をクリックします。このとき、［Word］が表示されない場合は［別のプログラムを選択］をクリックして、［Word］を指定します。

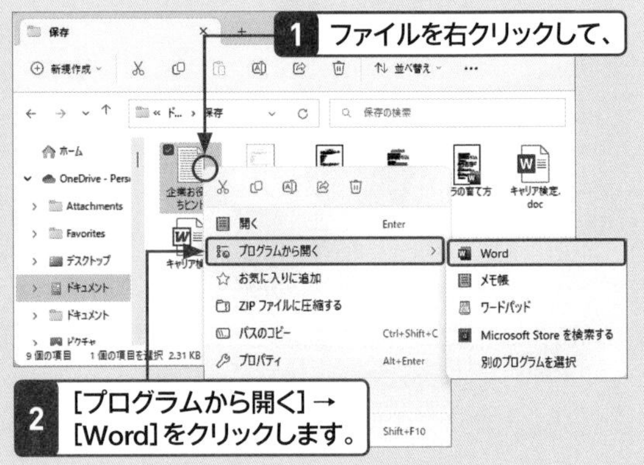

重要度 ★★★　ファイル（文書）を開く

Q 535 Wordで利用できるファイルが知りたい！

A テキストファイルやPDFなどがあります。

Wordで利用できるファイルには、doc、docxのWord文書ファイルのほかに、テキストファイル（txt）、PDFファイル、Webページ（html）、リッチテキストファイル（rtf）などがあります。文字を編集できるファイルであることが条件です。

利用できる（開くことができる）ファイルの種類は、［ファイルを開く］ダイアログボックスで確認するとよいでしょう。

なお、［すべてのファイル］はすべてのファイルを表示するだけで、Wordでは開けないファイルも表示されます。

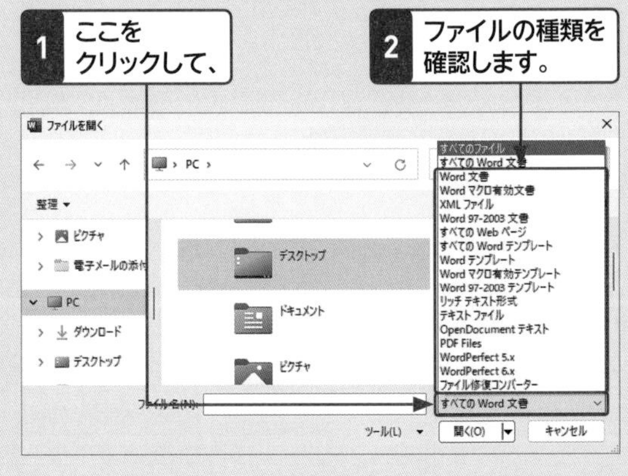

重要度 ★★★ ファイル（文書）を開く

Q 536 保存した日時を確かめたい！

A ファイルの表示方法を[詳細]表示にします。

複数の場所に保存してしまった同一のファイルなど、どれが最新なのかわからなくなります。その場合は、ファイルの更新日時を確認するとよいでしょう。[ファイル]タブの[開く]をクリックすると表示される[ファイルを開く]ダイアログボックスを利用します。[表示方法]の  をクリックして、[詳細]をクリックすると、ファイルの更新日時や種類、サイズなどを表示できます。この表示方法は、エクスプローラーの画面でも同様です。

1 表示方法の[詳細]をクリックすると、

2 ファイルの更新日時が確認できます。

重要度 ★★★ ファイル（文書）を開く

Q 537 文書ファイルをダブルクリックしてもWordが起動しない！

A ファイルがWord以外のアプリに関連付けられています。

Wordの文書は「docx」や「doc」などの拡張子が付いており、これがWordアプリに関連付けられています。Wordアイコンのファイルをダブルクリックしたときにほかのアプリが起動してしまうのは、正しく関連付けされていないためなので、設定し直します。

Windows 11では、スタートメニューの[設定]をクリックして、[アプリ]の[既定のアプリ]から[Word]をクリックします。Word以外のアプリをクリックして、[Word]を選択します。Windows 10では[既定のアプリ]で[ファイルの種類ごとに既定のアプリを選ぶ]をクリックして同様に設定し直します。 参照▶Q 540

1 [設定]画面を表示して、[アプリ]をクリックし、

2 [既定のアプリ]をクリックします。

3 [Word]をクリックして、

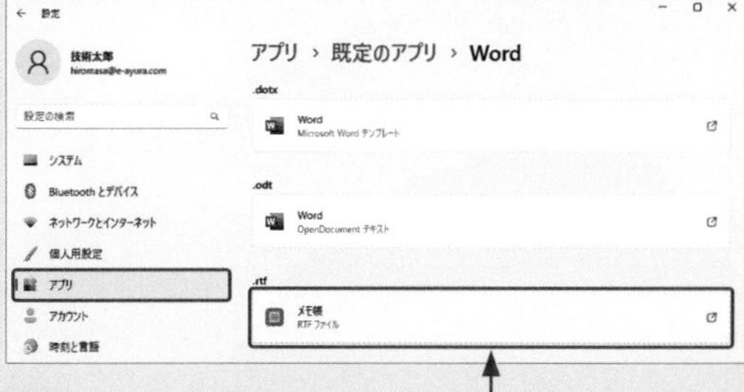

4 Word以外に設定されている拡張子をクリックして、

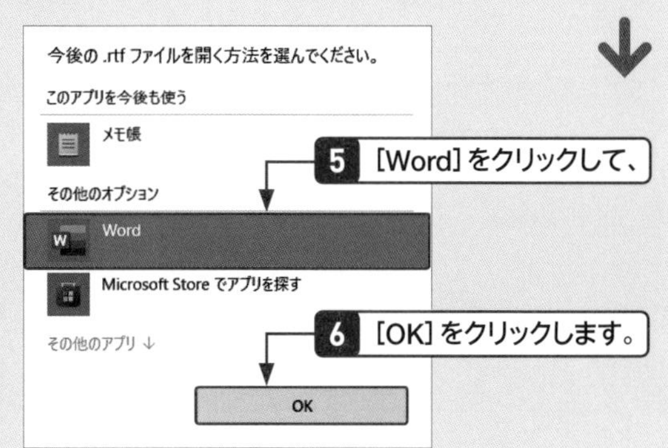

5 [Word]をクリックして、

6 [OK]をクリックします。

重要度 ★★★　ファイル（文書）を開く

Q 538 開きたいファイルが保存されている場所がわからない！

A ファイル検索を利用して探します。

開きたいファイルがどこに保存されているかわからないときは、[ファイルを開く]ダイアログボックスで検索します。検索場所は[PC]（あるいは覚えている場所）を指定して、検索ボックスにファイル名を入力します。ファイル名は一部の文字でもかまいません。検索が実行され、該当するファイルが表示されます。このとき、表示方法を[詳細]にしておくと、保存場所や保存日時が確認できます。
検索結果に目的のファイルが表示されたらクリックして、[開く]をクリックします。ファイルの検索は、エクスプローラーでも同様に行えます。 参照▶Q 536

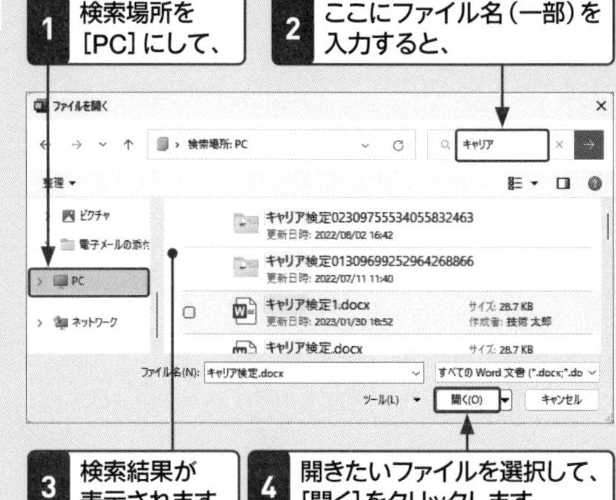

1 検索場所を[PC]にして、
2 ここにファイル名（一部）を入力すると、
3 検索結果が表示されます。
4 開きたいファイルを選択して、[開く]をクリックします。

重要度 ★★★　ファイル（文書）を開く

Q 539 最近使った文書が表示されない！

A [Wordのオプション]で表示数を指定します。

[ファイル]タブの[開く]をクリックして、[最近使ったアイテム]に最近使った文書ファイルが表示されます。表示されない場合は、[Wordのオプション]の[詳細設定]で、[最近使った文書の一覧に表示する文書の数]の数値ボックスに、表示したいファイル数を指定します。
参照▶Q 041

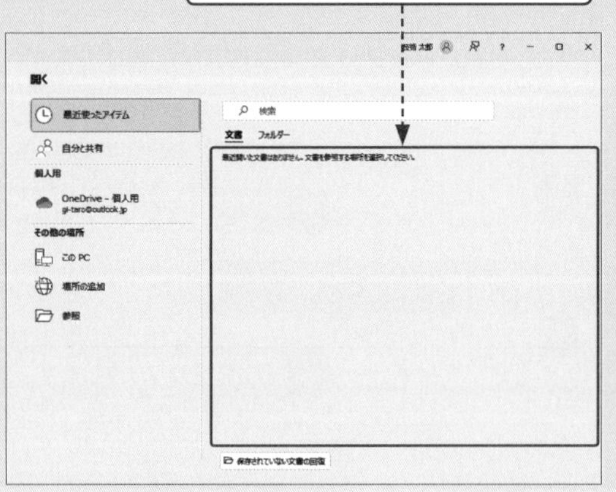

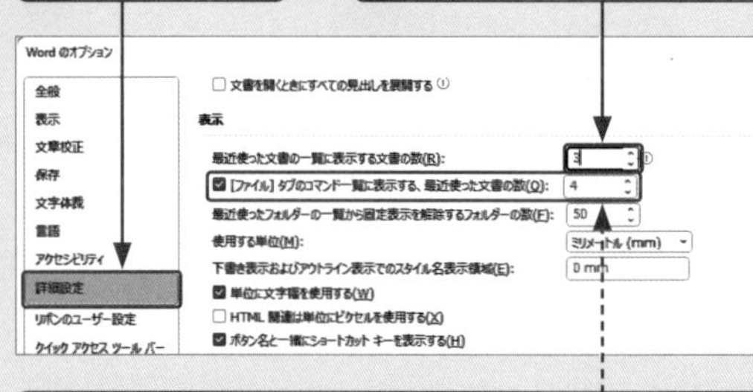

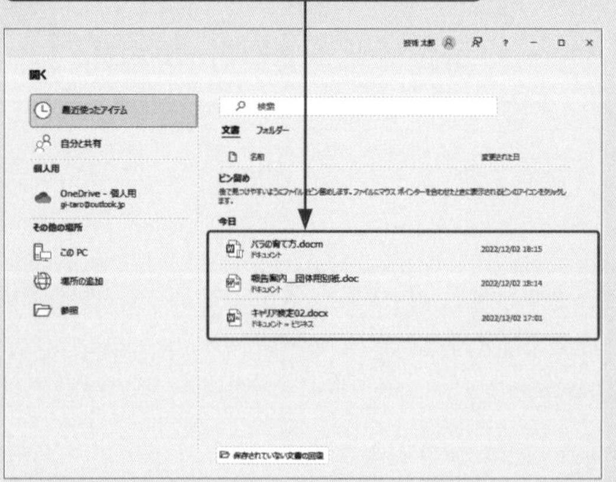

重要度 ★★★ ファイル（文書）を開く

Q 540 ファイルの種類がわからない！

A 拡張子を表示させます。

Windows 11／10の初期設定では、ファイルの種類を示す拡張子が表示されません。ファイルの種類はアイコンの形状でも判別できますが、わかりにくい場合は拡張子を表示させましょう。拡張子の表示／非表示はエクスプローラーで設定します。

タスクバーの をクリックして、エクスプローラーを表示します。[表示]をクリックして[表示]→[ファイル名拡張子]をクリックします。Windows 10の場合は[表示]タブの[ファイル名拡張子]をクリックします。ファイル名の後ろに拡張子が表示されます。

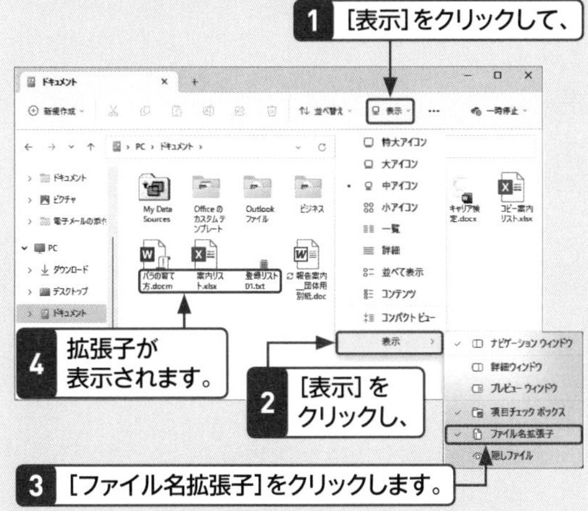

重要度 ★★★ ファイル（文書）を開く

Q 541 Wordのファイルが表示されない！

A 表示させるファイルの種類を変更します。

[ファイルを開く]ダイアログボックスでは、ファイルの種類がWord以外のファイル形式になっていると、Wordのファイルが表示されません。この場合は[すべてのWord文書]、[Word文書]または[すべてのファイル]をクリックして選択すると表示されます。 参照▶Q 535

重要度 ★★★ ファイル（文書）を開く

Q 542 [開く]画面のピン留めって何？

A よく使うファイルを常に表示させます。

[ファイル]タブをクリックして[開く]をクリックすると、[最近使ったアイテム]の[文書]に最近開いたファイルが表示されます。ファイルをクリックするだけですぐに開くことができるので、便利な機能です。[最近使ったアイテム]は、[Wordのオプション]の[詳細設定]で[最近使った文書の一覧に表示する文書の数]を「1」以上に設定すると、指定した数のファイルが表示されます（「0」にすると、[最近使ったアイテム]も表示されません）。新しいファイルを開き、設定された表示数を超えると、古いファイルは一覧から消えてしまいます。ファイルをピン留めしておくと、この一覧から消されることなく、常に表示させておくことができます。

ピン留めを外すには、 をクリックするか、右クリックして[一覧へのピン留めを解除]をクリックします。

参照▶Q 539

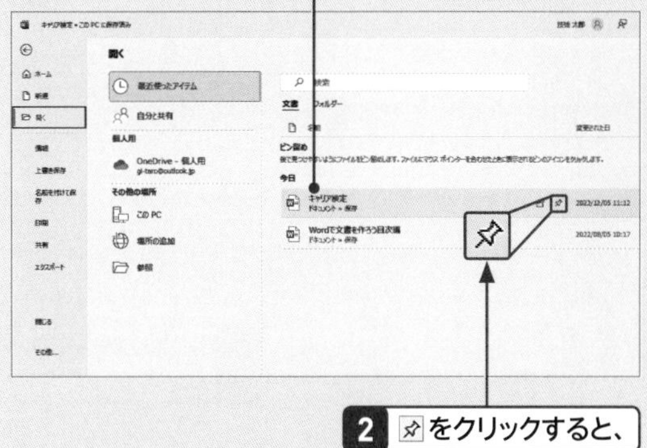

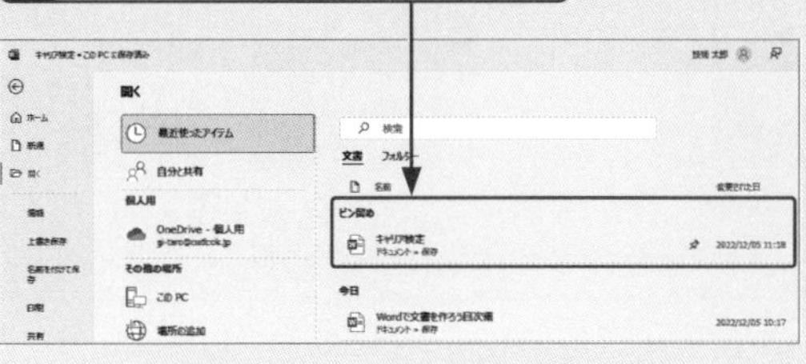

重要度 ★★★ ファイル（文書）を開く

Q 543 セキュリティの警告が表示される！

A マクロファイルなどを開く際に表示されます。

マクロ等を含むファイルは、改ざんなど有害の可能性があり、開く際に警告バーが表示されます。［コンテンツの有効化］をクリックすると使用できるようになります。ただし、メール添付などで受信したファイルは、さらに赤色の警告バーが表示されます。これはOfficeセキュリティによるブロックで、マクロ等が利用できなくなります。ファイルが安全である場合は、ファイルのプロパティ画面で許可すると使用できるようになります。

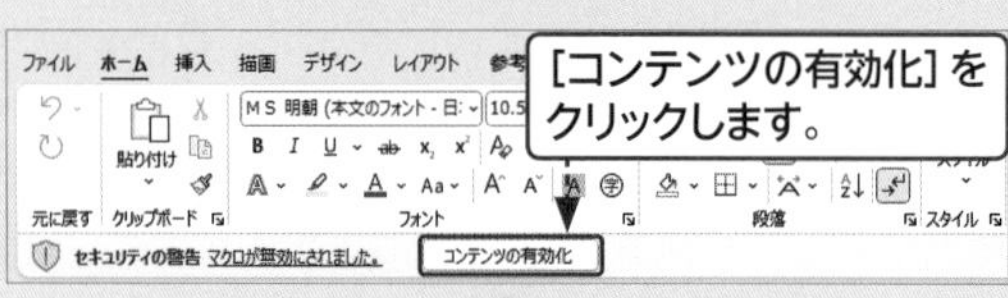

［コンテンツの有効化］をクリックします。

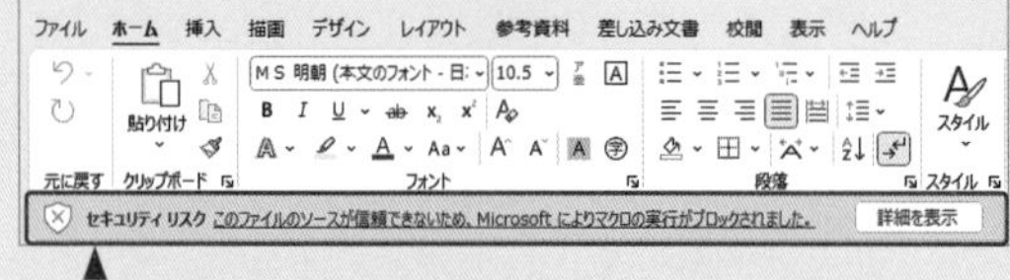

警告バー「セキュリティリスク」が表示されます。

● セキュリティを許可する

1 エクスプローラーでファイルを右クリックして、

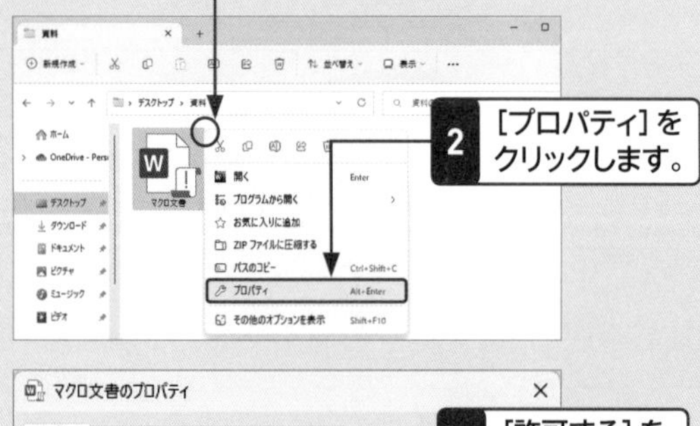

2 ［プロパティ］をクリックします。

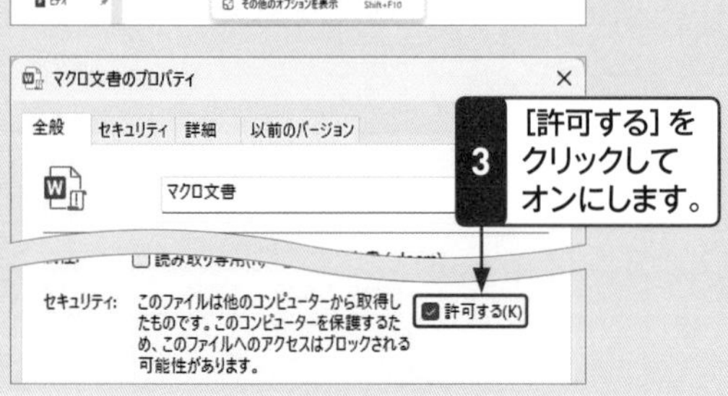

3 ［許可する］をクリックしてオンにします。

重要度 ★★★ ファイル（文書）を開く

Q 544 ファイルが読み取り専用になってしまった！

A パソコンを再起動してみましょう。

ファイルの編集中にWordが応答しなくなって強制終了した場合など、編集していたファイルが読み取り専用になってしまうことがあります。このようなときは、パソコンを再起動すると解消できる場合があります。なお、ネットワーク上の共有ファイルをほかの人が編集中の場合も、読み取り専用になります。

重要度 ★★★ ファイル（文書）を開く

Q 545 前回表示していたページを表示したい！

A ［再開］をクリックします。

Wordでは、「再開」機能が利用できます。複数ページある文書を開いた際に、前回終了時に表示していたページに移動できる機能で、最初は文書の先頭の右側に吹き出しのメッセージで、前回終了した日にちや時間などが表示されます。時間が経つとアイコンに変わってしまいますが、クリックすれば吹き出しが表示されます。吹き出しをクリックすると、前回最後に表示していたページに移動します。
ただし、何らかの操作を始めてしまうと、吹き出しやアイコンが消え［再開］機能は利用できなくなります。

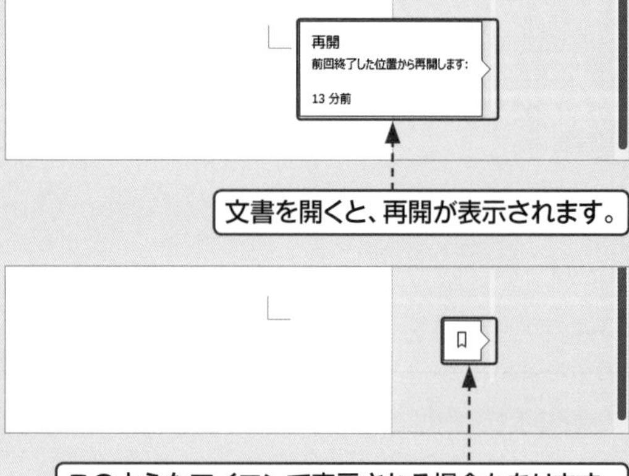

再開
前回終了した位置から再開します：
13 分前
文書を開くと、再開が表示されます。
このようなアイコンで表示される場合もあります。

重要度 ★★★　ファイル（文書）を開く

Q 546 「編集のためロックされています」と表示される！

A1 ほかの人がファイルを開いています。

ネットワーク上のファイルをほかのユーザーが使用している場合、同じファイルを開こうとすると、「編集のためにロックされています」というメッセージが表示されます。以下の3つから動作を選択します。

使用中のファイル　?　×
報告案内__団体用別紙.doc は編集のためにロックされています（編集者：'技術華子'）。
次のいずれかを選択してください：
○ 読み取り専用として開く(R)
○ コピーを作成し、変更内容を後で元のファイルに反映する(M)
○ ほかの人がファイルの使用を終了したときに通知を受け取る(N)
OK　キャンセル

- **読み取り専用として開く**
  編集と上書き保存ができない状態でファイルが開きます。コピーとして、名前を付けて保存することは可能です。

自動保存 オフ　報告案内__団体用別紙 - 読み取り専用 - ¥data に保存済み
ファイル　ホーム　挿入　描画　デザイン　レイアウト　参考資料　差し込み文書　校閲　表示
読み取り専用 この文書は、他のユーザーによって編集がロックされています。　名前を付けて保存
ナビゲーション
文書の検索
見出し　ページ　結果
文書に操作可能なアウトラインを作成します。

- **コピーを作成し、変更内容を後で元のファイルに反映する**
  編集ができる状態でファイルが開きます。変更を行うと文書のコピーが作成され、コピーに加えた変更は後ほどもとの文書に反映されます。これは、複数のユーザーが同時に編集できるようにする機能です。

- **ほかの人がファイルの使用を終了したときに通知を受け取る**
  ほかの人が文書を閉じた場合に通知が表示されます。[編集] をクリックすると編集が可能になります。

ファイル使用可能　?　×
報告案内__団体用別紙.doc は編集できるようになりました。
[編集] を選択すると、開いたファイルを編集できます。
編集(W)　キャンセル

A2 エラーの場合は再起動します。

ほかの誰かがファイルを開いていないのにもかかわらず、このメッセージが表示されることがあります。原因は不明ですが、ファイルを閉じたあとすぐに同じファイルを開こうとした場合など、前回開いたファイルが閉じられていないとパソコン側が認識している状態です。この場合は、キャッシュを削除するなどの高度な操作も可能ですが、まずはパソコンを再起動してみましょう。

重要度 ★★★　ファイル（文書）を開く

Q 547 「保護ビュー」と表示された！

ネット経由で入手したファイルのため安全を確認します。

添付ファイルやインターネット上からダウンロードしたファイルを開くと「保護ビュー」（または「保護されたビュー」）というモードで表示されることがあります。これはファイルがメールやインターネット上を経由しているため、有害なコンテンツが埋め込まれている可能性があると判断された結果、読み取り専用で開かれているものです。安全であると判断したら、[編集を有効にする] をクリックすると、通常の編集画面になります。

なお、黄色の警告バーのほか、ファイル自体に問題がある場合に表示される赤色の警告バーもあるので、内容を確認します。

参照▶Q 543

[編集を有効にする] をクリックします。

検索 (Alt+Q)　技術 太郎
表示　ヘルプ　コメント　共有
害する必要がなければ、保護ビューのままにしておくことをお勧めします。　編集を有効にする(E)

重要度 ★★★ ファイル（文書）を開く

Q 548 PDFファイルを開きたい！

A Wordで開くことができます。

Wordで作成したPDFファイルは、Wordで開くことができ、編集することも可能です。PDFファイルを開くには、[ファイルを開く]ダイアログボックスで、ファイルの種類を「すべてのファイル」にして、PDFファイルが表示されるようにして、ファイルを選択します。
なお、ほかのアプリで作成されたPDFも開くことは可能ですが、フォントが別のフォントに置き換わる場合もあります。

参照▶Q 560

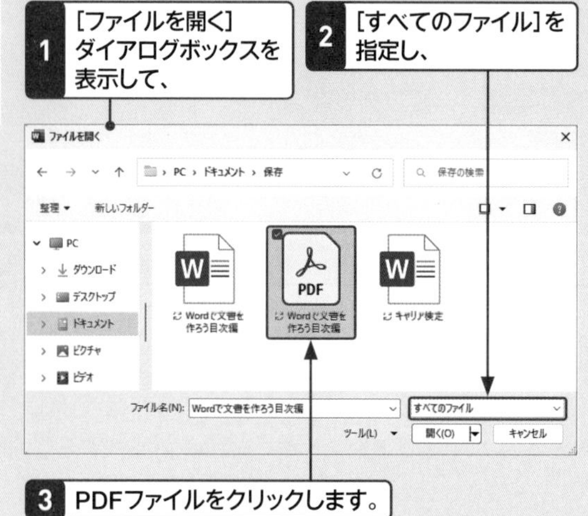

1 [ファイルを開く]ダイアログボックスを表示して、
2 [すべてのファイル]を指定し、
3 PDFファイルをクリックします。

重要度 ★★★ ファイル（文書）を開く

Q 549 添付ファイルを開くと閲覧モードで表示される！

A1 すぐに編集できないようになっています。

メールに添付されたWordファイルを開くと、閲覧モードで表示されることがあります。[表示]タブをクリックして[文書の編集]をクリックするか、画面右下の[印刷レイアウト]をクリックして、印刷レイアウトの文書編集モードにします。

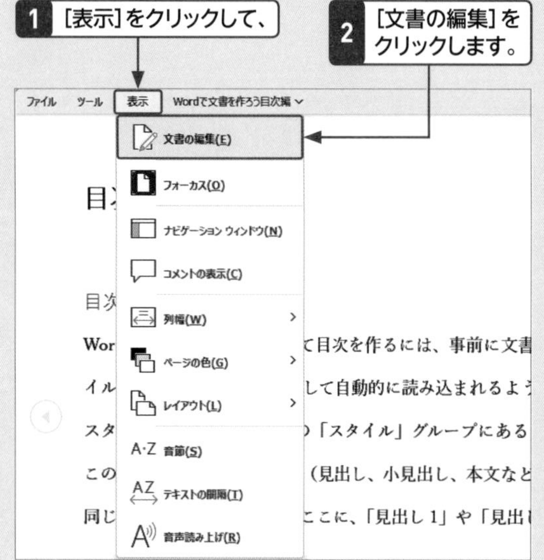

A2 閲覧モードで開かないように設定します。

添付ファイルで送られてきたWordファイルを閲覧モードで開かないように設定を変更することもできます。[Wordのオプション]の[全般]で[電子メールの添付ファイルや編集できないファイルを閲覧表示で開く]をクリックしてオフにします。
ただし、電子メールでの添付ファイルからウイルスに感染する危険もあるため、安全が確認できない添付ファイルを直接開くことは避けましょう。

参照▶Q 041, Q 265

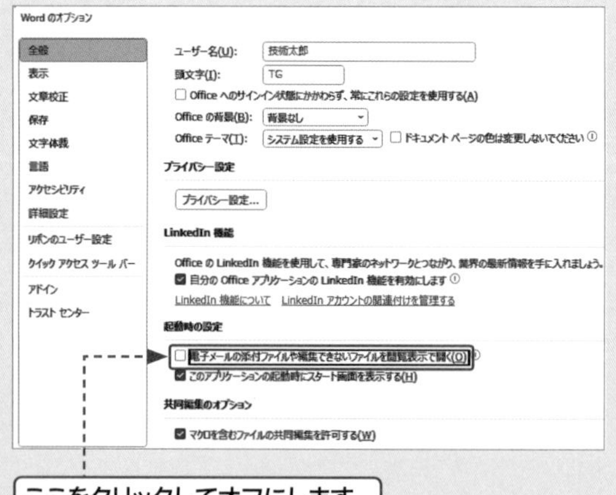

重要度 ★★★ ファイル（文書）の保存

Q 550 OneDriveって何？

A マイクロソフトのオンラインストレージサービスです。

OneDriveは、クラウド型のオンラインストレージサービスです（最大容量5GB、Microsoft 365では1TBが無料）。インターネット上にファイルを保存しておくため、インターネットが利用できる環境であればパソコン、タブレット、スマートフォンなどから共通のファイルを閲覧／編集／保存できます。

OneDriveを初めて利用するには、スタートメニューの［すべてのアプリ］をクリックして［OneDrive］（Windows 10ではスタートメニューの［OneDrive］）をクリックして、画面に従って設定します。Microsoftアカウントにサインインしていればいつでも、エクスプローラー上で、通常のフォルダーと同様にファイルのコピーや移動ができます。

インターネット上で利用する場合は、WebブラウザーでマイクロソフトのWebサイト「onedraive.live.com/about/ja-jp」を表示して、サインインします。また、インターネット上で利用できる無料のアプリ「Word Online」を利用して作成された文書は、OneDriveに自動的に保存されます。

参照►Q 579, Q 581

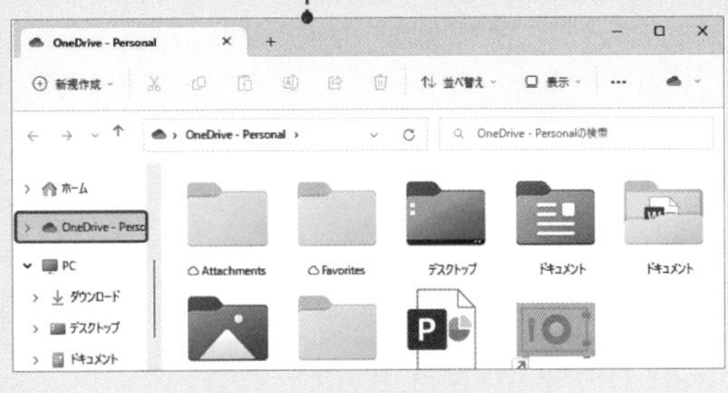

重要度 ★★★ ファイル（文書）の保存

Q 551 OneDriveに保存するには？

A 保存先をOneDriveにします。

Word画面でOneDriveに保存するには、［ファイル］タブをクリックして［名前を付けて保存］をクリックし、［OneDrive］を指定します。あるいは、［名前を付けて保存］ダイアログボックスで保存先に［OneDrive］のフォルダーファイルを指定します。

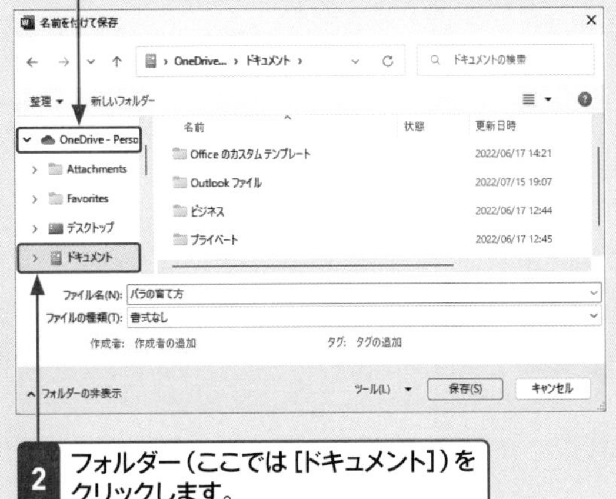

重要度 ★★★ ファイル（文書）の保存

Q 552 OneDriveに勝手に保存されてしまう！

A 自動的にバックアップされないように設定できます。

MicrosoftアカウントでWindowsにサインインすると、パソコンの設定によってパソコンの内容が自動的にOneDriveに保存されるように設定されます。エクスプローラーを開くと、[OneDrive]が表示されていれば、OneDriveに接続されていることになります。この場合、OneDriveの設定で「バックアップ」が有効状態であり、[デスクトップ][ドキュメント][画像]の各フォルダーに保存されている文書や写真、動画などのファイルがOneDriveにバックアップされるようになります。バックアップを中止したい場合は、下記のようにして設定します。

1 タスクバーのOneDriveアイコンを右クリックして、

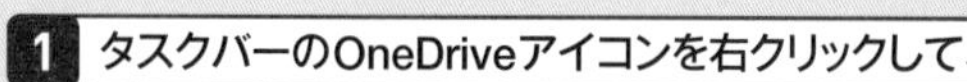

2 [設定]をクリックします。

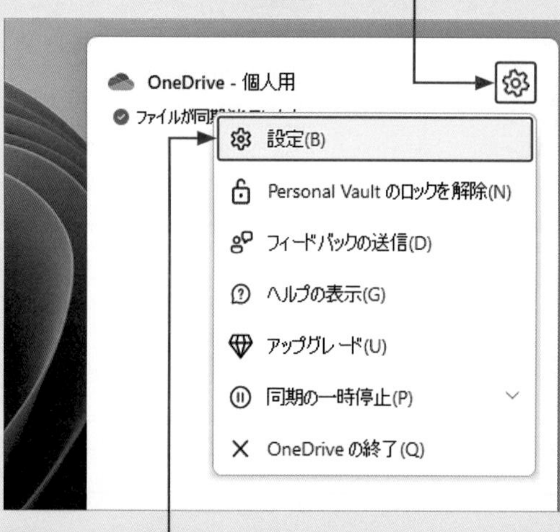

3 [ヘルプと設定]をクリックし、

4 [バックアップ]タブをクリックして

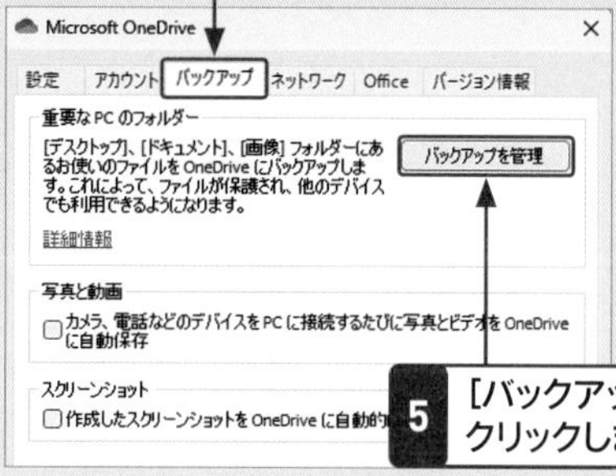

5 [バックアップを管理]をクリックします。

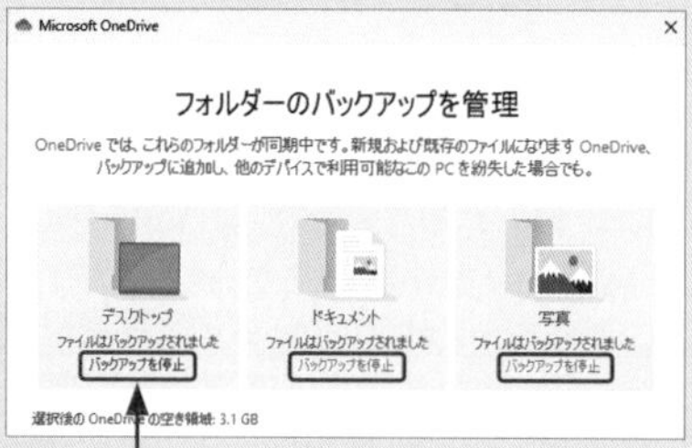

6 [デスクトップ][ドキュメント][画像]にある[バックアップを停止]をクリックして、

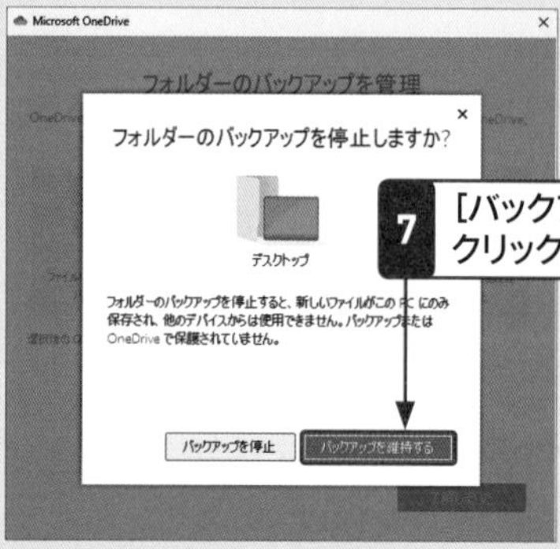

7 [バックアップを停止]をクリックします。

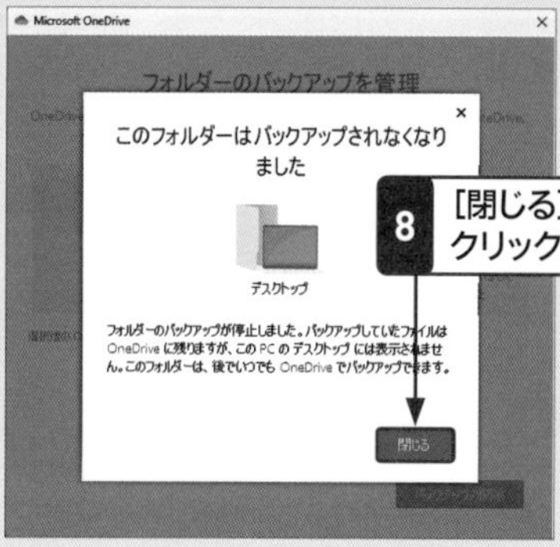

8 [閉じる]をクリックします。

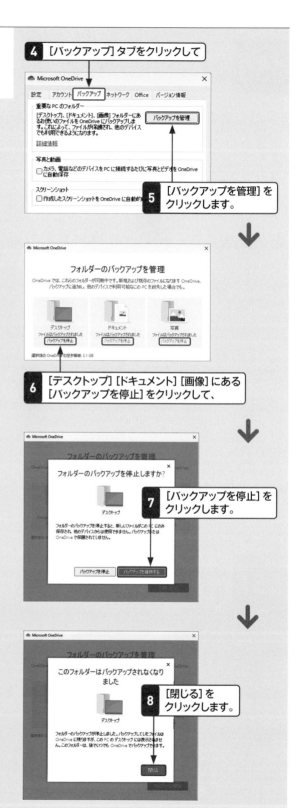

重要度 ★★★ ファイル（文書）の保存

Q 553 上書き保存と名前を付けて保存はどう違うの？

A 変更した文書のもとの文書を残すか、残さないかの違いです。

文書を作成してファイル名を付けて保存した文書を再度開いて変更を加えた場合、同じ名前で保存するか（上書き保存）、違う名前を付けて保存（名前を付けて保存）するか、2つの保存方法があります。

上書き保存するには、画面左上の［上書き保存］をクリックするか、［ファイル］タブをクリックして［上書き保存］をクリックします。

別名で保存する場合は、［名前を付けて保存］ダイアログボックスを表示して、名前を変更します。これで、もとのファイルはそのまま残り、変更を加えた新しいファイルが作成されることになります。

●上書き保存

●名前を付けて保存

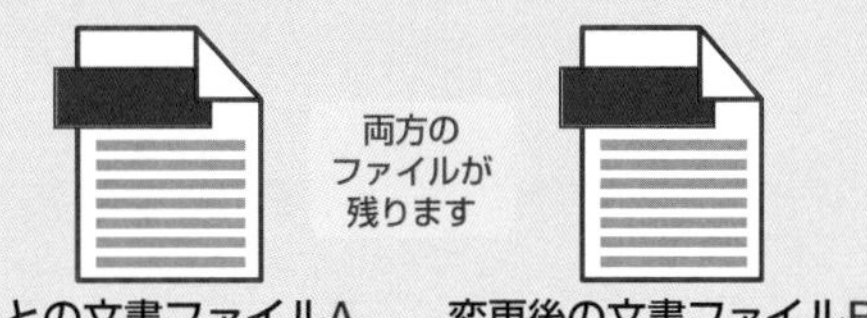

重要度 ★★★ ファイル（文書）の保存

Q 554 大事なファイルを変更できないようにしたい！

A ファイルを読み取り専用で開くように設定します。

読み取り専用とはファイルの保護機能の1つで、「ファイルを開いて見ることはできるが、編集はできない」という制限です。ほかの人に内容を変更されては困る場合などに利用します。読み取り専用に設定するには、［（ファイル名）のプロパティ］ダイアログボックスの［全般］タブで、［読み取り専用］をクリックしてオンにします。読み取り専用にしたファイルを開くと、文書名の横に［読み取り専用］が表示されます。このファイルは内容を変更されても上書き保存はできません。

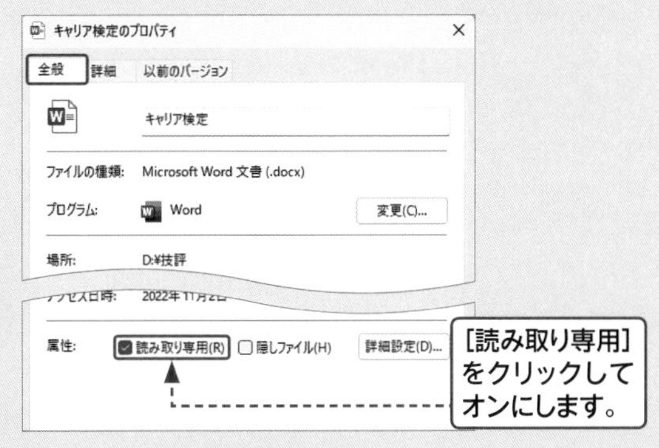

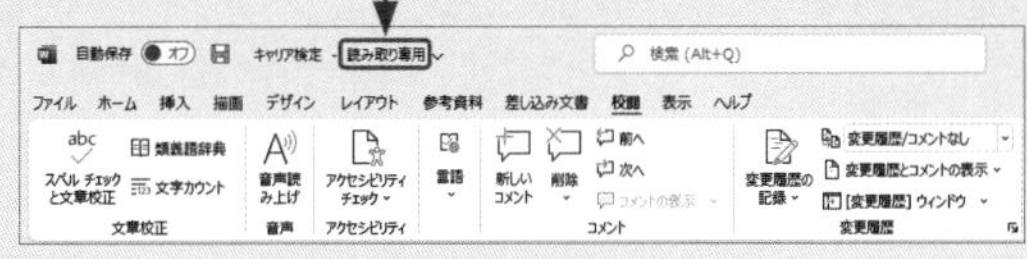

重要度 ★★★ ファイル（文書）の保存

Q 555 自動保存って何？

A OneDriveに保存されます。

画面左上の［自動保存］を［オン］にすると、OneDriveに随時保存されるようになります。ほかのフォルダーやドライブに保存したファイルでも、自動的にOneDriveの［ドキュメント］フォルダーに保存されますが、パソコン内などもとの保存先に自動保存されるわけではないので注意してください。

参照▶Q 552

重要度★★★ ファイル（文書）の保存

Q 556 Word以外の形式でファイルを保存したい！

A 保存時にファイルの種類を変更します。

Wordのファイルを渡す相手がWordを持っていない場合には、読み取れるファイル形式に変更する必要があります。編集せずに文書を見るだけなら「PDF」、文字だけ読めればよいなら「書式なし」のように変更して保存し直すことができます。ファイルの種類を変更するには、[名前を付けて保存] ダイアログボックスで [ファイルの種類] からファイル形式を選択します。

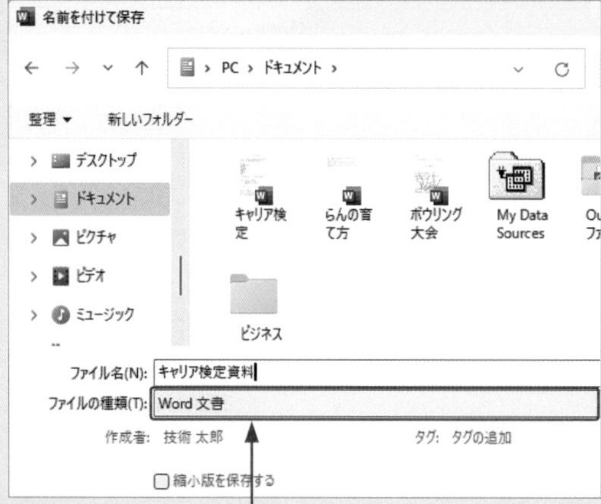

1 [ファイルの種類] のここをクリックして、

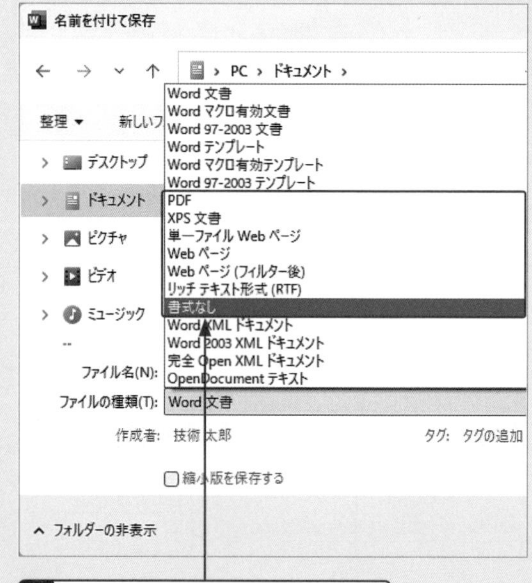

2 Word以外の形式をクリックします。

● 主なファイル形式

ファイル形式	内　容
PDF	文書のレイアウトを画像のようにそのまま保存できる形式です。拡張子は「.pdf」。
Webページ	Web用にHTML形式で保存されます。拡張子は「.html」「.htm」。
リッチテキスト	Word文書をMacなどでも読み取れるように変換できるファイル形式です。拡張子は「.rtf」。
書式なし	Wordの書式設定を解除した文字のみ（テキスト）の形式です。拡張子は「.txt」。

重要度★★★ ファイル（文書）の保存

Q 557 ファイルを旧バージョンの形式で保存したい！

A 旧バージョンで利用できない機能を削除して保存します。

Wordで作成したファイルを旧バージョン（Word 2003以前）で保存するには、[名前を付けて保存] ダイアログボックスで [ファイルの種類] を [Word 97-2003文書] にします。旧バージョンにすると、Wordの各バージョン特有の機能を使って作成された部分が自動で削除されたり、旧バージョン用に変更されたりします。

1 ここをクリックして、

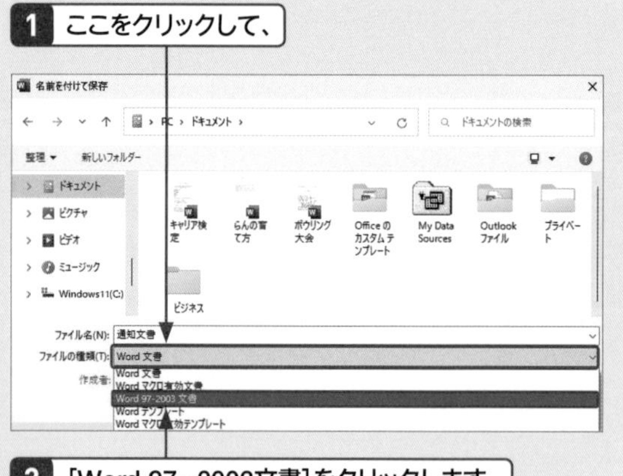

2 [Word 97−2003文書] をクリックします。

重要度 ★★★ ファイル（文書）の保存

Q 558 旧バージョンとの互換性を確認したい！

A 互換性チェックを実行します。

Wordは、97-2003、2010、2013、2016、2019、2021というように機能の向上とともにバージョンが変わってきました。同じWord文書でも、バージョンが異なると、使用されている機能を有効にできない場合もあります。開いているWordでサポートされていない機能（互換性）が文書内のにあるかどうかを確認することができます。[ファイル]タブの[情報]をクリックして、[問題のチェック]の[互換性チェック]をクリックし、表示するバージョンを選択して確認します。 参照▶Q 002

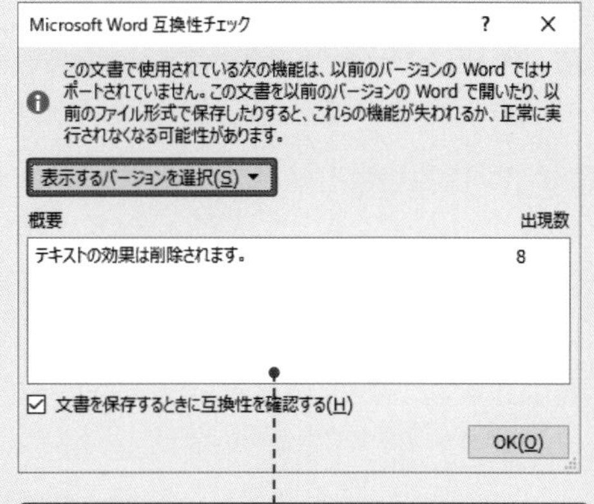

重要度 ★★★ ファイル（文書）の保存

Q 559 テンプレートとして保存したい！

A 組み込み文書を作成します。

テンプレートとは、定型文書のひな型のことで、使う人が必要な部分を編集して文書を作成します。作成した文書をテンプレートとして保存する方法は、手順のとおりです。通常の[名前を付けて保存]ダイアログボックスで、保存先とファイルの種類を指定しても同じです。

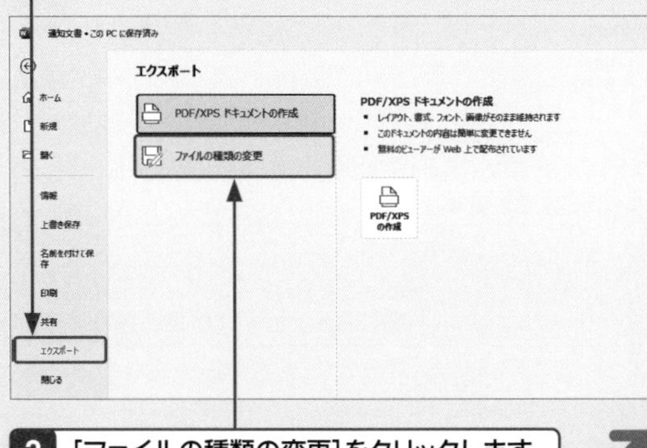

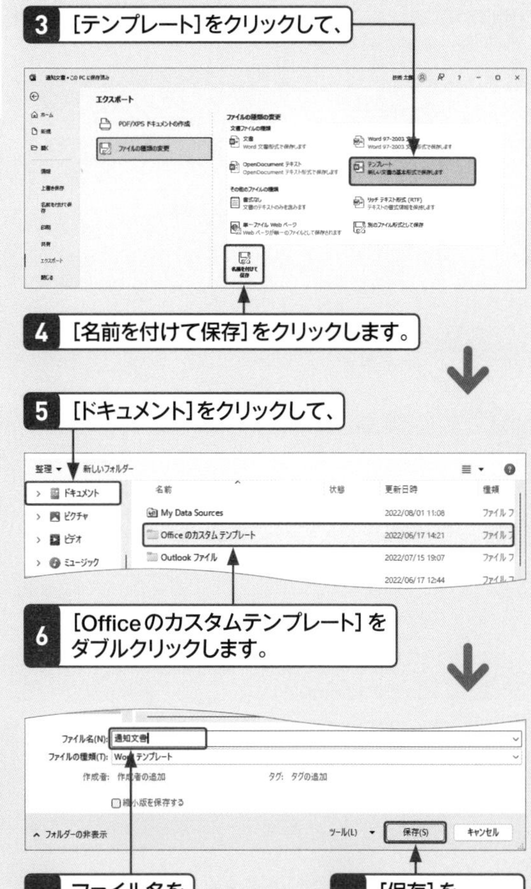

重要度 ★★★ ファイル（文書）の保存

Q 560 文書を「PDF」形式で保存したい！

A 保存時にファイルの種類をPDFにします。

「PDF」とは、文書の書式設定やレイアウトを崩さずにファイルを配布できるファイル形式です。Word文書をPDF形式（XPS形式）で保存する方法は、手順のとおりです。この操作は、[名前を付けて保存]ダイアログボックスで、[ファイルの種類]から[PDF]をクリックしても同じです。

[PDFまたはXPS形式で発行]ダイアログボックスでは、[発行後にファイルを開く]をクリックしてオンにすると、保存（発行）後に文書がPDFビューアーで表示されます。

ファイルサイズは用途によって[標準]と[最小サイズ]（オンライン発行）を選択できます。また、[オプション]をクリックすると、ページ範囲の指定やPDFのオプションを設定することができます。

なお、文書をWord文書として保存していない場合は、PDF形式にする前に、保存しておくとよいでしょう。

参照▶Q 556

1 [ファイル]タブをクリックして、

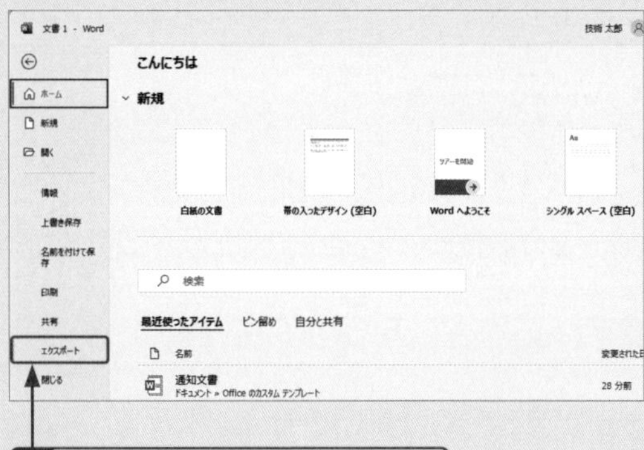

2 [エクスポート]をクリックします。

3 [PDF/XPSドキュメントの作成]をクリックして、

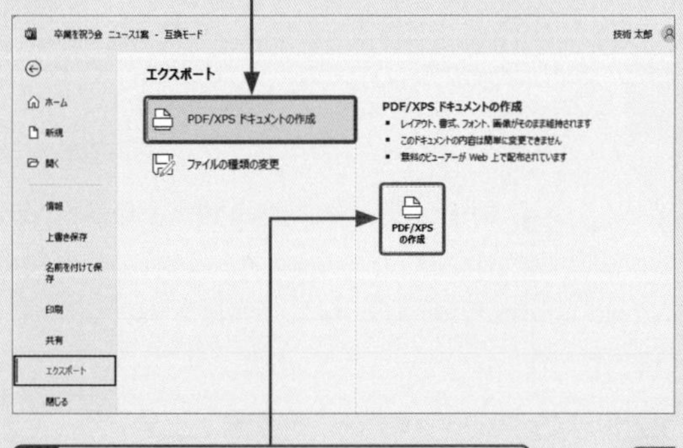

4 [PDF/XPSの作成]をクリックします。

5 保存先を指定して、

6 名前を入力し、

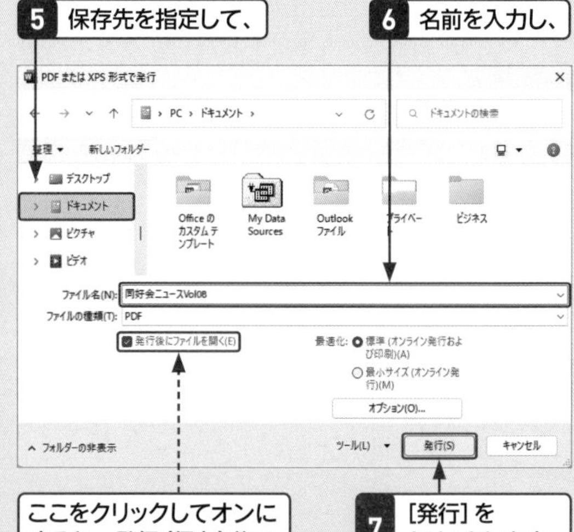

ここをクリックしてオンにすると、発行（保存）後にPDF文書が表示されます。

7 [発行]をクリックします。

● ファイルを確認する

1 エクスプローラーを開きます。

2 PDFファイル形式で保存されているのが確認できます。

WordでPDFファイルを開く際は、確認のメッセージが表示されます。

重要度★★★ ファイル（文書）の保存

Q 561 「ファイル名は有効ではありません」と表示された！

A ファイル名に使用できない文字を入力しています。

ファイル名を入力する際には、Windowsの規則に準じます。ファイル名に使用できない文字を利用した場合、保存されない状態のまま（反応なし）か、図のようなメッセージが表示されるので、[OK]をクリックして、名前を付け直します。

参照▶Q 562

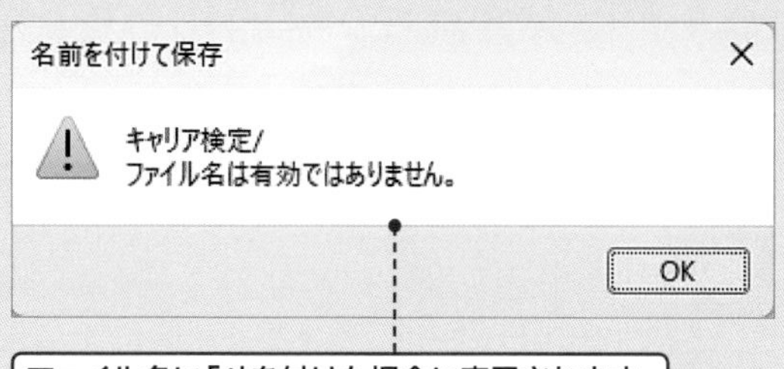

ファイル名に「/」を付けた場合に表示されます。

重要度★★★ ファイル（文書）の保存

Q 562 ファイル名に使えない文字を知りたい！

A ¥や/などがあります。

ファイル名を入力すると、「ファイル名には次の文字は使えません」あるいは「ファイル名は有効ではありません」といったメッセージが表示される場合があります。¥や/など半角、全角で使用できないものや、半角のみ使えない文字（記号）があります（右表参照）。このほかにも、パソコンの機種やOSなどによっても使えない文字があります。ファイル名を入力できても、ほかのパソコンでは文字が化けてしまう場合もあるので、通常の文字を使いましょう。

使用できない文字	名　称
¥	円記号
/	スラッシュ
:	コロン
*	アスタリスク
?	疑問符
"	2重引用符
< >	不等号(小)
¦	バーティカルバー(縦棒)

重要度★★★ ファイル（文書）の保存

Q 563 使用フォントをほかのパソコンでも表示させたい！

A 「フォントの埋め込み」を使用します。

自分のパソコンで使用しているフォントで作成した文書をほかのパソコンで開こうとしても、同じフォントがインストールされていない場合は、別のフォントに置き換えられて表示されます。ほかのパソコン上でも同じように表示したい場合は、[Wordのオプション]の[保存]で、[ファイルにフォントを埋め込む]をクリックしてオンにします。なお、埋め込み可能なフォントは、TrueTypeとOpenTypeのみです。

参照▶Q 041

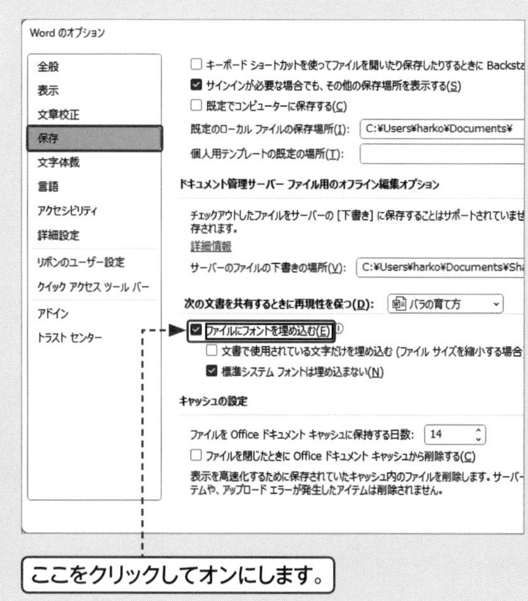

ここをクリックしてオンにします。

重要度 ★★★ ファイル（文書）の保存

Q 564 ファイルに個人情報が保存されないようにしたい！

A 保存時に作成者の名前が削除されるように設定します。

Wordの初期設定では、文書の作成者の名前がファイルに保存されるようになっています。［ファイル］タブの［情報］をクリックして右側に表示される文書情報ウィンドウに［作成者］や［最終更新者］が表示されます。

文書の保存時に作成者の名前が削除されるように設定するには、［ドキュメントのプロパティ］で情報を削除します。

さらに、個人情報が残っているかどうかを確認するために、［ファイル］タブの［情報］で［問題のチェック］をクリックして、［ドキュメント検査］を実行します。検査結果で個人情報があれば、［すべて削除］をクリックします。ただし、この結果には、文書内のコメントなど必要な情報もあるので、削除する場合は注意が必要です。

● ドキュメントプロパティを利用する

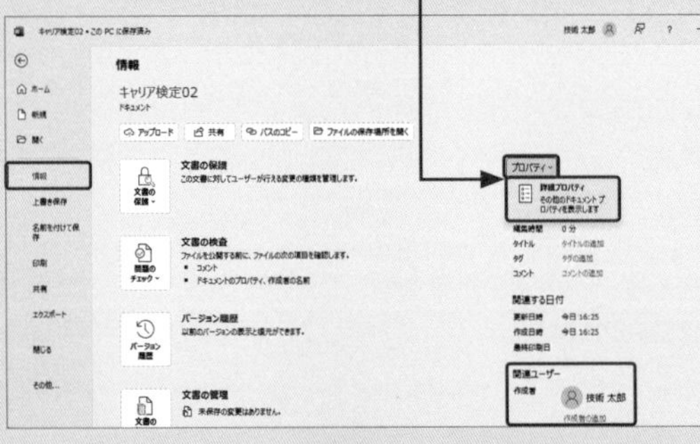

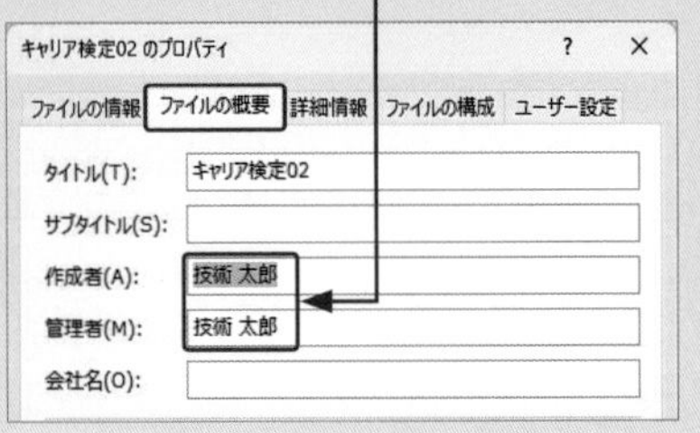

● ドキュメント検査を利用する

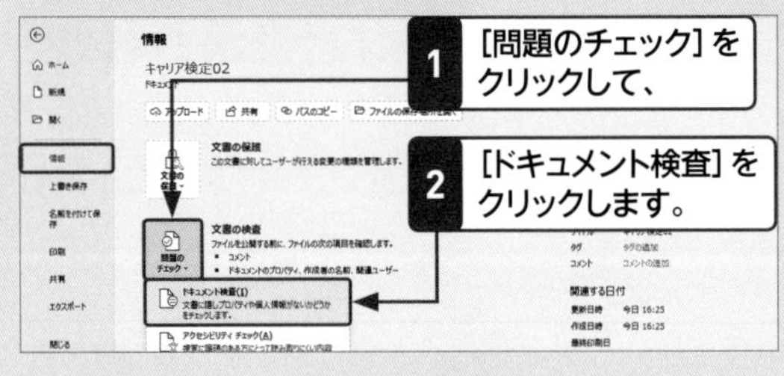

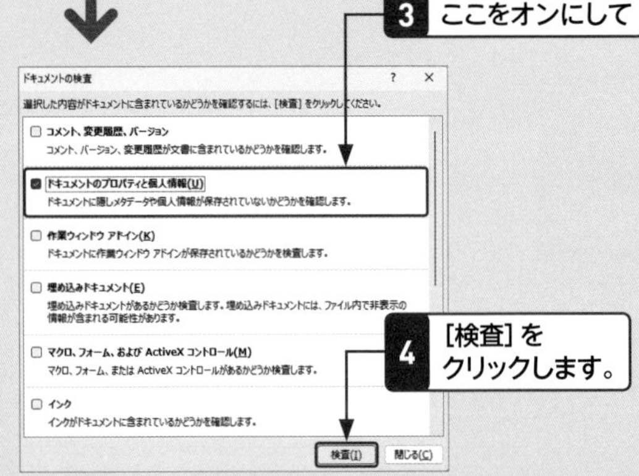

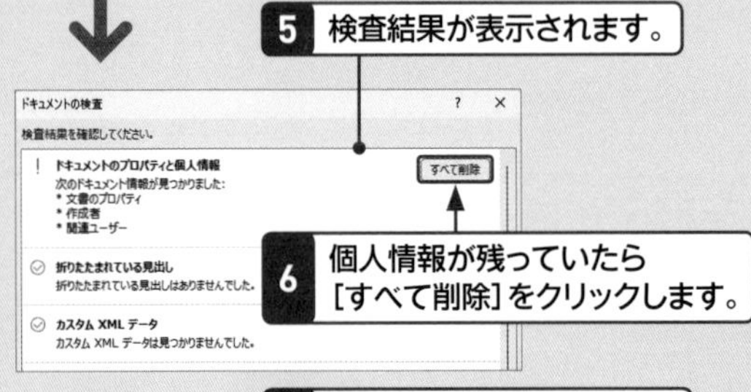

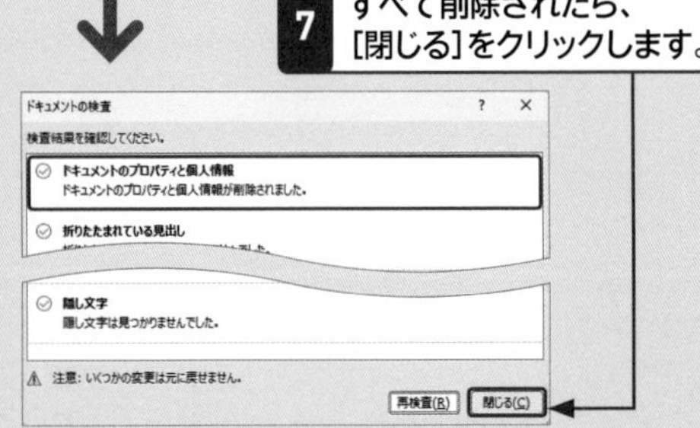

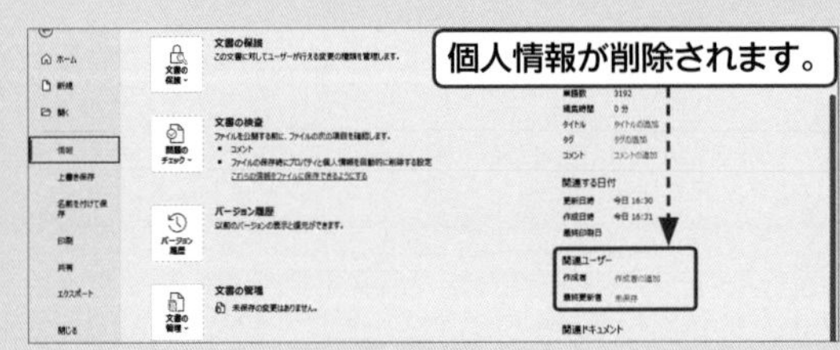

Q 565 他人にファイルを開かれないようにしたい！

A ファイルにパスワードを設定します。

作業した文書のファイルをほかの人が開いたり、上書きしたりできないようにするには、文書に読み取りパスワードや書き込みパスワードを設定します。
読み取りパスワードを設定すると、ファイルを開く際にパスワードの入力を求められ、パスワードを入力しないとファイルを開けなくなります。
書き込みパスワードを設定すると、ファイルを開く際にパスワードの入力を求められ、パスワードを入力しないとファイルを読み取り専用でしか開けなくなります。この場合、上書き保存はできません。
パスワードの設定を解除するには、設定したパスワードを削除して、ファイルを保存し直します。

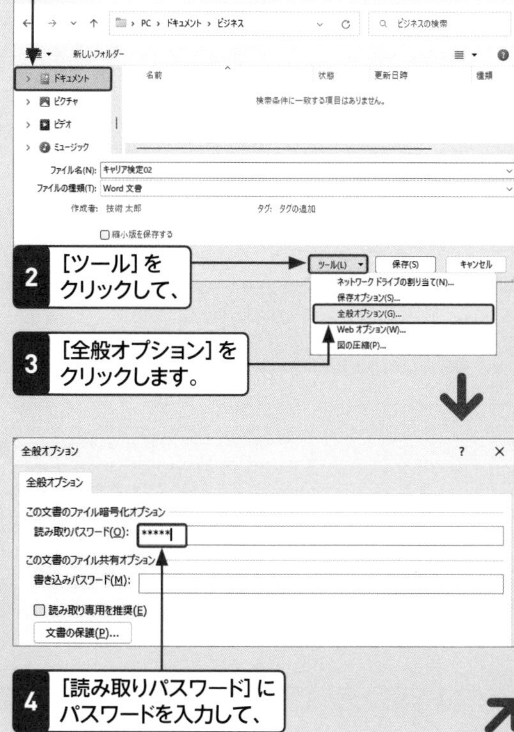

5 [書き込みパスワード] にパスワードを入力し、[OK] をクリックします。

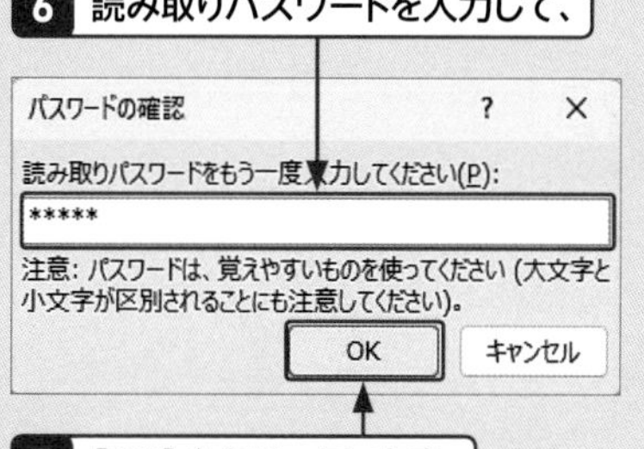

6 読み取りパスワードを入力して、

パスワードの確認
読み取りパスワードをもう一度入力してください(P):
*****
注意: パスワードは、覚えやすいものを使ってください (大文字と小文字が区別されることにも注意してください)。
OK キャンセル

7 [OK] をクリックします。

8 書き込みパスワードを入力して、

パスワードの確認
書き込みパスワードをもう一度入力してください(P):
*****
注意: 変更を加えるためのパスワードは、セキュリティの機能ではありません。この文書は誤って編集されないように保護されますが、暗号化されません。悪意のあるユーザーによって、ファイルが編集されたり、パスワードが削除されたりする可能性があります。
OK キャンセル

9 [OK] をクリックし、[保存] をクリックします。

パスワード
パスワードを入力してください。
C:¥...Documents¥ビジネス¥キャリア検定02.docx
*****
OK キャンセル

ファイルを開く際は、設定したパスワードを入力します。

パスワード
'キャリア検定02' は さんにより保護されています。
上書き保存できる状態で開くにはパスワードが必要です。
パスワード(P): *****
読み取り専用(R) OK キャンセル

重要度 ★★★ ファイル（文書）の保存

Q 566 最終版って何？

A 編集作業を終えた最終的な文書です。

「最終版」とは、編集作業をすべて終えて、これ以上編集はしない、ほかの人にも編集しないでほしいということを示すために設定するものです。

1 [情報]の[文書の保護]をクリックして、

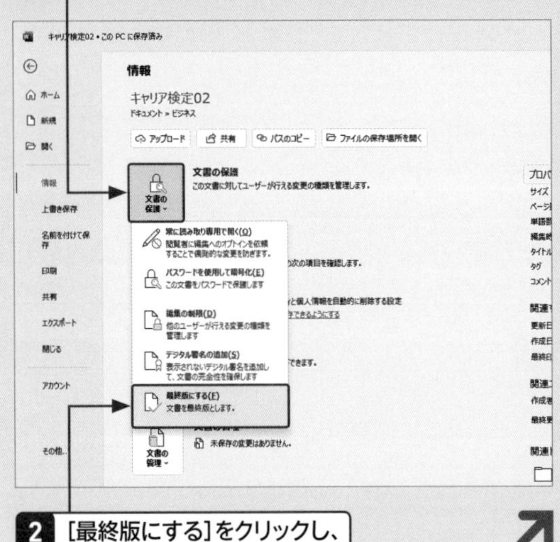

2 [最終版にする]をクリックし、

最終版にすると読み取り専用になり、編集ができなくなりますが、[編集する]をクリックすれば編集することは可能です。

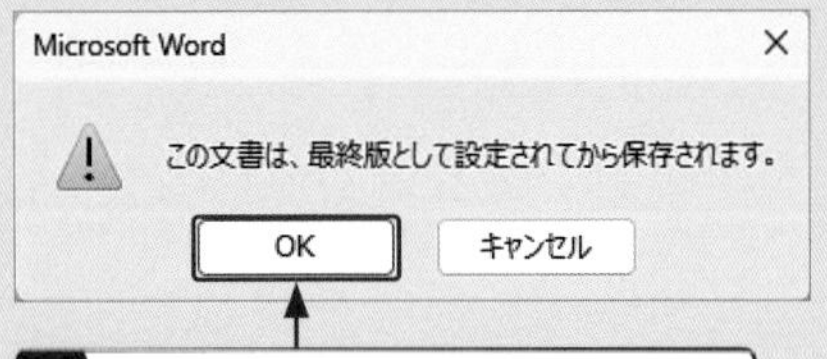

3 確認画面で[OK]をクリックします。

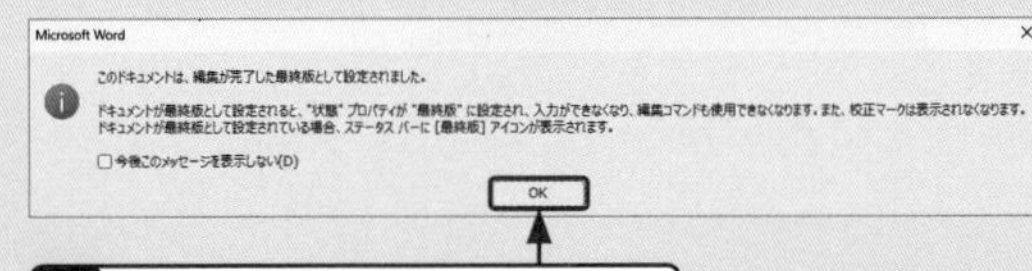

4 メッセージが表示されるので、[OK]をクリックします。

5 最終版に設定されます。

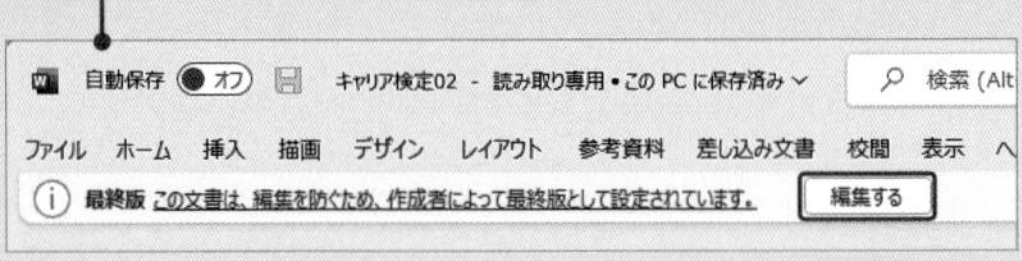

重要度 ★★★ ファイル（文書）の保存

Q 567 Wordの作業中に強制終了してしまった！

A 作業中だったファイルを回復して開きます。

Wordの作業中に強制終了した場合、Wordを再起動すると編集中の文書が「互換モード」で表示されたり、[ドキュメントの回復]作業ウィンドウが表示されたりします。[ドキュメントの回復]作業ウィンドウでは、強制終了直前まで作業していた文書を開くことができます。複数のファイルがある場合、[ドキュメントの回復]作業ウィンドウの下のほうが最新のファイルになります。保存された日時を確認して開くようにしましょう。これらの画面は表示されない場合もあります。

1 自動回復したファイルが開いたら、

2 [保存]をクリックします。

開きたいファイルをクリックします。

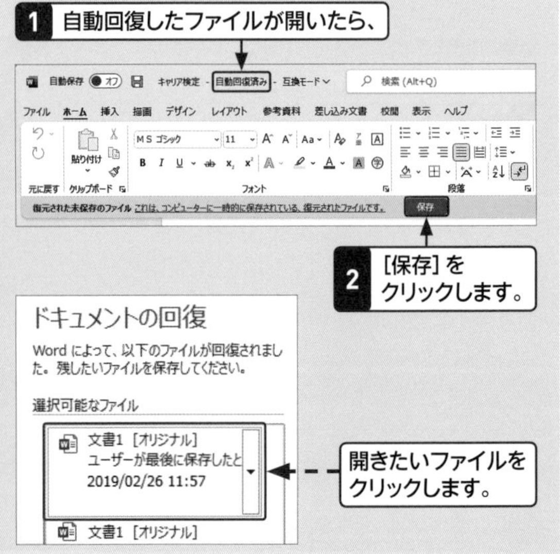

重要度★★★　ファイル（文書）の保存

Q 568 保存しないで新規文書を閉じてしまった！

A 保存されていない文書の回復が可能です。

Wordには、ファイルを閉じる際に表示される保存するかどうかのメッセージで、[保存しない]を選択した場合でも、文書を自動的にバックアップする機能があります。[ファイル]タブの[開く]をクリックして、画面下の[保存されていない文書の回復]をクリックすると、自動保存されたファイルが表示されます。
新規作成の場合はファイル名が付いていないので、複数表示される場合は閉じた日時をもとにファイルを探します。目的のファイルを選択して、[開く]をクリックすると、閉じられたときの状態で文書が開きます。

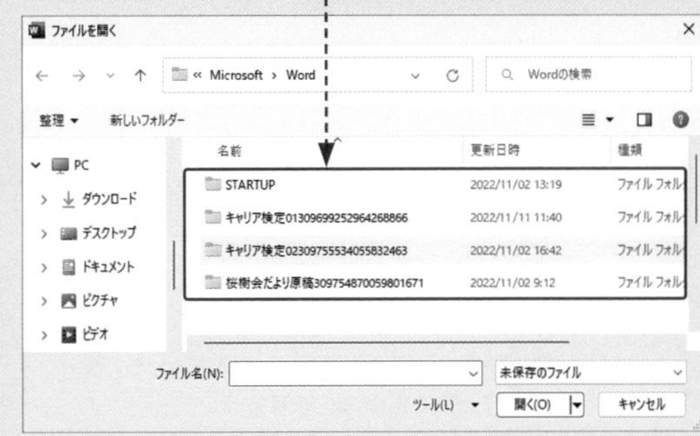

重要度★★★　ファイル（文書）の保存

Q 569 ファイルのバックアップを作りたい！

A 一定間隔でバックアップファイルを作成する機能を利用します。

文書の作成中に自動的にバックアップを作成するように設定できます。[Wordのオプション]の[保存]で、[次の間隔で自動回復用データを保存する]をクリックしてオンにし、バックアップを行う間隔を指定します。さらに、[保存しないで終了する場合、最後に自動保存されたバージョンを残す]もクリックしてオンにします。
バックアップファイルは「asd」という拡張子で保存され、Windowsフォルダー上に表示されますが、Wordの[開く]から開くことはできません。 参照▶Q 041

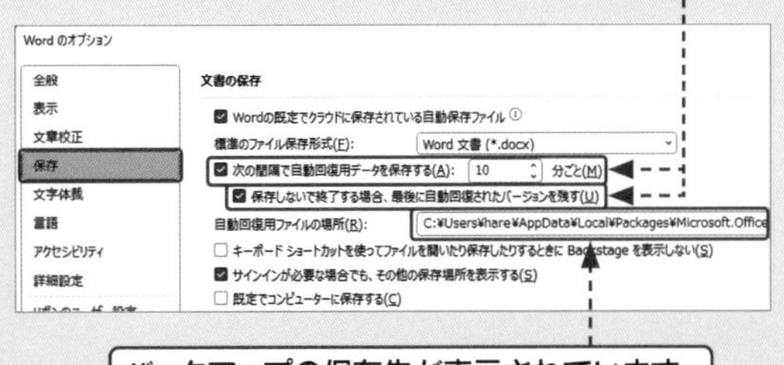

重要度★★★　ファイル（文書）の保存

Q 570 ファイルの保存先をドキュメント以外にしたい！

A 既定の保存先を変更します。

ファイルの既定の保存先を変更するには、[Wordのオプション]の[保存]で、[既定のファイルの場所]の[参照]をクリックして、[フォルダーの変更]ダイアログボックスで保存先を指定します。このとき、[新しいフォルダー]をクリックしてフォルダーを新規作成し、保存先に指定することもできます。 参照▶Q 041

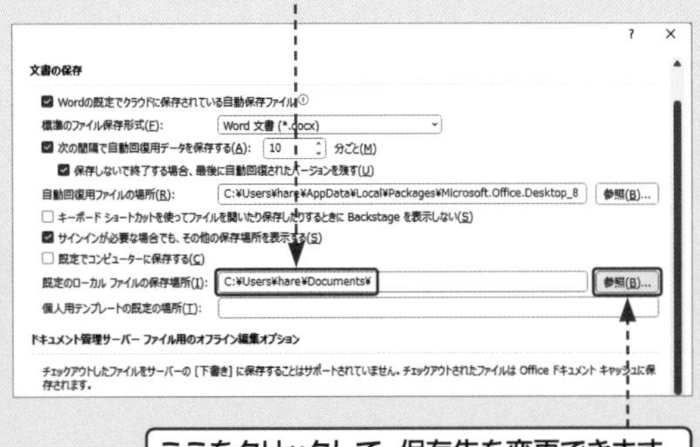

重要度★★★ ファイルの操作

Q 571 旧バージョンのファイルを最新の形式にしたい!

A 最新バージョンで保存し直します。

ここでいう旧バージョンとは、Word 2003以前のバージョンで作成された文書で、拡張子が「doc」のファイルを指します。旧バージョンのファイルを開き、[名前を付けて保存]ダイアログボックスで[ファイルの種類]を[Word文書]にすると、現在のバージョンで保存されます。[旧バージョンの互換性を維持]をオンにしておくと、旧バージョンの機能を維持して保存することができます。

参照▶Q 557

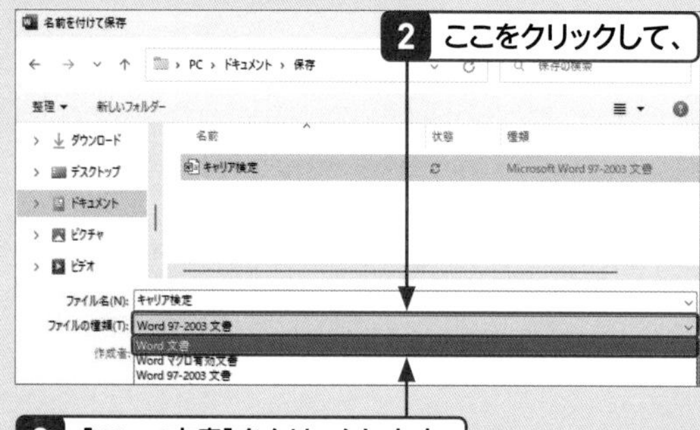
1 旧バージョンのファイルを開き、[名前を付けて保存]ダイアログボックスを表示します。
2 ここをクリックして、
3 [Word文書]をクリックします。

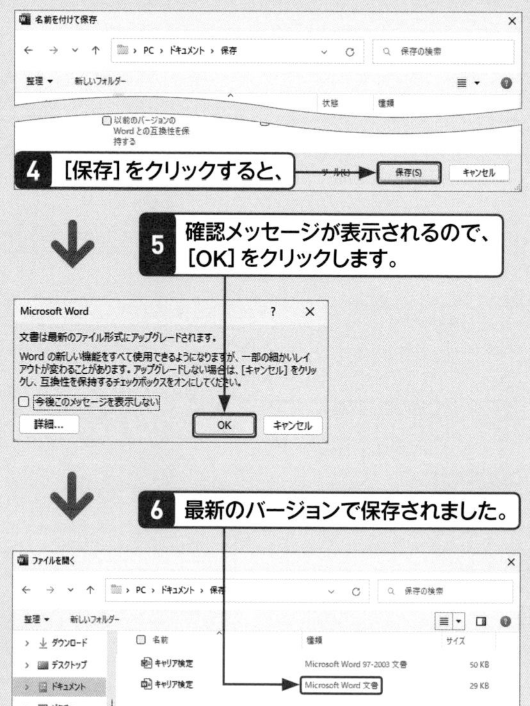
4 [保存]をクリックすると、
5 確認メッセージが表示されるので、[OK]をクリックします。
Microsoft Word
文書は最新のファイル形式にアップグレードされます。
6 最新のバージョンで保存されました。

重要度★★★ ファイルの操作

Q 572 アイコンでファイルの内容を確認したい!

A 保存する際にファイルの縮小版を保存します。

ファイルを開く前に、どのようなファイルか確認させることができます。文書を保存する際に[名前を付けて保存]ダイアログボックスで[縮小版を保存する]をクリックしてオンにしておきます。エクスプローラーまたは[ファイルを開く]ダイアログボックスで、アイコンの表示サイズを[中アイコン]以上にすると、アイコンが縮小版で表示されます。

また、エクスプローラーの[表示]から[表示]→[プレビューウィンドウ](Windows 10では[表示]タブから[プレビューウィンドウ]▥)をクリックすると、プレビューウィンドウに内容が表示されます。

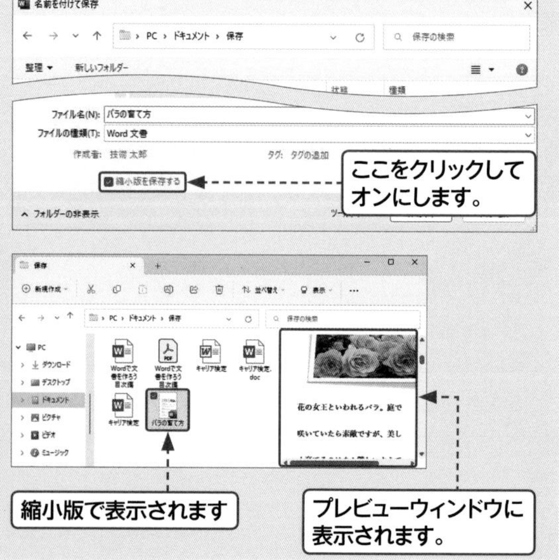
ここをクリックしてオンにします。
縮小版で表示されます
プレビューウィンドウに表示されます。

重要度 ★★★ ファイルの操作

Q 573 ファイル名を変更したい！

A ［名前の変更］で名前を入力し直します。

ファイル名を変更するには、エクスプローラーを開き、目的のファイルをクリックして、［名前の変更］（Windows 10では［ホーム］タブの［名前の変更］）をクリックします。あるいは、ファイルを右クリックして［名前の変更］をクリックしても同じです。ファイル名が反転表示されるので、新しいファイル名を入力します。
なお、この操作はエクスプローラーのほか、［ファイルを開く］や［名前を付けて保存］などのダイアログボックスでも、ファイル名を右クリックすると同様に変更できます。 参照▶Q 574

1 目的のファイルをクリックして、

2 ［名前の変更］をクリックすると、

3 ファイル名が反転表示されるので、

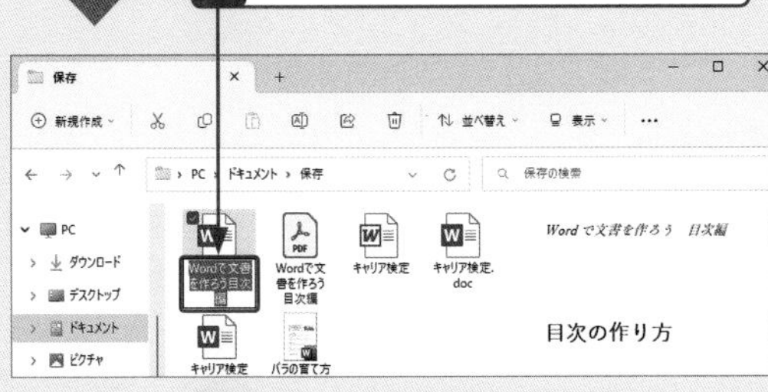

4 新しいファイル名を入力して、Enterを押します。

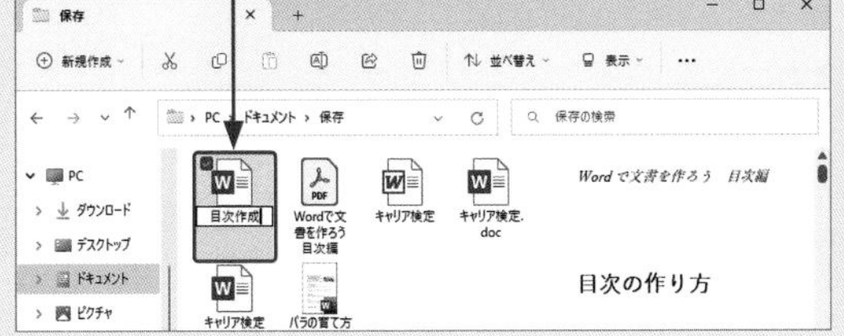

重要度 ★★★ ファイルの操作

Q 574 ファイル名が変更できない！

A 目的のファイルが開かれています。

ファイル名の変更は、エクスプローラーなどで行います。ただし、変更したいファイルが開いている場合は、名前を変更することができません。
以下のようなメッセージが表示されるので、［キャンセル］をクリックします。目的のファイルを閉じてから、再度ファイル名の変更操作を行います。 参照▶Q 573

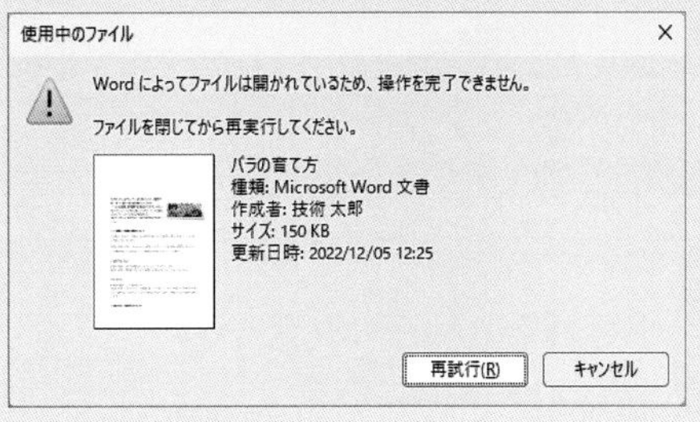

重要度 ★★★ ファイルの操作

Q 575 Windows版とMac版のファイルは交換できる？

A 互換性がありますが、特異なフォントは置き換わることがあります。

現在「Office for Mac 2021」が2021年10月に発売され、MacでもWord（バージョンは2021）が利用できます。Windows版のWordとMac版のWordでファイル形式が同一になり、ファイルの互換性がさらに向上しました。また、これによってフォントやレイアウトの大きな変更は発生しなくなりました。
ただし、それぞれのOS固有のフォントを使っている場合は、フォントが置き換えられる場合や、文字が表示されない場合があります。また、OS環境によって、改行、改ページなどの処理は異なる場合があるので、レイアウトが変わることもあり得ます。印刷の前には、プレビューで確認するとよいでしょう。
Mac版で作成したファイルには、名前の末尾に「docx」という拡張子を付けておくと、Windows版で確実に開くことができます。

重要度★★★　ほかのアプリの利用

Q 576 メモ帳やワードパッドとWordの違いを知りたい！

A Wordの高度な編集機能はありません。

メモ帳やワードパッドは、Windowsに付属する文書作成アプリです。メモ帳は、テキストのみを入力するもので、文字修飾や段落書式などの文書作成機能のほか、Wordのさまざまなレイアウト、図表などの機能もありません。ファイルはテキストファイル形式（TXT）になります。ワードパッドはWordの簡易版といわれ、基本的な文字の修飾（「ルビ」「囲み線」「囲い文字」や「文字の効果と体裁」などはありません）、インデント、行間などの調整、箇条書きなどの書式設定、画像などの挿入が可能ですが、Wordの［レイアウト］タブ～［校閲］タブまでのさまざまな編集機能は含まれていません。ファイルはリッチテキストファイル形式（RTF）になります。

● メモ帳の画面例

メモ帳は文字入力のみ。

● ワードパッドの画面例

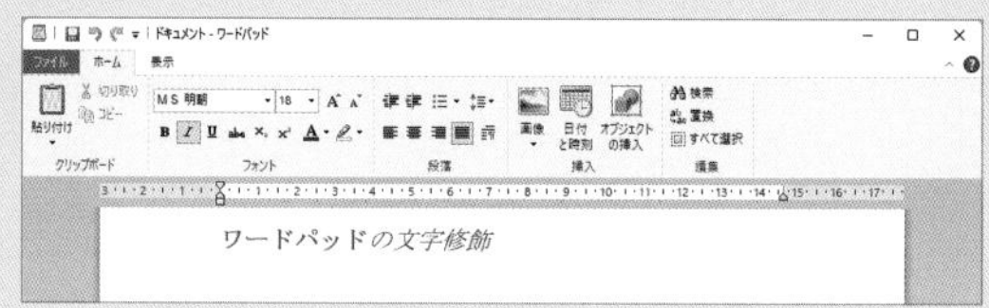
ワードパッドの文字修飾

重要度★★★　ほかのアプリの利用

Q 577 PDFからテキストを取り込みたい！

A PDFファイルをWordで開いてテキストをコピーします。

PDFファイルをWordで開いて、テキスト部分を取り込むことができます。PDFファイルには、文書から作成された内部にフォントが埋め込まれているものと、画像や写真をそのままPDFにしたものがあります。
前者の場合はかなり正確にテキストが表示されますが、後者の場合は文書が大きく崩れ、文字にも誤認識が多くなります。それでも、取り込んだテキストの一部を修正するだけで済むので、PDFの文書を見ながらWordで手入力する手間を省くことができます。

・もとのPDFファイル

Ultraのアクションボタンを利用する

Apple Watch Ultraには、アクションボタンが搭載されています。アクションボタンを押すと、割り当てた機能をすばやく実行することができます。アクションボタンに設定できる機能は「ワークアウト」「ストップウォッチ」「ウェイポイント」「バックトレース」「ダイブ（「水深」アプリ）」「フラッシュライト」「ショートカット」の7種類です。

アクションボタンを設定する

アクションボタンを設定するには、Ultraのホーム画面で⚙をタップし、「設定」アプリを起動します。［アクションボタン］→［アクション］の順にタップすると、機能の一覧が表示されます。機能を選んでタップ、または［なし］をタップしてチェックを付けることで設定できます。

1

① ⚙→［アクションボタン］→［アクション］の順にタップします。

② アクションボタンに割り当てたい機能をタップしてチェックを付けます。

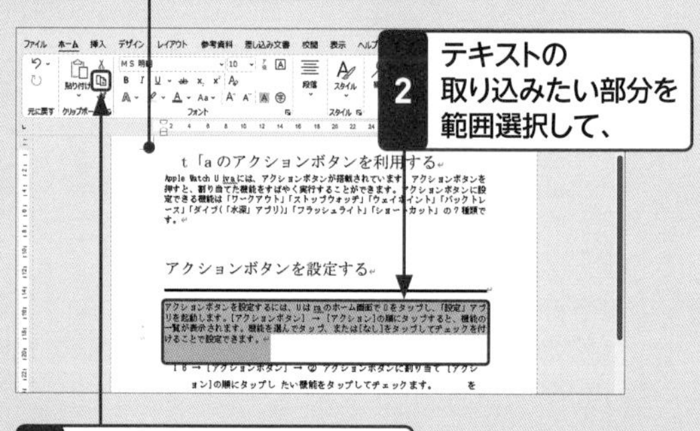
1 WordでPDFファイルを開き、
2 テキストの取り込みたい部分を範囲選択して、
3 ［コピー］をクリックします。

4 新しい文書ファイルを開いて、

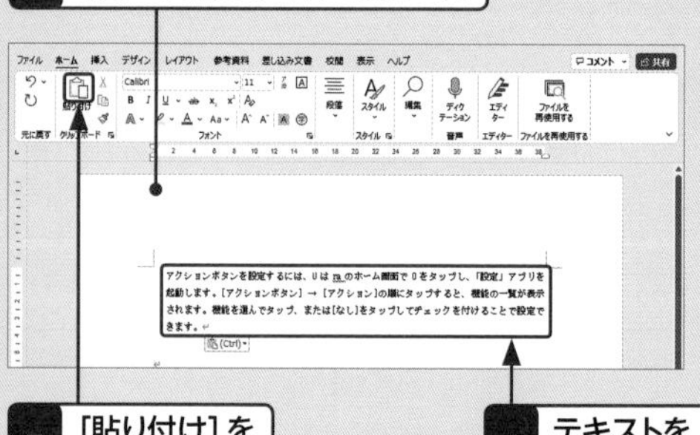
5 ［貼り付け］をクリックして、
6 テキストを貼り付けます。

重要度 ★★★　ほかのアプリの利用

Q 578 書類を取り込んでテキストをWordで利用したい！

A スマホのカメラを利用します。

スマートフォンのカメラは、書類、書籍の紙面、ポスター、看板などに書いてある文字を認識してテキストとして取り込むことができます。スマートフォンに取り込んだテキストは、いったんアプリに貼り付けます。その後、スマートフォンからメール、メッセージ、SNSなどでパソコンに送信したり、ファイル共有機能でパソコンに送ったりして、Wordで利用します。

Andoroidスマートフォンの場合は、[パソコンにコピー]をタップすると、テキストが直接パソコンにコピーされて、Wordにすぐに貼り付けることができます。パソコンとスマートフォンが、同じGoogleアカウントでログインしていることが条件になります。

● iPhoneの場合

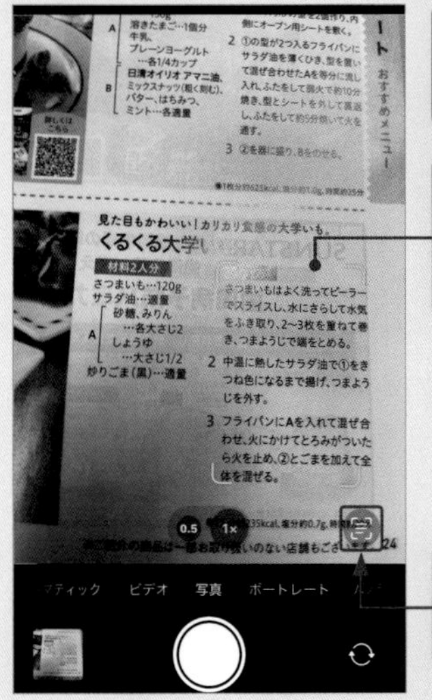

1 「カメラ」アプリを起動します。

2 対象にカメラをかざして、テキスト部分をタップします。

3 枠線が表示されたら、をタップします。

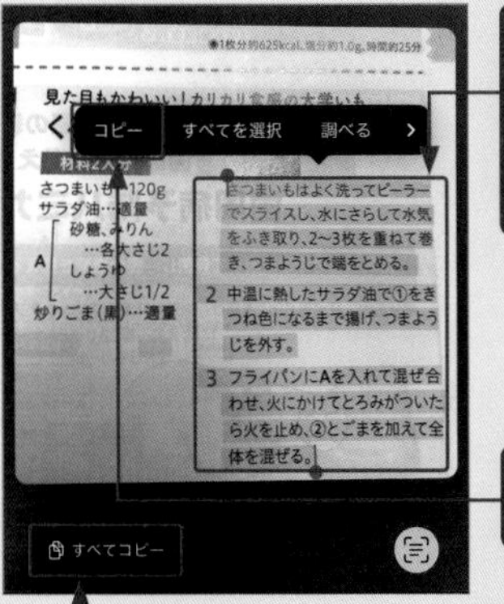

4 テキストの取り込みたい部分を指でなぞって選択し、

5 [コピー]をタップします。

6 テキストがiPhoneにコピーされるので、メモアプリなどに貼り付けて利用します。

すべてコピーする場合は[すべてコピー]をタップします。

● Androidスマホの場合

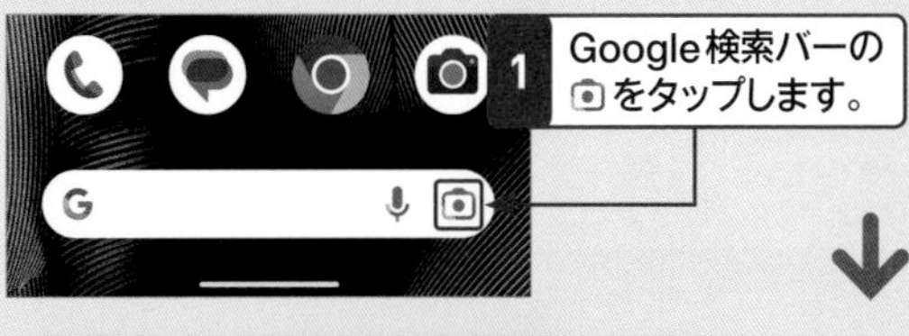

1 Google検索バーの📷をタップします。

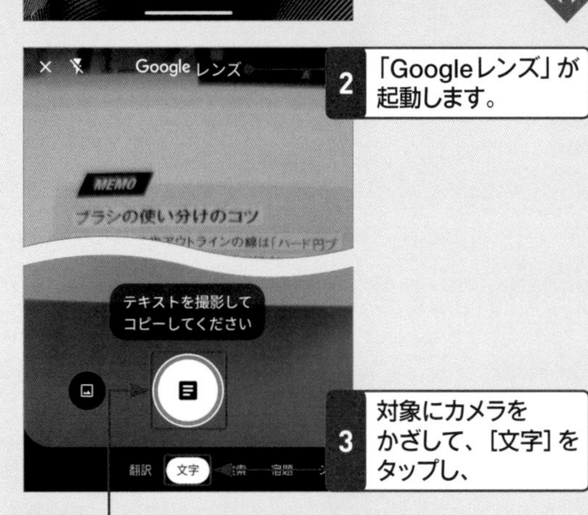

2 「Googleレンズ」が起動します。

3 対象にカメラをかざして、[文字]をタップし、

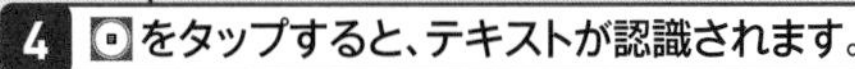

4 ■をタップすると、テキストが認識されます。

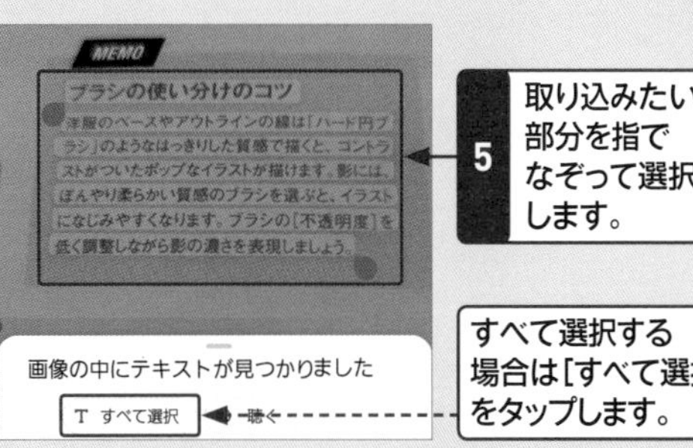

5 取り込みたい部分を指でなぞって選択します。

すべて選択する場合は[すべて選択]をタップします。

6 [コピー]をタップします。

7 テキストがスマホにコピーされるので、メモ帳アプリなどに貼り付けて利用します。

重要度 ★★★　ほかのアプリの利用

Q 579 Word Onlineを使いたい！

A インターネット上で使えるWordアプリです。

Word Online（Office Online）はインターネット上で利用できる無料のオンラインアプリケーションです。「https://office.com」にアクセスしてMicrosoftアカウントでサインインすれば利用可能になります（Microsoft 365になります）。パソコンにインストールしているWordと同様に、リボンのコマンド操作も利用でき、また複数人での共同編集が可能で、リアルタイムに反映されます。編集した文書は自動的にOneDriveに保存されます。

1 Office Onlineを表示して、

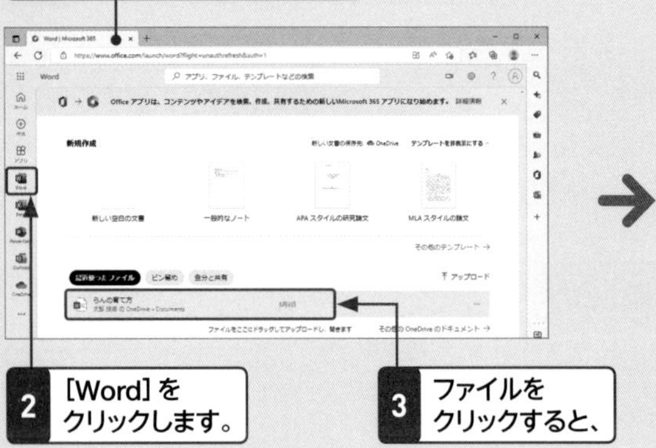

4 文書が開いて編集ができます。

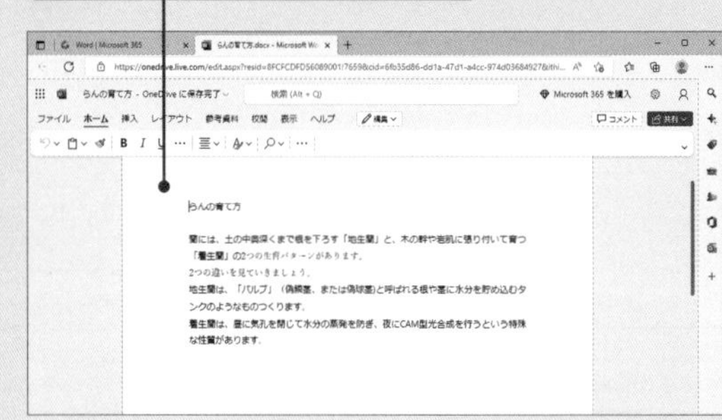

重要度 ★★★　ほかのアプリの利用

Q 580 スマホ版のWordアプリを使いたい！

A Microsoft Storeでインストールします。

スマホなどモバイルデバイスにWordモバイルアプリをインストールすれば、外出先でも文書を編集、作成することができます。Microsoft Storeで「Wordモバイルアプリ」（iPhoneとAndroid版、無料）をダウンロードして、インストールします。Microsoftアカウントでサインインすると、OneDriveへもアクセスできるようになります。無料版では、変更記録、ワードアート、ページ／セクション区切り、ページの向きなどの機能が使えませんが、Microsoft 365を購入している場合はこれらの機能も利用できます。

●「Wordモバイルアプリ」

1 Wordモバイルアプリをインストールします。

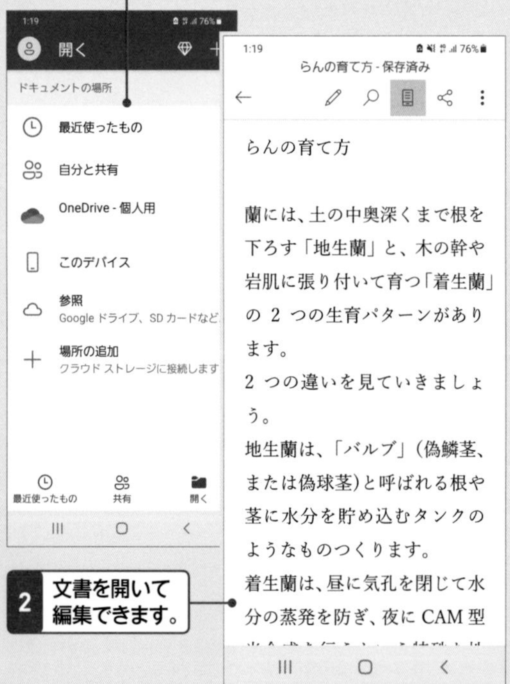

重要度 ★★★　OneDriveでの共同作業

Q 581 OneDriveでほかの人と文書を共有したい！

A 文書を指定して[共有]をクリックします。

OneDriveでWordの文書を共有するには、共有したい文書を選択して、[共有]をクリックします。手順のようにして共有相手にリンクの付いたメールを送信します。相手がメールを受信して、リンクを開くと文書を共有できるようになります。共有を解除するには、ファイルを指定して、[情報]をクリックし、相手をクリックし[共有を停止]をクリックします。 参照▶Q 550

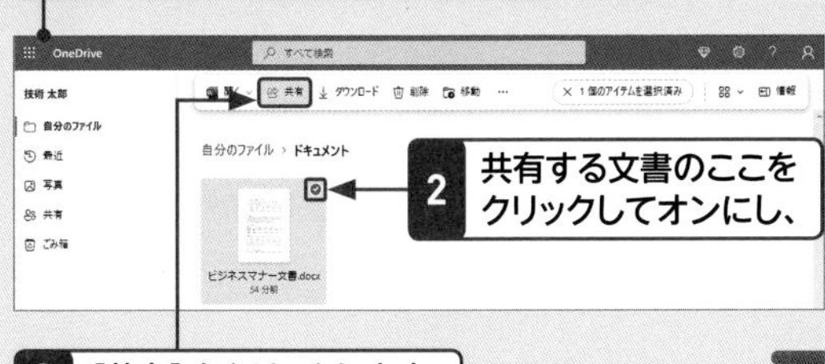

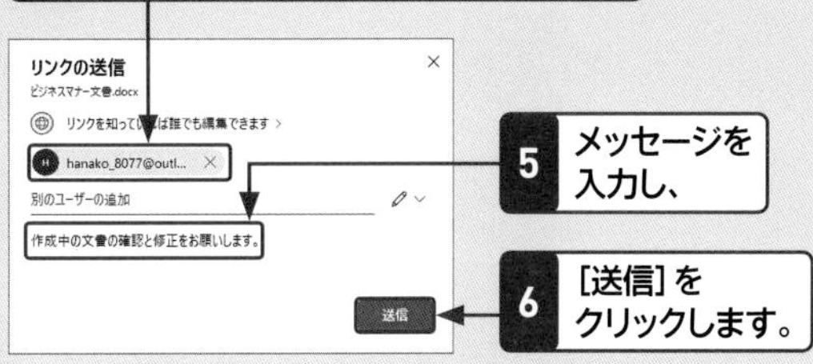

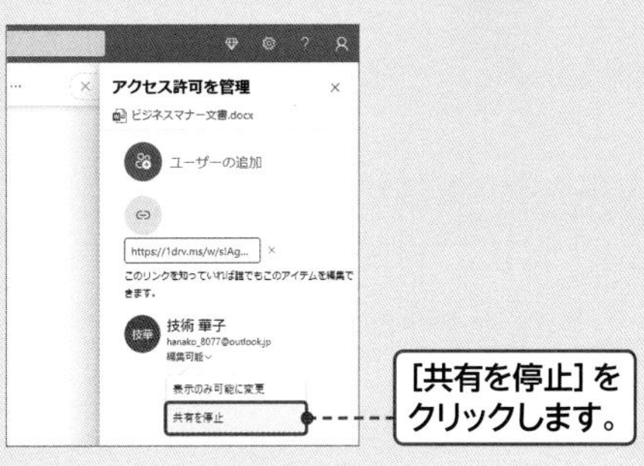

重要度 ★★★　OneDriveでの共同作業

Q 582 OneDriveで共有する人の権限を指定したい！

A [リンクの送信]画面で権限を指定します。

OneDriveでWordの文書を共有する場合、初期設定では共有者に編集を許可する設定になっています。共有者の権限はここで指定してからメールを送信します。[リンクの設定]をクリックすると、有効期限の日付の設定やパスワードの設定が行えます。 参照▶Q 581

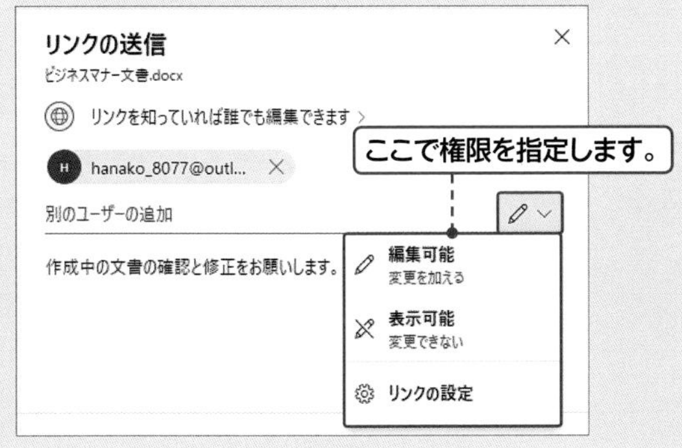

重要度 ★★★　OneDriveでの共同作業

Q 583 OneDriveで複数の人と共有したい！

A 共有する相手にリンクのコピーを送信します。

複数の相手と文書を共有したい場合、[リンクの送信]画面で[リンクのコピー]をクリックしてリンクを作成し、そのリンクをメールに貼り付けて全員に送信します。 参照▶Q 581

1 [リンクのコピー]の[コピー]をクリックすると、

2 文書のリンクが作成されます。

3 [コピー]をクリックして、メールに貼り付けます。

ショートカットキー一覧

Wordのウィンドウ上で利用できる、主なショートカットキーを紹介します。[ファイル] タブの画面では利用できません。なお、ショートカットキーやファンクションキーが割り当てられいないキーボードでは、利用できない場合があります。

●基本操作

ショートカットキー	操作内容
Ctrl + N	新規文書を作成します。
Ctrl + O	[ファイル] タブの [開く] を表示します。
Ctrl + W	文書を閉じます。
Ctrl + S	文書を上書き保存します。
Alt + F4	Wordを終了します。複数のウィンドウを表示している場合は、そのウィンドウのみが閉じます。
F12	[名前を付けて保存] ダイアログボックスを表示します。
Ctrl + P	[ファイル] タブの [印刷] を表示します。
Ctrl + Z	直前の操作を取り消してもとに戻します。
Ctrl + Y	取り消した操作をやり直します。または、直前の操作を繰り返します。
Esc	現在の操作を取り消します。
F4	直前の操作を繰り返します。

●表示の切り替え

ショートカットキー	操作内容
Ctrl + Alt + N	下書き表示に切り替えます。
Ctrl + Alt + P	印刷レイアウト表示に切り替えます。
Ctrl + Alt + O	アウトライン表示に切り替えます。
Ctrl + Alt + I	[ファイル] タブの [印刷] を表示します。
Alt + F6	複数のウィンドウを表示している場合に、次のウィンドウを表示します。

●選択範囲の操作

ショートカットキー	操作内容
Ctrl + A	すべてを選択します。
Shift + ↑↓←→	選択範囲を上または下、左、右に拡張または縮小します。
Shift + Home	カーソルのある位置からその行の先頭までを選択します。
Shift + End	カーソルのある位置からその行の末尾までを選択します。
Ctrl + Shift + Home	カーソルのある位置から文書の先頭までを選択します。
Ctrl + Shift + End	カーソルのある位置から文書の末尾までを選択します。

●データの移動／コピー

ショートカットキー	操作内容
Ctrl + C	選択範囲をコピーします。
Ctrl + X	選択範囲を切り取ります。
Ctrl + V	コピーまたは切り取ったデータを貼り付けます。

●文書内の移動

ショートカットキー	操作内容
Home (End)	カーソルのある行の先頭（末尾）へカーソルを移動します。
Ctrl + Home (End)	文書の先端（終端）へ移動します。
PageDown	1画面下にスクロールします。
PageUp	1画面上にスクロールします。
Ctrl + PageDown	次ページへスクロールします。
Ctrl + PageUp	前ページへスクロールします。

●挿入

ショートカットキー	操作内容
Ctrl + Alt + M	コメントを挿入します。
Ctrl + K	[ハイパーリンクの挿入] ダイアログボックスを表示します。
Ctrl + Enter	改ページを挿入します。
Shift + Enter	行区切り（改行）を挿入します。

●検索／置換

ショートカットキー	操作内容
Ctrl + F	[ナビゲーション] 作業ウィンドウを表示します。
Ctrl + H	[検索と置換] ダイアログボックスの [置換] タブを表示します。
Ctrl + G ／ F5	[検索と置換] ダイアログボックスの [ジャンプ] タブを表示します。

●文字の書式設定

ショートカットキー	操作内容
Ctrl + B	選択した文字に太字を設定／解除します。
Ctrl + I	選択した文字に斜体を設定／解除します。
Ctrl + U	選択した文字に下線を設定／解除します。
Ctrl + Shift + D	選択した文字に二重下線を設定／解除します。
Ctrl + D	[フォント] ダイアログボックスを表示します。
Ctrl + Shift + N	[標準] スタイルを設定します（書式を解除します）。
Ctrl + Shift + L	[箇条書き] スタイルを設定します。
Ctrl + Shift + C	書式をコピーします。
Ctrl + Shift + V	書式を貼り付けます。
Ctrl +] ([)	選択した文字のフォントサイズを1ポイント大きく（小さく）します。
Ctrl + L	段落を左揃えにします。
Ctrl + R	段落を右揃えにします。
Ctrl + E	段落を中央揃えにします。
Ctrl + J	段落を両端揃えにします。
Ctrl + M	インデントを設定します。
Ctrl + Shift + M	インデントを解除します。
Ctrl + 1 (5 ／ 2)※	行間を1行（1.5行／2行）にします。

※テンキーは利用できません。

用語集

Microsoft 365（マイクロソフトサンロクゴ）

Office製品のパッケージ版を購入するのではなく、月額や年額を支払って使用するサブスクリプション版の新しいOfficeのことです（以前からあるOffice 365サブスクリプションのサービスも提供されています）。個人用（Personal）とビジネス用（Family）があり、個人用ではPC、Mac、iPhone、iPad、Androidで最大5台までインストールして利用できます。

Microsoft Search（マイクロソフトサーチ）

Word画面の上部中央にある検索ボックスの機能です。ボックスをクリックするだけで、最近利用した操作やおすすめ操作などが表示されます。キーワードを入力すると、最適な操作やヒント情報の表示、さらにドキュメント内の検索も行います。

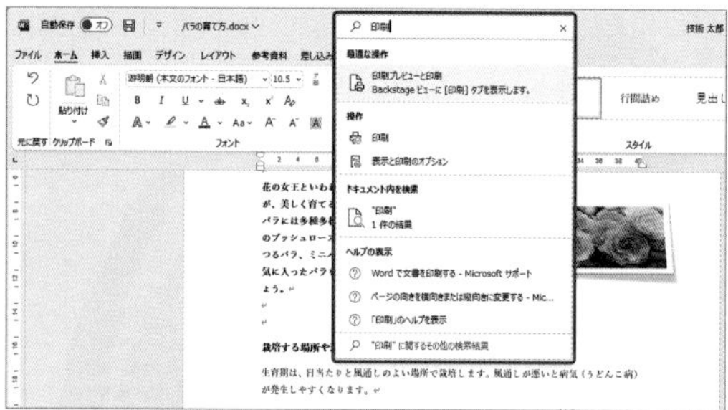

Microsoft（マイクロソフト）アカウント

マイクロソフトが提供するOneDrive、Word OnlineなどのWebサービスや各種アプリを利用するために必要な権利のことをいいます。マイクロソフトのWebサイトで取得できます（無料）。 **参考▶Q 008**

Office（オフィス）

マイクロソフトが開発・販売しているビジネス用のアプリをまとめたパッケージの総称です。ワープロソフトのWord、表計算ソフトのExcel、プレゼンテーションソフトのPowerPoint、電子メールソフトのOutlook、データベースソフトのAccessなどが含まれます。

OneDrive（ワンドライブ）

マイクロソフトが無料で提供しているオンラインストレージサービス（データの保管場所）です。最大5GBの容量を利用できます。 **参考▶Q 550**

PDF（ピーディーエフ）ファイル

アドビによって開発された電子文書の規格の1つです。レイアウトや書式、画像などがそのまま維持されるので、パソコンの環境に依存せず、同じ見た目で文書を表示することができます。Word文書をPDFファイルにすることもできます。 **参考▶Q 560**

SmartArt（スマートアート）グラフィック

アイディアや情報を視覚的な図として表現したものです。さまざまな図表の枠組みが用意されており、必要な文字を入力するだけで、グラフィカルな図表をかんたんに作成できます。 **参考▶Q 437**

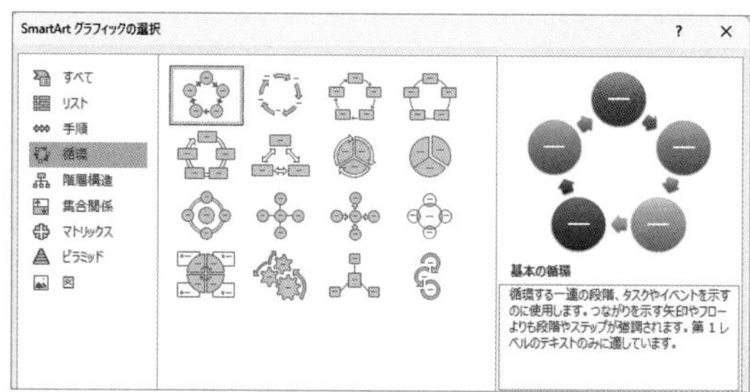

Word Online（ワードオンライン）

インターネット上で利用できる無料のオンラインアプリです。インターネットに接続する環境があれば、どこからでもアクセスでき、Word文書を作成、編集、保存することができます。 **参考▶Q 579**

アウトライン

表示モードの1つで、見出しに順位を付けて文書を構成することをアウトライン化といい、各階層で折りたたんだり、展開したりして、文書を扱いやすくします。

アクセシビリティ

アクセシビリティとはどんな人にも利用できるものという意味です。文書においても同様で、Wordでは視覚や聴覚に障がいのある人にも読める文書かどうかをチェックする機能があります。 **参考▶Q 155**

アドイン

作業向上のために追加するツールのことです。Wordに組み込まれているものは［Wordのオプション］の［アドイン］で有効にでき、マイクロソフトのWebサイトからインストールするものがあります。

インク数式

計算式を入力する際に、マウスやデジタルペンで手書き入力した計算式を自動認識し、テキストに変換する機能です。Word 2019では［描画］タブの［インクを数式に変換］、Word 2016では［挿入］タブの［数式］から表示できます。 参考▶Q 098

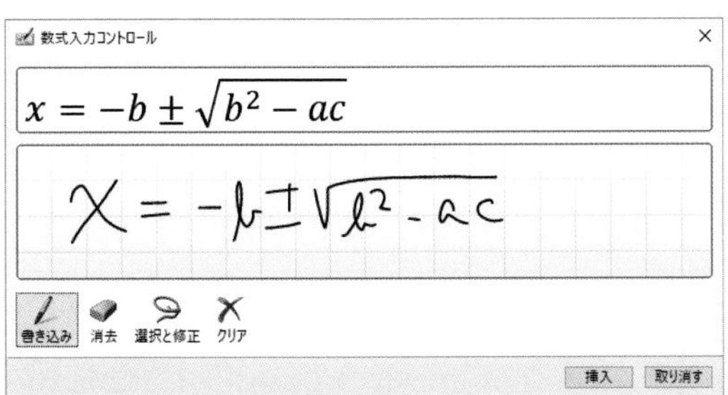

印刷プレビュー

印刷結果のイメージを画面で確認する機能です。実際に印刷する前に印刷プレビューで確認することで、印刷ミスを防ぐことができます。 参考▶Q 308

インデント

文書の左端（あるいは右端）から先頭文字（あるいは行の最後尾の文字）を内側に移動すること、またはその幅を指します。「字下げ」ともいいます。 参考▶Q 214

エクスポート

データをほかのアプリが読み込める形式に変換することです。［ファイル］タブのエクスポートでは、PDF形式などの変換を実行します。 参考▶Q 560

オートコレクト

英単語の先頭を大文字にしたり、2文字目を小文字にしたりするなど、特定の単語や入力ミスと思われる文字列を自動的に修正する機能です。 参考▶Q 083

オブジェクト

文字データ以外の、図や画像、表、ワードアート、テキストボックスなど総じてオブジェクトといいます。

改ページ

ページの途中で次ページに送ることです。通常、次ページに移動するには、Enter を押し続けて次ページまで移動しますが、改ページを挿入すると、すばやく次のページへ移動できます。 参考▶Q 255

拡張子

ファイルの後半部分に「.」（ピリオド）に続けて付加される「docx」や「doc」「txt」などの文字列のことで、Windowsで扱うファイルを識別できます。 参考▶Q 540

関数

特定の計算を行うために用意されている機能です。計算式を入力する際に、関数を利用することができます。 参考▶Q 497

脚注

用語解説や記述に対するコメントなど補足事項を、ページの下部にメモとして挿入する機能です。該当する位置に番号が振られ、脚注文章が同じ番号で管理されます。 参考▶Q 166

共有

同じ文書や写真などのファイルを複数のユーザーで編集したり、見たりすることをいいます。文書をOneDriveに保存すると、インターネット経由で編集することができます。 参考▶Q 582

均等割り付け

指定する文字数の幅で入力されている文字を均等に割り付けます。箇条書きの項目など、文字列の幅を揃える場合に利用します。 参考▶Q 198

クイックアクセスツールバー

よく使う機能をコマンドとして登録しておくことができる画面左上の領域のことです。タブを切り替えるより、つねに表示されているコマンドをクリックするだけですばやく操作できます。Word 2021の初期設定では非表示になっていますが、表示させたり、コマンドを追加したりすることができます。

参照▶Q 034, Q 036, Q 038

グリッド線

レイアウト上で、文書に引かれた段落の横線のことです。図の移動の際、文章の段落の位置と揃える場合などに便利です。縦線の文字グリッド線も利用できます。

参考▶Q 278, Q 410

クリップボード

コピーや切り取ったデータを一時的に保管しておく場所のことです。Office クリップボードには、Office の各アプリのデータを24個まで保管できます。 参考▶Q 133

グループ化

複数の図形などを1つの図形として扱えるようにまとめることをグループ化といいます。

互換性チェック

以前のバージョンのWordでサポートされていない機能が使用されているかどうかをチェックする機能です。互換性に関する項目がある場合は、[Microsoft Word互換性チェック]ダイアログボックスが表示されます。[ファイル]タブの[情報]の[互換性チェック]で行います。

コメント

文書にメモを挿入できる機能です。共有する文書などでは、ほかの人のコメントに返答したりして、編集に関するやり取りができます。 参考▶Q 157, Q159

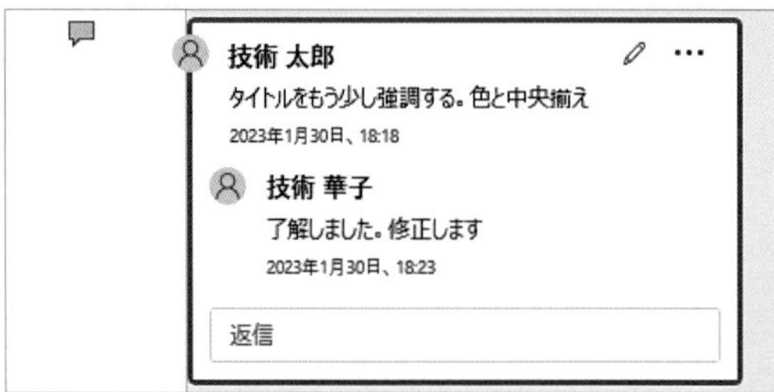

サインイン

ユーザー名とパスワードで本人の確認を行い、各種サービスや機能を利用できるようにすることです。「ログイン」「ログオン」などとも呼ばれます。

作業ウィンドウ

関連する設定機能をまとめたウィンドウのことです。[クリップボード]作業ウィンドウや、[スタイル]作業ウィンドウ、図形の詳細設定を行う[図形の詳細設定]作業ウィンドウなどがあります。 参考▶Q 274

差し込み印刷

相手に渡す文書の宛名欄、はがきやラベルの住所欄、宛名欄などにフィールドを挿入して、住所録から差し込むことができる機能です。

ショートカットキー

アプリの機能を画面上のコマンドで操作する代わりに、キーボードに割り当てられた特定のキーを押して操作することです。本書では、P.332に主なショートカットキーを掲載しています。 参考▶Q 019

書式

Wordで作成した文書や表、図などの見せ方を設定するものです。フォント、フォントサイズ、フォントの色など文字に対する設定を文字書式、段落記号やインデントなど段落に対する設定を段落書式といいます。

スクリーンショット

デスクトップ上にあるウィンドウを画像として保存（スナップショット）して、Wordの文書に貼り付ける機能です。Webページの地図などを貼り付ける際に便利です。 参考▶Q 446

スタイル

文字列や段落、文書を対象にして書式設定した形式をスタイルと呼びます。Wordにははじめからいくつかのスタイルが用意されています。 参考▶Q 236

セクション

ページ設定は、セクション単位で行います。通常は1文書が1セクションとして設定しますが、文書内をセクションで区切れば、1つの文書内で用紙サイズを変えたり、縦書きと横書きのページにしたりといったことが可能です。 参考▶Q 258

ダイアログボックス

Wordの詳細設定を行うウィンドウです。また、システム側からの確認のメッセージなどが通知される場合もあります。詳細設定を行うためのダイアログボックスは、各タブのグループの右下にある[ダイアログボックス起動ツール]をクリックしたり、メニューの末尾にある項目をクリックしたりすると表示されます。 参考▶Q 273

タイトルバー

ウィンドウの最上部に表示されるバーのことをいいます。作業中の文書ファイルやアプリの名前などが表示されます。

タッチモード

タッチパネル対応のパソコンで、タッチ操作がしやすいようにコマンドの間隔を広げる表示モードです。クイックアクセスツールバーを表示して、[クイックアクセスツールバーのユーザー設定]をクリックし、[タッチ/マウスモードの切り替え]をクリックすると切り替えられます。

タブ(編集記号)

段落内での文字位置を設定するために挿入されるものです。Tabを押してタブを挿入すると、基本は4文字単位で先頭文字が配置されますが、ルーラー上をクリックするとタブ位置を指定できます。箇条書きや段落内で複数の文字列を区切りたいときに利用すると、先頭位置が揃うので便利です。 参考▶Q 221

タブ(リボン)

Wordの機能を実行するためのもので、タブの数はバージョンによって異なります。それぞれのタブには、コマンドが用途別にグループに分かれて配置されています。このほか、表や図、画像などを選択すると、編集が可能なタブが新たに表示されます。 参考▶Q 023

テーマ

配色とフォント、効果を組み合わせた書式のことです。テーマを変えると文書全体のデザインがまとめて変更されます。配色やフォントなど個別に変更することもできます。 参考▶Q 261

テキストボックス

自由な位置に配置できるボックスで、縦書きと横書きのほか、いくつかのデザインも用意されています。図形と同様に、塗りつぶしなどの書式設定ができます。

参考▶Q 418

テンプレート

定型文書のひな型となるファイルのことです。書式やデザインが設定されているので、目的の様式に変更するだけで済み、白紙の状態から作成するより効率的です。Word では、[ファイル]タブの[新規]からテンプレートを選択できます。 参考▶Q 020

ドキュメント検査

作成したWordの文書には、作成者名などが自動的に登録されます。[ファイル]タブの[情報]にある[ドキュメント検査]では、個人情報があるかどうかを検査し、それらの情報を削除することができます。 参考▶Q 564

ナビゲーションウィンドウ

文書内のキーワード検索を行う際に利用します。また、見出しにスタイルやレベルを設定しておくと、見出しのみを表示でき、文書内の構造を把握できます。

参考▶Q 136, Q 283

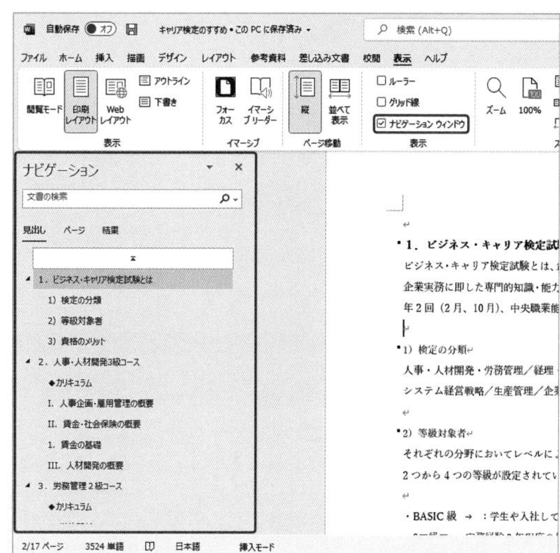

入力オートフォーマット

入力中や作業中に自動で行われる処理のことをいいます。たとえば、メールアドレスやURLを入力すると自動的にハイパーリンクが設定されたり、「拝啓」と入力すると「敬具」が自動的に入力されたりするのはこの機能によるものです。 参考▶Q 114

入力モード

日本語や英数字の入力を切り替えるためのIME(Input Method Editor)の機能です。タスクバーにある入力モードをクリックして切り替えます。 参考▶Q 046

バージョン

アプリの仕様が変わった際に、それを示す数字や文字のことです。通常は、数字が大きいほど新しいものであることを示します。新しいバージョンに代わることを「バージョンアップ」や「アップグレード」といいます。Wordの場合は、「2010」→「2013」→「2016」→「2019」→「2021」のようにバージョンアップされています。

参考▶Q 002

配置ガイド

図や画像を移動する際に、文書の中央位置、上下左右の端、段落にいくと、表示される緑色の線のことで、利用するには［レイアウト］タブの［配置］の［配置ガイドの使用］をオンにします。

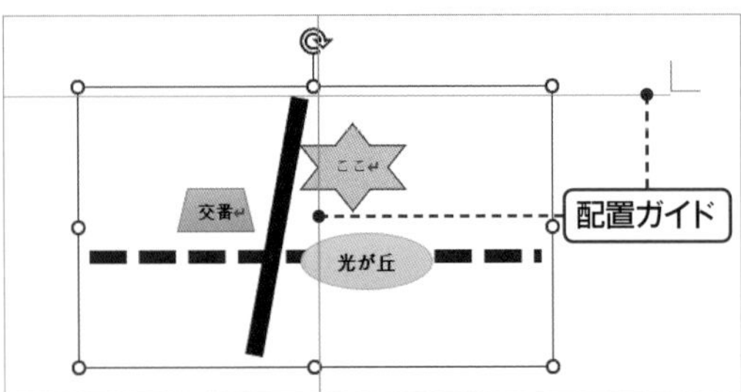

ハイパーリンク

文字列や画像にほかの文書やホームページのURLなどの情報を関連付ける機能です。クリックするだけで、特定のファイルを開いたり、ホームページを開いたりできます。単に「リンク」ともいいます。 参考▶Q 095

パスワード

正規の利用者であることを証明するために入力する文字列のことです。パスワードを使用して、文書を保護することもできます。 参考▶Q 565

バックアップファイル

本体の保存先以外に、ほかのドライブやフォルダー、USBなどの外部記憶装置にコピーしておくファイルのことです。ファイルを誤って削除してしまったり、何らかの原因でファイルが壊れてしまった場合に備えて、保存しておきます。 参考▶Q 569

ハンドル

図形や画像、テキストボックス、ワードアートなどをクリックしたときに周囲に表示されるマークのことです。ハンドル部分をドラッグしてサイズを変更したり、回転ハンドルをドラッグして回転させたりします。

参考▶Q 391

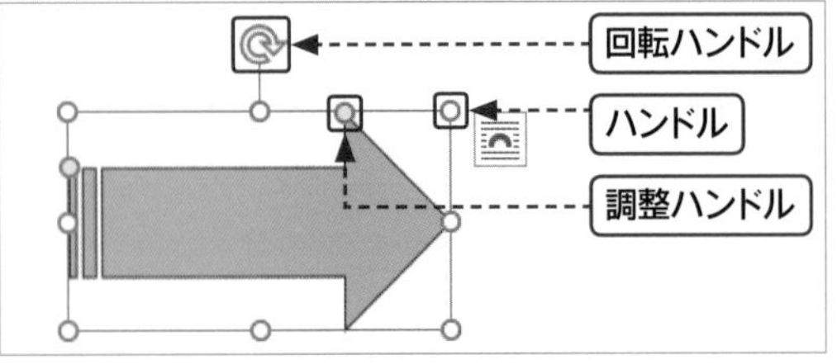

表示モード

Wordには、閲覧モード、印刷レイアウト、Webページ、アウトライン、下書きの5つの表示モードが用意されています。 参考▶Q 265

標準フォント

Wordで使用される基準のフォントのことです。Word 2013以前は「MS明朝」でしたが、現在は「游明朝」です。 参考▶Q 193

ピン留め

その位置に留めておく操作を「ピン留め」といいます。タスクバーにWordのアイコンをピン留めすると、Wordをすばやく起動できます。［開く］画面でファイルをピン留めしておくこともできます。 参考▶Q 012

フィールド

文書内に埋め込むスペース（プレースホルダー）のことです。ページ番号、差し込み印刷の各項目、数式の挿入欄など、各機能を利用すると自動的に挿入されます。 参考▶Q 118, Q 365

フォーカス

Word 2021の新機能で、文章に集中させるために1～数行のみを表示させる表示方法です。 参考▶Q 267

フッター

文書の下部余白部分に設定される情報、あるいはそのスペースをいいます。さまざまなデザインも用意されています。一般に、フッターにはページ番号や作成者名などを挿入します。 参考▶Q 300

プロパティ

特性や属性などの情報をまとめたものです。文書のプロパティには、ファイル名や作成日時、作成者などが自動的に保管されます。また、表のプロパティでは、表、行、列、セル単位で詳細な設定ができます。 参考▶Q 513

文書の保護

文書内容を変更されたり、削除されたりしないように、特定の文書を保護する機能です。編集することができる人を指定することもできます。

ページ罫線

1ページ単位で文書の周りに罫線を配置する機能で、罫線の種類や色、絵柄を選択できます。 参考▶Q 505

ページ設定

作成する文書に対して、用紙サイズ、向き、1ページの文字数や行数、上下左右の余白などを設定することです。

ページ番号

ページ番号は、ページの上下左右の余白部分に設定できます。「ページ」のほか「ページ／総ページ数」の形式で挿入することもできます。 参考▶Q 295

ヘッダー

文書の上部余白部分に設定される情報、あるいはそのスペースをいいます。一般に、ヘッダーには文書名や日付などのファイル情報を挿入します。 参考▶Q 300

変更履歴

編集の操作履歴を記録して、変更した箇所を承認するか、取り消すかを判断し、最終的な文書を完成させる機能です。文書を複数人で作成する場合などに便利です。

参考▶Q 163

編集記号

段落記号のほか、スペースやタブなど、文書内に挿入された操作を表示する記号です。 参考▶Q 277

ポイント

フォント（文字）の大きさを表す単位です。1pt（ポイント）は、1/72インチで約0.35mmです。Wordでの初期設定は10.5ptです。 参考▶Q 183, Q 193

マクロ

一連の操作を自動的に実行できるようにする機能です。頻繁に使う操作を登録しておくと、作業が効率的に行えます。

参考▶Q 181

ミニツールバー

文字列を選択すると表示される小さなツールバーのことです。フォントやフォントサイズなど書式設定するための基本的なコマンドが用意されています。選択する対象によって、コマンドの内容も変わります。

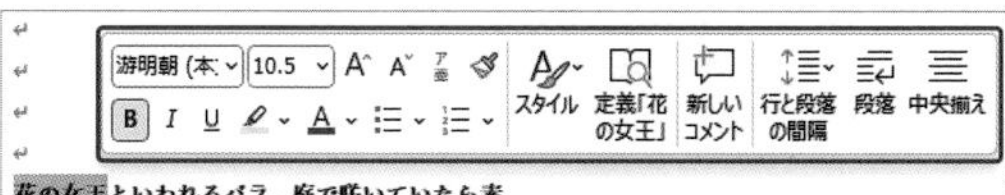

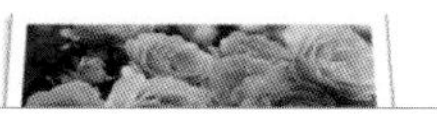

花の女王といわれるバラ。庭で咲いていたら素敵ですが、美しく育てるのは少々難しいようです。

ユーザー定義

ユーザーが独自に定義する機能のことです。主に、余白などのページ設定や、スタイルなどで利用します。

予測入力

文字を入力しはじめると、入力履歴をもとに該当する文字を予測して入力文字候補を表示する機能です。これは、Microsoft IMEという日本語入力システムの機能です。表示させないようにすることも可能です。

参考▶Q 068

読み取り専用

保存した内容を上書き保存できないように文書ファイルを保護する機能です。文書の閲覧はできても編集はできません。 参考▶Q 544

ライセンス認証

ソフトウェアの不正コピーや不正使用などを防止するための機能です。ライセンス認証の方法は、Officeのバージョンや製品の種類、インターネットに接続しているかどうかによっても異なります。

リアルタイムプレビュー

フォントやフォントサイズ、図形の塗りつぶしの色、枠線などを設定する際に、マウスポインターをメニューに合わせると、結果が一時的に適用される機能です。

ルーラー

文字位置を設定する際に利用する目盛りで、タブやインデントと組み合わせて使用します。Wordの初期設定では表示されていません。 参考▶Q 271

ワイルドカード

あいまいな用語を検索する際に利用する特殊文字のことです。任意の文字列を表す「*」（半角のアスタリスク）と、任意の1文字を表す「?」（半角のクエスチョン）などがあります。 参考▶Q 141

目的別索引

数字・アルファベット

あ行

か行

た行

な行

は行

ま行

用語索引

あ行

か行

さ行

た行

な行

は行

ま行

や行

ら行

わ行

お問い合わせについて

本書に関するご質問については、本書に記載されている内容に関するもののみとさせていただきます。本書の内容と関係のないご質問につきましては、一切お答えできませんので、あらかじめご了承ください。また、電話でのご質問は受け付けておりませんので、必ずFAXか書面にて下記までお送りください。
なお、ご質問の際には、必ず以下の項目を明記していただきますよう、お願いいたします。

1 お名前
2 返信先の住所またはFAX番号
3 書名（今すぐ使えるかんたん Word 完全ガイドブック 困った解決＆便利技 [Office 2021/2019/2016/Microsoft 365 対応版]）
4 本書の該当ページ
5 ご使用のOSとソフトウェアのバージョン
6 ご質問内容

なお、お送りいただいたご質問には、できる限り迅速にお答えできるよう努力いたしておりますが、場合によってはお答えするまでに時間がかかることがあります。また、回答の期日をご指定なさっても、ご希望にお応えできるとは限りません。あらかじめご了承くださいますよう、お願いいたします。

■お問い合わせの例

FAX

1 お名前
技術 太郎

2 返信先の住所またはFAX番号
03-XXXX-XXXX

3 書名
今すぐ使えるかんたん Word
完全ガイドブック 困った解決＆便利技
[Office 2021/2019/2016
/Microsoft 365 対応版]

4 本書の該当ページ
54ページ Q 041

5 ご使用のOSとソフトウェアのバージョン
Windows 11
Word 2021

6 ご質問内容
オプションが見当たらない

※ご質問の際に記載いただきました個人情報は、回答後速やかに破棄させていただきます。

今すぐ使えるかんたん Word 完全ガイドブック 困った解決&便利技 [Office 2021/2019/2016 /Microsoft 365 対応版]

2023年 3月 1日 初版 第1刷発行
2024年 6月16日 初版 第3刷発行

著 者● AYURA
発行者●片岡 巌
発行所●株式会社 技術評論社
東京都新宿区市谷左内町 21-13
電話 03-3513-6150 販売促進部
03-3513-6160 書籍編集部
装丁●田邉恵里香
本文デザイン●リンクアップ
編集／DTP●AYURA
担当●荻原 祐二
製本／印刷●大日本印刷株式会社

定価はカバーに表示してあります。

ISBN978-4-297-13318-4 C3055
Printed in Japan

問い合わせ先

〒162-0846
東京都新宿区市谷左内町 21-13
株式会社技術評論社 書籍編集部
「今すぐ使えるかんたん Word
完全ガイドブック 困った解決＆便利技
[Office 2021/2019/2016/Microsoft 365 対応版]」
質問係
FAX番号 03-3513-6167

URL：https://book.gihyo.jp/116